贵州省耕地土壤地球化学参数

李龙波　蔡大为　朱要强 等　著

科 学 出 版 社

北 京

内 容 简 介

本书以贵州省耕地质量地球化学调查评价454431个表层土壤样品数据为基础，按行政区、土地利用类型、成土母岩类型、土壤类型、成矿区带、流域单元等不同统计单元对耕地表层土壤地球化学参数进行了分类统计，建立了贵州省耕地土壤地球化学系列参数。统计指标主要包括有机质、氮、磷、钾等养分指标，镉、汞、砷、酸碱度等环境指标，以及硒、锗等特色元素共计23项，分别统计了各测试指标的最大值、最小值、平均值、标准差、变异系数、众值、中位值、累积频率分段值等。

本书可为土壤学、生态学、生物学、环境学、地学、农学等学科相关领域研究提供参考，同时可为自然资源、生态环境、农业、林业、卫生等行政部门决策提供大量的系统数据资料，用于指导和深化各方面的应用实践与学术研究。

审图号：黔 S（2023）025 号

图书在版编目（CIP）数据

贵州省耕地土壤地球化学参数 / 李龙波等著 . —北京：科学出版社，2023.11

ISBN 978-7-03-077092-9

Ⅰ . ①贵… Ⅱ . ①李… Ⅲ . ①耕作土壤－土壤地球化学－参数－贵州

Ⅳ . ① S153

中国国家版本馆 CIP 数据核字 (2023) 第 219772 号

责任编辑：韦　沁 / 责任校对：何艳萍
责任印制：肖　兴 / 封面设计：北京图阅盛世

科　学　出　版　社 出版

北京东黄城根北街 16 号
邮政编码：100717
http://www.sciencep.com

北京建宏印刷有限公司印刷

科学出版社发行　各地新华书店经销

*

2023 年 11 月第 一 版　开本：787×1092　1/16
2024 年 3 月第二次印刷　印张：13 1/4
字数：320 000

定价：**188.00元**

（如有印装质量问题，我社负责调换）

作者名单

李龙波　蔡大为　朱要强　张美雪　任明强　马　骅

赵　宾　李宗发　冷洋洋　吕　刚　蒋国才

前　　言

　　贵州省人民政府为加快推进全省现代山地特色农业发展，实施绿色农产品品牌工程，部署了贵州省耕地质量地球化学调查评价这一重大民生工程。以贵州省第二次土地利用现状调查数据（2015 年更新）为基础，调查评价面积约 7191 万亩[①]，涵盖耕地、园地及部分裸地。贵州省耕地质量地球化学调查评价项目首次探索创新山地耕地调查评价方法技术，经过三年多的调查评价工作，贵州省率先成为全国首个完成耕地质量地球化学调查评价（1:50000）全覆盖的省份，取得了丰硕的成果。

　　本书的数据资料以贵州省耕地质量地球化学调查评价项目成果为基础。该项目覆盖面积 7191 万亩，其中，水田、旱地、水浇地面积共 6822 万亩，涉及图斑 325.5 万个。土壤样点布设采用网格加图斑，网格数量与采样密度一致的原则，共采集表层土壤样品454431 个，样品平均密度为 9.5 个 /km²，分析检测了土壤有机质、氮、磷、钾、硼等养分指标，镉、汞、铅、砷、铬、镍、酸碱度等环境指标，以及硒、锗等特色元素共 23 项，共获得各类分析测试数据 1045 万个。

　　贵州省耕地调查在采样布局、采样物质、采样代表性，以及样品加工与样品分析等各环节均按照全国统一的技术标准实施。在耕地表层土壤样品布设中抓住样点代表性和区域连续性的关键技术问题，制定切合实际的样点布设方法。同时，对野外工作与实验室样品分析实行全过程质量管理，确保各项数据信息的准确度与精密度，实现元素地球化学数据在全省范围的广泛应用。这是贵州有史以来开展的一次范围最广、取样密度最大、测定项目最全的耕地质量地球化学调查工作。

　　在参数统计时，采用原始数据与原始数据剔除异常值两种方法统计贵州省耕地表层土壤的地球化学参数，包括元素指标算术平均值、几何平均值、算术标准差、几何标准差、变异系数、众值、中位值、最大值、最小值、累积频率分段值以及统计样本数等。贵州属于高原喀斯特山地，地质背景、土壤类型、成矿单元、流域单元等均有独特特征，按不同统计单元对地球化学参数进行分类统计，建立贵州省耕地土壤地球化学系列参数。

　　贵州省耕地质量地球化学调查评价项目在贵州省自然资源厅主导下，由贵州省地质环境监测院组织实施承担，调查任务由贵州省地质矿产勘查开发局、贵州省煤田地质局、贵州省有色金属和核工业地质勘查局三大国有地勘单位下属 35 家专业单位承担，共投入专业技术人员 2200 多名；分析测试工作由自然资源部认证的贵州省地质矿产中心实验室、

---
　　① 1 亩 ≈ 666.667m²

湖北省地质实验测试中心等五家国内权威检测单位承担。

本书共八章，第一章阐述了数据来源、样品分析测试质量控制、数据处理与统计分析方法，由李龙波、朱要强、李宗发、吕刚、蔡大为、张美雪、马骅完成；第二章按照省、市、县三级行政区统计耕地土壤地球化学参数，由蔡大为、李龙波、马骅完成；第三章按照土地利用类型统计耕地土壤地球化学参数，由张美雪、李龙波、朱要强完成；第四章按照成土母岩统计耕地土壤地球化学参数，由蔡大为、张美雪、冷洋洋完成；第五章按照土壤类型统计耕地土壤地球化学参数，由张美雪、蔡大为、任明强完成；第六章按照成矿区带统计耕地土壤地球化学参数，由蔡大为、蒋国才、李宗发完成；第七章按照流域统计耕地土壤地球化学参数，由张美雪、蔡大为、赵宾完成；第八章结论与不足由李龙波、朱要强、吕刚完成；全书由蔡大为、张美雪统稿。

由于本书作者水平有限，书中难免存在不足和疏漏之处，敬请读者批评指正。

著　者

2023 年 6 月

目　　录

第一章 耕地土壤地球化学数据来源与统计方法

第一节 耕地土壤地球化学数据来源与项目主要成果

一、耕地土壤地球化学数据来源

为加快推进贵州省现代山地特色农业发展，省政府于 2017 年部署了"贵州省耕地质量地球化学调查评价"这一重大民生工程。经过三年多时间，在全国率先完成 1:50000 全省耕地全覆盖的调查评价工作。贵州省耕地质量地球化学调查评价工作以贵州省第二次土地利用现状调查数据（2015 年更新）为基础，执行《土地质量地球化学评价规范》（DZ/T 0295—2016）和《土壤环境质量农用地土壤污染风险管控标准（试行）》（GB 15618—2018）。项目调查评价面积 7191 万亩，其中，水田、旱地、水浇地面积共 6822 万亩，涉及图斑 325.5 万个，共采集耕地表层土壤样品 454431 个，样品平均密度为 9.5 个 /km²，分析检测了土壤有机质、氮、磷、钾、硼等养分指标，镉、汞、铅、砷、铬、镍、酸碱度等环境指标，以及硒、锗等特色元素，共 23 项，获得各类分析测试数据 1045 万个。在参数统计时，采用原始数据统计贵州省耕地表层土壤的地球化学参数，包括最小值、最大值、算术平均值、几何平均值、标准偏差、众值、中位值、变异系数、累积频率值、偏度系数、峰度系数等，按行政区、土地利用类型、成土母岩类型、土壤类型、成矿区带、流域单元等进行分类统计。

二、贵州省耕地质量地球化学调查评价项目主要成果

贵州省耕地质量地球化学调查评价项目查明了全省耕地土壤营养元素和环境元素含量及其分布，摸清了耕地地球化学质量"家底"。从元素的地球化学分布来看，耕地土壤的地球化学组成与地质背景、成土母岩密切相关，这也是不同区域的耕地各具特色的重要原因。全省耕地土壤有机质、氮高值区主要分布于毕节市、六盘水市、安顺市、黔东南苗族侗族自治州（黔东南州）以及黔西南布依族苗族自治州（黔西南州）部分地区；磷高值区主要分布于毕节市、六盘水市、安顺市西部和黔西南州西部地区；钾高值区主

要分布于铜仁市、遵义市和毕节市东部地区。镉、汞、铅、砷、铬、镍、铜、锌等元素的高值区主要分布在铅、锌、汞、金等矿床、成矿区带和玄武岩等特殊岩类分布区。特色元素硒高值区主要集中分布在含煤岩系、碳质黏土岩等典型地层单元分布区。

本次调查工作分析检测耕地表层土壤指标 23 项，查明了营养元素和环境元素含量及其分布。以氮、磷、钾等营养元素含量为主要评价指标，评价划分丰富、较丰富、中等、较缺乏、缺乏五个耕地土壤养分地球化学综合等级，其中，丰富和较丰富等级的耕地面积 4092 万亩，约占调查面积的 57%，中等以上级别耕地面积占调查面积的 94%；以镉、汞、砷等环境元素含量为主要评价指标，划分了耕地土壤环境质量类别，优先保护类（风险无或可忽略）和安全利用类（风险可控）耕地面积为 6627 万亩，占调查面积的 93%。

以耕地土壤养分地球化学综合等级和耕地土壤环境质量地球化学综合等级为基础，结合大气干湿沉降物环境地球化学等级和灌溉水环境地球化学等级，评价划分优质、良好、中等、差等、劣等五个耕地质量地球化学等级，优质和良好等级面积 1603 万亩，占调查面积的 22%，中等以上级别面积占调查面积的 92%。

本次调查发现，贵州省耕地土壤中硒元素的含量在 0.01~40.07mg/kg，含量介于 0.4~3.0mg/kg 的富硒耕地面积达 5089 万亩，占调查面积的 71%，富硒耕地规模居全国前列。全省各县区均有富硒耕地分布，部分县区富硒耕地比例在 90% 以上。

第二节　耕地土壤样品采集与测试质量控制

一、耕地土壤样品采集与加工

（一）耕地土壤样品样点布设原则

贵州省以县（市、区、特区）为调查评价工区，开展耕地质量地球化学调查。耕地土壤样点布设采用网格加图斑，网格数量与采样密度一致的原则，全省耕地表层土壤样点平均密度为 9.5 个 /km^2。土壤样点布设原则如下：

（1）1∶50000 地形图、土地利用现状图（2015 年更新的第二次土地利用现状调查数据）、土壤类型图、卫星遥感图（最新划出城镇范围）等图件为工作底图。

（2）以县为单元，采样点区域的密度范围控制在 4~16 个 /km^2，平均密度为 9 个 /km^2。

（3）样点布设采用"网格加耕地图斑"，以 1km^2 网格（正方形大格）为编号单元，按大格方里网内分成 333.3m × 333.3m 的九个正方形布设采样小格。

（4）小格内耕地、园地（含果园、茶园）图斑面积 ≥ 1/2 小格（约 83 亩）耕地应布设采样点；相邻小格之间的耕地图斑面积之和 ≥ 1/2 小格（约 83 亩）应布设采样点控制。样点尽可能布设在小格内耕地图斑中部。样点布设要注重代表性、均匀性、控制性和合理性。

（5）对于现代高效农业示范园区，若小格内耕地、园地（含果园、茶园）图斑面积 ≥ 1/3 小格（约 55 亩）耕地应布设采样点，采样点应布设在图斑的中部。

（6）对于面积大于 4km^2 的集中连片林地分布区，虽有个别孤立的图斑满足布样要求，不布设采样点。但对于插花状分布在耕地之间的山地（含林地）面积 ≤ 4km^2，为保持区域调查评价的完整性，至少布设 1 个样品。

（7）对于面积≤4km² 石漠化分布区，虽有个别孤立的图斑满足采样要求，但无特色农业种植分布，不再布设点位。

（8）按样品总数的2%布设重复样。

（二）耕地土壤样品采集方法

表层土壤样品采集选择在上茬作物收获后，下茬作物尚未施用底肥和种植前进行采集，同时避开雨季，以反映采样地块的真实养分状况和供肥能力。采样时样点坐标预先输入GPS，结合电子地图到达拟采样点，观察拟采样点周围的微地貌特征，确保样品代表性，确定采样点主坑位置并使用GPS进行最终定点。以主采样坑为中心，距离50m范围内确定四个子样点，当采样地块近似长条形时，采用"S"形布置子样点；当采样地块近似方形或圆形时，采用"X"形布置子样点。每个样点采样深度为20cm，采土部位及重量一致，挑出杂物后将各子样充分混合，混合后原始重量大于1000g。混合样品装入干净的棉布样品袋中，潮湿样品再用自封袋装袋保存。土壤样品采集完成后填写野外样品采集记录卡，记录采样坐标、地质环境、土壤组分、作物种植等相关信息；以主样坑为中心，对样品、采样坑、东西南北向地理环境拍照记录；使用红色油漆在周边距离30m内电线杆、桥墩、岩石（基岩）、树干、建筑物等地物上标记样点号。

（三）耕地土壤样品粗加工

表层土壤样品送实验室分析检测前需进行样品粗加工。对采集的土壤样品置于晾晒架上，在通风环境下自然风干，风干过程安排专人适时翻动，并将大土块用木棒敲碎以防治黏泥结块，加速干燥。风干后的样品平铺在制样板上，用木锤碾压，并将植物残体、石块等杂物剔除干净。样品压碎后全部通过2mm的孔径筛；未过筛的土粒重新敲碎、碾压，直至全部样品通过2mm孔径筛为止。过筛后的样品称重混匀，称取200g装入贴有样品编号、项目名称、采用地点等相关信息的聚乙烯样品瓶中，送实验室分析；另外称取500g土壤样品装入贴有同样信息的聚乙烯样品瓶中，送副样库保存。

（四）耕地土壤采样工作质量控制

野外调查工作质量控制主要依据《质量管理体系要求》（GB/T 19001—2016）和中国地质调查局调查项目技术质量管理相关求，结合工作单位认证的质量管理体系全面展开。

1. 野外调查质量控制

1）项目三级质量管理执行情况

各县（市、区、特区）耕地质量调查工作野外调查严格执行三级质量管理制度，对样点布设、样品采集、样品粗加工、样品管理、室内资料整理等相关技术环节三级质量检查结果见表1.1。

2）重复样双差检验

重复样两次采样分析结果要求双差合格率≥85%。全省表层土壤样实际完成基本样444496个，重复样9935个，分析的23项指标的相对双差合格率见表1.2。

表 1.1　三级质量检查统计表

检查内容	野外工作检查			样品加工检查			室内资料检查		
	数量/个	比例/%	要求比例/%	数量/个	比例/%	要求比例/%	数量/个	比例/%	要求比例/%
调查采样组自检、互检	496250	100.00	100	496250	100.00	100	496250	100.00	100
项目组检查	29557	5.96	5	108963	21.96	20	107730	21.71	20
工作单位检查	10049	2.02	1	51256	10.33	10	50835	10.24	10

表 1.2　表层土壤重复样合格率统计表

元素	合格率/%	元素	合格率/%
As	95.58	Mo	97.69
B	90.74	N	90.52
Cd	95.51	Ni	97.44
Co	97.13	P	99.01
Cr	99.54	Pb	97.23
Cu	96.68	pH	100.00
F	99.12	Se	95.93
Ge	99.39	Ti	98.12
Hg	91.07	V	99.81
I	88.92	Zn	97.23
K	97.26	有机物	97.36
Mn	90.77		

2. 野外工作质量评述

（1）县级耕地质量调查项目工作人员对野外工作、样品加工、室内资料整理自检、互检比例为 100%；

（2）项目组野外工作检查比例大于 5%，样品加工、室内资料整检查比例大于 20%；

（3）项目承担单位野外工作检查比例大于 2%，样品加工、室内资料整检查比例大于 10%；

（4）表层土壤全部 23 项指标的相对双差合格率均大于 85%。

综合野外调查工作质量控制各项指标，综合质量符合要求。野外验收工作由贵州省耕地质量地球化学调查评价专家组成的专家组完成，优良率为 100%。

二、耕地土壤样品分析测试与质量控制

（一）耕地土壤样品制备与分析测试方法

耕地表层土壤样品分析指标为 N、P、K、B、Mn、Zn、Cu、Mo、Se、Ge、I、F、As、Cd、Cr、Hg、Pb、Co、Ni、V、Tl、pH、有机质，共 23 项。根据分析指标的不同，实验室分取送样单位所送样品的 1/2 留存，余下样品根据检测项目，按以下步骤制备：

（1）分取原样（粒度 2mm，10 目）50g（或者 200g）直接装袋用于 pH 分析；

（2）剩余样品继续碾磨，使之全部通过 0.25mm（60 目）孔径筛，分取 30g 样品用于有机质、全氮分析；

（3）将通过 0.25mm（60 目）孔径筛的土样用无污染磨样机（玛瑙罐）磨细，使之

全部通过 0.074mm（200 目）孔径筛，供土壤矿物质成分、元素全量等项目的测定。

根据样品分析依据的相关标准规范，结合本项目样品检测任务情况和分析要求，耕地土壤元素全量分析配套方法及检出限最低要求见表 1.3，样品元素全量日常分析准确度、精密度控制限见表 1.4。

表 1.3　土壤元素全量分析配套方法及检出限最低要求　（单位：mg/kg）

序号	元素或参数	分析方法			检出限（DL）
		测定方法 1	测定方法 2	测定方法 3	
1	As	AFS	XRF	—	0.2000
2	B	ES	ICP-MS	—	0.3700
3	Cd	ICP-MS	GFAAS	—	0.0200
4	Co	ICP-OES	XRF	ICP-MS	0.1000
5	Cr	ICP-OES	XRF		1.5000
6	Cu	ICP-OES	XRF	ICP-MS	0.1000
7	F	ISE	—		30.0000
8	Ge	AFS	ICP-MS	—	0.0400
9	Hg	AFS	CV-AAS	—	0.0005
10	I	ICP-MS	COL	—	0.0700
11	$K/10^{-2}$	ICP-OES	XRF		0.0300
12	Mn	ICP-OES	XRF	ICP-MS	5.0000
13	Mo	ICP-MS	POL	—	0.1000
14	N	VOL			0.0150
15	Ni	ICP-OES	XRF		0.2000
16	P	ICP-OES	XRF		0.0050
17	Pb	ICP-OES	XRF	ICP-MS	0.2000
18	Se	AFS	—		0.0100
19	Tl	ICP-MS			0.0500
20	V	ICP-OES	XRF		2.0000
21	Zn	ICP-OES	XRF		1.0000
22	有机质 $/10^{-2}$	VOL	—		0.0200
23	pH	ISE	—		0.0100

注：AFS. 原子荧光光谱法；ES. 粉末发射光谱法；ICP-MS. 等离子质谱法；ICP-OES. 等离子体发射光谱法；XRF.X 射线荧光光谱法；ISE. 离子选择电极法；VOL. 容量法；POL. 示波极谱法；CV-AAS. 冷原子吸收法；COL. 分光光度法；GFAAS. 石墨炉原子吸收。

表 1.4　样品元素全量日常分析准确度、精密度控制限

含量范围	准确度	精密度
	$\Delta \lg C\ (\text{GBW}) = |\lg C_i - \lg C_s|$	$\lambda = \sqrt{\dfrac{\sum\limits_{n=1}^{i} (\lg C_i - \lg C_s)^2}{4-1}}$
检出限三倍以内	≤ 0.12	≤ 0.17
检出限三倍以上	≤ 0.10	≤ 0.15
1%~5%	≤ 0.07	≤ 0.10
>5%	≤ 0.05	≤ 0.08

注：C_i. 标准物质测量值；C_s. 标准物质推荐值；GBW. 一级标准物质。

（二）耕地土壤样品分析测试质量控制

1. 外部质量控制

外部质量控制按每 50 个样品为一批，每批插入四个标准控制样，共插入标准控制样 43148 个，插入比例为 9.5%。采用中国地质科学院地球物理地球化学勘查研究所提供的国家一级标准物质GBW07405~GBW07460控制样,计算分析方法的准确度、精密度和检出限,各实验室不同介质样品外部质量控制参数统计见表1.5。

表 1.5 实验室不同介质样品外部质量控制参数统计

实验室名称	土壤全量外部控制样数 / 个	合格率 /%	相关系数（r）	F 检验值
贵州省地质矿产中心实验室	17017	>90	>0.90	< F 临界值
四川省地质矿产勘查开发局成都综合岩矿测试中心	9940	>90	>0.91	< F 临界值
湖北省地质实验测试中心	6893	>95	>0.93	< F 临界值
华北有色地质勘查局燕郊中心实验室	4429	>94	>0.96	< F 临界值
云南省地质矿产勘查开发局中心实验室	4869	>90	>0.90	< F 临界值

2. 内部质量控制

利用各元素报出率,国家一级标准物质测定值准确度、精密度合格率,各指标重复性检验合格率,各元素异常检查合格率等指标进行内部质量监控。内部质量控制指标参数统计结果见表1.6。

表 1.6 各实验室内部质量控制指标参数统计

实验室名称	各元素报出率 /%	国家一级标准物质测定值准确度、精密度合格率 /%	各指标重复性检验合格率 /%	各元素异常检查合格率 /%
贵州省地质矿产中心实验室	100	100	>85	>86
四川省地质矿产勘查开发局成都综合岩矿测试中心	>99	100	>86	>85
湖北省地质实验测试中心	100	100	>92	>90
华北有色地质勘查局燕郊中心实验室	>92	100	>92	>91
云南省地质矿产勘查开发局中心实验室	>98	100	>91	>89

3. 耕地土壤样品分析测试质量评述

（1）国家一级标准物质测定值准确度合格率100%;

（2）国家一级标准物质测定值精密度合格率100%;

（3）各元素报出率≥92%;

（4）各指标重复性检验合格率≥85%;

（5）各元素异常检查合格率≥85%;

（6）标准控制样合格率≥90%;

（7）标准控制样标准值与测量值的相关系数≥0.90;

（8）标准控制样标准值与测量值方差检验的 F 检验值≤ F 临界值;

（9）虚拟相似度判别合格;

（10）元素地球化学图与实际地质特征一致。

综合样品检测外部质量控制和内部质量控制相关指标,样品检测数据质量可靠,符合质量要求。样品分析数据验收工作由中国地质科学院地球物理地球化学勘查研究所分析测试专业专家组成的专家组完成。

第三节 统计分析方法

在对表层土壤数据单位、属性、坐标等全面核对基础上，进行统计单元划分与参数统计等各项工作。

统计参数类型有算术平均值、算术标准差、几何平均值、几何标准差、变异系数、众值、中位值、中位绝对离差、最小值、最大值、累积频率值（0.5%、2.5%、25%、75%、97.5%、99.5%）、偏度系数（SK）、峰度系数（BK）等，参数计算方法如下：

算术平均值：

$$X_a = \frac{1}{n}\sum_{i=1}^{n} X_i$$

算术标准差：

$$S_a = \sqrt{\frac{\sum_{i=1}^{n}(X_i - X)^2}{n}}$$

几何平均值：

$$X_g = \exp\left(\frac{1}{n}\sum_{i=1}^{n}\ln X_i\right)$$

几何标准差：

$$S_g = \exp\left(\sqrt{\frac{\sum_{i=1}^{n}(\ln X_i - \ln X_g)^2}{n}}\right)$$

变异系数：

$$CV = \frac{S_a}{X_a} \times 100\%$$

众值：统计数据中出现次数最多的值。

中位值：统计数据按照大小顺序排列后，处于中心位置上的值。

中位绝对离差（MAD）：观测值与中位值差值的绝对值再取其中位值，计算公式为

$$MAD = median\left(|X_i - median(X_i)|\right)$$

最小值：统计数据中数值最小的值。

最大值：统计数据中数值最大的值。

累积频率值：统计数据中离群数据剔除前和剔除后的统计数据累积频率分别为0.5%、2.5%、25%、75%、97.5%和99.5%所对应的数值。

偏度系数（SK）：偏度是对分布偏斜方向和程度的一种度量，总体分布的偏斜程度可用总体参数偏度系数来衡量，计算公式为

$$SK = \frac{1}{nS_a^3}\sum_{i=1}^{n}(X_i - X_a)^3$$

当 SK 等于 0 时，表示一组数据分布完全对称。当 SK 大于 0 时，表示一组数据分布为正偏态或右偏态；当 SK 小于 0 时，表示一组数据分布为负偏态或左偏态。不论正、负哪种偏态，偏态系数的绝对值越大表示偏斜程度越大，反之偏斜程度越小。

峰度系数（BK）：如果某分布与标准正态分布比较其形状更瘦更高，则称为尖峰分布；反之，比正态分布更矮更胖，则称为平峰分布，又称厚尾分布。峰度是分布集中于均值附近的形状。峰度的高低用总体参数峰度系数来衡量，计算公式为

$$BK = \frac{1}{nS_a^4} \sum_{i=1}^{n} (X_i - X_a)^3$$

由于标准正态分布的峰度系数为 3，因此，当某一分布的峰度系数大于 3 时，称其为尖峰分布；当某一分布的峰度系数小于 3 时，称其为平峰分布。

第二章 贵州省耕地土壤地球化学参数
——按行政区统计

为便于不同学科、不同专业的相关研究人员和管理部门使用数据，本书对样品数据按行政区、土地利用类型、成土母岩类型、土壤类型、成矿区带、流域等划分统计单元，分别进行地球化学参数统计。本章主要介绍按行政区统计的结果。

第一节 行政区统计单元划分

贵州地处我国西南部，是全国唯一没有平原支撑的内陆省份，介于103°36′~109°35′E、24°37′~29°13′N，国土面积为17.62万km²，占全国国土面积的1.84%。省会贵阳，全省辖贵阳市、遵义市、六盘水市、安顺市、铜仁市、毕节市、黔东南苗族侗族自治州、黔南布依族苗族自治州（黔南州）、黔西南布依族苗族自治州九个市州和贵安新区一个国家级新区，下辖88个县、市、区、特区（图2.1），共计1440个行政乡、民族乡、镇和街道办事处。依次按照省、市州、县区三级行政单元统计土壤23项测试指标的参数。

第二节 各行政区耕地土壤地球化学参数特征

按行政区对23项元素（参数）指标数据进行统计分析，元素（指标）含量受地质背景、成矿条件、岩性特征、地形地貌、土壤成熟度等因素影响，分布有一定规律可寻。As、Mo分布特征有较高相似性，在贵州中部清镇、开阳一带，盘州市南部与黔西南州晴隆—贞丰一线西南面，以及黔西北的威宁、赫章一带为高背景区，往往与某些矿产或岩体关联，低背景区则分布在遵义赤水市和黔东南州，以及铜仁市大部分地区、黔西南州册亨县和望谟县、黔南州大部分地区；Co、Cr、Cu、I、Ni、P、V分布特征有较高相似性，以册亨—紫云—平坝—金沙一线以西为高背景区，局部区域元素大量富集，多与矿化和玄武岩有关，以东为低背景区，其中遵义赤水市、黔南、黔东南背景值低于全国平均背景值；N和有机质分布特征高度一致，高背景区分布在册亨—紫云—平坝—金沙一线以西及整个黔东

图 2.1　贵州省行政区划图

南州，其他地区为低背景区，其中遵义赤水市、黔西南的册亨县、望谟县的 N 和有机质极匮乏；Pb、Zn 分布有较高相似度，高背景区主要分布在黔西北的威宁县、赫章县，黔西南的兴义市、安龙县，黔东南的凯里市、麻江县、丹寨县和施秉县，铜仁市的玉屏县、万山区和松桃县，这些地区基本上是铅锌矿矿集区，低背景区分布在遵义赤水市和贞丰—龙里—都匀—剑河—天柱一线以南；pH 全省以酸性、偏酸性为主，碱性土壤呈条带状分布在黔西南、黔中、黔北广袤土地上，规律不明显。其他元素分布无特别规律，总体特征是环境元素黔西南州兴义市、安龙县、贞丰县，黔西北州威宁县、赫章县、钟山区，铜仁市的玉屏县、万山区、松桃县背景值较高，局部区域富集，营养元素则在黔东南州背景值比较高。

第三节　贵州省各行政区耕地土壤地球化学参数

贵州省各行政区耕地土壤 23 项地球化学参数统计结果见表 2.1～表 2.23。

表 2.1 贵州省各行政区耕地土壤元素砷（As）地球化学参数

（单位：mg/kg）

行政区名称	样品件数/个	算术 平均值	算术 标准差	几何 平均值	几何 标准差	变异系数	众数	中位值	中位绝对离差	最小值	累积频率值 0.5%	2.5%	25%	75%	97.5%	99.5%	最大值	偏度系数	峰度系数
贵阳市	25182	25.67	31.36	20.18	1.96	1.22	17.00	19.80	7.50	0.50	2.86	4.84	13.80	30.80	76.30	133.00	3041.00	41.94	3572.92
南明区	343	20.55	10.21	18.34	1.61	0.50	12.50、12.40	17.20	5.20	6.44	6.54	7.83	12.80	26.20	44.00	47.90	63.20	1.05	0.54
云岩区	64	22.41	20.63	17.03	2.00	0.92	17.00	16.10	4.55	3.77	4.25	5.58	11.50	19.70	81.40	97.80	97.80	2.21	4.18
花溪区	3142	20.62	56.54	15.91	1.92	2.74	13.30、18.20、16.40	16.00	5.20	1.10	1.79	3.41	11.50	22.50	57.50	105.00	3041.00	48.76	2595.70
乌当区	1963	24.05	14.16	20.20	1.87	0.59	15.80	21.10	7.80	1.78	2.91	4.61	14.50	30.80	59.60	77.70	110.00	1.51	4.24
白云区	520	23.28	17.63	20.27	1.61	0.76	16.00、16.50、20.20	19.15	4.45	4.28	6.10	8.51	15.20	24.40	62.00	97.20	262.00	6.41	69.74
观山湖区	406	32.77	32.82	25.14	1.95	1.00	19.30、26.60、11.10	21.55	7.90	5.02	7.04	8.81	15.50	37.40	113.00	148.00	427.00	5.35	52.30
开阳县	6836	29.86	30.87	22.40	2.13	1.03	20.40	23.20	11.00	1.59	3.29	4.81	14.10	37.60	91.00	163.00	825.00	9.31	176.04
息烽县	3034	18.24	14.03	15.03	1.90	0.77	14.10、13.70	16.10	4.90	1.08	2.16	3.33	11.70	21.90	44.60	86.80	321.00	7.11	107.15
修文县	4037	24.63	19.11	21.07	1.72	0.78	18.50	20.50	6.40	0.50	4.31	7.22	15.30	29.30	65.10	109.00	675.00	12.28	352.12
清镇市	4837	29.26	30.91	23.36	1.88	1.06	15.60	21.70	8.70	3.10	5.38	7.68	15.00	36.60	86.40	157.00	1337.00	18.00	677.71
遵义市	85841	15.62	13.67	12.34	2.01	0.88	11.20	13.10	6.07	0.27	1.96	2.99	7.58	20.20	44.30	68.40	1178.00	15.73	878.79
红花岗区	1539	17.43	16.24	13.72	1.97	0.93	13.40、10.60	14.10	5.90	1.81	2.55	3.42	8.98	21.00	60.70	82.40	371.00	8.37	151.40
汇川区	3926	16.88	10.19	14.45	1.76	0.60	11.30	14.60	5.10	0.79	3.00	4.71	10.20	20.90	42.00	58.90	128.00	2.24	10.49
播州区	11106	19.91	19.64	16.26	1.84	0.99	13.40	16.10	5.90	1.83	3.64	4.81	11.10	23.60	57.80	96.50	1178.00	22.32	1138.26
桐梓县	9788	12.48	7.83	10.26	1.92	0.63	10.60	10.60	4.82	0.96	1.84	2.66	6.54	17.00	30.10	40.30	125.00	1.58	7.55
绥阳县	6808	14.98	10.66	12.53	1.82	0.71	12.60	13.00	5.42	1.52	2.81	3.91	8.07	19.40	37.00	50.00	383.00	9.35	262.52
正安县	7443	14.10	7.75	12.06	1.78	0.55	15.20	12.80	5.50	1.98	2.84	3.92	7.75	19.20	31.50	40.00	60.30	0.93	1.06
道真县	5302	12.93	6.62	11.27	1.72	0.51	10.90	11.80	4.79	1.54	2.66	3.80	7.49	17.40	27.40	34.80	58.80	0.86	1.00
务川县	7162	16.31	13.22	14.09	1.74	0.81	16.30	16.10	5.60	2.26	3.13	4.22	9.76	21.00	31.80	49.50	778.00	31.22	1656.91
凤冈县	6238	18.77	17.54	14.53	2.04	0.93	10.80	14.40	7.02	1.51	2.49	3.70	8.78	24.90	52.80	77.40	612.00	10.73	273.43
湄潭县	6519	21.33	14.90	17.22	1.95	0.70	10.90	17.90	8.19	1.62	3.40	4.74	10.60	28.00	57.10	78.80	288.00	2.70	23.65
余庆县	4508	19.73	16.99	14.97	2.11	0.86	10.60	15.10	7.70	1.38	2.55	3.78	8.57	25.60	59.70	93.80	389.00	4.56	61.78
习水县	7545	10.77	12.99	7.90	2.14	1.21	10.10	7.38	3.62	0.35	1.27	2.00	4.61	14.40	30.70	61.80	567.00	16.65	565.65
赤水市	2365	5.48	2.72	4.91	1.60	0.50	6.54	5.11	1.56	0.27	1.43	1.88	3.56	6.69	12.30	16.30	45.60	2.48	21.97
仁怀市	5592	13.11	9.57	10.36	2.06	0.73	14.80	11.70	5.68	0.78	1.58	2.17	6.22	17.60	33.60	44.00	212.00	5.07	84.14
六盘水市	31641	21.35	49.04	11.93	2.62	2.30	3.91	12.03	7.09	0.23	1.56	2.23	5.95	22.14	99.61	303.47	2146.30	14.55	377.24
钟山区	1398	18.61	18.98	14.33	2.04	1.02	11.76	15.31	7.64	1.59	2.50	3.82	8.50	24.16	52.68	90.33	461.72	10.89	222.18
六枝特区	7665	15.28	16.78	11.69	2.04	1.10	8.48	12.04	5.52	1.13	1.95	2.75	7.18	19.29	40.41	94.62	561.30	11.57	252.12
水城区	10055	15.87	23.00	10.34	2.46	1.45	3.91	10.56	6.47	0.23	1.42	2.16	5.04	20.42	57.21	124.49	706.70	11.75	249.39
盘州市	12523	29.77	72.95	13.28	3.11	2.45	2.89、3.83	13.09	8.65	0.26	1.50	2.09	5.59	26.58	194.28	461.04	2146.30	10.45	185.98
安顺市	28010	23.66	41.90	17.38	2.01	1.77	11.20	16.00	6.67	0.75	3.86	5.59	10.54	27.00	78.60	171.00	3085.07	31.63	1714.30
西秀区	6982	24.47	30.74	18.83	1.93	1.26	10.10、13.60	17.60	7.10	2.61	4.81	6.38	11.80	28.10	83.70	171.00	1196.00	16.52	527.87

续表

行政区名称	样品件数/个	算术平均值	算术标准差	几何平均值	几何标准差	变异系数	众值	中位值	中位绝对离差	最小值	累积频率值 0.5%	2.5%	25%	75%	97.5%	99.5%	最大值	偏度系数	峰度系数
平坝区	3877	26.24	18.88	21.05	1.93	0.72	12.00、13.40、10.20	19.40	8.70	2.17	5.00	7.00	12.60	35.60	73.80	106.00	155.00	1.75	4.28
普定县	3689	30.51	83.30	19.10	2.21	2.73	13.40、19.70、27.80	16.85	7.09	0.75	3.19	5.46	11.36	29.00	134.17	336.07	3085.00	23.17	727.68
镇宁县	4716	16.54	13.47	13.32	1.86	0.81	10.80	12.21	4.67	2.23	3.68	4.86	8.48	19.60	51.25	80.92	170.32	3.23	17.31
关岭县	3393	24.16	53.04	17.25	1.98	2.20	14.60	16.20	6.20	0.85	3.63	5.57	11.10	25.30	73.60	248.00	1392.00	17.81	393.15
紫云县	5353	22.00	29.77	16.20	2.04	1.35	10.40	14.40	5.98	1.72	3.24	5.30	9.52	25.90	76.80	147.00	1368.00	19.93	800.08
毕节市	96512	20.41	27.99	16.00	1.96	1.37	11.70、12.20	17.10	7.30	0.31	2.64	4.03	10.40	25.30	51.68	114.00	2890.00	38.03	2864.68
七星关区	12878	17.32	11.47	14.73	1.78	0.66	17.40	15.70	6.25	1.64	3.42	4.79	9.66	22.40	39.30	61.10	308.00	6.29	112.05
大方县	12297	16.92	9.49	14.09	1.92	0.56	13.60	16.00	7.00	0.35	2.22	3.52	9.00	23.10	36.70	44.10	192.00	1.13	9.90
黔西县	10371	23.24	18.17	19.62	1.78	0.78	19.40	20.20	6.60	1.75	3.60	5.17	14.50	28.20	53.80	104.00	448.00	8.46	132.51
金沙县	8365	17.56	12.80	14.33	1.95	0.73	14.00、12.50	15.50	5.96	1.11	2.01	3.00	10.30	22.30	42.60	69.00	520.00	9.29	296.04
织金县	9920	25.06	45.70	18.43	1.89	1.82	10.80	16.50	5.60	0.50	5.92	7.52	11.90	25.40	85.60	281.00	1406.00	14.70	310.24
纳雍县	9498	20.83	27.92	16.03	1.94	1.34	10.20	16.50	7.30	0.31	3.63	5.01	9.86	25.00	54.90	191.00	959.00	13.69	304.70
威宁县	25748	20.06	19.16	15.83	2.04	0.96	19.00	18.30	8.69	0.89	2.47	3.63	9.42	26.70	49.40	81.70	1654.00	30.62	2222.57
赫章县	7435	25.19	63.13	16.71	2.24	2.51	10.90、10.10	16.93	8.48	1.04	2.77	3.77	9.55	27.70	92.70	201.00	2890.00	30.31	1227.99
铜仁市	49327	16.12	62.01	11.88	2.18	3.85	10.60	12.60	6.84	0.55	1.82	2.65	6.59	21.52	45.10	65.40	13391	203.70	43891.4
碧江区	2270	14.80	13.62	9.92	2.53	0.92	16.70	9.79	6.38	0.79	1.16	1.93	4.61	22.50	45.10	58.40	207.00	2.81	24.22
万山区	1537	23.71	12.68	19.51	2.03	0.53	23.13	23.65	8.44	1.06	2.11	3.33	14.58	31.41	49.84	63.71	105.93	0.67	1.98
江口县	2896	14.23	12.76	10.42	2.23	0.90	12.60、10.60	10.60	5.61	0.95	1.35	2.12	5.92	18.60	45.30	72.00	197.00	3.59	28.65
玉屏县	1474	27.39	14.17	23.24	1.88	0.52	29.60、19.70、32.00	26.30	9.30	1.96	2.83	4.66	17.50	36.00	59.50	77.45	101.94	0.75	1.31
石阡县	5923	15.02	12.50	11.04	2.24	0.83	9.42、4.05、23.45	11.86	6.44	0.83	1.75	2.36	6.08	19.64	47.79	68.14	132.55	2.18	8.30
思南县	7444	16.96	156.81	11.23	2.08	9.24	7.60	10.80	5.10	1.30	2.20	3.00	6.70	18.20	47.00	81.70	13391	83.47	7112.96
印江县	5410	11.23	10.46	8.25	2.14	0.93	4.19	7.46	3.68	1.07	1.77	2.30	4.61	14.75	41.27	56.67	156.87	3.07	18.10
德江县	6664	16.97	11.89	13.40	2.04	0.70	6.33	14.44	7.24	1.83	2.38	3.25	7.88	23.12	44.28	59.58	188.99	2.01	12.47
沿河县	8342	14.18	9.84	11.42	1.97	0.69	17.40	12.60	6.26	1.29	2.30	3.12	6.58	19.40	35.50	49.80	313.00	4.67	106.45
松桃县	7367	18.51	13.93	14.37	2.14	0.75	19.70	16.80	8.30	0.55	1.50	2.84	8.48	25.10	45.70	65.00	478.00	6.77	174.32
黔东南州	43188	11.59	13.35	7.23	2.55	1.15	10.20	6.26	3.44	0.80	1.15	1.61	3.53	13.90	49.26	71.80	196.00	2.75	11.90
凯里市	3931	17.28	17.46	11.25	2.52	1.01	4.06、11.81、7.79	10.09	5.86	0.83	1.75	2.40	5.55	24.37	61.42	88.73	176.04	2.18	7.69
黄平县	4447	15.55	17.08	9.74	2.58	1.10	4.88、3.18、8.27	8.17	4.57	1.03	1.51	2.13	4.73	21.60	58.82	96.31	147.00	2.38	8.05
施秉县	2380	22.48	16.74	16.11	2.46	0.74	19.20、14.10	19.80	11.94	1.18	1.58	2.42	8.46	32.40	59.40	84.50	154.00	1.29	3.50
三穗县	1756	6.93	6.87	5.13	2.11	0.99	3.34、11.90	4.99	2.42	0.88	1.10	1.33	2.98	8.62	24.39	46.90	84.30	4.15	28.53
镇远县	3306	15.97	13.45	11.49	2.28	0.84	10.20	10.90	6.26	1.32	1.96	2.55	6.03	22.60	51.00	63.80	95.00	1.61	3.07
岑巩县	2613	18.07	13.44	13.69	2.20	0.74	23.00	15.60	8.64	1.22	1.82	2.80	7.54	25.10	50.10	63.10	196.00	2.20	15.04
天柱县	3205	7.69	6.59	6.16	1.90	0.86	3.25、3.91、10.10	5.85	2.45	1.24	1.61	2.00	3.81	9.47	20.60	33.00	181.70	8.21	172.53

续表

行政区名称	样品件数/个	算术		几何		变异系数	众值	中位值	中位绝对离差	最小值	累积频率值						最大值	偏度系数	峰度系数
		平均值	标准差	平均值	标准差						0.5%	2.5%	25%	75%	97.5%	99.5%			
锦屏县	1747	6.34	6.22	4.64	2.09	0.98	6.43	3.98	1.64	1.00	1.20	1.43	2.70	7.09	25.95	33.45	40.58	2.46	6.52
剑河县	2859	4.75	4.63	3.79	1.86	0.97	2.81	3.44	1.23	0.80	1.05	1.36	2.47	5.45	15.30	25.00	118.00	8.10	144.27
台江县	1096	7.55	7.88	5.61	2.02	1.04	3.35、3.66、2.77	5.02	2.10	1.27	1.50	1.88	3.38	8.33	31.86	51.32	74.63	3.61	17.29
黎平县	4512	5.17	5.05	3.97	1.97	0.98	2.55、2.85	3.58	1.37	0.81	1.03	1.30	2.50	5.86	17.90	30.40	79.50	4.72	41.34
榕江县	2429	3.63	2.26	3.16	1.67	0.62	4.00	3.06	0.99	0.80	0.94	1.22	2.20	4.40	9.10	13.87	27.65	2.99	17.26
从江县	3291	5.31	4.58	4.29	1.88	0.86	1.02	4.18	1.62	1.39	0.97	1.25	2.86	6.42	15.68	28.07	123.95	7.56	146.61
雷山县	1609	7.34	5.23	6.18	1.77	0.71	3.07、7.77、4.41	5.93	2.28	1.39	1.82	2.32	3.98	9.37	18.08	27.63	101.91	5.34	73.48
麻江县	2337	22.50	17.01	16.55	2.29	0.76	12.20、11.60	18.00	10.80	1.44	2.22	3.28	8.45	32.20	64.90	79.50	120.00	1.20	1.61
丹寨县	1670	15.58	15.19	10.47	2.45	0.97	28.93、44.40、6.75	9.56	5.56	1.25	1.52	2.16	5.26	21.72	52.63	89.70	118.60	2.19	7.01
黔南州	49281	17.92	27.50	12.46	2.36	1.54	10.60	12.90	6.45	0.06	1.00	2.02	7.36	21.60	63.40	116.00	4071.00	71.08	9810.09
都匀市	4595	17.45	19.69	11.07	2.65	1.13	10.40	11.20	6.65	0.12	0.97	1.68	5.59	21.80	69.40	105.00	474.00	4.96	71.26
福泉市	4085	25.02	26.64	18.92	2.07	1.06	15.20	18.60	8.20	1.58	2.68	4.55	11.90	30.20	85.70	132.00	770.00	10.31	221.40
荔波县	2368	11.73	9.66	9.40	1.92	0.82	13.80、11.20	9.63	4.17	0.76	1.65	2.61	5.90	14.60	32.80	63.80	120.00	4.13	28.33
贵定县	3543	12.95	12.15	9.22	2.40	0.94	11.80	10.20	5.20	0.06	0.72	1.31	5.64	16.40	41.70	75.40	188.00	4.16	34.95
瓮安县	5984	27.27	22.72	21.42	2.00	0.83	15.80	21.40	8.60	0.92	2.96	5.00	14.30	33.40	84.60	146.00	320.00	3.75	25.91
独山县	4778	14.27	17.24	10.39	2.23	1.21	12.60	11.40	5.06	0.20	1.11	1.77	6.65	17.20	43.80	91.50	598.00	13.09	334.12
平塘县	4510	16.17	14.51	12.10	2.20	0.90	10.60	12.80	5.80	0.24	0.94	1.99	7.66	19.80	50.00	94.30	254.00	4.16	34.58
罗甸县	4137	20.01	34.14	13.00	2.35	1.71	11.40	11.30	4.95	0.80	1.66	2.95	7.64	21.90	91.10	157.00	1574.00	24.20	1042.42
长顺县	3960	21.17	17.85	16.50	2.04	0.84	13.60	17.40	8.13	0.65	2.28	3.96	10.20	27.00	61.30	114.00	302.00	4.34	37.80
龙里县	2908	13.11	10.19	10.22	2.12	0.78	12.40	11.70	4.98	0.38	0.91	1.77	6.87	16.80	34.60	64.40	136.00	4.01	32.68
惠水县	5013	15.13	17.31	10.72	2.39	1.14	12.60	11.80	5.81	0.18	0.55	1.41	6.48	18.60	47.60	95.90	659.00	13.19	403.11
三都县	3400	12.35	71.25	7.72	2.27	5.77	11.40、10.80、10.40	7.65	3.52	0.20	0.75	1.63	4.74	12.40	39.80	106.00	4071.00	54.49	3101.02
黔西南州	45445	38.52	96.70	21.01	2.64	2.51	10.50	18.30	10.45	0.60	3.26	4.65	9.86	40.50	171.00	484.00	7239.00	23.17	1060.11
兴义市	8758	50.29	91.97	31.73	2.43	1.83	10.50、9.00	32.60	19.40	2.60	5.30	7.00	16.00	59.60	169.00	573.00	2059.00	11.44	177.22
兴仁市	6850	31.42	115.70	21.12	2.13	3.68	14.10	19.40	9.10	2.54	4.43	5.87	12.30	34.60	112.00	242.00	7239.00	47.61	2639.57
普安县	5049	26.01	78.20	16.18	2.27	3.01	12.60	15.70	7.64	1.98	2.95	3.92	9.22	26.40	96.60	307.00	3576.00	27.85	1052.52
晴隆县	3890	57.15	179.65	19.71	3.22	3.14	14.70、11.60	16.60	8.70	1.12	2.64	3.70	9.04	29.10	403.00	1147.00	3681.0	9.63	132.60
贞丰县	6020	32.74	73.17	19.79	2.40	2.23	10.50	16.30	8.13	1.21	4.03	5.59	9.94	37.80	125.00	367.00	2339.00	17.62	456.53
望谟县	5419	16.79	48.23	10.68	2.08	2.87	10.10	8.98	2.54	1.63	2.95	3.99	6.89	12.80	72.70	216.00	2106.00	26.61	966.30
册亨县	3617	30.68	58.75	15.89	2.77	1.92	10.20	11.20	5.07	0.60	2.65	3.66	7.95	33.30	164.00	344.00	1188.00	8.47	119.88
安龙县	5842	58.57	79.05	34.83	2.75	1.35	11.90	38.40	25.50	2.15	4.63	6.05	14.90	69.80	259.00	508.00	1355.00	4.95	39.69
贵州省	454431	20.30	45.09	13.65	2.33	2.22	10.60	14.20	7.31	0.06	1.58	2.54	7.81	23.70	69.40	165.00	13391.00	88.32	19708.00

表 2.2　贵州省各行政区耕地土壤硼元素（B）地球化学参数

（单位：mg/kg）

行政区名称	样品件数/个	算术 平均值	算术 标准差	几何 平均值	几何 标准差	变异系数	众值	中位值	中位绝对离差	最小值	累积频率值 0.5%	2.5%	25%	75%	97.5%	99.5%	最大值	偏度系数	峰度系数
贵阳市	25182	79.85	32.06	73.72	1.51	0.40	101.00	75.70	18.60	4.92	19.40	29.60	58.50	96.20	154.00	197.00	500.00	1.32	6.06
南明区	343	82.33	23.14	79.33	1.31	0.28	76.70、67.90、99.00	77.70	14.30	35.40	35.90	47.50	65.40	95.50	133.00	161.00	215.00	1.11	3.05
云岩区	64	76.55	22.91	72.85	1.39	0.30	91.10、112.00、66.40	78.55	15.25	28.60	28.60	36.70	60.70	91.50	117.00	127.00	127.00	-0.01	-0.62
花溪区	3142	74.17	28.87	69.22	1.45	0.39	103.00	68.65	17.10	9.73	25.20	34.00	54.20	89.70	141.00	173.00	500.00	1.91	15.81
乌当区	1963	82.55	27.01	78.18	1.40	0.33	101.00	80.90	15.70	17.50	26.10	33.50	65.30	96.60	143.00	176.00	360.00	1.12	6.48
白云区	520	80.30	29.28	75.32	1.44	0.36	101.00	75.65	17.60	15.20	27.90	36.10	59.70	95.90	152.00	173.00	192.00	0.96	1.06
观山湖区	406	62.72	23.58	58.75	1.43	0.38	47.90、32.40、112.00	58.35	13.10	24.00	24.20	27.90	46.90	73.40	123.00	149.00	153.00	1.15	1.65
开阳县	6836	78.51	30.39	72.67	1.50	0.39	102.00	75.00	17.70	8.99	18.90	28.60	58.50	94.30	151.00	177.00	373.00	0.98	3.09
息烽县	3034	91.94	34.79	86.18	1.44	0.38	101.00	86.70	18.55	21.60	28.00	38.80	70.10	109.00	169.00	228.00	500.00	2.03	12.93
修文县	4037	79.05	29.25	73.95	1.45	0.37	104.00	75.40	17.70	18.20	26.00	33.90	58.90	94.70	149.00	184.00	304.00	1.10	2.83
清镇市	4837	78.69	37.54	70.01	1.66	0.48	101.00	73.00	22.00	4.92	12.80	22.70	53.10	97.80	169.00	222.00	318.00	1.15	2.53
遵义市	85841	81.03	47.39	73.20	1.53	0.58	104.00	71.00	14.20	2.92	24.50	33.10	58.50	88.00	202.00	339.00	1884.00	5.56	82.24
红花岗区	1539	90.62	42.44	81.52	1.59	0.47	108.00	80.60	27.90	21.80	28.30	35.80	56.10	115.00	190.00	224.00	263.00	0.90	0.29
汇川区	3926	87.45	58.34	75.71	1.65	0.67	102.00	70.00	17.60	19.40	26.90	34.30	55.30	92.20	252.00	376.00	569.00	2.84	11.30
桐梓县	9788	69.06	25.49	64.95	1.43	0.37	103.00	68.00	13.60	2.92	21.30	28.30	53.90	81.10	121.00	173.00	478.00	2.75	25.71
绥阳县	6808	79.56	47.54	72.33	1.48	0.60	67.40	69.00	9.50	14.20	27.40	37.30	60.40	79.50	227.00	357.00	608.00	4.17	22.95
正安县	7443	71.75	32.26	67.57	1.38	0.45	61.80	66.40	9.20	7.56	24.80	37.00	57.90	76.40	156.00	268.00	572.00	4.98	40.12
道真县	5302	74.33	24.99	71.06	1.34	0.34	68.60	70.40	10.00	15.80	29.10	39.30	61.20	81.10	145.00	180.00	396.00	2.81	17.64
务川县	7162	81.69	51.10	74.11	1.46	0.63	68.50	68.90	8.70	23.70	33.80	44.10	61.20	79.20	265.00	373.00	537.00	4.02	18.83
凤冈县	6238	83.73	44.65	77.17	1.44	0.53	71.70	72.30	9.20	17.30	30.50	41.40	64.40	84.30	216.00	335.00	666.00	4.19	26.52
湄潭县	6519	92.75	43.00	85.91	1.45	0.46	104.00、101.00	82.30	17.20	14.70	33.60	43.70	67.60	106.00	202.00	302.00	750.00	3.35	23.25
余庆县	4508	85.27	29.14	80.69	1.40	0.34	103.00	80.80	17.00	18.40	32.00	40.60	65.20	99.90	156.00	190.00	372.00	1.20	3.84
习水县	7545	71.03	46.10	62.94	1.58	0.65	102.00	64.50	17.30	14.40	21.00	26.70	46.20	80.60	180.00	368.00	747.00	4.75	35.94
赤水市	2365	49.87	14.59	47.84	1.33	0.29	40.20	47.10	9.30	14.00	23.30	28.20	39.20	58.70	82.40	90.00	98.50	0.67	-0.11
仁怀市	5592	95.75	95.59	75.68	1.86	1.00	104.00	73.50	23.20	11.60	19.60	25.50	50.60	97.40	346.00	613.00	1884.00	5.72	59.36
六盘水市	31641	56.40	44.68	39.45	2.46	0.79	17.70	41.91	27.14	2.04	4.53	7.14	19.39	85.73	160.58	193.36	283.13	0.99	0.27
钟山区	1398	52.40	38.32	39.55	2.18	0.73	18.41	42.90	24.49	5.94	7.09	9.91	20.10	74.85	144.73	177.28	255.79	1.12	1.14
六枝特区	7665	68.24	39.95	55.75	1.98	0.59	27.14	60.49	29.35	2.50	5.78	12.48	35.12	98.47	152.19	177.36	283.13	0.62	-0.31
水城区	10055	48.13	41.73	32.86	2.46	0.87	20.14、20.60、26.96	31.08	19.09	2.54	4.08	6.69	16.07	70.35	152.32	180.50	236.97	1.23	0.76
盘州市	12523	56.23	48.62	36.97	2.63	0.86	21.87	37.70	26.13	2.04	4.53	6.66	16.61	86.99	171.71	205.43	277.16	1.06	0.34
安顺市	28010	78.18	34.33	70.58	1.61	0.44	105.00	74.40	21.60	5.06	14.50	24.20	53.90	97.30	157.00	190.50	480.00	0.95	2.66
西秀区	6982	87.85	34.75	81.21	1.50	0.40	102.00	84.10	22.00	6.15	25.20	34.00	62.80	107.00	165.00	211.00	422.00	1.06	3.41
平坝区	3877	82.14	33.82	74.21	1.63	0.41	102.00	81.00	23.00	6.19	11.90	21.80	57.40	103.00	154.00	181.00	257.00	0.42	0.33

续表

行政区名称	样品件数/个	算术		几何		变异系数	众值	中位值	中位绝对离差	最小值	累积频率值						最大值	偏度系数	峰度系数
		平均值	标准差	平均值	标准差						0.5%	2.5%	25%	75%	97.5%	99.5%			
普定县	3689	87.87	44.92	74.99	1.84	0.51	108.00	85.11	35.05	7.78	10.24	17.67	49.91	120.12	181.65	213.00	325.49	0.46	-0.21
镇宁县	4716	71.23	30.51	64.63	1.58	0.43	80.00	68.50	19.77	10.00	16.10	23.00	49.00	88.60	145.00	170.00	250.00	0.77	0.98
关岭县	3393	69.60	31.04	62.50	1.64	0.45	101.00	68.00	18.80	5.06	12.30	18.30	49.50	87.20	131.00	175.00	480.00	1.56	12.88
紫云县	5353	67.60	23.32	63.45	1.44	0.35	102.00	67.70	15.20	10.90	21.70	27.90	50.70	81.40	118.00	148.00	190.00	0.62	1.34
毕节市	96511	66.90	39.54	55.83	1.89	0.59	101.00	61.70	25.40	0.66	8.52	13.80	37.48	88.60	154.00	214.00	797.00	1.84	12.44
七星关区	12878	67.46	43.69	57.28	1.79	0.65	101.00	62.10	23.60	4.21	12.30	16.90	39.40	86.50	147.00	288.00	757.00	4.20	39.03
大方县	12297	72.74	42.22	61.29	1.84	0.58	107.00	68.60	29.40	1.11	12.30	17.70	39.40	98.30	161.00	226.00	797.00	1.78	13.13
黔西县	10370	96.24	33.90	90.43	1.44	0.35	101.00	94.60	19.40	8.24	31.30	39.90	75.00	113.00	171.00	224.00	443.00	1.20	5.66
金沙县	8365	84.93	41.04	76.93	1.55	0.48	108.00	76.80	22.50	13.20	25.40	35.20	55.40	102.00	191.00	244.00	598.00	1.87	7.47
织金县	9920	59.81	30.86	52.97	1.64	0.52	106.00	51.10	17.10	4.76	14.30	20.40	38.00	76.60	135.00	176.00	366.00	1.47	4.02
纳雍县	9498	61.46	41.83	48.76	2.01	0.68	103.00	49.20	26.50	5.54	9.78	14.00	27.40	89.10	155.00	207.00	399.00	1.33	3.37
威宁县	25748	56.85	32.39	46.84	1.97	0.57	103.00	57.40	21.20	0.66	6.44	10.30	29.90	73.20	133.00	174.00	332.00	0.93	1.97
赫章县	7435	46.28	29.98	38.12	1.89	0.65	22.90	38.02	17.52	2.71	6.56	11.20	24.06	63.50	116.40	178.34	284.00	1.75	5.76
铜仁市	49327	76.74	23.27	73.73	1.32	0.30	102.00	73.80	11.20	6.34	28.90	41.50	63.29	85.80	131.02	188.00	369.99	2.24	12.53
碧江区	2270	78.64	21.04	75.52	1.35	0.27	102.00	78.53	12.15	10.70	24.70	35.20	66.40	90.70	121.00	146.00	188.00	0.18	1.02
万山区	1537	81.79	26.72	77.53	1.40	0.33	94.73、84.27、56.47	78.66	15.48	16.64	26.57	36.63	64.22	95.54	149.37	173.49	249.87	0.89	1.93
江口县	2896	81.88	22.65	78.57	1.35	0.28	106.00	80.47	13.22	14.30	25.20	39.00	68.00	94.80	132.00	154.00	211.00	0.46	1.45
玉屏县	1474	77.16	24.73	73.54	1.37	0.32	109.00、106.00	75.50	14.20	15.70	26.40	36.10	61.40	89.90	131.00	199.00	286.00	1.67	8.50
石阡县	5923	70.65	21.38	67.47	1.36	0.30	59.39、66.08、74.74	68.03	11.89	6.65	24.98	34.57	57.11	81.55	120.35	142.66	227.66	0.86	2.15
思南县	7444	74.39	20.73	71.73	1.31	0.28	101.00	71.75	10.45	9.60	28.60	40.70	62.20	83.10	125.00	158.00	252.00	1.50	6.34
印江县	5410	77.94	21.78	75.39	1.29	0.28	69.99、79.45、76.34	74.92	9.91	16.78	35.04	45.95	65.48	85.46	136.50	184.65	255.74	2.09	8.59
德江县	6664	78.05	23.95	75.46	1.28	0.31	65.82、79.24	75.62	9.35	6.34	33.97	46.98	66.35	85.03	123.50	223.67	369.99	4.20	31.23
沿河县	8342	72.68	21.24	70.39	1.27	0.29	61.20	69.90	9.20	11.50	35.20	45.60	61.20	79.90	118.00	195.00	328.00	3.65	25.59
松桃县	7367	82.77	27.00	79.23	1.33	0.33	101.00	77.50	11.90	11.90	31.80	46.60	66.93	91.70	157.00	213.00	325.00	2.19	8.66
黔东南州	43188	67.09	26.35	61.98	1.50	0.39	101.00	64.93	18.15	4.82	20.90	26.70	46.85	83.20	125.00	153.98	293.00	0.79	1.42
凯里市	3931	75.38	25.12	70.65	1.47	0.33	101.00	75.02	15.30	8.15	16.15	26.44	59.53	90.01	130.98	155.97	200.83	0.34	0.83
黄平县	4447	73.68	20.22	70.66	1.36	0.27	69.48、78.11	73.60	11.55	9.48	19.50	34.67	61.31	84.55	117.66	137.96	186.51	0.35	1.12
施秉县	2380	76.56	24.85	72.35	1.42	0.32	101.00	76.05	13.85	13.00	22.30	31.20	61.60	89.20	134.00	160.00	243.00	0.66	2.05
三穗县	1756	59.49	28.30	53.48	1.58	0.48	31.72	50.34	17.54	17.60	21.86	24.63	37.12	79.45	123.63	148.12	206.79	0.96	0.50
镇远县	3306	84.95	28.13	80.02	1.43	0.33	104.00、103.00	84.90	17.90	4.82	27.70	34.80	66.50	102.00	142.00	180.00	271.00	0.57	1.90
岑巩县	2613	82.26	20.58	79.58	1.30	0.25	101.00	80.80	12.90	11.50	30.60	44.60	68.90	94.90	125.00	148.95	180.00	0.41	0.89
天柱县	3205	46.75	19.94	43.53	1.44	0.43	36.00	42.31	9.85	14.72	20.38	23.18	33.64	54.60	99.79	141.00	206.01	2.26	8.92
锦屏县	1747	54.99	17.59	52.34	1.37	0.32	50.76、57.30	53.32	10.93	14.05	21.09	26.92	42.82	64.72	93.75	113.82	237.50	1.29	7.18

续表

行政区名称	样品件数/个	算术平均值	算术标准差	几何平均值	几何标准差	变异系数	众值	中位值	中位绝对离差	最小值	0.5%	2.5%	25%	75%	97.5%	99.5%	最大值	偏度系数	峰度系数
剑河县	2859	50.83	25.66	46.36	1.50	0.50	36.10、34.30	44.10	10.40	14.90	19.60	23.60	34.80	57.00	122.00	168.00	293.00	2.57	10.53
台江县	1096	61.51	25.84	56.44	1.52	0.42	25.24、32.31、33.03	56.19	17.87	7.78	22.95	26.44	40.50	78.53	122.00	133.73	139.68	0.77	-0.14
黎平县	4512	60.66	18.24	57.88	1.37	0.30	50.60、49.50、58.00	59.70	12.20	16.80	21.70	28.40	47.70	72.20	98.69	119.05	219.00	0.62	1.86
榕江县	2429	48.33	17.18	45.74	1.38	0.36	42.32	44.74	9.19	18.97	22.41	25.39	36.70	55.98	90.53	120.85	161.59	1.54	3.91
从江县	3291	69.33	24.60	64.91	1.46	0.35	76.74、52.07、50.07	67.18	15.34	12.06	18.88	24.32	52.36	83.26	122.62	149.92	251.23	0.89	2.97
雷山县	1609	61.54	28.64	55.99	1.53	0.47	52.00、45.88	51.77	13.42	18.47	23.62	27.65	41.54	76.60	130.51	148.00	230.55	1.27	1.54
麻江县	2337	79.82	21.42	76.74	1.34	0.27	101.00	79.10	13.13	8.76	27.30	38.07	66.10	92.40	126.00	152.00	171.00	0.39	1.08
丹寨县	1670	76.38	31.25	70.39	1.51	0.41	79.13、55.17、56.33	71.11	19.45	13.68	24.60	29.76	53.26	93.39	149.07	176.73	248.35	0.94	1.09
黔南州	49281	83.27	29.73	78.14	1.44	0.36	103.00	79.40	18.00	2.52	25.80	36.10	62.70	99.00	153.00	186.00	527.00	1.00	3.31
都匀市	4595	77.34	24.11	73.80	1.36	0.31	101.00	74.30	14.10	16.60	30.80	38.50	61.00	89.50	136.00	164.00	196.00	0.96	1.64
福泉市	4085	80.57	27.95	75.58	1.45	0.35	103.00	77.60	17.50	7.71	22.90	32.80	61.50	96.80	144.00	172.00	214.00	0.60	0.67
荔波县	2368	78.34	26.00	74.72	1.35	0.33	101.00	73.40	13.90	27.80	36.90	42.70	61.60	90.40	139.00	194.00	241.00	1.72	5.35
贵定县	3543	72.76	24.61	68.80	1.40	0.34	107.00	69.60	15.00	17.10	26.10	33.40	55.80	86.00	130.00	156.00	243.00	0.94	1.87
瓮安县	5984	84.29	29.36	78.95	1.46	0.35	103.00	82.30	18.60	2.52	23.40	32.70	64.50	102.00	149.00	179.00	325.00	0.62	1.38
独山县	4778	89.32	31.61	83.77	1.44	0.35	102.00、101.00	86.10	21.90	20.30	30.30	39.10	65.40	109.00	160.00	187.00	215.00	0.62	0.28
平塘县	4510	81.84	27.45	77.47	1.40	0.34	106.00、105.00	77.70	17.25	9.29	31.40	40.50	62.00	97.40	146.00	177.00	206.00	0.85	0.99
罗甸县	4137	91.48	34.48	83.72	1.59	0.38	102.00	90.30	20.70	5.91	12.10	25.40	71.00	112.00	168.00	194.00	247.00	0.31	0.55
长顺县	3960	82.83	26.32	78.66	1.39	0.32	102.00	80.80	15.20	18.40	27.80	35.60	65.80	96.20	144.00	174.00	245.00	0.80	1.85
龙里县	2908	77.53	27.13	73.06	1.42	0.35	110.00	73.90	16.30	17.00	27.10	35.10	58.90	91.90	142.00	174.00	218.00	0.99	1.74
惠水县	5013	83.21	26.58	79.19	1.37	0.32	103.00	79.80	16.50	23.70	35.00	42.30	64.20	97.50	148.00	174.00	189.00	0.82	0.83
三都县	3400	95.96	40.37	88.37	1.50	0.42	105.00	89.20	25.80	21.20	32.00	40.20	65.70	119.00	187.00	225.00	527.00	1.48	7.43
黔西南州	45445	69.60	39.07	59.79	1.80	0.56	103.00	68.00	21.00	2.20	9.82	14.00	45.30	88.00	142.00	248.00	730.00	3.04	25.09
兴义市	8758	73.72	35.22	66.23	1.62	0.48	72.00	71.00	18.00	7.00	13.00	21.00	53.00	89.00	152.00	241.00	500.00	2.34	15.17
兴仁市	6850	72.16	53.74	59.71	1.85	0.74	101.00	64.80	23.10	7.70	12.20	15.70	41.90	88.10	185.00	425.00	730.00	4.04	25.68
普安县	5049	65.96	43.22	51.40	2.13	0.66	103.00	56.20	31.60	4.86	8.01	10.80	29.90	95.80	159.00	206.00	358.00	0.86	0.76
晴隆县	3890	56.67	57.14	41.20	2.18	1.01	101.00	39.65	20.35	2.20	6.14	9.95	24.20	74.10	184.00	433.00	526.00	3.93	22.28
贞丰县	6020	66.60	28.49	59.48	1.68	0.43	79.00	67.00	18.00	5.00	11.00	16.00	48.00	84.00	124.00	152.00	368.00	0.62	3.47
望谟县	5419	75.66	23.25	71.48	1.44	0.31	103.00	75.40	14.30	7.66	14.00	23.80	61.10	89.70	122.00	142.00	298.00	0.44	3.71
册亨县	3617	76.58	21.56	73.53	1.34	0.28	101.00、103.00、102.00	75.60	15.00	14.80	28.30	40.50	60.70	90.60	121.00	147.00	208.00	0.65	1.95
安龙县	5842	65.35	31.16	56.20	1.84	0.48	102.00	66.50	20.90	6.03	9.06	12.60	42.80	85.40	129.00	154.00	226.00	0.31	0.26
贵州省	454431	73.38	38.20	64.24	1.74	0.52	101.00	69.90	19.40	0.66	8.76	15.62	50.80	89.70	156.91	232.00	1884.0	3.07	44.86

表 2.3　贵州省各行政区耕地土壤镉元素（Cd）地球化学参数

（单位：mg/kg）

行政区名称	样品件数/个	算术平均值	算术标准差	几何平均值	几何标准差	变异系数	众值	中位值	中位绝对离差	最小值	累积频率值 0.5%	2.5%	25%	75%	97.5%	99.5%	最大值	偏度系数	峰度系数
贵阳市	25182	0.50	0.55	0.40	1.80	1.10	0.35	0.38	0.11	0.02	0.10	0.15	0.28	0.52	1.81	3.78	16.20	7.91	112.83
南明区	343	0.33	0.17	0.30	1.48	0.53	0.26、0.30	0.30	0.06	0.03	0.06	0.16	0.24	0.37	0.64	0.86	2.52	6.48	73.50
云岩区	64	0.43	0.53	0.36	1.56	1.23	0.32、0.44、0.33	0.35	0.07	0.18	0.18	0.18	0.28	0.42	0.83	4.45	4.45	7.36	56.96
花溪区	3142	0.50	0.58	0.39	1.88	1.17	0.32、0.33	0.36	0.11	0.02	0.09	0.13	0.27	0.52	2.00	3.93	11.90	6.99	81.26
乌当区	1963	0.44	0.41	0.37	1.69	0.93	0.40	0.36	0.10	0.06	0.11	0.15	0.27	0.48	1.19	2.29	9.27	9.86	165.30
白云区	520	0.45	0.30	0.39	1.63	0.68	0.37	0.37	0.10	0.10	0.14	0.16	0.29	0.50	1.28	2.23	2.88	3.85	21.47
观山湖区	406	0.54	0.45	0.45	1.72	0.84	0.47、0.31、0.39	0.42	0.11	0.06	0.11	0.15	0.34	0.58	1.71	3.37	4.62	4.60	28.66
开阳县	6836	0.62	0.72	0.47	1.90	1.16	0.31	0.44	0.15	0.05	0.12	0.17	0.31	0.64	2.27	5.07	16.20	7.17	89.68
息烽县	3034	0.38	0.30	0.33	1.60	0.78	0.31、0.26	0.33	0.08	0.05	0.09	0.14	0.26	0.43	0.89	2.04	6.88	9.15	138.86
修文县	4037	0.44	0.39	0.36	1.74	0.90	0.36	0.35	0.10	0.05	0.09	0.14	0.26	0.48	1.37	2.68	7.63	6.29	65.73
清镇市	4837	0.52	0.56	0.42	1.76	1.08	0.35	0.38	0.10	0.04	0.13	0.18	0.30	0.51	2.01	3.52	12.10	7.15	87.13
遵义市	85841	0.47	0.48	0.38	1.76	1.03	0.30	0.36	0.11	0	0.10	0.15	0.27	0.49	1.62	3.05	39.20	14.39	683.37
红花岗区	1539	0.50	0.52	0.41	1.73	1.04	0.40	0.39	0.10	0.05	0.10	0.16	0.30	0.51	1.59	4.01	9.68	7.34	84.95
汇川区	3926	0.51	0.43	0.43	1.71	0.84	0.37	0.40	0.11	0.06	0.12	0.18	0.31	0.55	1.61	2.98	6.05	5.01	38.57
播州区	11106	0.53	0.52	0.44	1.72	0.99	0.33	0.41	0.11	0.03	0.14	0.19	0.31	0.55	1.84	3.54	13.70	7.53	103.08
桐梓县	9788	0.51	0.58	0.39	1.87	1.15	0.30	0.35	0.10	0.06	0.11	0.16	0.27	0.49	2.10	3.54	13.80	6.48	77.43
绥阳县	6808	0.49	0.65	0.39	1.78	1.34	0.32	0.36	0.10	0.05	0.11	0.16	0.27	0.50	1.78	3.11	39.20	32.43	1832.63
正安县	7443	0.46	0.39	0.38	1.76	0.84	0.24	0.35	0.11	0.07	0.12	0.16	0.26	0.50	1.57	2.56	6.40	4.05	26.68
道真县	5302	0.44	0.33	0.37	1.75	0.75	0.24	0.35	0.11	0.06	0.10	0.14	0.25	0.49	1.47	2.13	3.31	3.06	12.53
务川县	7162	0.46	0.26	0.41	1.56	0.58	0.41	0.40	0.10	0.08	0.14	0.18	0.31	0.52	1.18	1.91	4.65	4.00	29.83
凤冈县	6238	0.38	0.28	0.33	1.66	0.73	0.30	0.34	0.10	0.03	0.09	0.13	0.24	0.45	0.96	1.91	7.19	7.13	107.11
湄潭县	6519	0.42	0.45	0.35	1.76	1.06	0.30	0.34	0.10	0	0.09	0.12	0.25	0.46	1.27	2.60	19.00	15.65	502.79
余庆县	4508	0.45	0.45	0.35	1.85	1.02	0.22	0.34	0.12	0.06	0.10	0.12	0.24	0.50	1.46	3.26	10.20	6.93	84.93
习水县	7545	0.47	0.50	0.37	1.81	1.07	0.28	0.34	0.09	0.02	0.10	0.14	0.26	0.46	1.84	3.41	8.60	5.53	45.13
赤水市	2365	0.29	0.11	0.27	1.51	0.38	0.30	0.29	0.08	0.05	0.08	0.11	0.21	0.37	0.55	0.62	0.76	0.48	0.03
仁怀市	5592	0.50	0.66	0.39	1.81	1.33	0.30	0.36	0.10	0.04	0.10	0.15	0.28	0.49	1.97	3.34	24.80	16.35	467.92
六盘水市	31641	1.32	2.04	0.79	2.48	1.55	0.42	0.66	0.32	0.05	0.15	0.21	0.40	1.32	6.88	12.13	74.28	7.08	116.58
钟山区	1398	4.47	3.78	3.35	2.13	0.84	2.10	3.04	1.40	0.13	0.32	1.00	1.96	5.89	13.72	19.91	35.16	2.23	8.51
六枝特区	7665	0.71	1.30	0.48	2.05	1.82	0.40	0.40	0.11	0.05	0.13	0.18	0.31	0.59	3.83	8.61	42.96	10.21	201.34
水城区	10055	1.76	2.18	1.22	2.19	1.23	0.42、0.34、0.35	1.07	0.45	0.10	0.23	0.35	0.71	1.88	7.57	12.74	50.38	5.72	64.95
盘州市	12523	0.97	1.57	0.64	2.19	1.62	0.70、0.64	0.55	0.21	0.05	0.14	0.21	0.38	0.89	4.58	8.23	74.28	15.00	510.22
安顺市	28010	0.76	1.49	0.43	2.39	1.96	0.44	0.37	0.14	0.02	0.07	0.11	0.26	0.59	5.00	10.60	53.30	6.86	92.27
西秀区	6982	0.55	1.00	0.39	2.03	1.83	0.27、0.30	0.35	0.12	0.04	0.08	0.12	0.25	0.54	2.47	5.06	53.30	24.89	1149.67

续表

行政区名称	样品件数/个	算术 平均值	算术 标准差	几何 平均值	几何 标准差	变异系数	众值	中位值	中位绝对离差	最小值	累积频率值 0.5%	2.5%	25%	75%	97.5%	99.5%	最大值	偏度系数	峰度系数
平坝区	3877	0.47	0.54	0.37	1.86	1.15	0.20	0.34	0.11	0.02	0.09	0.14	0.25	0.48	1.93	3.53	11.50	7.22	90.20
普定县	3689	0.66	0.93	0.45	2.10	1.41	0.26	0.38	0.12	0.06	0.12	0.17	0.28	0.56	3.23	6.08	12.71	5.19	39.16
镇宁县	4716	0.46	0.62	0.34	2.05	1.35	0.31	0.34	0.13	0.02	0.05	0.08	0.23	0.50	1.48	4.76	12.70	8.59	104.66
关岭县	3393	0.85	1.08	0.53	2.48	1.27	0.28	0.41	0.17	0.03	0.07	0.13	0.29	0.88	3.96	5.94	12.40	3.17	14.44
紫云县	5353	1.51	2.76	0.59	3.34	1.83	0.23、0.28	0.43	0.21	0.03	0.08	0.11	0.26	0.89	10.50	14.30	22.80	2.93	9.07
毕节市	96510	1.17	1.83	0.75	2.37	1.57	0.38	0.62	0.29	0	0.15	0.21	0.40	1.31	5.29	8.36	231.22	35.92	3471.79
七星关区	12877	0.81	2.43	0.62	1.84	3.01	0.46	0.57	0.18	0.04	0.16	0.23	0.42	0.83	2.76	4.18	231.22	72.39	6484.02
大方县	12297	0.65	0.76	0.50	1.86	1.16	0.42	0.45	0.11	0.02	0.14	0.20	0.35	0.60	2.74	4.65	19.00	6.74	84.53
黔西县	10371	0.42	0.33	0.37	1.55	0.79	0.30	0.36	0.09	0	0.13	0.18	0.29	0.47	0.94	2.53	11.10	9.85	176.39
金沙县	8365	0.50	0.51	0.41	1.78	1.01	0.36	0.39	0.11	0.04	0.09	0.15	0.29	0.51	1.86	3.58	10.20	5.76	51.52
织金县	9920	0.70	0.87	0.52	1.93	1.24	0.35	0.44	0.12	0.08	0.17	0.21	0.34	0.63	3.25	5.54	23.60	6.15	77.53
纳雍县	9497	0.92	0.95	0.72	1.88	1.04	0.54	0.65	0.20	0.09	0.19	0.27	0.48	0.93	3.86	6.41	12.30	4.27	24.94
威宁县	25748	2.09	2.22	1.50	2.23	1.06	0.90	1.42	0.71	0.09	0.24	0.35	0.85	2.58	7.24	10.60	134.00	13.27	602.07
赫章县	7435	2.20	2.57	1.76	1.88	1.17	1.32	1.63	0.63	0.16	0.34	0.58	1.14	2.70	6.43	9.48	150.30	30.60	1602.90
铜仁市	49327	0.46	0.56	0.37	1.84	1.20	0.26	0.35	0.13	0.03	0.09	0.13	0.24	0.52	1.53	2.89	51.80	26.59	1771.63
碧江区	2270	0.48	0.77	0.35	1.95	1.60	0.22	0.32	0.10	0.05	0.09	0.12	0.23	0.47	2.05	4.33	18.00	11.72	209.11
万山区	1537	0.46	0.37	0.39	1.80	0.79	0.31	0.41	0.14	0.06	0.09	0.11	0.26	0.55	1.38	2.02	7.85	7.50	119.51
江口县	2896	0.45	0.48	0.35	1.92	1.07	0.28	0.33	0.13	0.03	0.07	0.11	0.23	0.53	1.45	2.55	12.40	9.29	163.62
玉屏县	1474	0.47	0.63	0.39	1.77	1.32	0.39	0.40	0.12	0.06	0.09	0.12	0.29	0.54	1.09	3.06	17.59	17.16	411.71
石阡县	5923	0.48	0.46	0.37	1.92	0.97	0.29、0.28、0.22	0.36	0.14	0.03	0.09	0.13	0.23	0.55	1.63	2.96	10.36	6.38	87.36
思南县	7444	0.43	0.40	0.34	1.84	0.93	0.20	0.33	0.13	0.05	0.09	0.12	0.22	0.50	1.39	2.58	7.45	5.99	61.64
印江县	5410	0.40	0.35	0.32	1.80	0.88	0.19、0.18、0.21	0.28	0.09	0.06	0.10	0.13	0.22	0.44	1.42	2.43	4.02	3.72	19.51
德江县	6664	0.49	0.47	0.41	1.76	0.95	0.28、0.25、0.21	0.39	0.13	0.06	0.11	0.15	0.28	0.57	1.47	2.49	20.94	16.07	585.30
沿河县	8342	0.49	0.79	0.39	1.84	1.60	0.30	0.38	0.13	0.05	0.10	0.14	0.26	0.54	1.63	3.06	51.80	39.67	2331.53
松桃县	7367	0.47	0.61	0.38	1.80	1.29	0.28	0.37	0.11	0.05	0.09	0.13	0.26	0.50	1.58	3.52	19.00	14.18	333.37
黔东南州	43188	0.38	0.70	0.27	2.00	1.84	0.19	0.24	0.09	0.03	0.06	0.09	0.18	0.39	1.37	3.36	50.35	25.61	1227.57
凯里市	3931	0.62	1.48	0.42	2.09	2.38	0.31	0.38	0.17	0.07	0.10	0.14	0.25	0.65	2.17	6.38	50.35	20.33	547.74
黄平县	4447	0.43	0.94	0.29	2.07	2.16	0.16	0.26	0.10	0.05	0.07	0.09	0.18	0.41	1.71	6.01	30.20	14.36	315.48
施秉县	2380	0.49	0.53	0.38	2.02	1.08	0.17	0.37	0.16	0.06	0.08	0.11	0.23	0.60	1.69	2.94	14.30	10.24	215.91
三穗县	1756	0.37	0.56	0.27	1.93	1.48	0.19	0.25	0.07	0.05	0.06	0.09	0.19	0.33	1.66	4.70	6.71	6.43	50.21
镇远县	3306	0.60	0.81	0.42	2.11	1.36	0.21	0.36	0.14	0.08	0.10	0.14	0.25	0.61	2.77	5.26	15.20	6.29	66.39
岑巩县	2613	0.53	0.51	0.44	1.76	0.96	0.23、0.27	0.42	0.14	0.06	0.12	0.17	0.30	0.60	1.57	3.17	15.50	12.40	307.74

续表

行政区名称	样品件数/个	算术平均值	算术标准差	几何平均值	几何标准差	变异系数	众值	中位值	中位绝对离差	最小值	累积频率值 0.5%	2.5%	25%	75%	97.5%	99.5%	最大值	偏度系数	峰度系数
天柱县	3205	0.26	0.32	0.22	1.71	1.23	0.21	0.21	0.06	0.04	0.06	0.08	0.16	0.28	0.76	1.58	11.60	18.27	529.19
锦屏县	1747	0.24	0.16	0.21	1.59	0.65	0.20	0.22	0.05	0.03	0.04	0.07	0.17	0.27	0.55	1.18	2.47	5.94	58.60
剑河县	2859	0.27	0.32	0.23	1.64	1.20	0.20	0.22	0.05	0.04	0.07	0.10	0.17	0.28	0.88	1.84	12.90	23.17	856.32
台江县	1096	0.38	0.85	0.27	1.85	2.24	0.22、0.16	0.24	0.06	0.06	0.07	0.10	0.19	0.32	1.18	7.51	12.85	10.71	130.93
黎平县	4512	0.22	0.22	0.18	1.67	0.99	0.19	0.18	0.05	0.03	0.05	0.07	0.14	0.24	0.66	1.29	7.85	14.71	408.56
榕江县	2429	0.19	0.05	0.18	1.36	0.29	0.17	0.18	0.03	0.04	0.06	0.09	0.15	0.22	0.30	0.36	0.66	0.68	2.82
从江县	3291	0.18	0.14	0.16	1.60	0.77	0.18、0.15	0.17	0.04	0.03	0.04	0.06	0.13	0.21	0.40	0.92	4.52	12.87	305.79
雷山县	1609	0.24	0.08	0.23	1.38	0.35	0.28、0.21、0.24	0.24	0.04	0.06	0.08	0.10	0.20	0.29	0.39	0.48	2.03	6.16	122.96
麻江县	2337	0.60	0.79	0.47	1.90	1.33	0.41、0.46	0.46	0.18	0.04	0.09	0.13	0.31	0.70	1.69	3.81	27.00	18.77	555.23
丹寨县	1670	0.35	0.33	0.28	1.84	0.95	0.22、0.17	0.26	0.09	0.05	0.07	0.10	0.19	0.41	1.13	2.20	6.57	7.15	95.48
黔南州	49281	0.82	1.53	0.44	2.60	1.86	0.22	0.39	0.19	0.01	0.06	0.10	0.24	0.68	5.52	10.20	41.90	5.85	58.48
都匀市	4595	0.55	1.13	0.37	2.16	2.04	0.24	0.33	0.13	0.04	0.06	0.10	0.22	0.54	2.40	5.69	35.80	15.05	341.44
福泉市	4085	0.54	0.56	0.43	1.93	1.02	0.32	0.42	0.16	0.04	0.09	0.13	0.28	0.62	1.82	3.33	12.40	7.83	112.28
荔波县	2368	0.69	1.05	0.41	2.50	1.54	0.26	0.34	0.16	0.02	0.05	0.10	0.22	0.65	3.90	6.94	13.70	4.51	28.18
贵定县	3543	0.48	0.41	0.38	1.98	0.85	0.23	0.38	0.16	0.02	0.06	0.10	0.24	0.59	1.55	2.60	5.67	3.93	28.20
瓮安县	5984	0.57	0.81	0.44	1.92	1.42	0.40	0.42	0.15	0.05	0.09	0.14	0.29	0.60	2.09	4.20	41.90	24.58	1130.19
独山县	4778	0.77	1.14	0.46	2.54	1.49	0.24	0.41	0.21	0.03	0.06	0.09	0.24	0.76	4.09	7.44	20.00	5.13	42.50
平塘县	4510	1.41	2.00	0.69	3.17	1.42	0.20	0.54	0.34	0.03	0.08	0.12	0.28	1.57	7.81	10.20	14.30	2.50	6.56
罗甸县	4137	1.23	2.66	0.40	3.64	2.16	0.17	0.29	0.16	0.03	0.05	0.06	0.17	0.69	10.30	15.20	26.10	3.54	13.73
长顺县	3960	1.52	2.39	0.70	3.19	1.57	0.26	0.56	0.32	0.03	0.07	0.12	0.30	1.36	9.26	12.40	20.60	2.87	9.30
龙里县	2908	0.52	0.44	0.41	1.98	0.84	0.30、0.34	0.40	0.17	0.03	0.05	0.11	0.27	0.63	1.73	2.59	7.28	3.95	32.45
惠水县	5013	1.02	1.70	0.48	3.05	1.67	0.20	0.39	0.21	0.01	0.05	0.09	0.22	0.86	6.54	9.59	15.00	3.44	14.21
三都县	3400	0.37	0.88	0.27	1.92	2.42	0.18	0.25	0.09	0.04	0.06	0.09	0.18	0.37	1.23	3.45	41.90	32.68	1457.62
黔西南州	45445	0.70	2.07	0.37	2.53	2.95	0.29、0.20	0.31	0.12	0.02	0.06	0.09	0.21	0.51	4.37	9.85	266.00	60.04	6797.82
兴义市	8758	0.93	1.43	0.51	2.65	1.54	0.27	0.39	0.16	0.03	0.08	0.12	0.27	0.73	5.10	7.47	24.70	3.77	24.39
兴仁市	6850	0.35	0.30	0.30	1.62	0.86	0.25	0.28	0.06	0.04	0.10	0.13	0.23	0.36	0.94	2.33	5.09	6.96	70.46
普安县	5049	0.85	2.02	0.44	2.38	2.38	0.25、0.30	0.35	0.11	0.05	0.11	0.15	0.27	0.52	7.35	14.10	33.00	6.20	49.27
晴隆县	3890	0.70	1.15	0.43	2.26	1.66	0.26	0.36	0.13	0.02	0.10	0.13	0.26	0.58	4.05	8.13	14.10	5.09	32.87
贞丰县	6020	0.47	0.65	0.32	2.13	1.39	0.21	0.29	0.12	0.03	0.07	0.10	0.20	0.46	2.20	4.23	16.20	7.43	105.42
望谟县	5419	0.70	2.31	0.22	2.86	3.28	0.15	0.18	0.06	0.02	0.05	0.06	0.13	0.27	8.39	16.00	27.10	5.92	40.39
册亨县	3617	0.74	1.45	0.32	3.19	1.95	0.16	0.21	0.10	0.04	0.05	0.07	0.14	0.64	4.38	8.91	18.20	5.01	35.70
安龙县	5842	0.86	4.32	0.45	2.59	5.06	0.22	0.33	0.14	0.03	0.08	0.12	0.23	0.76	3.88	6.92	266.00	49.19	2755.35
贵州省	454431	0.75	1.44	0.46	2.35	1.92	0.28	0.40	0.16	0	0.08	0.12	0.26	0.67	4.04	8.25	266.00	37.45	4960.41

表 2.4 贵州省各行政区耕地土壤钴元素（Co）地球化学参数

（单位：mg/kg）

行政区名称	样品件数/个	算术 平均值	算术 标准差	几何 平均值	几何 标准差	变异系数	众值	中位值	中位绝对离差	最小值	累积频率值						最大值	偏度系数	峰度系数
											0.5%	2.5%	25%	75%	97.5%	99.5%			
贵阳市	25182	23.05	10.30	20.71	1.63	0.45	16.90	21.50	6.10	0.25	3.31	6.44	16.10	28.50	47.00	60.00	102.00	1.02	2.38
南明区	343	22.72	4.90	22.09	1.29	0.22	20.40、20.90	22.60	3.00	4.85	6.32	11.70	20.00	25.90	31.00	35.40	36.00	-0.36	0.88
云岩区	64	22.38	9.48	20.21	1.61	0.42	14.80	21.20	8.50	4.69	4.69	6.57	14.50	30.70	37.80	40.30	40.30	0.15	-1.31
花溪区	3142	23.69	13.12	19.35	2.04	0.55	17.90	21.90	9.65	0.25	2.30	3.29	13.60	33.40	49.40	64.10	102.00	0.56	0.49
乌当区	1963	19.02	7.08	17.67	1.49	0.37	17.80	18.20	4.80	2.72	4.38	7.02	13.80	23.50	34.20	41.30	71.90	0.73	1.88
白云区	520	24.71	9.16	23.14	1.44	0.37	21.70、20.90	23.35	5.55	6.67	7.22	10.60	18.70	29.50	45.00	57.90	82.40	1.28	4.06
观山湖区	406	22.31	9.18	20.13	1.63	0.41	18.50	22.35	6.45	3.53	3.55	5.93	15.50	28.60	40.60	48.00	54.60	0.27	-0.08
开阳县	6836	19.68	7.56	18.23	1.51	0.38	16.90	18.80	4.25	0.61	3.87	7.07	14.90	23.60	37.60	48.80	78.60	1.10	3.29
息烽县	3034	21.98	9.39	19.78	1.65	0.43	24.00	21.40	5.55	0.50	3.20	5.66	15.90	27.00	44.70	51.70	75.70	0.71	1.27
修文县	4037	22.87	8.64	21.23	1.49	0.38	19.90	22.20	5.40	3.17	5.75	8.86	16.80	27.50	42.70	51.50	78.30	0.80	1.43
清镇市	4837	29.75	11.60	27.48	1.51	0.39	28.00	29.00	7.10	2.25	6.84	10.70	21.60	35.80	56.00	73.00	95.40	0.90	2.05
遵义市	85841	20.83	9.23	19.09	1.52	0.44	17.80	18.60	4.00	0.04	5.04	7.89	15.10	23.60	44.80	53.20	190.00	1.61	5.70
红花岗区	1539	23.99	11.75	21.52	1.60	0.49	15.60、17.60	20.40	4.80	3.71	4.66	8.18	16.20	28.10	50.80	59.00	100.00	1.27	1.78
汇川区	3926	20.75	9.82	18.84	1.54	0.47	13.80	17.90	4.20	2.90	5.87	8.54	14.20	23.60	44.50	53.30	109.00	1.53	3.66
播州区	11106	24.47	10.59	22.48	1.50	0.43	17.00	21.40	5.40	3.91	7.71	10.60	17.10	29.50	50.10	58.30	103.00	1.17	1.31
桐梓县	9788	21.79	9.61	20.00	1.50	0.44	16.80	19.10	4.20	2.86	5.53	9.55	15.50	24.70	45.40	53.50	86.20	1.40	2.29
绥阳县	6808	19.65	9.03	17.99	1.51	0.46	17.60	17.50	3.80	4.94	6.18	8.27	14.10	21.80	43.60	49.90	142.00	1.80	6.98
正安县	7443	19.70	6.47	18.75	1.37	0.33	18.80	18.80	3.30	2.33	7.70	9.99	15.70	22.20	37.90	44.20	67.00	1.39	3.51
道真县	5302	20.48	7.11	19.36	1.40	0.35	18.20、18.10	19.10	3.30	2.94	5.02	10.10	16.20	23.00	39.80	45.50	64.30	1.27	2.39
务川县	7162	22.03	7.12	21.09	1.33	0.32	19.50	20.60	3.00	6.56	10.30	12.20	17.80	23.90	42.40	50.40	85.60	1.82	5.12
凤冈县	6238	20.33	8.08	19.09	1.41	0.40	19.30	18.40	3.20	1.92	7.92	10.40	15.50	22.20	42.40	50.40	168.00	2.63	21.77
湄潭县	6519	19.25	7.67	18.03	1.43	0.40	16.90	17.70	3.50	0.04	6.56	9.43	14.60	21.70	41.00	50.30	157.00	2.56	20.35
余庆县	4508	18.76	8.41	17.09	1.55	0.45	15.70	17.40	3.80	3.04	4.29	6.29	13.90	21.60	42.70	49.30	59.20	1.40	2.65
习水县	7545	20.01	10.48	17.84	1.61	0.52	14.80	16.80	3.80	2.98	4.80	6.65	13.80	22.40	45.50	55.00	190.00	2.00	11.37
赤水市	2365	10.58	4.22	9.70	1.54	0.40	12.80、15.20、13.50	10.30	3.50	2.74	3.39	4.24	6.90	13.90	18.40	20.60	33.00	0.35	-0.50
仁怀市	5592	22.31	10.27	20.22	1.56	0.46	14.20	18.70	4.80	2.56	5.20	8.82	15.00	27.90	45.80	52.70	85.80	1.10	0.94
六盘水市	31641	37.64	16.93	32.98	1.79	0.45	40.37	37.66	10.76	0.43	3.28	7.12	26.30	47.84	72.06	90.69	234.98	0.56	2.21
钟山区	1398	38.41	16.90	34.01	1.73	0.44	29.37、31.29	36.74	11.27	1.87	3.70	7.65	26.60	49.34	74.77	90.55	98.44	0.43	0.13
六枝特区	7665	31.89	14.87	27.43	1.86	0.47	31.14、14.90、24.30	31.81	11.45	0.43	2.34	5.82	20.56	43.41	59.66	71.40	147.58	0.20	0.15
水城区	10055	37.22	18.85	31.56	1.90	0.51	45.36、28.75、29.80	35.96	13.37	0.74	3.37	6.35	23.11	49.75	74.90	93.74	234.98	0.58	1.53
盘州市	12523	41.43	15.39	38.10	1.58	0.37	40.32、31.03、44.31	41.12	8.73	0.90	4.23	11.21	31.98	49.36	73.74	95.03	194.58	0.85	4.43
安顺市	28010	23.89	11.79	20.99	1.71	0.49	20.90	21.80	7.60	0.03	3.70	6.74	15.10	30.90	50.40	60.30	146.00	0.94	1.82
西秀区	6982	22.03	10.72	19.44	1.69	0.49	20.90	20.70	7.00	0.71	4.04	6.48	14.20	28.30	46.40	58.80	106.00	1.01	2.27

续表

行政区名称	样品件数/个	算术平均值	算术标准差	几何平均值	几何标准差	变异系数	众值	中位值	中位绝对离差	最小值	0.5%	2.5%	25%	75%	97.5%	99.5%	最大值	偏度系数	峰度系数
平坝区	3874	24.79	10.43	22.52	1.59	0.42	12.40	23.90	7.10	1.32	4.16	8.40	17.00	31.10	48.90	58.30	98.70	0.78	1.47
普定县	3686	27.90	11.03	25.43	1.63	0.40	20.90	25.90	7.10	0.03	2.83	9.02	20.10	35.90	49.90	58.50	134.00	0.73	2.59
镇宁县	4712	26.45	13.88	22.65	1.80	0.52	18.80, 16.30	23.20	10.50	2.50	4.50	6.80	15.20	37.80	53.50	63.30	112.80	0.57	-0.14
关岭县	3393	24.97	11.54	22.50	1.59	0.46	26.00	22.70	7.10	3.00	6.12	9.02	16.30	31.10	50.60	65.60	99.00	1.09	2.03
紫云县	5353	19.98	11.07	17.31	1.73	0.55	14.60	17.40	5.80	1.17	3.13	5.10	12.40	25.10	47.80	60.30	146.00	1.63	6.06
毕节市	96510	30.42	13.57	27.35	1.62	0.45	26.60	28.40	9.10	0.17	5.26	9.31	20.30	39.00	60.70	73.80	182.00	0.85	1.63
七星关区	12877	28.21	12.47	25.44	1.60	0.44	16.80	26.10	8.90	2.13	5.88	9.54	18.50	37.10	53.50	67.40	119.20	0.75	1.04
大方县	12297	30.27	12.54	27.53	1.59	0.41	27.20	29.00	8.60	1.22	4.87	9.70	21.30	38.70	55.20	71.60	131.00	0.83	2.79
黔西县	10371	27.62	10.19	25.63	1.50	0.37	26.60	26.60	6.10	0.17	5.46	9.86	20.90	33.20	50.40	58.20	80.10	0.58	0.53
金沙县	8365	24.74	11.27	22.34	1.58	0.46	16.30	22.40	6.90	3.09	5.84	8.62	16.30	31.50	49.70	59.60	158.00	1.13	3.57
织金县	9920	33.35	12.11	30.76	1.55	0.36	30.80	33.40	8.30	1.41	5.23	10.50	25.00	41.60	56.50	66.70	149.70	0.29	1.42
纳雍县	9497	32.11	12.51	29.14	1.63	0.39	27.60	31.80	8.40	1.23	3.75	8.10	24.00	40.60	55.50	67.60	176.00	0.46	3.04
威宁县	25748	31.24	16.00	27.42	1.69	0.51	19.80	27.20	9.20	2.00	5.17	8.83	19.50	40.30	68.30	80.80	182.00	1.03	1.18
赫章县	7435	35.91	13.77	32.95	1.56	0.38	26.00, 45.90	35.10	10.20	3.09	6.83	11.70	25.58	45.90	63.10	72.70	101.00	0.25	-0.29
铜仁市	49327	18.98	6.22	18.01	1.39	0.33	18.60	18.30	3.14	1.22	5.28	8.20	15.40	21.77	34.01	42.72	165.00	1.68	14.78
碧江区	2270	18.72	6.39	17.47	1.50	0.34	18.40	18.90	3.60	1.97	3.60	5.94	15.20	22.50	31.10	40.80	60.90	0.53	3.24
万山区	1537	19.76	6.03	18.69	1.43	0.31	24.23, 18.39	19.98	3.83	3.45	4.90	6.88	16.05	23.67	31.27	36.46	59.32	0.13	1.50
江口县	2896	15.84	7.33	14.31	1.61	0.46	18.60	15.80	4.20	1.22	3.35	4.70	11.10	19.70	28.40	41.60	119.00	3.23	34.36
玉屏县	1474	21.81	8.19	20.36	1.46	0.38	19.70	20.85	4.65	3.60	5.68	8.47	16.50	25.90	39.60	58.90	73.10	1.35	4.72
石阡县	5923	17.55	5.93	16.55	1.43	0.34	15.75	16.88	3.04	2.93	4.68	6.66	14.07	20.30	31.20	40.76	65.67	0.98	3.10
思南县	7444	20.06	7.34	18.92	1.40	0.37	18.00	18.50	3.30	3.00	6.80	9.40	15.70	22.80	39.60	46.10	165.00	2.27	22.54
印江县	5410	17.84	4.81	17.25	1.30	0.27	17.12	17.23	2.40	4.69	7.57	9.81	15.07	19.97	29.78	39.32	64.03	1.49	5.99
德江县	6664	20.07	6.15	19.24	1.33	0.31	18.60	19.07	2.98	4.24	8.32	10.58	16.44	22.56	35.72	42.72	126.58	1.98	16.23
沿河县	8342	19.51	4.81	18.97	1.27	0.25	19.00	19.00	2.40	4.50	8.74	11.40	16.70	21.50	32.60	38.20	73.20	1.36	5.20
松桃县	7367	18.87	5.76	17.99	1.37	0.31	16.80	18.40	3.50	3.32	6.37	8.54	15.20	22.20	30.70	39.10	64.40	0.87	3.38
黔东南州	43188	11.09	7.08	9.28	1.82	0.64	10.80	8.79	3.89	1.45	2.76	3.45	5.65	15.40	27.20	34.30	362.00	4.09	143.50
凯里市	3931	14.77	6.26	13.43	1.57	0.42	17.15, 16.50	14.31	3.95	1.45	4.01	5.11	10.28	18.24	29.04	35.88	60.26	0.79	1.38
黄平县	4447	13.95	8.74	12.34	1.64	0.63	13.44	13.23	4.03	2.23	3.37	4.38	8.92	17.00	30.58	42.42	362.00	15.25	569.49
施秉县	2380	16.50	6.69	14.85	1.66	0.41	16.50	16.60	4.20	2.24	2.73	3.78	12.30	20.60	29.30	36.30	51.90	0.31	0.99
三穗县	1756	8.99	5.33	7.83	1.66	0.59	4.97, 5.11	7.21	2.33	2.19	2.93	3.74	5.20	10.73	23.20	27.49	53.94	1.93	6.22
镇远县	3306	16.63	7.00	15.04	1.60	0.42	16.70, 20.40, 16.30	16.50	5.00	2.24	3.93	5.29	11.20	21.20	30.80	37.80	50.70	0.48	0.38
岑巩县	2613	16.96	6.42	15.56	1.56	0.38	20.20	17.30	4.30	2.86	4.02	5.47	12.40	21.20	29.40	35.20	51.20	0.20	0.20
天柱县	3205	8.95	4.40	8.09	1.54	0.49	10.10	7.66	2.18	2.47	3.25	4.02	5.83	10.59	20.71	25.55	33.71	1.56	2.76

续表

行政区名称	样品件数/个	算术 平均值	算术 标准差	几何 平均值	几何 标准差	变异系数	众值	中位值	中位绝对离差	最小值	累积频率值 0.5%	2.5%	25%	75%	97.5%	99.5%	最大值	偏度系数	峰度系数
锦屏县	1747	6.96	3.69	6.34	1.50	0.53	4.25	6.08	1.45	2.32	2.68	3.32	4.79	7.87	16.82	25.96	44.66	3.31	17.83
剑河县	2859	7.31	4.33	6.52	1.56	0.59	10.10、10.30	5.93	1.47	1.76	2.79	3.35	4.78	8.29	19.60	25.70	78.90	3.58	31.20
台江县	1096	9.10	5.21	8.00	1.63	0.57	18.14	7.55	2.30	2.77	3.10	3.66	5.57	10.68	24.86	28.58	35.95	1.78	3.47
黎平县	4512	6.44	3.15	5.93	1.47	0.49	5.45	5.72	1.24	1.79	2.46	3.07	4.64	7.23	14.90	23.20	37.40	3.23	17.30
榕江县	2429	5.25	1.93	4.95	1.39	0.37	5.24、4.13、4.63	4.81	1.00	1.86	2.31	2.81	3.94	6.06	10.25	13.52	17.83	1.69	4.52
从江县	3291	7.02	3.57	6.39	1.52	0.51	5.53、6.61	6.19	1.53	1.50	2.35	3.08	4.86	8.06	16.59	25.02	38.75	2.73	12.52
雷山县	1609	6.78	3.00	6.28	1.46	0.44	5.37	5.90	1.37	2.32	3.01	3.50	4.77	7.93	14.69	19.90	29.97	2.01	6.37
麻江县	2337	16.31	7.03	14.93	1.54	0.43	14.30	15.50	4.20	2.02	3.62	5.60	11.50	20.00	30.80	39.40	119.00	2.26	22.22
丹寨县	1670	11.30	6.54	9.65	1.76	0.58	13.71、14.27、12.58	9.55	3.96	1.92	2.64	3.56	6.18	15.06	27.13	34.96	48.13	1.24	1.85
黔南州	49281	14.30	8.76	11.34	2.15	0.61	10.20	13.40	5.70	0.26	0.89	1.56	7.77	19.20	34.10	46.40	108.00	1.13	3.13
都匀市	4595	12.90	7.53	10.67	1.94	0.58	15.50	11.80	5.06	0.62	1.19	2.30	6.91	17.10	30.80	37.90	59.90	0.98	1.45
福泉市	4085	18.42	6.98	17.10	1.49	0.38	15.90	17.80	4.30	2.06	4.17	6.99	13.80	22.30	33.80	44.40	73.70	1.04	3.67
荔波县	2368	9.88	6.78	7.40	2.32	0.69	15.30、10.30、12.00	8.73	4.83	0.54	0.75	1.04	4.49	14.50	24.40	36.60	47.10	1.08	2.05
贵定县	3543	13.35	7.32	11.29	1.87	0.55	10.80	11.80	4.47	0.69	1.10	2.23	8.11	17.60	30.00	37.20	65.70	1.03	1.91
瓮安县	5984	21.41	9.12	19.68	1.52	0.43	17.80	20.00	4.70	2.52	5.49	7.87	15.70	25.20	44.90	59.20	88.30	1.50	4.29
独山县	4778	9.48	7.14	6.93	2.36	0.75	10.20	7.92	4.36	0.37	0.67	1.01	4.05	13.20	26.90	36.10	70.70	1.49	4.00
平塘县	4510	12.75	8.49	9.37	2.46	0.67	13.60、16.00	12.40	6.40	0.48	0.68	1.04	5.39	18.20	30.00	41.20	108.00	0.98	4.11
罗甸县	4137	17.25	8.81	15.08	1.73	0.51	14.60	15.90	4.70	1.10	2.24	4.10	11.40	21.00	37.90	53.20	77.10	1.35	3.77
长顺县	3960	15.37	9.30	12.53	2.01	0.60	11.80、13.90	14.30	5.81	0.69	1.25	2.26	8.51	20.20	38.00	51.80	95.20	1.41	4.91
龙里县	2908	14.90	8.10	12.71	1.81	0.54	11.20	13.20	5.50	1.17	2.04	3.75	8.50	20.50	32.00	39.70	71.00	0.87	1.02
惠水县	5013	10.23	7.81	7.20	2.51	0.76	11.50、17.50、15.80	8.44	5.36	0.26	0.68	1.06	3.75	15.10	28.40	38.00	63.90	1.12	1.69
三都县	3400	12.21	5.50	11.10	1.56	0.45	11.50	11.15	3.35	1.70	3.16	4.33	8.40	15.50	23.90	33.10	74.10	1.70	9.32
黔西南州	45445	27.05	14.13	23.32	1.78	0.52	20.20	24.80	9.60	0.57	3.50	6.90	16.10	36.00	58.60	73.40	188.00	0.93	1.87
兴义市	8758	29.96	14.65	26.37	1.70	0.49	30.30	28.40	8.80	1.40	5.30	8.10	19.80	37.30	64.30	80.10	179.00	1.05	2.84
兴仁市	6850	30.36	12.87	27.29	1.65	0.42	42.70	29.50	8.75	0.79	4.20	7.90	21.40	38.80	57.30	70.70	188.00	0.73	3.84
普安县	5049	31.24	13.09	27.81	1.71	0.42	38.80、29.60	31.50	9.20	1.50	3.50	6.93	22.10	40.50	55.20	67.20	143.00	0.23	0.97
晴隆县	3890	30.36	14.81	25.89	1.89	0.49	40.90、25.80	30.10	11.40	0.59	2.51	5.29	18.30	41.10	59.00	73.90	113.00	0.34	0.11
贞丰县	6020	26.14	14.56	22.28	1.81	0.56	20.50	22.20	8.30	2.20	3.20	5.70	15.80	34.80	57.80	75.50	122.00	1.13	2.01
望谟县	5419	17.84	9.70	15.97	1.58	0.54	11.00	16.00	4.20	1.93	3.90	7.02	12.10	20.40	49.80	62.90	114.00	2.58	9.99
册亨县	3617	17.60	9.57	15.44	1.67	0.54	12.00	15.00	5.09	0.57	4.00	6.16	10.70	22.10	41.70	55.40	77.20	1.50	3.06
安龙县	5842	28.30	13.99	24.88	1.71	0.49	24.80	25.30	7.80	1.28	3.80	7.04	19.00	35.90	60.30	77.90	110.00	1.05	1.79
贵州省	454431	23.14	13.40	19.35	1.90	0.58	17.00	20.10	7.20	0.03	2.10	4.35	14.27	29.72	55.12	70.10	362.00	1.26	3.71

表 2.5　贵州省各行政区耕地土壤铬元素（Cr）地球化学参数

（单位：mg/kg）

行政区名称	样品件数/个	算术平均值	算术标准差	几何平均值	几何标准差	变异系数	众值	中位值	中位绝对离差	最小值	0.5%	2.5%	25%	75%	97.5%	99.5%	最大值	偏度系数	峰度系数
贵阳市	25182	110.40	39.36	104.00	1.42	0.36	102.00	104.00	23.00	9.35	31.40	51.50	83.70	131.00	205.00	263.00	778.00	1.52	7.80
南明区	343	120.72	22.38	118.63	1.21	0.19	133.00、116.00、110.00	120.00	15.00	46.60	75.20	82.00	105.00	137.00	163.00	176.00	219.00	0.34	0.74
云岩区	64	119.65	42.42	112.31	1.43	0.35	71.00、131.00、155.00	115.50	38.30	62.70	62.70	63.60	77.40	155.00	205.00	218.00	218.00	0.38	-1.00
花溪区	3142	117.52	44.59	109.04	1.51	0.38	127.00	119.00	27.00	9.35	26.10	40.20	89.80	143.00	200.00	289.00	778.00	2.03	20.93
乌当区	1963	88.18	21.22	85.84	1.26	0.24	102.00	85.90	11.30	30.30	41.40	54.40	75.50	98.30	136.00	172.00	268.00	1.44	6.35
白云区	520	118.86	32.46	114.91	1.30	0.27		115.00	18.00	43.80	58.00	67.80	98.40	135.00	187.00	226.00	380.00	1.72	9.32
观山湖区	406	125.57	35.90	120.20	1.36	0.29	101.00、107.00、113.00	124.00	19.00	34.00	34.20	55.80	104.00	143.00	200.00	249.00	266.00	0.48	1.12
开阳县	6836	95.85	29.74	91.61	1.36	0.31	128.00、117.00	92.10	15.40	10.90	26.70	48.40	77.90	109.00	166.00	224.00	369.00	1.73	8.67
息烽县	3034	95.95	31.04	91.14	1.39	0.32	102.00、101.00	92.15	18.85	17.20	33.50	45.70	75.20	113.00	168.00	190.00	425.00	1.12	5.42
修文县	4037	115.94	34.44	111.18	1.34	0.30	106.00	112.00	21.00	15.60	48.20	64.60	91.20	133.00	193.00	248.00	363.00	1.20	3.61
清镇市	4837	136.78	45.26	129.64	1.39	0.33	125.00	132.00	26.00	21.40	48.20	65.50	106.00	158.00	243.00	288.00	533.00	1.00	2.58
遵义市	85841	92.37	30.68	88.17	1.35	0.33	129.00	87.20	14.90	0.64	35.00	48.80	73.60	105.00	161.00	215.00	983.00	3.07	39.18
红花岗区	1539	91.93	35.53	87.21	1.37	0.39	101.00	84.30	15.30	27.50	37.30	47.40	72.00	106.00	163.00	230.00	594.00	4.73	49.75
汇川区	3926	94.26	31.92	89.58	1.37	0.34	109.00	86.40	17.60	25.00	39.90	51.40	71.90	111.00	164.00	217.00	374.00	1.50	5.15
播州区	11106	101.70	33.82	97.58	1.32	0.33	105.00	95.55	17.45	28.70	48.80	59.80	80.30	117.00	166.00	223.00	983.00	5.35	92.40
桐梓县	9788	98.46	34.18	93.48	1.37	0.35	106.00	92.30	16.70	19.80	37.40	51.10	76.90	111.00	173.00	258.00	443.00	1.96	8.72
绥阳县	6808	90.89	27.60	87.44	1.31	0.30	102.00	85.30	13.50	28.90	46.00	53.50	73.20	101.00	156.00	210.00	526.00	2.20	14.12
正安县	7443	92.10	24.97	89.04	1.29	0.27	101.00	89.50	14.20	20.90	44.50	53.00	75.80	104.00	152.00	197.00	284.00	1.38	4.71
道真县	5302	93.89	20.14	91.78	1.24	0.21	104.00	93.00	12.00	34.00	47.00	57.90	80.70	105.00	140.00	158.00	274.00	0.77	2.97
务川县	7162	86.73	18.32	84.99	1.22	0.21	102.00	83.80	9.60	37.90	50.20	59.10	75.10	95.00	131.00	160.00	288.00	1.49	5.85
凤冈县	6238	90.62	21.33	88.47	1.24	0.24	102.00	88.10	11.20	14.30	49.20	59.50	77.50	100.00	139.00	168.00	526.00	2.88	36.19
湄潭县	6519	88.73	23.80	86.12	1.28	0.27	101.00	85.30	12.30	0.64	48.80	56.00	73.90	98.90	143.00	178.00	441.00	3.16	29.66
余庆县	4508	85.17	28.45	80.27	1.43	0.33	101.00	82.35	14.85	13.50	20.40	32.60	68.40	98.40	154.00	178.00	267.00	0.79	1.98
习水县	7545	88.65	36.61	82.44	1.46	0.41	103.00	79.90	16.30	1.30	30.00	38.90	65.70	101.00	173.00	244.00	464.00	1.88	7.10
赤水市	2365	59.47	13.93	57.72	1.28	0.23	101.00、105.00	59.70	10.60	21.80	28.20	33.10	48.90	70.00	84.60	91.10	102.00	-0.08	-0.65
仁怀市	5592	100.85	43.49	94.00	1.44	0.43	54.80	89.30	21.20	19.60	38.70	51.70	72.50	123.00	183.00	282.00	942.00	3.88	45.22
六盘水市	31641	154.75	64.37	143.02	1.49	0.42	101.00	143.70	35.88	1.89	48.30	63.40	112.06	185.30	309.94	424.00	880.30	1.63	6.25
钟山区	1398	157.76	55.53	148.83	1.40	0.35	122.60、119.10、123.10	146.15	35.88	59.28	70.58	81.56	115.98	191.76	286.36	329.07	447.59	0.97	1.21
六枝特区	7665	143.08	51.02	134.13	1.45	0.36	169.95	141.94	32.39	19.55	42.91	58.72	107.21	171.97	249.56	334.50	665.78	1.13	5.12
水城区	10055	146.70	62.65	134.82	1.51	0.43	160.80	133.01	37.39	29.39	49.57	61.04	102.90	180.91	298.60	380.02	582.10	1.26	2.63
盘州市	12523	168.02	71.20	155.29	1.49	0.42	121.70、135.80	152.01	36.44	1.89	50.70	70.55	122.50	201.10	345.80	472.57	880.30	1.84	7.21
安顺市	28010	134.24	59.40	123.79	1.48	0.44	145.10	125.00	32.00	22.20	49.00	59.40	93.60	158.00	281.00	403.00	856.00	2.17	9.93
西秀区	6982	137.77	50.84	130.15	1.39	0.37	155.00	132.00	26.00	22.20	54.80	68.30	104.00	157.00	266.00	379.00	592.00	2.18	9.79
平坝区	3877	136.33	41.33	130.37	1.35	0.30	136.00、141.00	136.00	23.00	38.20	57.20	71.30	107.00	154.00	242.00	272.00	361.00	0.88	1.35

续表

行政区名称	样品件数/个	算术 平均值	算术 标准差	几何 平均值	几何 标准差	变异系数	众值	中位值	中位绝对离差	最小值	0.5%	2.5%	25%	75%	97.5%	99.5%	最大值	偏度系数	峰度系数
普定县	3689	141.31	44.09	135.04	1.35	0.31	121.00	135.00	28.00	25.60	62.10	78.80	108.00	166.00	243.00	310.00	442.00	1.14	2.56
镇宁县	4716	124.05	54.57	114.10	1.50	0.44	167.00	114.60	35.20	33.70	49.00	55.90	82.90	155.00	239.90	343.90	773.90	2.14	13.08
关岭县	3393	132.51	54.00	123.65	1.44	0.41	102.00	117.00	27.00	35.30	55.50	68.90	95.20	157.00	269.00	371.00	580.00	1.76	5.28
紫云县	5353	133.33	88.86	113.09	1.72	0.67	105.00	95.30	29.00	28.40	42.40	51.20	75.90	164.00	373.00	511.00	856.00	2.07	5.77
毕节市	96512	132.85	59.06	122.33	1.49	0.44	104.00	122.00	30.10	14.00	41.90	56.50	94.70	156.00	286.00	405.00	1215.0	2.17	10.78
七星关区	12878	126.47	52.43	116.81	1.49	0.41	104.00	116.00	34.00	22.90	38.60	53.50	87.60	162.00	224.00	299.00	1215.00	2.10	21.76
大方县	12297	127.12	49.95	118.84	1.44	0.39	128.00	121.00	28.30	19.90	45.00	58.00	93.90	151.00	235.00	361.00	709.00	2.09	11.47
黔西县	10371	111.67	32.90	106.66	1.37	0.29	105.00	110.00	21.00	24.30	38.40	51.10	89.60	132.00	178.00	204.00	540.00	0.70	5.03
金沙县	8365	105.85	42.86	99.53	1.41	0.40	104.00	98.70	22.10	21.70	41.60	52.70	78.50	124.00	191.00	278.00	1184.0	4.96	81.31
织金县	9920	132.57	37.60	127.25	1.34	0.28	139.00	133.00	22.00	21.40	51.20	66.10	108.00	152.00	211.00	265.00	518.00	0.90	4.65
纳雍县	9498	136.48	44.79	128.97	1.41	0.33	133.00	134.00	31.00	25.40	47.10	61.20	105.00	167.00	224.00	268.00	682.00	0.69	3.48
威宁县	25748	147.58	77.89	131.96	1.58	0.53	116.00	126.00	32.00	14.00	41.70	56.00	99.80	170.00	370.00	462.00	964.00	1.91	5.09
赫章县	7435	157.98	66.22	144.79	1.53	0.42	122.00	147.00	43.50	22.81	46.30	60.50	109.00	199.00	309.90	384.00	578.00	0.94	1.48
铜仁市	49327	91.31	23.22	88.68	1.27	0.25	102.00	89.20	10.70	5.00	37.50	52.04	78.90	100.10	146.73	190.00	430.00	2.08	13.88
碧江区	2270	90.25	21.46	87.23	1.32	0.24	102.00	93.60	10.40	16.10	29.20	37.30	80.45	103.00	123.00	160.00	297.00	0.13	6.30
万山区	1537	86.09	19.69	83.46	1.30	0.23	110.83、85.44、106.30	87.49	11.97	20.64	29.26	40.39	75.27	99.07	121.14	132.38	179.71	-0.37	0.58
江口县	2896	86.76	27.90	82.85	1.36	0.32	101.00	86.80	12.00	11.20	31.50	40.00	73.30	97.80	148.00	224.00	399.00	2.66	20.39
玉屏县	1474	86.09	22.85	82.96	1.32	0.27	101.00	85.60	13.50	26.00	31.76	41.70	72.00	98.80	140.00	162.00	177.69	0.44	0.92
石阡县	5923	89.46	24.48	86.27	1.32	0.27	109.50、103.40、102.00	87.69	11.53	15.35	32.22	45.38	76.55	99.53	149.30	182.61	306.86	1.40	7.29
思南县	7444	100.07	29.35	96.47	1.30	0.29	102.00	95.00	13.50	22.60	46.80	56.40	83.10	112.00	166.00	230.00	430.00	2.24	12.43
印江县	5410	90.09	19.98	88.18	1.23	0.22	100.50、101.90、102.30	88.18	9.29	28.57	50.23	58.42	79.19	97.81	139.53	174.86	351.79	2.28	15.19
德江县	6664	90.63	23.09	88.07	1.27	0.25	101.10	86.91	10.12	5.00	44.18	54.89	77.49	98.29	151.47	190.35	302.37	1.89	8.18
沿河县	8342	91.95	21.44	89.88	1.23	0.23	102.00	89.10	9.50	33.30	49.10	60.30	80.10	88.40	144.06	196.16	315.00	2.50	13.93
松桃县	7367	88.99	14.89	87.77	1.18	0.17	102.00	88.90	8.70	26.00	49.80	59.90	80.29	97.70	116.00	133.00	304.00	1.33	15.73
黔东南州	43188	63.00	27.70	57.93	1.50	0.44	101.00	57.01	17.51	5.00	21.50	26.82	42.95	80.50	116.00	168.61	882.01	2.84	36.78
凯里市	3931	76.04	22.51	72.44	1.38	0.30	102.00、103.00	76.18	13.90	13.60	25.58	32.59	61.90	89.68	119.59	145.60	208.60	0.33	1.12
黄平县	4447	69.56	31.51	64.97	1.44	0.45	87.18	69.04	14.13	12.31	18.30	28.36	53.26	81.90	113.65	213.06	882.01	8.17	152.13
施秉县	2380	73.52	21.54	69.58	1.43	0.29	101.00	76.50	13.05	16.70	21.90	26.50	61.80	88.40	110.00	123.00	150.00	-0.43	-0.06
三穗县	1756	53.94	35.06	46.92	1.64	0.65	105.11、106.37、109.94	40.77	10.41	17.86	19.48	23.15	32.52	65.12	117.75	252.11	374.01	3.17	16.79
镇远县	3306	76.85	26.56	71.37	1.51	0.35	101.00	83.00	12.70	5.00	21.90	26.50	62.20	93.10	119.00	151.00	353.00	0.42	6.07
岑巩县	2613	81.25	19.90	78.47	1.32	0.24	102.00	83.50	11.20	15.30	28.20	37.10	70.40	93.50	115.00	138.00	199.00	-0.03	1.97

续表

行政区名称	样品件数/个	算术		几何		变异系数	众值	中位值	中位绝对离差	最小值	累积频率值						最大值	偏度系数	峰度系数
		平均值	标准差	平均值	标准差						0.5%	2.5%	25%	75%	97.5%	99.5%			
天柱县	3205	56.35	27.94	51.37	1.50	0.50	37.90	46.30	9.90	18.30	23.40	28.49	38.60	65.67	134.04	175.99	285.00	2.06	5.75
锦屏县	1747	56.56	22.81	53.15	1.40	0.40	57.24	50.55	8.70	21.28	25.77	31.01	43.12	60.83	119.08	149.43	237.80	2.14	6.43
剑河县	2859	46.38	19.33	43.53	1.40	0.42	37.00	41.50	7.20	13.00	20.90	24.80	35.20	51.10	97.40	125.00	221.00	2.70	12.52
台江县	1096	51.11	26.08	45.75	1.59	0.51	37.00	43.07	14.17	16.10	17.90	20.64	32.18	64.98	109.30	168.34	245.00	1.73	5.53
黎平县	4512	53.58	19.28	51.16	1.33	0.36	31.14、35.65、41.52	50.20	6.80	17.50	23.80	29.90	43.80	57.50	112.00	159.00	214.70	3.11	13.92
榕江县	2429	43.51	9.51	42.43	1.26	0.22	44.36、47.40	43.51	6.85	18.93	21.36	25.22	36.70	50.40	61.37	68.33	75.60	0.07	-0.30
从江县	3291	56.10	32.98	51.44	1.45	0.59	49.05	49.94	8.08	15.89	19.70	26.06	42.47	58.88	138.00	276.58	524.97	5.50	43.77
雷山县	1609	46.20	15.27	43.94	1.37	0.33	62.89	42.36	8.90	20.46	23.11	25.54	34.95	53.66	82.47	92.05	102.88	0.97	0.39
麻江县	2337	80.01	22.07	77.33	1.30	0.28	101.00	78.90	11.90	10.60	35.60	44.70	67.00	90.90	122.00	163.00	347.00	2.50	21.04
丹寨县	1670	68.99	27.78	63.57	1.51	0.40	99.84	63.83	20.74	17.88	23.76	29.75	46.06	90.74	122.40	156.46	227.21	0.73	0.83
黔南州	49281	85.88	45.49	76.68	1.61	0.53	102.00	78.40	21.10	7.10	18.90	28.10	58.40	101.00	203.00	302.00	1390.00	2.94	26.33
都匀市	4595	69.77	28.76	64.60	1.49	0.41	105.00	67.30	16.00	10.10	19.50	27.20	50.80	82.70	135.00	202.00	412.00	2.05	11.90
福泉市	4085	88.15	25.78	84.65	1.33	0.29	101.00、102.00	86.00	14.30	9.58	32.40	46.20	72.20	101.00	143.00	193.00	377.00	1.64	9.84
荔波县	2368	82.91	45.42	74.44	1.57	0.55	102.00	73.50	17.90	11.10	21.60	30.70	57.20	93.70	195.00	298.00	646.00	3.43	23.66
贵定县	3543	71.71	43.01	64.16	1.60	0.60	109.00、110.00	66.90	20.20	10.80	16.80	24.90	47.40	88.00	145.00	230.00	1390.0	10.74	275.66
瓮安县	5984	96.70	31.70	91.65	1.40	0.33	102.00	93.60	15.40	18.60	23.70	37.00	79.10	110.00	169.00	209.00	487.00	1.70	12.06
独山县	4778	76.12	40.92	67.09	1.67	0.54	101.00	69.10	21.00	7.13	14.00	22.50	50.10	93.40	173.00	268.00	491.00	2.34	12.17
平塘县	4510	98.08	59.82	84.42	1.72	0.61	116.00	81.55	26.45	7.10	22.00	29.70	60.30	119.00	259.00	371.00	668.00	2.19	8.15
罗甸县	4137	99.30	56.09	88.98	1.55	0.56	104.00、102.00、103.00	81.90	16.70	17.20	31.70	42.80	68.50	106.00	274.00	344.00	529.00	2.51	8.02
长顺县	3960	111.22	60.04	98.86	1.61	0.54	102.00	95.60	27.50	12.10	28.50	41.90	71.80	134.00	266.00	367.00	656.00	2.08	7.50
龙里县	2908	72.42	32.21	65.41	1.60	0.44	101.00	69.25	21.85	8.11	16.40	23.60	48.70	92.60	141.00	185.00	354.00	1.22	5.21
惠水县	5013	87.95	48.13	77.36	1.66	0.55	104.00	77.80	24.20	8.76	20.00	28.00	55.50	104.00	219.00	292.00	496.00	1.78	4.87
三都县	3400	62.86	27.39	57.49	1.54	0.44	103.00、102.00	58.25	16.65	7.84	14.80	22.50	44.30	78.30	122.00	178.00	413.00	1.84	11.38
黔西南州	45445	142.25	73.09	125.54	1.65	0.51	137.00	131.00	48.80	3.20	42.70	52.60	81.90	179.00	319.00	383.00	1786.00	1.39	7.57
兴义市	8758	152.28	72.59	137.05	1.59	0.48	169.00	145.00	42.00	23.90	49.40	56.50	102.00	185.00	328.00	384.00	1786.00	2.37	31.43
兴仁市	6850	144.77	55.96	134.80	1.46	0.39	153.00	136.00	32.00	14.00	47.80	68.00	103.00	168.00	276.00	322.00	430.00	0.96	0.80
普安县	5049	156.20	52.79	148.04	1.39	0.34	128.00	148.00	30.00	35.60	58.50	75.20	120.00	183.00	274.00	334.00	652.00	1.31	5.10
晴隆县	3890	175.53	63.43	164.32	1.45	0.36	160.00	166.00	43.00	20.90	48.90	74.20	128.00	220.00	296.00	382.00	725.00	1.00	3.67
贞丰县	6020	145.05	82.68	123.69	1.77	0.57	103.00	122.50	52.50	3.20	36.00	48.20	76.20	195.00	332.00	390.00	566.00	0.94	0.28
望谟县	5419	80.03	34.99	75.37	1.37	0.44	73.30、64.20	70.70	10.00	23.50	41.60	49.40	62.10	83.50	184.00	260.00	488.00	3.67	20.93
册亨县	3617	95.25	66.24	82.78	1.61	0.70	65.00	70.70	13.10	31.00	38.00	43.90	61.00	105.00	295.00	438.00	900.00	3.36	16.89
安龙县	5842	173.98	83.47	154.85	1.64	0.48	138.00、132.00	154.00	46.00	13.00	44.00	56.10	117.00	217.00	358.00	403.00	668.00	0.84	0.30
贵州省	454431	110.27	56.22	98.84	1.59	0.51	102.00	96.60	26.40	0.64	26.57	37.51	75.24	133.00	256.86	356.00	1786.00	2.16	11.29

表 2.6　贵州省各行政区耕地土壤铜元素（Cu）地球化学参数

（单位：mg/kg）

行政区名称	样品件数/个	算术平均值	算术标准差	几何平均值	几何标准差	变异系数	众值	中位值	中位绝对离差	最小值	累积频率值 0.5%	2.5%	25%	75%	97.5%	99.5%	最大值	偏度系数	峰度系数
贵阳市	25182	47.25	31.70	39.41	1.83	0.67	30.80、29.80、27.50	37.50	13.80	0.50	6.80	12.20	26.60	61.20	116.00	202.00	1010.00	3.18	41.76
南明区	343	59.11	24.13	53.91	1.57	0.41	64.20、66.70	57.50	14.30	13.40	15.50	19.40	43.20	71.50	114.00	129.00	142.00	0.56	0.44
云岩区	64	58.65	32.82	48.39	1.94	0.56	21.10、14.80、31.70	58.05	30.65	11.10	11.10	14.60	27.20	86.60	109.00	125.00	125.00	0.19	-1.33
花溪区	3142	54.29	32.85	42.11	2.23	0.61	103.00	51.90	27.35	0.50	3.85	6.77	25.30	80.00	116.00	136.00	238.00	0.41	-0.22
乌当区	1963	34.30	15.55	31.40	1.52	0.45	30.50	30.90	7.20	3.87	8.72	14.20	24.80	39.40	77.30	100.00	130.00	1.75	4.53
白云区	520	54.16	28.45	47.34	1.70	0.53	102.00	47.30	18.95	8.51	12.70	17.20	32.40	73.10	115.00	135.00	242.00	1.18	3.02
观山湖区	406	58.10	27.20	51.47	1.67	0.47	93.50	53.10	21.20	11.10	11.40	18.40	35.60	79.10	113.00	125.00	130.00	0.43	-0.78
开阳县	6836	36.64	22.66	32.40	1.60	0.62	30.80、23.80	31.40	8.10	3.01	8.49	13.40	24.30	41.40	92.50	175.00	254.00	3.70	21.53
息烽县	3034	38.13	22.55	32.96	1.71	0.59	27.50、29.80	32.20	9.20	3.03	6.56	10.90	24.10	44.00	102.00	130.00	184.00	1.88	4.83
修文县	4037	47.90	30.89	40.89	1.76	0.64	103.00、30.10、22.20	39.20	15.10	5.60	9.10	13.90	27.40	64.60	109.00	133.00	1010.00	8.22	233.26
清镇市	4837	65.48	41.42	55.37	1.79	0.63	104.00	55.60	21.50	1.00	10.30	18.00	37.50	83.90	192.00	255.00	383.00	2.13	6.95
遵义市	85841	37.94	26.19	32.47	1.68	0.69	25.60	29.50	7.10	0.05	10.50	14.10	23.60	39.60	114.00	156.00	452.00	2.67	10.22
红花岗区	1539	45.05	29.81	38.35	1.71	0.66	28.60、30.80、27.90	33.80	8.80	6.90	10.60	16.20	27.00	50.30	129.00	165.00	241.00	2.00	4.55
汇川区	3926	41.52	28.15	35.05	1.74	0.68	24.30	31.15	8.45	3.76	9.90	14.10	24.30	45.90	119.00	146.00	324.00	2.06	5.81
播州区	11106	45.54	26.58	39.74	1.65	0.58	25.30	36.30	10.40	7.90	13.40	17.70	27.90	53.90	116.00	143.00	227.00	1.66	2.88
桐梓县	9788	42.56	30.09	35.76	1.73	0.71	27.20	31.60	7.50	4.54	10.30	15.60	25.40	42.70	125.00	166.00	271.00	2.14	5.15
绥阳县	6808	34.47	24.00	29.69	1.65	0.70	24.30、27.70	26.95	5.85	6.85	11.10	14.10	21.90	34.70	105.00	150.00	262.00	2.84	10.42
正安县	7443	32.40	21.51	28.80	1.55	0.66	27.70	28.10	5.80	7.22	10.60	13.20	22.50	34.20	92.50	161.00	370.00	4.78	36.56
道真县	5302	35.40	20.87	31.64	1.55	0.59	27.80	29.60	5.50	6.75	9.96	15.70	24.70	36.10	97.30	130.00	238.00	2.94	12.41
务川县	7162	32.72	20.84	29.22	1.53	0.64	26.40	27.10	5.00	8.40	12.40	15.20	22.70	33.40	90.60	150.00	261.00	3.83	20.80
凤冈县	6238	37.21	29.33	31.85	1.63	0.79	26.60、26.50	28.70	5.30	7.45	11.50	15.20	24.40	36.20	132.00	201.00	370.00	3.98	21.06
湄潭县	6519	34.18	19.59	30.94	1.51	0.57	24.00	29.50	6.30	0.18	11.80	15.40	24.10	37.70	90.70	143.00	303.00	3.86	22.87
余庆县	4508	33.74	25.36	28.54	1.70	0.75	21.20	26.60	6.70	7.37	8.75	11.70	20.80	35.20	121.00	155.00	212.00	2.96	9.92
习水县	7545	39.99	29.60	33.02	1.79	0.74	27.50	28.90	7.60	0.05	10.40	13.10	23.00	41.50	122.00	155.00	241.00	2.06	4.27
赤水市	2365	19.80	5.96	18.96	1.34	0.30	16.20	18.90	4.00	8.04	9.10	10.60	15.50	23.80	31.80	39.90	69.80	1.09	4.08
仁怀市	5592	44.45	29.03	37.46	1.76	0.65	27.60	32.70	9.80	4.63	9.99	15.00	25.40	53.90	115.00	136.00	452.00	1.87	8.24
六盘水市	31641	109.88	75.34	84.92	2.16	0.69	134.40	90.61	42.05	3.78	10.40	14.84	55.11	145.44	292.04	347.75	1098.30	1.15	1.77
钟山区	1398	119.23	80.79	93.59	2.06	0.68	148.76、142.86、150.54	87.44	45.74	13.08	15.93	20.97	57.68	163.52	305.82	347.75	390.15	0.90	-0.10
六枝特区	7665	78.29	52.18	60.54	2.17	0.67	117.61、121.60	71.47	39.13	4.84	9.41	12.74	36.96	113.82	220.50	273.22	382.01	1.10	1.93
水城区	10055	126.46	93.38	89.87	2.47	0.74	135.90、15.84、181.80	104.43	61.62	3.78	10.04	13.90	50.39	197.93	323.09	372.52	607.73	0.73	-0.44
盘州市	12523	114.87	63.86	98.73	1.77	0.56	106.50、134.40	98.21	37.42	6.53	14.29	29.24	67.18	149.40	271.79	322.94	1098.30	1.38	5.67

续表

行政区名称	样品件数个	算术		几何		变异系数	众值	中位值	中位绝对离差	最小值	累积频率值						最大值	偏度系数	峰度系数
		平均值	标准差	平均值	标准差						0.5%	2.5%	25%	75%	97.5%	99.5%			
安顺市	28010	58.26	40.12	47.28	1.92	0.69	101.00	45.20	20.10	1.05	9.08	13.90	29.80	80.60	147.00	251.00	507.00	1.95	6.94
西秀区	6982	52.96	32.03	43.50	1.93	0.60	103.00	43.60	20.10	1.05	6.92	12.10	27.20	77.00	121.00	150.00	233.00	0.84	0.16
平坝区	3874	69.81	41.39	59.75	1.75	0.59	102.00	61.95	25.65	6.03	15.80	21.60	38.60	91.40	185.00	255.00	326.00	1.77	5.07
普定县	3686	79.68	59.49	63.04	1.97	0.75	37.20	56.50	25.10	4.33	11.10	19.80	37.20	110.00	257.00	320.00	507.00	1.79	4.00
镇宁县	4712	59.06	36.71	48.10	1.94	0.62	106.00	47.10	25.60	8.30	11.90	15.00	27.70	88.10	132.70	171.30	311.50	0.88	1.00
关岭县	3393	57.09	35.48	48.53	1.76	0.62	119.00、116.00	44.60	14.60	2.18	10.70	17.90	33.70	72.00	137.00	181.00	393.00	1.93	7.48
紫云县	5353	42.10	26.65	35.38	1.80	0.63	31.10	34.80	13.30	2.82	7.62	11.60	23.50	52.50	117.00	152.00	203.00	1.65	3.38
毕节市	96512	79.26	61.53	61.99	2.00	0.78	102.00	58.30	27.06	2.03	12.00	17.70	37.50	103.00	251.00	312.00	1641.00	2.28	13.81
七星关区	12878	62.69	44.87	51.45	1.86	0.72	106.00	49.30	21.00	5.52	11.30	17.50	32.10	83.50	170.00	251.00	1641.00	5.05	123.96
大方县	12297	63.74	37.99	54.11	1.78	0.60	105.00、104.00	52.50	22.00	4.26	13.00	18.60	35.50	88.20	147.00	222.00	393.00	1.52	4.23
黔西县	10371	53.66	28.12	47.20	1.66	0.52	109.00、104.00	45.00	14.10	2.03	12.40	17.90	33.60	67.80	120.00	140.00	219.00	1.10	0.73
金沙县	8365	48.95	28.20	42.29	1.70	0.58	24.80、27.00、29.20	38.70	13.10	4.59	12.80	17.60	28.40	63.90	117.00	144.00	246.00	1.30	1.60
织金县	9920	99.18	51.44	86.07	1.75	0.52	113.00	98.20	30.80	5.59	17.20	25.40	59.40	123.00	236.00	274.00	657.00	1.16	3.09
纳雍县	9498	89.75	55.41	74.84	1.86	0.62	114.00	75.00	31.60	5.18	12.70	20.00	49.80	118.00	240.00	288.00	506.00	1.44	2.84
威宁县	25748	95.30	83.22	67.98	2.28	0.87	138.00、106.00	58.70	28.40	5.70	10.90	15.00	38.70	136.00	293.00	363.00	1288.00	1.78	6.84
赫章县	7435	107.96	68.01	88.83	1.90	0.63	122.00	89.06	38.94	10.12	17.72	25.00	56.00	142.00	263.00	323.00	776.00	1.23	2.44
铜仁市	49327	32.22	15.92	30.15	1.41	0.49	26.80	29.60	5.20	5.64	12.60	15.80	24.87	35.50	65.10	113.83	1039.00	13.87	633.01
碧江区	2270	32.93	24.03	31.05	1.36	0.73	28.40	30.20	4.60	7.36	13.50	16.60	26.30	36.50	57.70	82.50	1039.00	32.79	1356.27
万山区	1537	35.81	10.91	34.19	1.36	0.30	15.04、35.41、29.82	34.72	6.79	11.07	13.13	16.92	28.49	42.41	59.25	71.08	103.71	0.87	2.54
江口县	2896	30.73	18.61	28.54	1.43	0.61	26.80	28.40	5.40	6.21	10.90	13.90	23.40	34.30	60.90	103.00	737.00	20.41	726.47
玉屏县	1474	37.08	11.52	35.45	1.35	0.31	33.70	35.45	6.75	13.40	15.10	19.00	29.40	42.80	65.70	84.15	118.43	1.27	3.75
石阡县	5923	30.46	12.55	28.55	1.41	0.41	24.47	28.07	5.20	7.76	12.19	15.10	23.17	33.70	65.22	92.85	150.82	2.48	10.03
思南县	7444	36.13	23.43	31.93	1.58	0.65	26.20	30.10	6.30	7.60	11.70	14.50	24.80	38.00	111.00	162.00	323.00	3.52	17.16
印江县	5410	31.31	16.69	29.71	1.35	0.53	31.68	29.79	4.64	8.79	13.31	16.47	25.16	34.45	56.72	91.32	927.02	29.88	1540.75
德江县	6664	31.89	15.32	29.82	1.40	0.48	27.43、22.68、31.41	29.11	4.83	5.64	12.79	16.35	24.63	34.43	67.48	106.41	403.70	6.50	91.95
沿河县	8342	28.93	9.59	27.62	1.35	0.33	26.80	27.60	4.60	7.27	12.40	15.30	23.20	32.40	54.10	71.60	124.00	2.07	8.75
松桃县	7367	33.05	9.46	31.96	1.29	0.29	28.00	31.40	4.60	10.80	16.90	20.10	27.30	36.65	55.80	71.40	237.00	3.36	41.86
黔东南州	43188	23.26	10.63	21.45	1.48	0.46	18.90	21.28	5.29	3.73	8.70	10.60	16.40	27.23	49.20	70.30	263.70	3.08	28.08
凯里市	3931	24.46	9.06	22.96	1.43	0.37	17.44	23.15	5.16	4.02	9.18	11.33	18.38	28.73	47.63	57.95	89.45	1.38	3.91
黄平县	4447	24.05	11.88	22.24	1.46	0.49	20.20、19.24	22.02	4.82	4.32	8.62	11.12	17.60	27.46	50.50	84.98	263.70	5.33	64.04
施秉县	2380	25.73	8.61	24.34	1.40	0.33	23.80	24.80	4.90	6.41	9.21	11.30	20.20	29.90	45.60	58.50	79.90	0.98	2.38
三穗县	1756	21.56	14.84	18.81	1.61	0.69	12.50、12.71	16.96	4.42	7.01	8.62	9.88	13.23	24.23	61.85	98.49	196.80	3.95	26.03
镇远县	3306	30.08	13.69	27.66	1.50	0.46	28.00	28.00	6.20	4.23	9.83	11.90	22.20	34.90	62.40	85.20	262.00	3.30	33.35

续表

行政区名称	样品件数/个	算术平均值	算术标准差	几何平均值	几何标准差	变异系数	众值	中位值	中位绝对离差	最小值	0.5%	2.5%	25%	75%	97.5%	99.5%	最大值	偏度系数	峰度系数
岑巩县	2613	31.97	10.51	30.39	1.37	0.33	30.20、27.60	30.40	5.80	6.38	12.50	15.90	25.10	36.90	57.70	71.30	104.00	1.25	3.40
天柱县	3205	20.14	7.64	19.05	1.38	0.38	16.00	18.80	3.90	7.11	9.89	11.16	15.10	22.97	39.15	53.45	116.10	2.79	17.30
锦屏县	1747	19.70	6.44	18.84	1.34	0.33	15.34	18.94	3.63	7.72	9.03	11.02	15.39	22.77	33.00	53.71	75.71	2.37	12.55
剑河县	2859	19.09	8.89	17.70	1.44	0.47	13.90	16.70	3.50	6.26	8.50	10.10	13.80	21.40	46.60	59.30	137.00	3.03	17.55
台江县	1096	18.01	7.77	16.67	1.46	0.43	11.12、22.04	16.12	4.34	6.19	7.90	8.98	12.27	21.76	40.76	50.98	60.32	1.71	4.07
黎平县	4512	20.30	4.68	19.76	1.26	0.23	18.10	20.10	3.10	6.99	9.75	12.00	17.00	23.20	30.17	35.60	53.80	0.56	1.50
榕江县	2429	17.52	4.49	16.93	1.30	0.26	18.66	17.67	3.50	5.95	8.57	9.98	13.80	20.85	26.09	29.80	39.20	0.25	-0.18
从江县	3291	21.27	7.98	20.10	1.40	0.38	19.38	20.64	3.64	3.73	7.11	9.31	16.92	24.20	37.83	58.04	120.44	3.50	28.57
雷山县	1609	16.12	4.79	15.47	1.33	0.30	12.57	15.26	3.03	5.43	7.33	9.41	12.56	19.02	26.66	31.13	54.76	1.04	2.63
麻江县	2337	31.55	13.26	29.28	1.47	0.42	28.20、25.30、25.90	29.60	6.80	5.11	10.20	13.50	23.20	37.10	63.40	92.40	166.00	2.24	11.34
丹寨县	1670	25.44	11.22	23.24	1.53	0.44	18.59、14.55	23.68	7.51	6.56	8.48	10.70	16.76	32.11	48.86	65.81	132.22	1.51	6.83
黔南州	49281	26.80	23.20	21.22	1.99	0.87	12.20	22.00	9.60	0.24	3.28	5.43	13.40	33.30	82.10	118.00	2280.00	21.80	1855.75
都匀市	4595	24.73	18.52	19.72	1.99	0.75	11.00	20.60	8.90	0.35	2.38	4.85	12.70	31.50	74.90	109.00	259.00	2.87	16.92
福泉市	4085	32.89	19.07	29.49	1.56	0.58	27.20	28.80	7.40	7.43	10.00	12.90	22.20	38.10	76.60	127.00	425.00	5.05	62.67
荔波县	2368	21.25	16.23	16.63	2.00	0.76	12.40	14.80	6.62	0.76	3.43	5.04	9.83	30.20	66.00	88.10	136.00	1.83	4.65
贵定县	3543	24.87	17.95	20.09	1.91	0.72	14.20	19.60	8.10	2.65	4.31	5.95	12.70	30.90	75.10	99.30	166.00	1.99	5.62
瓮安县	5984	39.28	25.90	33.96	1.67	0.66	22.60	32.00	9.40	5.49	9.17	12.80	24.40	45.70	105.00	174.00	533.00	3.83	34.62
独山县	4778	17.32	36.17	13.58	1.85	2.09	11.20	12.90	4.60	1.63	3.15	4.58	9.10	19.30	56.20	116.00	2280.00	51.67	3209.75
平塘县	4510	22.13	17.49	17.26	2.02	0.79	10.80	17.50	8.50	1.56	3.43	5.04	9.98	28.90	70.20	103.00	190.00	2.38	9.05
罗甸县	4137	34.25	21.39	29.61	1.69	0.62	26.00	28.30	7.90	2.77	6.13	10.80	21.80	39.00	93.20	126.00	235.00	2.51	10.16
长顺县	3960	30.36	21.71	24.58	1.91	0.71	18.90、23.40	23.70	9.80	1.89	4.92	7.21	15.90	38.00	93.70	119.00	171.00	1.89	4.47
龙里县	2908	25.42	18.86	20.12	1.98	0.74	12.20	19.55	8.35	1.64	3.59	5.43	12.60	32.00	80.00	93.20	160.00	1.80	4.14
惠水县	5013	20.29	21.85	15.14	2.14	1.08	13.00	15.50	7.81	0.24	2.15	3.36	8.67	25.80	66.10	101.00	773.00	15.17	470.14
三都县	3400	23.22	13.33	20.60	1.60	0.57	16.80	19.60	5.65	4.92	6.71	9.26	14.80	27.50	60.60	89.10	132.00	2.65	10.89
黔西南州	45445	59.44	40.21	47.80	1.97	0.68	101.00	48.00	22.60	2.62	9.41	13.20	29.40	82.30	149.00	221.00	418.00	1.54	4.25
兴义市	8758	57.51	28.94	51.02	1.64	0.50	104.00	52.00	15.60	4.00	14.40	18.70	38.00	70.30	129.00	162.00	418.00	1.45	5.14
兴仁市	6850	67.89	31.94	60.15	1.67	0.47	103.00、102.00	62.40	24.40	5.27	16.50	22.30	41.30	92.80	132.00	148.00	193.00	0.46	-0.71
普安县	5049	82.07	47.45	68.17	1.92	0.58	123.00	69.10	29.70	4.35	10.40	14.00	47.60	117.00	196.00	245.00	360.00	0.97	1.25
晴隆县	3890	91.17	60.10	70.68	2.19	0.66	132.00	90.70	41.30	4.63	9.44	12.60	43.90	126.00	263.00	321.00	416.00	1.22	2.64
贞丰县	6020	57.77	39.96	45.83	1.99	0.69	103.00	41.90	19.50	2.70	8.80	13.60	27.40	85.20	156.00	184.00	231.00	1.11	0.54
望谟县	5419	31.84	21.52	26.89	1.75	0.68	17.70	26.00	9.10	2.83	7.70	10.20	18.00	37.70	102.00	129.00	172.00	2.27	6.34
册亨县	3617	29.78	16.81	26.22	1.64	0.56	19.00	25.30	8.60	4.90	8.45	11.10	18.10	37.00	71.00	92.50	342.00	3.09	35.16
安龙县	5842	57.42	32.66	48.47	1.82	0.57	101.00	47.30	21.40	2.62	11.50	15.00	31.00	82.10	131.00	149.00	1283.00	0.76	-0.24
贵州省	454431	52.42	48.68	39.00	2.10	0.93	25.60	34.50	14.20	0.05	6.33	10.70	23.91	62.70	199.09	283.00	2280.00	3.05	25.67

表 2.7 贵州省各行政区耕地土壤氟元素（F）地球化学参数

（单位：mg/kg）

行政区名称	样品件数/个	算术平均值	算术标准差	几何平均值	几何标准差	变异系数	众值	中位值	中位绝对离差	最小值	0.5%	2.5%	25%	75%	97.5%	99.5%	最大值	偏度系数	峰度系数
贵阳市	25182	1098	552	995	1.54	0.50	867	983	262	154	333	437	748	1293	2433	3574	9524	2.86	19.19
南明区	343	1112	279	1077	1.30	0.25	1253	1080	173	154	507	658	908	1289	1717	1986	2393	0.62	1.54
云岩区	64	1230	508	1120	1.57	0.41	1996	1068	393	377	377	396	867	1621	2081	2081	2081	0.26	-1.16
花溪区	3142	1110	485	1002	1.60	0.44	1289、983	1074	334	233	293	361	743	1412	2170	2690	3594	0.76	1.24
乌当区	1963	946	351	890	1.42	0.37	1114	905	193	230	300	434	720	1114	1757	2276	5206	2.41	18.00
白云区	520	1260	527	1165	1.48	0.42	832、1304	1129	297	339	408	548	899	1523	2563	3333	3873	1.42	3.09
观山湖区	406	1132	443	1057	1.44	0.39	939	1027	279	362	427	545	809	1372	2170	2789	3456	1.29	2.59
开阳县	6836	917	472	851	1.43	0.52	867	832	183	250	361	458	673	1038	1771	3804	9175	6.22	67.39
息烽县	3034	1255	676	1106	1.66	0.54	826	1098	339	162	286	381	826	1585	2921	4047	9524	2.14	12.05
修文县	4037	1153	591	1046	1.53	0.51	983	1028	263	294	377	465	792	1349	2556	4066	7737	3.12	20.19
清镇市	4837	1239	584	1124	1.55	0.47	1178	1126	307	301	379	484	839	1491	2708	3613	6090	1.75	6.22
遵义市	85841	1057	807	924	1.61	0.76	822	866	197	24	303	399	708	1141	2898	5178	51474	11.39	393.45
红花岗区	1539	1192	686	1055	1.62	0.58	907、763	969	302	233	333	447	763	1525	2835	3975	11786	3.76	39.89
汇川区	3926	1293	1025	1076	1.75	0.79	824	952	280	121	322	440	738	1482	3997	6374	13076	3.89	25.51
播州区	11106	1135	562	1035	1.51	0.50	937	967	236	262	391	505	782	1363	2525	3609	10345	2.82	19.41
桐梓县	9788	986	731	877	1.55	0.74	802、842	847	185	166	285	393	686	1066	2480	4580	35059	15.04	541.68
绥阳县	6808	1099	974	951	1.57	0.89	764	862	144	301	425	526	746	1066	3684	7144	22177	6.82	74.46
正安县	7443	1060	827	941	1.52	0.78	759	867	151	255	383	507	744	1078	2955	5707	24125	8.77	145.95
道真县	5302	1088	783	952	1.58	0.72	776	869	161	218	332	473	740	1091	3539	5657	9303	3.97	20.42
务川县	7162	1059	1102	920	1.55	1.04	822	822	115	246	424	536	732	969	3770	5626	51474	22.29	891.63
凤冈县	6238	984	452	924	1.39	0.46	854	881	149	232	417	542	754	1077	1988	3312	7579	5.41	53.05
湄潭县	6519	1176	706	1047	1.58	0.60	814、965	993	256	24	358	483	779	1333	3118	4618	10548	3.76	26.73
余庆县	4508	961	534	872	1.52	0.56	565、848、806	853	209	216	328	400	668	1104	2094	3692	9856	5.11	53.99
习水县	7545	939	1063	773	1.71	1.13	624	723	199	140	262	329	548	978	2868	6122	28061	11.90	227.13
赤水市	2365	497	143	477	1.33	0.29	500、432、454	475	95	191	222	274	392	585	820	916	974	0.63	0.03
仁怀市	5592	1159	736	984	1.75	0.64	545	929	333	146	275	360	672	1443	3084	4336	6690	1.94	5.38
六盘水市	31641	904	646	728	1.92	0.71	478、458	651	286	109	196	249	438	1240	2545	3151	23903	2.74	52.32
钟山区	1398	750	466	641	1.72	0.62	606	551	172	172	253	297	423	1014	1937	2472	3710	1.56	2.69
六枝特区	7665	1065	589	916	1.75	0.55	1387	925	388	153	240	331	580	1430	2485	2982	3756	0.98	0.65
水城区	10055	749	593	614	1.81	0.79	579	536	174	121	201	247	402	889	2328	2923	23903	7.50	234.33
盘州市	12523	948	703	735	2.04	0.74	478、458	664	326	109	179	229	411	1340	2709	3324	5015	1.28	1.18
安顺市	28010	1159	635	1014	1.67	0.55	734	994	355	138	302	408	684	1469	2742	3505	8255	1.46	3.36
西秀区	6982	1249	647	1109	1.63	0.52	1289	1114	377	267	376	454	767	1549	2787	3828	8255	1.60	5.31

续表

行政区名称	样品件数/个	算术平均值	算术标准差	几何平均值	几何标准差	变异系数	众值	中位值	中位绝对离差	最小值	累积频率值 0.5%	2.5%	25%	75%	97.5%	99.5%	最大值	偏度系数	峰度系数
平坝区	3874	1228	481	1138	1.49	0.39	1028	1178	321	291	434	526	865	1532	2290	2744	5028	0.89	1.89
普定县	3686	1415	789	1200	1.81	0.56	1755	1293	576	138	270	377	747	1916	3203	3784	4793	0.80	0.21
镇宁县	4712	1043	571	911	1.68	0.55	1187、1138	915	342	170	254	374	603	1328	2469	3124	6297	1.43	3.41
关岭县	3393	1410	719	1247	1.65	0.51	1408	1233	438	220	391	497	867	1822	3121	3893	5470	1.14	1.51
紫云县	5353	759	287	712	1.42	0.38	734	704	145	169	260	346	572	871	1526	1903	2563	1.58	4.29
毕节市	96505	992	624	845	1.75	0.63	524	814	306	45	236	313	559	1253	2574	3459	27086	2.89	43.72
七星关区	12877	997	640	845	1.75	0.64	573、477	790	302	176	273	341	545	1270	2675	3685	7381	2.00	6.69
大方县	12297	1155	737	978	1.76	0.64	588	949	372	45	284	364	628	1469	2954	4260	8612	2.17	9.37
黔西县	10366	1333	624	1206	1.57	0.47	926	1182	343	195	311	478	895	1663	2772	3311	16376	2.33	33.56
金沙县	8365	1136	699	981	1.70	0.62	779	961	318	84	245	369	688	1372	2983	4456	10543	2.52	12.22
织金县	9920	1077	597	969	1.57	0.55	905、861、589	968	306	75	347	430	691	1327	2358	3125	27086	10.31	379.34
纳雍县	9498	995	615	847	1.74	0.62	634	781	308	120	292	354	540	1303	2658	3361	6290	1.63	3.56
威宁县	25748	770	468	664	1.70	0.61	392	642	210	115	204	256	458	911	2054	2727	5694	1.92	5.18
赫章县	7434	725	403	651	1.55	0.56	557	600	143	152	262	329	485	812	1873	2580	7350	2.85	16.93
铜仁市	49327	876	513	808	1.44	0.59	770	780	136	142	339	426	658	940	1946	3651	42303	15.54	908.21
碧江区	2270	816	266	779	1.35	0.33	783	779	119	248	353	418	660	900	1496	1858	2824	1.59	4.96
万山区	1537	781	273	736	1.42	0.35	947	743	161	223	285	337	596	928	1399	1829	2354	1.00	2.02
江口县	2896	755	278	714	1.38	0.37	720	701	134	230	334	396	576	856	1466	1887	3306	2.08	8.72
玉屏县	1474	718	228	686	1.35	0.32	701	681	131	249	298	378	561	828	1278	1699	1952	1.35	3.56
石阡县	5923	913	657	810	1.54	0.72	773	772	158	238	317	387	633	964	2387	5188	10404	5.87	50.38
思南县	7444	945	561	868	1.44	0.59	825	828	134	272	373	460	711	998	2142	4362	10397	6.55	66.98
印江县	5410	807	389	752	1.41	0.48	737	722	117	244	330	418	618	866	1813	2839	7750	4.81	43.76
德江县	6664	938	521	856	1.48	0.56	829	812	139	142	337	427	694	990	2424	4032	6782	4.00	23.52
沿河县	8342	908	680	835	1.43	0.75	740	805	123	265	366	453	693	944	2208	4001	42303	29.56	1666.88
松桃县	7367	850	335	807	1.36	0.39	871	769	126	195	422	490	664	932	1685	2568	6948	4.16	38.39
黔东南州	43187	613	292	565	1.47	0.48	435	531	123	130	241	302	430	715	1363	1865	8172	3.31	30.98
凯里市	3931	764	346	709	1.45	0.45	488	699	157	181	308	366	550	864	1588	2429	4700	3.26	21.87
黄平县	4447	679	306	633	1.42	0.45	386、426、385	623	136	199	287	337	500	776	1380	2234	5785	4.55	47.20
施秉县	2380	736	267	692	1.42	0.36	559	692	161	218	310	346	545	875	1383	1660	2455	1.07	1.91
三穗县	1756	509	207	480	1.38	0.41	408	452	77	203	257	298	392	555	1046	1630	2151	2.92	13.15
镇远县	3306	765	274	720	1.42	0.36	839、703、797	730	164	165	321	375	568	898	1408	1722	2390	1.08	2.13
岑巩县	2613	770	252	734	1.36	0.33	585、597	730	145	206	326	410	594	890	1396	1701	2594	1.34	3.73

续表

行政区名称	样品件数/个	算术平均值	算术标准差	几何平均值	几何标准差	变异系数	众值	中位值	中位绝对离差	最小值	0.5%	2.5%	25%	75%	97.5%	99.5%	最大值	偏度系数	峰度系数
天柱县	3205	499	301	452	1.49	0.60	405	422	79	191	220	250	353	518	1305	2106	5549	4.96	45.05
锦屏县	1747	451	102	442	1.23	0.22	435	435	55	235	268	305	389	502	662	846	1620	2.42	17.72
剑河县	2859	473	195	451	1.33	0.41	400	434	59	200	256	291	382	502	973	1379	5091	7.45	126.93
台江县	1096	500	148	483	1.28	0.30	408	471	67	240	274	324	408	550	895	1239	1591	2.55	10.73
黎平县	4512	442	101	431	1.25	0.23	416	432	55	130	188	265	381	493	642	745	2322	2.42	32.40
榕江县	2429	485	107	475	1.23	0.22	486、435	484	57	205	252	297	425	539	679	809	2180	3.41	46.01
从江县	3291	507	127	492	1.29	0.25	435	495	70	161	193	257	431	575	771	957	1686	1.29	8.87
雷山县	1609	530	97	521	1.21	0.18	435、402	530	68	255	285	333	462	597	717	807	862	0.06	0.02
麻江县	2337	968	414	893	1.49	0.43	711	877	244	271	341	427	670	1182	1966	2463	4808	1.60	6.11
丹寨县	1670	617	325	570	1.46	0.53	425	542	129	215	266	317	433	718	1320	1654	8172	8.76	177.66
黔南州	49281	767	401	686	1.60	0.52	534	696	217	73	209	271	499	947	1656	2290	9696	3.31	35.87
都匀市	4595	707	348	643	1.54	0.49	728	645	177	106	203	269	487	851	1458	1949	7465	4.07	50.22
福泉市	4085	957	509	874	1.50	0.53	776、764、739	870	218	191	318	406	675	1122	1971	4012	9423	5.07	49.39
荔波县	2368	632	282	574	1.56	0.45		597	182	149	186	244	416	779	1341	1585	2133	1.03	1.40
贵定县	3543	751	463	663	1.62	0.62	644、638	652	212	122	211	273	472	923	1680	2546	9696	5.67	74.68
瓮安县	5984	992	436	919	1.47	0.44	878	898	210	245	339	440	724	1166	2010	2843	5650	2.64	15.64
独山县	4778	710	370	626	1.66	0.52	357	644	236	73	204	252	422	911	1540	2002	4386	1.59	6.63
平塘县	4510	623	295	560	1.58	0.47	384	560	188	112	201	236	397	793	1330	1750	2537	1.24	2.48
罗甸县	4137	709	319	657	1.47	0.45	566	655	139	120	227	290	533	818	1421	2016	8033	5.01	78.87
长顺县	3960	749	355	672	1.61	0.47	509	680	217	92	185	252	485	941	1627	1994	2592	1.07	1.38
龙里县	2908	799	390	720	1.58	0.49	708	728	231	105	225	293	520	996	1623	2190	6608	2.55	22.12
惠水县	5013	688	373	612	1.61	0.54	534	596	189	110	201	255	437	849	1576	2112	8896	3.53	50.01
三都县	3400	789	367	711	1.59	0.47	517	698	227	144	222	296	515	1021	1610	1922	3128	0.99	1.14
黔西南州	45445	1167	742	975	1.81	0.64	548	922	394	171	292	374	596	1538	3028	3774	12966	1.47	3.75
兴义市	8758	1437	786	1245	1.72	0.55	734	1262	528	270	410	496	798	1897	3292	4083	6150	1.12	1.51
兴仁市	6850	1425	785	1229	1.74	0.55	1114	1262	497	207	346	446	793	1833	3260	3889	9480	1.16	2.44
普安县	5049	1159	813	914	2.00	0.70	427	881	436	197	249	293	505	1607	3117	3721	4993	1.09	0.44
晴隆县	3890	917	704	754	1.79	0.77	548	642	195	220	259	327	497	1068	2805	3562	12966	3.30	27.89
贞丰县	6020	1206	666	1051	1.68	0.55	1408	1033	398	171	352	445	675	1562	2881	3730	5304	1.39	2.69
望谟县	5419	653	247	618	1.37	0.38	548	593	109	256	304	370	502	734	1316	1873	2586	2.34	8.80
册亨县	3617	841	533	725	1.67	0.63	427	617	172	229	309	367	497	987	2363	2934	3725	1.85	3.39
安龙县	5842	1270	700	1098	1.72	0.55	904	1083	440	219	317	400	728	1697	2905	3889	6691	1.17	1.93
贵州省	454431	959	642	824	1.70	0.67	734	795	261	24	241	320	573	1140	2563	3730	51474	6.69	243.30

表 2.8　贵州省各行政区耕地土壤锗元素（Ge）地球化学参数

（单位：mg/kg）

行政区名称	样品件数/个	算术平均值	算术标准差	几何平均值	几何标准差	变异系数	众值	中位值	中位绝对离差	最小值	累积频率值 0.5%	2.5%	25%	75%	97.5%	99.5%	最大值	偏度系数	峰度系数
贵阳市	25182	1.49	0.29	1.46	1.23	0.20	1.46	1.48	0.18	0.15	0.74	0.92	1.31	1.66	2.07	2.37	5.42	0.59	5.48
南明区	343	1.50	0.21	1.49	1.16	0.14	1.54	1.50	0.12	0.84	0.85	1.04	1.38	1.62	1.87	1.98	2.10	-0.30	0.62
云岩区	64	1.59	0.29	1.56	1.20	0.18	1.24、1.46	1.55	0.23	0.93	0.93	1.02	1.38	1.81	2.07	2.29	2.29	0.07	-0.38
花溪区	3142	1.50	0.38	1.45	1.31	0.25	1.65	1.52	0.24	0.51	0.62	0.77	1.26	1.73	2.18	2.49	5.11	0.53	5.11
乌当区	1963	1.35	0.24	1.33	1.20	0.18	1.26	1.34	0.16	0.60	0.78	0.91	1.19	1.50	1.84	2.06	2.23	0.29	0.36
白云区	520	1.45	0.25	1.43	1.19	0.17	1.60	1.45	0.16	0.79	0.81	0.99	1.27	1.60	1.99	2.32	2.76	0.61	1.94
观山湖区	406	1.54	0.23	1.52	1.17	0.15	1.53	1.53	0.16	0.85	0.95	1.11	1.37	1.69	1.98	2.26	2.49	0.39	0.92
开阳县	6836	1.49	0.28	1.46	1.22	0.19	1.46	1.48	0.18	0.44	0.74	0.94	1.30	1.67	2.04	2.33	3.72	0.26	1.16
息烽县	3034	1.46	0.23	1.44	1.17	0.16	1.37	1.45	0.13	0.48	0.76	0.94	1.32	1.58	1.92	2.23	3.61	0.99	7.57
修文县	4037	1.49	0.30	1.46	1.24	0.20	1.46	1.49	0.18	0.15	0.74	0.91	1.32	1.67	2.07	2.33	5.42	0.92	10.13
清镇市	4837	1.56	0.27	1.54	1.19	0.17	1.51	1.55	0.16	0.59	0.83	1.03	1.39	1.72	2.10	2.44	4.89	0.69	5.95
遵义市	85841	1.53	0.28	1.50	1.20	0.18	1.56、1.60	1.53	0.16	0.14	0.81	1.00	1.36	1.69	2.08	2.52	5.96	0.91	6.87
红花岗区	1539	1.53	0.27	1.50	1.20	0.18	1.46	1.51	0.17	0.60	0.84	0.99	1.36	1.70	2.13	2.38	3.12	0.38	1.14
汇川区	3926	1.52	0.27	1.50	1.20	0.18	1.64	1.53	0.17	0.61	0.87	1.02	1.34	1.69	2.03	2.36	3.64	0.51	2.98
播州区	11106	1.51	0.30	1.48	1.22	0.20	1.50	1.51	0.16	0.42	0.77	0.95	1.34	1.66	2.04	2.79	4.60	1.57	11.82
桐梓县	9788	1.59	0.28	1.57	1.19	0.18	1.64	1.59	0.17	0.61	0.89	1.07	1.42	1.75	2.15	2.63	4.53	0.75	4.16
绥阳县	6808	1.49	0.25	1.47	1.19	0.17	1.53	1.50	0.16	0.51	0.85	1.00	1.32	1.65	1.95	2.18	5.12	0.65	8.23
正安县	7443	1.59	0.34	1.55	1.22	0.21	1.60	1.57	0.18	0.45	0.85	1.04	1.38	1.74	2.36	3.04	5.96	1.74	10.83
道真县	5302	1.55	0.24	1.53	1.18	0.15	1.56	1.56	0.15	0.66	0.87	1.05	1.41	1.71	2.01	2.23	3.51	0.09	2.14
务川县	7162	1.47	0.28	1.44	1.20	0.19	1.21	1.46	0.19	0.53	0.87	1.03	1.27	1.64	2.00	2.45	4.18	1.22	6.75
凤冈县	6238	1.51	0.25	1.49	1.19	0.17	1.58	1.53	0.16	0.58	0.87	1.01	1.34	1.67	1.97	2.18	4.89	0.26	5.27
湄潭县	6519	1.46	0.28	1.43	1.23	0.19	1.54	1.48	0.18	0.14	0.69	0.88	1.29	1.65	2.00	2.22	2.80	-0.16	0.41
余庆县	4508	1.48	0.28	1.45	1.24	0.19	1.52、1.53	1.49	0.16	0.20	0.63	0.85	1.32	1.64	2.02	2.28	3.55	-0.16	1.84
习水县	7545	1.59	0.26	1.57	1.17	0.16	1.46	1.56	0.14	0.47	0.98	1.16	1.43	1.73	2.18	2.62	4.54	1.29	6.55
赤水市	2365	1.44	0.16	1.43	1.12	0.11	1.47	1.45	0.10	0.76	1.00	1.13	1.34	1.54	1.74	1.91	2.04	-0.09	0.85
仁怀市	5592	1.61	0.28	1.58	1.19	0.17	1.56	1.60	0.16	0.52	0.91	1.08	1.44	1.76	2.17	2.58	3.78	0.69	3.31
六盘水市	31641	1.71	0.45	1.66	1.30	0.26	1.80	1.67	0.27	0.23	0.70	0.96	1.43	1.98	2.60	3.05	17.42	2.86	73.14
钟山区	1398	2.00	0.53	1.93	1.31	0.26	2.44	1.93	0.37	0.64	0.80	1.13	1.61	2.38	3.04	3.76	4.72	0.58	0.76
六枝特区	7665	1.51	0.33	1.48	1.25	0.22	1.74	1.49	0.20	0.40	0.68	0.92	1.29	1.70	2.25	2.50	3.48	0.44	0.76
水城区	10055	1.69	0.45	1.63	1.33	0.26	2.02	1.65	0.31	0.23	0.64	0.88	1.38	2.00	2.57	2.84	5.73	0.33	1.02
盘州市	12523	1.82	0.45	1.78	1.26	0.25	1.88	1.78	0.25	0.30	0.81	1.13	1.55	2.06	2.67	3.29	17.42	6.11	170.69
安顺市	28010	1.51	0.32	1.48	1.24	0.21	1.48	1.50	0.17	0.21	0.59	0.91	1.34	1.67	2.09	2.67	7.55	1.61	17.50
西秀区	6982	1.53	0.25	1.51	1.18	0.16	1.48	1.52	0.16	0.37	0.93	1.07	1.37	1.68	2.04	2.26	2.86	0.28	0.71

续表

行政区名称	样品件数/个	算术		几何		变异系数	众值	中位值	中位绝对离差	最小值	累积频率值						最大值	偏度系数	峰度系数
		平均值	标准差	平均值	标准差						0.5%	2.5%	25%	75%	97.5%	99.5%			
平坝区	3877	1.60	0.24	1.58	1.16	0.15	1.48	1.58	0.15	0.51	1.04	1.18	1.44	1.74	2.12	2.35	3.41	0.53	1.46
普定县	3689	1.57	0.52	1.50	1.33	0.33	1.36	1.49	0.23	0.28	0.64	0.88	1.28	1.73	2.94	4.08	7.55	2.73	15.08
镇宁县	4716	1.50	0.26	1.47	1.24	0.18	1.58、1.44	1.51	0.14	0.21	0.47	0.84	1.37	1.66	1.96	2.16	3.42	-0.73	3.44
关岭县	3393	1.51	0.23	1.49	1.17	0.16	1.52	1.50	0.14	0.39	0.85	1.07	1.36	1.64	2.00	2.23	2.96	0.39	2.34
紫云县	5353	1.39	0.31	1.35	1.29	0.22	1.40	1.41	0.18	0.39	0.52	0.70	1.22	1.58	1.98	2.27	3.03	-0.18	0.86
毕节市	96511	1.62	0.31	1.59	1.19	0.19	1.58	1.61	0.15	0.05	0.86	1.05	1.46	1.77	2.17	2.54	28.69	12.97	854.47
七星关区	12878	1.59	0.26	1.56	1.19	0.16	1.60、1.64	1.59	0.15	0.44	0.88	1.06	1.43	1.74	2.11	2.36	3.34	0.13	1.38
大方县	12297	1.65	0.31	1.62	1.21	0.19	1.70	1.64	0.17	0.34	0.85	1.03	1.48	1.81	2.33	2.73	4.41	0.65	3.35
黔西县	10370	1.59	0.22	1.57	1.15	0.14	1.58	1.58	0.13	0.52	1.00	1.19	1.45	1.71	2.06	2.31	3.38	0.54	2.62
金沙县	8365	1.60	0.28	1.57	1.19	0.17	1.58	1.59	0.16	0.53	0.89	1.04	1.44	1.75	2.16	2.54	4.88	0.65	4.96
织金县	9920	1.66	0.30	1.63	1.18	0.18	1.71	1.66	0.13	0.05	0.89	1.08	1.52	1.79	2.14	2.45	18.35	16.85	925.03
纳雍县	9498	1.65	0.30	1.62	1.23	0.18	1.68	1.67	0.16	0.24	0.69	0.97	1.50	1.82	2.24	2.55	3.96	-0.17	2.36
威宁县	25748	1.59	0.28	1.56	1.19	0.18	1.58、1.56	1.58	0.15	0.47	0.85	1.03	1.43	1.74	2.11	2.43	11.60	2.63	76.66
赫章县	7435	1.69	0.55	1.66	1.20	0.33	1.61、1.63、1.65	1.66	0.15	0.69	0.99	1.20	1.51	1.81	2.27	3.56	28.69	24.47	968.09
铜仁市	49327	1.55	0.28	1.52	1.21	0.18	1.61	1.55	0.19	0.23	0.83	1.02	1.36	1.73	2.11	2.33	7.75	0.44	5.75
碧江区	2270	1.63	0.29	1.60	1.21	0.18	1.54、1.43	1.62	0.19	0.36	0.82	1.09	1.43	1.82	2.20	2.35	2.80	-0.01	0.34
万山区	1537	1.53	0.29	1.51	1.21	0.19	1.87	1.50	0.17	0.71	0.88	1.04	1.34	1.69	2.16	2.45	2.67	0.56	0.62
江口县	2896	1.61	0.29	1.58	1.22	0.18	1.65	1.62	0.19	0.23	0.63	1.02	1.43	1.80	2.17	2.37	3.86	-0.10	1.93
玉屏县	1474	1.56	0.39	1.51	1.27	0.25	1.30	1.53	0.24	0.51	0.77	0.94	1.30	1.77	2.32	2.65	7.75	3.06	43.00
石阡县	5923	1.46	0.24	1.44	1.19	0.17	1.29	1.45	0.15	0.42	0.78	0.92	1.30	1.62	1.94	2.07	2.55	-0.08	0.53
思南县	7444	1.56	0.27	1.53	1.20	0.18	1.68	1.58	0.19	0.32	0.84	1.02	1.37	1.75	2.04	2.21	4.52	-0.02	2.07
印江县	5410	1.50	0.26	1.48	1.20	0.18	1.28	1.49	0.17	0.42	0.85	1.03	1.32	1.66	2.05	2.29	3.35	0.37	1.23
德江县	6664	1.55	0.34	1.51	1.25	0.22	1.71	1.54	0.25	0.29	0.79	0.96	1.30	1.79	2.23	2.45	3.81	0.30	0.19
沿河县	8342	1.54	0.25	1.52	1.18	0.16	1.60	1.53	0.18	0.63	0.96	1.09	1.35	1.71	2.02	2.22	3.83	0.47	2.30
松桃县	7367	1.62	0.24	1.60	1.17	0.15	1.68	1.61	0.15	0.47	0.99	1.15	1.46	1.77	2.13	2.32	2.75	0.16	0.56
黔东南州	43188	1.54	0.29	1.52	1.21	0.19	1.54	1.55	0.16	0.13	0.73	0.98	1.38	1.70	2.09	2.35	9.21	1.47	28.72
凯里市	3931	1.47	0.42	1.42	1.33	0.29	1.44	1.48	0.22	0.27	0.52	0.72	1.24	1.68	2.19	2.93	9.21	3.36	46.69
黄平县	4447	1.48	0.26	1.46	1.22	0.18	1.51	1.50	0.15	0.28	0.62	0.94	1.33	1.64	1.99	2.25	4.09	0.03	3.67
施秉县	2380	1.50	0.28	1.47	1.23	0.19	1.50	1.51	0.18	0.48	0.64	0.92	1.32	1.68	2.06	2.25	2.82	-0.19	0.66
三穗县	1756	1.56	0.22	1.55	1.15	0.14	1.47、1.52	1.53	0.14	1.08	1.16	1.22	1.41	1.68	2.09	2.28	2.56	0.84	0.89
镇远县	3306	1.69	0.33	1.66	1.21	0.19	1.61	1.67	0.17	0.13	0.78	1.14	1.51	1.84	2.24	2.95	7.88	3.19	48.38
岑巩县	2613	1.68	0.29	1.66	1.20	0.17	1.65、1.74	1.69	0.18	0.39	0.93	1.11	1.50	1.87	2.22	2.51	3.55	0.26	2.45
天柱县	3205	1.40	0.20	1.38	1.15	0.14	1.42	1.38	0.11	0.72	0.89	1.02	1.28	1.50	1.85	2.07	2.32	0.49	1.16

续表

行政区名称	样品件数/个	算术 平均值	算术 标准差	几何 平均值	几何 标准差	变异系数	众值	中位值	中位绝对离差	最小值	累积频率值 0.5%	2.5%	25%	75%	97.5%	99.5%	最大值	偏度系数	峰度系数
锦屏县	1747	1.44	0.23	1.43	1.18	0.16	1.38	1.44	0.13	0.69	0.84	0.96	1.32	1.59	1.90	2.08	2.57	0.09	0.74
剑河县	2859	1.57	0.22	1.55	1.15	0.14	1.45	1.54	0.14	0.72	1.02	1.21	1.41	1.70	2.09	2.23	2.55	0.53	0.71
台江县	1096	1.60	0.23	1.58	1.16	0.14	1.62	1.59	0.12	0.41	0.88	1.20	1.47	1.71	2.10	2.28	3.81	1.01	9.84
黎平县	4512	1.57	0.21	1.56	1.14	0.13	1.56	1.58	0.10	0.72	0.95	1.10	1.47	1.68	1.97	2.16	5.06	1.01	20.40
榕江县	2429	1.52	0.15	1.51	1.10	0.10	1.52	1.52	0.09	1.06	1.16	1.25	1.42	1.61	1.81	1.96	2.35	0.34	0.81
从江县	3291	1.65	0.23	1.63	1.15	0.14	1.63	1.64	0.13	0.70	0.96	1.17	1.52	1.77	2.13	2.31	2.94	0.09	1.70
雷山县	1609	1.74	0.20	1.73	1.12	0.12	1.89	1.73	0.13	1.13	1.28	1.37	1.60	1.86	2.17	2.43	3.00	0.66	2.07
麻江县	2337	1.40	0.30	1.36	1.25	0.21	1.28	1.40	0.21	0.20	0.70	0.83	1.18	1.60	2.00	2.18	2.52	0.09	0.02
丹寨县	1670	1.52	0.30	1.49	1.22	0.20	1.63、1.57、1.64	1.53	0.19	0.51	0.79	0.96	1.33	1.70	2.07	2.39	4.05	0.84	6.20
黔南州	49281	1.31	0.37	1.26	1.34	0.29	1.32	1.29	0.25	0.04	0.47	0.67	1.05	1.54	2.06	2.52	10.20	1.33	16.00
都匀市	4595	1.31	0.35	1.27	1.27	0.27	1.24	1.28	0.21	0.23	0.68	0.81	1.08	1.49	1.99	2.54	10.20	4.99	102.76
福泉市	4085	1.43	0.39	1.38	1.32	0.27	1.36、1.54	1.42	0.24	0.24	0.58	0.74	1.18	1.67	2.22	2.75	5.39	0.84	4.52
荔波县	2368	1.24	0.29	1.20	1.28	0.23	1.22	1.25	0.17	0.24	0.50	0.66	1.06	1.41	1.74	2.13	3.42	0.38	3.03
贵定县	3543	1.19	0.33	1.14	1.33	0.28	1.02	1.15	0.21	0.28	0.44	0.64	0.96	1.39	1.88	2.25	5.00	1.05	6.04
瓮安县	5984	1.58	0.39	1.53	1.26	0.25	1.52	1.56	0.20	0.21	0.72	0.94	1.35	1.76	2.37	3.24	9.68	3.06	40.09
独山县	4778	1.20	0.32	1.16	1.30	0.27	1.12	1.15	0.18	0.17	0.53	0.70	0.99	1.36	1.90	2.54	4.71	1.60	8.26
平塘县	4510	1.16	0.33	1.11	1.35	0.29	1.14	1.13	0.23	0.29	0.44	0.57	0.93	1.39	1.81	2.07	3.28	0.42	0.67
罗甸县	4137	1.39	0.37	1.33	1.40	0.27	1.48	1.44	0.19	0.13	0.35	0.49	1.23	1.62	2.03	2.27	2.85	-0.56	0.72
长顺县	3960	1.31	0.37	1.25	1.36	0.28	1.12	1.30	0.25	0.28	0.44	0.60	1.05	1.55	2.02	2.31	3.91	0.29	1.00
龙里县	2908	1.18	0.30	1.14	1.28	0.25	1.11	1.13	0.17	0.39	0.60	0.71	0.98	1.33	1.84	2.15	3.41	0.92	2.11
惠水县	5013	1.13	0.29	1.09	1.31	0.26	1.14	1.10	0.19	0.04	0.50	0.64	0.92	1.31	1.73	2.04	3.62	0.72	2.40
三都县	3400	1.51	0.30	1.48	1.22	0.20	1.55	1.50	0.17	0.63	0.82	0.96	1.32	1.66	2.20	2.62	3.32	0.78	2.56
黔西南州	45445	1.55	0.28	1.53	1.20	0.18	1.50	1.54	0.17	0.10	0.82	1.06	1.38	1.71	2.12	2.50	6.20	0.82	6.36
兴义市	8758	1.62	0.32	1.59	1.20	0.20	1.57、1.44	1.58	0.17	0.50	0.90	1.10	1.42	1.77	2.33	2.89	6.20	1.79	12.41
兴仁市	6850	1.60	0.22	1.58	1.15	0.14	1.55	1.59	0.14	0.65	1.00	1.19	1.45	1.74	2.06	2.26	2.90	0.28	1.11
普安县	5049	1.61	0.24	1.59	1.17	0.15	1.61	1.62	0.14	0.44	0.84	1.06	1.48	1.75	2.07	2.28	3.65	0.01	3.32
晴隆县	3890	1.53	0.28	1.51	1.22	0.18	1.62	1.56	0.18	0.21	0.74	0.95	1.35	1.71	2.05	2.30	2.79	-0.24	0.76
贞丰县	6020	1.54	0.29	1.52	1.21	0.19	1.48	1.51	0.18	0.27	0.83	1.04	1.35	1.72	2.17	2.46	3.44	0.48	1.18
望谟县	5419	1.43	0.22	1.42	1.17	0.15	1.42	1.43	0.13	0.50	0.73	1.01	1.30	1.57	1.86	2.03	2.48	-0.05	1.19
册亨县	3617	1.40	0.21	1.38	1.16	0.15	1.34	1.38	0.12	0.62	0.91	1.02	1.27	1.51	1.86	2.14	2.49	0.65	2.04
安龙县	5842	1.58	0.30	1.55	1.22	0.19	1.53、1.58	1.56	0.19	0.10	0.74	1.07	1.39	1.76	2.20	2.53	5.32	0.66	5.74
贵州省	454431	1.54	0.33	1.51	1.24	0.21	1.52	1.54	0.18	0.04	0.68	0.91	1.35	1.72	2.19	2.60	28.69	3.40	170.79

表 2.9　贵州省各行政区耕地土壤汞元素（Hg）地球化学参数

（单位：mg/kg）

行政区名称	样品件数/个	算术平均值	算术标准差	几何平均值	几何标准差	变异系数	众值	中位值	中位绝对离差	最小值	累积频率值 0.5%	2.5%	25%	75%	97.5%	99.5%	最大值	偏度系数	峰度系数
贵阳市	25182	0.70	7.42	0.21	2.35	10.61	0.12	0.18	0.07	0.01	0.05	0.07	0.13	0.28	2.06	14.66	467.24	32.09	1378.10
南明区	343	0.15	0.06	0.14	1.46	0.42	0.11	0.13	0.03	0.06	0.06	0.07	0.10	0.17	0.29	0.33	0.48	1.39	2.83
云岩区	64	0.21	0.18	0.16	1.95	0.85	0.13	0.15	0.05	0.03	0.03	0.06	0.11	0.22	0.65	0.94	0.94	2.32	5.78
花溪区	3142	0.16	0.15	0.14	1.68	0.94	0.11、0.12	0.14	0.04	0.01	0.04	0.05	0.10	0.18	0.45	0.78	5.22	14.31	390.39
乌当区	1963	0.22	0.26	0.18	1.75	1.17	0.14	0.18	0.06	0.02	0.05	0.06	0.13	0.24	0.63	1.76	6.84	12.46	247.02
白云区	520	0.23	0.18	0.20	1.70	0.76	0.13	0.20	0.06	0.05	0.06	0.07	0.14	0.27	0.64	1.19	2.20	5.37	45.80
观山湖区	406	0.48	0.71	0.29	2.41	1.49	0.19、0.14	0.22	0.08	0.05	0.05	0.09	0.15	0.41	2.74	3.44	7.11	3.99	22.87
开阳县	6836	1.53	12.61	0.28	2.86	8.23	0.21	0.22	0.08	0.01	0.06	0.08	0.16	0.35	5.44	82.55	467.24	19.59	524.39
息烽县	3034	0.32	1.92	0.19	1.94	6.09	0.15	0.18	0.06	0.01	0.04	0.06	0.13	0.25	1.04	3.45	76.77	31.70	1127.70
修文县	4041	0.91	8.32	0.27	2.58	9.12	0.16	0.23	0.09	0.02	0.05	0.08	0.16	0.36	4.95	16.59	255.25	25.06	690.66
清镇市	4837	0.24	0.43	0.17	1.95	1.78	0.13	0.15	0.04	0.01	0.05	0.06	0.11	0.21	1.03	2.96	8.70	9.92	139.56
遵义市	85841	0.21	3.88	0.13	1.85	18.57	0.14	0.13	0.05	0.01	0.03	0.04	0.09	0.18	0.37	1.10	759.50	154.03	27402.20
红花岗区	1539	0.19	0.17	0.16	1.78	0.92	0.16	0.15	0.05	0.04	0.04	0.06	0.11	0.21	0.57	1.07	3.73	8.17	125.11
汇川区	3926	0.18	0.15	0.16	1.69	0.82	0.14	0.15	0.05	0.03	0.03	0.06	0.11	0.21	0.53	0.92	4.13	8.93	168.18
播州区	11106	0.17	0.49	0.14	1.67	2.86	0.16	0.14	0.04	0.02	0.04	0.05	0.10	0.19	0.34	1.00	29.30	44.12	2270.35
桐梓县	9788	0.12	0.10	0.10	1.83	0.85	0.12	0.10	0.04	0.01	0.02	0.03	0.07	0.15	0.31	0.43	5.43	18.76	811.27
绥阳县	6808	0.15	0.21	0.13	1.54	1.42	0.12	0.14	0.04	0.01	0.05	0.06	0.10	0.18	0.30	0.45	16.60	68.70	5317.59
正安县	7443	0.14	0.07	0.12	1.62	0.52	0.14	0.12	0.04	0.02	0.04	0.05	0.08	0.16	0.30	0.41	0.99	1.86	7.62
道真县	5302	0.12	0.06	0.11	1.64	0.52	0.12	0.11	0.04	0.02	0.03	0.04	0.08	0.15	0.26	0.36	1.28	2.58	25.64
务川县	7162	0.77	13.31	0.17	2.16	17.23	0.14	0.15	0.04	0.03	0.05	0.06	0.12	0.20	1.14	19.80	759.50	45.68	2370.36
凤冈县	6238	0.16	0.12	0.14	1.75	0.75	0.08	0.14	0.06	0.01	0.03	0.05	0.09	0.20	0.36	0.57	5.14	14.26	487.54
湄潭县	6519	0.23	1.26	0.15	1.74	5.41	0.12	0.15	0.05	0.02	0.03	0.05	0.11	0.20	0.39	2.84	55.40	29.22	1004.22
余庆县	4508	0.25	1.28	0.15	2.06	5.03	0.12	0.15	0.06	0.02	0.03	0.05	0.10	0.22	0.74	3.60	52.20	30.10	1054.11
习水县	7545	0.13	0.49	0.09	2.03	3.77	0.12	0.09	0.04	0.01	0.02	0.03	0.06	0.14	0.36	0.95	27.80	43.72	2238.34
赤水市	2365	0.09	0.05	0.08	1.64	0.58	0.12	0.08	0.02	0.02	0.02	0.03	0.06	0.11	0.20	0.29	1.04	4.24	54.40
仁怀市	5592	0.14	0.15	0.12	1.74	1.09	0.06、0.05	0.13	0.04	0.02	0.03	0.04	0.09	0.17	0.32	0.42	8.90	38.23	2048.60
六盘水市	31641	0.16	0.35	0.10	2.19	2.20	0.07	0.10	0.04	0	0.02	0.03	0.06	0.15	0.73	1.90	18.20	19.12	636.79
钟山区	1398	0.14	0.09	0.12	1.74	0.62	0.07	0.12	0.04	0.02	0.03	0.04	0.09	0.17	0.36	0.54	1.06	2.47	12.84
六枝特区	7665	0.12	0.15	0.10	1.67	1.25	0.09	0.10	0.03	0.01	0.03	0.04	0.07	0.13	0.29	0.46	7.06	28.00	1103.63
水城区	10055	0.14	0.22	0.11	1.98	1.53	0.15	0.10	0.04	0.01	0.02	0.03	0.07	0.16	0.43	0.98	10.97	23.58	902.28
盘州市	12523	0.20	0.50	0.10	2.69	2.52	0.06、0.05	0.09	0.04	0	0.01	0.02	0.05	0.15	1.25	2.71	18.20	13.97	336.85
安顺市	28010	0.50	29.12	0.13	2.22	57.72	0.11	0.13	0.05	0	0.02	0.04	0.09	0.19	0.60	1.37	39.84	112.77	13231.80
西秀区	6982	1.50	58.32	0.16	2.06	38.78	0.11	0.15	0.05	0.01	0.04	0.06	0.11	0.23	0.73	2.00	25.69	36.31	1597.60

续表

行政区名称	样品件数/个	算术		几何		变异系数	众值	中位值	中位绝对离差	最小值	累积频率值						最大值	偏度系数	峰度系数
		平均值	标准差	平均值	标准差						0.5%	2.5%	25%	75%	97.5%	99.5%			
平坝区	3877	0.21	0.73	0.17	1.69	3.53	0.12	0.16	0.05	0.01	0.04	0.07	0.12	0.23	0.49	0.68	39.84	47.53	2428.76
普定县	3689	0.17	0.23	0.13	1.87	1.37	0.11、0.13	0.12	0.04	0.01	0.03	0.05	0.09	0.17	0.59	1.32	7.98	14.81	408.81
镇宁县	4716	0.14	0.46	0.10	1.86	3.39	0.11	0.10	0.03	0.02	0.03	0.03	0.07	0.13	0.39	0.84	22.13	34.34	1415.71
关岭县	3393	0.15	0.13	0.10	3.58	0.92	0.11	0.11	0.04	0		0.02	0.07	0.16	0.58	0.82	0.99	2.77	9.31
紫云县	5353	0.20	0.34	0.14	2.13	1.66	0.11	0.13	0.05	0.01	0.03	0.04	0.09	0.21	0.75	2.03	8.65	11.61	204.19
毕节市	96512	0.16	0.35	0.12	1.92	2.16	0.12	0.13	0.04	0	0.02	0.03	0.09	0.18	0.45	1.15	35.00	44.78	3111.02
七星关区	12878	0.15	0.25	0.12	1.81	1.67	0.09	0.12	0.05	0.01	0.03	0.04	0.08	0.19	0.38	0.59	26.36	88.31	9188.50
大方县	12297	0.17	0.23	0.14	1.71	1.34	0.12	0.14	0.04	0.01	0.04	0.05	0.10	0.19	0.46	0.88	18.70	48.20	3656.24
黔西县	10371	0.16	0.41	0.13	1.61	2.64	0.12	0.12	0.03	0.02	0.04	0.06	0.10	0.16	0.32	1.04	31.70	50.83	3552.90
金沙县	8365	0.19	0.18	0.16	1.72	0.98	0.16	0.16	0.05	0.02	0.03	0.05	0.12	0.21	0.44	1.02	6.39	15.60	414.21
织金县	9920	0.21	0.59	0.15	1.89	2.77	0.13	0.13	0.04	0.01	0.04	0.06	0.10	0.19	0.80	2.63	26.14	24.97	869.58
纳雍县	9498	0.21	0.47	0.15	2.00	2.20	0.11	0.13	0.04	0.03	0.04	0.05	0.10	0.20	0.82	2.77	15.50	15.87	366.04
威宁县	25748	0.12	0.25	0.09	2.03	2.12	0.11	0.10	0.04	0	0.01	0.02	0.06	0.16	0.31	0.46	35.00	105.54	13937.50
赫章县	7435	0.17	0.37	0.12	1.99	2.20	0.07	0.12	0.05	0.02	0.03	0.04	0.08	0.19	0.50	1.25	17.52	30.65	1212.43
铜仁市	49327	0.32	2.41	0.16	2.35	7.46	0.14	0.16	0.08	0	0.03	0.04	0.09	0.25	0.99	4.59	248.25	50.23	3572.28
碧江区	2270	0.98	5.18	0.29	3.03	5.29	0.12	0.25	0.14	0.04	0.05	0.07	0.13	0.47	7.54	30.10	144.00	16.40	350.75
万山区	1537	1.45	6.13	0.55	2.74	4.24	0.20、0.25、0.21	0.45	0.17	0.05	0.09	0.13	0.31	0.74	9.26	36.57	159.71	15.44	328.14
江口县	2896	0.29	0.46	0.21	1.94	1.62	0.14	0.19	0.06	0.02	0.06	0.07	0.14	0.28	1.15	3.08	12.10	12.05	227.72
玉屏县	1474	0.60	0.82	0.47	1.82	1.38	0.25	0.44	0.15	0.10	0.13	0.18	0.31	0.64	1.86	4.70	17.86	11.63	189.21
石阡县	5923	0.19	0.57	0.14	2.06	3.06	0.06	0.14	0.07	0.01	0.03	0.06	0.08	0.22	0.54	1.19	38.02	53.95	3364.15
思南县	7444	0.17	0.53	0.12	2.11	3.12	0.06	0.12	0.06	0.01	0.02	0.03	0.06	0.19	0.55	1.18	28.40	39.19	1867.56
印江县	5410	0.20	1.99	0.10	2.11	9.80	0.05	0.09	0.04	0.02	0.03	0.03	0.06	0.16	0.44	2.14	107.07	43.19	2094.69
德江县	6664	0.27	3.69	0.14	1.96	13.79	0.17	0.15	0.06	0.02	0.04	0.05	0.09	0.21	0.56	1.47	248.25	55.01	3357.49
沿河县	8342	0.17	0.35	0.13	2.00	2.00	0.14	0.13	0.06	0	0.03	0.04	0.08	0.19	0.52	1.34	15.20	22.92	727.32
松桃县	7367	0.42	2.48	0.24	2.06	5.96	0.18	0.23	0.08	0.02	0.05	0.07	0.16	0.34	1.11	4.33	103.00	29.81	1019.60
黔东南州	43187	0.21	0.81	0.15	1.91	3.84	0.12	0.13	0.04	0.01	0.04	0.06	0.10	0.20	0.68	1.71	71.97	55.39	4009.94
凯里市	3931	0.21	0.21	0.16	2.11	1.00	0.39	0.16	0.08	0.02	0.03	0.04	0.09	0.27	0.67	1.22	4.76	6.41	89.04
黄平县	4447	0.25	0.90	0.14	2.40	3.58	0.07	0.13	0.07	0.01	0.02	0.03	0.07	0.25	0.80	4.03	32.65	22.02	624.73
施秉县	2380	0.24	0.16	0.20	1.90	0.66	0.12	0.20	0.08	0.01	0.03	0.06	0.13	0.31	0.69	0.84	1.19	1.65	3.58
三穗县	1756	0.18	0.12	0.16	1.54	0.64	0.13、0.11	0.15	0.03	0.06	0.07	0.09	0.12	0.20	0.52	0.81	1.39	4.13	25.64
镇远县	3306	0.24	0.25	0.20	1.82	1.03	0.14	0.18	0.07	0.05	0.06	0.08	0.13	0.27	0.73	1.67	4.54	7.41	88.11
岑巩县	2613	0.24	0.26	0.19	1.73	1.10	0.10	0.19	0.06	0.05	0.06	0.08	0.13	0.25	0.77	1.52	4.75	8.98	116.09
天柱县	3205	0.13	0.08	0.12	1.50	0.60	0.11、0.09	0.11	0.03	0.03	0.05	0.06	0.09	0.15	0.28	0.56	1.68	7.50	110.24

续表

行政区名称	样品件数/个	算术平均值	算术标准差	几何平均值	几何标准差	变异系数	众值	中位值	中位绝对离差	最小值	0.5%	2.5%	25%	75%	97.5%	99.5%	最大值	偏度系数	峰度系数
锦屏县	1747	0.14	0.17	0.13	1.44	1.18	0.10	0.13	0.03	0.04	0.06	0.07	0.10	0.15	0.27	0.45	6.24	29.90	1063.26
剑河县	2859	0.14	0.06	0.13	1.40	0.45	0.09、0.10	0.13	0.02	0.03	0.06	0.07	0.11	0.16	0.28	0.49	1.01	5.02	47.24
台江县	1096	0.17	0.09	0.15	1.53	0.53	0.13、0.10、0.11	0.14	0.04	0.05	0.05	0.07	0.11	0.19	0.40	0.58	1.29	3.48	27.53
黎平县	4512	0.12	0.06	0.11	1.43	0.54	0.10	0.10	0.02	0.03	0.05	0.06	0.09	0.13	0.23	0.33	2.24	13.66	381.23
榕江县	2429	0.12	0.05	0.11	1.34	0.40	0.10、0.11、0.14	0.11	0.02	0.04	0.05	0.07	0.09	0.13	0.20	0.38	0.93	6.08	69.74
从江县	3291	0.11	0.04	0.10	1.35	0.34	0.09	0.10	0.02	0.03	0.04	0.06	0.09	0.12	0.19	0.27	0.58	2.99	22.53
雷山县	1609	0.15	0.07	0.14	1.35	0.48	0.14、0.15、0.20	0.14	0.02	0.07	0.08	0.09	0.12	0.17	0.29	0.39	2.25	15.23	414.81
麻江县	2337	0.30	0.23	0.24	1.93	0.77	0.13、0.12、0.11	0.24	0.11	0.04	0.05	0.07	0.14	0.37	0.84	1.34	2.39	2.85	14.81
丹寨县	1670	0.88	3.69	0.32	3.06	4.18	0.24	0.22	0.12	0.04	0.06	0.08	0.13	0.69	4.01	21.22	71.97	13.60	219.51
黔南州	49281	0.24	1.75	0.15	2.01	7.25	0.09	0.14	0.06	0	0.04	0.05	0.10	0.22	0.76	2.94	308.00	123.09	19982.9
都匀市	4595	0.26	0.35	0.18	2.20	1.35	0.09	0.15	0.06	0.04	0.05	0.06	0.10	0.29	1.08	2.30	7.61	6.48	74.36
福泉市	4085	0.28	1.30	0.18	1.95	4.60	0.17	0.18	0.06	0.02	0.03	0.05	0.13	0.25	0.70	3.48	56.90	31.27	1188.97
荔波县	2368	0.15	0.23	0.12	1.79	1.56	0.08	0.10	0.03	0.01	0.05	0.06	0.08	0.17	0.44	0.94	8.67	23.57	778.43
贵定县	3543	0.14	0.11	0.12	1.62	0.80	0.07	0.12	0.04	0	0.04	0.05	0.09	0.17	0.30	0.55	3.44	14.38	351.25
瓮安县	5984	0.27	0.77	0.18	1.93	2.88	0.14	0.17	0.05	0.01	0.03	0.06	0.13	0.24	0.90	4.07	31.80	21.72	694.02
独山县	4778	0.21	0.52	0.15	1.91	2.48	0.10	0.14	0.05	0.02	0.05	0.06	0.10	0.21	0.69	1.83	27.30	33.86	1594.33
平塘县	4510	0.21	0.68	0.15	1.94	3.19	0.08	0.15	0.06	0.02	0.04	0.05	0.09	0.23	0.52	1.78	32.90	33.02	1391.92
罗甸县	4137	0.24	1.17	0.13	2.35	4.92	0.06	0.11	0.05	0.01	0.03	0.04	0.07	0.22	0.85	2.89	48.50	32.42	1234.12
长顺县	3960	0.19	0.32	0.16	1.66	1.75	0.11、0.08	0.15	0.05	0.04	0.05	0.06	0.11	0.22	0.42	0.64	15.20	34.81	1435.08
龙里县	2908	0.17	0.34	0.14	1.64	2.03	0.11	0.14	0.04	0.01	0.04	0.06	0.11	0.18	0.39	1.02	16.30	37.31	1687.50
惠水县	5013	0.16	0.23	0.12	1.85	1.44	0.07	0.12	0.04	0	0.03	0.04	0.08	0.18	0.45	1.35	9.12	17.47	525.54
三都县	3400	0.63	6.17	0.20	2.66	9.82	0.10	0.15	0.05	0.01	0.05	0.07	0.11	0.27	2.99	12.00	308.00	39.88	1867.08
黔西南州	45445	0.32	3.32	0.15	2.51	10.24	0.10	0.13	0.06	0	0.03	0.04	0.08	0.24	1.45	4.76	434.10	103.38	12241.8
兴义市	8758	0.26	0.51	0.16	2.36	1.94	0.05	0.15	0.08	0.01	0.04	0.04	0.09	0.28	1.08	2.75	16.99	13.86	305.33
兴仁市	6850	0.28	4.92	0.14	2.06	17.76	0.12	0.13	0.05	0	0.03	0.05	0.09	0.21	0.75	2.31	402.50	80.06	6541.25
普安县	5049	0.18	0.55	0.12	2.15	2.99	0.10	0.11	0.04	0.01	0.02	0.04	0.07	0.16	0.79	1.67	25.13	31.68	1290.52
晴隆县	3890	0.17	0.33	0.12	2.06	1.88	0.11	0.11	0.04	0.01	0.03	0.04	0.08	0.17	0.66	1.69	11.04	16.98	434.95
贞丰县	6020	0.49	1.65	0.20	2.92	3.34	0.08	0.16	0.09	0.01	0.04	0.05	0.09	0.33	2.81	9.97	50.95	13.75	272.28
望谟县	5419	0.15	0.29	0.10	2.15	1.89	0.11	0.08	0.03	0.01	0.03	0.04	0.06	0.13	0.85	1.98	7.90	9.04	143.25
册亨县	3617	0.87	8.12	0.18	3.90	9.33	0.06	0.11	0.06	0.01	0.03	0.04	0.07	0.37	5.05	18.83	434.10	44.69	2292.84
安龙县	5842	0.34	3.57	0.19	2.29	10.60	0.15、0.12	0.18	0.09	0.02	0.04	0.05	0.11	0.34	1.09	2.19	270.00	73.93	5579.91
贵州省	454431	0.27	7.77	0.14	2.12	28.92	0.12	0.13	0.05	0	0.02	0.04	0.09	0.20	0.74	2.69	759.50	72.50	61524

表 2.10　贵州省各行政区耕地土壤元素（I）地球化学参数

（单位：mg/kg）

行政区名称	样品件数/个	算术平均值	算术标准差	几何平均值	几何标准差	变异系数	众值	中位值	中位绝对离差	最小值	0.5%	2.5%	25%	75%	97.5%	99.5%	最大值	偏度系数	峰度系数
贵阳市	25182	4.56	3.04	3.49	2.19	0.67	10.10	4.13	2.33	0.24	0.52	0.72	1.86	6.57	11.40	13.90	34.60	0.81	0.56
南明区	343	4.62	2.56	3.77	2.01	0.55	6.18、1.68	4.82	2.08	0.67	0.70	0.88	2.23	6.54	9.61	11.50	12.40	0.28	-0.63
云岩区	64	5.32	3.03	4.31	2.04	0.57	1.50、2.12、8.24	5.35	2.72	0.86	0.86	0.88	2.36	7.83	10.70	11.90	11.90	0.25	-1.00
花溪区	3142	4.13	3.18	2.92	2.43	0.77	1.50	3.25	2.14	0.33	0.45	0.56	1.39	6.39	11.30	13.80	17.60	0.87	0.08
乌当区	1963	4.05	3.05	2.99	2.26	0.75	1.84	3.04	1.81	0.33	0.50	0.68	1.54	6.11	11.20	13.80	16.00	0.99	0.30
白云区	520	4.10	2.87	3.16	2.10	0.70	1.39、1.51、1.61	3.04	1.75	0.66	0.72	0.87	1.66	6.02	10.40	12.30	13.00	0.84	-0.28
观山湖区	406	4.31	3.25	3.21	2.22	0.76	1.33、1.40	3.41	2.04	0.56	0.60	0.80	1.53	6.16	12.30	15.20	18.10	1.19	1.29
开阳县	6836	3.74	2.41	2.95	2.09	0.65	1.26	3.47	1.86	0.24	0.52	0.68	1.61	5.33	9.06	11.00	34.60	1.09	4.53
息烽县	3034	4.35	2.86	3.36	2.18	0.66	1.39、5.35、1.17	3.97	2.12	0.32	0.49	0.66	1.91	6.17	10.70	14.40	17.40	0.85	0.68
修文县	4037	5.15	2.93	4.20	2.01	0.57	1.32、10.10	5.05	2.35	0.51	0.73	0.95	2.50	7.22	11.30	13.70	18.70	0.48	-0.21
清镇市	4837	5.88	3.43	4.72	2.06	0.58	10.70	5.69	2.77	0.47	0.77	1.02	2.79	8.38	12.70	15.30	20.40	0.43	-0.46
遵义市	85841	2.87	2.39	2.03	2.38	0.83	0.78	2.09	1.25	0.01	0.22	0.38	1.06	4.10	8.85	12.30	27.00	1.59	3.67
红花岗区	1539	2.74	2.10	2.09	2.11	0.77	1.01	2.04	1.08	0.23	0.41	0.54	1.15	3.72	8.18	10.40	16.54	1.52	2.93
汇川区	3926	2.93	2.07	2.26	2.13	0.70	0.78	2.46	1.38	0.09	0.37	0.56	1.21	4.19	7.94	10.10	16.50	1.14	1.56
播州区	11106	2.67	1.85	2.14	1.96	0.69	1.32	2.06	1.00	0.32	0.48	0.65	1.25	3.66	7.42	9.37	13.10	1.34	1.80
桐梓县	9788	2.97	2.40	2.09	2.44	0.81	0.68	2.25	1.38	0.06	0.19	0.35	1.07	4.27	8.94	11.80	17.00	1.30	1.76
绥阳县	6808	2.44	2.27	1.64	2.48	0.93	0.68	1.50	0.90	0.07	0.20	0.33	0.81	3.54	8.35	11.30	19.80	1.78	4.39
正安县	7443	3.60	3.14	2.50	2.44	0.87	0.89	2.62	1.56	0.14	0.26	0.42	1.29	4.96	11.90	16.60	27.00	1.80	4.51
道真县	5302	3.31	2.78	2.29	2.50	0.84	0.60、0.79	2.57	1.58	0.06	0.19	0.36	1.15	4.65	10.70	14.30	17.00	1.52	2.68
务川县	7162	4.00	2.74	3.01	2.28	0.68	0.78	3.70	2.02	0.03	0.41	0.58	1.59	5.61	10.60	13.70	19.20	0.98	1.34
凤冈县	6238	2.63	2.16	1.86	2.39	0.82	0.76	1.80	1.07	0.01	0.20	0.37	0.95	3.87	8.00	9.91	15.20	1.29	1.45
湄潭县	6519	2.74	2.24	1.99	2.26	0.82	0.82	1.90	1.05	0.04	0.28	0.44	1.08	3.85	8.54	11.10	15.00	1.47	2.13
余庆县	4508	2.72	2.27	1.89	2.50	0.83	0.63	1.95	1.22	0.01	0.14	0.33	0.97	4.00	8.26	10.50	22.30	1.40	2.72
习水县	7545	2.39	2.13	1.62	2.51	0.89	0.78	1.55	0.94	0.02	0.16	0.28	0.84	3.44	7.83	10.70	15.20	1.55	2.57
赤水市	2365	1.09	0.94	0.87	1.91	0.86	0.76	0.85	0.31	0.11	0.15	0.24	0.58	1.24	3.82	6.12	10.30	3.58	18.58
仁怀市	5592	2.75	1.99	2.05	2.27	0.72	0.80	2.24	1.25	0.12	0.21	0.36	1.16	3.93	7.59	9.75	12.60	1.09	0.97
六盘水市	31641	6.22	4.89	4.60	2.25	0.79	8.02	4.83	2.68	0.24	0.61	0.92	2.58	8.40	18.68	25.80	77.34	1.71	5.47
钟山区	1398	8.24	4.93	6.70	2.00	0.60	8.80	7.32	3.24	0.68	0.80	1.33	4.44	11.24	19.43	23.66	26.78	0.79	0.15
六枝特区	7665	4.69	3.75	3.46	2.25	0.80	8.02	3.64	2.04	0.26	0.45	0.72	1.88	6.55	13.94	19.70	39.71	1.75	5.19
水城区	10055	6.88	5.16	5.20	2.17	0.75	9.08、9.60	5.37	2.92	0.41	0.78	1.11	2.94	9.48	20.38	27.20	40.60	1.47	2.83
盘州市	12523	6.40	5.03	4.77	2.22	0.79	8.02、9.08、9.60	5.01	2.70	0.24	0.66	0.99	2.70	8.48	19.20	26.53	77.34	1.90	8.02
安顺市	28010	4.37	3.58	3.04	2.45	0.82	1.17	3.19	2.06	0.11	0.42	0.60	1.46	6.56	13.00	16.50	28.60	1.17	1.10
西秀区	6982	3.90	3.49	2.61	2.50	0.90	0.84	2.35	1.50	0.24	0.46	0.60	1.19	6.01	12.50	16.50	23.80	1.36	1.76

续表

行政区名称	样品件数/个	算术 平均值	算术 标准差	几何 平均值	几何 标准差	变异系数	众值	中位值	中位绝对离差	最小值	累积频率值 0.5%	2.5%	25%	75%	97.5%	99.5%	最大值	偏度系数	峰度系数
平坝区	3877	5.34	3.82	3.85	2.40	0.72	10.20	4.57	3.05	0.46	0.58	0.77	1.80	8.34	13.20	15.90	19.60	0.59	-0.63
普定县	3689	5.03	3.13	4.04	2.01	0.62	3.47	4.52	2.33	0.43	0.78	0.99	2.33	7.16	12.04	15.10	17.33	0.78	0.19
镇宁县	4716	3.57	3.03	2.50	2.42	0.85	1.27	2.59	1.50	0.11	0.28	0.43	1.34	4.90	11.50	14.80	26.53	1.58	3.10
关岭县	3393	4.95	3.82	3.67	2.21	0.77	1.10	3.74	2.14	0.42	0.67	0.91	1.94	6.94	14.50	17.90	23.80	1.25	1.21
紫云县	5353	4.18	3.79	2.72	2.62	0.91	1.12	2.78	1.90	0.27	0.44	0.55	1.16	6.26	14.00	17.10	28.60	1.32	1.53
毕节市	96511	5.85	3.55	4.77	1.99	0.61	10.10	5.26	2.19	0.01	0.56	0.96	3.24	7.71	14.50	18.40	59.50	1.16	2.56
七星关区	12878	4.65	2.33	3.99	1.83	0.50	3.05	4.49	1.58	0.07	0.56	0.91	2.93	6.10	9.70	12.00	21.80	0.65	0.95
大方县	12297	5.28	2.59	4.57	1.81	0.49	4.94	5.02	1.51	0.08	0.51	0.94	3.61	6.66	11.30	14.50	25.50	0.95	2.57
黔西县	10370	5.19	2.67	4.41	1.89	0.51	10.20	5.04	1.81	0.01	0.45	0.97	3.25	6.87	10.60	12.60	59.50	1.33	17.59
金沙县	8365	3.98	2.42	3.15	2.12	0.61	0.92	3.79	1.78	0.01	0.37	0.58	1.93	5.50	9.30	12.00	21.10	0.78	0.98
织金县	9920	6.86	3.77	5.81	1.85	0.55	10.80, 10.10	6.31	2.41	0.38	0.98	1.47	4.08	8.95	15.90	19.90	28.40	0.95	1.30
纳雍县	9498	6.93	3.94	5.89	1.82	0.57	10.10	6.26	2.29	0.56	1.00	1.56	4.16	8.82	16.80	21.80	34.60	1.31	2.87
威宁县	25748	6.60	4.16	5.21	2.11	0.63	10.10	5.97	3.04	0.15	0.66	1.03	3.09	9.30	16.00	19.40	40.40	0.80	0.51
赫章县	7435	6.57	3.84	5.40	1.96	0.58	10.30	5.94	2.71	0.38	0.82	1.24	3.45	9.10	15.30	18.10	26.70	0.73	0.16
铜仁市	49327	2.43	2.14	1.75	2.24	0.88	0.80	1.58	0.87	0.15	0.39	0.48	0.90	3.44	7.94	10.96	28.70	1.94	6.21
碧江区	2270	2.16	1.78	1.67	2.02	0.83	0.77	1.59	0.74	0.26	0.40	0.53	0.96	2.76	6.90	10.20	20.70	2.45	10.13
万山区	1537	2.78	2.40	2.02	2.20	0.86	1.21	1.74	0.89	0.33	0.49	0.62	1.05	3.90	9.14	11.71	15.20	1.58	2.37
江口县	2896	2.59	2.46	1.82	2.26	0.95	0.69	1.58	0.86	0.33	0.44	0.55	0.90	3.57	9.14	13.40	25.20	2.39	9.44
玉屏县	1474	2.18	1.92	1.60	2.13	0.88	0.71	1.30	0.54	0.36	0.43	0.52	0.90	3.00	7.04	9.75	13.19	1.78	3.56
石阡县	5923	2.27	2.11	1.62	2.25	0.93	0.70	1.38	0.72	0.20	0.36	0.47	0.83	3.20	7.66	10.64	27.52	2.47	12.39
思南县	7444	2.14	1.82	1.58	2.15	0.85	0.71	1.41	0.72	0.29	0.42	0.49	0.84	2.94	7.15	9.25	14.67	1.70	3.09
印江县	5410	1.87	1.89	1.28	2.29	1.01	0.66	1.06	0.51	0.22	0.34	0.40	0.66	2.38	7.04	10.36	16.88	2.22	6.25
德江县	6664	2.98	2.52	2.10	2.37	0.84	9.02, 5.10, 7.02	2.13	1.36	0.27	0.40	0.48	1.00	4.40	9.02	12.96	28.70	1.66	5.04
沿河县	8342	2.72	2.04	2.05	2.17	0.75	0.82	2.21	1.29	0.25	0.42	0.55	1.04	3.85	7.74	10.30	18.80	1.40	2.91
松桃县	7367	2.46	2.14	1.82	2.14	0.87	0.80	1.61	0.77	0.15	0.40	0.55	1.01	3.29	8.01	11.50	19.60	1.93	4.66
黔东南州	43188	2.23	2.87	1.35	2.49	1.29	0.52	0.95	0.38	0.33	0.40	0.45	0.68	2.53	10.20	16.41	55.10	3.20	16.85
凯里市	3931	2.85	2.78	1.87	2.49	0.98	0.55	1.53	0.88	0.40	0.42	0.50	0.85	4.25	10.20	13.75	25.34	1.73	3.80
黄平县	4447	1.92	1.98	1.30	2.31	1.03	0.40	1.03	0.49	0.40	0.40	0.42	0.65	2.44	7.15	10.45	22.00	2.27	7.34
施秉县	2380	2.47	2.28	1.68	2.39	0.92	0.40	1.41	0.77	0.40	0.40	0.42	0.83	3.80	7.74	11.62	14.12	1.57	2.53
三穗县	1756	1.67	2.18	1.06	2.28	1.31	0.50	0.77	0.20	0.40	0.42	0.46	0.61	1.21	7.46	12.32	21.74	3.14	13.44
镇远县	3306	2.49	2.31	1.71	2.36	0.93	0.68	1.52	0.87	0.40	0.43	0.51	0.79	3.52	8.46	11.90	15.90	1.72	3.41
岑巩县	2613	1.71	1.74	1.21	2.18	1.02	0.56	0.98	0.42	0.33	0.37	0.42	0.66	1.99	6.56	9.95	14.90	2.36	6.74
天柱县	3205	2.34	2.50	1.43	2.62	1.07	0.76	0.89	0.35	0.40	0.41	0.49	0.64	3.96	8.26	11.44	20.20	1.66	3.27

续表

行政区名称	样品件数/个	算术 平均值	算术 标准差	几何 平均值	几何 标准差	变异系数	众值	中位值	中位绝对差	最小值	累积频率值 0.5%	2.5%	25%	75%	97.5%	99.5%	最大值	偏度系数	峰度系数
锦屏县	1747	2.05	2.85	1.19	2.47	1.39	0.66、0.53、0.59	0.83	0.21	0.40	0.44	0.49	0.66	1.29	9.05	16.14	28.98	3.10	14.77
剑河县	2859	1.50	3.09	0.88	2.18	2.06	0.68	0.70	0.18	0.40	0.40	0.41	0.56	0.98	9.38	21.00	55.10	7.21	74.47
台江县	1096	1.85	2.98	1.10	2.34	1.61	0.50	0.83	0.27	0.40	0.43	0.45	0.60	1.45	10.62	19.21	29.26	4.29	23.21
黎平县	4512	1.79	2.58	1.05	2.37	1.44	0.60	0.77	0.18	0.40	0.40	0.45	0.62	1.10	8.90	13.10	24.90	2.97	10.98
榕江县	2429	1.14	1.67	0.83	1.84	1.46	0.50	0.71	0.14	0.40	0.42	0.45	0.60	0.89	6.47	9.73	22.98	5.80	45.69
从江县	3291	2.23	2.92	1.42	2.28	1.31	0.50	1.10	0.35	0.40	0.48	0.52	0.82	1.78	11.27	15.85	31.54	3.12	12.62
雷山县	1609	3.92	5.67	1.81	3.16	1.45	0.65	1.04	0.39	0.42	0.45	0.52	0.78	4.89	21.42	25.45	34.90	2.15	4.15
麻江县	2337	3.27	3.22	2.07	2.59	0.98	0.68	1.54	0.86	0.40	0.46	0.55	0.91	5.10	11.90	14.60	19.10	1.46	1.80
丹寨县	1670	3.30	4.28	1.71	2.92	1.30	0.53	1.10	0.49	0.45	0.50	0.52	0.74	4.26	15.21	19.40	24.17	1.86	2.75
黔南州	49281	3.04	3.07	1.90	2.67	1.01	0.62	1.67	1.09	0.10	0.32	0.42	0.81	4.56	10.80	16.00	41.70	1.90	5.61
都匀市	4595	3.11	3.44	1.74	2.93	1.11	0.60	1.23	0.73	0.11	0.27	0.38	0.70	4.92	11.90	16.70	22.70	1.64	2.69
福泉市	4085	4.20	2.76	3.29	2.09	0.66	1.15	3.86	2.24	0.22	0.73	0.88	1.64	6.14	9.79	12.30	39.80	1.18	6.70
荔波县	2368	2.24	2.55	1.46	2.35	1.14	0.64、0.62	1.14	0.50	0.16	0.36	0.48	0.76	2.50	9.49	13.90	21.70	2.53	7.97
贵定县	3543	2.49	2.77	1.59	2.47	1.11	0.62	1.19	0.58	0.20	0.38	0.46	0.76	3.52	9.60	16.00	32.60	2.75	12.26
瓮安县	5984	3.47	2.37	2.73	2.05	0.68	1.28	2.89	1.60	0.30	0.65	0.78	1.47	5.03	9.03	11.90	18.10	1.14	1.63
独山县	4778	2.30	2.70	1.37	2.61	1.18	0.60	0.99	0.47	0.12	0.35	0.41	0.63	3.00	9.38	13.30	37.00	2.44	10.58
平塘县	4510	3.56	3.49	2.18	2.81	0.98	0.68	2.28	1.63	0.20	0.32	0.40	0.87	5.44	12.60	17.10	24.90	1.66	3.47
罗甸县	4137	3.35	3.22	2.30	2.37	0.96	0.77	2.30	1.37	0.32	0.46	0.58	1.08	4.41	12.40	17.70	41.70	2.44	10.55
长顺县	3960	4.55	4.06	2.89	2.78	0.89	0.90	3.36	2.50	0.24	0.39	0.50	1.10	6.89	15.20	19.10	27.80	1.31	1.91
龙里县	2908	2.47	2.33	1.63	2.46	0.95	0.69	1.22	0.63	0.21	0.38	0.47	0.77	3.97	8.10	11.20	16.20	1.49	2.34
惠水县	5013	2.40	2.82	1.38	2.77	1.17	0.55、0.57、0.62	1.01	0.55	0.10	0.25	0.34	0.60	3.23	10.10	14.80	28.40	2.15	5.94
三都县	3400	1.65	2.29	1.00	2.40	1.39	0.56	0.76	0.27	0.18	0.24	0.33	0.55	1.37	8.25	13.50	21.30	3.27	13.53
黔西南州	45445	5.36	4.25	3.81	2.41	0.79	1.40	4.11	2.51	0.27	0.45	0.62	2.00	7.78	15.80	20.60	41.60	1.29	1.95
兴义市	8758	6.37	4.83	4.57	2.40	0.76	1.80	5.20	3.20	0.30	0.50	0.80	2.20	9.20	17.70	21.90	34.00	1.01	0.71
兴仁市	6850	5.66	3.57	4.50	2.06	0.63	10.10	5.06	2.60	0.44	0.75	0.99	2.68	7.95	13.60	17.30	26.80	0.88	0.87
普安县	5049	6.12	4.75	4.52	2.25	0.78	10.30	4.85	2.73	0.47	0.71	0.94	2.48	8.44	18.70	24.70	29.90	1.43	2.39
晴隆县	3890	5.44	3.72	4.24	2.10	0.68	11.30、10.60	4.47	2.41	0.42	0.66	0.98	2.41	7.72	14.40	18.10	21.70	1.04	0.82
贞丰县	6020	4.82	3.75	3.56	2.25	0.78	10.10	3.61	1.98	0.28	0.45	0.69	2.02	6.68	14.10	17.80	41.60	1.45	3.08
望谟县	5419	3.25	3.07	2.22	2.43	0.94	1.18、1.10、1.04	2.39	1.46	0.27	0.38	0.48	1.05	4.18	11.80	17.40	25.70	2.22	6.88
册亨县	3617	4.12	3.96	2.62	2.70	0.96	1.17、1.12	2.63	1.81	0.30	0.38	0.47	1.17	5.82	14.10	17.90	39.50	1.78	5.34
安龙县	5842	6.05	4.58	4.25	2.50	0.76	10.60	5.12	3.33	0.29	0.46	0.69	2.03	8.96	16.70	20.40	30.00	0.90	0.40
贵州省	454431	4.08	3.61	2.73	2.59	0.88	0.80	3.05	2.05	0.01	0.34	0.49	1.23	5.87	13.30	18.20	77.34	1.67	4.80

表 2.11　贵州省各行政区耕地土壤钾元素（K）地球化学参数

（单位：%）

行政区名称	样品件数/个	算术平均值	算术标准差	几何平均值	几何标准差	变异系数	众值	中位值	中位绝对离差	最小值	累积频率值 0.5%	2.5%	25%	75%	97.5%	99.5%	最大值	偏度系数	峰度系数
贵阳市	25182	2.08	1.00	1.85	1.66	0.48	1.63	1.91	0.62	0.08	0.38	0.61	1.37	2.64	4.45	5.46	8.34	0.93	1.13
南明区	343	2.10	0.72	1.98	1.43	0.34	2.29	1.93	0.43	0.51	0.56	0.84	1.58	2.52	3.68	4.04	4.19	0.56	-0.08
云岩区	64	2.11	0.88	1.91	1.61	0.42	1.61、1.87、2.64	1.97	0.53	0.48	0.48	0.48	1.51	2.64	3.97	4.25	4.25	0.55	0.09
花溪区	3142	1.64	0.76	1.43	1.75	0.47	1.52、1.65	1.60	0.54	0.08	0.20	0.37	1.06	2.13	3.20	3.85	4.92	0.43	0.04
乌当区	1963	2.07	0.98	1.84	1.67	0.47	2.23	1.96	0.65	0.09	0.32	0.60	1.34	2.66	4.16	5.78	6.86	0.87	1.26
白云区	520	2.04	0.90	1.86	1.56	0.44	1.38	1.89	0.51	0.40	0.45	0.70	1.47	2.46	4.49	5.08	5.29	1.10	1.57
观山湖区	406	1.84	0.78	1.69	1.53	0.43	1.83	1.78	0.51	0.49	0.50	0.67	1.27	2.28	3.48	4.86	5.93	1.33	4.02
开阳县	6836	2.02	0.98	1.80	1.65	0.48	1.32	1.84	0.66	0.20	0.48	0.66	1.27	2.63	4.31	5.38	7.28	0.93	1.03
息烽县	3034	2.44	0.90	2.27	1.49	0.37	2.21	2.33	0.61	0.43	0.65	0.93	1.80	3.03	4.35	4.93	5.89	0.45	-0.15
修文县	4037	2.11	1.02	1.88	1.64	0.48	1.61	1.89	0.59	0.30	0.44	0.63	1.41	2.66	4.66	5.65	8.34	1.11	1.77
清镇市	4837	2.22	1.11	1.96	1.66	0.50	1.63、1.90、1.74	1.95	0.62	0.28	0.45	0.68	1.44	2.79	4.89	5.75	7.42	1.02	0.80
遵义市	85841	1.99	0.69	1.85	1.49	0.35	1.72	1.99	0.50	0.02	0.51	0.71	1.48	2.48	3.29	3.88	6.29	0.14	-0.17
红花岗区	1539	1.78	0.70	1.64	1.53	0.39	1.68	1.72	0.46	0.28	0.49	0.64	1.29	2.21	3.26	3.72	4.86	0.51	0.09
汇川区	3926	1.87	0.73	1.71	1.58	0.39	2.39	1.88	0.55	0.28	0.45	0.60	1.32	2.41	3.21	3.59	5.11	0.10	-0.55
播州区	11106	1.74	0.66	1.61	1.53	0.38	1.59	1.69	0.46	0.13	0.45	0.60	1.28	2.19	3.13	3.66	5.94	0.39	0.05
桐梓县	9788	2.03	0.66	1.89	1.50	0.33	2.28	2.10	0.45	0.25	0.47	0.64	1.62	2.52	3.13	3.46	4.96	-0.33	-0.26
绥阳县	6808	2.06	0.65	1.94	1.44	0.32	2.56	2.12	0.48	0.36	0.61	0.78	1.59	2.56	3.18	3.67	5.04	-0.12	-0.45
正安县	7443	2.11	0.65	1.99	1.44	0.31	2.37	2.20	0.48	0.33	0.57	0.82	1.62	2.61	3.14	3.52	4.96	-0.30	-0.54
道真县	5302	2.00	0.62	1.90	1.41	0.31	2.64	2.05	0.50	0.43	0.66	0.87	1.51	2.52	3.01	3.30	4.08	-0.13	-0.87
务川县	7162	2.14	0.67	2.03	1.40	0.31	1.59	2.11	0.51	0.45	0.71	0.97	1.62	2.64	3.44	4.03	5.27	0.26	-0.29
凤冈县	6238	2.03	0.65	1.91	1.43	0.32	2.30	2.03	0.51	0.35	0.59	0.83	1.51	2.52	3.22	3.74	4.73	0.12	-0.40
湄潭县	6519	1.90	0.63	1.78	1.45	0.33	1.51、1.50	1.83	0.41	0.02	0.49	0.73	1.47	2.30	3.20	3.73	4.32	0.36	0.05
余庆县	4508	1.81	0.70	1.66	1.53	0.39	1.75、1.42	1.74	0.52	0.23	0.47	0.67	1.26	2.32	3.21	3.54	3.94	0.32	-0.63
习水县	7545	1.94	0.57	1.84	1.41	0.29	1.88	1.98	0.36	0.03	0.57	0.77	1.58	2.32	2.98	3.34	4.91	-0.11	0.09
赤水市	2365	1.85	0.64	1.73	1.45	0.34	1.18	1.81	0.52	0.49	0.66	0.82	1.30	2.36	3.06	3.34	3.64	0.23	-0.87
仁怀市	5592	2.39	0.88	2.19	1.58	0.37	2.55	2.42	0.58	0.27	0.48	0.67	1.83	2.98	4.13	4.69	6.29	-0.01	-0.16
六盘水市	31641	1.47	0.92	1.20	1.94	0.63	1.78、1.05、1.41	1.22	0.56	0.01	0.21	0.33	0.74	2.01	3.64	4.25	5.77	0.95	0.26
钟山区	1398	1.37	0.92	1.13	1.83	0.67	1.85、1.49	0.99	0.35	0.22	0.31	0.40	0.74	1.73	3.83	4.59	4.87	1.45	1.53
六枝特区	7665	1.61	0.86	1.38	1.78	0.53	1.03	1.40	0.55	0.09	0.27	0.40	0.96	2.21	3.46	4.01	4.58	0.70	-0.33
水城区	10055	1.35	0.98	1.07	1.96	0.72	1.11	1.00	0.42	0.06	0.22	0.33	0.67	1.72	3.95	4.53	5.77	1.43	1.41
盘州市	12523	1.50	0.89	1.22	1.99	0.60	1.20	1.36	0.67	0.01	0.17	0.31	0.72	2.09	3.43	3.93	5.08	0.64	-0.39
安顺市	28010	1.85	0.83	1.66	1.63	0.45	1.56	1.74	0.53	0.09	0.33	0.56	1.25	2.33	3.80	4.54	6.24	0.77	0.65
西秀区	6982	1.78	0.79	1.61	1.59	0.44	1.30	1.66	0.55	0.21	0.49	0.63	1.16	2.29	3.51	4.13	6.24	0.72	0.26

续表

行政区名称	样品件数/个	算术平均值	算术标准差	几何平均值	几何标准差	变异系数	众值	中位值	中位绝对离差	最小值	累积频率值 0.5%	2.5%	25%	75%	97.5%	99.5%	最大值	偏度系数	峰度系数
平坝区	3877	1.81	0.62	1.70	1.43	0.35	1.58	1.74	0.38	0.15	0.57	0.79	1.38	2.14	3.24	3.91	5.13	0.77	1.15
普定县	3689	2.21	1.08	1.95	1.68	0.49	1.20、1.43	1.93	0.71	0.22	0.40	0.67	1.37	2.99	4.57	5.12	5.51	0.64	-0.39
镇宁县	4716	1.92	0.69	1.80	1.47	0.36	2.01	1.84	0.42	0.28	0.44	0.75	1.46	2.31	3.50	4.02	4.78	0.61	0.54
关岭县	3393	1.97	0.90	1.77	1.62	0.46	1.71	1.77	0.56	0.09	0.37	0.69	1.29	2.51	4.03	4.68	5.98	0.79	0.21
紫云县	5353	1.59	0.77	1.38	1.79	0.49	0.88	1.52	0.63	0.11	0.23	0.35	0.95	2.20	3.06	3.38	4.30	0.27	-0.83
毕节市	96512	1.79	0.91	1.56	1.72	0.51	0.89	1.64	0.65	0.08	0.36	0.53	1.03	2.37	3.78	4.35	6.13	0.67	-0.21
七星关区	12878	2.06	0.95	1.83	1.67	0.46	1.95	1.96	0.71	0.22	0.45	0.63	1.28	2.70	4.11	4.57	6.13	0.49	-0.37
大方县	12297	2.16	0.98	1.92	1.68	0.45	1.81	2.02	0.75	0.19	0.39	0.59	1.40	2.92	4.12	4.64	5.40	0.37	-0.61
黔西县	10371	2.31	0.75	2.18	1.43	0.32	1.86	2.26	0.55	0.24	0.65	0.96	1.75	2.87	3.78	4.28	4.97	0.20	-0.40
金沙县	8365	2.18	0.78	2.03	1.51	0.36	2.19	2.19	0.51	0.24	0.53	0.75	1.67	2.67	3.78	4.34	5.93	0.17	-0.05
织金县	9920	1.89	0.85	1.70	1.60	0.45	1.57	1.73	0.51	0.18	0.46	0.63	1.28	2.34	3.87	4.34	5.78	0.79	0.19
纳雍县	9498	1.88	0.90	1.66	1.67	0.48	1.48	1.71	0.60	0.20	0.36	0.55	1.18	2.45	3.80	4.24	4.77	0.63	-0.37
威宁县	25748	1.20	0.60	1.07	1.60	0.50	1.02	1.04	0.29	0.08	0.31	0.43	0.80	1.45	2.78	3.24	4.17	1.27	1.44
赫章县	7435	1.30	0.66	1.16	1.59	0.51	0.89	1.08	0.31	0.13	0.38	0.53	0.84	1.59	3.13	3.58	4.43	1.41	1.71
铜仁市	49327	2.37	0.95	2.16	1.56	0.40	2.61	2.39	0.70	0.07	0.57	0.80	1.61	3.02	4.21	5.37	12.12	0.61	2.31
碧江区	2270	2.64	0.90	2.47	1.46	0.34	3.15	2.72	0.62	0.39	0.75	1.04	1.92	3.25	4.52	5.65	6.87	0.30	0.49
万山区	1537	1.97	0.85	1.81	1.48	0.43	1.39、1.47	1.66	0.40	0.44	0.74	0.94	1.37	2.44	4.31	4.81	6.05	1.30	1.51
江口县	2896	2.53	0.81	2.39	1.43	0.32	2.69	2.55	0.53	0.28	0.68	1.04	1.96	3.04	4.19	5.00	6.46	0.33	0.67
玉屏县	1474	1.47	0.70	1.34	1.51	0.48	1.34、1.44、1.29	1.28	0.27	0.35	0.47	0.62	1.05	1.62	3.33	4.31	5.51	1.85	4.33
石阡县	5923	2.49	1.08	2.22	1.65	0.43	1.18、3.55	2.56	0.89	0.26	0.54	0.77	1.51	3.32	4.44	5.14	10.46	0.27	0.13
思南县	7444	2.08	0.90	1.86	1.67	0.43	2.66	2.20	0.77	0.25	0.49	0.62	1.25	2.85	3.56	4.02	5.52	-0.05	-1.15
印江县	5410	2.99	1.08	2.79	1.48	0.36	2.95、3.66、2.35	3.03	0.64	0.49	0.77	1.09	2.27	3.58	5.26	6.89	12.12	1.13	6.86
德江县	6664	2.31	0.92	2.11	1.57	0.40	2.28	2.37	0.62	0.07	0.55	0.77	1.59	2.89	4.08	5.68	9.90	0.73	2.90
沿河县	8342	2.26	0.79	2.11	1.48	0.35	2.71	2.32	0.62	0.42	0.70	0.89	1.61	2.89	3.61	4.39	5.87	0.05	-0.55
松桃县	7367	2.37	0.77	2.25	1.38	0.33	1.97	2.22	0.54	0.42	0.97	1.24	1.77	2.90	3.98	4.71	8.50	0.87	1.93
黔东南州	43188	1.90	0.74	1.75	1.54	0.39	1.78	1.86	0.42	0.09	0.42	0.61	1.43	2.27	3.68	4.49	7.27	0.76	1.66
凯里市	3931	1.77	1.02	1.47	1.89	0.58	0.72、0.96、0.98	1.54	0.74	0.14	0.29	0.43	0.92	2.49	4.03	4.63	5.93	0.69	-0.27
黄平县	4447	1.93	0.90	1.72	1.66	0.46	1.40、1.84、1.64	1.82	0.67	0.19	0.39	0.60	1.19	2.56	3.81	4.39	5.65	0.53	-0.39
施秉县	2380	2.13	1.11	1.86	1.70	0.52	1.59、1.33	1.82	0.72	0.37	0.50	0.69	1.24	2.84	4.62	5.40	6.13	0.83	-0.06
三穗县	1756	1.93	0.50	1.87	1.29	0.26	1.67	1.87	0.29	0.75	0.94	1.09	1.59	2.17	3.06	3.42	3.98	0.70	0.65
镇远县	3306	2.16	0.73	2.03	1.46	0.34	2.41	2.17	0.52	0.09	0.64	0.89	1.62	2.67	3.64	4.19	4.97	0.22	-0.15
岑巩县	2613	2.04	0.79	1.88	1.51	0.39	1.29	1.99	0.58	0.20	0.53	0.81	1.41	2.58	3.80	4.56	5.33	0.59	0.42

续表

行政区名称	样品件数/个	算术 平均值	算术 标准差	几何 平均值	几何 标准差	变异系数	众值	中位值	中位绝对离差	最小值	累积频率值 0.5%	2.5%	25%	75%	97.5%	99.5%	最大值	偏度系数	峰度系数
天柱县	3205	1.63	0.58	1.51	1.49	0.35	1.83	1.66	0.29	0.33	0.43	0.55	1.33	1.93	2.94	3.81	4.77	0.64	2.59
锦屏县	1747	1.66	0.49	1.56	1.46	0.30	1.82	1.75	0.27	0.32	0.42	0.57	1.43	1.99	2.43	2.74	3.12	-0.66	-0.01
剑河县	2859	1.87	0.63	1.77	1.38	0.34	1.54	1.77	0.28	0.26	0.42	1.00	1.50	2.07	3.45	4.73	7.27	2.04	9.09
台江县	1096	1.92	0.54	1.84	1.38	0.28	1.46	1.93	0.34	0.17	0.48	0.85	1.57	2.26	3.03	3.55	3.91	0.11	0.42
黎平县	4512	1.92	0.49	1.84	1.36	0.25	1.83	1.94	0.29	0.22	0.50	0.70	1.65	2.23	2.82	3.06	3.53	-0.42	0.60
榕江县	2429	1.82	0.26	1.80	1.17	0.15	2.05	1.84	0.17	0.76	1.05	1.27	1.66	2.00	2.28	2.43	2.62	-0.37	0.23
从江县	3291	2.11	0.39	2.07	1.26	0.18	2.16	2.13	0.20	0.28	0.52	1.23	1.93	2.33	2.83	3.19	4.17	-0.68	3.27
雷山县	1609	1.83	0.36	1.79	1.24	0.20	2.00	1.87	0.25	0.78	0.86	1.07	1.57	2.09	2.45	2.67	2.91	-0.30	-0.32
麻江县	2337	1.78	0.96	1.54	1.74	0.54	0.95	1.59	0.62	0.21	0.37	0.49	1.04	2.32	4.09	4.87	6.28	0.98	0.90
丹寨县	1670	1.73	0.90	1.51	1.73	0.52	1.33、0.65、1.00	1.66	0.59	0.19	0.35	0.45	1.03	2.20	3.85	4.92	6.43	1.02	1.55
黔南州	49281	1.35	0.90	1.08	1.99	0.67	1.16	1.12	0.55	0.05	0.19	0.27	0.66	1.88	3.47	4.43	7.40	2.72	1.05
都匀市	4595	1.23	0.76	1.02	1.87	0.62	0.50	1.01	0.46	0.08	0.21	0.31	0.64	1.69	3.08	3.62	4.49	1.05	0.62
福泉市	4085	1.89	1.02	1.64	1.72	0.54	1.36	1.63	0.64	0.25	0.42	0.57	1.12	2.50	4.32	5.51	7.40	1.08	1.23
荔波县	2368	1.01	0.63	0.82	1.94	0.63	0.59	0.80	0.38	0.07	0.17	0.22	0.50	1.48	2.35	2.81	3.29	0.82	-0.22
贵定县	3543	1.56	1.01	1.26	1.94	0.65	1.06	1.23	0.60	0.14	0.27	0.37	0.75	2.25	3.94	4.71	7.32	1.04	0.77
瓮安县	5984	1.62	0.77	1.46	1.60	0.48	1.08	1.44	0.47	0.22	0.43	0.57	1.05	2.05	3.59	4.26	4.87	1.04	1.00
独山县	4778	0.92	0.69	0.72	2.00	0.75	0.46、0.92、1.20	0.67	0.31	0.09	0.16	0.21	0.43	1.17	2.80	3.45	4.66	1.58	2.34
平塘县	4510	0.76	0.49	0.62	1.87	0.65	1.01、1.05	0.60	0.25	0.06	0.15	0.20	0.39	0.98	2.02	2.28	2.89	1.23	0.89
罗甸县	4137	1.64	0.75	1.40	1.88	0.46	2.04	1.71	0.55	0.05	0.15	0.27	1.06	2.20	2.98	3.37	4.40	-0.08	-0.68
长顺县	3960	1.23	0.75	1.04	1.81	0.60	1.24	1.01	0.39	0.06	0.21	0.33	0.68	1.60	3.01	3.76	4.97	1.20	1.22
龙里县	2908	1.39	0.93	1.16	1.81	0.67	1.01	1.06	0.38	0.11	0.31	0.41	0.76	1.72	3.85	5.02	5.99	1.63	2.74
惠水县	5013	0.99	0.86	0.81	1.85	0.87	1.59、1.54	0.76	0.30	0.07	0.19	0.28	0.51	1.24	2.75	3.24	4.05	1.99	0.88
三都县	3400	2.13	0.97	1.88	1.70	0.46	2.04	2.17	0.67	0.18	0.42	0.60	1.34	2.74	4.22	5.14	5.79	0.42	0.06
黔西南州	45445	1.87	0.79	1.70	1.58	0.42	1.95	1.78	0.52	0.06	0.37	0.61	1.29	2.33	3.71	4.44	6.57	0.73	0.71
兴义市	8758	1.99	0.85	1.81	1.57	0.43	1.15、1.07	1.90	0.61	0.16	0.49	0.73	1.30	2.51	3.87	4.64	5.61	0.66	0.19
兴仁市	6850	1.88	0.78	1.71	1.56	0.42	1.37	1.73	0.51	0.06	0.46	0.64	1.30	2.39	3.62	4.14	5.75	0.65	0.07
普安县	5049	2.05	1.06	1.77	1.79	0.51	1.43	1.85	0.75	0.10	0.28	0.51	1.22	2.82	4.32	4.93	5.75	0.58	-0.40
晴隆县	3890	1.60	0.87	1.39	1.73	0.55	1.19	1.41	0.52	0.12	0.31	0.48	0.95	2.02	3.82	4.31	4.97	1.07	0.75
贞丰县	6020	1.89	0.67	1.77	1.45	0.36	1.76	1.82	0.44	0.19	0.51	0.77	1.42	2.30	3.38	4.26	6.57	0.83	2.10
望谟县	5419	1.93	0.55	1.83	1.43	0.28	1.94	1.96	0.35	0.14	0.34	0.71	1.59	2.30	2.94	3.31	4.20	-0.25	0.47
册亨县	3617	1.97	0.57	1.89	1.38	0.29	1.84、1.91	1.96	0.36	0.13	0.55	0.91	1.60	2.32	3.13	3.74	5.46	0.39	1.35
安龙县	5842	1.56	0.68	1.42	1.58	0.44	1.32	1.45	0.43	0.06	0.30	0.55	1.07	1.94	3.14	3.88	5.67	0.94	1.34
贵州省	454431	1.86	0.89	1.63	1.73	0.48	1.68	1.78	0.63	0.01	0.28	0.46	1.17	2.43	3.78	4.56	12.12	0.80	0.41

表 2.12　贵州省各行政区耕地土壤元素（Mn）地球化学参数

（单位：mg/kg）

行政区名称	样品件数/个	算术		几何		变异系数	众值	中位值	中位绝对离差	最小值	累积频率值						最大值	偏度系数	峰度系数
		平均值	标准差	平均值	标准差						0.5%	2.5%	25%	75%	97.5%	99.5%			
贵阳市	25182	1116	820	843	2.24	0.73	212、353	948	505	11	78	148	495	1551	2927	4311	12852	1.99	10.64
南明区	343	1037	556	876	1.89	0.54	1052	988	349	78	90	173	645	1337	2317	2778	3303	0.84	0.98
云岩区	64	1113	615	933	1.93	0.55	847	1012	275	124	124	178	741	1337	2684	2944	2944	0.90	0.94
花溪区	3142	906	769	619	2.59	0.85	260、448、501	684	421	17	42	74	337	1298	2855	3837	9967	2.00	9.46
乌当区	1963	1005	900	740	2.20	0.90	306、351、357	751	391	57	107	164	412	1287	3148	5008	12852	3.42	24.62
白云区	520	928	629	739	2.01	0.68	601、511、375	766	355	113	125	183	458	1236	2383	2905	4362	1.29	2.05
观山湖区	406	1147	1105	802	2.33	0.96	803、193、646	814	453	108	126	161	432	1440	4260	6828	8116	2.54	8.87
开阳县	6836	1128	892	848	2.19	0.79	295、353	924	490	34	114	182	485	1516	3265	5271	9490	2.29	10.18
息烽县	3034	1127	691	881	2.20	0.61	1802	1040	520	55	78	125	564	1616	2588	3066	6488	0.70	1.04
修文县	4037	1155	748	891	2.21	0.65	460	1042	541	23	91	154	537	1637	2808	3377	5343	0.79	0.40
清镇市	4837	1264	813	1012	2.05	0.64	391、990、1172	1155	543	11	141	210	640	1732	2937	4048	10995	1.93	13.02
遵义市	85841	926	775	735	1.99	0.84	382	745	354	5	130	188	454	1244	2545	3930	67325	17.37	1080.19
红花岗区	1539	1230	2991	812	2.17	2.43	312	810	409	84	130	186	481	1384	3266	11116	67325	14.79	259.36
汇川区	3926	910	653	723	2.00	0.72	380、275	759	377	81	146	193	430	1226	2469	3810	5966	2.07	8.00
播州区	11106	947	700	787	1.84	0.74	748	788	335	106	172	240	513	1250	2256	3623	21946	7.48	148.88
桐梓县	9788	997	642	819	1.91	0.64	525	834	379	81	144	224	524	1350	2530	3652	8399	1.71	6.41
绥阳县	6808	869	746	649	2.13	0.86	315、288、460	634	329	112	146	173	360	1135	3010	4414	6246	2.27	7.05
正安县	7443	1004	657	824	1.90	0.65	422	843	375	76	176	235	517	1331	2734	3557	6765	1.62	4.25
道真县	5302	1027	664	844	1.91	0.65	554	879	393	96	132	208	549	1380	2644	3993	7416	1.86	7.00
务川县	7162	1143	787	922	1.98	0.69	508	1037	455	99	171	220	578	1488	3274	4639	10805	2.36	12.20
凤冈县	6238	867	595	703	1.91	0.69	363、352	690	318	108	170	221	422	1182	2372	3382	5354	1.69	4.46
湄潭县	6519	797	564	646	1.91	0.71	366	633	283	5	160	203	395	1041	2176	3363	5206	2.04	6.77
余庆县	4508	855	582	687	1.97	0.68	222	692	317	76	135	180	434	1140	2343	3204	4739	1.52	3.30
习水县	7545	853	655	679	1.96	0.77	597	659	277	13	119	170	444	1094	2538	4198	7381	2.80	13.90
赤水市	2365	340	193	290	1.77	0.57	160	294	126	56	85	104	181	452	785	922	1198	0.97	0.43
仁怀市	5592	902	604	737	1.91	0.67	608	745	328	86	127	188	476	1203	2310	3773	5948	1.95	6.98
六盘水市	31641	1283	925	1065	1.95	0.72	1545	1206	416	13	75	179	798	1630	2828	4303	45910	13.37	442.35
钟山区	1398	1249	616	1087	1.81	0.49	1290	1228	350	51	93	221	866	1561	2609	3743	8319	1.94	14.90
六枝特区	7665	1237	810	974	2.18	0.65	1617、1249、1609	1146	479	15	53	140	670	1627	3136	4361	11852	2.14	13.87
水城区	10055	1376	1256	1102	2.05	0.91	1599、1451、1677	1281	458	30	85	162	815	1731	3062	5819	45910	13.95	347.54
盘州市	12523	1240	663	1092	1.74	0.53	1485	1181	361	13	86	288	838	1563	2453	3314	35320	12.13	565.60
安顺市	28010	1185	1075	816	2.50	0.91	244、238、362	887	522	5	66	120	444	1595	4037	5969	15019	2.59	13.47
西秀区	6982	908	844	594	2.67	0.93	209	678	427	10	48	82	291	1250	3190	4422	7657	1.86	4.70

续表

行政区名称	样品件数/个	算术		几何		变异系数	众值	中位值	中位绝对离差	最小值	累积频率值						最大值	偏度系数	峰度系数
		平均值	标准差	平均值	标准差						0.5%	2.5%	25%	75%	97.5%	99.5%			
平坝区	3874	1039	786	755	2.37	0.76	269	834	515	5	79	133	393	1528	2766	3624	9500	1.43	5.22
普定县	3686	1303	810	1067	1.97	0.62	1002、1454、1009	1166	477	41	89	247	715	1679	3271	4462	7100	1.48	3.90
镇宁县	4712	1093	807	814	2.29	0.74	457	918	510	60	89	129	470	1550	2978	4071	9799	1.69	7.31
关岭县	3393	1889	1672	1402	2.16	0.89	882、988、937	1393	655	103	185	316	833	2314	6510	9708	15019	2.59	10.07
紫云县	5353	1207	1195	772	2.63	0.99	362	749	450	26	70	135	375	1561	4430	5348	8599	1.68	2.56
毕节市	96512	1216	621	1059	1.76	0.51	1210、1288	1172	397	39	162	275	777	1570	2497	3375	30596	2.76	67.63
七星关区	12878	1080	538	946	1.73	0.50	867	1036	367	99	170	271	683	1420	2148	3108	12610	1.79	19.91
大方县	12297	1224	573	1074	1.75	0.47	1251	1214	375	39	147	256	819	1573	2397	3340	6384	0.90	3.51
黔西县	10371	1284	673	1101	1.82	0.52	875、1288	1217	462	62	134	272	770	1704	2645	3201	15591	1.98	28.39
金沙县	8365	1124	672	928	1.94	0.60	943	1073	469	110	152	222	599	1535	2514	3425	15330	2.40	31.26
织金县	9920	1351	668	1183	1.74	0.49	1197	1293	413	71	174	315	889	1718	2777	3692	8957	1.40	7.20
纳雍县	9498	1258	677	1102	1.75	0.54	1640、1337、1220	1231	369	72	147	258	853	1592	2482	3735	30596	9.70	377.35
威宁县	25748	1175	588	1032	1.71	0.50	1120	1102	382	85	182	295	750	1527	2377	3112	11670	1.73	13.73
赫章县	7435	1352	580	1236	1.56	0.43	1411	1309	328	123	271	421	997	1653	2514	3685	8529	2.12	15.48
铜仁市	49327	853	704	645	2.14	0.83	260	660	341	24	100	150	368	1136	2573	3843	18069	3.24	30.75
碧江区	2270	680	504	534	2.05	0.74	313	586	285	43	81	128	310	910	1832	2731	6730	2.73	18.47
万山区	1537	779	490	630	1.98	0.63	1055、651、964	674	330	72	104	158	384	1087	1910	2233	3411	0.97	0.87
江口县	2896	648	615	462	2.32	0.95	146	486	288	35	71	95	239	894	2013	2839	13300	5.67	83.48
玉屏县	1474	780	533	642	1.89	0.68	696、1169、1158	669	290	77	111	183	407	1019	2105	2794	8265	3.21	29.23
石阡县	5923	745	602	559	2.16	0.81	1110、645、1616	568	300	32	93	132	308	1001	2221	3282	7537	2.08	8.39
思南县	7444	880	658	680	2.08	0.75	364	685	336	59	115	165	400	1169	2581	3536	6829	1.70	4.29
印江县	5410	719	614	546	2.07	0.85	616	522	246	64	117	158	312	908	2285	3350	9281	2.79	16.29
德江县	6664	965	895	725	2.12	0.93	282、308、494	725	366	24	122	178	415	1253	3196	5405	18069	4.91	54.27
沿河县	8342	1133	828	887	2.06	0.73	260、476、322	955	473	76	142	208	532	1502	3259	4485	12463	2.24	11.79
松桃县	7367	757	565	592	2.05	0.75	228	609	295	62	101	142	352	997	2167	3112	9434	2.18	11.88
黔东南州	43188	455	512	309	2.28	1.13	155	262	122	26	66	85	169	536	1850	2906	13080	4.09	40.07
凯里市	3931	635	623	439	2.36	0.98	619.69	433	247	26	68	92	230	799	2371	3574	6278	2.53	9.24
黄平县	4447	526	525	371	2.26	1.00	260	348	190	52	71	96	194	683	1990	2967	7939	3.33	21.34
施秉县	2380	659	553	474	2.31	0.84	185	482	278	50	58	92	252	916	2110	2728	6199	1.90	6.85
三穗县	1756	380	424	284	1.99	1.12	169、239、227	249	92	42	76	97	176	406	1474	2153	7921	6.26	75.27
镇远县	3306	776	806	535	2.37	1.04	206	520	310	58	86	115	271	1049	2630	4165	13080	4.81	49.67
岑巩县	2613	650	506	471	2.32	0.78	184、230	502	309	49	73	100	231	964	1843	2352	4069	1.19	1.58
天柱县	3205	392	314	316	1.84	0.80	232	276	91	62	96	126	206	453	1305	1800	2842	2.50	8.08

行政区名称	样品件数/个	算术平均值	算术标准差	几何平均值	几何标准差	变异系数	众值	中位值	中位绝对离差	最小值	累积频率值 0.5%	2.5%	25%	75%	97.5%	99.5%	最大值	偏度系数	峰度系数
锦屏县	1747	294	323	225	1.90	1.10	181	208	66	52	64	81	152	291	1272	2216	4043	4.81	32.94
剑河县	2859	289	285	223	1.93	0.98	120	205	70	42	59	74	147	300	1174	1697	3348	3.66	19.33
台江县	1096	370	383	270	2.07	1.04	183、202	226	81	61	68	87	167	398	1509	2041	4538	3.41	19.49
黎平县	4512	243	247	193	1.83	1.02	132	180	62	37	63	75	128	264	890	1764	4452	5.62	50.45
榕江县	2429	185	111	163	1.60	0.60	108	158	46	51	62	76	118	217	479	762	1125	2.91	12.79
从江县	3291	269	216	226	1.74	0.80	162	220	73	27	60	85	158	313	783	1423	5841	7.81	146.84
雷山县	1609	316	277	248	1.90	0.87	168、173、187	212	77	77	87	100	154	360	1018	1833	2939	3.00	13.87
麻江县	2337	728	740	474	2.52	1.02	180	425	255	57	81	103	227	1001	2721	3627	7854	2.23	8.38
丹寨县	1670	392	485	254	2.34	1.24	105、222、123	209	90	31	56	74	138	413	1869	3075	3703	3.07	11.13
黔南州	49281	728	822	394	3.22	1.13	106	401	298	8	32	46	158	1017	2950	4053	23945	2.45	18.68
都匀市	4595	536	643	283	3.18	1.20	106	262	188	18	30	40	112	719	2344	3244	4675	2.11	5.17
福泉市	4085	973	688	739	2.21	0.71	220、342、315	821	459	44	98	142	420	1379	2571	3159	7910	1.30	3.87
荔波县	2368	407	550	215	3.10	1.35	210	225	158	16	23	31	87	464	2165	3111	5036	3.06	11.72
贵定县	3543	525	613	292	2.99	1.17	125、114	256	173	27	35	48	123	711	2227	3081	4299	2.06	4.77
瓮安县	5984	1050	737	814	2.12	0.70	330	890	474	84	135	178	474	1471	2680	3906	7995	1.58	5.73
独山县	4778	510	702	253	3.20	1.37	111	216	146	23	32	42	100	589	2650	3695	6407	2.63	8.63
平塘县	4510	934	1005	453	3.80	1.08	104	499	418	18	34	42	147	1465	3425	4116	5794	1.26	0.69
罗甸县	4137	960	1146	595	2.58	1.19	298	538	286	42	80	114	300	1060	4052	5558	23945	4.09	45.64
长顺县	3960	991	976	569	3.13	0.98	112	649	489	26	47	71	222	1488	3548	4294	5055	1.35	1.33
龙里县	2908	587	654	319	3.13	1.11	129、122	283	201	22	34	48	123	864	2302	2897	5034	1.70	3.08
惠水县	5013	587	799	268	3.51	1.36	103	221	158	8	27	40	95	711	2920	3849	6473	2.19	5.15
三都县	3400	328	422	220	2.28	1.29	116	200	93	20	38	55	125	349	1652	2627	7686	5.00	44.51
黔西南州	45445	1288	1277	903	2.41	0.99	462	981	512	11	73	133	529	1607	4714	6483	96941	12.71	755.47
兴义市	8758	1632	1433	1191	2.23	0.88	1339	1192	553	60	140	229	715	1924	5839	7303	13721	2.09	5.39
兴仁市	6850	1230	1562	973	2.06	1.27	1144	1094	437	12	73	179	657	1532	3243	4647	96941	39.35	2221.67
普安县	5049	1249	960	964	2.20	0.77	1629	1089	458	29	46	136	666	1588	3643	6230	16648	3.52	27.43
晴隆县	3890	1330	986	1020	2.24	0.74	392、1761、468	1229	533	11	60	146	667	1735	3529	6607	13518	3.11	20.80
贞丰县	6020	1207	950	905	2.23	0.79	861、633、380	952	469	32	75	153	557	1574	3745	5356	11396	2.08	7.59
望谟县	5419	760	928	493	2.41	1.22	165、290、250	483	240	44	66	99	275	798	4075	5419	8194	3.19	11.44
册亨县	3617	1017	1209	576	2.88	1.19	219	524	314	45	63	93	266	1148	4659	5624	6694	1.97	3.33
安龙县	5842	1583	1448	1103	2.42	0.91	462	1131	581	39	100	164	639	1930	5324	6984	25172	2.57	16.87
贵州省	454431	1001	863	716	2.43	0.86	260	826	473	5	54	101	405	1390	2930	4688	96941	8.98	552.73

表 2.13　贵州省各行政区耕地土壤钼元素（Mo）地球化学参数

（单位：mg/kg）

行政区名称	样品件数/个	算术		几何		变异系数	众值	中位值	中位绝对离差	最小值	累积频率值						最大值	偏度系数	峰度系数
		平均值	标准差	平均值	标准差						0.5%	2.5%	25%	75%	97.5%	99.5%			
贵阳市	25182	2.79	2.96	2.21	1.88	1.06	1.54	2.13	0.76	0.20	0.46	0.67	1.50	3.17	8.83	18.40	85.30	8.84	141.00
南明区	343	2.28	1.22	2.01	1.66	0.54	1.28、1.10	2.05	0.68	0.60	0.63	0.74	1.42	2.81	5.72	6.78	7.92	1.53	3.25
云岩区	64	2.58	2.06	1.99	2.05	0.80	2.95、1.29、2.33	2.10	0.81	0.46	0.50	0.50	1.29	2.86	7.71	10.90	10.90	1.96	4.38
花溪区	3142	4.02	3.69	3.02	2.09	0.92	1.34	2.96	1.37	0.35	0.52	0.78	1.80	4.78	14.90	21.20	45.10	3.19	17.01
乌当区	1963	2.56	2.33	2.13	1.80	0.91	1.87	2.16	0.73	0.37	0.48	0.60	1.50	3.05	6.20	11.60	59.10	11.21	220.31
白云区	520	2.93	1.63	2.60	1.62	0.56	2.66	2.58	0.73	0.36	0.56	0.85	1.98	3.45	6.88	9.73	19.40	3.22	22.38
观山湖区	406	3.88	3.29	3.19	1.80	0.85	2.19、1.85	3.08	1.09	0.71	0.82	1.07	2.19	4.32	10.60	23.90	36.10	4.84	35.53
开阳县	6836	2.81	4.07	2.07	1.96	1.45	1.56、1.54	1.97	0.71	0.38	0.50	0.65	1.36	2.89	10.70	29.10	85.30	8.91	112.65
息烽县	3034	1.76	1.64	1.52	1.70	0.93	1.65、1.54	1.62	0.47	0.20	0.35	0.45	1.16	2.10	3.86	6.00	73.80	28.90	1237.89
修文县	4037	2.30	1.28	2.05	1.60	0.55	1.96	2.04	0.57	0.26	0.57	0.82	1.54	2.72	5.30	8.46	23.60	3.65	32.78
清镇市	4837	3.04	2.17	2.58	1.75	0.71	1.82、1.75	2.51	0.88	0.28	0.66	0.89	1.77	3.68	8.17	14.90	41.70	4.64	46.70
遵义市	85841	1.76	2.31	1.29	2.09	1.31	0.50	1.28	0.59	0.01	0.27	0.34	0.77	2.05	5.94	13.90	123.00	13.58	400.28
红花岗区	1539	2.38	4.40	1.69	2.02	1.85	0.96	1.56	0.62	0.31	0.40	0.54	1.05	2.53	7.96	20.00	117.60	15.82	351.73
汇川区	3926	2.09	2.61	1.67	1.81	1.25	1.23	1.58	0.54	0.35	0.47	0.60	1.14	2.32	6.32	14.40	95.30	16.10	463.56
播州区	11106	1.92	1.75	1.59	1.78	0.91	1.14	1.50	0.51	0.23	0.43	0.57	1.09	2.26	5.35	9.72	67.40	11.13	278.68
桐梓县	9788	1.68	2.46	1.17	2.17	1.47	0.40	1.12	0.55	0.19	0.25	0.31	0.67	1.95	5.85	15.60	72.00	10.45	181.69
绥阳县	6808	1.58	1.29	1.27	1.90	0.82	0.76、1.08	1.29	0.51	0.05	0.24	0.38	0.84	1.91	4.48	8.21	26.10	5.15	55.58
正安县	7443	1.83	2.39	1.29	2.16	1.30	1.28	1.28	0.64	0.22	0.30	0.38	0.70	2.07	7.43	15.90	48.60	6.78	74.00
道真县	5302	1.79	2.98	1.18	2.20	1.67	0.52、0.48	1.10	0.50	0.23	0.28	0.33	0.68	1.80	8.58	20.90	48.70	7.55	79.15
务川县	7162	1.90	2.01	1.46	2.01	1.06	0.58	1.52	0.60	0.21	0.29	0.37	1.00	2.21	5.70	14.10	48.80	8.14	115.30
凤冈县	6238	1.79	1.90	1.26	2.25	1.06	1.38	1.21	0.63	0.13	0.24	0.32	0.69	2.15	6.84	12.20	26.60	3.83	25.18
湄潭县	6519	2.01	2.12	1.57	1.96	1.05	0.50	1.52	0.66	0.01	0.40	0.50	0.96	2.42	6.16	9.25	79.20	14.59	436.10
余庆县	4508	2.02	3.92	1.39	2.11	1.94	0.80	1.27	0.54	0.25	0.32	0.42	0.83	2.11	7.44	17.20	123.00	17.02	406.16
习水县	7545	1.39	2.23	0.91	2.25	1.61	0.42	0.81	0.40	0.17	0.25	0.29	0.48	1.54	5.28	16.10	49.20	8.37	102.87
赤水市	2365	0.58	0.26	0.54	1.48	0.45	0.38	0.52	0.14	0.20	0.23	0.28	0.40	0.69	1.28	1.60	2.96	1.77	5.49
仁怀市	5592	1.57	1.44	1.26	1.89	0.92	0.76	1.28	0.53	0.23	0.31	0.39	0.81	1.92	4.27	9.18	33.60	7.50	103.87
六盘水市	31641	2.37	2.04	1.95	1.81	0.86	1.71	1.90	0.69	0.14	0.52	0.70	1.30	2.76	6.92	12.50	59.44	6.75	100.26
钟山区	1398	2.19	1.14	2.01	1.51	0.52	1.83、1.61、1.82	2.05	0.47	0.52	0.69	0.86	1.59	2.53	4.91	7.69	19.43	5.23	57.30
六枝特区	7665	2.40	1.77	2.00	1.80	0.74	1.71、1.64	1.94	0.71	0.21	0.40	0.62	1.36	2.98	6.39	10.72	30.41	4.53	43.48
水城区	10055	2.58	2.18	2.14	1.77	0.85	1.47	2.09	0.67	0.14	0.61	0.77	1.49	2.90	7.81	13.97	53.44	6.18	75.94
盘州市	12523	2.20	2.13	1.77	1.84	0.96	1.26、1.52、1.42	1.68	0.64	0.33	0.57	0.68	1.12	2.53	6.88	12.95	59.44	7.90	131.96
安顺市	28010	2.74	2.43	2.12	2.05	0.89	1.83、1.51	2.18	0.94	0.11	0.33	0.48	1.37	3.37	8.45	14.50	89.70	6.28	114.15
西秀区	6982	2.85	1.99	2.40	1.78	0.70	1.94	2.43	0.87	0.36	0.56	0.78	1.65	3.46	7.71	13.60	35.70	3.79	30.81

续表

行政区名称	样品件数/个	算术 平均值	算术 标准差	几何 平均值	几何 标准差	变异系数	众值	中位值	中位绝对离差	最小值	累积频率值 0.5%	2.5%	25%	75%	97.5%	99.5%	最大值	偏度系数	峰度系数
平坝区	3877	3.19	2.04	2.71	1.76	0.64	1.67	2.72	1.00	0.39	0.65	0.88	1.85	3.96	8.13	13.20	27.80	2.80	16.94
普定县	3689	3.08	2.13	2.61	1.77	0.69	1.94、2.28、2.90	2.59	0.91	0.35	0.55	0.85	1.81	3.74	8.37	12.81	41.20	4.27	43.65
镇宁县	4716	2.17	2.11	1.64	2.10	0.97	1.64	1.66	0.68	0.11	0.26	0.36	1.08	2.51	7.27	13.00	38.20	4.92	44.12
关岭县	3393	3.22	3.78	2.31	2.14	1.17	1.54、1.53	2.19	0.97	0.37	0.47	0.58	1.40	3.68	12.30	24.20	89.70	7.06	103.87
紫云县	5353	2.20	2.40	1.54	2.28	1.09	1.18、1.11、1.53	1.50	0.84	0.21	0.29	0.38	0.81	2.83	7.98	13.20	71.80	7.34	149.78
毕节市	96510	2.14	1.69	1.82	1.73	0.79	1.80、1.54	1.82	0.59	0.02	0.42	0.62	1.29	2.51	5.62	9.78	117.00	11.31	388.99
七星关区	12877	1.89	1.46	1.57	1.80	0.77	1.41	1.57	0.56	0.02	0.37	0.48	1.08	2.26	5.42	9.97	26.20	4.60	38.98
大方县	12297	2.01	1.20	1.77	1.65	0.60	1.36	1.81	0.61	0.32	0.46	0.62	1.27	2.53	4.39	6.33	55.80	9.91	351.65
黔西县	10371	2.05	1.28	1.82	1.62	0.62	1.70	1.83	0.51	0.04	0.42	0.66	1.37	2.41	4.63	7.61	37.90	8.52	179.41
金沙县	8365	2.08	2.17	1.64	1.92	1.04	1.33	1.62	0.57	0.05	0.26	0.41	1.15	2.40	5.99	14.20	44.60	8.53	115.19
织金县	9920	3.00	2.46	2.49	1.77	0.82	1.39	2.38	0.90	0.57	0.80	0.99	1.62	3.64	8.19	15.70	67.50	6.84	103.64
纳雍县	9497	2.25	2.14	1.91	1.69	0.95	1.18	1.85	0.61	0.37	0.58	0.76	1.33	2.64	5.90	10.40	117.00	22.81	1028.09
威宁县	25748	2.00	1.32	1.76	1.62	0.66	1.86、1.94	1.81	0.53	0.32	0.50	0.69	1.30	2.36	4.70	7.52	49.60	9.59	224.26
赫章县	7435	2.13	1.44	1.85	1.68	0.67	1.82	1.87	0.55	0.28	0.46	0.67	1.35	2.45	5.74	9.54	23.97	4.57	39.53
铜仁市	49327	2.03	4.03	1.34	2.35	1.99	0.51	1.37	0.78	0.17	0.26	0.32	0.67	2.39	7.36	16.20	275.00	33.69	1854.46
碧江区	2270	2.98	7.61	1.68	2.57	2.55	0.60	1.67	0.98	0.24	0.31	0.37	0.80	2.96	14.40	29.40	259.00	20.35	602.61
万山区	1537	2.83	2.35	2.26	1.94	0.83	2.16、0.99、1.27	2.36	0.86	0.30	0.37	0.53	1.57	3.34	9.06	14.05	32.62	4.63	38.94
江口县	2896	3.55	11.67	1.74	2.57	3.29	0.89	1.52	0.75	0.25	0.35	0.43	0.89	2.73	17.50	67.10	275.00	14.68	279.04
玉屏县	1474	2.90	2.13	2.41	1.83	0.74	2.16	2.40	0.80	0.36	0.51	0.62	1.75	3.50	7.76	16.32	25.25	3.77	24.03
石阡县	5923	1.74	2.20	1.16	2.39	1.27	0.30、0.75	1.19	0.68	0.20	0.24	0.29	0.56	2.05	6.76	11.48	74.24	10.19	246.93
思南县	7444	1.80	2.06	1.24	2.26	1.15	0.49、0.48、0.54	1.20	0.64	0.21	0.30	0.35	0.63	2.13	7.18	13.70	34.00	4.68	37.49
印江县	5410	1.19	1.47	0.79	2.29	1.24	0.39	0.63	0.31	0.17	0.22	0.26	0.41	1.44	5.06	8.58	24.48	4.89	42.11
德江县	6664	1.73	1.68	1.25	2.19	0.97	0.46、0.60	1.27	0.69	0.22	0.32	0.37	0.63	2.17	6.15	10.51	24.31	3.40	20.23
沿河县	8342	1.67	1.80	1.21	2.17	1.08	0.44	1.25	0.67	0.23	0.28	0.34	0.65	2.07	5.74	11.60	36.00	6.07	68.55
松桃县	7367	2.55	4.11	1.90	2.07	1.62	0.75	1.99	0.85	0.24	0.32	0.42	1.22	2.95	7.72	16.60	252.00	33.94	1881.08
黔东南州	43188	1.69	3.44	1.00	2.41	2.03	0.32	0.80	0.38	0.30	0.30	0.32	0.51	1.74	7.56	17.90	103.00	11.89	215.30
凯里市	3931	1.88	2.68	1.19	2.52	1.42	0.31	1.20	0.78	0.30	0.30	0.31	0.51	2.40	6.73	13.60	64.11	9.46	154.46
黄平县	4447	2.12	5.06	1.10	2.69	2.39	0.30	0.98	0.60	0.30	0.30	0.30	0.46	2.17	9.09	39.85	103.00	10.29	137.37
施秉县	2380	2.31	2.44	1.66	2.25	1.06	1.90	1.79	0.97	0.30	0.32	0.37	0.92	2.95	7.15	12.20	57.10	8.42	145.14
三穗县	1756	2.44	5.83	1.07	2.78	2.39	0.31	0.77	0.30	0.30	0.30	0.34	0.55	1.43	15.87	47.62	71.69	6.23	48.49
镇远县	3306	2.83	4.39	1.71	2.50	1.55	0.74	1.57	0.87	0.30	0.33	0.41	0.82	3.07	12.30	31.20	68.50	6.41	61.31
岑巩县	2613	3.05	5.11	2.04	2.21	1.67	1.44	1.91	0.82	0.31	0.39	0.52	1.22	3.09	13.30	30.50	94.05	9.81	134.20
天柱县	3205	1.15	1.94	0.83	1.96	1.69	1.03	0.71	0.24	0.30	0.30	0.34	0.51	1.20	4.53	9.86	67.10	16.50	459.86

续表

行政区名称	样品件数/个	算术		几何		变异系数	众值	中位值	中位绝对离差	最小值	累积频率值						最大值	偏度系数	峰度系数
		平均值	标准差	平均值	标准差						0.5%	2.5%	25%	75%	97.5%	99.5%			
锦屏县	1747	0.82	0.74	0.66	1.81	0.90	0.45	0.57	0.17	0.30	0.30	0.31	0.43	0.87	3.00	4.20	8.65	3.66	20.21
剑河县	2859	1.20	3.47	0.75	1.96	2.89	0.51	0.65	0.17	0.30	0.31	0.35	0.50	0.89	6.33	18.40	92.20	14.50	282.74
台江县	1096	1.49	4.00	0.91	2.08	2.69	0.70	0.77	0.21	0.30	0.32	0.38	0.59	1.08	7.82	17.20	94.93	15.49	317.53
黎平县	4512	0.64	0.39	0.57	1.56	0.61	0.32	0.53	0.15	0.30	0.30	0.32	0.40	0.73	1.72	2.35	7.46	4.29	41.67
榕江县	2429	0.51	0.22	0.48	1.41	0.42	0.31、0.34、0.44	0.45	0.10	0.30	0.30	0.30	0.37	0.58	1.08	1.54	2.84	2.90	15.61
从江县	3291	0.75	0.74	0.64	1.64	0.99	0.30	0.60	0.17	0.30	0.30	0.31	0.46	0.81	2.20	4.11	27.60	17.39	550.85
雷山县	1609	0.91	0.44	0.83	1.51	0.48	0.78	0.79	0.22	0.30	0.33	0.41	0.62	1.09	1.97	2.93	5.85	2.47	14.12
麻江县	2337	2.89	3.48	2.09	2.17	1.21	1.20、1.24	2.13	1.08	0.30	0.38	0.48	1.24	3.56	8.69	26.20	64.30	7.76	91.20
丹寨县	1670	2.58	4.59	1.48	2.65	1.78	1.44、1.65	1.26	0.76	0.30	0.31	0.35	0.65	3.22	11.01	25.40	100.00	10.44	170.14
黔南州	49281	2.16	4.26	1.46	2.27	1.97	0.46	1.45	0.74	0.13	0.25	0.33	0.83	2.46	7.97	18.80	506.00	53.67	5388.23
都匀市	4595	1.63	1.64	1.14	2.30	1.00	0.46	1.08	0.61	0.16	0.25	0.29	0.58	2.14	5.64	8.71	28.60	3.93	34.94
福泉市	4085	2.40	3.82	1.84	1.94	1.59	1.28	1.75	0.68	0.28	0.38	0.52	1.21	2.73	7.29	16.60	184.00	28.95	1278.01
荔波县	2368	1.40	2.19	1.01	2.09	1.57	0.32	0.99	0.48	0.23	0.26	0.29	0.58	1.64	4.56	10.50	71.60	17.13	473.31
贵定县	3543	3.35	11.66	1.85	2.62	3.48	0.93	1.73	1.00	0.21	0.28	0.38	0.91	3.36	14.30	31.50	506.00	32.98	1296.51
瓮安县	5984	2.72	4.92	1.96	1.95	1.81	1.32	1.85	0.67	0.33	0.47	0.63	1.29	2.77	8.06	34.70	102.00	10.99	155.25
独山县	4778	1.61	1.53	1.22	2.05	0.95	0.78	1.14	0.53	0.17	0.26	0.35	0.72	2.01	5.52	9.34	22.00	4.00	28.51
平塘县	4510	1.80	1.42	1.45	1.91	0.79	1.10	1.41	0.57	0.22	0.33	0.42	0.95	2.21	5.40	8.44	28.00	3.77	35.34
罗甸县	4137	1.30	1.52	0.87	2.30	1.17	0.34	0.77	0.41	0.13	0.22	0.26	0.44	1.56	5.32	9.51	23.00	4.26	30.76
长顺县	3960	2.60	2.21	2.06	1.96	0.85	1.62	2.06	0.85	0.28	0.41	0.56	1.31	3.16	8.03	12.80	37.70	4.66	45.39
龙里县	2908	3.14	3.98	2.10	2.29	1.27	1.22、1.52	1.99	0.97	0.22	0.39	0.51	1.18	3.39	13.80	25.10	52.30	4.74	33.30
惠水县	5013	2.55	2.93	1.83	2.17	1.15	1.08	1.74	0.75	0.22	0.26	0.37	1.11	2.86	9.78	19.80	47.50	5.20	43.19
三都县	3400	1.27	2.71	0.82	2.15	2.14	0.52	0.73	0.30	0.15	0.20	0.26	0.48	1.20	4.95	18.80	54.30	11.24	161.97
黔西南州	45445	2.82	4.86	1.80	2.45	1.72	1.19	1.79	0.96	0.10	0.26	0.35	1.01	3.15	11.60	22.90	433.00	26.61	1676.92
兴义市	8758	4.47	8.65	2.67	2.61	1.94	0.47	2.54	1.33	0.22	0.33	0.42	1.54	4.74	19.00	40.00	433.00	21.06	813.32
兴仁市	6850	2.48	2.19	2.00	1.84	0.88	1.30	1.89	0.70	0.32	0.53	0.69	1.30	2.88	8.07	14.10	50.30	5.55	64.79
普安县	5049	2.76	2.37	2.21	1.89	0.86	1.22	2.01	0.81	0.27	0.65	0.81	1.36	3.41	8.56	13.90	57.80	5.18	72.19
晴隆县	3890	2.94	3.35	2.30	1.96	1.14	1.19	2.21	1.02	0.21	0.63	0.74	1.36	3.70	8.67	13.70	156.00	25.40	1122.09
贞丰县	6020	2.76	4.72	1.76	2.30	1.71	1.19	1.64	0.78	0.26	0.38	0.47	1.00	2.78	11.90	32.60	103.00	9.02	122.04
望谟县	5419	0.95	1.33	0.70	1.98	1.40	1.13	0.61	0.23	0.10	0.22	0.27	0.42	1.05	3.32	8.80	45.40	12.55	296.51
册亨县	3617	1.46	3.23	0.89	2.39	2.21	0.20	0.72	0.34	0.20	0.20	0.26	0.46	1.55	6.93	13.20	146.00	27.23	1137.46
安龙县	5842	3.38	3.64	2.42	2.22	1.08	1.67	2.30	1.02	0.20	0.33	0.48	1.51	3.97	12.50	21.80	118.00	7.81	179.47
贵州省	454431	2.17	3.18	1.56	2.17	1.46	1.24	1.60	0.76	0.01	0.29	0.36	0.93	2.53	7.48	15.90	506.00	34.50	3390.32

表 2.14　贵州省各行政区耕地土壤氮元素（N）地球化学参数

（单位：g/kg）

行政区名称	样品件数/个	算术 平均值	算术 标准差	几何 平均值	几何 标准差	变异系数	众值	中位值	中位绝对离差	最小值	累积频率值 0.5%	2.5%	25%	75%	97.5%	99.5%	最大值	偏度系数	峰度系数
贵阳市	25182	1.90	0.62	1.80	1.37	0.33	1.60	1.79	0.35	0.29	0.73	0.95	1.48	2.19	3.41	4.20	9.02	1.26	3.56
南明区	343	1.86	0.57	1.79	1.33	0.31	1.59、1.66、1.98	1.74	0.29	0.67	0.69	1.05	1.49	2.13	3.25	3.76	5.03	1.42	3.89
云岩区	64	2.05	0.63	1.95	1.41	0.31	2.04	2.06	0.40	0.75	0.75	0.80	1.62	2.37	3.19	3.40	3.40	-0.01	-0.37
花溪区	3142	2.11	0.72	1.99	1.41	0.34	1.78	2.02	0.43	0.47	0.74	0.94	1.62	2.48	3.86	4.61	5.97	0.93	1.59
乌当区	1963	1.90	0.55	1.82	1.32	0.29	1.62、1.55、1.52	1.81	0.33	0.61	0.87	1.06	1.52	2.20	3.16	3.74	4.60	0.96	1.45
白云区	520	2.14	0.64	2.05	1.35	0.30	2.52、1.92、2.17	2.06	0.38	0.50	0.67	1.11	1.71	2.47	3.52	4.28	6.02	1.07	3.30
观山湖区	406	2.21	0.57	2.13	1.30	0.26	2.63、2.31	2.16	0.36	0.86	1.00	1.25	1.80	2.52	3.52	4.11	4.82	0.72	1.32
开阳县	6836	1.87	0.59	1.78	1.35	0.32	1.56、1.80	1.75	0.32	0.29	0.76	1.00	1.47	2.14	3.35	4.06	6.08	1.20	2.30
息烽县	3034	1.54	0.49	1.47	1.35	0.32	1.01	1.47	0.27	0.34	0.64	0.79	1.22	1.76	2.73	3.39	5.33	1.37	4.38
修文县	4041	1.74	0.53	1.67	1.34	0.30	1.48	1.66	0.29	0.48	0.71	0.90	1.39	1.99	3.04	3.65	5.81	1.21	3.30
清镇市	4837	2.10	0.63	2.02	1.32	0.30	2.14、1.91	1.99	0.31	0.60	0.94	1.18	1.70	2.34	3.65	4.68	9.02	1.77	7.77
遵义市	85841	1.69	0.52	1.61	1.35	0.31	1.40	1.62	0.30	0.14	0.65	0.86	1.34	1.95	2.93	3.57	6.66	1.05	2.61
红花岗区	1539	1.72	0.54	1.64	1.35	0.31	1.65	1.63	0.31	0.44	0.71	0.93	1.35	1.99	3.09	3.79	4.36	1.20	2.41
汇川区	3926	1.79	0.54	1.72	1.34	0.30	1.70	1.72	0.31	0.31	0.76	0.99	1.42	2.06	3.12	3.75	5.16	1.10	2.42
播州区	11106	1.80	0.55	1.72	1.35	0.31	1.79、1.47	1.70	0.33	0.41	0.76	0.97	1.41	2.10	3.15	3.70	6.66	1.02	1.73
桐梓县	9788	1.71	0.52	1.63	1.36	0.30	1.66	1.66	0.32	0.20	0.66	0.83	1.36	2.00	2.91	3.48	5.40	0.79	1.73
绥阳县	6808	1.82	0.49	1.75	1.31	0.27	1.75	1.76	0.30	0.25	0.79	1.03	1.48	2.09	2.97	3.49	5.78	0.91	2.48
正安县	7443	1.70	0.53	1.63	1.34	0.31	1.53、1.48	1.61	0.29	0.45	0.77	0.95	1.35	1.93	2.99	3.92	6.15	1.58	5.14
道真县	5302	1.66	0.43	1.61	1.28	0.26	1.45、1.47、1.36	1.61	0.26	0.44	0.78	0.99	1.37	1.89	2.65	3.19	5.42	1.02	3.02
务川县	7162	1.57	0.39	1.53	1.26	0.25	1.44	1.51	0.22	0.55	0.88	1.01	1.31	1.77	2.52	3.06	4.95	1.53	5.54
凤冈县	6238	1.68	0.47	1.61	1.31	0.28	1.61	1.61	0.27	0.33	0.71	0.96	1.36	1.91	2.80	3.43	4.73	1.08	2.48
湄潭县	6519	1.70	0.51	1.64	1.33	0.30	1.47	1.62	0.29	0.32	0.74	0.94	1.37	1.95	2.92	3.73	6.47	1.35	4.56
余庆县	4508	1.62	0.48	1.56	1.33	0.30	1.22	1.55	0.28	0.24	0.69	0.90	1.30	1.86	2.79	3.39	4.55	1.04	1.96
习水县	7545	1.56	0.57	1.46	1.45	0.37	1.29	1.49	0.37	0.16	0.49	0.68	1.14	1.88	2.87	3.47	5.37	0.88	1.60
赤水市	2365	1.25	0.42	1.19	1.40	0.33	1.23、1.19	1.20	0.25	0.14	0.42	0.60	0.96	1.48	2.22	2.60	3.10	0.77	0.75
仁怀市	5592	1.74	0.55	1.66	1.37	0.32	1.54	1.68	0.33	0.26	0.67	0.86	1.36	2.03	3.08	3.71	4.76	0.94	1.75
六盘水市	31641	2.23	0.72	2.12	1.39	0.32	2.11	2.16	0.43	0.18	0.75	1.04	1.76	2.62	3.87	4.82	9.65	1.00	3.11
钟山区	1398	2.11	0.64	2.01	1.37	0.31	1.71	2.06	0.38	0.40	0.66	1.02	1.69	2.44	3.61	4.67	5.35	0.90	2.49
六枝特区	7665	2.23	0.66	2.14	1.35	0.30	2.17	2.16	0.40	0.28	0.83	1.13	1.79	2.61	3.70	4.39	8.20	0.78	1.94
水城区	10055	2.32	0.70	2.21	1.37	0.30	2.22	2.25	0.44	0.25	0.86	1.13	1.83	2.72	3.92	4.67	7.30	0.76	1.58
盘州市	12523	2.19	0.78	2.06	1.43	0.36	1.96	2.10	0.44	0.18	0.67	0.95	1.69	2.56	4.01	5.24	9.65	1.27	4.41
安顺市	28010	2.01	0.65	1.91	1.38	0.33	1.90	1.92	0.39	0.24	0.75	0.98	1.57	2.36	3.52	4.29	10.36	1.16	4.37
西秀区	6982	2.08	0.71	1.96	1.41	0.34	2.14	2.00	0.43	0.37	0.72	0.94	1.59	2.46	3.68	4.49	10.36	1.26	5.89

续表

行政区名称	样品件数/个	算术 平均值	算术 标准差	变异系数	几何 平均值	几何 标准差	众值	中位值	中位绝对离差	最小值	累积频率值 0.5%	2.5%	25%	75%	97.5%	99.5%	最大值	偏度系数	峰度系数
平坝区	3877	2.09	0.68	0.32	2.00	1.35	1.78	1.96	0.35	0.51	0.86	1.14	1.66	2.40	3.72	4.60	9.38	1.62	6.48
普定县	3689	1.95	0.59	0.30	1.86	1.35	2.23、2.04、1.70	1.85	0.36	0.39	0.77	1.02	1.53	2.28	3.34	3.85	5.36	0.80	0.90
镇宁县	4716	1.98	0.69	0.35	1.87	1.42	2.10	1.92	0.43	0.24	0.72	0.89	1.51	2.37	3.52	4.27	6.96	0.84	1.72
关岭县	3393	2.01	0.63	0.31	1.91	1.37	1.85	1.95	0.37	0.43	0.77	0.98	1.60	2.35	3.44	4.18	7.11	1.02	3.38
紫云县	5353	1.93	0.57	0.29	1.85	1.33	1.64	1.84	0.34	0.49	0.82	1.04	1.53	2.24	3.22	3.84	6.78	0.99	2.29
毕节市	96512	1.97	0.66	0.33	1.87	1.39	1.68	1.87	0.36	0.14	0.65	0.92	1.54	2.29	3.55	4.39	12.20	1.22	4.23
七星关区	12878	1.87	0.51	0.27	1.80	1.32	1.72	1.84	0.29	0.32	0.65	0.95	1.56	2.14	2.98	3.66	9.29	1.08	7.01
大方县	12297	1.92	0.53	0.28	1.85	1.31	1.71、1.65	1.82	0.28	0.31	0.83	1.10	1.58	2.17	3.25	3.92	6.05	1.24	3.19
黔西县	10371	1.88	0.52	0.28	1.82	1.30	1.63	1.80	0.27	0.32	0.86	1.11	1.55	2.11	3.19	3.99	6.57	1.54	5.52
金沙县	8365	1.74	0.54	0.31	1.66	1.36	1.76、1.57、1.65	1.67	0.30	0.28	0.60	0.85	1.40	2.00	3.05	3.77	5.09	1.01	2.33
织金县	9920	2.37	0.69	0.29	2.27	1.34	1.92、1.71、2.06	2.26	0.44	0.32	1.03	1.31	1.87	2.78	3.94	4.77	7.43	0.89	1.53
纳雍县	9498	2.17	0.75	0.35	2.06	1.38	1.81	2.03	0.41	0.40	0.81	1.10	1.67	2.53	3.92	5.04	12.20	1.70	8.71
威宁县	25748	1.87	0.72	0.38	1.74	1.47	1.75	1.77	0.42	0.14	0.57	0.77	1.38	2.23	3.62	4.47	8.95	1.13	2.93
赫章县	7435	2.14	0.66	0.31	2.04	1.37	1.95	2.08	0.41	0.40	0.78	1.03	1.69	2.52	3.60	4.52	6.17	0.84	1.92
铜仁市	49327	1.66	0.50	0.30	1.59	1.35	1.46	1.60	0.29	0.10	0.62	0.86	1.32	1.91	2.82	3.44	12.39	1.20	7.01
碧江区	2270	1.74	0.55	0.32	1.66	1.39	1.85	1.70	0.32	0.26	0.52	0.76	1.40	2.03	3.01	3.77	5.10	0.76	1.89
万山区	1537	1.67	0.57	0.34	1.58	1.41	1.47	1.58	0.34	0.40	0.55	0.73	1.29	1.98	3.07	3.53	4.16	0.86	1.07
江口县	2896	1.85	0.60	0.33	1.76	1.40	1.80	1.78	0.36	0.32	0.54	0.81	1.46	2.19	3.20	4.00	5.05	0.80	1.74
玉屏县	1474	1.73	0.54	0.31	1.65	1.40	1.60	1.70	0.35	0.40	0.51	0.77	1.37	2.07	2.89	3.39	3.99	0.44	0.29
石阡县	5923	1.70	0.51	0.30	1.63	1.35	1.78	1.63	0.29	0.19	0.63	0.88	1.36	1.95	2.95	3.48	4.81	0.99	2.19
思南县	7444	1.48	0.42	0.28	1.43	1.33	1.42	1.44	0.25	0.22	0.58	0.78	1.21	1.70	2.45	2.96	6.84	1.21	6.76
印江县	5410	1.60	0.46	0.29	1.53	1.33	1.83	1.54	0.28	0.30	0.67	0.87	1.28	1.84	2.68	3.26	4.81	1.01	2.53
德江县	6664	1.74	0.51	0.29	1.67	1.34	1.76	1.70	0.29	0.10	0.56	0.90	1.42	2.00	2.78	3.67	12.39	2.30	32.65
沿河县	8342	1.51	0.39	0.26	1.46	1.28	1.26	1.46	0.23	0.33	0.68	0.89	1.25	1.72	2.38	2.88	6.27	1.14	4.92
松桃县	7367	1.82	0.50	0.27	1.75	1.31	1.47	1.74	0.31	0.34	0.79	1.03	1.47	2.09	2.98	3.50	4.95	0.82	1.22
黔东南州	43188	2.22	0.83	0.37	2.07	1.46	1.56	2.10	0.53	0.26	0.67	0.97	1.61	2.70	4.11	5.04	7.74	0.90	1.36
凯里市	3931	1.93	0.71	0.37	1.82	1.42	1.48	1.79	0.40	0.38	0.71	0.92	1.45	2.29	3.75	4.37	6.16	1.17	1.79
黄平县	4447	1.84	0.68	0.37	1.72	1.45	1.48	1.72	0.39	0.26	0.50	0.79	1.37	2.17	3.52	4.33	5.75	1.12	2.38
施秉县	2380	1.97	0.80	0.41	1.83	1.47	1.30	1.75	0.43	0.28	0.73	0.94	1.39	2.34	3.98	4.74	5.90	1.23	1.63
三穗县	1756	2.26	0.72	0.32	2.14	1.39	2.45	2.20	0.47	0.55	0.79	1.08	1.75	2.69	3.79	4.44	6.73	0.70	1.21
镇远县	3306	2.00	0.68	0.34	1.90	1.38	1.78	1.86	0.41	0.47	0.83	1.06	1.50	2.37	3.68	4.37	5.91	1.12	1.89
岑巩县	2613	1.96	0.60	0.30	1.88	1.35	1.56、1.75	1.87	0.36	0.43	0.74	1.03	1.55	2.30	3.34	3.95	5.22	0.90	1.61
天柱县	3205	1.86	0.59	0.32	1.77	1.39	1.81	1.81	0.42	0.35	0.68	0.91	1.41	2.24	3.14	3.65	6.86	0.70	1.72
锦屏县	1747	2.40	0.84	0.35	2.24	1.48	2.64	2.36	0.60	0.35	0.53	0.92	1.77	2.96	4.07	4.59	5.80	0.27	-0.20

续表

行政区名称	样品件数/个	算术平均值	算术标准差	几何平均值	几何标准差	变异系数	众值	中位值	中位绝对离差	最小值	0.5%	2.5%	25%	75%	97.5%	99.5%	最大值	偏度系数	峰度系数
剑河县	2859	2.56	0.89	2.41	1.42	0.35	2.34	2.45	0.56	0.40	0.75	1.13	1.94	3.08	4.54	5.58	7.61	0.88	1.64
台江县	1096	2.60	0.99	2.42	1.46	0.38	1.92	2.42	0.64	0.48	0.80	1.17	1.86	3.22	4.80	6.06	7.04	0.84	0.71
黎平县	4512	2.39	0.86	2.24	1.45	0.36	2.45	2.30	0.55	0.53	0.73	1.00	1.77	2.90	4.45	5.44	7.15	0.86	1.47
榕江县	2429	2.65	0.69	2.55	1.33	0.26	2.54、2.38	2.60	0.44	0.53	0.93	1.39	2.20	3.09	4.09	4.71	6.34	0.35	0.81
从江县	3291	2.42	0.86	2.26	1.48	0.35	2.20	2.35	0.54	0.33	0.54	0.93	1.84	2.92	4.32	5.04	7.12	0.54	0.76
雷山县	1609	2.99	0.84	2.88	1.32	0.28	2.41	2.89	0.48	0.96	1.27	1.60	2.43	3.39	5.03	5.99	6.85	0.92	1.71
麻江县	2337	2.29	0.89	2.14	1.46	0.39	1.64	2.12	0.54	0.40	0.67	1.02	1.64	2.78	4.38	5.16	7.74	1.08	2.00
丹寨县	1670	2.39	0.75	2.27	1.40	0.31	1.81	2.36	0.50	0.44	0.76	1.04	1.86	2.87	3.91	4.72	6.43	0.44	0.67
黔南州	49281	2.04	0.76	1.91	1.44	0.37	1.58	1.90	0.44	0.14	0.61	0.93	1.52	2.42	3.87	4.86	13.83	1.36	5.08
都匀市	4595	2.24	0.74	2.12	1.38	0.33	1.76	2.12	0.44	0.48	0.81	1.10	1.72	2.63	3.96	4.97	6.86	0.96	1.63
福泉市	4085	2.10	0.84	1.96	1.43	0.40	1.70	1.87	0.39	0.34	0.86	1.05	1.55	2.41	4.26	5.59	8.30	1.77	4.93
荔波县	2368	2.05	0.74	1.93	1.41	0.36	1.58	1.91	0.40	0.29	0.64	0.96	1.57	2.40	3.87	4.69	9.21	1.59	6.68
贵定县	3543	2.11	0.81	1.96	1.49	0.38	1.58	1.98	0.49	0.23	0.51	0.82	1.55	2.56	4.03	4.84	6.65	0.92	1.49
瓮安县	5984	1.99	0.68	1.89	1.38	0.34	1.76、1.58	1.84	0.36	0.32	0.80	1.08	1.53	2.28	3.76	4.51	5.87	1.31	2.37
独山县	4778	2.04	0.78	1.89	1.47	0.38	1.38	1.92	0.49	0.26	0.57	0.86	1.47	2.47	3.83	4.85	7.51	1.00	1.97
平塘县	4510	1.83	0.63	1.73	1.40	0.35	1.50	1.73	0.38	0.14	0.67	0.89	1.39	2.16	3.29	4.26	8.96	1.43	6.16
罗甸县	4137	1.73	0.65	1.63	1.41	0.37	1.30	1.65	0.33	0.30	0.53	0.79	1.34	2.02	3.19	4.52	11.50	2.64	21.25
长顺县	3960	1.97	0.73	1.85	1.42	0.37	1.54	1.81	0.39	0.26	0.66	0.95	1.48	2.32	3.74	4.68	5.90	1.28	2.50
龙里县	2908	2.23	0.90	2.05	1.53	0.40	2.38、2.00、1.76	2.10	0.53	0.16	0.51	0.78	1.63	2.72	4.24	5.20	11.06	1.13	4.30
惠水县	5013	2.00	0.75	1.87	1.45	0.38	1.88	1.89	0.46	0.20	0.59	0.89	1.48	2.42	3.64	4.50	13.83	1.89	16.41
三都县	3400	2.31	0.77	2.19	1.41	0.33	1.65	2.24	0.48	0.35	0.73	1.06	1.78	2.75	4.07	4.95	6.17	0.73	1.14
黔西南州	45445	2.01	11.48	1.86	1.39	5.70	1.84	1.87	0.39	0.30	0.75	0.96	1.51	2.29	3.52	4.63	11.50	6.42	5.79
兴义市	8758	2.07	0.67	1.97	1.38	0.32	2.11	2.01	0.40	0.47	0.75	1.00	1.62	2.43	3.58	4.57	7.75	1.12	3.89
兴仁市	6850	2.02	0.53	1.96	1.28	0.26	1.88、1.73	1.93	0.29	0.53	1.02	1.22	1.67	2.27	3.27	4.01	7.34	1.34	4.45
普安县	5049	2.14	0.70	2.04	1.37	0.33	2.21、2.05	2.03	0.39	0.54	0.84	1.11	1.68	2.49	3.83	4.84	7.89	1.20	3.06
晴隆县	3890	2.13	0.66	2.04	1.36	0.31	2.06	2.05	0.40	0.60	0.83	1.05	1.70	2.50	3.55	4.46	7.42	1.14	4.16
贞丰县	6020	1.83	0.64	1.73	1.40	0.35	1.75、1.80、1.84	1.74	0.39	0.57	0.78	0.90	1.37	2.17	3.28	4.39	7.52	1.40	4.77
望谟县	5419	1.57	0.50	1.50	1.35	0.32	1.60	1.51	0.28	0.49	0.63	0.79	1.25	1.82	2.70	3.47	6.36	1.53	7.09
册亨县	3617	1.72	0.64	1.63	1.39	0.37	1.52	1.58	0.31	0.30	0.71	0.90	1.32	1.97	3.44	4.59	7.67	1.95	6.89
安龙县	5842	2.51	31.98	1.98	1.42	12.73	1.95	1.95	0.40	0.51	0.84	1.04	1.59	2.43	4.03	5.31	11.50	8.31	5.63
贵州省	454431	1.93	3.69	1.82	1.41	1.91	1.52	1.81	0.39	0.10	0.67	0.92	1.47	2.26	3.58	4.47	13.83	8.63	5.42

表 2.15 贵州省各行政区耕地土壤镍元素（Ni）地球化学参数

（单位：mg/kg）

行政区名称	样品件数/个	算术平均值	算术标准差	几何平均值	几何标准差	变异系数	众值	中位值	中位绝对离差	最小值	0.5%	2.5%	25%	75%	97.5%	99.5%	最大值	偏度系数	峰度系数
贵阳市	25182	40.59	20.81	36.56	1.59	0.51	35.00、32.90	36.60	9.30	1.00	7.38	13.60	28.50	48.10	88.30	129.00	515.00	3.79	40.95
南明区	343	39.94	15.34	36.92	1.51	0.38	39.10、49.30、38.70	38.30	10.10	7.74	8.46	15.80	28.90	49.30	75.00	83.20	90.90	0.57	0.11
云岩区	64	41.03	18.07	36.88	1.63	0.44	30.90、28.40、70.80	37.80	10.90	6.45	6.45	13.70	28.30	55.10	70.80	86.30	86.30	0.51	-0.39
花溪区	3142	41.85	22.31	35.87	1.82	0.53	38.90	38.90	15.10	1.00	4.98	8.49	25.90	56.20	85.00	110.00	451.00	2.52	36.12
乌当区	1963	35.04	14.44	32.71	1.45	0.41	31.50	33.40	7.20	5.08	9.98	14.40	26.50	40.90	66.40	93.10	243.00	3.74	37.20
白云区	520	41.49	19.91	37.36	1.61	0.48	33.80	37.75	10.05	2.56	6.40	13.30	28.80	50.40	91.00	124.00	182.00	1.96	7.81
观山湖区	406	49.34	31.26	43.83	1.58	0.63	49.60、39.10	43.80	10.55	9.58	11.50	17.70	33.70	54.90	131.00	238.00	300.00	4.16	24.68
开阳县	6836	38.92	23.11	35.23	1.53	0.59	29.80	34.80	7.40	2.52	7.63	15.00	28.20	43.60	88.80	166.00	515.00	6.26	71.67
息烽县	3034	34.51	15.30	31.60	1.53	0.44	28.80	31.85	7.25	2.40	7.70	12.70	25.30	39.90	80.10	96.40	129.00	1.69	4.58
修文县	4037	39.16	16.08	36.22	1.49	0.41	31.90	36.30	8.50	5.19	9.88	16.00	28.70	46.00	82.60	101.00	172.00	1.47	4.09
清镇市	4837	48.62	21.72	44.27	1.56	0.45	43.00、39.10	44.70	11.60	3.02	9.35	16.90	34.70	58.40	99.20	139.00	270.00	1.78	7.95
遵义市	85841	41.62	18.30	38.48	1.47	0.44	32.60	37.20	7.60	0.03	13.00	19.00	30.40	46.30	91.60	109.00	445.00	2.25	14.36
红花岗区	1539	43.65	29.44	42.84	1.62	0.61	38.60	39.00	10.50	9.94	12.70	18.00	31.30	60.30	111.00	147.00	445.00	4.18	42.18
汇川区	3926	43.82	22.45	39.91	1.51	0.51	29.60	37.20	8.45	7.79	14.20	20.40	30.30	50.90	93.30	137.00	373.00	3.50	28.82
播州区	11106	45.71	20.93	41.92	1.49	0.46	32.70	38.70	8.90	11.00	18.20	22.20	31.60	53.20	100.00	115.00	242.00	1.55	2.79
桐梓县	9788	45.01	19.05	41.64	1.47	0.42	38.80、40.60	40.00	8.20	8.00	13.40	20.70	32.70	50.20	93.90	109.00	166.00	1.41	2.26
绥阳县	6808	39.69	16.98	36.87	1.45	0.43	34.00	35.10	7.00	10.70	16.60	19.80	29.00	43.80	87.50	102.00	145.00	1.71	3.07
正安县	7443	39.63	13.10	38.83	1.36	0.33	32.60	38.10	6.90	9.82	16.80	20.40	31.20	44.90	76.40	93.30	148.00	1.62	5.05
道真县	5302	40.59	12.52	39.12	1.35	0.31	37.40	39.10	6.50	9.30	14.90	21.10	32.60	45.50	75.20	86.60	102.00	1.19	2.41
务川县	7162	39.89	13.74	37.99	1.35	0.34	30.00	37.10	6.60	12.70	18.10	22.30	31.20	44.80	77.20	94.90	244.10	2.16	11.51
凤冈县	6238	40.41	14.81	38.29	1.37	0.37	31.20	37.40	6.40	6.64	17.30	22.60	31.20	44.10	83.40	104.00	183.00	2.02	6.03
湄潭县	6519	38.97	15.69	36.70	1.40	0.40	32.70	35.60	6.60	0.26	16.50	20.50	29.90	43.70	81.30	107.00	365.00	3.64	38.40
余庆县	4508	36.62	17.96	33.12	1.57	0.49	36.60、33.30	33.00	6.80	2.84	7.01	11.30	26.90	40.70	91.40	106.00	249.00	2.16	8.67
习水县	7545	43.38	21.39	39.12	1.57	0.49	36.80	37.10	8.30	0.03	12.00	16.20	30.30	48.40	97.90	114.00	305.00	1.67	5.22
赤水市	2365	26.53	8.42	25.16	1.40	0.32	23.00	25.60	6.20	7.46	10.10	12.30	20.00	32.80	43.60	48.40	56.20	0.32	-0.54
仁怀市	5592	44.77	20.22	40.94	1.52	0.45	30.40	38.50	9.20	6.56	13.40	19.60	30.80	52.60	93.60	108.00	280.00	1.45	4.26
六盘水市	31641	65.75	25.20	60.33	1.57	0.38	100.30	65.87	16.32	0.38	11.83	19.66	48.57	81.16	114.28	149.84	395.15	0.69	3.81
钟山区	1398	69.54	22.29	65.22	1.48	0.32	76.74、51.30、70.51	71.04	12.86	7.28	14.49	20.94	55.98	82.31	114.27	140.26	159.32	0.07	0.78
六枝特区	7665	57.70	25.83	51.46	1.67	0.45	35.56	56.01	18.89	0.38	9.91	16.45	37.76	75.56	108.32	131.33	395.15	0.91	5.93
水城区	10055	64.49	26.31	58.62	1.60	0.41	63.83	64.88	16.06	2.75	10.69	17.99	46.95	79.40	118.91	162.96	283.00	0.88	3.87
盘州市	12523	71.27	22.63	67.45	1.42	0.32	100.30	69.88	14.62	3.11	16.61	30.44	55.99	85.38	115.02	149.84	285.41	0.74	3.41
安顺市	28010	47.34	21.42	42.58	1.62	0.45	35.00	43.00	13.10	2.00	8.13	15.30	32.00	60.30	95.50	118.00	225.00	0.95	1.59
西秀区	6982	43.15	19.05	39.01	1.60	0.44	40.20	40.40	11.40	2.00	7.31	14.00	30.10	53.40	86.20	110.00	207.00	1.13	3.25

续表

行政区名称	样品件数/个	算术 平均值	算术 标准差	几何 平均值	几何 标准差	变异系数	众值	中位值	中位绝对离差	最小值	累积频率值 0.5%	2.5%	25%	75%	97.5%	99.5%	最大值	偏度系数	峰度系数
平坝区	3877	48.82	17.72	45.77	1.44	0.36	42.10、37.00	46.30	11.30	8.13	15.70	22.10	36.20	59.20	88.60	106.00	225.00	1.05	3.45
普定县	3689	52.36	22.21	47.94	1.53	0.42	35.00	47.00	14.00	7.00	13.00	22.00	35.00	67.00	102.00	127.00	199.00	0.95	1.30
镇宁县	4716	49.45	23.01	44.01	1.64	0.47	25.50	44.70	17.90	7.22	12.60	16.50	30.10	68.00	94.60	110.90	148.40	0.51	-0.53
关岭县	3393	53.74	23.78	48.80	1.56	0.44	40.80、37.60、34.60	47.60	14.50	4.72	13.90	19.80	35.90	68.90	110.00	131.00	179.00	0.91	0.72
紫云县	5353	42.35	20.93	37.17	1.73	0.49	35.50	39.10	12.20	2.00	4.29	10.60	28.00	52.70	89.90	118.00	195.00	1.16	2.89
毕节市	96512	58.21	24.49	53.18	1.55	0.42	102.00	55.30	17.10	3.16	14.30	21.30	39.40	74.20	108.00	136.00	494.00	1.15	6.41
七星关区	12878	54.07	22.16	49.64	1.53	0.41	33.80、33.40	49.90	15.40	7.28	14.80	21.30	36.70	69.70	98.30	118.00	228.00	0.79	1.31
大方县	12297	55.03	24.99	49.98	1.56	0.45	41.10、33.00	49.30	15.40	3.16	14.60	21.30	36.50	71.30	104.00	143.00	341.00	1.58	7.52
黔西县	10371	46.76	20.95	42.90	1.51	0.45	36.30、36.90	41.30	10.00	7.18	13.10	19.20	33.00	55.30	98.70	112.00	490.00	2.31	23.34
金沙县	8365	47.33	23.11	42.90	1.54	0.49	31.40	40.40	10.90	7.92	15.60	20.20	31.50	57.60	102.00	127.00	334.00	2.14	12.08
织金县	9920	63.84	24.86	58.89	1.52	0.39	101.00	62.10	17.30	3.38	14.00	23.30	45.60	80.20	113.00	150.00	369.00	0.99	4.91
纳雍县	9498	62.96	25.11	58.16	1.52	0.40	49.80、102.00	61.60	15.70	3.83	12.50	21.80	46.50	78.00	106.00	165.00	494.00	2.29	23.22
威宁县	25748	62.69	23.53	57.98	1.52	0.38	102.00	61.60	15.40	6.60	14.00	20.80	46.10	76.80	114.00	135.00	242.00	0.58	1.17
赫章县	7435	69.71	22.57	65.87	1.42	0.32	102.00	68.50	14.40	8.88	20.40	29.00	54.70	83.70	115.67	141.79	209.22	0.50	1.08
铜仁市	49327	37.91	13.00	36.13	1.36	0.34	37.60、39.10	37.07	6.39	5.10	12.80	18.50	30.50	43.30	67.00	89.00	861.00	8.53	395.66
碧江区	2270	39.73	21.11	37.35	1.42	0.53	45.90、38.90	40.00	6.73	8.30	10.80	14.20	32.40	46.00	66.20	86.90	861.00	26.06	1009.44
万山区	1537	39.44	13.22	36.90	1.48	0.34	38.58、48.31、41.03	39.45	7.82	6.25	9.19	12.60	31.46	47.21	67.41	78.00	124.08	0.32	1.37
江口县	2896	35.19	15.19	32.86	1.45	0.43	31.30、37.90	34.70	7.00	5.10	9.30	13.50	27.60	41.68	60.10	80.20	329.00	7.62	134.76
玉屏县	1474	41.29	16.04	38.60	1.45	0.39	35.70、35.20	39.00	8.30	6.62	10.36	15.50	31.86	48.90	74.80	101.53	257.67	2.80	26.62
石阡县	5923	35.06	11.56	33.27	1.39	0.33	37.36、38.94	34.82	6.37	5.31	10.20	16.08	27.96	40.77	59.26	82.56	212.80	1.91	15.41
思南县	7444	40.26	14.36	38.06	1.40	0.36	41.50	39.10	6.70	9.50	15.10	19.10	31.40	45.00	82.10	98.00	176.30	1.64	4.92
印江县	5410	36.97	9.86	35.69	1.31	0.27	44.00、40.40、38.34	37.20	5.71	11.24	16.15	19.46	30.71	42.22	57.75	78.68	104.65	1.04	4.71
德江县	6664	36.37	12.34	34.74	1.34	0.34	35.74、43.45	34.83	5.91	5.35	16.20	19.65	29.01	40.82	67.83	86.94	315.30	3.89	56.61
沿河县	8342	37.74	10.36	36.45	1.30	0.27	37.10	36.90	6.30	10.90	17.90	21.60	30.69	43.30	63.20	80.00	147.00	1.39	5.75
松桃县	7367	39.59	12.06	38.31	1.29	0.30	39.10	38.30	5.40	7.10	18.00	22.70	33.30	44.20	64.00	81.60	532.00	11.27	404.12
黔东南州	43188	24.34	15.75	21.41	1.64	0.65	16.80	20.08	6.92	2.85	7.22	9.01	14.85	31.70	53.70	76.70	935.00	12.73	514.91
凯里市	3931	30.38	11.32	28.33	1.47	0.37	28.64、32.36	29.35	6.79	5.17	10.01	12.14	22.83	36.45	57.18	71.43	100.30	0.94	2.04
黄平县	4447	30.74	31.10	26.26	1.67	1.01	35.01、29.91	27.85	7.86	5.08	6.74	9.20	19.49	35.23	66.90	197.60	935.00	14.21	311.00
施秉县	2380	31.22	11.67	28.72	1.55	0.37	30.50	31.00	6.80	5.93	7.28	8.50	24.30	37.90	56.00	71.50	103.00	0.48	1.77
三穗县	1756	19.13	12.13	16.55	1.66	0.63	12.39	14.49	3.95	5.75	7.28	8.11	11.45	21.42	49.83	73.76	104.58	2.13	5.83
镇远县	3306	33.63	14.70	30.24	1.63	0.44	36.10、42.00	34.70	8.40	5.63	7.62	10.00	23.30	41.80	64.20	83.00	197.00	1.22	8.47
岑巩县	2613	35.24	11.68	33.19	1.44	0.33	36.00	35.33	6.87	8.11	11.10	14.00	28.00	41.90	61.80	75.50	97.20	0.54	1.43
天柱县	3205	18.43	8.64	17.01	1.46	0.47	14.00	15.90	3.30	6.17	7.49	9.22	13.25	20.90	40.32	58.82	111.38	2.71	13.85

续表

行政区名称	样品件数/个	算术平均值	算术标准差	几何平均值	几何标准差	变异系数	众值	中位值	中位数绝对离差	最小值	累积频率值 0.5%	2.5%	25%	75%	97.5%	99.5%	最大值	偏度系数	峰度系数
铜屏县	1747	17.68	5.49	16.99	1.31	0.31	17.27、17.38	17.05	2.64	6.70	8.35	9.99	14.32	19.64	31.30	41.55	68.96	2.48	13.39
剑河县	2859	16.72	9.29	15.32	1.47	0.56	13.90	14.60	2.70	4.91	6.88	8.19	12.20	17.70	42.10	56.20	226.00	6.30	99.18
台江县	1096	18.59	10.61	16.20	1.67	0.57	12.34	15.10	5.42	5.76	6.23	6.89	10.91	23.66	47.17	58.71	70.41	1.50	2.40
黎平县	4512	17.31	5.11	16.66	1.32	0.30	17.60	16.80	2.60	4.52	7.16	9.22	14.30	19.50	30.30	39.90	86.20	2.37	18.10
榕江县	2429	14.92	3.17	14.57	1.25	0.21	11.97	14.93	2.14	6.03	7.52	8.89	12.76	17.03	21.21	24.03	26.91	0.14	0.02
从江县	3291	18.85	8.00	17.68	1.42	0.42	16.80	18.15	3.05	2.85	5.91	7.86	14.93	21.01	36.38	57.33	219.80	6.71	129.93
雷山县	1609	17.01	5.98	16.09	1.39	0.35	11.22、15.30	15.47	3.16	5.47	7.49	9.26	12.71	19.77	31.52	35.84	42.98	1.10	0.89
麻江县	2337	33.92	15.62	31.56	1.45	0.46	33.40	32.20	7.00	7.16	10.60	15.24	25.20	39.10	66.30	104.00	339.00	5.66	77.71
丹寨县	1670	25.64	13.35	22.77	1.62	0.52	18.40	22.07	7.57	3.35	7.73	9.64	15.87	32.83	56.49	73.26	146.20	1.84	7.94
黔南州	49281	28.57	17.97	24.33	1.81	0.63	26.30	26.40	9.10	1.01	3.53	6.03	17.50	35.80	67.00	95.20	1159.0	9.68	422.17
都匀市	4595	25.67	14.64	21.66	1.86	0.57	30.10	24.10	9.20	1.57	3.22	5.25	14.80	33.20	60.40	82.80	130.00	1.41	4.32
福泉市	4085	33.63	19.54	31.18	1.44	0.58	30.60	31.20	6.50	5.79	10.60	15.30	25.00	38.00	65.50	98.30	757.00	16.35	510.87
荔波县	2368	23.75	14.17	20.13	1.83	0.60	17.20	22.20	8.10	2.29	2.97	4.97	14.50	30.70	54.80	72.90	264.00	3.48	40.77
贵定县	3543	24.27	13.03	21.21	1.72	0.54	20.20	22.60	7.60	2.26	3.99	6.13	15.50	31.00	53.10	67.80	250.00	3.01	34.98
瓮安县	5984	39.32	21.71	35.58	1.55	0.55	28.50、30.80、32.60	35.40	7.90	4.45	8.20	12.80	28.30	44.90	91.30	126.00	551.00	6.35	96.04
独山县	4778	22.63	14.58	18.82	1.89	0.64	17.00	20.35	7.55	1.01	2.75	4.25	13.40	28.50	57.00	87.60	247.00	3.11	26.12
平塘县	4510	27.46	15.18	23.16	1.87	0.55	24.80	25.20	9.50	1.64	3.12	4.86	16.50	35.60	63.20	79.50	135.00	1.01	1.79
罗甸县	4137	34.55	23.75	31.14	1.56	0.69	26.30	30.80	7.80	3.61	8.61	12.80	23.70	40.20	75.10	96.70	1159.00	26.17	1215.39
长顺县	3960	32.16	16.14	28.43	1.67	0.50	23.40	29.10	9.00	2.54	5.22	8.84	21.10	39.50	71.80	94.50	141.00	1.32	2.87
龙里县	2908	24.27	13.74	20.70	1.82	0.57	14.70、20.00	22.20	7.90	1.32	2.89	5.07	15.10	31.20	53.60	76.10	213.00	2.35	19.49
惠水县	5013	25.88	17.03	21.43	1.91	0.66	15.20、13.00	23.20	9.30	1.23	3.02	4.94	14.50	33.50	64.80	82.90	523.00	6.03	146.96
三都县	3400	21.26	11.50	18.73	1.66	0.54	14.90	18.50	6.30	2.02	4.36	6.87	13.30	27.30	46.90	68.00	185.00	2.41	17.19
黔西南州	45445	52.70	28.19	45.06	1.80	0.53	101.00	47.70	19.90	1.00	8.30	13.30	30.20	71.50	114.00	138.00	268.00	0.80	0.69
兴义市	8758	59.92	27.86	52.82	1.71	0.46	105.00	57.80	20.10	2.30	9.80	16.00	38.70	78.60	120.00	143.00	205.00	0.54	0.32
兴仁市	6850	58.41	26.24	52.21	1.67	0.45	103.00	54.40	16.60	1.00	6.40	17.00	39.50	73.70	116.00	146.00	234.00	0.86	1.46
普安县	5049	58.94	23.62	53.70	1.59	0.40	101.00	57.60	15.60	2.00	9.50	17.30	42.50	73.80	106.00	129.00	268.00	0.79	4.11
晴隆县	3890	59.82	27.44	53.15	1.67	0.46	104.00	54.80	21.00	2.87	11.50	17.50	37.50	82.10	113.00	131.00	224.00	0.49	-0.03
贞丰县	6020	51.49	30.17	43.34	1.83	0.59	101.00	42.00	18.20	3.20	8.20	14.00	28.30	71.30	120.00	149.00	230.00	0.99	0.71
望谟县	5419	30.84	16.34	27.48	1.60	0.53	24.90、22.70	26.70	7.50	7.00	8.20	11.10	20.10	36.00	75.10	96.10	182.00	1.89	5.82
册亨县	3617	31.53	20.21	26.61	1.78	0.64	21.20	25.30	9.00	3.25	6.58	9.06	18.00	38.60	88.60	111.00	188.00	1.78	4.17
安龙县	5842	59.64	28.86	52.54	1.69	0.48	102.00	53.95	19.85	5.22	12.60	17.20	37.50	79.50	121.00	144.00	211.00	0.67	0.10
贵州省	454431	44.77	24.40	38.75	1.75	0.55	34.00	39.10	13.00	0.03	6.92	11.60	28.50	57.10	101.00	126.00	1159.0	2.04	27.97

表 2.16 贵州省各行政区耕地土壤元素（P）地球化学参数

（单位：g/kg）

行政区名称	样品件数/个	算术平均值	算术标准差	几何平均值	几何标准差	变异系数	众值	中位值	中位绝对离差	最小值	0.5%	2.5%	25%	75%	97.5%	99.5%	最大值	偏度系数	峰度系数
贵阳市	25182	0.81	0.56	0.76	1.42	0.68	0.65	0.77	0.16	0.01	0.29	0.38	0.62	0.95	1.46	2.04	42.33	43.14	2864.61
南明区	343	0.90	0.36	0.84	1.47	0.40	1.22、0.64、0.79	0.84	0.22	0.26	0.27	0.38	0.64	1.11	1.83	2.11	2.44	1.05	1.47
云岩区	64	0.83	0.35	0.78	1.45	0.42	0.49、0.82	0.78	0.18	0.33	0.33	0.38	0.60	0.95	1.66	2.28	2.28	1.82	5.00
花溪区	3142	0.77	0.28	0.72	1.45	0.36	0.82、0.64、0.73	0.74	0.18	0.01	0.26	0.34	0.57	0.93	1.38	1.80	3.40	1.22	4.99
乌当区	1963	0.76	0.25	0.72	1.36	0.33	0.67、0.74	0.73	0.14	0.24	0.29	0.38	0.60	0.88	1.32	1.82	3.31	1.99	11.78
白云区	520	0.83	0.28	0.79	1.38	0.34	0.78	0.80	0.16	0.30	0.34	0.40	0.65	0.98	1.45	1.72	3.15	1.70	9.18
观山湖区	406	0.90	0.26	0.86	1.34	0.29	0.67	0.87	0.17	0.32	0.38	0.48	0.70	1.03	1.47	1.76	1.89	0.68	0.39
开阳县	6836	0.84	0.82	0.77	1.42	0.97	0.67	0.77	0.15	0.16	0.30	0.40	0.63	0.93	1.48	2.94	42.33	30.86	1300.92
息烽县	3034	0.73	0.81	0.68	1.41	1.10	0.64、0.70	0.68	0.15	0.19	0.29	0.35	0.54	0.84	1.32	1.75	42.30	45.39	2323.86
修文县	4041	0.76	0.26	0.71	1.40	0.34	0.70	0.73	0.16	0.18	0.26	0.36	0.57	0.90	1.34	1.63	3.10	1.17	4.20
清镇市	4837	0.92	0.29	0.87	1.36	0.32	0.81	0.88	0.16	0.24	0.35	0.45	0.73	1.05	1.63	2.11	3.50	1.28	4.13
遵义市	85841	0.73	0.36	0.67	1.50	0.49	0.64	0.68	0.17	0	0.21	0.29	0.52	0.88	1.37	1.85	21.69	11.67	437.82
红花岗区	1539	0.97	0.71	0.85	1.60	0.73	0.52、1.12、0.74	0.85	0.22	0.14	0.24	0.33	0.65	1.09	2.44	4.60	9.80	6.46	61.88
汇川区	3926	0.92	0.77	0.81	1.56	0.84	0.68、0.78	0.80	0.20	0.19	0.28	0.37	0.61	1.03	1.99	5.74	21.69	11.08	201.85
播州区	11106	0.81	0.30	0.77	1.37	0.36	0.80	0.78	0.15	0.13	0.30	0.40	0.64	0.95	1.37	1.69	11.94	9.00	266.48
桐梓县	9788	0.70	0.29	0.64	1.49	0.42	0.56	0.63	0.17	0.14	0.22	0.29	0.49	0.85	1.36	1.74	7.18	2.25	26.43
绥阳县	6808	0.78	0.26	0.74	1.40	0.33	0.71	0.74	0.16	0.16	0.28	0.37	0.60	0.92	1.37	1.65	2.95	0.98	2.64
正安县	7443	0.68	0.25	0.64	1.44	0.37	0.53	0.64	0.15	0.14	0.22	0.31	0.51	0.81	1.30	1.63	3.41	1.31	4.25
道真县	5302	0.70	0.25	0.66	1.41	0.36	0.60	0.66	0.15	0.14	0.25	0.34	0.52	0.83	1.32	1.58	2.19	1.11	1.92
务川县	7162	0.64	0.22	0.61	1.40	0.34	0.54	0.61	0.14	0.12	0.24	0.31	0.48	0.76	1.15	1.41	2.73	1.08	2.85
凤冈县	6238	0.72	0.25	0.68	1.40	0.34	0.64、0.61	0.69	0.16	0.15	0.27	0.35	0.54	0.86	1.27	1.52	4.84	1.52	13.38
湄潭县	6519	0.83	0.49	0.78	1.40	0.59	0.63	0.78	0.15	0	0.32	0.41	0.63	0.95	1.43	2.10	21.50	20.23	676.35
余庆县	4508	0.71	0.27	0.67	1.41	0.39	0.66	0.68	0.14	0.17	0.24	0.33	0.54	0.83	1.30	1.85	4.70	3.12	27.46
习水县	7545	0.62	0.31	0.55	1.61	0.50	0.55	0.55	0.18	0.01	0.17	0.22	0.39	0.77	1.34	1.71	3.60	1.66	6.35
赤水市	2365	0.38	0.16	0.36	1.47	0.41	0.25	0.35	0.09	0.07	0.12	0.17	0.27	0.46	0.79	1.01	1.28	1.45	3.27
仁怀市	5592	0.75	0.31	0.70	1.49	0.41	0.62	0.71	0.19	0.15	0.24	0.30	0.54	0.93	1.38	1.83	5.78	2.15	18.82
六盘水市	31641	1.19	0.52	1.07	1.61	0.44	1.00	1.14	0.35	0.01	0.24	0.37	0.80	1.49	2.33	2.94	8.16	1.03	4.20
钟山区	1398	1.24	0.46	1.15	1.49	0.37	1.71	1.22	0.33	0.26	0.31	0.48	0.89	1.55	2.20	2.48	2.95	0.37	-0.24
六枝特区	7665	1.04	0.45	0.93	1.65	0.43	1.29、1.33、1.23	1.03	0.34	0.09	0.20	0.28	0.67	1.36	1.93	2.32	3.12	0.36	-0.04
水城区	10055	1.24	0.51	1.13	1.57	0.42	1.19	1.21	0.34	0.13	0.27	0.39	0.86	1.55	2.33	2.84	8.16	1.09	7.29
盘州市	12523	1.23	0.55	1.12	1.58	0.45	1.00	1.14	0.35	0.01	0.28	0.45	0.82	1.54	2.49	3.22	6.63	1.19	3.29
安顺市	28010	0.90	0.37	0.83	1.50	0.42	0.68	0.84	0.25	0.14	0.30	0.38	0.62	1.13	1.74	2.16	9.80	1.53	14.07
西秀区	6982	0.91	0.33	0.85	1.46	0.36	0.73	0.87	0.21	0.14	0.30	0.40	0.68	1.13	1.66	1.99	2.56	0.73	0.75

续表

行政区名称	样品件数/个	算术 平均值	算术 标准差	几何 平均值	几何 标准差	变异系数	众值	中位值	中位绝对离差	最小值	累积频率值 0.5%	2.5%	25%	75%	97.5%	99.5%	最大值	偏度系数	峰度系数
平坝区	3877	0.92	0.35	0.87	1.42	0.38	1.11	0.88	0.20	0.20	0.36	0.43	0.69	1.10	1.68	2.04	9.80	4.85	103.46
普定县	3689	0.94	0.35	0.87	1.46	0.38	0.65	0.88	0.23	0.14	0.31	0.43	0.67	1.14	1.73	2.18	4.10	1.08	3.05
镇宁县	4716	0.94	0.40	0.86	1.58	0.43	1.40、1.20、0.46	0.92	0.33	0.22	0.31	0.36	0.58	1.25	1.75	2.07	2.80	0.44	-0.34
关岭县	3393	0.94	0.43	0.85	1.57	0.46	0.61、0.72、0.81	0.84	0.28	0.21	0.28	0.35	0.61	1.20	1.89	2.33	5.41	1.47	6.56
紫云县	5353	0.79	0.37	0.72	1.50	0.46	0.55	0.68	0.18	0.17	0.29	0.37	0.54	0.94	1.75	2.38	3.83	1.89	5.68
毕节市	96512	1.01	0.61	0.92	1.53	0.60	0.77	0.95	0.26	0.12	0.28	0.38	0.70	1.24	1.95	2.45	47.06	25.41	1400.16
七星关区	12878	0.87	0.37	0.81	1.49	0.43	0.65	0.83	0.22	0.14	0.26	0.34	0.63	1.08	1.58	1.97	17.42	8.13	312.88
大方县	12297	0.94	0.36	0.88	1.45	0.38	0.74	0.90	0.21	0.14	0.29	0.38	0.71	1.13	1.73	2.24	5.59	1.72	10.90
黔西县	10371	0.81	0.26	0.77	1.40	0.32	0.69	0.78	0.18	0.12	0.30	0.38	0.62	0.97	1.39	1.64	2.58	0.62	0.62
金沙县	8365	0.77	0.33	0.71	1.51	0.43	0.68、0.62	0.74	0.19	0.13	0.21	0.29	0.56	0.94	1.43	1.90	9.05	3.59	59.81
织金县	9920	1.22	1.41	1.07	1.53	1.16	1.13	1.10	0.27	0.20	0.38	0.48	0.83	1.37	2.10	6.50	47.06	18.64	448.74
纳雍县	9498	1.09	0.50	0.99	1.55	0.46	0.77	1.02	0.31	0.16	0.29	0.41	0.73	1.35	2.15	2.84	14.30	3.57	61.35
威宁县	25748	1.11	0.45	1.02	1.52	0.40	0.91、1.09	1.07	0.29	0.14	0.31	0.41	0.79	1.38	2.08	2.51	13.25	1.48	22.63
赫章县	7435	1.20	0.38	1.14	1.40	0.32	1.18、1.06、1.35	1.17	0.24	0.16	0.35	0.52	0.94	1.43	2.01	2.34	3.34	0.49	0.68
铜仁市	49327	0.64	0.26	0.60	1.44	0.40	0.56	0.61	0.14	0.07	0.21	0.29	0.48	0.77	1.20	1.59	11.28	4.91	122.55
碧江区	2270	0.66	0.33	0.60	1.54	0.50	0.64、0.47、0.54	0.60	0.16	0.12	0.19	0.27	0.45	0.79	1.49	2.16	3.93	2.39	11.40
万山区	1537	0.64	0.30	0.60	1.47	0.47	0.48、0.67、0.43	0.62	0.15	0.13	0.18	0.25	0.47	0.77	1.20	1.59	7.47	8.41	176.86
江口县	2896	0.64	0.33	0.58	1.54	0.51	0.35、0.59、0.43	0.58	0.15	0.10	0.17	0.25	0.44	0.76	1.33	2.24	6.02	4.13	43.32
玉屏县	1474	0.71	0.24	0.66	1.48	0.35	0.33、0.82	0.70	0.16	0.11	0.17	0.24	0.54	0.86	1.21	1.44	2.05	0.43	1.05
石阡县	5923	0.64	0.26	0.60	1.44	0.40	0.55、0.50、0.52	0.61	0.14	0.07	0.20	0.29	0.48	0.76	1.19	1.54	8.39	5.81	141.80
思南县	7444	0.63	0.23	0.59	1.43	0.37	0.60	0.60	0.14	0.11	0.20	0.29	0.47	0.75	1.20	1.50	2.60	1.33	4.08
印江县	5410	0.59	0.21	0.55	1.41	0.37	0.45	0.55	0.12	0.10	0.22	0.29	0.44	0.69	1.10	1.42	2.60	1.49	4.90
德江县	6664	0.66	0.23	0.62	1.41	0.35	0.57、0.46、0.48	0.63	0.14	0.08	0.22	0.31	0.50	0.78	1.22	1.56	2.59	1.27	3.70
沿河县	8342	0.60	0.21	0.57	1.38	0.35	0.45、0.44	0.56	0.12	0.13	0.22	0.30	0.46	0.70	1.05	1.37	6.17	3.72	66.71
松桃县	7367	0.72	0.28	0.68	1.39	0.39	0.54	0.70	0.14	0.08	0.26	0.35	0.56	0.84	1.23	1.61	11.28	11.09	353.57
黔东南州	43188	0.57	0.30	0.53	1.50	0.52	0.53	0.52	0.13	0.06	0.17	0.24	0.41	0.68	1.14	1.73	17.37	12.03	478.41
凯里市	3931	0.57	0.21	0.53	1.43	0.38	0.36、0.50、0.45	0.53	0.12	0.16	0.21	0.27	0.42	0.67	1.10	1.33	1.96	1.21	2.28
黄平县	4447	0.62	0.53	0.55	1.56	0.86	0.55、0.49	0.53	0.14	0.10	0.19	0.25	0.41	0.70	1.51	3.24	17.37	13.81	338.39
施秉县	2380	0.61	0.21	0.58	1.42	0.34	0.64、0.51	0.60	0.13	0.17	0.21	0.26	0.47	0.73	1.04	1.30	1.87	0.72	1.79
三穗县	1756	0.55	0.26	0.51	1.45	0.47	0.67、0.54、0.47	0.49	0.10	0.11	0.19	0.27	0.40	0.62	1.22	1.92	3.28	3.44	20.75
镇远县	3306	0.61	0.25	0.58	1.41	0.41	0.56	0.57	0.12	0.13	0.25	0.31	0.46	0.71	1.15	1.67	5.02	4.19	46.06
岑巩县	2613	0.69	0.25	0.65	1.41	0.36	0.55、0.90	0.65	0.16	0.13	0.27	0.33	0.52	0.84	1.20	1.48	3.99	1.74	14.01
天柱县	3205	0.51	0.21	0.47	1.47	0.42	0.49、0.44、0.43	0.47	0.11	0.11	0.16	0.21	0.37	0.60	1.00	1.39	2.46	1.95	8.86

续表

行政区名称	样品件数/个	算术平均值	算术标准差	几何平均值	几何标准差	变异系数	众值	中位值	中位绝对离差	最小值	累积频率值 0.5%	2.5%	25%	75%	97.5%	99.5%	最大值	偏度系数	峰度系数
锦屏县	1747	0.52	0.23	0.47	1.51	0.44	0.25	0.48	0.12	0.09	0.15	0.21	0.37	0.62	1.06	1.47	2.11	1.81	6.55
剑河县	2859	0.55	0.26	0.51	1.48	0.47	0.46	0.50	0.12	0.13	0.19	0.25	0.40	0.64	1.21	1.78	3.09	2.84	15.19
台江县	1096	0.49	0.21	0.45	1.48	0.42	0.32、0.34、0.27	0.44	0.11	0.16	0.18	0.21	0.35	0.57	1.02	1.33	1.69	1.53	3.58
黎平县	4512	0.49	0.19	0.46	1.46	0.40	0.46、0.37	0.46	0.11	0.10	0.16	0.21	0.36	0.58	0.96	1.27	2.38	1.65	6.55
榕江县	2429	0.54	0.23	0.51	1.44	0.43	0.57、0.38、0.41	0.50	0.11	0.09	0.20	0.26	0.40	0.64	1.03	1.53	3.91	3.87	38.57
从江县	3291	0.44	0.18	0.41	1.48	0.40	0.55	0.42	0.09	0.06	0.11	0.18	0.33	0.52	0.87	1.13	2.12	1.55	6.54
雷山县	1609	0.59	0.21	0.56	1.38	0.35	0.53	0.56	0.11	0.16	0.22	0.31	0.46	0.69	1.08	1.47	2.50	2.14	10.66
麻江县	2337	0.76	0.31	0.71	1.44	0.41	0.64	0.72	0.16	0.17	0.24	0.35	0.57	0.89	1.44	2.53	3.56	2.49	12.84
丹寨县	1670	0.64	0.48	0.57	1.52	0.75	0.35	0.57	0.15	0.11	0.16	0.25	0.44	0.74	1.28	2.06	14.25	16.92	432.67
黔南州	49281	0.64	0.44	0.58	1.57	0.69	0.54	0.58	0.16	0	0.15	0.24	0.44	0.76	1.34	2.21	35.57	23.12	1264.80
都匀市	4595	0.63	0.23	0.59	1.44	0.37	0.54	0.60	0.12	0.05	0.16	0.27	0.48	0.74	1.16	1.48	3.30	1.78	10.64
福泉市	4085	0.79	0.94	0.70	1.50	1.19	0.58	0.69	0.14	0.15	0.27	0.35	0.56	0.85	1.62	5.10	35.57	20.74	607.78
荔波县	2368	0.52	0.21	0.48	1.48	0.41	0.53	0.49	0.12	0.11	0.14	0.20	0.38	0.62	1.02	1.34	2.83	1.79	9.53
贵定县	3543	0.62	0.26	0.57	1.49	0.42	0.54	0.58	0.14	0.09	0.16	0.25	0.45	0.73	1.21	1.66	3.82	2.24	14.98
瓮安县	5984	0.82	0.62	0.75	1.48	0.76	0.76	0.75	0.15	0.12	0.27	0.36	0.60	0.91	1.62	3.75	20.60	14.20	321.49
独山县	4778	0.54	0.25	0.49	1.64	0.47	0.34、0.45	0.49	0.13	0	0.12	0.20	0.37	0.65	1.14	1.51	5.50	2.98	35.40
平塘县	4510	0.55	0.26	0.50	1.56	0.48	0.51	0.49	0.14	0.08	0.15	0.22	0.37	0.66	1.25	1.62	2.47	1.64	4.17
罗甸县	4137	0.67	0.40	0.59	1.64	0.59	0.58	0.58	0.17	0.13	0.17	0.23	0.42	0.77	1.83	2.65	3.73	2.48	9.19
长顺县	3960	0.67	0.29	0.61	1.49	0.44	0.46	0.61	0.15	0.12	0.19	0.28	0.48	0.78	1.42	2.03	2.69	2.05	7.49
龙里县	2908	0.64	0.30	0.58	1.59	0.47	0.66、0.45、0.57	0.61	0.17	0.09	0.13	0.21	0.44	0.78	1.33	1.96	3.85	2.05	11.00
惠水县	5013	0.53	0.26	0.48	1.59	0.49	0.47	0.49	0.13	0	0.11	0.19	0.37	0.64	1.19	1.79	3.32	2.47	12.97
三都县	3400	0.63	0.29	0.58	1.44	0.46	0.53	0.59	0.12	0.11	0.19	0.28	0.47	0.72	1.20	1.87	5.89	6.44	92.38
黔西南州	45445	1.06	7.97	0.90	1.64	7.56	0.54	0.93	0.34	0.16	0.31	0.37	0.61	1.31	2.20	3.01	46.86	211.32	4496.00
兴义市	8758	1.23	0.90	1.09	1.63	0.73	0.65	1.13	0.40	0.24	0.35	0.43	0.76	1.56	2.60	3.46	46.86	26.88	1277.18
兴仁市	6850	1.02	0.37	0.96	1.44	0.36	0.58、0.91	0.97	0.26	0.16	0.38	0.49	0.73	1.26	1.80	2.15	2.94	0.69	0.40
普安县	5049	1.15	0.52	1.05	1.55	0.45	1.42、1.03、0.78	1.06	0.33	0.23	0.34	0.45	0.78	1.45	2.37	3.29	4.80	1.34	3.45
晴隆县	3890	1.10	0.47	1.00	1.52	0.43	1.11	1.07	0.29	0.21	0.34	0.42	0.75	1.33	2.12	3.35	5.39	1.81	8.31
贞丰县	6020	0.93	0.51	0.82	1.66	0.55	0.44	0.88	0.37	0.17	0.29	0.34	0.51	1.26	1.80	2.19	20.42	9.63	351.52
望谟县	5419	0.65	0.39	0.59	1.50	0.60	0.56	0.56	0.12	0.17	0.27	0.32	0.45	0.70	1.78	2.86	4.54	4.03	22.83
册亨县	3617	0.79	0.64	0.68	1.64	0.81	0.48	0.59	0.15	0.25	0.30	0.35	0.48	0.92	2.15	3.04	19.52	11.31	271.02
安龙县	5842	1.39	22.18	1.01	1.55	15.97	1.36、1.26、1.05	1.07	0.30	0.26	0.35	0.41	0.76	1.37	2.10	2.55	16.96	76.39	5837.30
贵州省	454431	0.83	2.57	0.74	1.61	3.07	0.66	0.73	0.23	0	0.21	0.30	0.54	1.02	1.84	2.46	47.06	63.28	4197.70

表 2.17　贵州省各行政区耕地土壤铅元素（Pb）地球化学参数

（单位：mg/kg）

行政区名称	样品件数/个	算术平均值	算术标准差	几何平均值	几何标准差	变异系数	众值	中位值	中位绝对离差	最小值	累积频率值 0.5%	2.5%	25%	75%	97.5%	99.5%	最大值	偏度系数	峰度系数
贵阳市	25182	45.34	41.44	39.46	1.59	0.91	27.30、28.30	38.50	10.90	2.80	13.80	17.70	29.00	51.70	101.00	269.00	1125	11.21	186.87
南明区	343	48.04	16.02	45.45	1.40	0.33	29.10	46.60	12.40	16.50	18.70	23.80	34.20	58.80	82.40	93.90	104.00	0.61	0.10
云岩区	64	39.29	18.88	36.10	1.48	0.48	36.10、38.60	36.10	7.80	19.50	19.50	20.20	27.20	42.50	86.90	114.00	114.00	2.17	5.67
花溪区	3142	34.43	14.44	32.06	1.45	0.42	28.30	31.80	6.60	6.59	11.30	15.20	25.70	39.30	70.00	87.70	277.00	3.08	30.98
乌当区	1963	49.06	23.40	44.15	1.59	0.48	37.40、36.00	44.80	13.60	4.12	11.60	17.40	32.70	60.60	109.00	132.00	234.00	1.53	4.89
白云区	520	41.31	14.03	39.36	1.36	0.34	42.30、43.40	38.90	6.90	15.50	17.80	20.60	32.80	47.20	72.10	90.00	178.00	2.53	17.79
观山湖区	406	49.96	50.74	40.76	1.72	1.02	28.50	37.95	10.85	15.60	15.80	18.50	28.50	50.80	170.00	378.00	478.00	5.13	31.53
开阳县	6836	58.25	70.96	46.19	1.78	1.22	32.50、32.90、41.80	43.90	14.00	8.60	14.20	18.40	31.80	61.10	197.00	569.00	1125	7.40	71.49
息烽县	3034	37.98	17.93	35.37	1.45	0.47	45.70	36.40	9.40	6.80	14.20	17.00	27.10	46.30	65.40	90.30	552.00	10.68	263.16
修文县	4037	40.20	16.56	37.35	1.46	0.41	32.90	37.00	9.20	2.80	14.50	18.20	29.00	48.40	80.80	110.00	166.00	1.86	7.07
清镇市	4837	41.51	19.57	38.29	1.48	0.47	29.80	38.70	10.90	8.75	15.40	18.80	28.50	50.60	77.20	128.00	399.00	4.74	57.08
遵义市	85841	36.63	49.75	34.45	1.37	1.36	32.80	33.80	6.10	0.31	16.10	19.30	28.40	40.80	68.20	99.60	13500	232.49	62513
红花岗区	1539	39.93	14.94	37.61	1.40	0.37	34.60	37.00	8.00	12.30	16.30	19.90	29.80	46.20	75.00	99.30	157.00	1.83	6.99
汇川区	3926	39.20	39.91	35.90	1.44	1.02	33.70	35.60	7.40	7.39	14.80	18.00	28.80	44.00	74.50	130.00	1686.00	32.50	1274.85
播州区	11106	36.73	19.25	34.45	1.40	0.52	33.20	34.10	7.10	9.42	14.90	18.40	27.70	42.30	67.70	96.90	974.00	18.68	721.34
桐梓县	9788	33.40	13.53	32.05	1.32	0.41	31.60	32.00	5.30	8.72	16.50	18.90	26.90	37.50	57.70	79.60	922.00	29.87	1902.62
绥阳县	6808	40.36	163.96	36.63	1.34	4.06	33.10、35.20	35.80	5.30	16.30	19.70	22.50	30.70	41.70	74.70	107.00	13500	81.31	6674.90
正安县	7443	35.80	9.79	34.73	1.27	0.27	33.60	34.20	4.30	13.60	18.20	21.80	30.30	39.20	59.90	80.90	177.00	2.91	21.45
道真县	5302	33.81	13.13	32.68	1.27	0.39	34.20	32.50	4.20	12.10	16.40	20.10	28.70	37.10	53.50	72.60	478.00	17.63	514.77
务川县	7245	41.44	12.53	39.93	1.30	0.30	40.60、41.20、36.00	39.50	6.00	12.60	19.30	24.50	33.90	46.20	73.10	94.90	271.00	3.10	30.78
凤冈县	6238	38.53	11.48	37.09	1.31	0.30	33.30	36.10	5.80	11.30	18.80	22.70	31.10	43.30	65.90	82.80	175.00	1.94	9.74
湄潭县	6519	40.48	16.21	38.33	1.38	0.40	36.80	37.20	7.10	0.31	17.70	21.40	31.30	46.40	74.60	103.00	653.00	9.83	319.71
余庆县	4508	38.04	24.86	34.41	1.50	0.65	33.40	32.70	7.40	10.50	16.00	18.60	26.30	42.00	90.30	160.00	511.00	7.71	103.97
习水县	7545	33.12	30.37	30.45	1.41	0.92	26.70	29.10	4.60	9.17	14.50	17.60	25.20	35.20	67.90	131.00	1355.00	25.13	880.04
赤水市	2365	27.99	5.66	27.41	1.23	0.20	28.00	28.20	3.60	13.40	15.80	17.30	24.30	31.50	38.70	44.20	82.60	0.50	3.74
仁怀市	5592	33.05	13.08	31.30	1.37	0.40	27.60	30.40	5.60	9.18	15.10	18.00	25.60	37.50	62.00	91.90	313.00	4.80	60.33
六盘水市	31641	38.67	76.18	31.35	1.64	1.97	32.50	29.69	7.81	6.03	12.03	14.83	22.87	39.64	90.86	347.06	4629.9	27.22	1086.98
钟山区	1398	102.88	184.15	69.20	2.03	1.79	243.30、73.76、62.73	56.49	16.05	17.74	21.62	28.67	44.51	85.85	448.36	1132.3	2848.4	8.29	92.90
六枝特区	7665	32.54	25.79	29.89	1.45	0.79	21.84、28.10	29.16	6.32	7.56	12.70	15.74	23.43	36.40	69.39	105.14	1483.00	34.85	1784.77
水城区	10055	42.06	94.64	32.53	1.70	2.25	39.76	30.51	8.53	9.01	12.26	15.23	23.13	41.69	114.24	439.19	3999.2	21.98	648.11
盘州市	12523	32.54	52.45	28.69	1.52	1.61	32.50	28.18	7.23	6.03	11.55	14.23	21.58	36.48	66.08	100.61	4629.9	59.17	4823.95
安顺市	28010	36.67	24.78	32.78	1.56	0.68	26.10	31.20	8.10	2.53	9.92	15.00	24.50	42.90	79.10	128.00	1204.00	13.02	390.76
西秀区	6982	37.61	16.83	34.80	1.47	0.45	25.70	34.30	8.40	7.37	12.80	16.60	26.60	44.30	71.60	103.00	520.00	5.06	104.52

续表

行政区名称	样品件数/个	算术平均值	算术标准差	几何平均值	几何标准差	变异系数	众数	中位值	中位绝对离差	最小值	0.5%	2.5%	25%	75%	97.5%	99.5%	最大值	偏度系数	峰度系数
平坝区	3877	43.71	17.76	40.34	1.50	0.41	24.30、37.50	40.50	12.30	10.30	15.30	19.60	29.60	55.50	82.50	100.00	189.00	0.92	1.42
普定县	3689	40.76	50.71	32.50	1.81	1.24	23.50	32.10	9.40	3.87	5.58	10.70	22.70	43.20	121.00	368.00	1204.0	10.40	160.22
镇宁县	4716	30.17	12.47	28.20	1.42	0.41	24.90	26.70	5.50	8.45	13.20	15.90	22.00	34.30	64.10	79.60	206.40	2.26	12.27
关岭县	3393	40.00	24.84	35.30	1.60	0.62	29.30	31.80	8.30	4.66	14.00	17.10	25.70	46.10	108.00	163.00	349.00	3.43	21.56
紫云县	5353	31.13	13.84	28.61	1.50	0.44	24.20	28.00	5.70	2.53	9.40	13.20	22.50	34.00	69.20	78.40	126.00	1.51	2.36
毕节市	96512	51.94	212.08	37.62	1.78	4.08	29.40	34.60	9.50	0.06	12.30	16.30	26.50	47.40	162.00	547.00	35736	83.55	10893.9
七星关区	12878	35.11	19.12	32.73	1.43	0.54	28.60	32.70	7.40	7.17	12.80	16.50	26.10	41.20	64.30	100.00	1008.0	19.09	752.98
大方县	12297	33.41	9.70	32.11	1.32	0.29	29.40	31.90	6.20	8.98	16.00	19.10	26.40	39.10	55.00	66.30	138.00	1.07	3.25
黔西县	10371	36.42	10.63	34.91	1.35	0.29	30.40	34.80	7.10	0.06	16.80	20.30	28.30	42.80	60.20	65.40	91.60	0.63	-0.04
金沙县	8365	35.70	14.51	33.96	1.35	0.41	27.80	33.20	6.30	10.80	17.40	20.00	27.70	40.90	63.90	84.80	667.00	12.87	464.56
织金县	9920	47.60	264.59	31.57	1.72	5.56	26.20	29.00	6.80	4.01	12.10	15.60	23.20	38.50	95.20	606.00	16338	42.30	2188.19
纳雍县	9498	40.71	106.19	30.61	1.64	2.61	22.80	29.40	7.30	8.74	12.60	15.10	22.90	38.10	65.40	713.00	2630.0	14.46	240.21
威宁县	25748	67.75	133.95	48.08	2.04	1.98	102.00	47.20	19.10	5.06	10.60	14.20	29.70	69.60	253.00	627.00	10598	30.16	1762.55
赫章县	7435	116.99	637.00	54.47	2.41	5.45	35.40	43.12	16.02	7.64	13.84	17.90	30.49	80.90	529.26	2094.0	35736	34.62	1622.87
铜仁市	49327	50.44	114.31	40.92	1.59	2.27	32.60	36.60	6.97	6.70	18.80	22.86	31.20	48.59	124.00	404.00	6385.0	27.18	994.98
碧江区	2270	65.65	181.39	43.96	1.89	2.76	28.20	35.33	8.53	14.60	19.80	22.80	30.60	55.80	256.00	794.00	4362.0	16.27	322.83
万山区	1537	61.87	39.02	55.34	1.57	0.63	43.93、27.76、27.53	56.96	16.16	17.75	20.86	24.89	39.73	72.31	152.23	206.86	996.01	9.99	216.01
江口县	2896	48.40	61.14	40.70	1.64	1.26	27.80	34.90	8.10	8.99	17.30	21.20	29.00	53.10	136.00	259.97	2375.0	22.46	764.89
玉屏县	1474	84.28	117.94	69.71	1.69	1.40	113.00	67.20	20.20	23.40	26.20	30.00	49.60	92.02	206.00	428.06	3312.9	18.19	434.43
石阡县	5923	39.63	21.34	36.23	1.48	0.54	30.32、35.43、26.95	33.21	6.50	12.82	17.19	19.94	28.21	44.06	94.88	150.31	417.40	4.27	38.20
思南县	7444	36.26	12.60	34.76	1.32	0.35	32.00	33.70	4.70	6.70	16.60	21.10	29.60	39.70	63.00	94.10	361.00	5.85	103.10
印江县	5410	37.22	13.38	35.79	1.29	0.36	30.87	33.96	3.74	14.84	20.43	24.22	30.84	39.30	69.66	108.58	390.99	6.55	108.75
德江县	6664	39.62	13.15	38.18	1.30	0.33	32.97、34.23	36.78	5.39	8.56	20.70	24.94	32.29	43.99	69.78	89.19	432.52	7.43	162.54
沿河县	8342	41.35	42.80	38.50	1.35	1.03	32.60	36.80	5.10	12.90	20.60	25.40	32.40	43.30	75.00	149.00	2743.0	38.55	2100.31
松桃县	7367	90.22	259.56	55.45	1.98	2.88	32.60	48.80	14.60	11.50	23.60	26.90	35.50	67.20	418.00	1710.0	6385.0	12.68	209.76
黔东南州	43188	44.33	133.83	33.96	1.67	3.02	26.60	29.60	5.50	5.62	14.20	18.06	25.30	39.00	116.06	366.00	9041.5	35.32	1733.85
凯里市	3931	77.04	332.56	41.58	2.03	4.32	27.50	34.32	9.33	5.62	15.58	19.08	27.22	52.94	257.25	1933.0	9041.5	16.41	329.58
黄平县	4447	38.28	24.03	34.00	1.58	0.63	31.92	30.69	7.80	7.26	14.55	17.38	24.68	44.42	98.28	133.88	772.07	7.96	199.01
施秉县	2380	56.17	34.72	49.22	1.65	0.62	103.00、106.00	48.95	17.40	12.60	17.50	20.60	33.80	69.71	135.00	203.00	829.00	6.04	107.11
三穗县	1756	30.60	14.78	29.14	1.32	0.48	23.10	28.43	3.91	10.86	15.65	19.22	24.89	32.82	53.58	105.95	280.78	9.30	120.64
镇远县	3306	88.23	269.64	48.83	2.15	3.06	31.20	37.95	10.35	12.30	19.20	22.90	30.20	63.10	565.00	1668.0	8880.0	15.52	390.98
岑巩县	2613	54.78	44.13	47.09	1.66	0.81	28.00	44.70	15.54	15.90	20.80	23.80	30.50	65.50	134.00	249.00	1070.0	9.29	164.75
天柱县	3205	26.84	9.02	26.11	1.24	0.34	24.40	25.70	2.83	13.65	15.60	18.40	23.07	28.81	40.30	68.00	335.00	15.03	444.71

续表

行政区名称	样品件数/个	算术 平均值	算术 标准差	几何 平均值	几何 标准差	变异系数	众值	中位值	中位绝对离差	最小值	0.5%	2.5%	25%	75%	97.5%	99.5%	最大值	偏度系数	峰度系数
锦屏县	1747	26.83	8.21	26.18	1.23	0.31	26.33	26.01	3.06	11.23	14.48	17.66	23.22	29.45	39.11	50.69	276.48	16.54	489.30
剑河县	2859	29.60	10.00	28.68	1.26	0.34	27.60	28.30	3.30	10.30	17.00	19.30	25.20	31.90	46.40	92.10	256.00	8.43	131.17
台江县	1096	57.42	238.44	34.06	1.76	4.15	30.78	30.31	3.99	11.02	17.25	20.90	26.60	35.00	133.17	1759.4	4485.9	13.44	201.87
黎平县	4512	26.27	7.03	25.44	1.29	0.27	24.60	25.77	3.53	9.57	12.20	14.40	22.25	29.30	41.60	59.20	104.00	2.03	11.99
榕江县	2429	26.01	4.21	25.71	1.16	0.16	26.60	25.84	2.19	13.00	15.50	18.95	23.66	28.00	33.70	39.70	93.77	2.98	36.81
从江县	3291	27.76	7.43	26.97	1.27	0.27	27.30	27.50	2.74	8.52	11.95	14.73	24.76	30.24	40.47	62.89	170.08	4.84	66.14
雷山县	1609	30.87	6.34	30.32	1.20	0.21	29.92、28.75、26.97	30.18	3.09	13.65	17.03	21.10	27.29	33.55	44.19	54.13	129.20	3.49	41.41
麻江县	2337	56.44	33.42	49.69	1.62	0.59	29.30	47.70	15.90	10.30	18.20	22.80	34.60	68.90	150.00	208.00	412.00	2.91	16.43
丹寨县	1670	50.36	47.43	41.55	1.74	0.94	28.94	35.50	9.80	5.62	14.79	20.06	28.40	56.97	154.65	289.00	869.00	7.18	87.18
黔南州	49281	34.45	28.89	30.23	1.59	0.84	24.40	29.10	7.70	2.62	10.50	13.50	22.60	38.90	80.50	165.00	1200.00	13.46	329.41
都匀市	4595	44.19	56.07	33.94	1.86	1.27	25.90	30.30	8.80	6.57	10.20	13.20	23.00	43.80	159.00	376.00	1200.00	8.34	105.57
福泉市	4085	43.23	23.04	39.44	1.50	0.53	34.60	38.10	9.20	11.60	15.90	19.50	30.10	49.70	96.00	168.00	341.00	4.38	36.87
荔波县	2368	26.13	12.32	24.42	1.43	0.47	20.50、23.50	24.55	4.95	4.62	9.68	12.20	19.70	29.70	50.40	73.70	359.00	9.78	231.26
贵定县	3543	28.73	15.12	26.68	1.44	0.53	21.80	26.50	5.70	8.39	11.00	13.50	21.10	32.80	59.00	85.80	537.00	12.92	378.10
瓮安县	5984	46.52	47.42	39.65	1.63	1.02	29.90	38.30	11.20	9.60	15.10	18.20	28.50	51.70	113.00	317.00	1135.00	10.84	173.41
独山县	4778	29.86	15.94	27.24	1.51	0.53	23.00	27.15	7.25	5.28	10.20	12.40	20.60	35.60	60.20	97.40	445.00	7.04	126.95
平塘县	4510	30.52	16.75	27.72	1.54	0.55	21.00	26.90	7.50	5.10	9.91	12.50	20.70	37.10	63.40	76.10	671.00	13.21	475.15
罗甸县	4137	32.44	15.40	29.58	1.52	0.47	25.80	28.10	5.90	2.62	9.05	13.20	23.20	36.80	71.20	84.60	226.64	2.14	11.08
长顺县	3960	33.65	14.31	31.42	1.44	0.43	29.70	31.20	6.90	8.90	12.40	15.10	25.00	39.30	64.10	76.80	279.00	4.58	59.13
龙里县	2908	31.14	18.46	28.46	1.48	0.59	24.50	27.10	6.30	9.92	12.60	14.90	21.90	35.50	69.10	119.00	540.00	9.68	213.12
惠水县	5013	26.51	11.98	24.27	1.51	0.45	17.80	24.10	6.60	3.76	8.80	11.40	18.00	31.70	55.70	68.40	205.00	2.07	13.98
三都县	3400	30.89	20.59	28.62	1.41	0.67	26.80	28.20	4.90	5.96	11.80	15.90	23.80	33.60	56.10	137.00	528.00	11.82	202.51
黔西南州	45445	40.49	106.52	32.24	1.67	2.63	23.80	29.10	7.50	3.06	11.30	14.50	23.40	42.40	90.80	195.00	6698.32	35.58	1682.32
兴义市	8758	45.18	26.33	39.21	1.68	0.58	23.80	35.30	11.60	6.70	12.40	16.60	26.50	58.80	109.00	145.00	318.00	1.76	5.71
兴仁市	6850	33.08	13.31	31.09	1.41	0.40	24.60	29.50	5.70	7.64	13.40	17.00	24.90	38.00	66.10	79.60	393.00	4.33	82.04
普安县	5049	74.65	295.94	37.05	2.08	3.96	27.80、28.30	31.30	7.10	8.90	14.10	17.10	25.40	41.80	403.00	1912.0	6698.00	13.09	221.12
晴隆县	3890	32.95	113.41	24.72	1.72	3.44	16.10	22.80	6.70	3.26	7.58	11.10	17.20	34.00	69.70	250.00	5512.00	34.46	1487.83
贞丰县	6020	33.94	17.00	30.61	1.55	0.50	22.10	28.40	7.00	3.06	11.50	14.40	22.80	40.40	77.60	101.00	157.00	1.68	3.75
望谟县	5419	27.63	23.81	25.74	1.39	0.86	24.40	25.40	3.70	4.70	11.20	14.30	21.80	29.10	64.20	76.40	1422.00	39.95	2213.35
册亨县	3617	31.69	16.55	28.42	1.56	0.52	25.00	26.00	5.80	6.48	10.30	14.20	21.10	34.70	75.80	88.30	102.00	1.55	1.75
安龙县	5842	41.75	19.95	37.31	1.61	0.48	22.60	35.75	13.55	9.49	13.80	16.60	25.00	56.70	84.80	99.10	171.00	0.79	0.12
贵州省	454431	42.89	122.25	34.90	1.63	2.85	30.40	32.80	8.00	0.06	12.30	16.10	26.10	43.60	103.00	305.60	35736	105.41	21733.20

表2.18 贵州省各行政区耕地土壤硒元素（Se）地球化学参数

（单位：mg/kg）

行政区名称	样品件数/个	算术		几何		变异系数	众值	中位值	中位绝对离差	最小值	累积频率值						最大值	偏度系数	峰度系数
		平均值	标准差	平均值	标准差						0.5%	2.5%	25%	75%	97.5%	99.5%			
贵阳市	25182	0.62	0.37	0.56	1.56	0.59	1.02	0.55	0.14	0.08	0.18	0.24	0.42	0.71	1.50	2.47	8.96	5.35	66.14
南明区	343	0.43	0.13	0.42	1.28	0.29		0.41	0.06	0.19	0.25	0.27	0.35	0.48	0.68	0.89	1.67	3.59	28.51
云岩区	64	0.70	0.45	0.59	1.81	0.64	0.43, 0.35, 0.34	0.61	0.24	0.11	0.11	0.19	0.36	0.84	1.92	2.49	2.49	1.91	4.61
花溪区	3142	0.71	0.50	0.62	1.64	0.70	1.06, 0.61, 0.55	0.60	0.17	0.11	0.18	0.24	0.45	0.83	1.75	3.02	8.96	6.38	77.48
乌当区	1963	0.57	0.24	0.53	1.45	0.43	1.11	0.53	0.12	0.17	0.20	0.27	0.42	0.67	1.15	1.66	3.21	2.72	15.79
白云区	520	0.66	0.33	0.60	1.48	0.51	0.51	0.57	0.13	0.14	0.22	0.31	0.47	0.76	1.46	1.92	4.19	4.11	31.85
观山湖区	406	0.95	0.48	0.85	1.58	0.51	0.55, 0.47, 0.45	0.84	0.26	0.15	0.18	0.41	0.61	1.16	2.22	2.88	3.28	1.73	4.03
开阳县	6836	0.59	0.33	0.53	1.52	0.56	0.47	0.53	0.12	0.09	0.19	0.24	0.42	0.67	1.35	2.34	7.38	5.08	54.11
息烽县	3034	0.46	0.22	0.42	1.51	0.48	0.41	0.42	0.10	0.08	0.13	0.19	0.33	0.53	1.00	1.53	3.76	3.42	27.02
修文县	4037	0.64	0.32	0.58	1.52	0.49	0.50, 1.01, 1.03	0.57	0.14	0.11	0.19	0.27	0.45	0.74	1.41	2.34	4.03	2.88	15.61
清镇市	4837	0.71	0.43	0.64	1.53	0.60	1.02	0.61	0.14	0.09	0.23	0.30	0.50	0.79	1.71	3.02	8.62	5.41	57.56
遵义市	85841	0.55	0.37	0.49	1.60	0.67	0.40	0.47	0.13	0.01	0.14	0.21	0.36	0.63	1.38	2.09	40.07	20.17	1682.09
红花岗区	1539	0.72	1.16	0.61	1.59	1.62	0.55	0.58	0.13	0.10	0.19	0.29	0.46	0.72	2.00	3.62	40.07	26.74	878.13
汇川区	3926	0.60	0.31	0.54	1.60	0.51	0.49	0.54	0.13	0.03	0.07	0.20	0.43	0.69	1.39	2.07	4.56	2.93	18.45
播州区	11106	0.67	0.46	0.60	1.53	0.69	0.49	0.58	0.13	0.05	0.22	0.28	0.46	0.74	1.51	2.82	13.50	10.25	199.88
桐梓县	9788	0.58	0.35	0.50	1.70	0.61	0.42	0.48	0.15	0.02	0.13	0.18	0.36	0.69	1.49	2.05	6.59	2.57	16.16
绥阳县	6808	0.51	0.24	0.47	1.47	0.47	0.43	0.46	0.10	0.01	0.18	0.25	0.37	0.58	1.16	1.59	4.10	3.22	24.03
正安县	7443	0.56	0.38	0.48	1.66	0.68	0.32	0.44	0.12	0.10	0.18	0.23	0.34	0.62	1.60	2.45	5.78	3.02	15.00
道真县	5302	0.49	0.28	0.44	1.61	0.56	0.35	0.41	0.12	0.10	0.16	0.20	0.31	0.59	1.24	1.59	3.45	2.00	6.56
务川县	7162	0.49	0.27	0.45	1.51	0.54	0.40	0.42	0.09	0.13	0.19	0.23	0.34	0.53	1.22	1.86	3.00	3.19	15.58
凤冈县	6238	0.47	0.17	0.45	1.42	0.37	0.38	0.45	0.10	0.05	0.16	0.22	0.36	0.56	0.88	1.23	2.01	1.69	7.06
湄潭县	6519	0.50	0.21	0.47	1.45	0.42	0.43	0.47	0.10	0.01	0.14	0.23	0.38	0.58	0.97	1.50	4.40	3.88	41.31
余庆县	4508	0.49	0.23	0.45	1.49	0.46	0.44	0.44	0.11	0.07	0.16	0.22	0.35	0.57	1.03	1.55	2.74	2.67	14.53
习水县	7545	0.52	0.38	0.43	1.83	0.72	0.26	0.41	0.16	0.04	0.10	0.15	0.28	0.62	1.51	2.27	4.28	2.52	10.43
赤水市	2365	0.42	0.16	0.40	1.46	0.39	0.30	0.39	0.09	0.03	0.12	0.20	0.31	0.51	0.85	0.99	1.18	1.11	1.51
仁怀市	5592	0.60	0.41	0.53	1.60	0.68	0.46	0.52	0.13	0.07	0.15	0.21	0.41	0.68	1.51	2.19	12.80	9.70	208.63
六盘水市	31641	0.59	0.40	0.49	1.86	0.68	0.39	0.50	0.19	0.03	0.09	0.14	0.33	0.75	1.56	2.30	11.00	3.40	36.07
钟山区	1398	0.87	0.45	0.76	1.68	0.52	0.93	0.82	0.29	0.10	0.18	0.26	0.53	1.10	1.85	2.40	6.99	2.61	24.96
六枝特区	7665	0.57	0.35	0.49	1.73	0.61	0.39	0.48	0.15	0.05	0.11	0.16	0.35	0.68	1.49	2.05	5.30	2.39	12.00
水城区	10055	0.68	0.46	0.57	1.82	0.67	0.62	0.59	0.22	0.04	0.11	0.16	0.40	0.85	1.73	2.80	8.94	3.36	27.37
盘州市	12523	0.51	0.36	0.42	1.88	0.71	0.32	0.43	0.17	0.03	0.08	0.12	0.28	0.64	1.36	1.94	11.00	4.37	74.21
安顺市	28010	0.55	0.29	0.50	1.56	0.52	0.46	0.49	0.13	0.01	0.16	0.22	0.37	0.65	1.24	1.86	5.78	3.26	25.06
西秀区	6982	0.56	0.25	0.52	1.49	0.45	0.46	0.52	0.13	0.01	0.18	0.25	0.40	0.66	1.18	1.72	3.18	2.39	11.96

续表

行政区名称	样品件数/个	算术		几何		变异系数	众值	中位值	中位绝对离差	最小值	累积频率值						最大值	偏度系数	峰度系数
		平均值	标准差	平均值	标准差						0.5%	2.5%	25%	75%	97.5%	99.5%			
平坝区	3877	0.64	0.31	0.60	1.45	0.48	0.53	0.59	0.13	0.16	0.24	0.30	0.47	0.73	1.34	2.06	5.78	4.78	48.37
普定县	3689	0.58	0.32	0.52	1.62	0.55	0.43	0.50	0.15	0.08	0.15	0.21	0.37	0.70	1.38	2.03	3.63	2.43	11.84
镇宁县	4716	0.50	0.25	0.46	1.54	0.51	0.41	0.45	0.12	0.10	0.15	0.20	0.34	0.60	1.07	1.66	4.83	3.27	28.43
关岭县	3393	0.47	0.24	0.42	1.55	0.51	0.39、0.45	0.42	0.11	0.04	0.12	0.18	0.32	0.55	1.08	1.63	3.38	2.94	18.00
紫云县	5353	0.54	0.32	0.48	1.60	0.59	0.31、0.34	0.48	0.14	0.07	0.16	0.20	0.35	0.64	1.33	2.19	4.46	3.58	24.51
毕节市	96507	0.69	0.40	0.61	1.71	0.58	0.54	0.62	0.19	0.01	0.10	0.17	0.46	0.86	1.54	2.21	24.90	7.03	235.15
七星关区	12874	0.67	0.31	0.60	1.59	0.46	0.49	0.61	0.18	0.07	0.15	0.21	0.46	0.83	1.40	1.75	4.25	1.35	4.78
大方县	12297	0.74	0.41	0.66	1.61	0.55	0.54	0.62	0.18	0.06	0.18	0.27	0.48	0.91	1.58	2.67	7.14	3.04	23.38
黔西县	10371	0.65	0.34	0.59	1.50	0.52	0.48	0.58	0.14	0.07	0.22	0.29	0.46	0.74	1.49	2.09	11.50	6.54	137.44
金沙县	8365	0.72	0.45	0.64	1.63	0.63	0.58	0.64	0.17	0.05	0.14	0.22	0.49	0.85	1.56	2.78	14.30	7.53	144.36
织金县	9920	0.96	0.48	0.87	1.58	0.50	0.61	0.86	0.28	0.01	0.30	0.39	0.62	1.22	2.02	2.72	10.40	3.19	34.60
纳雍县	9497	0.75	0.35	0.68	1.57	0.47	0.54	0.67	0.21	0.05	0.18	0.29	0.50	0.95	1.52	2.08	5.62	1.94	12.37
威宁县	25748	0.55	0.29	0.47	1.84	0.53	0.58	0.53	0.19	0.03	0.07	0.11	0.33	0.71	1.19	1.55	5.98	1.32	8.81
赫章县	7435	0.77	0.58	0.68	1.66	0.75	0.81	0.74	0.23	0.01	0.14	0.22	0.50	0.96	1.47	2.36	24.90	18.27	599.07
铜仁市	49327	0.42	0.31	0.38	1.55	0.74	0.28	0.37	0.10	0.05	0.14	0.18	0.28	0.48	0.94	1.81	16.90	14.29	427.88
碧江区	2270	0.50	0.63	0.41	1.63	1.28	0.40	0.40	0.08	0.12	0.16	0.20	0.32	0.48	1.55	4.00	16.90	12.85	248.66
万山区	1537	0.50	0.36	0.46	1.43	0.72		0.45	0.08	0.05	0.20	0.25	0.38	0.53	1.01	1.86	8.01	13.34	253.16
江口县	2896	0.55	0.61	0.45	1.72	1.12	0.42、0.41、0.46	0.42	0.11	0.07	0.13	0.18	0.33	0.54	1.88	3.91	11.60	8.81	116.97
玉屏县	1474	0.54	0.44	0.49	1.44	0.82	0.40、0.44	0.48	0.08	0.06	0.18	0.27	0.40	0.57	1.09	3.16	8.60	11.58	174.11
石阡县	5923	0.38	0.21	0.35	1.53	0.56	0.28	0.35	0.10	0.07	0.13	0.16	0.26	0.45	0.84	1.24	8.35	10.66	335.12
思南县	7444	0.37	0.26	0.34	1.49	0.70	0.28	0.33	0.08	0.05	0.13	0.17	0.26	0.42	0.82	1.27	12.40	19.16	714.89
印江县	5410	0.32	0.16	0.29	1.48	0.51	0.21	0.28	0.07	0.08	0.13	0.16	0.22	0.37	0.70	1.12	3.22	4.40	43.72
德江县	6664	0.45	0.23	0.41	1.51	0.50	0.33	0.41	0.10	0.05	0.14	0.20	0.32	0.52	0.99	1.51	4.52	3.97	39.81
沿河县	8342	0.37	0.20	0.34	1.47	0.53	0.28	0.32	0.07	0.10	0.14	0.18	0.26	0.41	0.85	1.30	5.98	6.33	108.96
松桃县	7367	0.49	0.24	0.46	1.44	0.49	0.46	0.46	0.08	0.08	0.15	0.22	0.38	0.54	1.01	1.82	5.91	6.41	82.15
黔东南州	43188	0.49	0.38	0.43	1.58	0.77	0.34	0.41	0.11	0.04	0.16	0.21	0.32	0.55	1.28	2.68	15.10	8.94	166.05
凯里市	3931	0.48	0.27	0.44	1.56	0.56	0.26、0.23、0.22	0.44	0.14	0.11	0.16	0.20	0.31	0.59	1.01	1.64	4.77	5.08	56.56
黄平县	4447	0.42	0.36	0.37	1.59	0.86	0.25、0.26、0.35	0.36	0.10	0.04	0.13	0.17	0.27	0.47	1.17	2.74	8.83	8.66	123.00
施秉县	2380	0.44	0.19	0.41	1.42	0.44	0.46、0.45	0.43	0.09	0.05	0.17	0.21	0.33	0.51	0.76	1.51	3.67	5.70	65.21
三穗县	1756	0.68	0.91	0.51	1.86	1.33	0.35	0.43	0.11	0.21	0.22	0.25	0.35	0.60	3.18	5.69	15.10	6.68	67.10
镇远县	3306	0.64	0.56	0.54	1.69	0.87	0.45	0.48	0.12	0.17	0.23	0.26	0.38	0.67	2.12	3.82	9.24	5.36	46.91
岑巩县	2613	0.61	0.55	0.52	1.63	0.90	0.44、0.46	0.47	0.09	0.16	0.23	0.27	0.39	0.58	2.03	3.73	10.90	7.43	102.15
天柱县	3205	0.51	0.30	0.46	1.47	0.60	0.32	0.43	0.10	0.16	0.22	0.26	0.35	0.58	1.09	1.97	7.76	8.68	150.86

续表

行政区名称	样品件数/个	算术 平均值	算术 标准差	几何 平均值	几何 标准差	变异系数	众值	中位值	中位绝对离差	最小值	累积频率值 0.5%	2.5%	25%	75%	97.5%	99.5%	最大值	偏度系数	峰度系数
锦屏县	1747	0.46	0.21	0.43	1.48	0.46	0.63	0.40	0.10	0.15	0.19	0.23	0.32	0.53	1.07	1.36	1.68	1.92	4.49
剑河县	2859	0.45	0.40	0.39	1.61	0.88	0.33	0.36	0.08	0.07	0.16	0.19	0.29	0.47	1.35	3.22	7.37	6.69	68.67
台江县	1096	0.47	0.36	0.41	1.58	0.77	0.42、0.40	0.40	0.10	0.16	0.18	0.21	0.30	0.50	1.32	2.68	3.94	5.26	38.05
黎平县	4512	0.41	0.19	0.38	1.45	0.45	0.30	0.36	0.08	0.12	0.16	0.21	0.30	0.47	0.88	1.22	3.07	2.86	19.20
榕江县	2429	0.34	0.12	0.33	1.37	0.36	0.34、0.21、0.23	0.32	0.06	0.10	0.14	0.17	0.27	0.39	0.62	0.91	1.77	2.89	19.01
从江县	3291	0.45	0.21	0.42	1.50	0.46	0.31、0.36、0.38	0.40	0.10	0.10	0.15	0.20	0.32	0.54	0.97	1.36	2.42	2.06	8.07
雷山县	1609	0.55	0.28	0.50	1.54	0.51	0.61、0.36、0.28	0.45	0.11	0.21	0.23	0.26	0.36	0.63	1.37	1.57	1.92	1.72	2.88
麻江县	2337	0.58	0.24	0.54	1.41	0.42	0.45	0.54	0.11	0.14	0.22	0.29	0.44	0.66	1.13	1.73	3.98	3.96	34.32
丹寨县	1670	0.58	0.32	0.52	1.56	0.56	0.41、0.34	0.50	0.15	0.15	0.21	0.25	0.38	0.71	1.22	2.60	3.69	3.52	22.79
黔南州	49281	0.57	0.42	0.49	1.66	0.75	0.36	0.48	0.14	0.02	0.14	0.19	0.35	0.66	1.49	2.83	19.20	8.50	187.81
都匀市	4595	0.50	0.33	0.44	1.65	0.65	0.30	0.43	0.13	0.07	0.12	0.17	0.31	0.60	1.22	2.09	6.15	4.97	50.79
福泉市	4085	0.66	0.30	0.61	1.48	0.46	0.64	0.60	0.14	0.10	0.20	0.28	0.48	0.76	1.40	2.16	4.70	3.00	19.36
荔波县	2368	0.48	0.41	0.41	1.66	0.86	0.41	0.41	0.12	0.02	0.08	0.15	0.31	0.55	1.14	2.45	9.49	10.40	171.81
贵定县	3543	0.69	0.72	0.56	1.84	1.03	0.23	0.55	0.20	0.02	0.13	0.19	0.37	0.79	1.95	3.87	19.20	11.16	218.34
瓮安县	5984	0.74	0.57	0.64	1.62	0.76	0.54	0.61	0.16	0.10	0.20	0.29	0.48	0.81	2.24	3.75	11.00	5.90	61.34
独山县	4778	0.45	0.29	0.40	1.56	0.65	0.29	0.39	0.10	0.07	0.14	0.18	0.30	0.52	1.05	2.02	5.42	6.21	69.68
平塘县	4510	0.46	0.24	0.42	1.52	0.52	0.38	0.43	0.11	0.06	0.13	0.19	0.33	0.55	0.96	1.61	4.72	5.01	55.54
罗甸县	4137	0.47	0.23	0.43	1.53	0.50	0.32	0.42	0.12	0.05	0.15	0.20	0.32	0.56	0.97	1.53	3.29	3.23	23.69
长顺县	3960	0.64	0.35	0.58	1.54	0.54	0.51	0.56	0.14	0.06	0.19	0.27	0.44	0.73	1.55	2.31	5.68	3.76	28.70
龙里县	2908	0.65	0.49	0.55	1.77	0.75	0.26	0.52	0.18	0.02	0.15	0.20	0.37	0.76	1.89	2.98	6.51	3.92	27.30
惠水县	5013	0.55	0.37	0.48	1.68	0.67	0.39	0.47	0.14	0.07	0.13	0.18	0.34	0.64	1.49	2.74	4.49	3.60	20.99
三都县	3400	0.47	0.42	0.41	1.60	0.90	0.35	0.39	0.09	0.08	0.11	0.16	0.32	0.50	1.17	2.61	10.50	11.30	202.45
黔西南州	45445	0.45	0.33	0.39	1.67	0.72	0.30	0.38	0.12	0.01	0.12	0.16	0.28	0.52	1.25	1.99	15.40	7.77	181.80
兴义市	8758	0.44	0.39	0.38	1.61	0.90	0.32	0.38	0.11	0.08	0.12	0.16	0.28	0.51	0.92	2.28	15.40	14.76	381.40
兴仁市	6850	0.42	0.33	0.35	1.66	0.80	0.29	0.33	0.09	0.07	0.12	0.16	0.26	0.45	1.34	2.00	9.22	6.90	114.22
普安县	5049	0.52	0.37	0.43	1.83	0.72	0.33、0.34	0.41	0.16	0.06	0.10	0.14	0.28	0.63	1.48	2.18	5.80	2.77	15.96
晴隆县	3890	0.65	0.42	0.53	1.89	0.64	1.19	0.54	0.22	0.05	0.10	0.14	0.36	0.84	1.67	2.33	3.86	1.72	5.40
贞丰县	6020	0.43	0.22	0.39	1.53	0.52	0.31	0.38	0.10	0.01	0.12	0.20	0.29	0.50	0.99	1.41	6.57	5.71	108.75
望谟县	5419	0.39	0.20	0.35	1.52	0.51	0.26	0.34	0.09	0.09	0.13	0.17	0.26	0.46	0.85	1.24	3.30	3.52	28.65
册亨县	3617	0.37	0.17	0.34	1.56	0.47	0.28	0.34	0.10	0.08	0.11	0.14	0.25	0.46	0.81	1.04	1.48	1.44	3.30
安龙县	5842	0.47	0.30	0.41	1.60	0.64	0.39	0.41	0.11	0.09	0.13	0.17	0.31	0.53	1.27	2.16	4.76	4.42	33.36
贵州省	454431	0.56	0.38	0.48	1.69	0.68	0.40	0.48	0.15	0.01	0.12	0.18	0.35	0.66	1.43	2.24	40.07	9.25	413.21

表2.19 贵州省各行政区耕地土壤铊元素（Tl）地球化学参数

（单位：mg/kg）

行政区名称	样品件数/个	算术平均值	算术标准差	几何平均值	几何标准差	变异系数	众值	中位值	中位绝对离差	最小值	累积频率值 0.5%	2.5%	25%	75%	97.5%	99.5%	最大值	偏度系数	峰度系数
贵阳市	25182	0.78	0.37	0.73	1.42	0.47	1.01	0.74	0.13	0.16	0.27	0.35	0.62	0.87	1.49	2.68	14.40	7.98	163.88
南明区	343	0.80	0.18	0.78	1.25	0.23	1.09、1.15、1.14	0.76	0.12	0.38	0.40	0.53	0.66	0.91	1.19	1.25	1.29	0.64	-0.27
云岩区	64	0.76	0.22	0.73	1.34	0.29	0.54、0.46、0.71	0.73	0.12	0.38	0.38	0.38	0.62	0.86	1.18	1.49	1.49	0.68	0.95
花溪区	3142	0.72	0.26	0.68	1.39	0.36	1.14、1.09、0.71	0.71	0.14	0.17	0.28	0.34	0.56	0.84	1.25	1.49	7.35	6.02	140.23
乌当区	1963	0.82	0.31	0.77	1.43	0.38	1.02	0.78	0.16	0.21	0.27	0.34	0.64	0.96	1.52	2.20	3.94	2.30	13.16
白云区	520	0.77	0.18	0.75	1.28	0.24	0.75、0.79	0.77	0.09	0.28	0.33	0.39	0.67	0.85	1.21	1.39	1.55	0.53	1.62
观山湖区	406	0.85	0.64	0.73	1.66	0.75	0.63	0.72	0.14	0.25	0.26	0.31	0.58	0.86	2.99	4.18	5.47	3.77	17.96
开阳县	6836	0.88	0.52	0.80	1.48	0.60	1.01	0.77	0.14	0.17	0.32	0.39	0.64	0.94	2.17	3.92	14.40	6.64	94.89
息烽县	3034	0.74	0.28	0.71	1.31	0.39	0.72	0.73	0.11	0.16	0.32	0.39	0.62	0.83	1.14	1.47	12.20	22.12	880.95
修文县	4037	0.73	0.27	0.69	1.36	0.37	0.73	0.71	0.12	0.16	0.28	0.36	0.59	0.82	1.24	1.78	8.67	8.39	204.48
清镇市	4837	0.76	0.26	0.71	1.42	0.34	1.01	0.75	0.13	0.17	0.25	0.30	0.61	0.87	1.30	1.78	3.86	1.42	9.03
遵义市	85841	0.75	0.24	0.72	1.36	0.31	0.76	0.73	0.13	0.01	0.30	0.37	0.60	0.87	1.27	1.72	5.80	1.85	14.50
红花岗区	1539	0.77	0.30	0.72	1.40	0.39	0.65	0.74	0.15	0.22	0.28	0.36	0.59	0.89	1.40	1.91	5.80	4.59	58.65
汇川区	3926	0.70	0.22	0.67	1.33	0.31	0.69	0.69	0.12	0.23	0.32	0.37	0.56	0.81	1.15	1.72	3.59	2.62	20.50
播州区	11106	0.70	0.22	0.67	1.33	0.31	0.69	0.67	0.11	0.20	0.33	0.39	0.56	0.79	1.21	1.65	3.47	2.25	13.59
桐梓县	9788	0.75	0.25	0.71	1.40	0.34	0.72	0.74	0.14	0.20	0.27	0.34	0.59	0.88	1.33	1.76	3.35	1.35	6.26
绥阳县	6808	0.78	0.20	0.75	1.31	0.26	0.80	0.79	0.13	0.26	0.33	0.41	0.65	0.90	1.19	1.46	2.90	0.69	3.89
正安县	7443	0.81	0.20	0.78	1.30	0.25	0.80	0.80	0.11	0.23	0.33	0.41	0.69	0.92	1.27	1.59	2.88	0.81	3.88
道真县	5302	0.79	0.26	0.76	1.34	0.33	0.84	0.76	0.13	0.26	0.34	0.42	0.64	0.89	1.44	1.89	5.34	2.77	24.75
务川县	7162	0.87	0.23	0.84	1.27	0.26	0.84	0.85	0.12	0.34	0.43	0.51	0.73	0.97	1.38	1.87	3.15	1.87	9.46
凤冈县	6238	0.79	0.21	0.77	1.29	0.27	0.86、0.78	0.78	0.11	0.23	0.36	0.44	0.66	0.89	1.23	1.59	5.54	3.04	47.42
湄潭县	6519	0.81	0.25	0.78	1.34	0.31	0.78	0.78	0.12	0.01	0.32	0.43	0.66	0.91	1.40	1.83	3.28	1.72	7.40
余庆县	4508	0.71	0.24	0.67	1.35	0.34	0.68	0.68	0.13	0.19	0.30	0.38	0.56	0.82	1.24	1.81	3.94	2.64	18.69
习水县	7545	0.69	0.23	0.66	1.38	0.34	0.74、0.68	0.68	0.12	0.19	0.33	0.33	0.55	0.80	1.23	1.72	4.35	2.03	14.94
赤水市	2365	0.56	0.14	0.54	1.30	0.26	0.50、0.54	0.55	0.11	0.20	0.27	0.32	0.45	0.67	0.84	0.91	1.06	0.22	-0.61
仁怀市	5592	0.66	0.21	0.63	1.36	0.31	0.68	0.66	0.12	0.20	0.28	0.33	0.52	0.77	1.08	1.41	3.40	1.66	12.85
六盘水市	31641	0.57	0.31	0.50	1.68	0.54	0.63、0.62	0.53	0.20	0.06	0.14	0.19	0.33	0.74	1.24	1.73	7.49	2.60	26.59
钟山区	1398	0.63	0.26	0.58	1.51	0.42	0.42	0.58	0.18	0.17	0.21	0.27	0.42	0.79	1.22	1.40	1.74	0.79	0.12
六枝特区	7665	0.57	0.23	0.52	1.53	0.40	0.41	0.56	0.16	0.09	0.17	0.22	0.39	0.71	1.07	1.32	2.17	0.72	1.30
水城区	10055	0.55	0.33	0.47	1.73	0.61	0.27、0.34	0.45	0.17	0.07	0.14	0.19	0.30	0.72	1.28	1.81	6.13	2.83	25.52
盘州市	12523	0.59	0.34	0.51	1.73	0.57	0.62	0.55	0.22	0.06	0.14	0.19	0.32	0.75	1.30	1.85	7.49	2.79	28.49
安顺市	28010	0.74	0.34	0.69	1.50	0.46	0.80	0.73	0.17	0.08	0.19	0.26	0.56	0.89	1.35	1.81	19.41	13.52	651.08
西秀区	6982	0.76	0.27	0.72	1.40	0.35	0.80	0.74	0.15	0.13	0.27	0.34	0.59	0.89	1.30	1.72	5.12	2.91	30.02

续表

行政区名称	样品件数/个	算术		几何		变异系数	众值	中位值	中位绝对离差	最小值	累积频率值						最大值	偏度系数	峰度系数
		平均值	标准差	平均值	标准差						0.5%	2.5%	25%	75%	97.5%	99.5%			
平坝区	3877	0.80	0.23	0.76	1.36	0.28	1.03	0.79	0.14	0.25	0.30	0.36	0.67	0.94	1.24	1.42	2.21	0.25	0.91
普定县	3689	0.71	0.58	0.63	1.63	0.82	0.75、0.69、0.67	0.68	0.19	0.11	0.18	0.23	0.47	0.85	1.39	3.05	19.41	19.13	575.63
镇宁县	4716	0.64	0.27	0.58	1.58	0.42	0.65	0.62	0.18	0.08	0.16	0.20	0.44	0.81	1.23	1.51	2.12	0.61	0.45
关岭县	3393	0.79	0.33	0.74	1.45	0.41	1.01	0.74	0.15	0.11	0.27	0.34	0.61	0.93	1.46	2.14	6.97	3.68	45.28
紫云县	5353	0.77	0.31	0.71	1.52	0.40	1.02	0.74	0.17	0.09	0.20	0.26	0.58	0.91	1.47	1.82	5.50	1.60	12.37
毕节市	96509	0.66	0.28	0.61	1.48	0.42	0.70	0.64	0.16	0.01	0.21	0.27	0.47	0.79	1.24	1.73	14.38	4.04	95.75
七星关区	12876	0.64	0.23	0.60	1.44	0.36	0.68	0.64	0.15	0.10	0.24	0.29	0.47	0.78	1.14	1.48	3.46	1.11	4.94
大方县	12297	0.64	0.22	0.61	1.44	0.34	0.72	0.65	0.15	0.12	0.22	0.28	0.47	0.78	1.09	1.35	2.24	0.61	1.67
黔西县	10371	0.70	0.19	0.68	1.30	0.27	0.68	0.70	0.10	0.01	0.30	0.38	0.60	0.80	1.07	1.41	4.68	2.64	36.24
金沙县	8365	0.67	0.24	0.64	1.36	0.36	0.66	0.66	0.11	0.18	0.26	0.34	0.54	0.77	1.15	1.64	7.13	5.63	99.37
织金县	9920	0.64	0.33	0.59	1.45	0.52	0.49	0.59	0.14	0.12	0.24	0.29	0.46	0.75	1.23	1.94	14.38	11.57	352.84
纳雍县	9497	0.63	0.29	0.58	1.50	0.46	0.36	0.61	0.17	0.16	0.23	0.27	0.43	0.77	1.22	1.86	6.64	4.05	48.15
威宁县	25748	0.65	0.31	0.59	1.59	0.47	0.74	0.62	0.19	0.08	0.18	0.23	0.43	0.82	1.36	1.85	4.48	1.55	7.17
赫章县	7435	0.68	0.34	0.61	1.58	0.51	0.47	0.61	0.20	0.10	0.21	0.26	0.43	0.84	1.43	2.00	7.36	2.99	31.00
铜仁市	49327	0.80	0.21	0.77	1.29	0.27	0.84	0.79	0.11	0.20	0.35	0.44	0.67	0.90	1.20	1.63	6.71	3.27	50.61
碧江区	2270	0.85	0.23	0.82	1.27	0.27	0.85	0.82	0.10	0.26	0.43	0.50	0.73	0.92	1.36	1.89	3.25	2.51	15.58
万山区	1537	0.84	0.27	0.81	1.33	0.32	0.71、0.91	0.81	0.12	0.27	0.38	0.44	0.69	0.94	1.52	2.19	3.43	2.64	14.97
江口县	2896	0.82	0.30	0.78	1.32	0.37	0.77	0.78	0.13	0.22	0.39	0.47	0.66	0.91	1.43	2.42	5.51	5.50	59.40
玉屏县	1474	0.78	0.22	0.75	1.31	0.28	0.78	0.76	0.12	0.27	0.36	0.42	0.64	0.88	1.29	1.72	2.64	1.71	8.31
石阡县	5923	0.71	0.19	0.68	1.32	0.27	0.82、0.86、0.84	0.72	0.13	0.20	0.31	0.37	0.57	0.83	1.05	1.28	2.96	0.80	6.07
思南县	7444	0.79	0.22	0.76	1.30	0.28	0.88	0.81	0.13	0.21	0.35	0.42	0.65	0.91	1.13	1.45	6.71	5.45	125.33
印江县	5410	0.79	0.17	0.77	1.24	0.22	0.84	0.80	0.10	0.29	0.37	0.46	0.69	0.88	1.08	1.35	2.84	1.72	18.65
德江县	6664	0.78	0.20	0.75	1.29	0.26	0.84、0.96、0.88	0.77	0.11	0.21	0.34	0.43	0.65	0.88	1.20	1.63	3.02	1.64	10.35
沿河县	8342	0.83	0.19	0.81	1.26	0.23	0.86	0.83	0.12	0.23	0.40	0.49	0.70	0.94	1.22	1.57	2.42	1.07	5.48
松桃县	7367	0.84	0.18	0.82	1.21	0.22	0.79	0.82	0.09	0.34	0.50	0.58	0.73	0.91	1.21	1.68	5.18	5.20	89.61
黔东南州	43188	0.68	0.29	0.65	1.37	0.43	0.58	0.62	0.12	0.12	0.34	0.40	0.52	0.79	1.27	2.09	19.07	10.19	420.96
凯里市	3931	0.75	0.24	0.71	1.36	0.32	0.89、0.45	0.74	0.15	0.20	0.30	0.39	0.58	0.88	1.23	1.67	3.05	1.77	10.36
黄平县	4447	0.79	0.50	0.73	1.40	0.64	0.85、0.78	0.73	0.15	0.21	0.34	0.42	0.58	0.88	1.47	3.71	19.07	15.02	432.61
施秉县	2380	0.72	0.21	0.70	1.33	0.29	1.01	0.73	0.13	0.21	0.31	0.36	0.59	0.85	1.08	1.38	3.54	1.76	18.10
三穗县	1756	0.67	0.31	0.63	1.39	0.46	0.49	0.56	0.08	0.37	0.40	0.44	0.50	0.72	1.49	2.27	3.65	3.52	19.15
镇远县	3306	0.83	0.29	0.79	1.38	0.35	0.84	0.82	0.14	0.13	0.38	0.43	0.65	0.95	1.52	2.27	3.98	2.43	13.86
岑巩县	2613	0.82	0.22	0.79	1.29	0.27	1.02	0.80	0.11	0.20	0.39	0.47	0.69	0.91	1.31	1.74	3.04	2.11	13.45
天柱县	3205	0.55	0.15	0.54	1.23	0.27	0.50、0.45	0.52	0.05	0.32	0.36	0.39	0.47	0.59	0.90	1.23	2.85	4.68	46.98

续表

行政区名称	样品件数/个	算术 平均值	算术 标准差	几何 平均值	几何 标准差	变异系数	众值	中位值	中位绝对离差	最小值	累积频率值 0.5%	2.5%	25%	75%	97.5%	99.5%	最大值	偏度系数	峰度系数
锦屏县	1747	0.56	0.09	0.55	1.17	0.17	0.60	0.55	0.05	0.27	0.37	0.41	0.50	0.60	0.78	0.91	1.49	1.45	7.57
剑河县	2859	0.56	0.22	0.53	1.31	0.39	0.48	0.51	0.06	0.30	0.35	0.38	0.45	0.58	1.18	1.75	3.76	5.29	46.22
台江县	1096	0.59	0.21	0.56	1.31	0.35	0.49, 0.41, 0.42	0.54	0.08	0.27	0.35	0.38	0.46	0.63	1.08	1.52	3.24	4.28	36.86
黎平县	4512	0.57	0.10	0.56	1.19	0.17	0.61	0.56	0.06	0.25	0.34	0.39	0.50	0.63	0.77	0.84	1.09	0.28	0.56
榕江县	2429	0.56	0.08	0.55	1.15	0.14	0.59, 0.50	0.55	0.06	0.30	0.39	0.42	0.50	0.61	0.71	0.76	0.81	0.22	-0.43
从江县	3291	0.63	0.15	0.62	1.22	0.23	0.61, 0.62, 0.59	0.62	0.06	0.27	0.34	0.40	0.56	0.69	0.93	1.24	2.56	3.74	35.39
雷山县	1609	0.54	0.08	0.53	1.17	0.15	0.43	0.53	0.06	0.33	0.36	0.40	0.47	0.59	0.71	0.75	0.83	0.39	-0.31
麻江县	2337	0.96	0.37	0.91	1.41	0.38	1.01	0.90	0.19	0.12	0.36	0.45	0.74	1.11	1.92	2.65	3.95	2.08	8.49
丹寨县	1670	0.76	0.39	0.70	1.43	0.51	0.62	0.67	0.14	0.27	0.36	0.40	0.55	0.85	1.72	2.97	7.15	5.41	57.74
黔南州	49281	0.64	0.29	0.59	1.52	0.46	0.66	0.62	0.16	0.05	0.18	0.24	0.45	0.77	1.24	1.82	10.90	4.30	73.63
都匀市	4595	0.66	0.29	0.60	1.59	0.44	0.66	0.64	0.18	0.06	0.16	0.21	0.46	0.82	1.29	1.81	3.12	1.16	4.38
福泉市	4085	0.72	0.24	0.69	1.33	0.34	0.70, 0.68	0.70	0.11	0.21	0.30	0.38	0.60	0.81	1.22	1.85	5.51	4.80	61.95
荔波县	2368	0.53	0.27	0.49	1.48	0.51	0.32	0.50	0.14	0.10	0.19	0.23	0.37	0.64	0.99	1.42	5.94	7.01	106.34
贵定县	3543	0.62	0.25	0.57	1.48	0.40	0.52	0.60	0.16	0.13	0.19	0.25	0.44	0.76	1.14	1.46	4.96	2.74	33.98
瓮安县	5984	0.73	0.33	0.69	1.41	0.45	0.74	0.70	0.13	0.21	0.28	0.34	0.57	0.82	1.38	2.96	5.07	4.87	40.89
独山县	4778	0.55	0.30	0.49	1.62	0.54	0.34	0.48	0.15	0.05	0.14	0.19	0.35	0.67	1.29	1.82	5.02	2.69	19.54
平塘县	4510	0.57	0.27	0.51	1.56	0.47	0.34	0.51	0.16	0.13	0.18	0.23	0.37	0.71	1.21	1.61	2.70	1.43	3.80
罗甸县	4137	0.74	0.29	0.69	1.46	0.39	0.68	0.70	0.14	0.09	0.17	0.27	0.58	0.85	1.39	1.84	6.46	3.30	44.30
长顺县	3960	0.67	0.21	0.64	1.37	0.31	0.58	0.66	0.14	0.19	0.27	0.33	0.52	0.79	1.14	1.35	2.37	0.98	3.11
龙里县	2908	0.62	0.27	0.57	1.50	0.43	0.38	0.57	0.16	0.12	0.20	0.26	0.42	0.76	1.20	1.81	2.82	1.76	7.25
惠水县	5013	0.54	0.25	0.49	1.55	0.47	0.32	0.47	0.14	0.10	0.16	0.22	0.35	0.67	1.15	1.58	2.48	1.49	3.78
三都县	3400	0.69	0.38	0.65	1.38	0.55	0.64	0.65	0.11	0.20	0.29	0.35	0.55	0.77	1.31	2.34	10.90	12.21	254.03
黔西南州	45445	0.83	0.93	0.72	1.62	1.12	0.68	0.71	0.19	0.04	0.22	0.28	0.54	0.94	1.93	3.60	114.00	56.29	5833.68
兴义市	8758	0.95	0.50	0.86	1.52	0.53	0.74	0.83	0.21	0.20	0.28	0.37	0.67	1.13	2.03	3.15	14.60	5.63	91.25
兴仁市	6850	0.74	1.44	0.67	1.45	1.94	1.03	0.70	0.15	0.21	0.27	0.32	0.55	0.85	1.26	1.96	114.00	71.40	5571.96
普安县	5049	0.66	0.36	0.59	1.58	0.54	1.02	0.62	0.21	0.17	0.23	0.26	0.40	0.81	1.29	2.17	10.10	6.32	121.28
晴隆县	3890	0.59	0.39	0.50	1.71	0.67	0.29, 1.15, 1.04	0.49	0.18	0.04	0.17	0.21	0.33	0.72	1.44	2.65	7.44	3.97	37.07
贞丰县	6020	1.01	1.63	0.81	1.69	1.62	0.67	0.77	0.21	0.09	0.24	0.35	0.60	1.03	2.74	10.70	73.00	20.89	734.01
望谟县	5419	0.73	0.49	0.67	1.46	0.67	0.64	0.65	0.11	0.17	0.22	0.34	0.55	0.78	1.69	3.14	15.40	11.87	258.02
册亨县	3617	0.89	0.64	0.77	1.60	0.72	1.04	0.70	0.15	0.22	0.31	0.40	0.57	0.92	2.48	4.00	10.40	5.12	47.87
安龙县	5842	0.92	0.56	0.81	1.65	0.60	1.04	0.82	0.29	0.07	0.27	0.33	0.55	1.16	2.15	3.09	16.60	6.20	126.45
贵州省	454431	0.71	0.40	0.66	1.49	0.56	0.68	0.69	0.16	0.01	0.20	0.27	0.53	0.84	1.35	2.05	114.00	71.25	16607.90

表2.20 贵州省各行政区耕地土壤钒元素（V）地球化学参数

（单位：mg/kg）

行政区名称	样品件数/个	算术 平均值	算术 标准差	几何 平均值	几何 标准差	变异系数	众值	中位值	中位绝对离差	最小值	0.5%	2.5%	25%	75%	97.5%	99.5%	最大值	偏度系数	峰度系数
贵阳市	25182	155.77	74.22	142.77	1.50	0.48	113.00	140.00	33.00	14.60	44.20	64.50	111.00	180.00	343.00	549.00	1141.00	2.70	13.54
南明区	343	153.86	39.43	149.32	1.27	0.26	110.00	144.00	23.00	97.70	98.60	104.00	124.00	179.00	245.00	256.00	322.00	1.02	0.82
云岩区	64	164.25	66.21	152.49	1.47	0.40	174.00	159.00	49.00	78.60	78.60	83.40	108.00	195.00	325.00	382.00	382.00	1.05	1.11
花溪区	3142	160.52	74.97	144.40	1.61	0.47	155.00	154.00	41.00	21.80	34.30	46.70	114.00	197.00	319.00	465.00	1141.00	2.13	15.56
乌当区	1963	126.75	41.80	120.97	1.35	0.33	120.00	120.00	21.90	34.40	50.60	66.10	101.00	144.00	227.00	315.00	529.00	2.05	9.92
白云区	520	168.66	46.98	162.83	1.30	0.28	165.00	161.50	27.00	77.80	85.40	98.00	138.00	192.00	280.00	345.00	460.00	1.41	4.57
观山湖区	406	185.35	59.18	176.33	1.38	0.32	209.00、195.00	180.50	31.50	40.60	68.40	86.60	148.00	212.00	308.00	429.00	521.00	1.12	3.73
开阳县	6836	141.22	62.20	131.37	1.44	0.44	113.00	127.00	26.00	32.60	48.80	66.20	105.00	160.00	325.00	444.00	774.00	2.68	11.83
息烽县	3034	124.44	42.36	117.63	1.41	0.34	112.00	120.00	23.00	14.60	36.60	54.40	98.30	144.00	219.00	298.00	501.00	1.40	6.09
修文县	4037	147.81	48.77	140.59	1.37	0.33	135.00	140.00	28.00	31.30	58.10	75.50	115.00	172.00	269.00	332.00	650.00	1.40	5.06
清镇市	4837	207.44	104.69	188.13	1.53	0.50	162.00	180.00	43.00	36.30	71.50	86.40	145.00	237.00	539.00	650.00	1108.00	2.18	6.77
遵义市	85841	127.31	50.83	119.61	1.41	0.40	106.00	114.00	21.00	0.75	50.60	65.40	96.50	144.00	247.00	316.00	1469.00	3.17	35.44
红花岗区	1539	147.21	83.69	135.32	1.46	0.57	102.00	127.00	26.00	37.90	55.90	70.60	106.00	174.00	292.00	477.00	1469.00	7.35	91.35
汇川区	3926	136.06	63.58	125.64	1.46	0.47	106.00、111.00、103.00	118.00	26.40	30.40	54.20	67.40	95.80	160.00	271.00	435.00	975.00	3.21	22.30
播州区	11106	143.93	50.37	137.01	1.36	0.35	120.00	132.00	26.00	40.20	64.80	78.80	112.00	170.00	242.00	335.00	901.00	3.09	27.51
桐梓县	9788	134.69	54.75	125.65	1.44	0.41	110.00	116.00	21.90	27.50	52.00	68.00	99.90	154.00	264.00	330.00	676.00	1.60	4.15
绥阳县	6808	122.13	47.39	114.88	1.40	0.39	103.00	107.00	18.00	35.00	54.10	65.60	92.80	134.00	245.00	295.00	614.00	1.77	4.80
正安县	7443	121.77	43.74	115.51	1.37	0.36	106.00	111.00	16.00	31.20	53.70	64.70	97.10	130.00	244.00	303.00	430.00	1.82	4.37
道真县	5302	126.74	36.98	122.13	1.30	0.29	116.00	117.00	16.00	45.10	64.10	77.30	103.00	139.00	222.00	255.00	396.00	1.43	2.58
务川县	7162	118.87	39.02	114.14	1.31	0.33	103.00	109.00	14.40	40.70	59.90	73.40	96.70	129.00	221.00	271.00	932.00	3.50	37.37
凤冈县	6238	120.50	36.56	115.96	1.31	0.30	109.00	111.00	14.00	23.20	61.40	73.80	98.90	131.00	220.00	254.00	580.00	1.87	7.03
湄潭县	6519	121.31	39.58	116.20	1.33	0.33	106.00	113.00	19.00	0.75	60.10	71.00	96.60	137.00	221.00	273.00	920.00	3.06	32.22
余庆县	4508	117.85	52.76	110.49	1.41	0.45	102.00	108.00	19.65	26.60	43.70	53.60	91.60	132.00	220.00	322.00	1206.00	6.52	95.90
习水县	7545	125.73	57.39	115.14	1.51	0.46	109.00	107.00	23.00	1.40	43.90	55.70	88.40	147.00	262.00	341.00	625.00	1.55	3.29
赤水市	2365	81.76	16.89	79.92	1.24	0.21	101.00	82.20	12.10	34.00	40.20	49.50	70.00	94.30	112.00	121.00	198.00	0.01	0.41
仁怀市	5592	138.43	61.87	127.70	1.48	0.45	102.00	120.00	31.00	25.30	53.30	69.60	94.90	171.00	267.00	329.00	1424.00	3.23	41.73
六盘水市	31641	269.22	117.63	243.21	1.60	0.44	260.50、243.80、239.70	246.40	72.52	2.94	56.14	83.44	184.50	341.49	521.91	589.62	1293.60	0.69	0.40
钟山区	1398	285.65	118.41	260.48	1.56	0.41	325.71	256.18	81.13	59.36	81.04	98.03	195.69	372.75	527.23	577.00	639.18	0.44	-0.69
六枝特区	7665	217.59	93.63	197.72	1.58	0.43	186.70、139.20、147.30	205.66	55.94	28.54	46.18	67.73	156.19	267.41	468.68	565.40	784.28	1.05	2.37
水城区	10055	287.35	135.19	253.11	1.70	0.47	260.90、178.60、285.10	268.20	101.95	33.66	55.01	77.29	178.61	398.58	540.05	607.37	1293.60	0.46	-0.01
盘州市	12523	284.44	105.84	265.33	1.46	0.37	261.10、189.60、214.80	260.40	68.86	2.94	85.34	129.36	202.39	354.18	517.30	583.30	1017.00	0.71	0.12
安顺市	28010	194.45	90.83	176.00	1.56	0.47	157.00	175.00	54.00	4.03	58.50	75.70	128.00	242.30	409.70	563.00	1030.00	1.42	3.64
西秀区	6982	189.68	80.28	174.36	1.51	0.42	162.00	171.00	50.00	26.60	69.80	80.00	129.00	236.00	380.00	463.00	949.00	1.13	2.34

续表

行政区名称	样品件数/个	算术 平均值	算术 标准差	几何 平均值	几何 标准差	变异系数	众值	中位数	中位绝对离差	最小值	累积频率值 0.5%	2.5%	25%	75%	97.5%	99.5%	最大值	偏度系数	峰度系数
平坝区	3874	225.79	101.73	207.18	1.50	0.45	138.00	203.00	55.50	61.40	79.30	100.00	154.00	272.00	521.00	633.00	955.00	1.69	4.43
普定县	3686	232.34	109.48	211.54	1.53	0.47	136.00、141.00	204.00	59.00	35.10	85.00	106.00	152.00	285.00	540.00	639.00	1030.00	1.57	3.24
镇宁县	4712	186.80	83.26	168.10	1.60	0.45	226.00	176.40	62.60	37.40	50.00	66.40	118.40	245.00	356.70	449.70	570.00	0.62	0.14
关岭县	3393	199.89	80.96	185.49	1.47	0.41	156.00、165.00	181.00	45.00	20.70	70.40	92.00	143.00	243.00	392.00	497.00	697.00	1.28	2.63
紫云县	5353	155.18	73.55	140.50	1.56	0.47	120.00	131.00	35.30	4.03	47.50	65.50	105.00	187.00	351.00	407.00	678.00	1.38	2.02
毕节市	96512	215.38	101.12	194.56	1.57	0.47	172.00	190.00	55.00	22.10	60.80	81.60	144.00	262.00	468.00	540.00	1437.00	1.23	2.13
七星关区	12878	188.38	81.14	172.45	1.53	0.43	115.00	175.00	54.00	33.70	56.30	77.30	126.00	238.00	396.00	489.00	811.00	1.16	2.32
大方县	12297	188.59	69.67	176.48	1.45	0.37	174.00	178.00	43.00	22.10	66.20	81.30	142.00	232.00	335.00	456.00	830.00	1.19	4.29
黔西县	10371	162.97	46.28	156.54	1.34	0.28	154.00	158.00	25.00	34.40	56.40	79.20	135.00	187.00	267.00	332.00	578.00	1.00	3.83
金沙县	8365	153.59	68.07	142.62	1.45	0.44	138.00	140.00	35.00	28.50	59.80	73.60	110.00	185.00	298.00	450.00	1437.00	3.82	40.23
织金县	9920	249.09	101.58	231.90	1.45	0.41	218.00	227.00	49.00	36.90	87.50	111.00	184.00	288.00	522.00	609.00	1302.00	1.71	5.49
纳雍县	9498	239.84	89.51	224.41	1.44	0.37	200.00	221.00	50.00	45.40	75.40	101.00	178.00	285.00	464.00	532.00	1042.00	1.09	2.16
威宁县	25748	244.21	122.83	214.59	1.68	0.50	140.00	205.00	76.00	28.80	56.10	79.00	146.00	343.00	494.00	549.00	1013.00	0.68	-0.49
赫章县	7435	273.06	99.02	254.11	1.48	0.36	308.00	264.00	72.00	26.81	76.62	108.00	195.00	340.00	473.00	521.15	727.77	0.34	-0.48
铜仁市	49327	117.62	54.74	112.76	1.30	0.47	110.00	110.50	14.17	7.79	55.90	68.50	97.94	127.00	200.00	303.00	4938.00	27.85	1738.42
碧江区	2270	119.96	76.12	113.31	1.33	0.63	108.00	111.89	11.37	27.70	50.60	62.80	101.91	125.00	201.00	376.00	2143.00	15.88	339.03
万山区	1537	119.64	30.99	115.87	1.29	0.26	108.10、134.00、137.20	117.50	17.59	41.42	56.00	62.82	101.80	136.60	180.35	220.18	444.20	1.75	14.84
江口县	2896	127.68	154.00	112.01	1.49	1.21	112.00	109.00	15.00	19.20	46.10	58.30	94.40	124.00	298.00	916.00	4938.00	17.53	437.52
玉屏县	1474	123.85	41.21	118.71	1.33	0.33	115.00	117.50	19.50	51.80	56.50	65.50	101.00	141.00	207.00	286.00	624.00	3.90	35.42
石阡县	5923	113.29	42.13	108.55	1.32	0.37	112.70、100.30、102.40	106.69	15.52	18.85	49.93	62.47	93.21	125.35	206.60	259.30	1692.10	11.83	372.10
思南县	7444	121.67	36.17	117.08	1.31	0.30	110.00	113.00	15.60	34.90	56.80	67.70	101.00	135.00	216.00	266.00	427.60	1.69	5.46
印江县	5410	110.34	29.56	107.55	1.24	0.27	112.20	106.19	11.58	42.32	59.45	72.08	95.72	119.16	172.18	238.27	734.90	5.38	68.93
德江县	6664	112.70	29.69	109.37	1.27	0.26	106.80、105.40、103.80	107.52	13.22	7.79	55.96	68.19	95.61	122.92	188.81	243.08	396.20	2.00	9.11
沿河县	8342	114.63	34.07	111.31	1.26	0.30	106.00	109.00	12.00	41.10	60.40	75.90	97.80	122.15	191.00	297.00	959.00	5.77	78.41
松桃县	7367	123.81	52.25	119.09	1.28	0.42	114.00	116.00	14.00	37.70	67.40	79.10	104.00	134.00	198.00	355.00	1585.00	12.06	238.64
黔东南州	43188	93.75	77.39	83.92	1.51	0.83	105.00	81.16	19.76	16.50	37.24	44.00	63.79	104.77	198.00	510.00	3843.30	13.53	330.57
凯里市	3931	98.95	40.09	92.91	1.42	0.41	100.10、100.90	94.36	19.54	21.00	36.83	45.70	74.80	113.90	187.40	228.10	1154.00	6.05	128.92
黄平县	4447	108.18	141.27	90.79	1.58	1.31	102.90、102.10	87.43	17.04	19.59	36.34	46.94	71.18	105.67	271.60	1139.70	3843.30	11.36	185.98
施秉县	2380	99.28	39.48	93.46	1.41	0.40	101.00	96.40	17.60	30.60	36.50	42.80	79.10	115.00	168.00	220.00	653.00	4.67	50.46
三穗县	1756	109.75	170.49	79.00	1.89	1.55	43.99	63.61	15.48	36.38	37.71	41.67	51.82	104.63	532.51	1159.8	2846.60	7.09	70.41
镇远县	3306	121.11	97.09	106.53	1.57	0.80	105.00	106.00	21.00	16.70	42.80	48.50	86.40	128.00	312.00	809.00	1761.00	7.87	92.60
岑巩县	2613	124.73	73.33	114.84	1.44	0.59	108.00	110.00	17.60	23.30	47.80	59.00	96.30	133.00	278.00	527.00	1400.00	7.36	92.12
天柱县	3205	84.76	53.31	78.16	1.44	0.63	55.90	75.10	15.80	29.55	40.40	44.90	60.96	94.09	172.76	278.07	1684.90	13.62	331.36

行政区名称	样品件数/个	算术		几何		变异系数	众值	中位值	中位绝对离差	最小值	累积频率值						最大值	偏度系数	峰度系数
		平均值	标准差	平均值	标准差						0.5%	2.5%	25%	75%	97.5%	99.5%			
锦屏县	1747	77.15	28.30	73.42	1.35	0.37	80.52	71.84	10.95	30.32	39.28	44.95	61.01	82.90	160.78	223.81	277.80	2.65	10.22
剑河县	2859	71.25	65.51	63.16	1.49	0.92	50.80	59.50	10.70	21.60	30.80	36.90	50.50	72.90	179.00	497.00	1250.00	9.26	113.58
台江县	1096	80.22	72.49	70.31	1.54	0.90	89.95、64.53	63.75	14.50	29.77	35.78	41.41	51.99	86.36	193.73	576.76	1218.00	8.88	107.00
黎平县	4512	75.12	17.36	73.32	1.24	0.23	75.40	73.30	9.87	31.70	42.10	48.10	63.60	83.40	115.00	149.84	204.08	1.50	5.92
榕江县	2429	69.00	15.92	67.16	1.27	0.23	44.22、58.69	69.12	12.53	28.75	37.83	42.80	55.90	80.96	97.76	105.97	223.10	0.53	3.11
从江县	3291	78.59	20.36	76.18	1.28	0.26	105.27	77.49	12.04	18.13	35.20	46.27	65.09	89.11	124.50	182.41	227.93	1.54	6.68
雷山县	1609	66.69	16.59	64.78	1.27	0.25	65.29、74.60、50.72	63.53	10.69	33.14	38.43	43.41	54.14	76.19	104.80	114.90	144.90	0.83	0.46
麻江县	2337	120.99	65.08	112.09	1.43	0.54	111.00、106.00	112.00	21.50	16.50	49.30	59.30	90.50	134.00	244.00	548.00	901.00	5.85	50.65
丹寨县	1670	102.04	58.41	92.82	1.50	0.57	143.51、156.57、116.08	91.82	24.14	27.26	38.24	45.27	69.99	118.09	208.86	409.52	846.26	5.66	54.04
黔南州	49281	111.21	69.22	99.92	1.57	0.62	106.00	103.00	28.00	9.33	29.80	40.10	75.40	132.00	232.00	384.00	3174.00	11.85	332.13
都匀市	4595	93.50	45.69	84.97	1.54	0.49	106.00	86.40	24.30	9.33	27.00	35.60	64.00	113.00	197.00	276.00	916.00	3.49	36.39
福泉市	4085	124.01	49.74	117.27	1.38	0.40	116.00	117.00	19.60	20.90	47.60	59.60	99.00	138.00	226.00	412.00	968.00	4.88	53.72
荔波县	2368	100.07	67.16	91.74	1.48	0.67	110.00	94.70	22.20	19.40	33.20	42.60	71.80	116.00	187.00	318.00	2178.00	16.25	430.46
贵定县	3543	101.78	65.02	90.10	1.62	0.64	114.00、116.00	89.50	29.50	12.90	26.70	36.60	63.90	127.00	224.00	305.00	1964.00	10.61	256.20
瓮安县	5984	151.69	127.77	134.87	1.52	0.84	118.00	130.00	25.00	33.70	44.80	59.80	108.00	160.00	379.00	867.00	3174.00	10.94	183.55
独山县	4778	90.00	43.61	82.59	1.50	0.48	102.00	83.60	21.40	15.40	27.00	36.30	64.10	107.00	176.00	277.00	849.00	4.66	54.50
平塘县	4510	99.24	43.09	90.79	1.53	0.43	106.00	93.60	25.70	18.20	29.80	37.30	68.60	120.00	201.00	275.00	364.00	1.34	3.53
罗甸县	4137	126.64	50.17	118.45	1.44	0.40	112.00	116.00	23.00	15.90	36.50	56.20	96.50	144.00	248.00	363.00	521.00	2.01	7.74
长顺县	3960	132.28	52.18	122.28	1.50	0.39	140.00、115.00、114.00	125.00	30.85	16.70	31.80	50.40	96.40	160.00	256.00	317.00	413.00	0.93	1.51
龙里县	2908	102.40	47.18	92.81	1.56	0.46	108.00	92.75	28.25	15.20	29.50	39.20	68.20	128.00	208.00	274.00	493.00	1.43	4.57
惠水县	5013	100.44	42.51	91.56	1.56	0.42	116.00、106.00	96.20	28.30	9.73	24.40	35.70	68.40	126.00	201.00	250.00	377.00	0.88	1.53
三都县	3400	91.88	74.31	82.68	1.50	0.81	103.00、106.00	81.20	17.10	17.40	27.60	39.90	65.80	101.00	189.00	416.00	1496.00	11.86	188.91
黔西南州	45445	212.04	106.94	186.50	1.68	0.50	106.00	193.00	76.00	3.04	56.50	70.80	124.00	279.00	455.00	560.00	1306.00	1.02	2.13
兴义市	8758	259.69	125.01	230.56	1.65	0.48	211.00	242.00	85.00	50.80	70.00	84.00	166.00	336.00	532.00	649.00	1306.00	1.01	2.69
兴仁市	6850	208.89	68.41	198.06	1.39	0.33	181.00	195.00	43.00	26.30	78.00	103.00	162.00	252.00	362.00	434.00	577.00	0.75	0.69
普安县	5049	242.01	102.30	221.40	1.54	0.42	181.00、205.00	215.00	63.00	42.40	61.80	89.10	170.00	311.00	471.00	571.00	1074.00	0.95	1.76
晴隆县	3890	255.27	98.78	236.08	1.51	0.39	248.00、276.00	252.00	68.00	22.60	64.60	96.80	179.00	314.00	479.00	580.00	923.00	0.83	1.92
贞丰县	6020	197.58	94.83	174.85	1.67	0.48	110.00	180.00	71.00	3.04	48.40	68.30	119.00	269.00	392.00	477.00	868.00	0.69	0.31
望谟县	5419	111.77	47.62	104.51	1.42	0.43	106.00	101.00	20.60	22.60	46.60	58.70	83.30	125.00	254.00	358.00	432.00	2.55	9.41
册亨县	3617	133.18	74.05	119.99	1.53	0.56	102.00	107.00	23.00	45.10	56.30	66.80	88.90	149.00	360.00	489.00	681.00	2.60	8.80
安龙县	5842	246.37	98.74	224.00	1.59	0.40	308.00、267.00	253.00	67.00	24.10	59.60	75.50	173.00	309.00	442.00	528.00	865.00	0.36	0.80
贵州省	454431	164.10	99.38	141.94	1.69	0.61	106.00	133.00	43.00	0.75	41.10	54.10	99.60	201.72	433.00	535.00	4938.00	2.84	37.19

表 2.21　贵州省各行政区耕地土壤锌元素（Zn）地球化学参数

（单位：mg/kg）

行政区名称	样品件数/个	算术平均值	算术标准差	几何平均值	几何标准差	变异系数	众值	中位值	中位绝对离差	最小值	0.5%	2.5%	25%	75%	97.5%	99.5%	最大值	偏度系数	峰度系数
贵阳市	25182	108.12	66.42	99.01	1.48	0.61	101.00	97.70	20.40	9.98	34.10	48.50	78.80	121.00	226.00	480.00	4146.00	14.18	599.62
南明区	343	101.68	41.79	94.31	1.46	0.41	106.00	89.60	24.00	42.60	42.90	50.50	69.70	126.00	198.00	234.00	265.00	1.15	1.09
云岩区	64	110.95	46.99	102.90	1.47	0.42	118.00	104.50	25.55	42.60	42.60	47.50	80.10	134.00	180.00	344.00	344.00	2.11	8.74
花溪区	3142	105.94	36.43	99.07	1.48	0.34	105.00	107.00	21.00	10.50	23.30	36.90	82.90	126.00	186.00	232.00	362.00	0.59	2.30
乌当区	1963	101.58	50.04	94.20	1.44	0.49	110.00、101.00	91.60	18.20	17.00	33.30	47.30	76.30	113.00	209.00	398.00	796.00	4.80	40.83
白云区	520	107.50	36.68	102.83	1.33	0.34	103.00、104.00	104.00	18.00	46.10	48.90	58.90	84.30	121.00	180.00	281.00	500.00	3.54	28.59
观山湖区	406	125.34	59.83	115.12	1.49	0.48	135.00、104.00、117.00	113.00	22.00	32.40	38.50	51.70	92.70	135.00	332.00	383.00	476.00	2.39	7.50
开阳县	6836	118.18	98.85	104.12	1.55	0.84	104.00	98.00	20.10	18.80	40.00	52.40	80.70	123.00	348.00	675.00	4146.00	13.52	427.81
息烽县	3034	90.93	27.06	87.09	1.35	0.30	101.00	87.80	16.90	9.98	36.20	48.10	72.40	107.00	147.00	176.00	352.00	1.19	5.76
修文县	4037	94.53	41.42	89.27	1.39	0.44	101.00	91.40	18.50	17.70	32.80	44.70	73.30	110.00	164.00	217.00	1382.00	13.31	376.41
清镇市	4837	119.16	64.39	109.60	1.47	0.54	105.00	107.00	24.20	27.40	43.60	57.10	85.30	136.00	241.00	511.00	1150.00	5.98	63.50
遵义市	85841	101.88	60.59	97.53	1.32	0.59	101.00	98.20	15.80	0.65	42.90	55.10	83.00	115.00	164.00	235.00	10895.00	100.85	15773.4
红花岗区	1539	110.43	36.10	105.41	1.35	0.33	103.00	105.00	21.00	40.00	43.50	56.80	86.70	129.00	190.00	271.00	453.00	2.13	12.24
汇川区	3926	104.85	42.94	99.75	1.36	0.41	105.00	99.70	18.75	23.10	42.80	54.90	82.40	120.00	184.00	276.00	1607.00	12.96	401.65
播州区	11106	105.41	120.24	99.96	1.31	1.14	109.00	98.15	15.95	32.30	52.60	63.00	84.00	117.00	166.00	248.00	10895.00	71.17	6044.95
桐梓县	9788	100.79	25.04	97.73	1.29	0.25	104.00	99.30	15.30	25.10	41.90	56.40	84.70	115.00	150.00	182.00	383.00	1.05	7.21
绥阳县	6808	104.26	102.32	99.41	1.31	0.98	108.00	99.25	15.75	40.80	50.00	59.40	84.30	116.00	170.00	242.00	8131.00	71.06	5566.86
正安县	7443	100.63	25.16	97.76	1.27	0.25	102.00	100.00	14.00	24.00	49.60	57.60	85.30	113.00	152.00	194.00	452.00	1.99	18.12
道真县	5302	99.38	29.28	96.92	1.25	0.29	101.00	98.50	12.50	32.40	45.00	59.40	85.80	111.00	143.00	159.00	1582.00	24.86	1242.53
务川县	7162	101.03	24.17	98.57	1.25	0.24	104.00	99.40	13.60	32.90	53.40	63.10	86.00	113.00	150.00	181.00	782.00	4.34	95.83
凤冈县	6238	106.22	29.84	103.02	1.27	0.28	101.00	103.00	14.00	24.80	52.00	64.40	89.60	117.00	169.00	231.00	798.00	4.81	72.97
湄潭县	6519	110.23	35.08	105.54	1.34	0.32	107.00	105.00	18.20	0.65	51.50	61.10	87.90	125.00	195.00	262.00	459.00	2.12	10.83
余庆县	4508	102.48	46.21	96.41	1.38	0.45	102.00	93.70	15.90	32.00	46.90	55.10	79.40	112.00	215.00	328.00	1074.00	6.01	78.34
习水县	7545	97.88	50.97	91.88	1.40	0.52	101.00	92.50	17.50	1.29	34.90	46.00	76.40	112.00	163.00	306.00	1798.00	14.12	370.69
赤水市	2365	74.39	19.63	71.72	1.32	0.26	102.00	74.40	14.60	26.60	32.70	39.90	59.00	88.00	111.00	122.00	238.00	0.36	1.37
仁怀市	5592	96.53	37.21	92.20	1.35	0.39	104.00	93.10	17.90	20.00	38.10	49.60	77.00	114.00	153.00	205.00	1798.00	18.09	787.22
六盘水市	31641	160.29	215.52	142.48	1.54	1.34	163.30	145.71	31.57	1.36	42.21	57.48	113.66	176.82	330.56	707.79	24626.00	67.60	6629.89
钟山区	1398	294.73	378.63	232.29	1.80	1.28	155.43	214.15	66.20	39.71	56.04	93.50	155.75	306.18	984.03	2150.20	7542.60	10.01	144.47
六枝特区	7665	131.35	57.06	121.30	1.51	0.43	170.17、148.30	131.53	35.96	17.42	34.20	49.90	92.55	164.71	234.08	305.03	2393.00	9.20	331.87
水城区	10055	170.37	333.92	147.38	1.58	1.96	182.60	152.10	33.23	11.85	41.94	54.60	120.06	186.88	348.26	815.23	24626.00	54.51	3574.15
盘州市	12523	154.89	84.93	144.88	1.41	0.55	108.30、123.00、132.70	143.75	26.52	1.36	51.03	79.00	118.31	171.96	290.67	492.68	4079.70	15.94	520.89
安顺市	28010	117.19	85.97	106.89	1.50	0.73	106.00	107.00	26.70	4.00	35.30	50.20	82.80	137.00	243.00	362.00	9042.00	45.41	4248.60
西秀区	6982	110.96	52.92	102.22	1.51	0.48	106.00	104.00	25.90	4.00	28.10	44.40	80.60	133.00	214.00	295.00	2012.00	9.66	283.54

续表

行政区名称	样品件数/个	算术 平均值	算术 标准差	几何 平均值	几何 标准差	变异系数	众值	中位值	中位绝对离差	最小值	累积频率值 0.5%	2.5%	25%	75%	97.5%	99.5%	最大值	偏度系数	峰度系数
平坝区	3877	125.25	39.85	119.15	1.38	0.32	107.00	119.00	25.30	23.20	47.10	62.50	96.50	150.00	215.00	253.00	395.00	0.78	1.05
普定县	3689	136.85	196.58	116.60	1.59	1.44	72.00	118.00	31.00	10.00	39.90	56.00	86.00	147.00	302.00	1102.00	9042.00	28.07	1165.77
镇宁县	4716	108.07	36.18	102.23	1.40	0.33	122.00	106.50	27.05	34.80	45.70	52.90	78.60	132.80	180.00	227.80	476.40	1.00	4.88
关岭县	3393	112.22	49.16	103.40	1.49	0.44	133.00、102.00	99.50	26.70	27.10	39.90	50.30	78.60	135.00	236.00	312.00	581.00	1.78	6.30
紫云县	5353	117.13	64.14	104.77	1.57	0.55	104.00	101.00	22.30	4.00	32.70	46.90	80.40	126.00	311.00	389.00	579.00	2.22	6.14
毕节市	96512	144.02	153.80	125.70	1.57	1.07	134.00	124.00	30.00	10.80	43.50	58.50	94.20	154.00	353.00	760.00	9967.00	25.16	1097.65
七星关区	12878	113.97	60.63	107.38	1.39	0.53	124.00	109.00	21.90	22.80	38.70	55.40	87.80	131.00	198.00	294.00	3435.00	23.36	1000.06
大方县	12297	107.32	32.69	102.61	1.35	0.30	129.00	103.00	22.90	10.80	44.20	55.80	83.40	130.00	172.00	225.00	518.00	1.20	6.56
黔西县	10371	96.70	28.87	92.87	1.33	0.30	104.00	92.30	18.20	27.20	41.40	53.20	76.40	114.00	155.00	190.00	567.00	2.19	22.37
金沙县	8365	104.89	35.56	100.19	1.34	0.34	101.00	99.10	19.40	23.30	45.90	57.40	82.60	123.00	174.00	270.00	726.00	3.38	31.61
织金县	9920	135.18	97.06	125.51	1.41	0.72	134.00	128.00	22.00	16.40	49.80	66.00	104.00	148.00	227.00	598.00	4941.00	22.36	864.30
纳雍县	9498	133.70	87.63	124.00	1.42	0.66	138.00	128.00	22.00	13.80	42.80	61.40	103.00	146.00	227.00	590.00	3112.00	14.21	328.54
威宁县	25748	184.52	140.01	161.78	1.62	0.76	138.00	156.50	39.50	24.80	42.30	61.00	124.00	210.00	452.00	896.00	6692.00	12.86	392.36
赫章县	7435	251.54	424.23	193.49	1.75	1.69	134.00	169.00	38.01	31.03	70.15	92.57	138.28	234.00	855.29	2782.00	9967.00	12.46	209.51
铜仁市	49327	108.56	125.12	101.54	1.36	1.15	101.00	99.50	13.50	23.20	49.63	60.77	86.70	114.00	201.00	412.00	22562.00	122.74	21212.30
碧江区	2270	120.33	79.21	110.00	1.44	0.66	101.00	104.00	15.00	29.60	49.80	64.04	90.90	121.00	311.00	526.00	1315.00	7.45	83.37
万山区	1537	128.36	52.00	121.15	1.38	0.41	114.77	119.24	22.76	43.07	53.99	66.44	98.81	146.22	236.06	395.18	703.20	3.86	28.52
江口县	2896	109.41	84.31	101.83	1.39	0.77	104.00、102.00	100.00	15.05	26.40	41.50	56.80	85.74	116.00	210.00	453.00	3657.00	27.49	1096.04
玉屏县	1474	146.61	92.14	134.40	1.46	0.63	125.00	129.00	28.50	47.80	59.50	72.90	104.00	165.00	293.00	628.00	1813.00	9.11	129.79
石阡县	5923	98.69	29.47	95.45	1.28	0.30	103.46、106.72、102.90	95.15	12.13	23.20	48.53	59.09	83.19	107.38	165.07	233.16	628.65	4.38	50.06
思南县	7444	96.54	25.75	93.81	1.27	0.27	101.00	96.20	12.50	28.40	46.90	56.20	82.40	107.90	146.00	183.00	891.00	5.88	136.73
印江县	5410	96.39	22.37	94.40	1.22	0.23	100.50	95.97	10.15	35.58	52.15	61.37	85.13	105.50	135.32	194.87	554.22	5.45	82.62
德江县	6664	100.00	35.76	96.75	1.27	0.36	94.70、104.10	97.60	12.89	23.36	48.23	59.89	84.47	110.25	154.07	207.60	1347.60	15.45	446.81
沿河县	8342	103.68	262.36	95.92	1.31	2.53	102.00	95.70	12.30	34.98	51.90	60.80	83.50	108.00	154.00	314.00	22562.00	77.23	6483.64
松桃县	7367	135.15	124.35	120.66	1.46	0.92	103.00、108.00	112.01	16.21	45.40	63.40	74.70	98.30	133.00	356.00	911.00	3291.00	10.81	170.61
黔东南州	43188	104.47	112.02	91.87	1.53	1.07	101.00	87.89	17.63	11.77	36.20	46.20	72.04	108.00	260.70	579.00	8569.00	25.19	1248.59
凯里市	3931	148.88	266.40	112.80	1.81	1.79	102.10、114.50	97.94	25.66	13.70	38.93	49.05	77.29	145.50	457.10	1512.00	8569.00	16.27	387.62
黄平县	4447	101.74	70.31	91.52	1.51	0.69	96.59、99.28、109.30	87.21	18.26	18.10	35.78	45.61	71.31	110.68	241.00	491.89	2050.00	9.61	181.64
施秉县	2380	113.03	54.06	104.17	1.48	0.48	103.00	103.00	23.70	32.80	40.20	48.70	80.80	130.00	234.00	380.00	783.00	3.73	29.22
三穗县	1756	91.18	41.87	85.77	1.38	0.46	101.94、85.48、87.48	83.85	13.23	26.07	37.13	48.67	71.76	99.33	201.20	381.80	499.70	4.81	33.70
镇远县	3306	144.55	176.09	117.40	1.68	1.22	101.00	108.00	22.90	23.90	45.80	56.30	88.40	137.00	555.00	1225.00	3529.00	8.48	104.55
岑巩县	2613	117.52	49.55	110.84	1.38	0.42	101.00	108.12	19.88	28.40	50.10	62.60	90.80	131.58	225.00	352.00	1135.00	5.62	79.41
天柱县	3205	82.17	24.11	79.70	1.27	0.29	101.00	79.50	11.70	21.02	41.02	50.80	68.80	92.27	124.35	188.00	685.00	6.98	136.76

续表

行政区名称	样品件数/个	算术平均值	算术标准差	几何平均值	几何标准差	变异系数	众值	中位值	中位绝对离差	最小值	0.5%	2.5%	25%	75%	97.5%	99.5%	最大值	偏度系数	峰度系数
锦屏县	1747	82.18	19.12	79.88	1.28	0.23	109.44、62.00、86.68	81.99	12.57	25.83	36.23	45.26	69.23	94.29	122.20	137.16	220.00	0.39	1.76
剑河县	2859	86.40	39.24	82.66	1.31	0.45	102.00	82.50	12.30	32.50	44.50	51.40	70.40	95.10	140.00	236.00	1050.00	12.42	238.98
台江县	1096	109.40	176.45	89.36	1.58	1.61	77.84、103.51、132.60	85.15	15.87	30.72	41.23	47.96	69.84	102.10	253.20	1400.00	3050.00	10.78	135.13
黎平县	4512	78.18	21.34	75.35	1.32	0.27	101.00	78.20	13.70	26.70	33.10	40.50	64.00	91.30	118.00	139.00	472.00	1.81	27.32
榕江县	2429	75.25	17.71	73.12	1.28	0.24	100.53、94.30	74.89	13.09	31.51	37.73	44.23	61.97	88.08	108.15	120.99	171.46	0.28	0.23
从江县	3291	76.47	22.28	73.10	1.36	0.29	116.48	76.28	14.52	11.77	27.43	35.45	61.59	90.69	118.72	147.04	288.70	0.69	4.28
雷山县	1609	89.20	18.42	87.42	1.22	0.21	101.50	88.37	11.73	28.45	48.93	57.25	77.01	100.90	124.10	139.50	349.46	1.95	24.48
麻江县	2337	136.56	84.06	121.66	1.56	0.62	106.00	116.00	27.60	19.00	44.00	54.70	92.90	152.00	359.00	601.00	1040.00	3.89	23.94
丹寨县	1670	141.57	132.67	115.94	1.76	0.94	152.03、114.07、212.37	101.99	27.37	29.98	37.26	50.37	80.91	156.41	455.98	888.57	1752.00	5.78	51.71
黔南州	49281	97.92	96.41	83.16	1.73	0.98	102.00	85.20	24.30	3.53	15.70	24.80	62.40	112.00	254.00	427.00	8450.00	28.82	1733.53
都匀市	4595	122.49	187.31	89.19	2.05	1.53	102.00	90.10	33.90	4.21	12.80	21.80	59.00	128.00	402.00	1229.00	4983.00	11.80	209.59
福泉市	4085	117.48	68.53	106.74	1.50	0.58	101.00	100.00	21.00	27.50	43.10	55.40	82.80	131.00	279.00	503.00	1213.00	5.28	50.63
荔波县	2368	79.45	41.79	69.71	1.70	0.53	101.00	76.35	22.30	9.24	15.20	21.00	52.10	97.20	192.00	253.00	477.00	1.94	8.75
贵定县	3543	79.81	57.28	71.21	1.60	0.72	100.00	73.80	19.00	3.53	14.30	25.50	55.80	93.97	164.00	313.00	2206.00	17.24	561.91
瓮安县	5984	122.10	77.93	110.77	1.50	0.64	101.00	105.00	23.00	26.30	45.10	56.40	86.20	136.00	297.00	496.00	2735.00	10.31	249.48
独山县	4778	87.30	154.89	71.93	1.78	1.77	102.00	74.40	24.80	5.97	14.40	21.00	52.00	103.00	199.00	410.00	8450.00	41.05	2033.49
平塘县	4510	90.21	53.56	76.32	1.82	0.59	102.00	80.20	27.15	6.73	12.30	20.10	53.80	109.00	233.00	300.00	448.00	1.49	3.01
罗甸县	4137	106.34	62.52	94.36	1.59	0.59	101.00	90.00	21.00	17.30	28.80	41.80	71.50	116.00	301.00	396.00	539.00	2.55	8.11
长顺县	3960	103.15	55.07	91.66	1.62	0.53	103.00	91.50	24.00	13.50	22.50	33.40	69.20	118.00	261.00	326.00	662.00	2.05	7.24
龙里县	2908	75.69	41.00	69.22	1.54	0.54	102.00	73.05	16.75	7.66	14.60	24.90	56.60	90.30	143.00	185.00	1557.00	16.91	588.88
惠水县	5013	78.49	49.59	66.09	1.81	0.63	106.00	68.90	25.00	6.46	12.40	18.80	45.60	97.00	211.00	307.00	624.00	2.17	8.67
三都县	3400	86.79	105.58	77.60	1.50	1.22	132.00	78.00	17.70	16.40	25.30	36.50	61.30	96.90	172.00	372.00	4745.00	30.30	1203.66
黔西南州	45445	123.91	123.63	109.26	1.58	1.00	108.00	108.00	28.80	7.80	36.10	48.10	81.30	140.00	287.00	461.00	10038.00	37.76	2467.48
兴义市	8758	139.22	68.27	125.51	1.56	0.49	108.00	121.00	35.00	25.90	45.60	57.80	90.70	168.00	307.00	378.00	1035.00	1.58	5.29
兴仁市	6850	107.63	31.55	103.07	1.35	0.29	108.00	105.00	20.10	7.80	36.00	55.30	85.80	127.00	176.00	216.00	402.00	0.94	3.83
普安县	5049	151.34	248.30	120.05	1.68	1.64	122.00	115.00	20.80	18.50	35.90	53.70	93.80	135.00	575.00	1372.00	8281.00	15.75	387.74
晴隆县	3890	126.64	183.44	112.09	1.53	1.45	126.00	119.00	26.00	17.30	29.60	47.10	88.10	140.00	263.00	509.00	9744.00	40.03	1991.16
贞丰县	6020	120.51	55.42	109.68	1.54	0.46	104.00	109.00	33.05	9.12	34.50	49.50	80.50	149.00	248.00	329.00	757.00	1.89	10.15
望谟县	5419	92.57	58.92	83.45	1.50	0.64	106.00	80.40	16.30	24.40	36.10	43.90	65.10	97.90	280.00	390.00	1595.00	6.19	91.95
册亨县	3617	103.00	66.35	88.65	1.68	0.64	103.00	81.50	24.20	15.40	29.10	39.10	61.00	119.00	292.00	371.00	863.00	2.35	9.21
安龙县	5842	140.02	152.30	125.34	1.55	1.09	132.00	128.00	35.00	22.60	41.60	53.00	93.70	164.00	287.00	375.00	10038.00	49.32	3102.35
贵州省	454431	118.93	124.40	105.60	1.55	1.05	101.00	103.00	24.00	0.65	29.30	47.00	82.20	132.91	273.00	515.00	24626.00	24626.00	7710.01

表 2.22　贵州省各行政区耕地土壤有机质地球化学参数

（单位：g/kg）

行政区名称	样品件数/个	算术		几何		变异系数	众值	中位值	中位绝对离差	最小值	累积频率值						最大值	偏度系数	峰度系数
		平均值	标准差	平均值	标准差						0.5%	2.5%	25%	75%	97.5%	99.5%			
贵阳市	25182	33.22	13.01	31.11	1.43	0.39	27.80	30.50	6.60	3.38	11.00	16.20	24.80	38.40	66.70	90.20	191.20	1.87	6.80
南明区	343	29.81	9.23	28.48	1.36	0.31	29.70、26.10	28.20	4.80	3.38	11.00	16.70	23.90	33.80	52.40	64.70	74.90	1.30	3.33
云岩区	64	37.00	18.99	32.36	1.73	0.51	41.80	33.70	10.35	4.30	4.30	9.60	22.90	43.60	79.60	100.80	100.80	1.12	1.43
花溪区	3142	36.96	14.53	34.40	1.47	0.39	35.50	34.50	8.00	4.70	9.70	16.30	27.20	43.50	74.70	93.70	130.60	1.36	3.23
乌当区	1963	33.44	9.86	32.09	1.33	0.29	27.90	31.70	5.80	5.40	13.70	18.70	26.30	38.50	56.80	68.70	96.30	1.10	2.47
白云区	520	36.68	12.27	34.59	1.44	0.33	31.30、30.60、29.60	34.70	6.50	3.41	6.10	16.50	29.20	42.60	62.90	89.20	97.40	1.17	3.98
观山湖区	406	45.50	20.08	42.14	1.46	0.44	42.00、29.50、48.90	40.60	8.30	11.90	13.60	22.10	33.30	49.90	104.70	124.90	137.10	1.93	4.37
开阳县	6836	29.91	10.36	28.42	1.37	0.35	24.10	27.60	5.20	3.70	12.80	16.40	23.10	34.20	55.40	69.90	191.20	2.09	13.37
息烽县	3034	26.90	9.42	25.50	1.38	0.35	23.90	25.20	4.60	6.40	9.90	13.50	21.00	30.60	51.10	69.00	100.70	1.72	5.88
修文县	4037	33.78	13.63	31.52	1.45	0.40	27.70	30.90	6.40	3.90	9.60	15.40	25.30	38.70	67.70	98.20	134.20	1.96	7.13
清镇市	4837	37.66	14.04	35.53	1.39	0.37	29.70	34.60	6.10	6.50	14.40	19.70	29.10	41.80	77.30	96.20	131.10	1.79	4.67
遵义市	85841	28.43	12.72	26.24	1.49	0.45	22.80	26.00	6.00	0.87	7.95	12.30	20.70	33.30	57.80	84.20	418.30	3.33	33.99
红花岗区	1539	31.13	11.58	29.20	1.43	0.37	33.00、27.60、36.20	28.60	6.30	1.70	11.40	15.10	23.10	36.20	61.70	72.90	90.00	1.25	2.15
汇川区	3926	31.35	13.16	29.22	1.44	0.42	25.60	28.60	6.20	3.07	11.40	15.00	22.90	36.20	64.30	87.60	167.30	2.52	13.70
播州区	11106	31.57	12.87	29.46	1.44	0.41	23.50	28.90	6.80	2.30	10.80	14.90	23.10	37.40	62.00	77.70	418.30	3.77	77.11
桐梓县	9788	29.87	15.20	27.17	1.53	0.51	28.40	27.10	6.80	2.90	8.50	11.70	21.10	35.10	64.30	104.40	264.00	3.69	29.90
绥阳县	6808	30.33	10.66	28.69	1.39	0.35	26.50	28.60	6.00	2.30	11.90	15.40	23.10	35.50	55.60	70.60	127.40	1.65	6.95
正安县	7443	28.08	13.31	25.85	1.48	0.47	22.20	24.80	5.70	3.90	10.70	13.50	19.90	32.20	62.20	93.60	200.30	2.87	16.09
道真县	5302	25.66	8.77	24.34	1.38	0.34	21.10	24.10	4.90	5.95	10.60	13.20	19.60	29.80	47.50	59.40	96.10	1.42	3.89
务川县	7162	26.25	9.29	24.88	1.38	0.35	21.40	24.20	4.80	3.90	11.20	14.00	20.00	30.20	50.30	64.60	83.20	1.67	4.55
凤冈县	6238	26.16	10.00	23.96	1.61	0.38	22.90	24.90	5.40	0.87	1.91	8.60	20.10	31.10	50.10	64.30	115.20	1.03	3.63
湄潭县	6519	27.42	9.69	25.94	1.40	0.35	24.70	25.80	5.00	2.30	9.50	13.50	21.20	31.50	50.70	64.70	148.20	2.03	11.89
余庆县	4508	25.92	9.02	24.49	1.40	0.35	21.10	24.30	4.80	2.50	9.25	12.70	19.80	30.20	48.60	59.10	97.30	1.24	2.90
习水县	7545	26.95	15.74	23.85	1.63	0.58	22.20、17.60、21.10	24.10	7.30	1.80	5.90	9.30	17.40	32.40	62.00	105.80	244.00	3.88	30.64
赤水市	2365	22.00	9.70	20.07	1.54	0.44	15.20	20.10	5.70	3.00	5.70	8.70	15.20	26.70	46.50	56.90	68.90	1.13	1.48
仁怀市	5592	30.90	16.96	28.00	1.53	0.55	24.70	27.70	6.60	3.30	8.50	12.50	21.80	35.40	68.20	126.30	225.70	4.01	26.97
六盘水市	31641	48.02	26.80	42.94	1.58	0.56	37.93	42.06	10.79	1.76	11.80	17.92	32.64	55.12	119.77	181.46	420.34	3.24	20.28
钟山区	1398	47.65	21.03	43.69	1.52	0.44	33.13	44.24	10.46	5.49	10.43	18.65	34.09	55.13	106.74	137.14	164.96	1.69	4.64
六枝特区	7665	50.01	29.87	44.13	1.61	0.60	37.93	42.36	11.15	3.06	12.85	18.60	32.80	56.89	132.50	191.66	413.34	2.99	15.72
水城区	10055	49.25	25.43	44.66	1.54	0.52	37.93、35.90	44.21	11.11	4.02	12.99	19.51	34.50	57.44	112.70	167.45	369.89	3.37	23.13
盘州市	12523	45.85	26.30	40.83	1.60	0.57	37.93	40.03	10.03	1.76	10.10	16.36	31.20	52.20	116.31	177.30	420.34	3.41	22.46
安顺市	28010	35.13	14.90	32.54	1.48	0.42	30.80	32.50	7.40	0.50	9.71	14.80	25.80	41.00	71.40	100.20	243.24	2.34	13.54
西秀区	6982	36.82	14.68	34.13	1.49	0.40	30.30、27.70、34.20	34.50	8.10	0.74	7.80	15.10	27.20	43.60	72.80	94.90	219.00	1.62	8.22

续表

行政区名称	样品件数 /个	算术 平均值	算术 标准差	几何 平均值	几何 标准差	变异系数	众值	中位值	中位绝对离差	最小值	累积频率值						最大值	偏度系数	峰度系数
											0.5%	2.5%	25%	75%	97.5%	99.5%			
平坝区	3874	36.75	13.28	34.74	1.39	0.36	30.80	33.50	6.40	2.00	13.10	19.40	28.30	42.00	72.10	94.10	136.30	1.73	5.09
普定县	3686	41.53	21.91	37.56	1.54	0.53	37.70、24.19、28.50	36.32	8.95	8.57	12.70	17.52	28.50	47.45	101.71	155.04	243.24	2.75	12.14
镇宁县	4712	34.45	13.77	31.86	1.50	0.40	38.00	32.81	8.02	4.10	9.66	13.30	25.24	41.20	68.00	83.30	149.48	1.23	3.86
关岭县	3393	31.90	13.06	29.37	1.52	0.41	27.10	30.60	8.10	4.10	8.80	12.00	22.80	38.80	62.40	85.90	105.50	1.12	2.68
紫云县	5353	29.98	8.93	28.71	1.35	0.30	28.20	28.70	5.20	0.50	11.80	16.10	24.00	34.80	50.80	61.60	111.40	1.09	3.60
毕节市	96511	37.22	18.02	33.87	1.53	0.48	30.20	33.20	8.20	0.11	10.10	14.80	26.10	43.40	84.80	117.80	387.70	2.48	14.63
七星关区	12877	34.58	14.11	32.27	1.45	0.41	32.00	32.30	6.40	2.70	9.10	14.40	26.50	39.60	69.40	99.00	267.40	2.79	19.90
大方县	12297	35.29	15.69	32.71	1.46	0.44	26.50	31.30	6.60	3.80	11.60	17.20	25.80	40.00	75.40	109.20	245.20	2.46	11.16
黔西县	10371	33.41	14.41	31.27	1.42	0.43	26.50	30.50	6.00	1.90	12.70	16.90	25.20	37.50	68.80	109.50	323.70	3.81	33.87
金沙县	8365	30.14	14.03	27.76	1.49	0.47	24.70	27.50	5.90	2.70	7.40	12.50	22.20	34.50	65.00	98.20	249.80	3.47	27.85
织金县	9920	46.46	22.29	42.29	1.53	0.48	34.70	40.70	10.50	1.60	16.60	20.70	31.60	54.30	106.70	137.40	233.00	1.84	5.15
纳雍县	9498	43.08	22.66	38.80	1.55	0.53	33.60	37.00	9.70	5.30	13.80	17.80	28.90	50.10	101.70	134.80	387.70	2.87	21.15
威宁县	25748	36.99	17.41	33.51	1.56	0.47	30.20	33.80	9.20	2.50	9.50	13.30	25.50	44.60	80.20	105.60	296.00	1.92	9.96
赫章县	7435	39.25	18.09	35.34	1.62	0.46	36.40、38.70	37.00	10.60	0.11	8.22	13.24	26.89	48.20	83.60	110.90	200.30	1.41	4.56
铜仁市	49327	25.66	10.38	23.74	1.50	0.40	22.80	24.50	5.60	1.17	6.13	9.20	19.17	30.40	50.32	65.80	283.40	2.25	25.29
碧江区	2270	26.17	10.38	24.05	1.55	0.40	28.40	25.30	5.80	2.10	4.20	8.05	19.50	31.10	51.10	62.80	122.00	1.14	4.78
万山区	1537	26.63	11.65	24.38	1.53	0.44	19.10	24.28	6.12	1.71	6.42	10.20	18.94	31.50	57.86	70.47	89.56	1.37	2.68
江口县	2896	28.82	11.52	26.60	1.52	0.40	28.10	27.50	6.30	3.90	5.00	9.60	21.50	34.10	56.00	79.40	104.70	1.37	4.80
玉屏县	1474	26.38	9.87	24.60	1.47	0.37	19.10	25.10	5.81	2.20	7.41	10.40	19.50	31.60	51.10	60.90	75.10	0.96	1.62
石阡县	5923	26.94	12.04	24.13	1.65	0.45	30.34	26.11	6.48	1.84	5.24	7.00	19.85	32.79	55.05	70.52	148.45	1.13	4.71
思南县	7444	23.96	8.87	22.42	1.45	0.37	19.00	23.00	4.80	2.10	6.20	9.60	18.40	28.20	44.60	57.80	130.80	1.63	9.22
印江县	5410	24.00	8.61	22.36	1.48	0.36	18.30	24.30	5.36	4.00	6.50	8.82	18.21	29.10	42.56	55.60	77.08	0.65	2.07
德江县	6664	25.12	10.66	23.11	1.53	0.42	22.76	24.65	5.69	1.17	5.89	8.68	18.46	29.94	49.50	71.00	277.91	3.25	51.82
沿河县	8342	23.53	9.72	22.14	1.41	0.41	22.50	22.03	4.47	4.40	8.50	11.30	18.00	27.20	44.40	59.40	283.40	6.31	113.69
松桃县	7367	28.70	10.14	27.05	1.42	0.35	22.30	27.10	5.70	2.70	8.70	13.70	21.90	33.60	54.00	66.80	107.10	1.22	2.95
黔东南州	43188	33.64	14.26	30.93	1.51	0.42	24.10	30.32	8.25	1.00	9.80	14.10	23.62	41.60	69.30	86.70	168.26	1.23	2.46
凯里市	3931	31.10	12.63	28.91	1.46	0.41	24.14、23.96、22.41	27.23	6.23	5.14	11.03	14.54	22.76	37.92	61.93	73.57	168.26	1.49	5.17
黄平县	4447	27.55	11.05	25.54	1.48	0.40	23.96	25.52	5.52	3.79	7.23	11.21	20.69	32.15	53.10	72.06	95.68	1.33	3.33
施秉县	2380	29.22	12.48	26.93	1.50	0.43	18.30、22.80	26.40	6.50	1.00	10.20	13.60	20.70	34.00	62.10	74.60	97.60	1.38	2.23
三穗县	1756	22.68	9.01	21.20	1.43	0.40	35.86、23.10、35.17	19.90	4.20	5.48	9.24	11.39	16.66	26.85	46.46	53.96	83.44	1.50	3.17
镇远县	3306	28.89	11.33	26.97	1.44	0.39	24.70	26.20	6.20	6.60	11.20	14.30	20.90	34.10	56.40	68.80	96.50	1.31	2.35
岑巩县	2613	28.06	9.40	26.59	1.39	0.34	27.60	26.90	5.50	3.60	8.60	14.00	21.70	32.60	51.40	64.00	77.90	1.10	2.30
天柱县	3205	29.24	9.63	27.78	1.38	0.33	28.30、30.00	27.40	5.70	6.03	10.99	15.31	22.41	34.10	51.40	62.10	90.75	1.09	2.24

续表

行政区名称	样品件数/个	算术		几何		变异系数	众值	中位值	中位绝对离差	最小值	累积频率值						最大值	偏度系数	峰度系数
		平均值	标准差	平均值	标准差						0.5%	2.5%	25%	75%	97.5%	99.5%			
锦屏县	1747	36.38	12.49	34.10	1.46	0.34	41.38	35.51	9.14	3.97	6.90	15.34	26.72	44.82	62.41	75.86	88.96	0.46	0.35
剑河县	2859	42.71	17.81	39.11	1.54	0.42	31.40	39.80	11.10	3.40	9.80	16.40	29.30	52.40	84.30	95.50	148.20	0.85	0.72
台江县	1096	39.17	16.62	35.94	1.52	0.42	26.72、28.27	37.04	11.51	6.69	12.29	16.26	25.52	48.39	78.05	95.14	124.71	0.99	1.25
黎平县	4512	37.86	14.93	35.17	1.47	0.39	33.40、29.50	35.00	8.70	4.60	11.00	16.10	27.50	45.70	75.30	91.50	119.10	1.14	1.95
榕江县	2429	34.73	10.30	33.24	1.35	0.30	24.31	33.15	5.91	5.94	11.55	17.76	28.27	40.45	57.84	71.27	96.01	0.92	2.27
从江县	3291	38.73	15.59	35.71	1.51	0.40	27.93	36.12	9.71	4.83	8.45	15.00	27.41	47.20	77.04	93.56	115.51	0.94	1.29
雷山县	1609	45.48	14.34	43.41	1.36	0.32	44.38	43.89	7.58	13.62	16.55	23.33	35.95	51.28	84.13	97.23	106.96	1.14	2.06
麻江县	2337	37.95	16.21	34.83	1.52	0.43	27.60、26.20	34.00	9.30	5.20	10.30	15.20	26.20	46.90	79.10	90.30	154.50	1.19	2.58
丹寨县	1670	37.79	12.23	35.81	1.40	0.32	36.20	36.72	8.28	7.24	11.72	17.41	28.62	45.17	65.17	76.72	106.72	0.68	1.25
黔南州	49281	34.81	16.06	31.92	1.52	0.46	25.80	31.80	8.10	0.86	8.80	14.50	24.60	41.40	72.10	101.00	608.50	3.66	57.63
都匀市	4595	39.59	15.73	37.12	1.42	0.40	36.10、32.20	37.00	8.20	4.00	13.30	19.10	29.50	46.20	72.40	111.60	256.40	2.97	23.58
福泉市	4085	35.49	17.12	32.33	1.52	0.48	25.40、27.00	30.70	7.60	4.10	11.10	15.70	24.50	41.60	79.90	111.00	223.00	2.10	8.25
荔波县	2368	35.22	15.48	32.73	1.45	0.44	27.70、31.20	32.10	7.30	2.20	11.10	16.70	25.80	40.70	71.90	103.60	237.60	3.46	28.15
贵定县	3543	38.28	18.13	34.74	1.57	0.47	36.00、29.90、28.80	35.30	9.40	2.20	6.70	13.60	27.10	46.40	78.00	112.00	337.00	3.12	30.31
瓮安县	5984	34.45	17.01	31.55	1.49	0.49	25.00	30.10	7.00	3.80	11.70	16.30	24.10	39.80	76.00	121.00	228.00	3.10	18.72
独山县	4778	33.54	13.90	30.90	1.51	0.41	31.80、25.80	31.50	8.20	2.60	7.90	13.10	23.80	40.60	65.80	84.80	173.20	1.47	6.07
平塘县	4510	30.50	10.91	28.74	1.41	0.36	26.00、25.60、24.80	28.70	6.40	4.60	11.00	14.50	23.00	36.00	56.50	73.80	128.80	1.41	4.86
罗甸县	4137	25.96	10.92	24.02	1.50	0.42	24.70	24.40	5.60	1.24	5.80	10.20	19.30	30.60	51.40	72.40	215.00	2.86	28.17
长顺县	3960	34.87	15.17	32.14	1.49	0.43	27.40	31.20	7.80	3.60	10.80	15.80	24.50	41.60	72.60	95.20	161.20	1.76	5.91
龙里县	2908	40.71	20.99	36.54	1.62	0.52	41.00	37.40	10.00	1.85	5.70	12.50	28.40	49.30	82.80	125.00	440.90	4.41	56.61
惠水县	5013	34.60	16.87	31.95	1.49	0.49	35.20	32.20	7.90	1.50	9.50	14.70	25.00	41.10	67.70	98.50	608.50	9.82	280.16
三都县	3400	37.72	13.81	35.29	1.46	0.37	38.87	36.12	8.08	0.86	9.80	16.34	28.38	44.55	73.10	92.02	114.55	1.10	2.53
黔西南州	45445	33.96	13.38	31.69	1.45	0.39	29.00	31.70	7.30	3.50	10.80	15.50	25.00	39.90	67.70	91.60	170.60	1.63	5.31
兴义市	8758	34.21	12.02	32.16	1.43	0.35	36.90	32.90	7.20	3.60	9.30	15.10	26.00	40.60	62.00	76.40	161.20	1.09	3.93
兴仁市	6850	35.38	11.37	33.88	1.33	0.32	28.00	33.10	5.50	6.10	16.60	20.40	28.20	39.70	63.80	86.30	119.50	1.98	7.46
普安县	5049	42.27	16.18	39.65	1.42	0.38	34.50、36.20	38.70	8.00	5.80	14.90	20.40	31.60	48.50	85.20	109.00	149.20	1.51	3.33
晴隆县	3890	39.32	16.18	36.50	1.46	0.41	32.00	35.90	8.50	8.80	12.80	17.80	28.40	46.20	83.20	100.40	166.90	1.52	3.73
贞丰县	6020	30.11	11.24	28.18	1.44	0.37	22.40	28.30	7.10	3.60	10.50	14.10	21.90	36.30	56.30	73.40	97.90	1.12	2.38
望谟县	5419	26.02	8.49	24.74	1.38	0.33	23.40	24.90	4.70	4.80	8.40	12.20	20.70	30.20	46.20	59.90	103.40	1.35	4.99
册亨县	3617	29.05	11.35	27.26	1.42	0.39	24.20、23.30	26.10	5.30	3.50	11.40	14.90	21.80	33.40	59.50	79.30	102.30	1.78	4.71
安龙县	5842	35.54	13.20	33.49	1.41	0.37	28.10	33.30	6.90	3.74	13.60	17.50	27.10	41.30	68.20	95.40	170.60	1.91	7.95
贵州省	454431	33.78	16.70	30.67	1.54	0.49	28.40	30.30	7.80	0.11	8.40	13.20	23.50	39.80	74.80	110.40	608.50	3.09	27.10

表 2.23　贵州省各行政区耕地土壤 pH 地球化学参数

行政区名称	样品件数/个	算术平均值	算术标准差	几何平均值	几何标准差	变异系数	众值	中位值	中位绝对离差	最小值	累积频率值 0.5%	2.5%	25%	75%	97.5%	99.5%	最大值	偏度系数	峰度系数
贵阳市	25182	6.27	1.13	6.17	1.20	0.18	5.46	6.12	0.94	3.42	4.30	4.54	5.30	7.28	8.17	8.32	9.32	0.20	-1.20
南明区	343	6.56	0.97	6.49	1.16	0.15	6.72、6.01	6.59	0.79	4.37	4.57	4.83	5.80	7.36	8.08	8.15	8.33	-0.04	-1.09
云岩区	64	6.34	0.98	6.27	1.17	0.15	5.82	6.26	0.76	4.57	4.66	4.94	5.47	7.00	8.15	8.20	8.20	0.23	-1.00
花溪区	3142	6.05	1.14	5.94	1.21	0.19	4.91、4.60、4.82	5.85	0.94	3.62	4.11	4.37	5.05	7.05	8.03	8.20	8.44	0.25	-1.18
乌当区	1963	6.28	1.03	6.20	1.18	0.16	7.80	6.23	0.88	4.18	4.50	4.67	5.38	7.15	8.04	8.21	8.38	0.14	-1.16
白云区	520	6.22	1.10	6.13	1.19	0.18	4.89	6.01	0.88	4.23	4.37	4.64	5.27	7.17	8.18	8.29	8.39	0.36	-1.14
观山湖区	406	6.10	1.04	6.01	1.18	0.17	6.90	5.91	0.79	4.42	4.45	4.56	5.21	6.90	8.05	8.13	8.25	0.40	-1.04
开阳县	6836	6.35	1.11	6.25	1.19	0.17	5.64、5.58、5.46	6.22	0.94	3.42	4.48	4.68	5.38	7.37	8.18	8.31	9.32	0.20	-1.26
息烽县	3034	6.27	1.24	6.15	1.22	0.20	8.10	6.03	1.04	3.84	4.26	4.47	5.19	7.49	8.28	8.42	8.60	0.26	-1.30
修文县	4037	6.20	1.17	6.09	1.21	0.19	4.96	6.06	1.00	3.70	4.23	4.47	5.16	7.26	8.16	8.31	8.42	0.23	-1.22
清镇市	4837	6.36	1.07	6.27	1.18	0.17	7.98	6.22	0.87	3.82	4.40	4.65	5.49	7.34	8.15	8.28	8.44	0.17	-1.17
遵义市	85841	6.24	1.10	6.14	1.19	0.18	5.40	6.02	0.81	3.13	4.36	4.60	5.33	7.10	8.31	8.50	8.99	0.39	-0.96
红花岗区	1539	6.29	1.15	6.19	1.20	0.18	4.85	6.17	0.96	3.95	4.24	4.53	5.29	7.29	8.23	8.32	8.50	0.19	-1.18
汇川区	3926	6.11	1.06	6.02	1.19	0.17	5.31、5.40	5.91	0.79	3.13	4.33	4.54	5.22	6.92	8.10	8.31	8.53	0.39	-0.95
播州区	11106	6.59	1.13	6.49	1.19	0.17	8.06	6.58	1.03	3.68	4.38	4.65	5.61	7.68	8.31	8.47	8.76	-0.08	-1.23
桐梓县	9788	6.33	1.08	6.24	1.18	0.17	5.40、5.66	6.09	0.77	4.01	4.49	4.73	5.46	7.17	8.39	8.56	8.78	0.43	-0.94
绥阳县	6808	5.91	0.94	5.84	1.17	0.16	5.37、5.32	5.69	0.59	4.07	4.41	4.61	5.19	6.44	8.04	8.24	8.46	0.76	-0.26
正安县	7443	6.08	0.95	6.01	1.16	0.16	5.48	5.88	0.61	4.00	4.46	4.72	5.35	6.66	8.18	8.38	8.59	0.67	-0.40
道真县	5302	6.17	1.03	6.08	1.17	0.17	5.34	5.89	0.64	4.21	4.56	4.76	5.37	6.83	8.35	8.50	8.65	0.69	-0.54
务川县	7162	6.17	0.88	6.11	1.15	0.14	5.75、5.71	6.04	0.62	4.31	4.58	4.81	5.49	6.78	8.04	8.19	8.34	0.46	-0.61
凤冈县	6238	5.95	0.95	5.88	1.17	0.16	5.44	5.79	0.64	3.70	4.24	4.53	5.21	6.57	7.99	8.18	8.48	0.57	-0.49
湄潭县	6519	5.92	1.12	5.82	1.20	0.19	4.84	5.66	0.82	3.53	4.05	4.36	4.98	6.82	8.03	8.23	8.51	0.45	-1.00
余庆县	4508	6.46	1.20	6.35	1.21	0.19	8.16	6.33	1.05	3.96	4.35	4.58	5.40	7.61	8.34	8.47	8.99	0.11	-1.30
习水县	7545	6.56	1.21	6.44	1.21	0.18	8.12	6.43	1.07	3.22	4.46	4.70	5.48	7.74	8.50	8.64	8.94	0.14	-1.29
赤水市	2365	5.49	0.97	5.42	1.17	0.18	4.92	5.17	0.35	3.74	4.28	4.46	4.89	5.69	8.28	8.52	8.73	1.63	1.98
仁怀市	5592	6.61	1.17	6.50	1.20	0.18	8.10	6.58	1.04	3.88	4.44	4.67	5.58	7.70	8.42	8.56	8.76	-0.01	-1.26
六盘水市	31641	5.95	0.97	5.88	1.17	0.16	5.22	5.74	0.65	3.19	4.37	4.59	5.18	6.59	8.04	8.21	8.70	0.63	-0.54
钟山区	1398	5.93	1.02	5.84	1.18	0.17	4.91、5.20、5.28	5.66	0.68	3.19	4.41	4.58	5.08	6.67	8.05	8.22	8.38	0.60	-0.68
六枝特区	7665	6.17	1.02	6.09	1.18	0.17	5.13	6.01	0.78	3.39	4.35	4.62	5.32	6.95	8.07	8.21	8.70	0.35	-0.95
水城区	10055	5.85	0.99	5.77	1.18	0.17	4.92	5.61	0.63	3.23	4.32	4.53	5.06	6.46	8.08	8.24	8.54	0.76	-0.32
盘州市	12523	5.91	0.90	5.84	1.16	0.15	5.22	5.69	0.58	3.74	4.45	4.66	5.20	6.46	7.95	8.16	8.45	0.73	-0.30
安顺市	28010	6.27	1.05	6.18	1.18	0.17	5.72	6.18	0.82	3.28	4.25	4.54	5.43	7.09	8.14	8.32	9.13	0.17	-0.96
西秀区	6982	5.92	0.97	5.84	1.18	0.16	5.72	5.80	0.71	3.28	4.16	4.40	5.15	6.58	7.95	8.20	8.51	0.41	-0.60

续表

行政区名称	样品件数/个	算术		几何		变异系数	众值	中位值	中位绝对离差	最小值	累积频率值						最大值	偏度系数	峰度系数
		平均值	标准差	平均值	标准差						0.5%	2.5%	25%	75%	97.5%	99.5%			
平坝区	3874	6.22	0.93	6.15	1.16	0.15	5.73	6.15	0.71	3.98	4.36	4.64	5.50	6.91	7.94	8.11	9.13	0.18	-0.86
普定县	3686	6.66	0.93	6.59	1.16	0.14	5.61	6.72	0.74	3.32	4.54	4.85	5.94	7.43	8.12	8.25	8.58	-0.24	-0.83
镇宁县	4712	6.27	1.08	6.17	1.19	0.17	6.74、5.78、6.33	6.24	0.89	3.90	4.18	4.45	5.36	7.14	8.13	8.28	8.45	0.07	-1.05
关岭县	3393	6.85	1.18	6.74	1.20	0.17	8.08	7.10	0.95	3.89	4.29	4.62	5.82	7.97	8.31	8.44	8.61	-0.44	-1.15
紫云县	5353	6.12	0.92	6.05	1.16	0.15	5.58、5.40	5.99	0.64	3.99	4.49	4.67	5.41	6.74	8.05	8.26	8.56	0.44	-0.58
毕节市	96511	6.10	1.07	6.01	1.19	0.18	5.34	5.87	0.77	3.02	4.35	4.57	5.22	6.88	8.21	8.37	8.72	0.49	-0.84
七星关区	12878	6.04	1.14	5.94	1.20	0.19	4.92	5.75	0.82	3.80	4.25	4.45	5.09	6.95	8.22	8.40	8.67	0.49	-0.98
大方县	12297	6.17	1.10	6.07	1.19	0.18	5.22	5.96	0.82	3.71	4.38	4.57	5.25	6.99	8.24	8.37	8.66	0.42	-0.96
黔西县	10371	6.58	1.10	6.49	1.18	0.17	8.19	6.45	0.90	3.96	4.48	4.76	5.69	7.64	8.34	8.42	8.72	0.09	-1.18
金沙县	8365	6.22	1.13	6.12	1.20	0.18	5.22	6.05	0.89	3.02	4.22	4.50	5.27	7.14	8.25	8.42	8.70	0.29	-1.06
织金县	9920	6.18	0.99	6.10	1.17	0.16	5.27	6.07	0.75	3.38	4.33	4.59	5.38	6.90	8.09	8.24	8.48	0.30	-0.83
纳雍县	9497	6.00	1.00	5.92	1.18	0.17	5.02	5.81	0.71	3.32	4.38	4.59	5.19	6.68	8.13	8.30	8.56	0.56	-0.63
威宁县	25748	5.86	0.97	5.79	1.17	0.16	5.14	5.61	0.59	3.40	4.42	4.60	5.12	6.42	8.09	8.32	8.67	0.83	-0.19
赫章县	7435	6.09	1.02	6.00	1.18	0.17	5.02	5.91	0.80	4.16	4.40	4.58	5.21	6.89	8.03	8.22	8.54	0.37	-0.99
铜仁市	49327	6.15	1.07	6.06	1.18	0.17	5.18	5.89	0.74	3.20	4.42	4.66	5.27	6.95	8.16	8.31	8.92	0.50	-0.93
碧江区	2270	6.26	1.17	6.16	1.20	0.19	8.06、5.40	5.95	0.87	4.10	4.35	4.63	5.24	7.42	8.20	8.29	8.59	0.36	-1.29
万山区	1537	6.30	1.13	6.20	1.20	0.18	4.75、5.90	6.24	1.03	3.85	4.42	4.54	5.25	7.36	8.07	8.16	8.21	0.07	-1.33
江口县	2896	6.02	1.19	5.91	1.21	0.20	5.04	5.62	0.73	3.20	4.27	4.51	5.05	7.00	8.16	8.28	8.64	0.59	-1.05
玉屏县	1474	6.59	1.17	6.48	1.20	0.18	8.00	6.63	1.13	4.18	4.32	4.63	5.57	7.79	8.13	8.21	8.29	-0.21	-1.34
石阡县	5923	6.15	1.13	6.05	1.20	0.18	5.10	5.84	0.77	3.58	4.36	4.61	5.20	7.08	8.18	8.36	8.70	0.49	-1.06
思南县	7444	6.22	1.07	6.14	1.18	0.17	5.18	5.99	0.77	4.03	4.48	4.71	5.33	7.03	8.24	8.39	8.92	0.48	-0.94
印江县	5410	5.97	0.97	5.90	1.17	0.16	5.28	5.69	0.56	3.87	4.46	4.67	5.23	6.55	8.09	8.26	8.57	0.79	-0.36
德江县	6664	6.20	0.98	6.13	1.17	0.16	5.30	6.02	0.73	3.77	4.55	4.76	5.38	6.93	8.07	8.22	8.66	0.42	-0.93
沿河县	8342	6.11	1.00	6.03	1.17	0.16	5.36	5.84	0.62	3.99	4.54	4.73	5.33	6.74	8.18	8.30	8.80	0.68	-0.57
松桃县	7367	6.08	1.06	5.99	1.19	0.17	5.15	5.84	0.75	3.81	4.31	4.64	5.19	6.89	8.10	8.23	8.86	0.51	-0.92
黔东南州	42910	5.63	0.75	5.58	1.14	0.13	5.20	5.37	0.34	3.67	4.37	4.64	5.11	5.98	7.41	7.66	8.64	1.02	0.21
凯里市	3931	6.13	0.84	6.07	1.15	0.14	5.15、7.25	6.01	0.73	4.11	4.53	4.80	5.40	6.94	7.52	7.64	7.95	0.13	-1.27
黄平县	4447	6.01	0.86	5.95	1.15	0.14	7.20、5.49	5.87	0.70	3.96	4.34	4.59	5.31	6.82	7.46	7.64	7.95	0.14	-1.14
施秉县	2380	6.34	0.91	6.28	1.16	0.14	7.30	6.43	0.81	4.29	4.54	4.74	5.54	7.16	7.74	7.86	8.64	-0.14	-1.20
三穗县	1756	5.19	0.33	5.18	1.06	0.06	5.26	5.17	0.17	4.29	4.42	4.62	5.00	5.34	5.98	6.58	7.31	1.39	5.80
镇远县	3306	5.85	0.68	5.81	1.12	0.12	5.65	5.69	0.43	4.46	4.68	4.85	5.34	6.30	7.35	7.57	7.85	0.67	-0.32
岑巩县	2613	6.23	0.84	6.17	1.15	0.13	5.28	6.16	0.70	4.18	4.43	4.83	5.52	6.94	7.66	7.88	8.18	0.10	-1.05

续表

行政区名称	样品件数/个	算术 平均值	算术 标准差	几何 平均值	几何 标准差	变异系数	众值	中位值	中位绝对离差	最小值	累积频率值 0.5%	2.5%	25%	75%	97.5%	99.5%	最大值	偏度系数	峰度系数
天柱县	3205	5.30	0.39	5.29	1.07	0.07	5.18	5.25	0.20	4.09	4.45	4.69	5.07	5.48	6.24	6.97	7.40	1.25	3.62
锦屏县	1747	5.19	0.46	5.17	1.09	0.09	5.32	5.20	0.27	4.08	4.14	4.42	4.89	5.43	6.14	7.00	7.24	0.77	2.04
剑河县	2859	5.37	0.42	5.36	1.08	0.08	5.21	5.30	0.16	3.89	4.48	4.76	5.15	5.49	6.67	7.22	7.90	1.87	5.89
台江县	1096	5.41	0.67	5.38	1.12	0.12	5.16	5.21	0.25	4.14	4.24	4.59	5.01	5.55	7.30	7.51	7.59	1.48	1.82
黎平县	4512	5.24	0.35	5.23	1.07	0.07	5.28	5.23	0.17	3.67	4.21	4.48	5.06	5.41	5.99	6.68	7.46	0.64	4.61
榕江县	2429	5.10	0.26	5.09	1.05	0.05	5.05	5.07	0.13	4.14	4.34	4.63	4.95	5.21	5.65	6.15	7.00	1.36	7.75
从江县	3291	5.20	0.33	5.19	1.06	0.06	5.16	5.17	0.16	3.79	4.37	4.61	5.02	5.34	5.97	6.66	7.28	1.21	5.63
雷山县	1609	5.16	0.27	5.15	1.05	0.05	5.23	5.17	0.15	3.95	4.32	4.56	5.01	5.31	5.66	6.13	6.54	0.09	2.31
麻江县	2337	6.18	0.60	6.17	1.11	0.10	6.03	6.21	0.43	3.89	4.57	4.98	5.77	6.61	7.29	7.49	7.65	-0.22	-0.26
丹寨县	1670	5.48	0.62	5.45	1.11	0.11	5.24	5.33	0.32	4.10	4.34	4.61	5.06	5.76	7.05	7.59	7.86	1.11	1.23
黔南州	49281	5.83	0.97	5.76	1.18	0.17	5.20	5.63	0.63	3.00	4.08	4.37	5.09	6.46	7.90	8.14	8.78	0.58	-0.49
都匀市	4595	5.69	0.82	5.63	1.15	0.14	5.10	5.51	0.48	3.43	4.28	4.53	5.10	6.12	7.78	8.12	8.56	0.94	0.52
福泉市	4085	6.04	1.13	5.94	1.21	0.19	5.01	5.92	0.95	3.72	4.05	4.26	5.05	7.03	7.95	8.12	8.60	0.16	-1.18
荔波县	2368	5.60	0.75	5.56	1.14	0.13	5.26	5.48	0.46	3.63	4.14	4.46	5.07	6.03	7.41	7.79	8.34	0.75	0.33
贵定县	3543	5.84	1.05	5.75	1.19	0.18	5.45	5.64	0.69	3.69	4.02	4.26	5.04	6.51	7.96	8.16	8.48	0.53	-0.63
瓮安县	5984	5.95	1.10	5.85	1.20	0.19	5.00	5.73	0.83	3.37	4.02	4.29	5.04	6.82	8.00	8.19	8.54	0.36	-0.99
独山县	4778	5.67	0.91	5.60	1.17	0.16	5.43	5.47	0.51	3.11	3.96	4.32	5.03	6.14	7.80	8.11	8.45	0.79	0.11
平塘县	4510	5.89	0.85	5.84	1.15	0.14	5.18	5.71	0.54	4.10	4.44	4.68	5.24	6.42	7.84	8.05	8.40	0.71	-0.23
罗甸县	4137	6.05	1.08	5.95	1.20	0.18	5.64	6.01	0.85	3.62	3.95	4.20	5.17	6.87	7.99	8.22	8.44	0.10	-0.95
长顺县	3960	5.83	0.85	5.77	1.15	0.15	5.42	5.74	0.61	4.08	4.30	4.51	5.17	6.40	7.68	7.95	8.37	0.45	-0.48
龙里县	2908	5.93	0.99	5.85	1.18	0.17	5.38	5.75	0.64	3.00	4.10	4.40	5.19	6.54	7.96	8.16	8.55	0.51	-0.54
惠水县	5013	5.84	0.91	5.78	1.16	0.16	5.08	5.61	0.53	3.92	4.25	4.53	5.19	6.36	7.92	8.19	8.78	0.78	-0.11
三都县	3400	5.53	0.89	5.47	1.16	0.16	4.96、4.95	5.28	0.47	3.65	4.07	4.35	4.89	5.97	7.69	7.98	8.35	0.99	0.26
黔西南州	45445	6.29	1.10	6.19	1.19	0.17	8.00	6.16	0.91	3.49	4.32	4.57	5.36	7.24	8.14	8.30	9.18	0.18	-1.17
兴义市	8758	6.73	1.02	6.65	1.17	0.15	8.00	6.80	0.90	4.10	4.60	4.80	5.90	7.70	8.20	8.30	8.50	-0.27	-1.09
兴仁市	6850	6.32	1.09	6.23	1.19	0.17	5.28、5.76	6.16	0.86	3.49	4.27	4.58	5.44	7.24	8.19	8.31	8.53	0.21	-1.07
普安县	5049	5.89	0.99	5.81	1.18	0.17	5.18	5.66	0.61	3.74	4.26	4.48	5.14	6.51	8.03	8.19	8.36	0.69	-0.44
晴隆县	3890	6.03	1.09	5.94	1.19	0.18	4.92	5.80	0.82	3.72	4.17	4.50	5.10	6.88	8.05	8.23	8.34	0.43	-1.00
贞丰县	6020	6.34	1.14	6.23	1.20	0.18	8.10	6.20	1.00	3.70	4.30	4.60	5.30	7.40	8.20	8.30	8.50	0.13	-1.27
望谟县	5419	5.85	0.92	5.79	1.16	0.16	5.38	5.65	0.57	4.06	4.32	4.51	5.18	6.40	8.02	8.24	8.60	0.73	-0.13
册亨县	3617	6.07	1.02	5.99	1.18	0.17	7.86、7.81、8.00	5.88	0.76	4.01	4.34	4.54	5.26	6.88	8.07	8.22	8.39	0.37	-0.92
安龙县	5842	6.59	1.10	6.49	1.19	0.17	5.56	6.76	0.93	4.12	4.36	4.59	5.60	7.56	8.16	8.34	9.18	-0.29	-1.15
贵州省	454431	6.09	1.06	6.00	1.19	0.17	5.20	5.85	0.74	3.00	4.30	4.56	5.23	6.87	8.17	8.37	9.32	0.49	-0.83

第三章 贵州省耕地土壤地球化学参数——按土地利用类型分类

本书对样品数据按行政区、土地利用类型、成土母岩类型、土壤类型、成矿区带、流域等划分统计单元，分别进行地球化学参数统计。本章主要介绍按土地利用类型的统计的结果。

第一节 土地利用类型统计单位划分

本次调查地类主要包括水田、旱地、水浇地、果园、茶园、其他园地、裸地和废弃工矿用地八个地类，面积共计 7191.06 万亩。以水田、旱地为主，其他地类较少，水田、旱地占调查地类的 94.64%。各地类情况见表 3.1。

表 3.1　贵州省不同土壤类型地类面积统计　　　　　　　（单位：万亩）

土壤类型	水田	旱地	水浇地	果园	茶园	其他园地	裸地和废弃工矿用地
面积	1882.66	4923.24	16.65	110.57	65.19	15.28	177.47

注：根据 2015 年更新的第二次土地利用现状调查数据。

　　旱地土壤类型主要以黄壤为主，有 2153.87 万亩，占旱地 43.75%，全省大面积分布，在威宁高原台地、赤水市盆地边缘和黔南－黔西南的硅质陆源碎屑岩分布区旱地相对少些。石灰土仅次于黄壤，有 1397.57 万亩，占旱地 28.39%，主要分布在喀斯特地貌分布区，在遵义、安顺地区占比较大。棕壤占比最少，有 37.23 万亩，主要分布在贵州西部威宁、水城高原台地。

　　水田有 1882.66 万亩，主要分布在黔中安顺市、贵阳市和黔北绥阳县以南区域水源相对丰富的坝区和山间坝地，而在黔东南既分布在山间坝地，亦以梯田形式分布与斜坡。

　　水浇地土壤类型以黄壤为主，石灰土次之，分别有 7.27 万亩和 4.81 万亩，占比分别为 43.66% 和 28.91%；另外水稻土亦占不少，约有 4.10 万亩，占比约 24.61%，主要集中分布在安顺市西秀区，在龙里县、清镇市和思南县也有少量分布。

　　果园土壤类型以黄壤为主，石灰土次之，分别有 53.34 万亩和 26.14 万亩，占比分别为 48.24% 和 23.64%；另外红壤亦占有一定量比例，有 16.55 万亩，占比约 14.97%。果园分布比较零星，主要分布在人口稠密的省会、市州的周边县区，以及特殊地质环境、气候生态的县市区和旅游业发达的区域，如在乌当区、修文县、榕江县、贞丰县、安龙县和罗甸县等县区分布相对集中。

茶园土壤类型主要为黄壤，有 59.16 万亩，占比为 90.77%，其他土壤类型占比较少。茶园主要分布在市湄潭县、凤岗县、正安县、余庆县，黔西南州普安县、晴隆县，黔南的都匀市和贵定县，黔东南州丹寨县、黎平县，铜仁市石阡县、印江县。

其他园地零星分布，土壤类型以红壤为主，石灰土次之，分别有 6.92 万亩和 4.39 万亩，占比分别为 45.23% 和 28.74%；另外黄壤也占有一定量比例，有 3.57 万亩，占比为 23.36%。其他园地包括花卉、苗圃等，主要分布在兴义市、望谟县、册亨县等。

裸地以石灰土为主，黄壤次之，分别有 86.20 万亩和 57.52 万亩，占比分别为 48.57% 和 32.41%，其他土壤占比较少，都不超过 10.00%。主要分布在贵州西部与北部的石灰岩分布区，涉及钟山区、水城县、普安县和兴义市，其他地区零星分布。

废弃工矿用地很少，主要分布于一些矿山附近。

第二节　各土地利用类耕地土壤地球化学参数特征

按土地利用类型对 23 项元素（参数）指标数据进行统计分析，七个土地利用类型（除废弃工矿用地）各有特点：水田除 B、K、N 元素含量高于全省平均值，其他元素含量均低于全省平均值，其中 As、Co、Cu、I、Mn、Mo、Ni 元素含量远远低于平均值，I 元素含量只有平均值的三分之一，As、Mn 只有平均值的二分之一左右；旱地、裸地除 B 元素含量低于全省平均值外，As、Mo、N、Se、Tl、有机质、pH 含量（指标）和全省平均值相近，其他元素均高于全省平均值，其中 I、P、V 与黔西南、黔西北玄武岩有关，Cu、Pb、Zn 高含量与矿化有关；茶园中 As、Hg、I、Mo、Se 元素含量高于全省平均值，其他元素平均含量均低于全省平均值，其中 Cd 元素平均含量只有全省平均值的二分之一左右；果园各种元素含量总体比较均衡，分异不明显；水浇地、其他园地土地利用类型占比很低，这里不赘述。

第三节　贵州省不同土地利用类型土壤地球化学参数

贵州省不同土地利用类型土壤 23 项地球化学参数统计结果见表 3.2~ 表 3.24。

表 3.2 贵州省不同土地利用类型土壤砷元素（As）地球化学参数 （单位：mg/kg）

土地利用类型	样品件数/个	算术		几何		变异系数	众值	中位值	中位绝对离差	最小值	累积频率值						最大值	偏度系数	峰度系数
		平均值	标准差	平均值	标准差						0.5%	2.5%	25%	75%	97.5%	99.5%			
水田	109958	13.19	43.42	8.95	2.36	3.29	10.60	8.92	4.89	0.06	1.16	1.81	4.87	16.20	46.90	87.00	1493.0	26.67	819.51
水浇地	2160	20.80	19.29	15.00	2.26	0.93	10.20	15.10	7.69	0.50	1.77	3.07	8.63	26.20	70.40	118.00	234.00	3.02	16.21
旱地	310496	22.64	45.24	15.67	2.21	2.00	10.60	16.20	7.71	0.23	2.10	3.32	9.33	25.70	77.20	194.00	13391	39.68	3547.0
果园	12011	22.48	48.93	15.23	2.28	2.18	15.00	15.40	7.60	0.50	2.00	3.06	8.83	25.50	84.80	179.00	4071.0	51.58	4002.9
茶园	6790	22.13	41.51	15.67	2.18	1.88	12.20	15.60	7.51	0.12	1.78	3.42	9.47	26.40	65.31	159.00	1986.0	25.43	956.94
其他园地	1666	24.45	30.53	17.59	2.20	1.25	20.00	17.75	8.75	0.95	2.29	3.91	10.30	29.70	82.30	157.00	754.00	11.25	221.41
裸地	3234	20.95	43.72	14.27	2.20	2.09	10.10	14.40	6.44	0.40	1.65	3.02	8.91	22.90	66.40	209.00	1458.0	18.43	478.75

表 3.3 贵州省不同土地利用类型土壤硼元素（B）地球化学参数 （单位：mg/kg）

土地利用类型	样品件数/个	算术		几何		变异系数	众值	中位值	中位绝对离差	最小值	累积频率值						最大值	偏度系数	峰度系数
		平均值	标准差	平均值	标准差						0.5%	2.5%	25%	75%	97.5%	99.5%			
水田	109957	76.53	31.38	70.75	1.50	0.41	101.00	72.60	16.48	2.92	18.70	28.80	57.20	90.30	149.00	201.00	534.00	1.89	11.16
水浇地	2160	79.46	34.21	72.46	1.57	0.43	101.00	75.79	17.79	5.45	15.18	24.04	59.60	95.00	153.00	207.79	500.00	1.91	13.40
旱地	310496	72.33	40.30	62.11	1.81	0.56	101.00	68.70	20.70	0.66	8.03	13.90	48.10	89.50	159.00	241.00	1884.0	3.29	49.87
果园	12011	74.60	36.23	65.46	1.76	0.49	103.00	72.21	19.81	3.05	7.34	14.02	52.60	92.20	153.00	205.00	513.00	1.95	14.70
茶园	6790	77.21	45.26	68.03	1.66	0.59	104.00	70.40	17.10	4.18	12.07	22.00	53.77	88.20	198.00	322.00	666.00	3.45	21.18
其他园地	1666	76.96	33.25	70.38	1.54	0.43	109.00	72.30	17.30	7.78	15.46	26.80	56.40	91.60	153.44	235.00	320.00	1.55	5.71
裸地	3234	71.11	39.46	61.96	1.74	0.55	101.00	67.30	20.54	1.42	9.98	16.70	46.60	87.70	152.00	257.00	640.00	3.20	27.72

表 3.4 贵州省不同土地利用类型土壤镉元素（Cd）地球化学参数 （单位：mg/kg）

土地利用类型	样品件数/个	算术		几何		变异系数	众值	中位值	中位绝对离差	最小值	累积频率值						最大值	偏度系数	峰度系数
		平均值	标准差	平均值	标准差						0.5%	2.5%	25%	75%	97.5%	99.5%			
水田	109958	0.45	1.14	0.34	1.91	2.51	0.24	0.32	0.12	0.01	0.09	0.12	0.22	0.49	1.55	3.62	81.20	14.49	402.70
水浇地	2160	0.61	0.86	0.42	2.12	1.41	0.26	0.37	0.14	0.04	0.10	0.13	0.26	0.58	2.97	5.92	12.00	5.37	40.12
旱地	310496	0.87	1.55	0.52	2.43	1.78	0.30	0.44	0.18	0.00	0.08	0.13	0.29	0.78	4.71	9.08	266.00	22.83	2212.1
果园	12011	0.54	0.90	0.35	2.24	1.69	0.34	0.33	0.14	0.02	0.05	0.08	0.21	0.52	2.42	5.93	21.15	8.84	118.94
茶园	6790	0.36	0.48	0.26	2.02	1.35	0.20	0.25	0.10	0.03	0.05	0.07	0.17	0.39	1.34	2.87	18.00	12.40	318.32
其他园地	1666	0.57	0.98	0.38	2.21	1.70	0.23	0.35	0.14	0.05	0.06	0.10	0.23	0.54	2.45	6.53	16.70	8.15	93.96
裸地	3234	0.81	1.37	0.48	2.45	1.68	0.30	0.41	0.17	0.02	0.06	0.11	0.28	0.67	4.92	9.28	14.10	4.79	28.63

表 3.5 贵州省不同土地利用类型土壤钴元素（Co）地球化学参数 （单位：mg/kg）

土地利用类型	样品件数/个	算术		几何		变异系数	众值	中位值	中位绝对离差	最小值	累积频率值						最大值	偏度系数	峰度系数
		平均值	标准差	平均值	标准差						0.5%	2.5%	25%	75%	97.5%	99.5%			
水田	109957	14.92	9.21	12.22	1.96	0.62	16.40	14.10	5.52	0.35	1.22	2.90	7.90	18.90	40.10	50.04	119.00	1.42	3.46
水浇地	2160	20.81	11.40	17.71	1.85	0.55	20.90、23.00	18.50	6.15	0.83	1.70	3.86	13.40	26.31	47.50	63.70	89.60	1.22	2.60
旱地	310496	26.17	13.46	22.88	1.72	0.51	18.40	22.90	7.50	0.04	3.58	6.77	16.80	33.60	57.82	72.60	362.00	1.24	4.10
果园	12011	22.27	12.68	18.95	1.82	0.57	15.70	19.56	6.74	0.47	2.84	4.82	13.80	27.70	54.30	69.70	105.98	1.35	2.63

续表

土地利用类型	样品件数/个	算术平均值	算术标准差	几何平均值	几何标准差	变异系数	众值	中位值	中位绝对离差	最小值	0.5%	2.5%	25%	75%	97.5%	99.5%	最大值	偏度系数	峰度系数
茶园	6790	18.96	11.64	15.59	1.99	0.61	16.10	17.28	5.82	0.03	1.33	2.87	11.80	23.35	48.60	67.20	157.00	1.88	8.18
其他园地	1666	22.20	11.31	19.43	1.73	0.51	16.40	20.00	6.30	1.18	2.29	5.73	14.60	28.00	47.50	63.00	102.00	1.29	3.71
裸地	3234	24.46	13.22	20.95	1.82	0.54	18.40	21.50	7.30	0.62	2.34	5.06	15.52	31.60	54.80	74.10	106.00	1.22	2.70

（累积频率值列为 0.5%、2.5%、25%、75%、97.5%、99.5%）

表 3.6 贵州省不同土地利用类型土壤铬元素（Cr）地球化学参数 （单位：mg/kg）

土地利用类型	样品件数/个	算术平均值	算术标准差	几何平均值	几何标准差	变异系数	众值	中位值	中位绝对离差	最小值	0.5%	2.5%	25%	75%	97.5%	99.5%	最大值	偏度系数	峰度系数
水田	109958	83.12	40.36	75.10	1.57	0.49	102.00	78.10	20.30	7.10	22.30	30.00	56.70	97.20	187.00	267.00	1390.00	2.24	17.19
水浇地	2160	110.64	52.70	100.32	1.55	0.48	108.00	96.35	26.30	21.30	27.90	42.00	76.10	137.00	242.00	336.00	471.00	1.81	5.89
旱地	310496	120.01	58.16	108.93	1.54	0.48	104.00	106.00	28.22	1.30	31.90	47.75	82.20	143.32	272.00	374.00	1786.0	2.17	11.12
果园	12011	107.25	49.56	97.60	1.54	0.46	106.00	96.00	25.00	5.00	27.00	39.80	75.00	129.00	232.71	307.20	578.00	1.72	5.66
茶园	6790	98.20	46.39	89.90	1.52	0.47	105.00	88.90	17.70	0.64	25.11	39.50	72.80	109.00	233.00	317.00	610.00	2.45	10.20
其他园地	1666	111.86	51.76	102.74	1.50	0.46	103.00	99.75	27.10	23.90	35.50	45.40	78.90	138.00	227.00	300.00	983.00	3.90	49.80
裸地	3234	117.17	53.14	107.37	1.52	0.45	137.00	104.00	27.40	5.00	28.40	47.20	82.40	145.00	237.00	319.00	682.00	2.31	12.95

表 3.7 贵州省不同土地利用类型土壤铜元素（Cu）地球化学参数 （单位：mg/kg）

土地利用类型	样品件数/个	算术平均值	算术标准差	几何平均值	几何标准差	变异系数	众值	中位值	中位绝对离差	最小值	0.5%	2.5%	25%	75%	97.5%	99.5%	最大值	偏度系数	峰度系数
水田	109957	32.26	25.02	26.38	1.84	0.78	25.60	25.91	8.21	0.76	5.04	8.03	18.40	35.30	109.00	147.00	490.66	3.05	15.05
水浇地	2160	45.79	36.96	35.93	1.98	0.81	105.00	33.30	12.20	2.33	6.46	9.42	23.90	54.40	141.00	211.00	363.00	2.68	12.12
旱地	310496	59.80	52.90	45.03	2.08	0.88	102.00	40.30	17.40	0.05	8.01	12.83	26.80	75.40	222.72	293.15	2280.0	2.82	23.87
果园	12011	50.35	48.08	37.54	2.07	0.95	26.40、28.60	33.30	13.30	1.70	6.77	10.67	23.20	58.50	192.00	282.03	1010.0	3.32	22.90
茶园	6790	42.66	43.72	31.57	2.08	1.02	25.10、28.20	29.20	9.87	0.18	3.54	8.24	21.09	42.80	159.24	298.06	464.36	3.44	15.60
其他园地	1666	47.99	35.34	38.95	1.88	0.74	26.40、24.40、25.30	35.80	13.71	2.10	8.35	12.90	25.00	59.90	135.00	212.06	295.40	2.25	7.51
裸地	3234	55.00	47.18	41.65	2.08	0.86	101.00	36.30	15.20	1.24	6.06	11.90	25.30	72.70	190.00	273.00	470.00	2.39	8.37

表 3.8 贵州省不同土地利用类型土壤氟元素（F）地球化学参数 （单位：mg/kg）

土地利用类型	样品件数/个	算术平均值	算术标准差	几何平均值	几何标准差	变异系数	众值	中位值	中位绝对离差	最小值	0.5%	2.5%	25%	75%	97.5%	99.5%	最大值	偏度系数	峰度系数
水田	109954	808	463	717	1.60	0.57	734	706	201	24	249	319	516	931	2081	2934	11825	3.03	20.50
水浇地	2160	984	544	868	1.63	0.55	734	832	243	149	269	352	638	1161	2391	3329	4345	1.82	4.52
旱地	310496	1015	685	869	1.72	0.67	734	838	284	45	241	321	602	1227	2681	3913	51474	7.07	260.68
果园	12011	956	600	822	1.71	0.63	596	790	271	154	239	320	559	1161	2521	3507	8400	2.46	11.88
茶园	6790	896	698	759	1.71	0.78	621	725	230	84	196	301	532	1033	2572	4311	14584	5.68	62.38
其他园地	1666	1049	614	921	1.64	0.59	1289	889	293	249	302	378	648	1288	2459	3730	6795	2.82	15.87
裸地	3234	960	803	814	1.72	0.84	596	782	260	162	228	308	565	1132	2603	4328	27616	13.23	385.46

表 3.9 贵州省不同土地利用类型土壤锗元素（Ge）地球化学参数 （单位：mg/kg）

土地利用类型	样品件数/个	算术 平均值	算术 标准差	几何 平均值	几何 标准差	变异系数	众值	中位值	中位绝对离差	最小值	累积频率值 0.5%	2.5%	25%	75%	97.5%	99.5%	最大值	偏度系数	峰度系数
水田	109954	1.47	0.29	1.44	1.23	0.20	1.52	1.48	0.18	0.04	0.69	0.87	1.29	1.65	2.02	2.27	7.88	0.46	8.39
水浇地	2160	1.51	0.31	1.48	1.24	0.20	1.47	1.50	0.18	0.39	0.69	0.95	1.32	1.69	2.10	2.50	3.75	0.56	3.46
旱地	310496	1.57	0.34	1.53	1.24	0.22	1.56	1.56	0.18	0.05	0.68	0.93	1.38	1.74	2.24	2.68	28.69	4.35	219.42
果园	12011	1.53	0.34	1.49	1.26	0.22	1.46	1.52	0.19	0.13	0.64	0.89	1.32	1.71	2.26	2.68	4.59	0.64	3.48
茶园	6790	1.52	0.31	1.48	1.24	0.20	1.58	1.52	0.20	0.25	0.69	0.90	1.32	1.72	2.12	2.43	3.25	0.06	0.71
其他园地	1666	1.54	0.31	1.51	1.22	0.20	1.62	1.53	0.18	0.42	0.73	1.00	1.36	1.71	2.17	2.51	4.89	1.25	10.02
裸地	3234	1.56	0.33	1.52	1.25	0.21	1.59	1.57	0.18	0.13	0.68	0.90	1.38	1.74	2.18	2.50	5.46	0.87	10.09

表 3.10 贵州省不同土地利用类型土壤汞元素（Hg）地球化学参数 （单位：mg/kg）

土地利用类型	样品件数/个	算术 平均值	算术 标准差	几何 平均值	几何 标准差	变异系数	众值	中位值	中位绝对离差	最小值	累积频率值 0.5%	2.5%	25%	75%	97.5%	99.5%	最大值	偏度系数	峰度系数
水田	109954	0.26	9.25	0.14	2.01	35.67	0.09	0.13	0.05	0.01	0.03	0.05	0.09	0.19	0.71	2.53	759.50	129.41	22413.5
水浇地	2160	0.29	1.49	0.16	2.15	5.11	0.12	0.14	0.06	0.01	0.03	0.05	0.10	0.23	0.82	4.10	39.84	19.79	442.23
旱地	310496	0.26	3.34	0.14	2.15	13.11	0.12	0.13	0.05	0.00	0.02	0.04	0.09	0.20	0.74	2.72	664.1	81.64	11031.4
果园	12011	0.34	4.21	0.15	2.30	12.44	0.16	0.14	0.06	0.00	0.02	0.04	0.09	0.22	0.96	3.12	308.00	51.31	3102.98
茶园	6790	0.29	4.69	0.17	1.92	16.05	0.16	0.17	0.06	0.02	0.04	0.05	0.11	0.24	0.70	1.76	373.89	75.49	5953.78
其他园地	1666	0.30	1.55	0.17	2.15	5.21	0.13	0.16	0.06	0.01	0.03	0.04	0.11	0.25	0.99	2.39	45.98	24.94	670.68
裸地	3234	0.27	2.42	0.14	2.17	9.07	0.12	0.14	0.06	0.01	0.02	0.03	0.09	0.21	0.71	3.54	132.17	50.43	2720.51

表 3.11 贵州省不同土地利用类型土壤碘元素（I）地球化学参数 （单位：mg/kg）

土地利用类型	样品件数/个	算术 平均值	算术 标准差	几何 平均值	几何 标准差	变异系数	众值	中位值	中位绝对离差	最小值	累积频率值 0.5%	2.5%	25%	75%	97.5%	99.5%	最大值	偏度系数	峰度系数
水田	109958	1.45	1.54	1.08	1.98	1.07	0.60	0.95	0.35	0.01	0.27	0.40	0.67	1.53	6.15	10.30	24.30	3.96	22.08
水浇地	2160	3.33	3.19	2.15	2.60	0.96	1.02	1.93	1.21	0.08	0.26	0.44	0.98	4.98	11.20	14.60	21.10	1.53	2.31
旱地	310496	4.91	3.64	3.66	2.28	0.74	10.10	4.14	2.23	0.01	0.41	0.63	2.12	6.72	14.00	18.90	77.34	1.52	4.63
果园	12011	4.43	3.05	3.41	2.18	0.69	2.00	3.88	2.00	0.03	0.42	0.64	2.02	6.12	11.60	15.49	37.00	1.40	4.52
茶园	6790	5.59	4.39	4.05	2.37	0.79	10.40	4.56	2.45	0.26	0.45	0.61	2.42	7.45	16.80	23.70	33.94	1.64	3.81
其他园地	1666	4.37	3.36	3.15	2.38	0.77	1.10	3.69	2.24	0.16	0.35	0.57	1.56	6.14	12.60	16.30	23.19	1.24	1.83
裸地	3234	5.41	4.11	3.94	2.38	0.76	10.10、3.83	4.52	2.47	0.16	0.36	0.64	2.26	7.47	15.80	20.10	34.00	1.43	3.23

表 3.12 贵州省不同土地利用类型土壤钾元素（K）地球化学参数 （单位：%）

土地利用类型	样品件数/个	算术 平均值	算术 标准差	几何 平均值	几何 标准差	变异系数	众值	中位值	中位绝对离差	最小值	累积频率值 0.5%	2.5%	25%	75%	97.5%	99.5%	最大值	偏度系数	峰度系数
水田	109958	1.88	0.85	1.66	1.70	0.45	1.78	1.85	0.56	0.05	0.28	0.43	1.28	2.41	3.60	4.44	11.26	1.40	40.84
水浇地	2160	1.84	0.91	1.60	1.76	0.49	1.14	1.74	0.64	0.16	0.25	0.43	1.14	2.43	3.83	4.63	6.22	0.63	0.24
旱地	310496	1.86	0.91	1.62	1.74	0.49	1.68	1.76	0.65	0.01	0.29	0.47	1.14	2.46	3.83	4.57	10.46	0.62	0.31
果园	12011	1.84	0.91	1.61	1.73	0.49	1.41	1.74	0.59	0.07	0.28	0.46	1.19	2.37	3.92	4.86	7.56	0.82	1.14

续表

（单位：mg/kg）

土地利用类型	样品件数/个	算术平均值	算术标准差	几何平均值	几何标准差	变异系数	众值	中位值	中位绝对离差	最小值	0.5%	2.5%	25%	75%	97.5%	99.5%	最大值	偏度系数	峰度系数
茶园	6790	1.75	0.90	1.52	1.75	0.52	1.64	1.62	0.56	0.02	0.24	0.43	1.11	2.25	3.74	4.84	12.12	1.50	8.96
其他园地	1666	1.85	0.77	1.68	1.59	0.42	1.42	1.77	0.52	0.21	0.31	0.61	1.28	2.32	3.49	4.35	4.89	0.58	0.33
裸地	3234	1.88	0.92	1.64	1.75	0.49	2.22	1.83	0.66	0.09	0.28	0.47	1.16	2.48	3.84	4.80	8.34	0.65	0.77

表 3.13 贵州省不同土地利用类型土壤锰元素（Mn）地球化学参数

（单位：mg/kg）

土地利用类型	样品件数/个	算术平均值	算术标准差	几何平均值	几何标准差	变异系数	众值	中位值	中位绝对离差	最小值	0.5%	2.5%	25%	75%	97.5%	99.5%	最大值	偏度系数	峰度系数
水田	109957	487	525	336	2.37	1.08	155	330	177	15	40	63	185	609	1799	2931	49447	11.61	759.50
水浇地	2160	894	811	603	2.57	0.91	220	639	379	21	42	78	323	1220	3034	4376	6792	1.95	5.54
旱地	310496	1185	882	937	2.08	0.74	684	1048	460	5	91	176	615	1547	3185	5004	96941	9.31	589.56
果园	12011	998	806	743	2.27	0.86	363、652、405	812	435	10	130	438	1370	2786	4382	17150	3.48	35.98
茶园	6790	814	704	579	2.41	0.86	260	622	351	5	42	86	327	1115	2524	3968	12463	2.95	23.38
其他园地	1666	1015	828	753	2.25	0.82	215、255、350	808	430	10	67	147	439	1344	3232	4490	8600	2.41	10.86
裸地	3234	1126	1415	838	2.27	1.26	257、563	953	474	30	58	125	526	1500	3144	4632	67325	32.00	1481.8

表 3.14 贵州省不同土地利用类型土壤钼元素（Mo）地球化学参数

（单位：mg/kg）

土地利用类型	样品件数/个	算术平均值	算术标准差	几何平均值	几何标准差	变异系数	众值	中位值	中位绝对离差	最小值	0.5%	2.5%	25%	75%	97.5%	99.5%	最大值	偏度系数	峰度系数
水田	109958	1.71	2.51	1.14	2.31	1.47	0.40	1.07	0.58	0.05	0.26	0.31	0.58	2.02	6.58	14.40	103.00	11.72	273.12
水浇地	2160	2.34	2.20	1.71	2.57	0.94	1.24	1.75	0.87	0.18	0.30	0.36	1.04	2.89	7.88	16.30	21.70	3.56	20.34
旱地	310496	2.31	3.33	1.72	2.06	1.44	1.18	1.74	0.73	0.01	0.30	0.41	1.11	2.65	7.68	16.20	506.00	38.13	3827.9
果园	12011	2.53	3.38	1.78	2.21	1.34	1.21	1.81	0.86	0.13	0.30	0.39	1.06	2.90	9.15	21.40	100.00	9.96	178.97
茶园	6790	2.42	2.65	1.75	2.20	1.09	0.68	1.78	0.90	0.18	0.30	0.40	1.00	2.99	8.15	14.30	85.30	8.66	179.44
其他园地	1666	2.63	2.47	1.93	2.19	0.94	1.42	1.95	0.91	0.25	0.31	0.40	1.17	3.18	8.96	15.90	25.50	3.29	17.37
裸地	3234	2.17	3.12	1.58	2.08	1.44	1.26	1.56	0.66	0.08	0.28	0.40	1.00	2.43	7.66	19.30	118.00	18.03	596.15

表 3.15 贵州省不同土地利用类型土壤氮元素（N）地球化学参数

（单位：g/kg）

土地利用类型	样品件数/个	算术平均值	算术标准差	几何平均值	几何标准差	变异系数	众值	中位值	中位绝对离差	最小值	0.5%	2.5%	25%	75%	97.5%	99.5%	最大值	偏度系数	峰度系数
水田	109958	2.23	0.77	2.10	1.40	0.34	1.72	2.11	0.47	0.16	0.81	1.07	1.68	2.64	4.00	4.93	13.83	1.07	2.80
水浇地	2160	1.96	0.71	1.85	1.41	0.36	1.57、1.55	1.85	0.39	0.40	0.66	0.89	1.50	2.28	3.68	4.92	9.38	1.79	8.78
旱地	310496	1.85	4.43	1.75	1.38	2.40	1.52	1.75	0.35	0.10	0.66	0.90	1.43	2.14	3.30	4.10	12.20	1.94	10.88
果园	12011	1.68	0.57	1.60	1.39	0.34	1.42、1.47	1.60	0.32	0.22	0.62	0.81	1.31	1.96	3.04	3.85	7.51	1.33	4.48
茶园	6790	1.73	0.70	1.61	1.44	0.41	1.24、1.38	1.57	0.32	0.26	0.54	0.80	1.29	1.97	3.60	4.62	12.39	2.08	11.44
其他园地	1666	1.79	0.65	1.68	1.44	0.36	1.34	1.70	0.37	0.35	0.55	0.76	1.36	2.11	3.31	4.52	5.35	1.13	2.84
裸地	3234	1.86	0.78	1.71	1.52	0.42	1.96、1.71	1.71	0.40	0.20	0.44	0.71	1.36	2.20	3.88	4.90	7.21	1.38	3.50

表 3.16　贵州省不同土地利用类型土壤镍元素（Ni）地球化学参数　（单位：mg/kg）

土地利用类型	样品件数/个	算术平均值	算术标准差	几何平均值	几何标准差	变异系数	众值	中位值	中位绝对离差	最小值	0.5%	2.5%	25%	75%	97.5%	99.5%	最大值	偏度系数	峰度系数
水田	109958	31.80	17.69	27.64	1.73	0.56	34.00	30.04	10.36	1.00	5.00	8.66	19.10	39.85	75.90	96.70	861.00	1.72	16.05
水浇地	2160	40.92	19.93	36.29	1.67	0.49	34.00	36.50	10.50	2.00	6.39	11.60	27.60	50.19	89.60	106.00	129.00	1.04	1.14
旱地	310496	49.61	24.82	43.94	1.66	0.50	34.00	43.40	14.20	0.03	9.04	14.90	32.10	64.20	104.00	131.00	1159.0	5.62	235.53
果园	12011	41.26	23.17	35.86	1.72	0.56	33.00	35.88	11.38	1.00	6.85	11.40	26.10	50.60	97.30	124.03	515.00	2.43	22.04
茶园	6790	37.03	19.97	31.95	1.79	0.54	35.00、30.60	33.71	9.87	0.26	3.72	8.22	24.50	44.50	89.40	113.00	170.00	1.46	3.71
其他园地	1666	44.04	22.07	39.06	1.65	0.50	27.20、25.60	39.10	11.85	2.56	9.18	12.90	28.70	55.40	92.70	125.97	199.00	1.45	4.48
裸地	3234	48.60	24.99	42.63	1.71	0.51	35.50	41.70	13.70	0.38	7.63	13.70	31.40	62.70	103.00	138.00	224.00	1.26	3.02

表 3.17　贵州省不同土地利用类型土壤磷元素（P）地球化学参数　（单位：g/kg）

土地利用类型	样品件数/个	算术平均值	算术标准差	几何平均值	几何标准差	变异系数	众值	中位值	中位绝对离差	最小值	0.5%	2.5%	25%	75%	97.5%	99.5%	最大值	偏度系数	峰度系数
水田	109954	0.68	0.33	0.62	1.53	0.49	0.52	0.61	0.17	0.07	0.21	0.28	0.46	0.81	1.45	1.88	15.74	5.66	146.08
水浇地	2160	0.84	0.37	0.77	1.53	0.45	0.82、0.89、0.75	0.77	0.21	0.10	0.23	0.34	0.58	1.02	1.79	2.23	3.93	1.48	4.37
旱地	310496	0.90	3.09	0.80	1.60	3.44	0.64	0.80	0.24	0.00	0.22	0.32	0.59	1.10	1.93	2.58	47.06	31.25	21266
果园	12011	0.77	0.47	0.68	1.63	0.61	0.46、0.56、0.56	0.68	0.21	0.06	0.17	0.26	0.49	0.94	1.76	2.44	20.42	11.02	360.33
茶园	6790	0.73	0.40	0.64	1.69	0.55	0.52、0.75	0.66	0.21	0.00	0.13	0.21	0.47	0.91	1.64	2.12	14.08	6.33	176.72
其他园地	1666	0.81	0.41	0.72	1.64	0.50	0.81	0.74	0.23	0.11	0.17	0.25	0.53	1.00	1.77	2.45	4.17	1.53	4.92
裸地	3234	0.78	0.45	0.68	1.69	0.57	0.49	0.69	0.23	0.10	0.15	0.24	0.48	0.99	1.75	2.33	7.87	3.04	28.88

表 3.18　贵州省不同土地利用类型土壤铅元素（Pb）地球化学参数　（单位：mg/kg）

土地利用类型	样品件数/个	算术平均值	算术标准差	几何平均值	几何标准差	变异系数	众值	中位值	中位绝对离差	最小值	0.5%	2.5%	25%	75%	97.5%	99.5%	最大值	偏度系数	峰度系数
水田	109956	36.17	52.57	31.87	1.52	1.45	26.60	30.40	6.00	3.55	12.30	15.90	25.10	37.80	82.55	162.00	5618.5	45.96	3156.90
水浇地	2160	40.80	35.31	35.65	1.58	0.87	24.40	34.40	8.30	7.37	12.70	16.30	26.90	44.50	106.00	265.00	669.00	9.10	119.70
旱地	310496	45.43	142.23	36.09	1.66	3.13	30.40	33.99	8.69	0.06	12.40	16.30	26.70	45.40	112.00	363.00	35736	96.39	17312.2
果园	12011	41.28	71.61	34.21	1.65	1.73	26.90	32.30	8.90	2.62	11.50	15.50	24.80	44.17	100.00	252.00	4485.9	33.24	1651.71
茶园	6790	38.73	50.08	34.15	1.56	1.29	30.60	32.90	8.20	0.31	11.40	15.40	25.80	43.50	88.00	153.28	3327.0	47.11	2894.05
其他园地	1666	47.74	67.02	39.14	1.69	1.40	34.50、34.40	36.89	10.49	5.79	13.30	17.20	27.80	51.10	133.00	334.40	1805.1	15.95	347.94
裸地	3234	47.31	167.92	35.10	1.70	3.55	29.00	32.90	8.60	4.66	11.40	15.80	25.70	44.80	110.00	414.00	6385.0	28.17	915.51

表 3.19　贵州省不同土地利用类型土壤硒元素（Se）地球化学参数　（单位：mg/kg）

土地利用类型	样品件数/个	算术平均值	算术标准差	几何平均值	几何标准差	变异系数	众值	中位值	中位绝对离差	最小值	0.5%	2.5%	25%	75%	97.5%	99.5%	最大值	偏度系数	峰度系数
水田	109958	0.49	0.37	0.42	1.63	0.76	0.32	0.41	0.11	0.01	0.14	0.18	0.31	0.55	1.32	2.22	24.90	7.17	185.76
水浇地	2160	0.53	0.29	0.47	1.60	0.54	0.48	0.47	0.13	0.07	0.12	0.18	0.36	0.62	1.28	2.03	3.36	2.58	11.87
旱地	310496	0.58	0.38	0.51	1.69	0.66	0.44	0.50	0.16	0.01	0.12	0.18	0.36	0.70	1.45	2.24	40.07	18.01	1354.59
果园	12011	0.57	0.37	0.49	1.67	0.66	0.43	0.49	0.15	0.05	0.13	0.19	0.36	0.67	1.45	2.53	7.82	4.58	44.90

续表

土地利用类型	样品件数/个	算术平均值	算术标准差	几何平均值	几何标准差	变异系数	众值	中位值	中位绝对离差	最小值	0.5%	2.5%	25%	75%	97.5%	99.5%	最大值	偏度系数	峰度系数
茶园	6790	0.63	0.36	0.56	1.64	0.57	0.43	0.55	0.16	0.05	0.15	0.21	0.41	0.75	1.53	2.31	5.24	2.83	16.84
其他园地	1666	0.55	0.38	0.50	1.56	0.69	0.41	0.50	0.13	0.09	0.15	0.20	0.38	0.64	1.23	1.81	11.70	15.52	426.91
裸地	3234	0.62	0.42	0.53	1.74	0.69	0.51	0.52	0.17	0.04	0.10	0.18	0.38	0.76	1.51	2.31	9.56	6.38	98.76

表 3.20 贵州省不同土地利用类型土壤铊元素（Tl）地球化学参数 （单位：mg/kg）

土地利用类型	样品件数/个	算术平均值	算术标准差	几何平均值	几何标准差	变异系数	众值	中位值	中位绝对离差	最小值	0.5%	2.5%	25%	75%	97.5%	99.5%	最大值	偏度系数	峰度系数
水田	109958	0.69	0.27	0.64	1.44	0.39	0.56	0.66	0.15	0.08	0.21	0.28	0.52	0.82	1.21	1.76	15.40	5.04	135.40
水浇地	2160	0.73	0.25	0.68	1.44	0.35	0.76、0.71	0.72	0.16	0.18	0.23	0.29	0.55	0.87	1.29	1.58	2.79	0.93	3.64
旱地	310496	0.72	0.45	0.66	1.51	0.62	0.68	0.70	0.16	0.01	0.20	0.27	0.53	0.85	1.39	2.14	114.00	75.38	15940.9
果园	12011	0.71	0.33	0.65	1.52	0.47	0.68	0.69	0.15	0.09	0.18	0.25	0.53	0.84	1.36	2.07	10.70	6.21	127.42
茶园	6790	0.70	0.27	0.65	1.48	0.38	0.68	0.69	0.16	0.06	0.19	0.27	0.53	0.84	1.31	1.71	3.84	1.50	8.44
其他园地	1666	0.78	0.32	0.73	1.44	0.41	0.72	0.74	0.16	0.18	0.25	0.33	0.59	0.90	1.46	2.26	5.78	3.81	41.46
裸地	3234	0.72	0.41	0.66	1.51	0.57	0.73	0.69	0.17	0.11	0.20	0.27	0.51	0.85	1.35	2.00	12.70	12.01	279.40

表 3.21 贵州省不同土地利用类型土壤钒元素（V）地球化学参数 （单位：mg/kg）

土地利用类型	样品件数/个	算术平均值	算术标准差	几何平均值	几何标准差	变异系数	众值	中位值	中位绝对离差	最小值	0.5%	2.5%	25%	75%	97.5%	99.5%	最大值	偏度系数	峰度系数
水田	109957	118.04	71.60	104.60	1.60	0.61	106.00	102.16	25.96	13.80	35.50	45.40	77.70	131.00	308.00	421.00	2452.9	4.82	67.78
水浇地	2160	155.74	88.35	136.39	1.66	0.57	122.00、101.00	127.00	37.65	18.20	37.70	52.40	98.20	187.00	394.00	520.00	741.00	1.74	3.85
旱地	310496	180.45	102.53	158.10	1.66	0.57	106.00	151.00	49.00	1.40	46.80	64.43	109.00	222.00	451.00	546.00	4938.0	5.47	125.93
果园	12011	162.18	96.09	141.42	1.66	0.59	116.00、109.00、102.00	132.00	39.30	7.79	42.60	57.88	109.00	193.00	435.00	535.00	1265.8	2.10	7.33
茶园	6790	148.06	91.17	128.95	1.65	0.62	118.00	118.00	28.40	0.75	36.50	56.90	95.40	158.00	415.00	526.00	802.00	2.12	5.07
其他园地	1666	165.59	84.89	148.04	1.59	0.51	118.00	139.00	41.20	35.40	49.60	64.50	106.04	204.30	388.00	477.07	641.00	1.49	2.52
裸地	3234	174.48	97.24	153.81	1.64	0.56	122.00	143.00	44.60	3.12	45.90	64.80	108.00	218.00	432.00	556.00	1275.0	2.20	10.75

表 3.22 贵州省不同土地利用类型土壤锌元素（Zn）地球化学参数 （单位：mg/kg）

土地利用类型	样品件数/个	算术平均值	算术标准差	几何平均值	几何标准差	变异系数	众值	中位值	中位绝对离差	最小值	0.5%	2.5%	25%	75%	97.5%	99.5%	最大值	偏度系数	峰度系数
水田	109958	97.89	80.95	89.73	1.49	0.83	101.00	91.80	18.20	5.18	21.40	37.50	73.76	111.00	191.00	319.41	10038	62.97	6632.07
水浇地	2160	115.77	79.97	103.98	1.55	0.69	104.00、102.00	102.00	23.00	7.28	27.60	42.50	82.60	131.00	234.00	508.00	1978.0	10.34	182.82
旱地	310496	127.12	139.60	112.52	1.55	1.10	101.00	109.00	26.00	1.29	37.40	52.80	86.30	140.00	294.00	588.00	24626	56.04	6836.94
果园	12011	110.56	74.57	99.08	1.55	0.67	103.00	96.69	24.18	4.00	30.90	43.90	76.50	127.00	247.00	457.00	2432.0	10.25	212.04
茶园	6790	102.87	59.65	92.57	1.59	0.58	110.00	94.60	22.82	0.65	16.90	33.20	74.00	121.00	212.00	341.00	1986.0	9.63	217.15
其他园地	1666	119.39	76.52	107.58	1.53	0.64	105.00	104.00	24.41	25.70	37.10	49.30	83.20	135.00	263.00	463.90	1512.0	8.04	117.42
裸地	3234	120.32	90.35	106.96	1.57	0.75	105.00	106.00	24.47	6.05	28.80	46.10	84.10	133.00	290.00	496.00	2028.0	9.99	158.52

表 3.23　贵州省不同土地利用类型土壤有机质地球化学参数

（单位：g/kg）

土地利用类型	样品件数/个	算术平均值	算术标准差	几何平均值	几何标准差	变异系数	众值	中位值	中位绝对离差	最小值	累积频率值						最大值	偏度系数	峰度系数
											0.5%	2.5%	25%	75%	97.5%	99.5%			
水田	109957	36.86	16.17	33.96	1.50	0.44	28.40	33.70	8.60	1.24	10.60	15.70	26.20	44.15	75.60	104.27	608.50	2.62	29.34
水浇地	2160	34.09	18.05	31.05	1.52	0.53	29.40	30.60	7.10	1.92	9.74	13.62	24.30	38.90	76.50	102.82	413.34	6.24	100.94
旱地	310496	32.84	16.58	29.81	1.54	0.50	28.40	29.50	7.50	0.11	8.32	12.90	22.90	38.40	73.70	111.50	420.34	3.33	28.31
果园	12011	30.04	15.40	27.29	1.53	0.51	24.80、22.90	27.00	6.50	0.86	7.80	11.40	21.20	34.70	68.00	107.48	300.47	3.50	27.19
茶园	6790	30.80	17.99	26.93	1.68	0.58	21.10	26.24	6.94	1.63	5.40	8.78	20.43	35.60	79.12	109.80	221.58	2.60	12.57
其他园地	1666	30.91	16.10	27.82	1.60	0.52	22.40	28.10	7.43	1.70	3.70	10.20	21.60	37.00	64.80	96.80	301.41	4.59	56.52
裸地	3234	33.81	20.14	29.36	1.71	1.00	27.30	29.20	8.30	1.70	5.05	9.25	22.10	39.80	89.60	129.70	233.00	2.60	12.32

表 3.24　贵州省不同土地利用类型土壤 pH 地球化学参数

土地利用类型	样品件数/个	算术平均值	算术标准差	几何平均值	几何标准差	变异系数	众值	中位值	中位绝对离差	最小值	累积频率值						最大值	偏度系数	峰度系数
											0.5%	2.5%	25%	75%	97.5%	99.5%			
水田	109955	6.06	0.99	5.98	1.17	0.16	5.20	5.79	0.64	3.02	4.41	4.70	5.26	6.76	8.07	8.24	9.32	0.61	-0.72
水浇地	2160	6.21	1.06	6.12	1.19	0.17	5.11	6.04	0.82	3.94	4.36	4.62	5.33	7.01	8.17	8.31	8.55	0.32	-1.00
旱地	310496	6.12	1.07	6.03	1.19	0.17	5.20	5.90	0.78	3.00	4.32	4.57	5.24	6.93	8.20	8.39	9.18	0.45	-0.88
果园	12011	6.04	1.15	5.93	1.20	0.19	5.00、4.80	5.79	0.83	3.68	4.16	4.43	5.07	6.91	8.22	8.41	8.84	0.47	-0.94
茶园	6790	5.16	0.77	5.11	1.15	0.15	4.90	4.98	0.38	3.53	3.89	4.12	4.65	5.45	7.35	8.07	8.59	1.43	2.47
其他园地	1666	6.17	1.15	6.07	1.20	0.19	8.10	6.00	0.95	3.83	4.27	4.51	5.14	7.16	8.20	8.35	8.44	0.30	-1.16
裸地	3234	6.03	1.11	5.93	1.20	0.18	5.10	5.75	0.77	3.68	4.18	4.50	5.12	6.87	8.23	8.47	8.94	0.53	-0.84

第四章 贵州省耕地土壤地球化学参数——按成土母岩类型统计

本书对样品数据按行政区、土地利用类型、成土母岩类型、土壤类型、成矿区带、流域等划分统计单元，分别进行地球化学参数统计。本章主要介绍按成土母岩类型统计的结果。

第一节 不同成土母岩类型统计单位划分

马义波等（2020）充分考虑成土母岩地质成因、物质成分和粒度等因素，将贵州成土母岩分为碳酸盐岩、硅质陆源碎屑岩、区域变质岩、火山岩、侵入岩和松散堆积物六个大类，按其对土壤形成和性质的影响分为灰岩、白云岩、砂岩、紫红色砂岩、板岩和玄武岩等 14 种母岩（母质）类型（表 4.1）。

表 4.1 贵州省成土母岩分类表

序号	成岩类型	大类	成土母岩（质）	出露面积 /km²	占比 /%	分布范围
1		碳酸盐岩	灰岩	62366.46	35.42	全省均有分布
2			白云岩	46633.57	26.48	全省均有分布
3	沉积岩		砂岩	11372.46	6.46	全省均有分布，主要分布于黔南罗甸 - 册亨地区
4		硅质陆源碎屑岩	泥（页）岩	21386.91	12.15	全省均有分布
5			紫红色砂岩	8761.08	4.98	主要分布于黔北赤水等地
6			黑色页岩	872.26	0.50	全省均有分布
7			板岩	8940.98	5.15	黔东北梵净山地区和黔东南
8	变质岩	区域变质岩	变余砂岩	5182.81	2.94	黔东北梵净山地区和黔东南
9			变余凝灰岩	6676.09	3.79	全省均有分布
10	岩浆岩	火山岩	玄武岩	3401.39	1.95	主要分布于毕节、六盘水和安顺
11		侵入岩	花岗岩	100.66	0.06	黔东北梵净山地区和黔东南
12	风化产物	松散堆积物	泥、砂、砾	241.11	0.14	零星分布于山间盆地低洼处
		合计		176089.04	100.00	—

贵州省成土母岩种类多，涵盖了沉积岩、岩浆岩和变质岩三大类，其区域分布特征表现为以碳酸盐岩和硅质陆源碎屑岩相间产出为主，另有，黔北赤水紫红色砂岩、黔南

册亨－罗甸砂岩、黔西毕节－六盘水峨眉山玄武岩和黔东南变质岩四个典型分布区，如图4.1所示。

1. 碳酸盐岩

1）灰岩

灰岩是贵州省主要的成土母岩类型之一，本书将泥灰岩、白云质灰岩、生物灰岩等均归入灰岩类进行统计，面积为62366.46km²。灰岩几乎由纯的方解石构成，其他成分的总含量常在5%以下，其中较为常见的是黏土矿物、石英粉砂和有机质等。贵州省灰岩分布广泛，是组成古生代和中生代下部地层的重要组分。

2）白云岩

白云岩也是贵州省主要成土母岩类型之一，全省分布较广，面积为46633.57km²。主要由白云石组成，常混入石英、长石、方解石和黏土矿物。颜色呈灰白色，性脆，硬度小，遇稀盐酸缓慢起泡或不起泡，外貌与石灰岩很相似。按成因可分为原生白云岩和次生白云岩。其主要出露层位为震旦系、中—上寒武统和下—中三叠统，在奥陶系、泥盆系和石炭系个别层位也有出露。

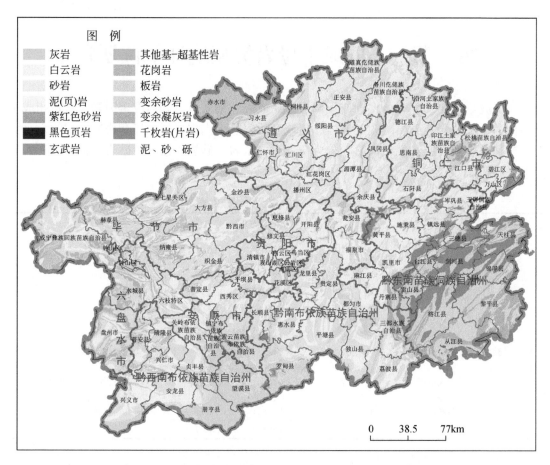

图4.1 贵州省成土母岩分布图（据马义波等，2020，修改）

2. 硅质陆源碎屑岩

1）砂岩

该类成土母岩在贵州分布较广，包括各类粗砂岩、细砂岩、粉砂岩。由于硅质岩出露面积较少，本次也将硅质岩纳入砂岩中统计。全省除黔东南外，各地均有分布，主要集中在黔南罗甸、望谟和黔西南册亨、贞丰一带。其主要矿物成分为石英（SiO_2），根据其胶结物的不同，风化物也有差异。

2）紫红色砂岩

紫红色砂岩类包括紫红色砂岩、紫红色页岩、紫红色泥岩和紫红色砾岩等。贵州省紫红色砂页岩包括侏罗系—白垩系（J—K）的组分，集中分布于赤水 - 习水地区，以及三叠系（T）的组分，主要分布在贵州西部。该类岩石为半干旱气候条件的内陆沉积，岩石矿物成分复杂，含盐基丰富，易于风化成土。不同地质时期形成的岩石，由于其沉积物质来源和沉积环境不同，导致其化学成分差别较大，由该岩石风化形成土壤的化学成分差别也较大。因此，在统计不同成土母岩类型耕地土壤地球化学参数时，补充统计了不同地质时代紫红色砂岩土壤的地球化学参数。

3）黑色页岩

黑色页岩包括碳质黏土岩、碳质页岩，全省均有分布。主要为寒武系渣拉沟组、牛蹄塘组，奥陶系—志留系龙马溪组和五峰组，石炭系打屋坝组的组分。岩石呈黑色，主要矿物有石英、长石和白云母等硅酸盐矿物、硫化物和有机质等。

3. 区域变质岩

1）板岩

板岩的矿物以绢云母、绿泥石等为主，粒度细小，较致密，其原岩主要为泥页岩。主要集中分布于黔东南地区，是构成新元古界乌叶组和平略组等主要岩性，矿物成分以云母为主，次为绿泥石、石英，少量黄铁矿和方解石。

2）变余凝灰岩

岩石具变余凝灰结构或变余沉凝灰结构。凝灰物质主要是火山灰和玻屑，以火山灰为主，常见杏仁体，少量晶屑，偶见浆屑，火山灰及玻屑普遍脱玻分解。正常沉积混入物为陆源碎屑和泥质，其中陆源碎屑的沉积砂、粉砂形态保存完好，泥质基本上被绢云母及微量绿泥石、黑云母替代。

3）变余砂岩

变余砂岩以细砂级为主，泥质含量较高。岩石类型主要有变余石英细砂岩、变余含泥砂质细砂岩，重结晶矿物的定向排列现象较普遍。岩石具含砾细砂状、鳞片 - 细砂状、块状、层状构造，矿物成分主要为石英及长石。变质矿物主要为绢云母、绿泥石，其次为黑云母和白云母等。

4. 火山岩和侵入岩

该类成土母岩主要为玄武岩，其他岩类很少见。玄武岩主要分布于贵州西部毕节、六盘水等地，属大陆溢流拉斑玄武岩，其主要化学成分为二氧化硅（SiO_2）、三氧化二铁（Fe_2O_3）和三氧化二铝（Al_2O_3），占70%以上，此外，钙、镁、钾、钠等盐基元素也较高，铁元素在省内各类成土母岩中最高。

5. 松散堆积物

该类成土母质包括河流冲、洪积物、湖积物和古风化壳等未成岩的泥、砂、砾，都是分化后的产物，全省均有分布，河流冲、洪积物和湖积物等以铜仁地区分布较多，次为六盘水和黔南州；老风化壳则以遵义和黔东南分布较多，由其发育的土壤主要分布于河流两岸、山前缓坡和盆地低洼处。

第二节 不同成土母岩类型耕地土壤地球化学参数特征

按成土母岩对 23 个元素数据统计分析，各元素的丰缺与成土母岩类型非常密切。As 元素主要分布在玄武岩、三叠系（T）紫红色砂页岩和白云岩中，B 元素主要分布在白云岩、黑色页岩、花岗岩中，Cd、I 元素主要分布在灰岩、玄武岩中，玄武岩中Cd、I 含量均是平均值的二倍以上，Co、Cr、Cu、Ni、P 元素主要分布在玄武岩、三叠系（T）紫红色砂页岩中，F 主要分布在白云岩、灰岩和砂砾岩中，Hg 主要分布在白云岩、灰岩中，K 元素主要分布在花岗岩中，在玄武岩含量则远低于平均值，Mn、Zn 元素主要分布在玄武岩、三叠系（T）紫红色砂页岩、灰岩中，玄武岩中含量高于平均值二倍以上，Mo 元素主要分布在白云岩、黑色页岩、玄武岩和白垩系—新近系的泥砂砾岩中，在黔西南白垩系—新近系的泥砂砾岩局部区域富集，Pb 元素在白云岩、灰岩、黑色页岩为高背景值，Se 元素在玄武岩、黑色页岩、灰岩和白垩系—新近系的泥砂砾岩中属高背景值，特别是黑色页岩和玄武岩显得更突出，Tl 元素在各类成土母岩中分布相对均衡，在花岗岩、黑色页岩和白云岩中相对高一些，V 元素玄武岩中含量远高于其他岩类，其他岩类 V 含量在三叠系（T）紫红色砂页岩略偏高，在浅变质岩和花岗岩则偏低，有机质在各类成土母岩分布比较均匀，在玄武岩中略偏高，在赤水紫红色砂页岩中偏低，Ge、N、pH 则在各类成土母岩变化不大。通过对比发现环境元素排除矿至原因在黔南硅质碎屑岩、黔东南浅变质岩中总体含量偏低，营养元素则偏高；I、P、V 与黔西南、黔西北玄武岩有关，与 Se、有机质与黑色页岩（含煤地层）在空间分布上比较吻合。

第三节 贵州省不同成土母岩类型耕地土壤地球化学参数

贵州省不同成土母岩类型耕地土壤 23 项地球化学参数统计结果见表 4.2~ 表 4.24，主要耕地类型（水田、旱地）土壤 23 项地球化学参数统计结果见表 4.25~ 表 4.47。

表 4.2　贵州省不同成土母岩类型耕地土壤砷元素（As）地球化学参数　（单位：mg/kg）

成土母岩类型	样品件数/个	算术平均值	算术标准差	几何平均值	几何标准差	变异系数	众值	中位值	中位绝对离差	最小值	0.5%	2.5%	25%	75%	97.5%	99.5%	最大值	偏度系数	峰度系数
碳酸盐岩	283151	25.60	50.68	18.93	2.06	1.98	14.80	19.20	7.60	0.18	2.26	4.23	12.70	28.60	82.00	194.00	13391	91.54	19310.1
灰岩	171210	24.17	52.79	17.05	2.09	2.18	14.80	17.10	6.80	0.19	2.26	3.94	11.20	25.70	80.88	240.00	7239.0	37.74	3064.84
白云岩	111941	27.80	47.17	22.20	1.95	1.70	19.20	22.50	8.10	0.18	2.26	5.15	15.50	32.80	82.80	140.00	13391	206.25	57697.4
硅质陆源碎屑岩	132431	11.98	30.84	8.71	2.00	2.57	10.10	8.44	3.26	0.06	1.64	2.44	5.67	12.80	38.10	94.50	4587.0	63.57	6755.09
泥（页）岩	80635	12.87	33.80	9.38	1.98	2.63	10.10	8.98	3.52	0.30	1.90	2.74	6.06	13.89	39.60	99.40	4587.0	59.54	5917.31
紫红色砂页岩	26232	8.87	14.27	6.67	1.97	1.61	10.20	6.49	2.64	0.27	1.47	2.00	4.23	10.00	28.00	61.10	682.00	22.65	774.00
紫红色砂页岩（J-K）	13045	6.98	7.43	5.56	1.87	1.06	10.20	5.58	2.11	0.27	1.28	1.80	3.64	8.00	21.20	48.90	287.00	10.74	242.46
紫红色砂页岩（T）	13187	10.73	18.54	8.00	1.97	1.73	10.20	7.71	3.24	0.40	1.80	2.39	5.00	12.20	32.20	71.60	682.00	19.63	526.47
砂岩	23155	11.84	25.24	8.76	1.94	2.13	10.70	8.62	2.68	0.06	1.36	2.54	6.14	11.60	41.10	107.00	2106.0	38.19	2503.32
黑色页岩	2409	17.17	74.44	12.46	1.91	4.34	10.70	12.30	4.50	0.70	2.33	3.81	8.56	17.84	47.12	104.40	3576.00	45.50	2171.87
区域变质岩	25278	5.90	6.76	4.53	1.96	1.15	3.25	4.26	1.76	0.20	1.04	1.40	2.84	6.93	18.49	41.70	389.00	13.44	489.22
板岩	9854	5.30	4.34	4.36	1.82	0.82	2.98	4.13	1.58	0.55	1.11	1.51	2.85	6.47	15.00	25.00	123.95	6.66	110.05
变余凝灰岩	9789	6.15	7.55	4.74	1.96	1.23	3.83	4.46	1.87	0.79	1.12	1.46	2.95	7.43	18.30	38.90	389.00	18.55	743.71
变余砂岩	5635	6.50	8.49	4.51	2.18	1.30	2.32	4.18	1.93	0.20	0.97	1.21	2.62	7.19	28.40	56.61	148.00	6.01	57.14
火成岩	12013	17.62	61.91	8.93	2.47	3.51	10.10	8.19	3.91	0.26	1.33	2.06	4.95	14.10	86.40	351.51	2230.0	17.66	446.83
玄武岩	11967	17.66	62.02	8.95	2.47	3.51	10.10	8.21	3.91	0.26	1.33	2.07	4.96	14.20	86.80	351.51	2230.0	17.63	445.19
花岗岩	46	6.04	3.50	5.27	1.69	0.58	—	5.36	1.92	1.53	1.53	1.53	3.50	7.62	14.77	20.65	20.65	2.05	6.17
泥、砂、砾	1279	17.67	20.52	11.34	2.52	1.16	10.10	10.40	5.94	1.16	1.58	2.24	5.61	22.90	65.60	147.00	198.82	3.59	19.33

表 4.3　贵州省不同成土母岩类型耕地土壤硼元素（B）地球化学参数　（单位：mg/kg）

成土母岩类型	样品件数/个	算术平均值	算术标准差	几何平均值	几何标准差	变异系数	众值	中位值	中位绝对离差	最小值	0.5%	2.5%	25%	75%	97.5%	99.5%	最大值	偏度系数	峰度系数
碳酸盐岩	283151	80.11	40.69	71.75	1.62	0.51	101.00	74.20	19.60	2.50	13.40	23.18	56.40	96.10	169.00	264.00	1884.0	3.66	52.83
灰岩	171210	71.15	33.91	63.68	1.64	0.48	103.00	67.20	19.29	2.50	11.79	19.82	49.30	88.20	145.00	210.00	822.00	2.14	16.64
白云岩	111941	93.80	46.02	86.12	1.50	0.49	101.00	83.70	19.50	4.39	25.00	40.80	67.19	109.00	195.00	327.00	1884.0	4.66	69.14
硅质陆源碎屑岩	132431	66.45	30.12	58.36	1.76	0.45	103.00	67.60	17.15	1.11	8.19	13.10	47.00	82.50	132.46	171.00	608.00	0.74	3.86
泥（页）岩	80635	69.41	27.39	63.25	1.60	0.39	101.00	69.92	13.88	2.54	10.79	17.91	54.50	82.80	130.00	170.00	608.00	0.93	6.69
紫红色砂页岩	26232	52.19	33.13	42.23	1.99	0.63	103.00	46.28	20.93	1.11	6.78	9.62	27.00	69.20	137.00	171.36	486.00	1.31	3.39
紫红色砂页岩（J-K）	13045	58.80	19.81	55.70	1.39	0.34	46.90	56.10	13.10	10.44	22.10	29.39	44.00	70.60	103.45	128.00	277.00	1.12	3.92
紫红色砂页岩（T）	13187	45.64	41.34	32.11	2.28	0.91	16.00	28.00	13.39	1.11	6.01	8.17	17.60	62.40	152.00	183.00	486.00	1.59	2.62
砂岩	23155	69.35	29.28	60.84	1.80	0.42	103.00	71.30	16.60	3.01	7.05	11.80	53.80	87.10	125.00	155.00	298.00	0.17	1.51
黑色页岩	2409	95.21	34.05	89.56	1.42	0.36	110.00	87.22	19.22	12.50	28.66	45.30	71.80	113.00	178.91	212.97	276.00	1.02	1.39
区域变质岩	25278	58.17	24.43	53.72	1.49	0.42	46.00	53.20	14.67	14.05	20.99	25.50	40.60	71.10	116.97	144.00	527.00	1.76	13.00
板岩	9854	60.61	23.61	56.68	1.43	0.39	43.80	55.19	13.04	17.36	23.80	29.27	44.20	71.80	121.00	147.67	325.00	1.48	4.27
变余凝灰岩	9789	49.70	22.83	45.89	1.47	0.46	33.50	44.32	11.02	14.05	20.60	25.40	34.67	58.54	105.42	142.00	527.00	3.55	42.74
变余砂岩	5635	68.61	23.53	64.33	1.45	0.34	104.00	67.81	15.11	14.72	19.70	25.40	52.50	82.70	120.00	141.17	210.00	0.47	0.76
火成岩	12013	23.96	16.48	19.96	1.83	0.69	19.20、20.60、16.30	20.40	7.76	0.66	3.83	5.82	13.60	29.77	63.80	106.33	251.23	3.30	23.00
玄武岩	11967	23.76	15.58	19.90	1.83	0.66	19.20、20.60、16.30	20.39	7.73	0.66	3.83	5.81	13.60	29.70	62.70	99.00	226.00	2.60	13.98
花岗岩	46	74.20	73.02	46.93	2.60	0.98	—	33.48	16.32	12.06	12.06	12.06	21.51	123.12	243.13	251.23	251.23	1.13	-0.16
泥、砂、砾	1279	70.59	29.76	65.23	1.52	0.42	104.00、80.40	69.10	13.30	5.69	10.95	20.45	55.20	81.60	129.00	242.00	431.00	3.46	28.34

表 4.4　贵州省不同成土母岩类型耕地土壤镉元素（Cd）地球化学参数　（单位：mg/kg）

成土母岩类型	样品件数/个	算术平均值	算术标准差	几何平均值	几何标准差	变异系数	众值	中位值	中位绝对离差	最小值	累积频率值 0.5%	2.5%	25%	75%	97.5%	99.5%	最大值	偏度系数	峰度系数
碳酸盐岩	283151	0.88	1.64	0.54	2.32	1.87	0.34	0.45	0.17	0.00	0.10	0.16	0.32	0.77	4.66	8.91	266.00	38.49	4659.59
灰岩	171210	0.99	1.65	0.59	2.42	1.67	0.34	0.48	0.20	0.02	0.10	0.16	0.33	0.90	5.29	9.98	150.30	13.76	760.95
白云岩	111941	0.71	1.60	0.48	2.12	2.26	0.32	0.42	0.15	0.02	0.10	0.15	0.30	0.64	3.57	6.77	266.00	81.09	11617.3
硅质陆源碎屑岩	132431	0.49	0.85	0.35	2.07	1.72	0.24	0.31	0.11	0.01	0.07	0.10	0.22	0.49	1.92	5.04	85.00	22.26	1297.80
泥（页）岩	80635	0.49	0.85	0.36	1.95	1.73	0.24	0.32	0.11	0.02	0.09	0.13	0.23	0.49	1.83	4.78	85.00	25.02	1598.74
紫红色砂页岩(J—K)	26232	0.55	0.85	0.39	2.03	1.56	0.30	0.34	0.12	0.02	0.09	0.13	0.25	0.54	1.99	5.35	63.40	21.94	1230.09
紫红色砂页岩(T)	13045	0.34	0.25	0.29	1.64	0.75	0.28	0.28	0.07	0.02	0.08	0.12	0.22	0.36	1.08	1.77	4.52	4.76	35.93
砂岩	13187	0.76	1.14	0.53	2.12	1.50	0.36	0.47	0.20	0.05	0.11	0.16	0.31	0.85	2.75	6.67	63.40	17.76	755.79
黑色页岩	23155	0.44	0.84	0.27	2.37	1.91	0.18	0.23	0.10	0.02	0.05	0.07	0.15	0.41	2.08	5.11	41.90	14.87	475.36
区域变质岩	25278	0.57	0.88	0.37	2.38	1.55	0.11	0.36	0.19	0.01	0.05	0.08	0.20	0.62	2.45	6.36	16.30	7.58	87.22
板岩	9854	0.24	0.34	0.20	1.63	1.43	0.18	0.20	0.05	0.03	0.05	0.08	0.15	0.26	0.56	1.47	14.20	22.10	671.35
变余凝灰岩	9789	0.25	0.27	0.22	1.56	0.72	0.20	0.22	0.04	0.03	0.06	0.09	0.14	0.24	0.53	1.24	11.15	25.24	1064.90
变余砂岩	5635	0.28	0.59	0.20	1.91	2.15	0.16	0.18	0.05	0.03	0.05	0.07	0.14	0.24	1.02	3.17	14.20	14.38	648.41
火成岩	12013	1.60	2.06	1.03	2.42	1.29	0.49	0.91	0.46	0.04	0.14	0.25	0.54	1.73	7.39	12.70	35.16	4.32	31.39
玄武岩	11967	1.61	2.07	1.03	2.40	1.29	0.49	0.92	0.46	0.04	0.16	0.25	0.55	1.74	7.39	12.70	35.16	4.32	31.34
花岗岩	46	0.15	0.06	0.14	1.55	0.40	0.16	0.14	0.02	0.04	0.04	0.04	0.12	0.17	0.31	0.32	0.32	0.91	1.29
泥、砂、砾	1279	0.51	0.63	0.37	2.05	1.24	0.36	0.35	0.13	0.01	0.07	0.11	0.23	0.51	2.26	4.22	7.75	5.15	36.07

表 4.5　贵州省不同成土母岩类型耕地土壤钴元素（Co）地球化学参数　（单位：mg/kg）

成土母岩类型	样品件数/个	算术平均值	算术标准差	几何平均值	几何标准差	变异系数	众值	中位值	中位绝对离差	最小值	累积频率值 0.5%	2.5%	25%	75%	97.5%	99.5%	最大值	偏度系数	峰度系数
碳酸盐岩	283151	24.15	11.86	21.08	1.77	0.49	20.40	22.00	6.70	0.03	1.82	5.11	16.30	30.30	51.40	64.90	234.98	1.08	3.22
灰岩	171210	26.54	13.24	22.77	1.86	0.50	19.00	24.60	8.50	0.03	1.68	4.61	17.20	35.09	54.70	68.70	234.98	0.81	2.23
白云岩	111941	20.50	8.07	18.73	1.60	0.39	19.20	19.80	4.70	0.17	2.20	5.97	15.45	24.90	38.00	49.70	119.00	0.93	3.91
硅质陆源碎屑岩	132431	21.81	13.06	18.48	1.80	0.60	16.20、15.20、15.40	17.60	5.20	0.04	2.64	5.43	13.50	26.50	53.10	65.21	362.00	1.49	5.68
泥（页）岩	80635	21.56	11.16	19.16	1.63	0.52	18.40	18.30	4.40	0.04	4.13	7.10	14.78	24.70	49.88	60.80	190.00	1.58	4.04
紫红色砂页岩(J—K)	26232	26.18	16.07	21.23	1.96	0.61	15.20	17.90	9.71	1.11	3.88	5.48	13.40	41.00	57.00	69.00	141.29	0.61	-0.57
紫红色砂页岩(T)	13045	13.42	5.65	12.36	1.52	0.42	15.20	13.50	2.70	1.11	3.35	4.66	10.20	15.80	26.60	42.60	74.90	2.24	12.33
砂岩	13187	38.80	12.71	36.24	1.49	0.33	38.80	40.80	6.80	2.48	11.20	14.17	32.30	46.60	61.90	74.72	141.29	-0.12	0.89
黑色页岩	23155	18.73	14.28	14.72	2.03	0.76	14.30、14.20	14.60	4.90	0.37	1.19	3.10	10.10	20.30	56.92	69.92	362.00	2.38	18.03
区域变质岩	25278	12.49	6.49	10.72	1.82	0.52	14.60	11.80	4.25	0.93	1.60	2.44	7.85	16.40	26.37	36.80	53.30	1.09	3.24
板岩	9854	7.25	3.75	6.57	1.53	0.52	10.10	6.23	1.65	1.68	2.65	3.24	4.87	8.50	17.10	23.81	86.28	3.11	27.01
变余凝灰岩	9789	7.58	3.65	6.92	1.51	0.48	10.10	6.70	1.67	1.79	2.76	3.39	5.23	7.85	14.98	24.10	38.50	2.11	7.09
变余砂岩	5635	6.66	3.14	6.11	1.49	0.47	4.89	5.68	1.34	1.75	2.62	3.22	4.62	6.68	19.68	20.38	38.00	2.12	7.44
火成岩	12013	48.07	18.61	43.44	1.66	0.39	50.20	49.70	11.90	0.86	5.35	11.20	35.80	60.29	82.97	102.10	194.58	0.16	1.28
玄武岩	11967	48.23	18.45	43.80	1.63	0.38	50.20	49.80	11.80	0.86	6.85	11.80	36.00	60.30	82.99	102.10	194.58	0.18	1.32
花岗岩	46	5.89	4.58	5.05	1.66	0.78	—	4.83	1.61	2.28	2.28	3.82	3.42	6.68	14.35	31.62	31.62	4.22	22.47
泥、砂、砾	1279	14.94	10.41	12.31	1.85	0.70	12.70	12.30	4.93	2.00	2.61	3.82	7.92	18.50	45.40	58.52	98.70	2.24	7.96

表 4.6　贵州省不同成土母岩类型耕地土壤铬元素（Cr）地球化学参数　　（单位：mg/kg）

成土母岩类型	样品件数/个	算术平均值	算术标准差	几何平均值	几何标准差	变异系数	众值	中位值	中位绝对离差	最小值	累积频率值 0.5%	2.5%	25%	75%	97.5%	99.5%	最大值	偏度系数	峰度系数
碳酸盐岩	283151	117.12	53.90	107.30	1.51	0.46	104.00	106.00	26.80	5.00	30.70	47.10	82.80	139.00	259.00	357.00	1786.0	2.42	16.15
灰岩	171210	129.42	59.60	118.26	1.53	0.46	104.00	119.00	30.00	8.76	32.10	49.80	91.07	152.00	289.48	384.90	1390.0	2.17	11.01
白云岩	11941	98.31	36.47	92.47	1.42	0.37	101.00	91.50	18.40	5.00	29.00	44.10	75.80	114.00	187.00	239.00	1786.0	2.79	56.96
硅质陆源碎屑岩	132431	106.81	58.10	95.48	1.57	0.54	101.00	88.32	19.42	0.64	31.20	44.70	72.00	118.00	262.00	362.00	882.01	2.13	6.60
泥（页）岩	80635	104.71	44.00	97.66	1.43	0.42	101.00	91.80	15.20	0.64	41.20	53.10	78.90	113.00	224.00	275.00	746.00	2.07	7.63
紫红色砂页岩	26232	130.90	85.63	107.65	1.86	0.65	184.00	87.43	36.57	1.30	31.00	39.80	66.31	188.00	341.00	441.00	663.00	1.24	1.38
紫红色砂页岩（J—K）	13045	69.12	23.35	66.01	1.35	0.34	63.80	67.00	10.60	1.30	28.30	35.10	56.30	77.40	125.00	186.31	409.10	3.05	22.59
紫红色砂页岩（T）	13187	192.01	80.85	174.64	1.57	0.42	184.00	187.00	47.81	2.46	55.40	68.20	140.39	235.68	387.00	473.00	663.00	0.78	1.27
砂岩	23155	89.25	56.06	78.54	1.64	0.63	102.00	72.80	13.90	1.89	21.50	35.30	60.70	90.70	258.00	360.00	882.01	2.84	11.10
黑色页岩	2409	83.43	26.90	79.56	1.36	0.32	101.00	82.90	13.20	18.80	29.18	39.30	68.30	95.06	140.00	211.00	319.52	1.97	11.20
区域变质岩	25278	48.09	19.99	45.36	1.39	0.42	47.50	45.17	8.57	10.90	20.00	24.58	37.00	54.20	92.10	146.00	589.42	5.44	75.44
板岩	9854	52.57	19.92	50.10	1.34	0.38	47.50	49.36	7.64	16.10	24.30	29.10	42.06	57.50	96.30	141.65	524.97	5.52	72.92
变余凝灰岩	9789	41.43	14.40	39.46	1.35	0.35	33.20	38.80	7.20	10.90	18.60	22.40	32.46	47.40	74.70	103.00	226.60	2.69	17.79
变余砂岩	5635	51.84	24.73	48.55	1.40	0.48	44.10	47.60	8.30	15.40	20.37	25.88	39.96	56.83	106.00	180.58	589.42	6.34	80.04
火成岩	12013	120.31	57.12	110.00	1.51	0.47	108.00	106.00	26.40	14.00	40.70	53.69	83.08	140.00	276.00	382.00	605.00	2.09	6.97
玄武岩	11967	120.59	56.99	110.00	1.50	0.47	108.00	106.45	26.55	14.00	43.40	54.88	83.30	140.00	276.00	382.00	605.00	2.11	7.02
花岗岩	46	49.28	44.91	42.47	1.59	0.91	—	41.44	9.71	18.23	18.23	18.23	32.76	51.66	77.89	330.89	330.89	5.70	36.08
泥、砂、砾	1279	88.03	40.28	80.09	1.55	0.46	107.00、106.00	83.00	23.00	24.20	27.84	33.64	59.40	106.00	185.00	272.00	364.00	1.64	5.42

表 4.7　贵州省不同成土母岩类型耕地土壤铜元素（Cu）地球化学参数　　（单位：mg/kg）

成土母岩类型	样品件数/个	算术平均值	算术标准差	几何平均值	几何标准差	变异系数	众值	中位值	中位绝对离差	最小值	累积频率值 0.5%	2.5%	25%	75%	97.5%	99.5%	最大值	偏度系数	峰度系数
碳酸盐岩	283151	49.87	39.06	39.64	1.96	0.78	26.20	37.80	14.80	0.24	5.71	10.10	26.00	61.31	154.00	242.00	2280.0	3.50	60.63
灰岩	171210	58.46	45.04	45.18	2.09	0.77	101.00	45.40	21.70	0.24	5.54	9.66	27.30	78.00	186.00	257.00	2280.0	2.67	40.73
白云岩	11941	36.74	21.70	32.46	1.65	0.59	26.20	32.50	9.10	0.76	6.09	10.70	24.73	44.00	83.90	129.00	1641.0	9.14	400.63
硅质陆源碎屑岩	132431	50.78	44.89	38.00	2.07	0.88	25.60	31.19	10.71	0.05	7.87	12.10	23.50	64.18	157.00	239.00	1288.0	2.49	17.26
泥（页）岩	80635	50.32	42.24	38.95	1.96	0.84	28.40、27.60	31.80	9.20	0.18	10.80	14.20	25.10	57.10	151.70	228.65	927.02	2.12	8.52
紫红色砂页岩	26232	58.39	46.65	43.57	2.16	0.80	106.00	33.40	17.10	0.05	13.10	13.10	23.40	93.40	151.80	219.00	1288.0	2.65	34.74
紫红色砂页岩（J—K）	13045	26.11	15.23	23.79	1.49	0.58	23.00	23.90	4.70	0.05	9.26	11.60	19.00	28.50	64.25	124.00	260.00	4.96	36.79
紫红色砂页岩（T）	13187	90.32	45.27	79.27	1.73	0.50	103.00	92.20	25.17	0.05	17.50	22.40	61.50	114.00	172.75	256.00	1288.0	3.72	67.38
砂岩	23155	46.13	51.77	31.18	2.27	1.12	22.00	26.80	10.60	8.38	5.10	8.12	18.20	43.60	184.00	287.00	1039.0	2.99	16.26
黑色页岩	2409	28.16	14.78	25.12	1.62	0.52	29.20	27.10	6.80	1.53	5.87	8.29	19.30	32.80	62.90	100.00	186.00	3.00	19.48
区域变质岩	25278	19.04	7.40	17.99	1.39	0.39	19.10	18.06	3.86	3.37	8.20	9.87	14.40	22.16	34.50	55.10	166.00	3.92	40.10
板岩	9854	21.19	5.99	20.47	1.30	0.28	23.00	20.80	3.10	3.01	9.37	11.73	17.70	23.90	33.70	47.31	120.44	2.84	27.54
变余凝灰岩	9789	15.86	5.53	15.16	1.33	0.35	12.50	14.70	2.50	3.01	8.00	9.33	12.50	17.80	29.05	33.70	99.30	3.32	24.44
变余砂岩	5635	20.78	10.05	19.30	1.43	0.48	20.40	19.00	3.70	3.79	7.63	9.87	15.54	23.10	47.30	75.00	166.00	4.61	39.06
火成岩	12013	201.52	79.16	182.30	1.65	0.39	212.00、244.00	207.78	55.41	8.45	23.52	49.20	143.00	256.00	345.05	407.78	1286.0	0.42	4.36
玄武岩	11967	202.23	78.49	183.96	1.61	0.39	212.00、244.00	208.00	55.00	14.80	31.00	52.60	143.86	256.00	345.15	407.78	1286.0	0.45	4.52
花岗岩	46	18.18	8.20	17.03	1.40	0.45	19.10、15.77、15.02	16.75	3.14	8.45	8.45	8.45	13.49	19.76	30.80	61.37	61.37	3.48	16.87
泥、砂、砾	1279	40.56	37.89	32.76	1.78	0.93	28.40	29.30	8.50	7.86	10.10	13.80	22.40	42.70	178.56	249.33	279.95	3.65	14.80

表 4.8　贵州省不同成土母岩类型耕地土壤氟元素（F）地球化学参数

（单位：mg/kg）

成土母岩类型	样品件数/个	算术平均值	算术标准差	几何平均值	几何标准差	变异系数	众值	中位值	中位绝对离差	最小值	0.5%	2.5%	25%	75%	97.5%	99.5%	最大值	偏度系数	峰度系数
碳酸盐岩	283151	1115	707	966	1.69	0.63	904	940	306	24	259	356	684	1349	2798	4083	51474	6.23	209.06
灰岩	171210	1009	634	885	1.65	0.63	907	881	280	24	248	337	638	1224	2397	3910	51474	9.67	451.47
白云岩	111941	1277	777	1103	1.71	0.61	904	1045	363	118	289	412	758	1618	3082	4221	27086	3.59	55.82
硅质碎屑岩	132431	761	418	695	1.50	0.55	548	695	159	84	249	323	540	861	1716	2674	42368	13.53	913.53
泥（页）岩	80635	823	446	763	1.44	0.54	743	755	137	136	297	389	622	900	1760	3016	42368	17.26	1148.46
紫红色砂页岩（J—K）	26232	665	370	596	1.56	0.56	548	566	142	109	225	282	444	744	1758	2338	5584	2.57	10.78
紫红色砂页岩（T）	13045	574	216	544	1.38	0.38	548	546	109	109	228	290	444	664	1025	1645	4388	3.77	37.89
砂岩	13187	755	457	652	1.69	0.61	734	604	203	145	223	276	442	927	1967	2478	5584	1.85	5.24
黑色页岩	23155	650	329	595	1.49	0.51	548	573	125	84	219	287	465	727	1528	2249	8033	3.77	35.61
区域变质岩	2409	796	294	752	1.39	0.37	694	760	134	188	260	371	632	907	1471	1939	5091	3.47	35.40
板岩	25278	480	184	462	1.30	0.38	400	460	69	130	224	281	398	535	771	1266	9524	15.03	548.40
变余凝灰岩	9854	475	132	462	1.27	0.28	444	464	65	171	241	281	402	535	719	884	5549	8.52	258.39
变余砂岩	9789	479	150	465	1.26	0.31	400	460	65	200	275	309	402	533	732	1152	6150	9.86	259.63
火成岩	5635	492	286	457	1.41	0.58	435	448	80	109	186	239	378	540	1028	1812	9524	13.89	362.50
玄武岩	12013	480	232	442	1.48	0.48	377	436	102	109	177	219	342	553	1055	1604	5899	3.97	42.69
花岗岩	11967	479	231	442	1.48	0.48	377	435	102	109	177	219	342	551	1055	1604	5899	4.00	43.10
	46	689	203	659	1.36	0.29	—	640	137	263	263	263	529	823	1046	1085	1085	0.29	-0.74
泥、砂、砾	1279	874	631	735	1.73	0.72	728、486	659	213	206	276	337	486	999	2843	4237	5269	2.59	8.62

表 4.9　贵州省不同成土母岩类型耕地土壤锗元素（Ge）地球化学参数

（单位：mg/kg）

成土母岩类型	样品件数/个	算术平均值	算术标准差	几何平均值	几何标准差	变异系数	众值	中位值	中位绝对离差	最小值	0.5%	2.5%	25%	75%	97.5%	99.5%	最大值	偏度系数	峰度系数
碳酸盐岩	283151	1.50	0.35	1.46	1.26	0.23	1.52	1.50	0.20	0.04	0.63	0.85	1.30	1.69	2.14	2.56	28.69	4.43	228.26
灰岩	171210	1.53	0.37	1.48	1.28	0.24	1.62	1.55	0.21	0.04	0.60	0.82	1.32	1.73	2.20	2.64	28.69	5.06	267.52
白云岩	111941	1.45	0.30	1.42	1.23	0.21	1.46	1.45	0.17	0.10	0.69	0.88	1.27	1.61	2.04	2.40	15.60	2.51	77.37
硅质碎屑岩	132431	1.60	0.29	1.57	1.20	0.18	1.56	1.58	0.16	0.06	0.88	1.08	1.42	1.75	2.21	2.60	7.88	1.23	12.09
泥（页）岩	80635	1.64	0.28	1.61	1.19	0.17	1.62	1.63	0.16	0.21	0.90	1.10	1.47	1.79	2.23	2.64	6.35	1.05	10.92
紫红色砂页岩（J—K）	26232	1.57	0.26	1.55	1.17	0.17	1.54	1.55	0.14	0.14	0.97	1.14	1.42	1.69	2.15	2.53	4.85	2.00	20.25
紫红色砂页岩（T）	13045	1.46	0.19	1.44	1.14	0.13	1.48	1.46	0.10	0.17	0.93	1.08	1.35	1.56	1.82	2.16	6.35	1.30	15.94
砂岩	13187	1.69	0.27	1.67	1.16	0.16	1.68、1.60	1.66	0.14	0.14	1.07	1.25	1.53	1.81	2.27	2.64	6.97	2.58	28.11
黑色页岩	23155	1.49	0.29	1.46	1.20	0.19	1.48	1.46	0.15	0.13	0.85	1.03	1.32	1.62	2.17	2.57	2.73	1.90	18.15
区域变质岩	2409	1.46	0.33	1.42	1.31	0.22	1.48	1.48	0.21	0.06	0.52	0.73	1.27	1.69	2.04	2.35	5.06	-0.31	0.54
板岩	25278	1.59	0.22	1.58	1.14	0.13	1.55	1.58	0.13	0.44	1.07	1.22	1.45	1.72	2.06	2.29	3.00	0.73	4.64
变余凝灰岩	9854	1.61	0.22	1.59	1.14	0.14	1.62	1.58	0.13	0.74	1.11	1.24	1.46	1.72	2.10	2.31	2.99	0.68	1.36
变余砂岩	9789	1.58	0.21	1.57	1.14	0.13	1.58	1.57	0.13	0.60	1.12	1.23	1.44	1.70	2.03	2.24	5.06	0.63	1.90
火成岩	5635	1.60	0.23	1.58	1.15	0.14	1.62	1.60	0.13	0.44	1.01	1.16	1.46	1.73	2.04	2.26	5.64	0.92	12.70
玄武岩	12013	1.82	0.36	1.79	1.22	0.20	1.76、1.82、1.80	1.78	0.21	0.05	1.03	1.24	1.58	2.01	2.62	3.05	5.64	1.13	4.89
花岗岩	11967	1.82	0.36	1.79	1.22	0.20	1.76、1.82、1.80	1.78	0.21	0.05	1.03	1.24	1.58	2.01	2.62	3.05	5.64	1.14	4.92
	46	1.70	0.40	1.66	1.26	0.23	1.42	1.61	0.29	1.07	1.07	1.07	1.40	2.02	2.49	2.76	2.76	0.57	-0.41
泥、砂、砾	1279	1.46	0.28	1.43	1.22	0.19	1.40	1.45	0.16	0.54	0.59	0.93	1.29	1.62	2.04	2.31	2.83	0.16	1.33

表 4.10　贵州省不同成土母岩类型耕地土壤汞元素（Hg）地球化学参数 （单位：mg/kg）

成土母岩类型	样品件数/个	算术平均值	算术标准差	几何平均值	几何标准差	变异系数	众值	中位值	中位绝对离差	最小值	累积频率值 0.5%	2.5%	25%	75%	97.5%	99.5%	最大值	偏度系数	峰度系数
碳酸盐岩	283151	0.31	6.59	0.16	2.05	21.18	0.14	0.16	0.06	0.00	0.03	0.05	0.11	0.24	0.88	3.11	759.50	355.34	157167
灰岩	171210	0.27	7.84	0.16	1.96	28.57	0.12	0.15	0.05	0.01	0.03	0.05	0.11	0.22	0.75	2.57	759.50	342.00	129376
白云岩	111941	0.37	3.98	0.18	2.18	10.82	0.12	0.17	0.07	0.01	0.03	0.05	0.11	0.26	1.06	4.21	660.36	83.37	10241.2
硅质陆源碎屑岩	132431	0.21	10.67	0.10	1.99	51.96	0.07	0.09	0.03	0.01	0.02	0.03	0.06	0.14	0.41	1.75	678.0	314.80	107066
泥（页）岩	80635	0.25	13.46	0.11	1.91	53.64	0.08	0.10	0.03	0.01	0.03	0.04	0.07	0.15	0.45	2.06	678.0	255.70	69221.4
紫红色砂页岩	26232	0.08	0.12	0.07	1.89	1.46	0.05	0.07	0.03	0.01	0.01	0.02	0.04	0.10	0.22	0.42	13.19	59.25	5716.07
紫红色砂页岩（J—K）	13045	0.08	0.15	0.06	1.81	1.89	0.04	0.06	0.02	0.00	0.01	0.02	0.04	0.09	0.20	0.42	13.19	61.56	5208.91
紫红色砂页岩（T）	13187	0.09	0.09	0.07	1.96	1.02	0.12	0.07	0.03	0.00	0.02	0.03	0.05	0.11	0.23	0.41	6.19	28.01	1709.81
砂页岩	23155	0.18	4.40	0.09	2.01	24.17	0.06	0.08	0.04	0.01	0.02	0.03	0.06	0.12	0.49	2.70	652.00	141.76	20943.9
黑色页岩	2409	0.24	1.10	0.12	2.29	4.63	0.07	0.10	0.04	0.02	0.04	0.07	0.17	1.00	4.13	31.91	19.92	469.59
区域变质岩	25278	0.18	0.82	0.13	1.68	4.66	0.10	0.12	0.03	0.01	0.05	0.07	0.10	0.16	0.50	1.88	83.78	82.75	8167.89
板岩	9854	0.13	0.09	0.12	1.43	0.66	0.10	0.12	0.02	0.03	0.05	0.07	0.11	0.15	0.26	0.48	4.33	19.55	732.59
变余凝灰岩	9789	0.20	0.93	0.15	1.71	4.55	0.11	0.13	0.03	0.01	0.06	0.07	0.11	0.18	0.60	2.25	81.52	70.83	6089.26
变余砂岩	5635	0.21	1.23	0.13	1.95	5.88	0.09	0.11	0.03	0.03	0.05	0.06	0.09	0.15	0.83	3.50	83.78	57.66	3858.51
火成岩	12013	0.16	1.99	0.11	1.99	12.08	0.11	0.10	0.04	0.01	0.02	0.03	0.07	0.15	0.49	1.39	214.15	104.46	11237.6
玄武岩	11967	0.16	1.99	0.11	1.99	12.09	0.11	0.10	0.04	0.01	0.02	0.03	0.07	0.15	0.49	1.39	214.15	104.26	11194.6
花岗岩	46	0.10	0.04	0.10	1.44	0.35	—	0.10	0.02	0.04	0.04	0.04	0.08	0.12	0.17	0.20	0.41	0.41	0.11
泥、砂、砾	1279	0.20	0.22	0.16	1.81	1.10	0.16	0.16	0.06	0.02	0.03	0.05	0.11	0.24	0.56	1.05	6.24	17.03	447.07

表 4.11　贵州省不同成土母岩类型耕地土壤碘元素（I）地球化学参数 （单位：mg/kg）

成土母岩类型	样品件数/个	算术平均值	算术标准差	几何平均值	几何标准差	变异系数	众值	中位值	中位绝对离差	最小值	累积频率值 0.5%	2.5%	25%	75%	97.5%	99.5%	最大值	偏度系数	峰度系数
碳酸盐岩	283151	4.79	3.64	3.45	2.41	0.76	10.20	4.10	2.43	0.01	0.41	0.57	1.78	6.74	13.79	18.20	60.80	1.32	3.00
灰岩	171210	5.13	3.74	3.75	2.38	0.73	10.10	4.49	2.50	0.06	0.42	0.58	2.12	7.15	14.20	18.90	60.80	1.26	2.80
白云岩	111941	4.27	3.41	3.04	2.41	0.80	1.00	3.53	2.17	0.01	0.40	0.56	1.48	6.03	12.80	17.10	59.50	1.44	3.40
硅质陆源碎屑岩	132431	2.73	2.74	1.84	2.42	1.00	0.80	1.76	1.02	0.01	0.26	0.42	0.92	3.53	10.40	15.40	59.88	2.53	10.39
泥（页）岩	80635	2.75	2.73	1.86	2.41	0.99	0.71	1.80	1.05	0.02	0.28	0.43	0.92	3.57	10.40	15.26	34.00	2.40	8.38
紫红色砂页岩	26232	2.62	2.80	1.70	2.52	1.07	0.80	1.55	0.87	0.03	0.18	0.32	0.88	3.28	10.60	15.80	28.01	2.55	9.00
紫红色砂页岩（J—K）	13045	1.28	1.23	0.97	2.04	0.96	0.54	0.93	0.37	0.03	0.14	0.25	0.62	1.43	4.78	8.24	18.20	3.70	20.25
紫红色砂页岩（T）	13187	3.94	3.25	2.96	2.14	0.83	1.38	2.89	1.50	0.13	0.55	0.77	1.66	5.17	12.60	18.11	28.01	1.99	5.53
砂页岩	23155	2.86	2.73	2.00	2.34	0.95	0.60	2.03	1.19	0.01	0.35	0.47	1.00	3.75	10.20	15.80	59.88	2.89	18.72
黑色页岩	2409	1.77	2.03	1.25	2.12	1.15	0.62	1.06	0.42	0.25	0.34	0.44	0.72	1.87	7.49	12.90	20.22	3.76	19.64
区域变质岩	25278	1.93	2.96	1.14	2.40	1.53	0.60、0.65	0.82	0.24	0.28	0.40	0.46	0.64	1.44	10.89	20.42	55.10	4.08	24.82
板岩	9854	1.97	3.03	1.15	2.40	1.54	0.60	0.83	0.24	0.01	0.41	0.42	0.65	1.37	10.69	20.49	34.90	3.80	19.23
变余凝灰岩	9789	1.88	3.08	1.08	2.42	1.64	0.65	0.78	0.22	0.23	0.37	0.44	0.61	1.31	10.69	20.49	55.10	4.63	32.67
变余砂岩	5635	1.95	2.57	1.21	2.37	1.31	0.70	0.90	0.31	0.39	0.39	0.44	0.66	1.75	9.47	14.52	27.48	3.05	12.11
火成岩	12013	7.05	5.15	5.49	2.07	0.73	10.40	5.66	2.88	0.35	0.89	1.35	3.19	9.52	20.10	27.90	77.34	1.71	5.89
玄武岩	11967	7.08	5.15	5.52	2.06	0.73	10.40	5.70	2.88	0.35	0.95	1.38	3.21	9.52	20.11	27.90	77.34	1.71	5.90
花岗岩	46	1.63	1.40	1.32	1.85	0.86	3.20	1.42	0.49	0.45	0.45	0.45	0.78	1.70	4.09	9.12	9.12	3.68	17.95
泥、砂、砾	1279	2.57	3.22	1.49	2.67	1.26	0.54	1.09	0.55	0.20	0.31	0.43	0.68	3.05	11.20	17.60	25.56	2.60	9.03

表 4.12　贵州省不同成土母岩类型耕地土壤钾元素（K）地球化学参数　（单位：%）

成土母岩类型	样品件数/个	算术平均值	算术标准差	几何平均值	几何标准差	变异系数	众值	中位值	中位绝对离差	最小值	0.5%(累积频率值)	2.5%	25%	75%	97.5%	99.5%	最大值	偏度系数	峰度系数
碳酸盐岩	283151	1.79	0.94	1.54	1.79	0.53	1.10	1.64	0.64	0.05	0.27	0.43	1.05	2.37	3.91	4.68	12.12	1.05	10.73
灰岩	171210	1.72	0.96	1.45	1.84	0.56	0.90	1.56	0.65	0.05	0.24	0.39	0.95	2.29	3.91	4.64	12.12	1.22	15.97
白云岩	111941	1.89	0.91	1.67	1.68	0.48	1.49	1.75	0.61	0.07	0.33	0.53	1.20	2.47	3.92	4.75	11.60	0.83	1.36
硅质陆源碎屑岩	132431	2.08	0.78	1.91	1.55	0.38	2.22	2.07	0.56	0.01	0.41	0.67	1.50	2.62	3.61	4.30	11.26	0.31	0.54
泥（页）岩	80635	2.23	0.83	2.05	1.55	0.37	2.66	2.30	0.59	0.02	0.49	0.73	1.58	2.81	3.76	4.52	11.26	0.17	0.41
紫红色砂页岩	26232	1.88	0.59	1.78	1.43	0.31	1.88	1.88	0.38	0.02	0.49	0.76	1.49	2.25	3.10	3.72	5.20	0.30	0.71
紫红色砂页岩（J—K）	13045	1.84	0.61	1.72	1.48	0.33	1.93、2.06、2.01	1.89	0.43	0.03	0.44	0.67	1.40	2.26	3.00	3.32	4.40	-0.02	-0.35
紫红色砂页岩（T）	13187	1.93	0.57	1.84	1.37	0.30	2.06	1.83	0.33	0.02	0.60	0.90	1.57	2.23	3.23	4.02	5.20	0.70	1.81
砂岩	23155	1.79	0.66	1.64	1.59	0.37	2.22	1.85	0.44	0.01	0.29	0.49	1.34	2.24	3.04	3.62	6.86	0.03	0.12
黑色页岩	2409	1.92	0.85	1.70	1.69	0.44	1.41	1.94	0.67	0.14	0.29	0.47	1.25	2.60	3.46	4.20	4.97	0.24	-0.57
区域变质岩	25278	1.96	0.46	1.91	1.28	0.24	1.93	2.01	0.28	0.27	0.76	1.12	1.67	2.23	2.96	3.44	8.14	0.56	2.74
板岩	9854	2.02	0.40	1.98	1.24	0.20	1.98	1.98	0.24	0.33	0.74	1.23	1.78	2.25	2.84	3.12	8.14	0.41	7.03
变余凝灰岩	9789	1.83	0.44	1.77	1.28	0.24	1.78	1.78	0.26	0.39	0.80	1.07	1.53	2.06	2.84	3.26	5.04	0.70	1.53
变余砂岩	5635	2.10	0.53	2.03	1.31	0.25	1.83、2.07、2.14	2.07	0.31	0.27	0.73	1.15	1.76	2.39	3.24	3.86	5.08	0.51	1.40
火成岩	12013	0.89	0.45	0.80	1.64	0.50	0.71	0.81	0.24	0.03	0.16	0.28	0.59	1.10	1.98	2.83	4.17	1.57	4.64
玄武岩	11967	0.89	0.43	0.79	1.63	0.49	0.71	0.81	0.24	0.03	0.16	0.28	0.59	1.10	1.94	2.69	3.82	1.45	4.03
花岗岩	46	2.49	0.74	2.37	1.38	0.30	3.15	2.48	0.65	1.04	1.04	1.04	1.85	3.14	3.75	4.17	4.17	0.00	-0.79
泥、砂、砾	1279	1.50	0.61	1.36	1.59	0.41	1.55、1.28、1.30	1.50	0.40	0.22	0.27	0.44	1.05	1.87	2.87	3.51	4.08	0.52	0.65

表 4.13　贵州省不同成土母岩类型耕地土壤锰元素（Mn）地球化学参数　（单位：mg/kg）

成土母岩类型	样品件数/个	算术平均值	算术标准差	几何平均值	几何标准差	变异系数	众值	中位值	中位绝对离差	最小值	0.5%(累积频率值)	2.5%	25%	75%	97.5%	99.5%	最大值	偏度系数	峰度系数
碳酸盐岩	283151	1118	892	835	2.33	0.80	484、728	978	472	5	50	102	534	1489	3124	4994	96941	9.44	615.08
灰岩	171210	1195	931	900	2.34	0.78	1106	1097	489	5	49	99	602	1579	3163	5054	96941	12.37	841.70
白云岩	111941	1002	813	745	2.28	0.81	698	823	400	8	51	107	468	1299	3068	4884	25172	2.91	21.97
硅质陆源碎屑岩	132431	843	787	609	2.31	0.93	330	628	342	5	60	109	347	1147	2678	4156	67325	10.43	563.20
泥（页）岩	80635	897	888	648	2.26	0.99	351	656	344	13	78	128	367	1158	3072	4561	67325	11.45	564.96
紫红色砂页岩	26232	886	543	706	2.08	0.61	611	744	409	13	100	140	440	1333	1957	2388	4951	0.62	-0.03
紫红色砂页岩（J—K）	13045	495	291	420	1.81	0.59	611、528	461	174	13	87	118	286	635	1179	1817	4332	2.11	11.55
紫红色砂页岩（T）	13187	1274	447	1180	1.53	0.35	1549	1311	283	16	268	404	984	1564	2109	2548	4951	0.15	1.16
砂岩	23155	643	589	444	2.45	0.92	362	465	260	21	38	68	242	836	2133	3203	8265	2.51	12.46
黑色页岩	2409	478	679	307	2.46	1.42	164	307	167	32	36	58	165	531	2122	3992	16648	8.86	155.88
区域变质岩	25278	305	336	232	1.94	1.10	114	211	75	32	65	82	149	320	1177	1973	12559	7.93	156.90
板岩	9854	294	312	226	1.94	1.06	186	209	80	48	64	80	142	320	1150	1766	12559	9.58	267.11
变余凝灰岩	9789	302	283	236	1.89	0.94	132	211	66	48	64	86	156	312	1126	1725	4127	3.58	19.90
变余砂岩	5635	328	443	236	2.03	1.35	—	213	81	32	65	80	145	331	1392	2690	10431	7.96	110.49
火成岩	12013	1489	675	1316	1.74	0.45	1625、1686	1532	414	19	158	297	1046	1899	2632	3511	20097	2.82	58.18
玄武岩	11967	1494	671	1326	1.72	0.45	1625、1686	1534	412	19	170	318	1052	1900	2632	3511	20097	2.88	59.55
花岗岩	46	207	103	189	1.50	0.50	—	178	40	72	72	72	146	238	460	687	687	2.68	10.00
泥、砂、砾	1279	483	398	366	2.10	0.82	620、220、123	347	171	56	73	98	216	625	1657	2177	2818	1.97	4.85

表 4.14 贵州省不同成土母岩类型耕地土壤钼元素（Mo）地球化学参数

（单位：mg/kg）

成土母岩类型	样品件数/个	算术平均值	算术标准差	几何平均值	几何标准差	变异系数	众值	中位值	中位绝对离差	最小值	0.5%	2.5%	25%	75%	97.5%	99.5%	最大值	偏度系数	峰度系数
碳酸盐岩	283151	2.45	2.90	1.95	1.88	1.18	1.24	1.90	0.69	0.04	0.38	0.58	1.31	2.81	7.63	14.90	506.00	47.73	6369.62
灰岩	171210	2.29	3.09	1.83	1.87	1.35	1.26	1.78	0.63	0.10	0.35	0.54	1.24	2.60	7.14	14.20	506.00	62.20	8165.13
白云岩	111941	2.70	2.57	2.16	1.88	0.95	1.76	2.11	0.78	0.04	0.43	0.64	1.44	3.15	8.26	16.20	117.60	8.85	187.73
硅质陆源碎屑岩	132431	1.77	3.86	1.08	2.37	2.18	0.40、0.48	0.96	0.49	0.01	0.25	0.30	0.56	1.85	7.57	19.20	275.00	22.41	1007.06
泥（页）岩	80635	2.06	3.94	1.25	2.48	1.91	0.40	1.13	0.65	0.01	0.26	0.31	0.60	2.31	8.75	20.80	272.00	17.15	636.81
紫红色砂页岩	26232	1.01	1.06	0.83	1.78	1.05	0.82	0.83	0.31	0.05	0.25	0.30	0.55	1.19	2.80	5.36	93.20	31.14	2320.64
紫红色砂页岩（J—K）	13045	0.82	1.32	0.63	1.83	1.61	0.44	0.56	0.17	0.05	0.23	0.28	0.42	0.82	3.19	6.83	93.20	31.09	1889.98
紫红色砂页岩（T）	13187	1.19	0.64	1.09	1.48	0.54	0.82	1.04	0.24	0.14	0.44	0.56	0.84	1.37	2.62	4.05	20.00	7.91	159.21
砂页岩	23155	1.52	5.05	0.87	2.30	3.33	0.39	0.74	0.34	0.05	0.22	0.28	0.47	1.43	6.42	21.70	275.00	27.35	1130.99
黑色页质岩	2409	2.70	5.78	1.45	2.52	2.14	0.69	1.28	0.57	0.22	0.24	0.31	0.82	2.13	15.83	47.40	71.80	6.97	60.95
区域变质岩	25278	0.90	1.71	0.70	1.76	1.89	0.56	0.64	0.20	0.17	0.30	0.32	0.47	0.91	2.67	8.84	84.40	21.32	691.75
板岩	9854	0.71	0.48	0.62	1.58	0.68	0.40	0.59	0.17	0.21	0.30	0.31	0.45	0.81	1.79	3.06	11.40	6.50	91.68
变余凝灰岩	9789	0.93	1.48	0.76	1.68	1.60	0.56	0.71	0.21	0.24	0.31	0.34	0.53	0.98	2.47	7.02	74.24	23.94	882.19
变余砂岩	5635	1.20	2.95	0.73	2.12	2.46	0.32	0.62	0.22	0.17	0.30	0.31	0.44	0.97	6.05	17.94	84.40	12.92	243.27
火成岩	12013	2.50	2.10	2.13	1.68	0.84	1.62、1.49	2.06	0.56	0.28	0.56	0.86	1.55	2.72	7.15	13.67	59.44	8.20	134.37
玄武岩	11967	2.51	2.11	2.14	1.67	0.84	1.62、1.49	2.06	0.56	0.28	0.65	0.89	1.56	2.73	7.15	13.67	59.44	8.22	134.68
花岗岩	46	0.51	0.17	0.49	1.39	0.34	—	0.50	0.12	0.30	0.30	0.30	0.35	0.61	0.89	1.02	1.02	0.78	0.33
泥、砂、砾	1279	3.52	4.04	2.27	2.57	1.15	1.47	2.33	1.36	0.30	0.30	0.34	1.27	4.17	14.90	24.90	47.10	3.59	19.93

表 4.15 贵州省不同成土母岩类型耕地土壤氮元素（N）地球化学参数

（单位：g/kg）

成土母岩类型	样品件数/个	算术平均值	算术标准差	几何平均值	几何标准差	变异系数	众值	中位值	中位绝对离差	最小值	0.5%	2.5%	25%	75%	97.5%	99.5%	最大值	偏度系数	峰度系数
碳酸盐岩	283151	1.93	0.64	1.83	1.38	0.33	1.64	1.82	0.36	0.10	0.71	0.98	1.50	2.23	3.48	4.38	13.83	1.54	10.54
灰岩	171210	1.93	0.61	1.84	1.36	0.32	1.72	1.84	0.35	0.10	0.72	0.99	1.52	2.23	3.39	4.24	11.50	1.28	4.46
白云岩	111941	1.95	7.34	1.82	1.40	3.77	1.72	1.79	0.37	0.14	0.69	0.96	1.47	2.24	3.60	4.54	13.83	3.30	11.00
硅质陆源碎屑岩	132431	1.83	0.68	1.72	1.44	0.37	1.63	1.71	0.40	0.14	0.62	0.83	1.36	2.18	3.46	4.21	9.29	1.14	2.57
泥（页）岩	80635	1.94	0.67	1.84	1.39	0.34	1.63	1.81	0.39	0.25	0.78	0.99	1.47	2.29	3.55	4.25	9.29	1.13	2.22
紫红色砂页岩	26232	1.55	0.64	1.44	1.44	0.41	1.32、1.15	1.44	0.37	0.14	0.48	0.63	1.11	1.87	3.05	4.08	8.47	1.54	5.50
紫红色砂页岩（J—K）	13045	1.30	0.48	1.23	1.41	0.36	0.95	1.22	0.26	0.14	0.44	0.68	0.99	1.53	2.48	3.19	8.47	1.67	8.48
紫红色砂页岩（T）	13187	1.79	0.68	1.68	1.45	0.38	1.31、1.40	1.71	0.39	0.14	0.56	0.76	1.34	2.13	3.42	4.57	8.17	1.41	4.88
砂页岩	23155	1.73	0.65	1.62	1.43	0.37	1.36	1.60	0.37	0.29	0.62	0.81	1.28	2.05	3.33	4.13	9.21	1.31	3.52
黑色页质岩	2409	2.16	0.70	2.05	1.39	0.32	1.80	2.09	0.46	0.39	0.78	1.03	1.66	2.59	3.65	4.46	6.78	0.77	1.60
区域变质岩	25278	2.37	0.84	2.22	1.44	0.35	2.24	2.28	0.54	0.32	0.68	1.01	1.77	2.86	4.25	5.21	7.61	0.77	1.25
板岩	9854	2.54	0.88	2.39	1.43	0.35	2.54	2.45	0.56	0.35	0.76	1.13	1.91	3.04	4.55	5.51	7.15	0.76	1.23
变余凝灰岩	9789	2.36	0.80	2.22	1.43	0.34	2.07	2.28	0.53	0.32	0.73	1.04	1.78	2.85	4.09	4.86	7.61	0.64	0.97
变余砂岩	5635	2.10	0.76	1.97	1.45	0.36	1.75	2.01	0.45	0.35	0.57	0.89	1.59	2.50	3.88	4.84	6.44	0.91	1.81
火成岩	12013	2.18	0.84	2.04	1.45	0.38	1.89	2.07	0.48	0.28	0.64	0.92	1.63	2.60	4.15	5.40	12.20	1.53	6.81
玄武岩	11967	2.18	0.83	2.04	1.45	0.38	1.89	2.07	0.48	0.28	0.66	0.92	1.63	2.60	4.13	5.38	12.20	1.54	6.85
花岗岩	46	2.34	1.01	2.11	1.63	0.43	2.31	2.24	0.62	0.33	0.33	0.33	1.63	2.87	4.95	5.45	5.45	0.91	1.61
泥、砂、砾	1279	2.03	0.73	1.92	1.41	0.36	1.78	1.87	0.39	0.40	0.66	1.00	1.55	2.37	3.79	4.94	5.86	1.30	2.75

表 4.16 贵州省不同成土母岩类型耕地土壤镍元素（Ni）地球化学参数

（单位：mg/kg）

成土母岩类型	样品件数/个	算术平均值	算术标准差	几何平均值	几何标准差	变异系数	众值	中位值	中位绝对离差	最小值	累积频率值 0.5%	2.5%	25%	75%	97.5%	99.5%	最大值	偏度系数	峰度系数
碳酸盐岩	283151	46.72	23.72	41.27	1.68	0.51	34.00	40.90	12.60	0.38	6.67	13.50	30.70	58.90	101.53	128.81	1159.0	1.94	25.75
灰岩	171210	51.19	25.79	44.82	1.72	0.50	37.00	45.80	16.20	0.38	6.38	13.40	32.40	67.40	106.00	134.60	1159.00	1.62	25.08
白云岩	111941	39.88	18.12	36.38	1.55	0.45	34.00	36.60	8.70	1.54	7.27	13.70	29.00	47.10	84.10	112.00	523.00	2.74	29.31
硅质陆源碎屑岩	132431	43.90	23.91	38.48	1.69	0.54	34.00	38.00	10.60	0.03	7.37	13.10	28.70	51.60	100.00	120.10	935.00	2.83	48.48
泥（页）岩	80635	43.41	18.89	39.97	1.50	0.44	37.50	39.70	8.30	0.26	11.56	17.40	31.90	48.90	88.70	107.00	757.00	2.66	38.56
紫红色砂页岩（J—K）	26232	54.20	31.13	45.44	1.84	0.57	104.00	39.40	18.40	0.03	10.50	14.60	29.10	83.70	113.00	131.00	395.15	0.61	-0.41
紫红色砂页岩（T）	13045	30.30	10.49	28.51	1.44	0.35	29.20	30.21	6.21	0.03	9.15	12.55	23.40	36.00	51.50	76.20	395.15	1.17	4.84
砂岩	13187	77.85	26.35	72.06	1.54	0.34	104.00	83.40	14.70	7.06	20.80	25.90	63.50	95.49	121.00	139.00	110.00	-0.32	1.35
黑色页岩	23155	34.66	26.18	28.42	1.87	0.76	21.00	27.70	9.40	1.01	4.17	7.71	19.60	40.30	94.50	120.00	935.00	6.90	162.55
区域变质岩	2409	36.82	17.66	32.68	1.67	0.48	42.00、45.50	35.90	11.10	4.29	6.59	9.54	24.15	46.30	73.40	95.97	226.00	1.64	10.08
板岩	25278	17.04	9.20	15.82	1.43	0.54	14.20	15.70	3.12	2.84	6.52	8.11	12.74	19.10	36.20	51.90	400.00	12.11	329.19
变余凝灰岩	9854	18.67	6.53	17.84	1.34	0.35	16.10	17.45	2.65	4.52	8.42	10.48	15.00	20.40	37.10	45.70	219.80	4.83	97.20
变余砂岩	9789	14.44	6.67	13.56	1.39	0.46	14.20	13.30	2.52	2.84	6.20	7.51	11.01	16.20	28.20	45.40	215.00	8.37	172.55
火成岩	5635	18.69	14.43	16.77	1.51	0.77	15.30	16.20	3.32	3.87	6.21	7.84	13.30	20.06	43.80	90.25	400.00	11.58	216.81
玄武岩	12013	67.63	21.71	63.96	1.43	0.32	66.00	67.60	10.86	2.00	14.02	25.19	56.20	78.00	112.00	150.00	400.00	1.47	12.49
花岗岩	11967	67.83	21.51	64.32	1.41	0.32	66.00	67.66	10.84	2.00	16.00	26.40	56.40	78.10	112.00	150.00	369.00	1.55	12.94
	46	16.33	10.09	14.95	1.45	0.62	—	14.41	2.60	7.86	7.86	7.86	11.84	17.98	28.32	77.16	77.16	5.09	30.53
泥、砂、砾	1279	35.08	21.50	29.72	1.78	0.61	30.00	29.60	11.90	2.00	8.12	10.70	19.33	44.90	90.40	109.00	186.40	1.68	4.89

表 4.17 贵州省不同成土母岩类型耕地土壤磷元素（P）地球化学参数

（单位：g/kg）

成土母岩类型	样品件数/个	算术平均值	算术标准差	几何平均值	几何标准差	变异系数	众值	中位值	中位绝对离差	最小值	累积频率值 0.5%	2.5%	25%	75%	97.5%	99.5%	最大值	偏度系数	峰度系数
碳酸盐岩	283151	0.86	3.22	0.78	1.55	3.75	0.66	0.78	0.21	0.00	0.22	0.32	0.59	1.02	1.80	2.44	46.86	51.45	2706.79
灰岩	171210	0.89	0.45	0.80	1.57	0.51	0.71	0.81	0.23	0.04	0.22	0.32	0.60	1.08	1.87	2.51	46.86	14.39	1142.77
白云岩	111941	0.82	5.09	0.74	1.50	6.21	0.73	0.74	0.17	0.01	0.22	0.32	0.58	0.94	1.64	2.28	16.96	32.94	1096.55
硅质陆源碎屑岩	132431	0.78	0.49	0.69	1.63	0.63	0.50	0.65	0.21	0.01	0.21	0.29	0.48	0.99	1.73	2.27	47.06	18.39	1218.18
泥（页）岩	80635	0.79	0.49	0.71	1.56	0.61	0.53	0.67	0.19	0.09	0.27	0.34	0.51	0.98	1.73	2.24	47.06	23.27	1670.06
紫红色砂页岩（J—K）	26232	0.79	0.45	0.67	1.82	0.56	0.37、0.35	0.68	0.33	0.01	0.17	0.23	0.41	1.14	1.72	2.12	5.27	0.78	0.59
紫红色砂页岩（T）	13045	0.46	0.21	0.42	1.49	0.45	0.38	0.41	0.10	0.01	0.15	0.20	0.32	0.54	0.97	1.34	3.32	2.38	13.55
砂岩	13187	1.13	0.36	1.06	1.42	0.32	1.06	1.12	0.23	0.01	0.35	0.48	0.88	1.34	1.87	2.29	5.27	0.61	2.91
黑色页岩	23155	0.72	0.56	0.63	1.63	0.78	0.50	0.57	0.15	0.02	0.21	0.29	0.45	0.81	1.79	2.70	35.57	17.09	788.14
区域变质岩	2409	0.59	0.25	0.55	1.44	0.43	0.51	0.55	0.11	0.10	0.17	0.26	0.45	0.67	1.24	1.95	3.10	3.10	17.95
板岩	25278	0.53	0.54	0.48	1.50	1.01	0.40	0.48	0.11	0.06	0.16	0.22	0.38	0.61	1.09	1.79	42.33	48.52	3348.19
变余凝灰岩	9854	0.53	0.22	0.50	1.46	0.41	0.45	0.49	0.12	0.09	0.17	0.23	0.39	0.63	1.05	1.47	3.91	2.39	16.73
变余砂岩	9789	0.53	0.38	0.49	1.47	0.71	0.43	0.48	0.11	0.07	0.18	0.24	0.39	0.61	1.10	1.82	23.60	28.20	1481.21
火成岩	5635	0.52	0.98	0.44	1.61	1.88	0.37	0.44	0.11	0.06	0.13	0.18	0.34	0.56	1.16	2.64	42.33	33.00	1298.68
玄武岩	12013	1.52	0.48	1.45	1.39	0.31	1.29	1.48	0.28	0.11	0.45	0.70	1.21	1.78	2.56	3.21	5.58	1.00	4.01
花岗岩	11967	1.53	0.47	1.45	1.37	0.31	1.29	1.48	0.28	0.14	0.51	0.71	1.22	1.78	2.56	3.21	5.58	1.06	4.12
	46	0.43	0.19	0.39	1.50	0.44	0.43、0.46、0.97	0.39	0.11	0.11	0.11	0.11	0.29	0.52	0.73	1.32	1.32	2.40	10.56
泥、砂、砾	1279	0.78	0.40	0.70	1.60	0.52	0.69	0.69	0.23	0.15	0.24	0.30	0.49	0.96	1.93	2.51	2.78	1.68	3.93

表 4.18　贵州省不同成土母岩类型耕地土壤铅元素（Pb）地球化学参数

（单位：mg/kg）

成土母岩类型	样品件数/个	算术平均值	算术标准差	几何平均值	几何标准差	变异系数	众值	中位值	中位绝对离差	最小值	0.5%	2.5%	25%	75%	97.5%	99.5%	最大值	偏度系数	峰度系数
碳酸盐岩	283151	48.86	148.06	38.85	1.67	3.03	30.40	36.90	12.90	0.06	12.90	17.20	28.55	49.40	120.00	390.00	35736	93.20	16137.7
灰岩	171210	43.53	142.85	35.20	1.62	3.28	30.40	33.60	8.00	3.33	12.50	16.40	26.62	43.30	102.00	351.00	35736	129.88	27512.2
白云岩	111941	57.02	155.33	45.18	1.68	2.72	37.20	43.40	11.80	0.06	14.00	19.10	33.07	57.65	141.00	459.00	16338	49.63	3604.44
硅质碎屑岩	132431	33.62	59.39	29.76	1.47	1.77	29.20	29.30	5.50	0.31	12.20	15.50	24.00	35.00	71.30	160.00	7310.0	55.04	4394.90
泥（页）岩	80635	36.57	56.16	32.44	1.47	1.54	30.80	31.80	5.40	0.31	13.20	16.80	26.60	37.50	77.50	184.00	4730.0	40.97	2426.28
紫红色砂页岩	26232	27.73	29.56	25.81	1.37	1.07	26.70	25.95	4.15	3.26	11.70	14.60	21.65	30.00	48.09	95.40	2727.1	53.07	4094.25
紫红色砂页岩（J—K）	13045	27.59	10.99	24.85	1.25	0.40	26.40，28.00	27.10	3.10	6.84	13.50	17.10	24.00	30.10	40.24	60.90	922.00	44.67	3423.18
紫红色砂页岩（T）	13187	27.87	40.23	24.85	1.46	1.44	21.60	24.00	4.74	3.26	11.10	13.70	19.80	29.67	55.67	127.00	2727.1	40.96	2353.21
砂页岩	23155	29.38	80.55	25.85	1.45	2.74	26.60	25.48	4.25	2.53	10.80	13.90	21.32	29.90	60.00	141.00	7310.0	65.57	4932.97
黑色页岩	2409	39.95	124.92	30.21	1.61	3.13	30.60	28.60	5.20	7.19	12.90	15.85	23.90	34.40	98.30	403.00	4361.0	23.92	700.91
区域变质岩	25278	28.81	26.07	27.39	1.29	0.90	26.60	27.20	3.30	8.60	13.50	17.00	24.10	30.72	44.40	77.80	2166.5	50.22	3467.40
板岩	9854	28.93	22.89	27.90	1.25	0.79	29.30	27.68	3.18	11.00	15.00	18.70	24.70	31.19	42.75	63.10	2018.0	68.70	5813.28
变余凝灰岩	9789	29.28	30.13	27.77	1.28	1.03	26.70	27.32	3.08	8.60	15.58	18.80	24.47	30.70	44.28	89.67	2166.5	46.54	2875.48
变余砂岩	5635	27.78	23.56	25.88	1.37	0.85	26.10，23.30	25.96	4.04	8.81	12.00	14.10	21.90	30.00	48.61	101.00	1011.0	26.04	907.60
火成岩	12013	34.79	77.64	27.29	1.75	2.23	21.00	25.10	6.73	3.55	8.14	11.60	19.50	34.30	104.00	251.00	5512.0	40.07	2348.95
玄武岩	11967	34.79	77.78	27.27	1.75	2.24	21.00	25.10	6.72	3.55	8.14	11.60	19.50	34.30	104.00	251.00	5512.0	40.07	2340.17
花岗岩	46	35.00	8.86	33.97	1.28	0.25	37.04，32.34	33.00	4.00	15.19	15.19	15.19	29.69	38.42	54.88	64.78	64.78	1.09	2.32
泥、砂、砾	1279	35.64	23.50	32.58	1.48	0.66	25.20	30.60	6.98	9.13	12.80	16.80	24.90	41.00	77.10	97.80	667.00	15.75	408.36

表 4.19　贵州省不同成土母岩类型耕地土壤硒元素（Se）地球化学参数

（单位：mg/kg）

成土母岩类型	样品件数/个	算术平均值	算术标准差	几何平均值	几何标准差	变异系数	众值	中位值	中位绝对离差	最小值	0.5%	2.5%	25%	75%	97.5%	99.5%	最大值	偏度系数	峰度系数
碳酸盐岩	283151	0.58	0.34	0.52	1.58	0.59	0.44	0.51	0.14	0.01	0.15	0.22	0.39	0.68	1.32	2.07	24.90	9.22	301.87
灰岩	171210	0.62	0.38	0.55	1.63	0.62	0.49	0.54	0.16	0.01	0.15	0.22	0.40	0.74	1.44	2.30	19.20	7.24	175.46
白云岩	111941	0.52	0.26	0.48	1.47	0.51	0.44	0.48	0.11	0.01	0.14	0.21	0.38	0.60	0.99	1.49	24.90	17.46	1043.59
硅质碎屑岩	132431	0.53	0.45	0.43	1.85	0.85	0.28	0.40	0.15	0.01	0.10	0.15	0.28	0.62	1.58	2.51	40.07	9.72	505.27
泥（页）岩	80635	0.59	0.49	0.48	1.84	0.82	0.28	0.44	0.17	0.01	0.14	0.18	0.31	0.73	1.69	2.59	40.07	10.54	580.23
紫红色砂页岩	26232	0.38	0.24	0.32	1.74	0.63	0.26	0.32	0.11	0.03	0.07	0.11	0.23	0.46	0.97	1.37	7.16	3.59	49.10
紫红色砂页岩（J—K）	13045	0.33	0.18	0.30	1.58	0.53	0.26	0.30	0.08	0.03	0.06	0.09	0.22	0.40	0.77	1.10	3.16	3.05	23.89
紫红色砂页岩（T）	13187	0.42	0.28	0.35	1.88	0.66	0.36	0.36	0.15	0.01	0.10	0.15	0.23	0.54	1.09	1.48	7.16	3.39	46.05
砂页岩	23155	0.45	0.41	0.38	1.75	0.89	0.28	0.35	0.11	0.03	0.15	0.19	0.26	0.51	1.41	2.63	11.60	7.36	112.55
黑色页岩	2409	0.79	0.72	0.61	1.97	0.91	0.34	0.59	0.25	0.11	0.16	0.21	0.38	0.94	2.68	4.23	10.50	4.29	33.89
区域变质岩	25278	0.44	0.26	0.40	1.49	0.61	0.30	0.38	0.08	0.07	0.16	0.21	0.31	0.49	1.03	1.76	9.42	8.50	178.09
板岩	9854	0.42	0.18	0.39	1.44	0.43	0.34	0.38	0.08	0.07	0.16	0.21	0.31	0.48	0.89	1.32	2.06	2.40	9.85
变余凝灰岩	9789	0.43	0.22	0.39	1.45	0.51	0.33	0.38	0.10	0.09	0.17	0.21	0.31	0.47	0.98	1.42	8.35	7.60	194.89
变余砂岩	5635	0.49	0.41	0.42	1.64	0.85	0.34	0.38	0.10	0.07	0.10	0.19	0.31	0.53	1.52	2.81	9.42	7.39	101.92
火成岩	12013	0.71	0.51	0.57	1.97	0.72	0.28	0.62	0.29	0.01	0.10	0.14	0.36	0.95	1.78	2.86	11.00	3.92	41.65
玄武岩	11967	0.71	0.51	0.58	1.97	0.72	0.28	0.62	0.29	0.01	0.10	0.14	0.36	0.95	1.78	2.86	11.00	3.92	41.57
花岗岩	46	0.45	0.17	0.41	1.50	0.38	—	0.47	0.15	0.16	0.16	0.16	0.31	0.56	0.74	0.88	0.88	0.30	-0.62
泥、砂、砾	1279	0.62	0.37	0.54	1.69	0.60	0.62，0.56	0.56	0.19	0.07	0.14	0.19	0.38	0.75	1.46	2.30	4.63	3.46	25.56

表 4.20 贵州省不同成土母岩类型耕地土壤铊元素（Tl）地球化学参数

（单位：mg/kg）

成土母岩类型	样品件数/个	算术平均值	算术标准差	几何平均值	几何标准差	变异系数	众值	中位值	中位绝对离差	最小值	0.5%	2.5%	25%	75%	97.5%	99.5%	最大值	偏度系数	峰度系数
碳酸盐岩	283151	0.75	0.39	0.70	1.44	0.52	0.68	0.71	0.14	0.01	0.24	0.32	0.57	0.86	1.41	2.12	73.00	36.42	4937.74
灰岩	171210	0.70	0.41	0.65	1.45	0.58	0.68	0.67	0.15	0.05	0.22	0.30	0.52	0.81	1.34	2.10	73.00	42.58	5984.51
白云岩	111941	0.82	0.35	0.77	1.39	0.42	0.76	0.77	0.13	0.01	0.26	0.38	0.65	0.93	1.48	2.15	41.10	23.78	2144.70
硅质陆源碎屑岩	132431	0.69	0.45	0.63	1.55	0.65	0.80	0.69	0.18	0.01	0.19	0.24	0.48	0.85	1.26	1.99	114.00	121.93	29863.3
泥（页）岩	80635	0.76	0.53	0.69	1.54	0.69	0.84	0.78	0.15	0.01	0.20	0.25	0.56	0.90	1.35	2.10	114.00	126.45	26827.4
紫红色砂页岩（J—K）	26232	0.54	0.18	0.51	1.41	0.33	0.40	0.54	0.14	0.09	0.20	0.25	0.40	0.67	0.87	1.01	2.41	0.46	1.08
紫红色砂页岩（T）	13045	0.62	0.15	0.60	1.30	0.25	0.66	0.62	0.10	0.14	0.26	0.33	0.51	0.72	0.90	1.04	2.08	0.40	2.44
砂岩	13187	0.47	0.17	0.44	1.42	0.36	0.40	0.43	0.11	0.09	0.19	0.23	0.34	0.57	0.84	0.97	2.41	1.01	2.37
页岩	23155	0.63	0.33	0.58	1.54	0.52	0.64	0.61	0.13	0.08	0.17	0.21	0.47	0.74	1.24	2.20	19.07	10.92	447.29
黑色页岩	2409	0.80	0.42	0.73	1.50	0.52	0.80、0.68	0.76	0.19	0.11	0.25	0.33	0.57	0.95	1.59	2.66	10.90	8.34	162.75
区域变质岩	25278	0.57	0.17	0.56	1.23	0.30	0.56	0.55	0.07	0.21	0.35	0.39	0.49	0.62	0.83	1.27	8.62	12.87	403.78
板岩	9854	0.59	0.11	0.58	1.18	0.19	0.57	0.58	0.06	0.25	0.38	0.43	0.53	0.65	0.81	1.01	8.62	4.37	62.19
变余凝灰岩	9789	0.52	0.13	0.51	1.20	0.25	0.48	0.50	0.05	0.21	0.34	0.38	0.46	0.56	0.76	1.08	4.46	8.61	168.86
变余砂岩	5635	0.62	0.26	0.59	1.29	0.43	0.56	0.58	0.07	0.27	0.34	0.39	0.51	0.66	1.06	1.85	8.62	12.45	275.61
火成岩	12013	0.44	0.26	0.39	1.58	0.59	0.34	0.38	0.10	0.04	0.12	0.17	0.29	0.51	1.07	1.72	7.36	4.94	66.61
玄武岩	11967	0.44	0.26	0.39	1.58	0.59	0.34	0.38	0.10	0.04	0.12	0.17	0.29	0.51	1.06	1.71	7.36	5.01	68.22
花岗岩	46	0.85	0.25	0.82	1.33	0.29	1.02	0.82	0.18	0.40	0.40	0.40	0.67	1.02	1.21	1.78	1.78	1.04	2.72
泥、砂、砾	1279	0.69	0.25	0.66	1.40	0.35	0.66	0.65	0.14	0.17	0.24	0.34	0.53	0.81	1.30	1.59	2.43	1.49	4.62

表 4.21 贵州省不同成土母岩类型耕地土壤钒元素（V）地球化学参数

（单位：mg/kg）

成土母岩类型	样品件数/个	算术平均值	算术标准差	几何平均值	几何标准差	变异系数	众值	中位值	中位绝对离差	最小值	0.5%	2.5%	25%	75%	97.5%	99.5%	最大值	偏度系数	峰度系数
碳酸盐岩	283151	165.29	84.44	148.31	1.58	0.51	106.00	146.00	42.00	4.03	41.60	61.30	109.00	198.00	402.00	518.28	1964.0	2.07	9.49
灰岩	171210	178.34	88.01	160.18	1.59	0.49	140.00	162.00	48.00	4.03	43.10	63.20	118.00	215.00	423.00	528.50	1964.0	1.73	6.22
白云岩	111941	145.33	74.36	131.82	1.53	0.51	110.00	127.00	31.00	7.79	39.70	58.80	101.00	168.17	352.00	488.00	1898.5	2.98	21.14
硅质陆源碎屑岩	132431	157.04	101.44	135.37	1.68	0.65	106.00	116.00	29.00	0.75	44.10	59.62	95.90	207.00	376.00	491.00	4938.0	4.77	101.39
泥（页）岩	80635	157.66	96.47	137.87	1.63	0.61	106.00	117.00	24.20	0.75	51.81	66.40	100.20	191.00	375.00	490.00	3474.0	3.39	43.86
紫红色砂页岩（J—K）	26232	165.26	89.09	142.08	1.75	0.54	101.00	120.00	51.02	1.40	44.30	56.50	89.80	247.00	339.00	395.00	582.34	0.56	-0.92
紫红色砂页岩（T）	13045	94.51	34.35	90.09	1.35	0.36	101.00	90.20	13.56	1.40	40.50	50.20	77.00	104.00	183.00	297.00	560.00	3.41	19.90
砂岩	13187	235.25	69.08	223.00	1.42	0.29	250.00	246.00	37.00	2.94	81.20	98.50	200.39	277.43	360.00	416.00	582.34	-0.29	0.10
页岩	23155	147.34	124.74	121.65	1.77	0.85	106.00	107.00	26.00	3.04	34.20	49.80	85.30	146.00	414.74	559.78	4938.0	8.13	187.92
黑色页岩	2409	139.66	127.57	120.87	1.59	0.91	116.00	118.65	24.35	21.10	36.40	51.00	95.80	145.00	398.00	1016.5	2846.6	8.79	121.04
区域变质岩	25278	74.08	49.85	69.34	1.37	0.67	103.00	68.50	12.40	21.60	36.82	42.38	56.70	81.70	128.50	280.00	2178.0	18.02	509.21
板岩	9854	77.56	17.36	75.75	1.24	0.22	55.90	76.70	10.34	26.10	41.00	48.35	66.29	87.00	113.56	145.35	262.00	1.36	7.67
变余凝灰岩	9789	63.56	42.29	59.87	1.34	0.67	63.50	57.57	8.57	21.60	34.50	39.60	49.94	68.00	111.00	241.50	1692.1	18.80	528.28
变余砂岩	5635	86.27	84.58	76.68	1.47	0.98		72.00	11.29	28.60	39.20	46.30	62.00	85.50	215.00	550.00	2178.00	12.18	211.67
火成岩	12013	404.97	98.35	389.91	1.36	0.24	435.00	415.99	54.99	18.13	87.86	182.80	352.68	464.15	570.00	666.00	1293.6	-0.13	3.40
玄武岩	11967	406.32	96.07	393.05	1.32	0.24	435.00	416.00	54.95	39.60	120.00	192.00	353.33	464.87	570.35	666.00	1293.6	0.01	3.34
花岗岩	46	53.25	26.58	48.48	1.54	0.50	—	47.66	13.27	18.13	18.13	18.13	37.43	63.22	89.32	185.00	185.00	2.77	12.67
泥、砂、砾	1279	142.47	102.83	121.94	1.67	0.72	112.00	118.00	33.80	39.28	47.17	52.38	88.40	154.00	483.42	565.69	1437.0	3.66	24.52

表 4.22　贵州省不同成土母岩类型耕地土壤锌元素（Zn）地球化学参数　（单位：mg/kg）

成土母岩类型	样品件数/个	算术平均值	算术标准差	几何平均值	几何标准差	变异系数	众数	中位值	中位绝对离差	最小值	累积频率值 0.5%	2.5%	25%	75%	97.5%	99.5%	最大值	偏度系数	峰度系数
碳酸盐岩	283151	125.08	127.04	110.03	1.58	1.02	102.00	107.00	25.00	4.00	27.30	47.60	84.90	137.00	296.00	589.00	22562	43.83	4776.19
灰岩	171210	125.48	121.15	111.24	1.57	0.97	102.00	109.00	25.00	4.00	26.60	46.80	86.80	138.00	294.00	534.00	22562	56.06	7813.87
白云岩	11941	124.48	135.55	108.21	1.59	1.09	101.00	103.00	24.20	4.00	28.60	48.90	82.50	135.00	298.00	671.00	10895	30.05	1694.07
硅质陆源碎屑岩	132431	107.46	128.16	98.22	1.46	1.19	101.00	98.90	20.70	0.65	31.40	46.30	79.85	122.00	195.00	374.00	24626	91.39	13615.5
泥（页）岩	80635	111.03	135.27	102.98	1.39	1.22	130.00	102.00	16.40	0.65	42.10	55.38	86.90	120.00	194.00	389.34	24626	94.99	14502.6
紫红色砂页岩	26232	106.88	117.14	98.44	1.47	1.10	101.00	98.20	27.80	1.29	35.20	45.20	76.30	132.00	183.65	295.67	17150	118.58	17109.2
紫红色砂页岩（J—K）	13045	78.44	24.33	75.37	1.33	0.31	130.00、127.00	77.90	13.40	1.29	32.00	40.70	64.10	90.90	122.00	165.00	1198.7	8.83	356.04
紫红色砂页岩（T）	13187	135.02	158.49	109.89	1.32	1.17	103.00、101.00	131.00	15.08	1.36	60.70	73.40	115.00	146.00	223.00	373.00	17150	94.70	10089.9
砂岩	23155	95.33	103.20	83.43	1.61	1.08	108.00	81.50	20.80	1.75	19.70	33.40	63.20	108.00	211.30	386.00	7980.0	37.19	2214.91
黑色页岩	2409	110.79	192.16	94.42	1.59	1.73	101.00	97.20	13.10	13.50	24.40	36.69	75.31	117.00	258.00	649.74	8281.0	33.39	1370.66
区域变质岩	25278	82.51	35.21	78.95	1.32	0.43	102.00	80.30	12.86	19.47	35.00	44.15	67.27	93.50	127.02	202.00	1998.00	17.44	635.78
板岩	9854	84.16	26.48	81.43	1.29	0.31	103.00	83.86	11.58	25.83	39.36	47.55	70.20	96.05	124.00	156.00	1350.00	15.10	613.83
变余碳酸盐岩	9789	82.74	37.88	79.64	1.29	0.46	102.00	79.99	14.63	30.72	41.10	48.93	68.70	91.90	125.00	195.00	1998.00	24.40	981.38
变余砂岩	5635	79.23	42.76	73.65	1.43	0.54	103.00	74.33		19.47	29.66	36.90	60.50	89.80	145.00	310.00	850.00	8.09	104.49
火成岩	12013	179.00	110.71	166.72	1.41	0.62	156.00	166.00	27.16	18.02	57.30	62.40	140.99	196.00	347.00	556.13	4340.00	17.10	475.98
玄武岩	11967	179.43	110.70	167.32	1.41	0.62	156.00	166.00	27.00	18.02	60.40	85.00	141.00	196.00	347.00	556.13	4340.00	17.16	477.69
花岗岩	46	68.00	18.50	65.74	1.31	0.27	—	68.16	9.80	27.43	27.43	27.43	55.56	75.77	110.13	132.94	132.94	1.01	2.70
泥、砂、砾	1279	101.85	50.23	92.59	1.53	0.49	101.00、106.00	91.23	21.73	28.40	32.70	41.10	71.21	117.00	230.00	285.00	726.00	2.82	20.81

表 4.23　贵州省不同成土母岩类型耕地土壤有机质地球化学参数　（单位：g/kg）

成土母岩类型	样品件数/个	算术平均值	算术标准差	几何平均值	几何标准差	变异系数	众数	中位值	中位绝对离差	最小值	累积频率值 0.5%	2.5%	25%	75%	97.5%	99.5%	最大值	偏度系数	峰度系数
碳酸盐岩	283151	33.60	14.38	31.07	1.49	0.43	28.40	30.96	7.34	0.20	8.58	14.20	24.50	39.60	68.10	93.30	608.50	2.69	29.21
灰岩	171210	34.18	14.90	31.56	1.49	0.44	28.40	31.60	7.32	0.20	8.27	14.20	25.00	40.10	69.80	99.07	418.30	2.75	22.32
白云岩	11941	32.71	13.50	30.32	1.48	0.41	26.50	30.00	7.20	0.87	9.20	14.20	23.70	38.90	65.44	85.10	608.50	2.53	44.11
硅质陆源碎屑岩	132431	32.64	20.05	28.63	1.64	0.61	22.80	27.50	7.70	0.11	7.90	11.80	21.00	37.60	86.80	130.80	420.34	3.34	22.50
泥（页）岩	80635	34.52	21.25	30.23	1.64	0.62	22.80	28.40	7.80	0.74	9.10	13.20	21.98	39.60	93.10	135.40	413.34	2.96	16.44
紫红色砂页岩	26232	28.20	15.66	24.87	1.65	0.56	21.10	25.00	8.10	1.00	6.16	9.55	17.80	34.70	65.40		219.00	2.78	20.50
紫红色砂页岩（J—K）	13045	21.83	10.52	19.78	1.56	0.48	13.70	19.70	5.30	1.00	5.20	8.30	14.90	26.30	47.50	64.70	64.70	2.59	22.28
紫红色砂页岩（T）	13187	34.51	17.29	31.19	1.56	0.50	29.60	31.40	8.30	1.65	8.80	12.50	23.81	40.90	77.40	116.10	351.70	2.85	20.66
砂岩	23155	31.15	19.83	27.68	1.58	0.64	22.40	26.50	6.60	0.11	8.40	12.30	20.90	35.11	79.87	140.70	420.34	4.99	47.12
黑色页岩	2409	32.45	13.07	30.01	1.50	0.40	25.20	30.60	7.70	1.24	8.55	13.30	23.60	39.10	63.60	82.00	125.40	1.34	4.24
区域变质岩	25278	36.00	14.78	33.17	1.51	0.41	26.20	33.30	8.99	2.41	9.83	14.41	25.69	44.10	73.15	89.30	148.45	1.09	2.01
板岩	9854	38.35	15.53	35.43	1.50	0.40	30.00	35.70	9.32	4.00	10.34	16.01	27.30	46.50	78.05	94.23	124.71	1.09	1.80
变余碳酸盐岩	9789	35.18	14.37	32.38	1.52	0.41	26.20	32.93	9.14	3.80	10.29	10.34	24.90	43.44	70.19	85.79	148.45	1.00	1.99
变余砂岩	5635	33.31	13.47	30.80	1.60	0.40	28.10	30.50	7.57	2.41	8.60	13.40	24.31	40.51	67.20	85.37	105.47	1.18	2.27
火成岩	12013	45.70	24.13	40.92	1.59	0.53	31.90	40.89	11.31	0.30	11.10	16.00	30.90	54.40	105.30	149.30	387.70	3.04	23.21
玄武岩	11967	45.71	24.14	40.93	1.59	0.53	31.90	40.90	11.30	0.30	11.10	16.05	30.90	54.40	105.30	149.30	387.70	3.05	23.24
花岗岩	46	43.00	20.31	38.20	1.69	0.47	—	37.61	9.74	5.59	5.59	5.59	28.68	56.63	93.56	95.38	95.38	0.82	0.32
泥、砂、砾	1279	36.38	17.12	33.16	1.53	0.47	32.20	32.10	8.10	3.50	9.48	15.00	25.52	43.60	77.40	103.64	196.40	2.18	10.68

表 4.24　贵州省不同成土母岩类型耕地土壤 pH 地球化学参数

成土母岩类型	样品件数/个	算术 平均值	算术 标准差	几何 平均值	几何 标准差	变异系数	众值	中位值	中位绝对离差	最小值	累积频率 0.5%	2.5%	25%	75%	97.5%	99.5%	最大值	偏度系数	峰度系数
碳酸盐岩	283151	6.28	1.07	6.19	1.19	0.17	8.00	6.14	0.85	3.00	4.33	4.60	5.39	7.15	8.19	8.36	9.13	0.24	-1.04
灰岩	171210	6.09	1.00	6.01	1.18	0.16	5.20	5.92	0.72	3.00	4.31	4.58	5.29	6.80	8.12	8.32	9.13	0.45	-0.73
白云岩	111941	6.56	1.10	6.46	1.19	0.17	8.00	6.58	0.97	3.37	4.36	4.65	5.62	7.56	8.23	8.40	8.86	-0.11	-1.17
硅质陆源碎屑岩	132431	5.89	1.01	5.81	1.18	0.17	5.30	5.63	0.60	3.02	4.25	4.51	5.14	6.47	8.17	8.42	9.32	0.79	-0.21
泥（页）岩	80635	5.84	0.95	5.77	1.17	0.16	5.20	5.60	0.56	3.02	4.27	4.52	5.13	6.37	8.06	8.31	9.18	0.82	-0.07
紫红色砂页岩（J—K）	26232	6.12	1.13	6.02	1.20	0.18	5.12	5.82	0.75	3.23	4.38	4.59	5.20	6.94	8.38	8.58	9.32	0.59	-0.80
紫红色砂页岩（T）	13045	6.11	1.21	6.00	1.21	0.20	5.10	5.71	0.76	3.74	4.32	4.54	5.12	7.05	8.47	8.63	9.32	0.61	-0.90
砂岩	13187	6.14	1.05	6.05	1.18	0.17	5.56	5.90	0.70	3.23	4.44	4.65	5.31	6.83	8.25	8.41	8.92	0.56	-0.72
黑色页岩	23155	5.77	0.98	5.69	1.18	0.17	5.30	5.55	0.57	3.40	4.10	4.40	5.05	6.29	8.10	8.33	8.84	0.83	0.06
区域变质岩	2409	6.24	1.10	6.14	1.19	0.18	5.38	6.02	0.85	3.94	4.35	4.61	5.33	7.22	8.20	8.36	8.56	0.34	-1.11
板岩	25278	5.24	0.45	5.22	1.08	0.09	5.16	5.19	0.19	3.67	4.30	4.54	5.00	5.39	6.41	7.65	8.53	2.20	9.89
变余凝灰岩	9854	5.19	0.37	5.18	1.07	0.07	5.16	5.17	0.18	3.95	4.28	4.53	4.99	5.36	6.01	6.87	8.36	1.44	7.56
变余砂岩	9789	5.25	0.48	5.23	1.09	0.09	5.20	5.19	0.19	3.92	4.30	4.54	5.00	5.40	6.59	7.86	8.53	2.38	10.16
火成岩	5635	5.29	0.51	5.27	1.09	0.10	5.25	5.21	0.20	3.67	4.30	4.55	5.02	5.43	6.81	7.85	8.32	2.11	7.55
玄武岩	12013	5.53	0.77	5.48	1.14	0.14	5.00	5.33	0.43	3.72	4.31	4.51	4.97	5.92	7.59	8.05	8.54	1.12	1.06
花岗岩	11967	5.53	0.77	5.48	1.14	0.14	5.12、5.00	5.33	0.43	3.72	4.31	4.51	4.97	5.92	7.59	8.05	8.54	1.12	1.05
泥、砂、砾	46	5.28	0.26	5.28	1.05	0.05	5.27、5.39	5.32	0.16	4.41	4.41	4.41	5.14	5.45	5.73	5.74	5.74	-0.88	1.62
	1279	6.11	1.03	6.03	1.19	0.17	6.07、5.44	6.07	0.78	3.69	3.91	4.12	5.33	6.88	8.04	8.22	8.32	0.09	-0.70

表 4.25　贵州省不同成土母岩类型主要耕地类型区土壤砷元素（As）地球化学参数　（单位：mg/kg）

成土母岩类型	耕地类型	样品件数/个	算术 平均值	算术 标准差	几何 平均值	几何 标准差	变异系数	众值	中位值	中位绝对离差	最小值	累积频率 0.5%	2.5%	25%	75%	97.5%	99.5%	最大值	偏度系数	峰度系数
碳酸盐岩	水田	54557	18.62	60.37	13.66	2.19	3.24	11.20	14.30	6.54	0.18	1.30	2.48	8.70	22.60	57.40	105.00	13391	199.67	44131.5
碳酸盐岩	旱地	207954	27.23	47.36	20.44	1.98	1.74	17.00	20.30	7.50	0.23	3.23	5.22	13.80	29.80	87.68	216.00	7239.0	38.72	3575.36
灰岩	水田	28145	15.36	20.14	11.36	2.12	1.31	12.40	11.80	5.00	0.19	1.46	2.37	7.32	17.70	50.10	107.00	1493.0	21.66	1166.61
灰岩	旱地	131496	25.97	55.92	18.53	2.03	2.15	17.00	18.30	7.00	0.23	3.00	4.71	12.30	27.10	87.74	267.00	7239.0	35.76	2852.39
白云岩	水田	26412	22.10	84.10	16.62	2.17	3.80	14.80	18.04	7.70	0.18	1.18	2.68	11.20	27.10	62.90	102.00	13391	152.13	24177.6
白云岩	旱地	76458	29.39	26.73	24.19	1.82	0.91	19.20	23.70	8.00	0.31	4.19	7.33	16.90	34.10	87.60	148.00	2890.0	23.37	1919.70
硅质陆源碎屑岩	水田	35861	9.41	11.18	7.35	1.93	1.19	10.10	7.25	2.75	0.06	1.37	2.14	4.86	10.70	30.00	58.00	604.00	17.13	596.69
硅质陆源碎屑岩	旱地	85811	12.96	36.33	9.27	2.00	2.80	10.20	8.90	3.45	0.27	1.80	2.60	6.00	13.60	41.00	109.00	4587.00	58.44	5371.13
泥（页）岩	水田	23302	9.56	12.18	7.44	1.92	1.27	10.10	7.24	2.75	0.35	1.56	2.28	4.88	10.90	30.00	59.60	604.00	18.41	619.85
泥（页）岩	旱地	51200	14.20	40.04	10.31	1.95	2.82	10.60	9.79	3.71	0.30	2.20	3.19	6.69	15.00	42.88	118.00	4587.00	54.73	4688.75
紫红色砂页岩（J—K）	水田	4290	7.56	6.87	5.98	1.92	0.91	10.10	5.83	2.43	0.65	1.28	1.86	3.81	9.28	23.20	49.18	104.00	4.95	41.22
紫红色砂页岩（J—K）	旱地	20021	9.19	15.53	6.85	1.98	1.69	10.20	6.61	2.68	0.27	1.50	2.04	4.34	10.20	29.30	67.60	682.00	21.90	699.53
紫红色砂页岩（T）	水田	3338	6.47	5.98	5.18	1.86	0.92	5.74	5.03	1.85	0.65	1.22	1.74	3.40	7.33	21.20	45.10	76.40	4.75	33.45
紫红色砂页岩（T）	旱地	8702	7.16	8.03	5.70	1.87	1.12	10.20、10.60	5.78	2.15	0.27	1.34	1.82	3.76	8.13	21.40	51.30	287.00	11.71	260.13
砂岩	水田	952	11.37	8.29	9.92	1.62	0.73	10.10、10.00、10.20	10.00	2.70	2.18	3.34	4.01	7.40	12.80	26.10	63.40	104.00	5.70	47.95
砂岩	旱地	11319	10.75	19.27	7.88	2.01	1.79	10.20	7.51	3.22	0.94	1.77	2.32	4.84	12.30	33.30	71.80	682.00	19.41	508.86
黑色页岩	水田	6938	9.18	9.24	7.37	1.89	1.01	10.60	7.47	2.36	0.06	1.05	1.91	5.29	10.10	30.97	50.79	332.00	11.36	280.71
黑色页岩	旱地	13652	13.25	30.72	9.45	1.97	2.32	10.20	9.06	2.82	0.28	1.78	2.81	6.55	12.40	47.90	145.00	2106.0	33.68	1872.24

续表

成土母岩类型	耕地类型	样品件数/个	算术平均值	算术标准差	几何平均值	几何标准差	变异系数	众值	中位值	中位绝对离差	最小值	0.5%	2.5%	25%	75%	97.5%	99.5%	最大值	偏度系数	峰度系数
黑色页岩	水田	1331	14.15	11.83	11.54	1.86	0.84	10.70	11.70	4.21	0.70	1.95	3.30	7.93	16.80	42.10	73.20	170.32	5.34	49.16
	旱地	938	21.32	117.86	13.65	1.96	5.53		13.10	4.67	1.84	3.16	4.49	9.08	19.28	67.40	108.00	3576.00	29.37	885.71
区域变质岩	水田	18540	4.59	4.10	3.79	1.78	0.89	3.25	3.66	1.28	0.20	1.02	1.33	2.57	5.36	13.20	24.20	181.70	10.11	264.45
	旱地	5259	9.52	10.86	7.33	1.97	1.14	10.90、10.20	7.47	2.90	0.80	1.34	1.96	4.84	10.72	34.40	68.40	389.00	11.83	310.95
板岩	水田	7627	4.42	2.91	3.81	1.69	0.66	2.98	3.67	1.20	0.72	1.09	1.48	2.65	5.29	11.60	18.70	55.20	3.81	32.96
	旱地	1697	8.08	6.26	6.70	1.83	0.77	6.62、10.70、10.20	6.82	2.56	0.99	1.40	2.01	4.57	9.91	21.28	40.90	123.95	5.96	79.09
变余凝灰岩	水田	6803	4.68	4.67	3.85	1.77	1.00	3.83	3.73	1.28	0.79	1.09	1.38	2.63	5.37	13.66	27.90	181.70	13.53	378.95
	旱地	2479	9.44	11.43	7.46	1.91	1.21	10.20	7.78	2.84	0.80	1.35	2.05	5.11	10.86	28.00	75.70	389.00	17.10	504.01
变余砂岩	水田	4110	4.76	4.87	3.67	1.96	1.02	2.32	3.48	1.41	0.20	0.93	1.13	2.32	5.50	15.81	34.20	86.60	5.72	54.15
	旱地	1083	11.96	14.24	8.11	2.29	1.19	11.40、10.60、10.90	7.71	3.50	0.90	1.13	1.71	4.65	12.70	50.05	99.60	148.00	4.04	23.81
火成岩	水田	293	13.14	15.45	9.43	2.16	1.18	11.50、22.50	9.12	4.18	1.53	1.53	2.34	4.94	15.10	42.30	136.08	148.00	5.32	37.86
	旱地	10812	17.77	61.50	8.94	2.48	3.46	10.40	8.13	3.87	0.26	1.37	2.09	6.29	14.10	87.50	358.00	2230.00	16.77	410.90
玄武岩	水田	253	14.24	16.30	10.32	2.14	1.14	11.50、22.50	10.28	4.55	1.81	1.81	2.46	6.29	16.50	42.60	136.08	148.00	5.07	33.92
	旱地	10806	17.78	61.52	8.94	2.48	3.46	10.40	8.14	3.86	0.26	1.37	2.09	4.95	14.10	87.50	358.00	2230.00	16.76	410.68
花岗岩	水田	40	6.19	3.68	5.35	1.73	0.59	—	5.41	2.01	1.53	#VALUE!	1.53	3.12	3.47	7.62	14.77	20.65	20.65	1.94	5.46
	旱地	6	5.03	1.88	4.77	1.42	0.37	—	4.70	1.07	3.12	3.12	3.12	3.57	5.71	8.38	8.38		1.25	1.77
泥、砂、砾	水田	665	10.32	13.21	7.20	2.18	1.28	10.10、11.40	6.65	3.31	1.16	1.34	2.02	4.10	11.50	39.30	95.10	181.00	5.99	54.55
	旱地	450	22.70	20.11	17.26	2.08	0.89	13.70、13.60、10.30	16.60	8.58	3.06	3.32	4.81	9.72	30.10	63.95	147.00	198.82	3.67	22.89

表 4.26　贵州省不同成土母岩类型区主要耕地类型土壤硼元素（B）地球化学参数

（单位：mg/kg）

成土母岩类型	耕地类型	样品件数/个	算术平均值	算术标准差	几何平均值	几何标准差	变异系数	众值	中位值	中位绝对离差	最小值	0.5%	2.5%	25%	75%	97.5%	99.5%	最大值	偏度系数	峰度系数
碳酸盐岩	水田	54557	83.62	34.29	77.62	1.48	0.41	101.00	77.60	17.30	6.13	20.80	34.00	62.40	98.20	164.00	229.00	534.00	2.15	12.16
	旱地	207952	79.32	42.19	70.38	1.65	0.53	101.00	73.15	20.25	2.52	12.62	21.60	54.70	95.80	171.00	273.00	1884.00	3.90	58.99
灰岩	水田	28145	78.05	30.48	72.49	1.48	0.39	101.00、102.00	73.80	16.90	6.13	17.10	18.80	58.45	92.90	148.00	191.00	475.00	1.55	7.59
	旱地	131496	69.85	34.38	62.09	1.66	0.49	103.00	65.80	19.80	2.52	11.26	18.80	47.50	87.34	144.00	213.00	822.00	2.22	17.83
白云岩	水田	26412	89.56	37.03	83.49	1.45	0.41	101.00	81.80	17.70	9.33	27.00	40.90	66.50	104.00	180.00	257.00	534.00	2.46	13.59
	旱地	76458	95.60	48.89	87.32	1.51	0.51	101.00	84.80	20.59	4.39	24.18	40.90	67.50	112.00	202.00	348.00	1884.00	4.97	75.31
硅质陆源碎屑岩	水田	35861	75.91	25.18	71.64	1.43	0.33	103.00	73.70	12.87	2.92	16.30	30.10	61.60	87.40	136.00	170.85	345.00	0.98	3.58
	旱地	85811	62.48	31.01	53.56	1.85	0.50	101.00	64.10	19.30	1.11	7.54	11.60	39.70	80.00	130.00	171.00	608.00	0.85	4.37
泥（页）岩	水田	23302	76.09	23.38	72.42	1.39	0.31	101.00	74.10	11.20	2.92	17.88	31.70	63.60	86.20	131.00	169.00	345.00	1.08	4.90
	旱地	51200	66.31	28.18	59.53	1.66	0.42	101.00	67.70	15.20	2.54	9.90	16.20	49.00	80.70	128.00	170.00	608.00	1.01	7.73
紫红色砂页岩	水田	4290	65.08	29.88	58.96	1.57	0.46	103.00	59.00	15.40	7.20	13.40	21.00	45.20	76.80	141.98	172.00	256.00	1.37	2.90
	旱地	20021	49.64	33.16	39.49	2.03	0.67	39.60、104.00	42.70	21.00	1.11	6.63	9.08	24.00	67.30	136.00	170.00	486.00	1.40	3.91
紫红色砂页岩（J—K）	水田	3338	58.08	19.07	55.28	1.37	0.33	48.00、46.90、50.70	55.30	11.70	13.00	22.10	30.00	44.70	68.30	100.00	126.00	256.00	1.61	8.53
	旱地	8702	59.34	20.12	56.12	1.40	0.34	44.80、39.60、46.10	56.73	13.73	10.44	22.20	29.50	43.90	71.70	105.00	127.00	277.00	0.97	2.73
紫红色砂页岩（T）	水田	952	89.62	44.46	73.91	2.04	0.50	130.00	93.70	30.30	7.20	10.60	13.70	61.80	123.00	168.00	193.00	247.00	-0.07	-0.51
	旱地	11319	42.18	38.81	30.14	2.22	0.92	16.00	26.70	12.01	1.11	5.99	8.00	17.15	50.60	149.00	180.23	486.00	1.86	4.22

续表

成土母岩类型	耕地类型	样品件数/个	算术平均值	算术标准差	几何平均值	几何标准差	变异系数	众值	中位值	中位绝对离差	最小值	0.5%	2.5%	25%	75%	97.5%	99.5%	最大值	偏度系数	峰度系数
砂岩	水田	6938	77.75	22.68	74.09	1.39	0.29	103.00	76.60	13.40	7.33	17.70	33.20	63.70	90.50	126.00	149.00	242.00	0.42	1.57
	旱地	13652	65.00	31.82	54.59	1.96	0.49	80.00	68.00	19.70	3.01	6.34	9.93	43.70	85.10	125.00	161.00	298.00	0.30	1.25
黑色页岩	水田	1331	98.15	32.53	93.15	1.38	0.33	125.00	90.80	19.96	12.50	40.60	51.40	74.00	118.00	175.00	213.00	276.00	0.96	1.27
	旱地	938	90.91	35.30	84.70	1.46	0.39	125.00	83.36	18.64	15.30	24.20	36.10	68.60	107.00	181.56	212.00	255.79	1.20	1.93
区域变质岩	水田	18540	57.81	24.43	53.41	1.48	0.42	110.00, 108.00, 103.00	52.77	14.39	14.72	21.29	25.52	40.40	70.38	116.00	146.00	527.00	1.97	16.50
	旱地	5259	58.43	24.32	53.88	1.50	0.42	50.20, 37.20	53.48	15.14	14.05	20.70	25.20	40.40	72.00	117.77	141.00	325.00	1.21	3.67
板岩	水田	7627	60.46	23.11	56.68	1.42	0.38	41.00, 102.00, 47.20	55.20	12.71	17.36	24.37	29.78	44.40	71.30	119.70	147.67	219.00	1.39	2.88
	旱地	1697	59.88	24.68	55.63	1.46	0.41	49.90	54.14	13.53	19.00	23.18	27.52	42.40	71.09	120.35	147.38	325.00	1.79	8.84
变余凝灰岩	水田	6803	48.79	23.43	45.00	1.47	0.48	48.30, 39.60, 41.00	43.20	10.34	14.90	20.80	23.90	34.30	56.73	107.56	149.00	527.00	4.33	55.22
	旱地	2479	51.36	20.89	47.67	1.46	0.41	33.50	46.61	12.51	14.05	19.80	23.60	36.00	62.31	117.98	130.00	182.75	1.28	2.39
变余砂岩	水田	4110	67.79	23.36	63.52	1.46	0.34	48.20	66.70	15.20	14.72	19.46	24.94	51.60	82.04	125.91	138.77	210.00	0.47	0.77
	旱地	1083	72.35	24.66	67.81	1.46	0.34	101.00, 103.00	71.22	15.53	16.35	19.70	26.10	55.80	86.75	145.62	146.00	172.00	0.38	0.39
火成岩	水田	293	40.60	36.58	32.08	1.89	0.90	104.00	31.30	11.10	6.09	6.09	10.66	20.93	44.54	165.62	243.13	251.23	3.23	12.21
	旱地	10812	23.49	15.55	19.67	1.82	0.66	32.60	20.10	7.57	0.66	3.87	5.79	13.41	29.20	62.80	101.00	226.00	2.72	15.11
玄武岩	水田	253	34.51	19.06	30.06	1.70	0.55	20.60	31.20	10.80	6.09	6.09	10.51	20.90	42.70	86.50	111.00	128.36	1.61	3.87
	旱地	10806	23.48	15.54	19.67	1.82	0.66	32.60	20.10	7.57	0.66	3.87	5.79	13.41	29.20	62.70	101.00	226.00	2.73	15.14
花岗岩	水田	40	79.15	76.86	48.45	2.74	0.97	—	33.18	17.62	12.06	12.06	12.06	20.93	149.21	243.13	243.13	251.23	0.94	-0.63
	旱地	6	41.19	20.13	37.91	1.53	0.49	—	33.62	6.82	22.98	22.98	22.98	30.63	47.29	78.98	78.98	78.98	1.69	3.01
泥、砂、砾	水田	665	66.73	17.98	64.61	1.28	0.27	69.70, 72.00, 66.40	64.40	10.90	24.90	32.56	41.33	54.20	75.90	108.00	157.00	172.00	1.58	5.44
	旱地	450	68.11	27.85	60.19	1.77	0.41	80.40	72.55	13.75	5.69	7.20	11.56	53.30	84.40	118.00	158.00	182.00	-0.02	0.94

表 4.27 贵州省不同成土母岩类型主要耕地类型区土壤镉元素（Cd）地球化学参数

（单位：mg/kg）

成土母岩类型	耕地类型	样品件数/个	算术平均值	算术标准差	几何平均值	几何标准差	变异系数	众值	中位值	中位绝对离差	最小值	0.5%	2.5%	25%	75%	97.5%	99.5%	最大值	偏度系数	峰度系数
碳酸盐岩	水田	54557	0.58	1.55	0.44	1.88	2.68	0.34	0.42	0.14	0.03	0.10	0.15	0.30	0.60	2.02	4.84	266.00	115.08	17760.0
	旱地	207953	0.97	1.69	0.59	2.40	1.73	0.38	0.47	0.19	0.00	0.11	0.16	0.33	0.88	5.22	9.60	231.22	23.91	2260.96
灰岩	水田	28145	0.59	0.81	0.44	1.97	1.38	0.28	0.41	0.15	0.03	0.10	0.14	0.28	0.61	2.17	5.25	41.90	13.92	447.77
	旱地	131496	1.09	1.79	0.64	2.48	1.65	0.38	0.50	0.21	0.02	0.11	0.18	0.34	1.03	5.78	10.50	150.30	13.43	706.92
白云岩	水田	26412	0.57	2.07	0.45	1.78	3.62	0.38	0.43	0.13	0.04	0.11	0.15	0.31	0.59	1.81	4.30	266.00	99.64	11633.4
	旱地	76458	0.78	1.48	0.50	2.22	1.90	0.32	0.43	0.16	0.02	0.10	0.17	0.31	0.69	4.14	7.36	231.22	55.77	7872.23
硅质陆源碎屑岩	水田	35861	0.38	0.49	0.31	1.77	1.30	0.24	0.29	0.09	0.01	0.08	0.12	0.21	0.41	1.18	2.28	41.90	33.71	2208.51
	旱地	85811	0.56	0.97	0.38	2.16	1.75	0.24	0.33	0.13	0.02	0.07	0.10	0.23	0.55	2.26	5.92	85.00	20.17	1077.38
泥（页）岩	水田	23302	0.39	0.43	0.32	1.73	1.09	0.24	0.30	0.09	0.03	0.10	0.13	0.23	0.42	1.23	2.27	27.00	19.69	871.05
	旱地	51200	0.54	0.99	0.38	2.03	1.83	0.24	0.34	0.12	0.02	0.09	0.13	0.24	0.53	2.15	6.02	85.00	22.87	1290.87
紫红色砂岩	水田	4290	0.34	0.19	0.31	1.50	0.56	0.30	0.31	0.07	0.04	0.10	0.14	0.24	0.39	0.72	1.33	5.72	8.35	173.21
	旱地	20021	0.60	0.93	0.42	2.10	1.54	0.30	0.36	0.13	0.02	0.10	0.14	0.26	0.63	2.16	5.66	63.40	21.14	1130.45
紫红色砂页岩（J—K）	水田	3338	0.33	0.17	0.30	1.48	0.51	0.30	0.30	0.07	0.04	0.10	0.14	0.24	0.38	0.67	1.34	2.65	4.91	44.34
	旱地	8702	0.35	0.28	0.29	1.69	0.81	0.26	0.28	0.07	0.01	0.08	0.12	0.22	0.36	1.21	1.84	4.52	4.43	29.95

续表

成土母岩类型	耕地类型	样品件数/个	算术平均值	算术标准差	几何平均值	几何标准差	变异系数	众值	中位值	中位绝对离差	最小值	0.5%	2.5%	25%	75%	97.5%	99.5%	最大值	偏度系数	峰度系数
紫红色砂页岩（T）	水田	952	0.38	0.25	0.35	1.56	0.64	0.36	0.35	0.10	0.05	0.10	0.14	0.26	0.46	0.79	1.04	5.72	11.50	236.16
	旱地	11319	0.80	1.17	0.56	2.15	1.47	0.38	0.49	0.22	0.05	0.12	0.17	0.32	0.93	2.92	6.79	63.40	18.03	771.90
砂岩	水田	6938	0.32	0.72	0.25	1.85	2.23	0.18	0.23	0.07	0.02	0.07	0.09	0.17	0.32	1.14	2.46	41.90	39.41	2044.42
	旱地	13652	0.54	0.94	0.30	2.60	1.76	0.16	0.25	0.13	0.02	0.05	0.07	0.16	0.55	2.77	5.63	32.40	8.72	157.87
黑色页岩	水田	1331	0.48	0.60	0.35	2.14	1.25	0.11, 0.12	0.35	0.17	0.01	0.07	0.10	0.20	0.57	1.79	3.31	12.90	9.30	151.79
	旱地	938	0.70	1.19	0.39	2.71	1.70	0.09	0.38	0.23	0.03	0.05	0.07	0.20	0.70	4.08	7.14	16.30	5.95	50.50
区域变质岩	水田	18540	0.23	0.24	0.21	1.53	1.02	0.18	0.20	0.05	0.03	0.07	0.10	0.16	0.26	0.70	1.23	11.15	19.72	613.44
	旱地	5259	0.27	0.59	0.20	1.87	2.19	0.17	0.19	0.06	0.03	0.04	0.06	0.14	0.26	0.82	2.93	14.20	15.65	295.36
板岩	水田	7627	0.21	0.14	0.20	1.44	0.64	0.18	0.20	0.04	0.04	0.07	0.10	0.16	0.25	0.39	0.64	7.34	24.91	1096.67
	旱地	1697	0.20	0.20	0.18	1.68	1.00	0.17	0.18	0.05	0.03	0.04	0.06	0.13	0.24	0.45	0.72	7.13	23.66	778.82
变余凝灰岩	水田	6803	0.25	0.26	0.23	1.47	1.05	0.21	0.22	0.05	0.04	0.08	0.11	0.18	0.27	0.49	1.20	11.15	24.62	832.95
	旱地	2479	0.24	0.29	0.20	1.71	1.21	0.20	0.20	0.06	0.04	0.05	0.07	0.14	0.26	0.64	1.47	6.78	13.62	251.53
变余砂岩	水田	4110	0.25	0.32	0.20	1.73	1.32	0.16	0.18	0.04	0.03	0.06	0.09	0.14	0.24	0.87	2.24	7.00	9.74	133.93
	旱地	1083	0.43	1.18	0.23	2.42	2.72	0.17	0.20	0.08	0.04	0.04	0.06	0.13	0.32	2.09	11.60	14.20	8.42	79.57
火成岩	水田	293	0.66	0.63	0.48	2.20	0.96	0.42	0.48	0.22	0.04	0.04	0.11	0.31	0.77	2.28	4.12	4.64	3.22	13.87
	旱地	10812	1.64	2.07	1.06	2.38	1.26	0.49	0.94	0.47	0.04	0.17	0.27	0.56	1.79	7.39	12.73	35.16	4.29	31.33
玄武岩	水田	253	0.74	0.65	0.58	1.92	0.88	0.42	0.53	0.21	0.10	0.10	0.16	0.39	0.84	2.48	4.12	4.64	3.22	13.32
	旱地	10806	1.64	2.07	1.06	2.38	1.26	0.49	0.94	0.47	0.04	0.18	0.27	0.56	1.79	7.39	12.73	35.16	4.29	31.32
花岗岩	水田	40	0.16	0.06	0.14	1.52	0.40	0.16	0.14	0.02	0.04	0.04	0.04	0.12	0.17	0.31	0.32	0.32	1.02	1.17
	旱地	6	0.14	0.05	0.12	1.73	0.40	—	0.15	0.03	0.04	0.10	0.11	0.17	0.49	—	—	0.20	-1.03	0.87
泥、砂、砾	水田	665	0.39	0.21	0.34	1.70	0.54	0.36	0.35	0.13	0.01	0.10	0.12	0.24	0.49	1.00	1.26	1.34	1.47	3.04
	旱地	450	0.78	0.97	0.50	2.32	1.26	0.32	0.41	0.16	0.08	0.11	0.16	0.28	0.75	3.72	5.87	7.75	3.19	12.90

表 4.28　贵州省不同成土母岩类型区主要耕地类型土壤钴元素（Co）地球化学参数

（单位：mg/kg）

成土母岩类型	耕地类型	样品件数/个	算术平均值	算术标准差	几何平均值	几何标准差	变异系数	众值	中位值	中位绝对离差	最小值	0.5%	2.5%	25%	75%	97.5%	99.5%	最大值	偏度系数	峰度系数
碳酸盐岩	水田	54557	16.99	9.51	14.05	2.00	0.56	16.40	16.20	5.40	0.35	1.02	2.12	10.60	21.30	41.00	50.40	95.40	1.06	2.18
	旱地	207944	26.16	11.72	23.57	1.62	0.45	20.40	23.90	6.70	0.17	3.79	8.12	18.10	32.40	53.10	66.60	234.98	1.16	3.76
灰岩	水田	28145	17.70	11.24	13.81	2.20	0.64	17.60	16.10	6.81	0.44	0.98	1.80	9.34	23.10	44.40	53.97	95.40	0.99	1.17
	旱地	131496	28.60	12.87	25.54	1.67	0.45	21.00	26.72	8.48	0.23	3.42	7.74	19.30	36.90	56.10	70.40	234.98	0.89	2.90
白云岩	水田	26412	16.24	7.14	14.30	1.78	0.44	16.40	16.20	4.30	0.35	1.09	2.99	11.60	20.20	31.70	40.90	71.90	0.59	1.71
	旱地	76458	21.95	7.81	20.55	1.47	0.36	20.40	21.10	4.60	0.17	4.76	8.72	16.90	26.20	39.20	51.62	119.00	1.14	4.89
硅质陆源碎屑岩	水田	35861	16.07	8.26	14.24	1.67	0.51	14.80	15.20	3.50	0.40	1.77	4.47	11.30	18.30	41.00	51.10	119.00	1.97	6.76
	旱地	85811	24.38	13.87	20.83	1.78	0.57	15.40	19.30	6.40	0.04	3.50	6.44	14.70	33.90	55.20	67.30	362.00	1.25	5.31
泥（页）岩	水田	23302	17.41	7.95	15.92	1.53	0.46	16.20	16.29	3.07	1.03	3.93	6.11	13.20	19.30	41.10	50.70	119.00	2.02	7.16
	旱地	51200	23.44	11.81	20.87	1.62	0.50	18.40	19.60	5.10	0.04	4.54	8.10	15.70	28.80	51.76	62.80	190.00	1.35	2.91
紫红色砂页岩	水田	4290	14.55	8.77	12.71	1.66	0.60	15.20	13.20	5.10	1.11	3.42	4.54	9.57	16.00	43.00	51.78	75.00	2.40	7.23
	旱地	20021	28.75	16.13	23.81	1.92	0.56	15.20	27.02	13.62	1.27	4.09	6.08	14.50	42.81	58.02	70.20	141.29	0.38	-0.73

续表

成土母岩类型	耕地类型	样品件数/个	算术平均值	算术标准差	几何平均值	几何标准差	变异系数	众值	中位值	中位绝对离差	最小值	0.5%	2.5%	25%	75%	97.5%	99.5%	最大值	偏度系数	峰度系数
紫红色砂页岩(J—K)	水田	3338	12.28	5.91	11.14	1.56	0.48	15.20	12.00	3.00	1.11	3.37	4.37	8.55	14.60	29.80	41.90	56.50	2.31	9.56
	旱地	8702	13.94	5.53	12.95	1.49	0.40	15.20	14.10	2.40	1.27	3.39	4.84	11.20	16.11	25.60	43.30	74.90	2.35	14.37
紫红色砂页岩(T)	水田	952	22.49	11.98	20.15	1.56	0.53	15.20	17.10	2.46	4.76	8.40	11.50	15.20	23.40	49.99	62.00	75.00	1.51	1.39
	旱地	11319	40.13	11.77	38.03	1.42	0.29	16.40、16.70、15.40	41.50	6.20	2.48	11.60	15.00	34.30	47.00	62.30	74.96	141.29	-0.07	1.69
砂岩	水田	6938	13.47	8.29	11.29	1.90	0.62	12.80	12.30	3.90	0.40	0.93	1.89	8.63	16.40	39.60	55.60	80.45	2.32	8.76
	旱地	13652	22.15	16.05	17.63	1.97	0.72	15.40	16.40	5.80	0.48	2.23	4.72	11.60	26.40	60.60	74.00	362.00	2.06	16.38
黑色页岩	水田	1331	11.09	4.99	9.81	1.71	0.45	10.10	10.60	3.59	0.94	1.59	2.52	7.47	14.70	20.40	26.10	33.60	0.47	0.36
	旱地	938	14.50	7.74	12.14	1.94	0.53	14.60	14.40	4.90	0.93	1.60	2.04	9.04	18.80	32.16	44.10	53.30	0.85	2.02
区域变质岩	水田	18540	6.49	2.81	6.04	1.44	0.43	5.36	5.83	1.34	1.68	2.65	3.20	4.69	7.55	13.52	18.80	80.59	3.23	37.54
	旱地	5259	9.47	5.03	8.41	1.62	0.53	10.20	8.35	2.80	1.79	2.80	3.47	5.88	11.80	21.60	28.30	86.28	2.50	19.39
板岩	水田	7627	6.93	2.81	6.48	1.43	0.41	5.08	6.41	1.45	1.91	2.81	3.37	5.09	8.05	14.04	19.64	38.30	2.18	10.02
	旱地	1697	9.92	4.99	8.81	1.63	0.50	11.60、10.10	8.68	3.01	1.79	2.68	3.49	6.17	12.79	22.20	27.50	37.40	1.17	1.66
变余凝灰岩	水田	6803	5.85	2.27	5.51	1.39	0.39	4.89	5.26	0.98	1.75	2.60	3.12	4.43	6.56	11.80	16.00	25.79	2.12	7.24
	旱地	2479	8.49	3.96	7.71	1.55	0.47	10.20	7.75	2.38	1.98	2.85	3.46	5.51	10.40	18.40	24.60	36.10	1.48	3.78
变余砂岩	水田	4110	6.72	3.35	6.16	1.49	0.50	4.80	6.00	1.52	1.68	2.54	3.02	4.68	7.89	14.70	22.24	80.59	4.77	69.04
	旱地	1083	10.98	6.58	9.55	1.69	0.60	10.60	9.76	3.34	2.12	2.68	3.48	6.70	13.60	24.70	38.31	86.28	3.39	26.46
火成岩	水田	293	30.40	17.43	23.74	2.25	0.57	20.50、39.20、49.70	29.90	13.90	2.28	2.28	3.14	15.20	43.50	65.42	68.60	82.99	0.21	-0.76
	旱地	10812	48.95	18.13	44.76	1.60	0.37	50.20	50.44	11.44	0.86	7.19	12.80	37.20	60.56	83.00	102.10	194.58	0.20	1.59
玄武岩	水田	253	34.27	15.43	30.38	1.69	0.45	20.50、39.20、49.70	34.30	12.40	6.85	6.85	9.26	21.20	45.90	66.30	68.60	82.99	0.27	-0.58
	旱地	10806	48.98	18.10	44.81	1.59	0.37	50.20	50.47	11.43	0.86	7.36	12.86	37.20	60.57	83.00	102.10	194.58	0.20	1.59
花岗岩	水田	40	5.92	4.90	4.98	1.71	0.83	—	4.65	1.50	2.28	2.28	2.28	3.28	6.61	14.35	31.62	31.62	4.00	19.80
	旱地	6	5.66	1.34	5.53	1.27	0.24	—	5.52	1.04	4.15	4.15	4.15	4.60	6.68	7.51	7.51	7.51	0.27	-1.91
泥、砂、砾	水田	665	10.83	6.96	9.39	1.67	0.64	11.30	9.12	2.93	2.29	2.61	3.77	6.69	12.96	27.10	35.70	98.70	4.25	40.46
	旱地	450	20.33	12.48	17.11	1.82	0.61	17.40	17.25	6.05	2.00	2.41	4.28	12.00	24.70	55.21	68.10	79.97	1.53	2.73

表 4.29　贵州省不同成土母岩类型区主要耕地类型土壤铬元素（Cr）地球化学参数　（单位：mg/kg）

成土母岩类型	耕地类型	样品件数/个	算术平均值	算术标准差	几何平均值	几何标准差	变异系数	众值	中位值	中位绝对离差	最小值	0.5%	2.5%	25%	75%	97.5%	99.5%	最大值	偏度系数	峰度系数
碳酸盐岩	水田	54557	93.19	42.21	85.30	1.53	0.45	102.00	85.40	19.00	7.10	22.90	33.90	68.63	108.00	198.00	293.00	1390.0	2.42	23.10
	旱地	207954	123.56	55.08	114.03	1.48	0.45	104.00	112.00	27.40	8.76	38.80	55.30	87.80	145.00	270.00	370.00	1786.0	2.47	16.15
灰岩	水田	28145	99.74	48.60	90.05	1.58	0.49	102.00	90.10	22.90	9.03	22.40	33.60	70.50	118.00	229.60	322.00	1390.0	2.44	23.05
	旱地	131496	135.99	59.90	125.53	1.48	0.44	110.00	125.00	29.20	8.76	41.40	59.52	97.80	157.00	298.00	396.00	1184.0	2.21	10.34
白云岩	水田	26412	86.20	32.70	80.52	1.46	0.38	101.00	81.80	15.60	7.10	23.20	34.20	67.20	98.80	169.00	217.00	403.00	1.45	4.86
	旱地	76458	102.18	36.86	96.66	1.39	0.36	101.00	95.10	18.90	10.60	35.80	51.20	78.90	118.00	190.00	245.00	1786.0	3.37	77.26

续表

成土母岩类型	耕地类型	样品件数/个	算术 平均值	算术 标准差	几何 平均值	几何 标准差	变异系数	众数	中位值	中位绝对离差	最小值	0.5%	2.5%	25%	75%	97.5%	99.5%	最大值	偏度系数	峰度系数
硅质陆源碎屑岩	水田	35861	86.54	34.91	81.06	1.43	0.40	102.00	81.50	14.10	8.80	25.20	39.90	67.20	95.40	191.11	253.00	609.31	2.35	9.68
	旱地	85811	115.66	63.80	102.60	1.60	0.55	101.00	92.50	23.50	1.30	35.10	47.60	74.80	142.00	280.00	386.00	882.01	1.89	5.09
泥（页）岩	水田	23302	93.13	33.32	88.50	1.36	0.36	102.00	87.50	12.10	11.70	36.40	49.00	75.60	99.70	194.70	246.00	421.00	2.27	7.78
	旱地	51200	109.50	46.64	101.78	1.45	0.43	101.00	94.30	17.34	7.84	44.20	55.20	80.60	125.00	229.65	282.79	746.00	1.91	6.79
紫红色砂页岩	水田	4290	76.71	41.02	69.96	1.49	0.53	69.60	68.00	11.81	19.40	27.55	34.60	56.30	80.00	230.00	270.00	325.00	2.87	9.25
	旱地	20021	143.20	88.79	118.62	1.86	0.62	184.00	119.00	56.60	1.30	32.30	41.90	70.00	200.93	358.00	450.00	663.00	1.05	0.96
紫红色砂页岩（J—K）	水田	3338	67.17	24.64	63.66	1.38	0.37	63.80、69.60	63.84	10.77	19.40	26.70	33.40	53.20	74.80	138.00	190.00	248.00	2.37	9.62
	旱地	8702	70.13	22.96	67.19	1.33	0.33	68.40	68.30	10.30	1.30	29.90	36.80	57.80	78.40	121.00	182.04	409.10	3.40	28.47
紫红色砂页岩（T）	水田	952	110.13	63.42	97.41	1.58	0.58	74.80	80.70	10.10	32.30	48.60	59.90	73.10	106.00	268.00	292.00	325.00	1.54	0.90
	旱地	11319	199.38	79.23	183.62	1.52	0.40	184.00	191.02	45.02	2.46	56.90	70.76	149.00	240.78	396.00	475.00	663.00	0.86	1.51
砂岩	水田	6938	71.64	31.40	66.70	1.45	0.44	63.40	67.50	10.90	8.80	18.00	28.10	57.00	78.70	158.00	243.00	609.31	3.71	29.68
	旱地	13652	100.36	65.24	86.76	1.66	0.65	103.00	77.00	17.10	1.89	27.10	40.30	63.30	105.00	286.00	384.00	882.01	2.34	7.19
黑色页岩	水田	1331	80.75	24.01	77.39	1.35	0.30	101.00、105.00	81.40	12.50	18.80	29.70	38.30	67.70	92.60	128.00	179.97	308.00	1.72	11.35
	旱地	938	87.06	30.50	82.47	1.39	0.35	101.00	85.88	13.89	23.34	28.71	40.50	69.21	97.90	159.00	230.00	319.52	2.08	10.30
区域变质岩	水田	18540	46.73	17.78	44.49	1.35	0.38	42.90、38.10、47.50	44.60	7.80	10.90	20.60	24.99	37.00	52.70	83.72	105.08	524.97	5.88	84.67
	旱地	5259	50.97	25.45	46.83	1.48	0.50	47.50、37.90、51.10	46.08	11.28	13.00	18.60	22.90	35.94	59.18	105.08	174.73	589.42	4.99	63.47
板岩	水田	7627	51.12	18.92	49.00	1.32	0.37	52.00、47.50、43.30	48.57	6.74	16.10	24.22	29.20	41.88	55.44	89.75	140.06	524.97	7.01	105.77
	旱地	1697	55.72	22.59	52.21	1.42	0.41	37.90	51.10	11.10	17.45	23.82	27.80	40.96	64.19	106.00	147.60	354.43	2.88	22.77
变余凝灰岩	水田	6803	40.46	12.17	38.91	1.32	0.30	32.80	38.40	6.60	10.90	19.01	23.00	32.60	46.20	66.70	87.80	191.01	2.23	15.12
	旱地	2479	43.47	18.58	40.50	1.44	0.43	41.60	39.42	8.88	13.00	17.10	21.28	31.80	50.46	89.74	123.00	226.60	2.65	14.37
变余砂岩	水田	4110	48.96	20.25	46.44	1.36	0.41	44.10	46.16	7.34	15.40	20.60	25.57	39.17	53.80	93.04	163.00	365.61	5.74	62.59
	旱地	1083	60.67	36.04	55.11	1.50	0.59	48.60、51.10	53.80	12.10	15.89	18.13	26.53	42.80	67.90	147.00	234.00	589.42	5.93	61.61
火成岩	水田	293	115.19	53.31	102.52	1.67	0.46	119.00、117.00、114.00	114.00	30.38	18.23	18.23	28.52	79.03	141.00	232.00	345.50	346.74	1.07	2.86
	旱地	10812	120.62	57.59	110.24	1.51	0.48	108.00	106.00	26.51	14.00	43.40	54.60	83.00	140.00	277.00	384.50	605.00	2.09	6.83
玄武岩	水田	253	125.55	46.31	118.10	1.42	0.37	119.00、117.00、114.00	119.00	25.00	39.70	39.70	60.40	94.60	146.00	232.00	345.50	346.74	1.49	4.20
	旱地	10806	120.66	57.58	110.30	1.51	0.48	108.00	106.00	26.50	14.00	43.40	54.80	83.00	140.00	277.00	384.50	605.00	2.09	6.84
花岗岩	水田	40	49.68	48.20	41.91	1.64	0.97	—	37.97	9.72	18.23	18.23	18.23	30.15	50.92	77.89	330.89	330.89	5.33	31.43
	旱地	6	46.58	4.52	46.39	1.10	0.10	—	45.86	3.83	40.61	40.61	40.61	43.45	51.66	52.03	52.03	52.03	0.16	-1.36
泥、砂、砾	水田	665	73.14	29.63	67.69	1.48	0.41	102.00、104.00	71.30	19.90	26.50	28.80	31.54	48.54	87.40	138.00	189.00	203.00	1.07	1.66
	旱地	450	106.58	44.80	98.63	1.48	0.42	108.00	98.25	21.15	26.68	27.74	41.20	78.80	123.00	228.00	308.00	364.00	1.80	5.89

表4.30　贵州省不同成土母岩类型区主要耕地类型土壤铜元素（Cu）地球化学参数　　（单位：mg/kg）

成土母岩类型	耕地类型	样品件数/个	算术平均值	算术标准差	几何平均值	几何标准差	变异系数	众值	中位值	中位绝对离差	最小值	0.5%	2.5%	25%	75%	97.5%	99.5%	最大值	偏度系数	峰度系数
碳酸盐岩	水田	54557	34.35	24.26	27.80	1.94	0.71	25.90	28.30	9.90	0.76	4.33	6.64	19.70	40.30	101.30	134.00	490.66	2.13	8.36
	旱地	207945	54.25	41.26	43.77	1.90	0.76	102.00、101.00	41.70	16.40	0.35	7.50	13.20	28.20	67.00	170.00	250.58	2280.0	3.49	62.52
灰岩	水田	28145	38.46	29.64	29.08	2.16	0.77	24.40	28.70	13.60	1.20	4.01	6.16	18.30	50.20	112.00	147.00	292.04	1.57	3.17
	旱地	131496	63.12	46.64	50.04	2.00	0.74	102.00	50.30	23.48	0.35	7.38	13.20	30.40	82.80	198.00	263.00	2280.0	2.74	44.57
白云岩	水田	26412	29.97	15.57	26.49	1.68	0.52	27.00	28.00	7.30	0.76	4.74	7.62	21.10	35.86	68.80	100.00	490.66	2.91	37.87
	旱地	76458	38.99	22.83	34.77	1.61	0.59	26.20	34.50	9.70	1.00	7.75	13.20	26.20	46.70	87.20	139.00	1641.0	9.76	427.62
硅质陆源碎屑岩	水田	35861	35.27	27.20	29.46	1.74	0.77	28.40	28.25	6.75	2.55	6.98	11.20	21.80	35.40	126.00	156.00	344.18	2.91	10.30
	旱地	85811	57.48	48.99	42.61	2.13	0.85	111.00	33.80	14.00	0.05	8.93	13.00	24.60	88.60	167.00	253.00	1288.0	2.26	16.37
泥（页）岩	水田	23302	38.40	28.91	32.42	1.69	0.75	26.40	29.70	6.00	3.79	10.90	14.10	24.40	36.90	130.86	159.00	344.18	2.71	8.29
	旱地	51200	55.45	45.82	42.19	2.04	0.83	111.00	33.42	11.59	4.63	10.80	14.30	25.60	81.90	158.00	242.00	927.02	1.89	7.69
紫红色页岩	水田	4290	30.66	23.75	26.07	1.66	0.77	23.00	24.70	5.50	6.04	9.51	12.00	19.30	30.30	112.00	141.00	337.00	3.39	15.64
	旱地	20021	64.56	48.18	48.98	2.15	0.75	106.00、103.00	50.90	30.70	0.05	10.60	13.80	24.90	99.50	158.00	229.00	1288.0	2.65	37.49
紫红色砂页岩（J-K）	水田	3338	25.80	16.87	23.14	1.52	0.65	23.00	22.90	4.70	6.04	9.31	11.50	18.07	27.40	78.70	125.00	208.00	4.60	28.10
	旱地	8702	26.56	14.86	24.34	1.48	0.56	23.80	24.40	4.61	0.05	9.48	11.90	19.70	29.00	61.30	122.79	260.00	5.11	40.93
紫红色砂页岩（T）	水田	952	47.72	34.22	39.62	1.76	0.72	27.90、27.70、31.90	31.85	6.15	12.80	15.80	18.80	27.20	49.60	131.00	152.00	337.00	1.93	5.70
	旱地	11319	93.77	44.42	83.85	1.66	0.47	103.00	94.00	23.37	9.91	17.80	23.00	67.90	115.67	177.00	263.00	1288.00	4.28	81.40
砂岩	水田	6938	29.22	23.27	23.90	1.84	0.80	18.20	23.40	8.40	2.55	4.84	7.21	16.30	34.20	103.30	150.00	294.80	3.43	17.13
	旱地	13652	56.60	60.38	37.26	2.40	1.07	21.40	30.20	13.10	1.64	5.90	9.38	20.05	65.70	212.00	309.62	1039.0	2.46	11.92
黑色页岩	水田	1331	26.86	12.61	24.36	1.57	0.47	29.20	26.30	6.40	5.29	7.39	9.34	18.40	31.70	57.10	87.80	137.00	2.17	10.85
	旱地	938	30.12	17.44	26.33	1.70	0.58	30.50	28.30	7.00	3.37	4.90	7.21	20.80	35.00	71.90	121.00	186.00	3.26	19.84
区域变质岩	水田	18540	18.76	6.47	17.88	1.35	0.35	19.10、18.90	18.00	3.70	3.01	8.63	10.20	14.50	21.90	31.86	49.00	166.00	3.57	42.27
	旱地	5259	19.92	9.82	18.34	1.47	0.49	17.90	18.10	4.42	4.88	7.74	9.36	14.08	23.12	43.30	72.40	153.91	3.87	29.02
板岩	水田	7627	20.97	5.68	20.33	1.28	0.27	23.00	20.70	2.90	3.73	9.86	12.00	17.70	23.56	32.00	47.10	120.44	3.26	36.36
	旱地	1697	21.78	6.92	20.82	1.35	0.32	20.50	20.95	3.65	4.88	8.29	10.97	17.64	24.90	37.20	47.60	137.00	2.11	13.90
变余凝灰岩	水田	6803	15.61	4.75	15.04	1.30	0.30	12.50	14.66	2.36	3.01	8.52	9.67	12.57	17.46	27.00	38.00	71.20	2.69	16.18
	旱地	2479	16.65	7.19	15.61	1.41	0.43	13.40	15.00	3.00	5.57	7.65	8.93	12.42	18.80	34.11	55.20	99.30	3.49	22.89
变余砂岩	水田	4110	19.86	8.07	18.77	1.38	0.41	20.40	18.60	3.40	6.43	8.31	10.10	15.44	22.33	39.98	58.20	166.00	4.84	55.23
	旱地	1083	24.48	14.97	21.73	1.58	0.61	15.60、23.60、21.80	21.11	5.21	5.08	7.25	9.72	16.32	26.80	65.40	108.00	153.91	3.39	17.21
火成岩	水田	293	136.09	86.68	100.40	2.48	0.64	116.00、121.00、130.00	130.00	58.00	9.98	13.21	53.50	62.67	185.00	327.00	365.32	373.60	0.49	-0.29
	旱地	10812	203.84	78.07	185.81	1.60	0.38	244.00	210.50	54.50	8.45	31.90	53.80	146.00	257.00	345.35	408.00	1286.00	0.46	5.00
玄武岩	水田	253	154.69	78.41	132.63	1.83	0.51	116.00、121.00、130.00	144.00	44.00	23.00	23.00	28.25	106.00	198.00	333.00	365.32	373.60	0.59	-0.05
	旱地	10806	203.94	77.97	186.06	1.60	0.38	244.00	210.63	54.37	14.80	32.30	53.80	146.00	257.00	345.35	408.00	1286.00	0.47	5.02
花岗岩	水田	40	18.39	8.44	17.26	1.39	0.46	19.10、15.77、15.02	16.75	2.47	9.98	9.98	9.98	14.06	19.10	30.80	61.37	61.37	3.65	17.29
	旱地	6	16.77	6.81	15.58	1.53	0.41	—	16.58	4.23	8.45	8.45	8.45	11.88	20.33	26.79	26.79	26.79	0.33	-1.05
泥、砂、砾	水田	665	29.07	13.60	26.81	1.47	0.47	28.90	25.60	5.50	8.25	12.27	14.52	20.82	32.80	66.50	92.70	114.00	2.34	7.67
	旱地	450	57.82	56.50	42.68	2.05	0.98	24.30、30.40、20.80	37.30	12.30	7.86	9.33	12.00	27.00	54.10	233.44	260.81	279.95	2.20	3.97

表4.31 贵州省不同成土母岩类型区主要耕地类型区土壤氟元素（F）地球化学参数

（单位：mg/kg）

成土母岩类型	耕地类型	样品件数/个	算术平均值	算术标准差	几何平均值	几何标准差	变异系数	众数	中位值	中位绝对离差	最小值	累积频率 0.5%	2.5%	25%	75%	97.5%	99.5%	最大值	偏度系数	峰度系数
碳酸盐岩	水田	54557	962	536	852	1.62	0.56	798	834	234	24	254	335	632	1128	2392	3228	11825	2.60	16.15
	旱地	207941	1158	740	1001	1.70	0.64	904	981	328	45	261	365	704	1410	2893	4225	51474	6.77	231.95
灰岩	水田	28145	883	447	797	1.57	0.51	907	809	218	24	243	319	607	1047	1954	2905	8106	3.03	22.57
	旱地	131496	1038	662	909	1.66	0.64	907	908	295	45	250	344	648	1264	2471	4031	51474	10.45	490.46
白云岩	水田	26412	1047	606	915	1.66	0.58	734	867	260	118	265	355	657	1251	2614	3420	11825	2.24	12.44
	旱地	76458	1364	818	1182	1.70	0.60	904	1133	404	121	302	446	805	1753	3200	4439	27086	3.84	62.70
硅质陆源碎屑岩	水田	35861	752	329	702	1.43	0.44	548	706	139	109	267	352	567	845	1577	2364	8336	3.99	36.98
	旱地	85811	769	442	698	1.52	0.57	548	695	169	105	246	317	533	872	1775	2787	42368	13.79	956.55
泥（页）岩	水田	23302	803	332	760	1.37	0.41	743	750	115	168	340	429	639	870	1624	2556	8336	4.83	47.93
	旱地	51200	834	476	768	1.46	0.57	743	762	148	140	287	376	619	915	1813	3220	42368	17.48	1180.20
紫红色砂页岩	水田	4290	669	373	601	1.55	0.56	505	559	132	109	241	299	449	747	1715	2322	4581	2.80	13.17
	旱地	20021	670	371	600	1.56	0.55	548	572	144	146	225	281	446	752	1775	2338	5584	2.49	9.98
紫红色砂页岩（J—K）	水田	3338	557	232	525	1.39	0.42	548、543	516	95	109	233	289	427	621	1083	1723	4089	4.07	33.55
	旱地	8702	583	206	554	1.37	0.35	832、621	560	111	151	229	293	455	677	1003	1496	4376	3.24	32.73
紫红色砂页岩（T）	水田	952	1063	488	968	1.54	0.46	734	962	280	249	304	409	726	1303	2094	3508	4581	1.73	6.54
	旱地	11318	737	447	638	1.68	0.61	734	589	189	145	223	276	438	712	1295	1794	5584	1.91	5.46
砂岩	水田	6938	629	254	588	1.43	0.40	548	576	112	146	224	292	476	742	1675	2430	3270	2.25	9.85
	旱地	13652	666	358	603	1.52	0.54	694	578	133	105	219	287	464	870	1291	1626	7468	3.46	25.89
黑色页岩	水田	1331	762	237	728	1.35	0.31	734	734	128	231	304	372	617	958	1669	2075	3051	1.61	8.74
	旱地	938	837	335	783	1.44	0.40	400	795	151	188	234	306	652	528	719	1018	5091	3.21	29.83
区域变质岩	水田	18540	469	128	455	1.27	0.27	402	455	66	130	220	282	395	558	990	1839	3204	3.74	43.94
	旱地	5259	511	292	481	1.37	0.57	400、444	471	76	187	233	275	402	525	695	825	9524	14.93	378.47
板岩	水田	7627	468	105	457	1.25	0.23	422	458	61	171	244	287	401	562	781	1350	1616	1.15	6.27
	旱地	1697	493	167	473	1.33	0.34	400	480	80	197	230	265	402	532	686	952	3482	5.37	73.12
变余凝灰岩	水田	6803	474	115	463	1.24	0.24	408	455	64	233	282	314	402	533	839	1425	2691	3.73	43.29
	旱地	2479	489	206	468	1.31	0.42	435	436	67	200	261	301	400	526	838	1291	6150	11.37	252.54
变余砂岩	水田	4110	465	178	441	1.37	0.38	412	496	76	130	178	232	369	621	1497	2594	3204	4.23	38.85
	旱地	1083	591	514	523	1.53	0.87	496	582	95	187	201	257	411	756	1296	2830	9524	10.89	166.76
火成岩	水田	293	648	308	597	1.47	0.47	377	432	133	188	188	219	468	547	1045	1604	2980	3.25	19.17
	旱地	10812	475	227	438	1.47	0.48	496	560	101	114	177	219	340	741	1344	2830	5899	4.03	45.66
玄武岩	水田	253	643	323	589	1.49	0.50	377	432	132	188	188	286	464	547	1045	1604	2980	3.28	18.46
	旱地	10806	475	227	438	1.47	0.48	496	560	101	114	177	219	340	741	1344	2830	5899	4.04	45.80
花岗岩	水田	40	679	187	655	1.31	0.28	—	635	123	387	387	387	529	799	1046	1085	1085	0.60	-0.52
	旱地	6	759	303	689	1.70	0.40	—	871	142	263	263	263	525	992	1033	1033	1033	-1.05	-0.22
泥、砂、砾	水田	665	659	370	598	1.50	0.56	486	554	125	254	276	339	450	742	1769	2483	3432	3.34	15.52
	旱地	450	974	592	838	1.72	0.61	442	818	299	206	270	305	568	1206	2405	3296	4353	2.00	5.98

表 4.32　贵州省不同成土母岩类型区主要耕地类型土壤锗元素（Ge）地球化学参数

（单位：mg/kg）

成土母岩类型	耕地类型	样品件数/个	算术平均值	算术标准差	几何平均值	几何标准差	变异系数	众值	中位值	中位绝对离差	最小值	累积频率 0.5%	2.5%	25%	75%	97.5%	99.5%	最大值	偏度系数	峰度系数
碳酸盐岩	水田	54557	1.38	0.31	1.35	1.27	0.23	1.44	1.39	0.20	0.04	0.63	0.79	1.18	1.58	1.99	2.29	7.21	0.57	5.61
	旱地	207953	1.53	0.35	1.49	1.26	0.23	1.56	1.53	0.19	0.10	0.63	0.87	1.33	1.72	2.18	2.61	28.69	5.66	296.09
灰岩	水田	28145	1.40	0.34	1.36	1.29	0.24	1.44	1.41	0.22	0.04	0.61	0.77	1.18	1.62	2.04	2.40	7.21	0.71	7.22
	旱地	131496	1.56	0.37	1.52	1.27	0.24	1.62	1.58	0.19	0.15	0.60	0.85	1.36	1.75	2.23	2.69	28.69	6.30	338.12
白云岩	水田	26412	1.36	0.28	1.33	1.24	0.21	1.38	1.36	0.18	0.25	0.66	0.82	1.17	1.54	1.92	2.16	4.05	0.20	0.99
	旱地	76458	1.48	0.30	1.45	1.22	0.20	1.46	1.47	0.16	0.10	0.70	0.92	1.31	1.63	2.07	2.47	15.60	3.46	110.15
硅质陆源碎屑岩	水田	35861	1.54	0.26	1.52	1.19	0.17	1.52	1.54	0.16	0.06	0.88	1.06	1.38	1.69	2.05	2.30	7.88	1.19	21.27
	旱地	85811	1.62	0.30	1.60	1.20	0.18	1.60	1.60	0.16	0.14	0.88	1.10	1.45	1.77	2.26	2.68	6.97	1.30	11.10
泥（页）岩	水田	23302	1.61	0.25	1.59	1.17	0.16	1.58	1.60	0.15	0.21	0.95	1.14	1.45	1.75	2.10	2.34	7.88	1.68	33.29
	旱地	51200	1.65	0.30	1.63	1.20	0.18	1.60	1.64	0.16	0.29	0.88	1.09	1.48	1.81	2.28	2.72	6.76	0.89	6.41
紫红色砂页岩	水田	4290	1.45	0.21	1.43	1.16	0.14	1.41	1.45	0.11	0.34	0.87	1.04	1.33	1.56	1.87	2.15	3.56	0.87	7.15
	旱地	20021	1.60	0.27	1.58	1.17	0.17	1.55	1.57	0.14	0.14	1.03	1.18	1.45	1.72	2.20	2.58	6.35	2.30	23.63
紫红色砂页岩（J—K）	水田	3338	1.42	0.19	1.41	1.15	0.14	1.41	1.43	0.11	0.34	0.87	1.03	1.31	1.53	1.79	2.04	3.30	0.62	6.69
	旱地	8702	1.47	0.19	1.46	1.14	0.13	1.48	1.47	0.10	0.17	0.98	1.13	1.37	1.57	1.83	2.23	4.85	1.78	21.45
紫红色砂页岩（T）	水田	952	1.54	0.23	1.52	1.16	0.15	1.52	1.53	0.13	0.79	0.94	1.13	1.40	1.66	2.00	2.25	3.56	1.16	8.09
	旱地	11319	1.70	0.27	1.68	1.16	0.16	1.65	1.67	0.14	0.14	1.09	1.27	1.54	1.82	2.29	2.66	6.35	2.82	31.09
砂岩	水田	6938	1.40	0.22	1.39	1.18	0.16	1.42	1.40	0.13	0.17	0.80	0.98	1.27	1.53	1.86	2.13	3.86	0.59	4.87
	旱地	13652	1.54	0.30	1.51	1.20	0.20	1.48	1.50	0.15	0.27	0.88	1.09	1.36	1.67	2.28	2.66	6.97	2.25	21.52
黑色页岩	水田	1331	1.46	0.28	1.43	1.27	0.19	1.55	1.48	0.18	0.06	0.64	0.86	1.29	1.65	1.98	2.10	2.35	-0.39	0.85
	旱地	938	1.47	0.37	1.41	1.34	0.26	1.64	1.51	0.25	0.38	0.49	0.66	1.23	1.73	2.09	2.44	2.73	-0.30	0.14
区域变质岩	水田	18540	1.58	0.20	1.56	1.13	0.12	1.62	1.57	0.12	0.60	1.11	1.23	1.45	1.69	2.00	2.19	5.06	0.86	7.43
	旱地	5259	1.64	0.25	1.62	1.17	0.15	1.62	1.62	0.16	0.45	1.00	1.21	1.46	1.79	2.17	2.43	2.99	0.44	1.40
板岩	水田	7627	1.58	0.20	1.57	1.13	0.12	1.49	1.57	0.12	0.95	1.16	1.25	1.45	1.69	2.03	2.22	3.00	0.68	1.33
	旱地	1697	1.67	0.27	1.65	1.17	0.16	1.62	1.66	0.18	0.74	0.97	1.20	1.49	1.84	2.25	2.45	2.94	0.29	0.69
变质碳酸盐岩	水田	6803	1.56	0.19	1.55	1.13	0.12	1.61	1.56	0.12	0.60	1.17	1.24	1.43	1.68	1.96	2.14	2.82	0.47	1.04
	旱地	2479	1.62	0.24	1.60	1.16	0.15	1.50	1.60	0.15	0.74	1.06	1.23	1.45	1.76	2.13	2.43	2.99	0.70	1.95
变质砂岩	水田	4110	1.58	0.21	1.57	1.14	0.13	1.62	1.59	0.12	0.73	1.04	1.16	1.46	1.70	1.97	2.18	5.06	1.51	21.21
	旱地	1083	1.62	0.25	1.60	1.17	0.15	1.62	1.62	0.15	0.45	0.82	1.17	1.46	1.76	2.12	2.34	2.87	0.08	1.90
火成岩	水田	293	1.69	0.38	1.65	1.25	0.23	1.69	1.65	0.23	0.48	0.48	1.10	1.43	1.90	2.37	3.75	3.95	1.54	7.52
	旱地	10812	1.83	0.37	1.79	1.22	0.20	1.80	1.78	0.21	0.05	1.03	1.25	1.59	2.01	2.63	3.06	5.64	1.17	5.06
玄武岩	水田	253	1.68	0.38	1.64	1.24	0.22	1.69	1.65	0.20	0.48	0.48	1.09	1.46	1.86	2.32	3.75	3.95	1.72	9.19
	旱地	10806	1.83	0.37	1.79	1.22	0.22	1.80	1.78	0.21	0.05	1.03	1.25	1.59	2.01	2.63	3.06	5.64	1.17	5.06
花岗岩	水田	40	1.71	0.41	1.67	1.26	0.24	1.42	1.61	0.30	1.13	1.13	1.07	1.39	2.02	2.49	2.76	2.76	0.63	-0.46
	旱地	6	1.62	0.37	1.59	1.28	0.23	—	1.66	0.23	1.07	1.07	1.07	1.42	1.88	2.06	2.06	2.06	-0.39	-1.23
泥、砂、砾	水田	665	1.40	0.24	1.38	1.19	0.17	1.24、1.25、1.33	1.40	0.16	0.59	0.67	0.97	1.24	1.55	1.82	2.11	2.83	-0.25	1.96
	旱地	450	1.55	0.31	1.51	1.26	0.20	1.43	1.54	0.18	0.54	0.56	0.79	1.38	1.75	2.14	2.31	2.52	-0.42	1.12

表 4.33　贵州省不同成土母岩类型区主要耕地类型土壤元素汞（Hg）地球化学参数

（单位：mg/kg）

成土母岩类型	耕地类型	样品件数/个	算术平均值	算术标准差	几何平均值	几何标准差	变异系数	众值	中位值	中位绝对离差	最小值	累积频率值						最大值	偏度系数	峰度系数
												0.5%	2.5%	25%	75%	97.5%	99.5%			
碳酸盐岩	水田	54557	0.36	13.08	0.17	2.05	36.29	0.12	0.16	0.06	0.01	0.04	0.06	0.11	0.24	0.94	3.54	759.50	225.56	52029.7
	旱地	207954	0.29	3.07	0.16	2.05	10.65	0.14	0.16	0.06	0.00	0.03	0.05	0.11	0.23	0.85	3.00	660.36	110.68	17245.4
灰岩	水田	28145	0.34	18.06	0.15	1.85	53.85	0.09	0.14	0.04	0.01	0.04	0.06	0.10	0.20	0.60	2.40	759.50	166.26	27803.7
	旱地	131496	0.25	2.17	0.16	1.98	8.56	0.12	0.15	0.05	0.01	0.03	0.05	0.11	0.22	0.78	2.61	434.10	121.06	19067.7
白云岩	水田	26412	0.39	2.48	0.21	2.18	6.41	0.12	0.19	0.08	0.01	0.04	0.06	0.12	0.30	1.21	4.91	144.00	33.27	1336.07
	旱地	76458	0.35	4.20	0.17	2.17	11.99	0.12	0.16	0.06	0.01	0.03	0.05	0.11	0.25	0.96	4.03	660.36	89.57	11161.7
硅质陆源碎屑岩	水田	35861	0.16	1.38	0.10	1.89	8.53	0.07	0.09	0.03	0.01	0.03	0.04	0.07	0.13	0.46	1.73	164.10	77.64	7489.01
	旱地	85811	0.18	4.10	0.09	2.02	22.19	0.06	0.09	0.03	0.01	0.02	0.03	0.06	0.13	0.39	1.85	659.50	138.98	22545.1
泥（页）岩	水田	23302	0.17	1.50	0.11	1.88	8.94	0.07	0.10	0.03	0.01	0.03	0.04	0.07	0.14	0.46	1.75	164.10	79.76	7540.36
	旱地	51200	0.22	4.44	0.11	1.91	20.15	0.08	0.10	0.03	0.01	0.03	0.04	0.07	0.15	0.44	2.06	659.50	121.77	18447.6
紫红色砂页岩	水田	4290	0.10	0.21	0.08	1.71	2.16	0.06	0.08	0.03	0.01	0.02	0.03	0.06	0.12	0.25	0.44	13.19	53.59	3246.05
	旱地	20021	0.08	0.09	0.06	1.91	1.18	0.05	0.06	0.03	0.01	0.01	0.02	0.04	0.10	0.21	0.39	6.19	28.09	1468.00
紫红色砂岩（J—K）	水田	3338	0.09	0.24	0.08	1.69	2.53	0.12	0.08	0.02	0.01	0.02	0.03	0.06	0.11	0.24	0.43	13.19	49.17	2663.81
	旱地	8702	0.07	0.09	0.06	1.80	1.33	0.04	0.05	0.02	0.00	0.01	0.02	0.04	0.08	0.19	0.38	4.86	26.40	1115.92
紫红色砂岩（T）	水田	952	0.11	0.07	0.10	1.72	0.63	0.14	0.10	0.03	0.01	0.02	0.03	0.07	0.14	0.26	0.47	0.86	3.55	24.37
	旱地	11319	0.08	0.09	0.07	1.96	1.09	0.12	0.07	0.03	0.01	0.01	0.02	0.04	0.11	0.22	0.40	6.19	29.94	1792.32
砂岩	水田	6938	0.17	1.45	0.09	1.91	8.59	0.07	0.09	0.03	0.01	0.03	0.04	0.06	0.12	0.54	1.95	91.90	47.85	2681.77
	旱地	13652	0.20	5.63	0.09	2.09	27.85	0.06	0.08	0.03	0.01	0.02	0.03	0.06	0.12	0.53	3.24	652.00	113.96	131180.4
黑色页岩	水田	1331	0.22	0.86	0.12	2.18	3.91	0.09	0.11	0.04	0.03	0.03	0.04	0.08	0.17	1.03	2.45	23.79	20.69	506.96
	旱地	938	0.27	1.43	0.12	2.44	5.23	0.07	0.10	0.04	0.02	0.02	0.04	0.07	0.17	1.01	6.06	31.91	16.78	324.82
区域变质岩	水田	18540	0.16	0.68	0.13	1.57	4.37	0.10	0.12	0.03	0.01	0.05	0.07	0.10	0.15	0.37	1.00	83.78	103.02	12382.5
	旱地	5259	0.25	1.25	0.12	1.96	5.06	0.11	0.13	0.04	0.03	0.05	0.07	0.10	0.19	1.02	4.21	81.52	53.02	3384.01
板岩	水田	7627	0.13	0.07	0.12	1.40	0.53	0.10	0.11	0.02	0.04	0.05	0.06	0.10	0.14	0.24	0.42	2.25	12.58	321.18
	旱地	1697	0.14	0.15	0.13	1.54	1.01	0.11	0.12	0.03	0.03	0.05	0.06	0.10	0.16	0.32	0.73	4.33	17.72	449.48
变余凝灰岩	水田	6803	0.18	0.34	0.14	1.60	1.95	0.11	0.13	0.03	0.01	0.06	0.08	0.11	0.17	0.46	1.39	11.59	21.41	583.87
	旱地	2479	0.28	1.74	0.16	1.96	6.33	0.11	0.14	0.04	0.04	0.07	0.07	0.11	0.20	1.04	4.65	81.52	41.51	1915.34
变余砂岩	水田	4110	0.18	1.37	0.12	1.75	7.80	0.09	0.10	0.02	0.03	0.05	0.06	0.08	0.14	0.53	1.75	83.78	56.15	3378.03
	旱地	1083	0.35	0.78	0.18	2.45	2.26	0.08	0.14	0.05	0.04	0.04	0.06	0.10	0.24	2.61	5.96	9.40	6.10	45.39
火成岩	水田	293	0.14	0.10	0.13	1.59	0.67	0.14	0.12	0.03	0.03	0.03	0.05	0.09	0.16	0.34	0.78	1.13	5.34	45.67
	旱地	10812	0.16	2.09	0.10	1.99	12.72	0.11	0.10	0.04	0.01	0.02	0.03	0.07	0.15	0.49	1.41	214.15	100.02	10245.2
玄武岩	水田	253	0.15	0.10	0.13	1.58	0.67	0.14	0.13	0.03	0.03	0.07	0.06	0.10	0.17	0.34	0.78	1.13	5.20	42.34
	旱地	10806	0.16	2.09	0.10	1.99	12.72	0.11	0.10	0.04	0.01	0.02	0.03	0.07	0.15	0.49	1.41	214.15	99.99	10239.6
花岗岩	水田	40	0.10	0.04	0.09	1.46	0.37	—	0.10	0.02	0.04	0.04	0.04	0.07	0.12	0.17	0.20	0.20	0.54	0.14
	旱地	6	0.11	0.02	0.11	1.25	0.20	—	0.12	0.01	0.07	0.07	0.07	0.10	0.13	0.14	0.14	0.14	-0.99	0.98
泥、砂、砾	水田	665	0.18	0.26	0.15	1.68	1.47	0.17	0.14	0.04	0.02	0.03	0.06	0.11	0.19	0.43	0.85	6.24	19.73	458.00
	旱地	450	0.20	0.13	0.16	1.87	0.65	0.16	0.17	0.07	0.02	0.02	0.04	0.11	0.25	0.54	0.78	1.05	2.28	8.98

表4.34 贵州省不同成土母岩类型区主要耕地类型土壤碘元素（I）地球化学参数

（单位：mg/kg）

成土母岩类型	耕地类型	样品件数/个	算术平均值	算术标准差	几何平均值	几何标准差	变异系数	众值	中位值	中位绝对离差	最小值	累积频率 0.5%	2.5%	25%	75%	97.5%	99.5%	最大值	偏度系数	峰度系数
碳酸盐岩	水田	54557	1.70	1.73	1.27	2.03	1.02	0.68	1.14	0.45	0.01	0.32	0.42	0.77	1.84	7.02	11.00	24.30	3.37	15.47
	旱地	207952	5.53	3.58	4.40	2.07	0.65	10.20	4.90	2.19	0.01	0.56	0.84	2.91	7.37	14.30	18.80	60.80	1.30	3.27
灰岩	水田	28145	1.72	1.79	1.25	2.08	1.04	0.68	1.10	0.45	0.10	0.32	0.42	0.73	1.86	7.27	11.10	19.00	3.13	12.60
	旱地	131496	5.80	3.64	4.67	2.04	0.63	10.10	5.19	2.23	0.06	0.57	0.89	3.15	7.69	14.70	19.30	60.80	1.26	3.15
白云岩	水田	26412	1.68	1.67	1.28	1.97	0.99	0.71	1.18	0.45	0.01	0.31	0.43	0.81	1.82	6.73	10.90	24.30	3.68	19.34
	旱地	76458	5.08	3.43	3.98	2.11	0.67	10.40	4.45	2.10	0.01	0.53	0.79	2.51	6.76	13.70	17.90	59.50	1.37	3.59
硅质陆源碎屑岩	水田	35861	1.27	1.31	0.98	1.93	1.03	0.67	0.88	0.31	0.01	0.20	0.35	0.63	1.38	4.94	9.18	21.20	4.50	29.73
	旱地	85811	3.18	2.80	2.28	2.30	0.88	0.80	2.32	1.28	0.02	0.29	0.48	1.24	4.17	10.88	15.50	59.88	2.22	8.64
泥（页）岩	水田	23302	1.31	1.36	1.00	1.94	1.04	0.64	0.90	0.32	0.04	0.23	0.36	0.64	1.43	5.27	9.56	21.20	4.40	27.98
	旱地	51200	3.25	2.80	2.36	2.27	0.86	0.80	2.41	1.31	0.02	0.33	0.50	1.30	4.27	11.00	15.50	29.10	2.10	6.54
紫红色砂页岩	水田	4290	1.15	1.17	0.87	2.03	1.01	0.67	0.84	0.33	0.03	0.13	0.22	0.56	1.30	4.19	8.39	18.20	4.74	35.75
	旱地	20021	2.85	2.84	1.91	2.46	0.99	0.96	1.80	1.01	0.04	0.22	0.37	1.00	3.71	10.70	15.49	26.80	2.28	7.26
紫红色页岩（J—K）	水田	3338	0.96	1.01	0.74	1.94	1.06	0.78	0.73	0.25	0.03	0.12	0.20	0.51	1.05	3.21	7.67	18.20	6.05	56.35
	旱地	8702	1.34	1.22	1.04	2.00	0.91	0.54	1.01	0.39	0.04	0.16	0.28	0.68	1.52	4.94	8.00	14.70	3.45	17.21
紫红色页岩（T）	水田	952	1.82	1.39	1.53	1.75	0.76	1.31	1.41	0.45	0.13	0.46	0.61	1.06	2.03	5.54	9.65	16.00	3.57	20.41
	旱地	11319	4.02	3.16	3.07	2.10	0.79	1.90、1.64	3.04	1.54	0.24	0.56	0.79	1.76	5.29	12.20	17.40	26.80	1.87	4.98
砂岩	水田	6938	1.26	1.25	0.99	1.87	0.99	0.60	0.89	0.29	0.01	0.29	0.40	0.65	1.36	4.83	8.73	16.00	4.34	27.27
	旱地	13652	3.41	2.72	2.61	2.10	0.80	1.00	2.68	1.27	0.07	0.41	0.60	1.60	4.34	10.70	15.60	59.88	2.71	20.46
黑色页岩	水田	1331	1.01	0.88	0.87	1.62	0.88	0.62	0.81	0.22	0.25	0.33	0.42	0.62	1.11	2.89	5.66	17.00	8.23	109.38
	旱地	938	2.73	2.65	1.97	2.18	0.97	1.11	1.78	0.90	0.28	0.42	0.55	1.11	3.37	10.00	16.08	20.22	2.73	10.15
区域变质岩	水田	18540	1.03	1.17	0.83	1.70	1.14	0.60	0.75	0.17	0.01	0.40	0.43	0.60	0.97	4.50	8.17	22.00	6.39	58.31
	旱地	5259	4.02	2.85	2.38	2.85	1.11	0.63	2.58	1.86	0.05	0.40	0.49	0.88	5.60	16.68	24.36	55.10	2.60	11.10
板岩	水田	7627	1.08	1.22	0.87	1.71	1.13	0.60	0.77	0.17	0.28	0.41	0.45	0.62	1.00	4.94	8.28	18.45	5.55	40.62
	旱地	1697	4.55	4.75	2.68	2.94	1.04	0.54	3.01	2.28	0.37	0.41	0.51	0.92	6.43	18.50	25.43	34.90	2.03	5.56
变余凝灰岩	水田	6803	0.93	1.07	0.77	1.64	1.15	0.65	0.71	0.15	0.01	0.37	0.42	0.58	0.89	3.87	7.40	22.00	7.97	95.09
	旱地	2479	3.85	4.62	2.21	2.90	1.20	0.63	2.38	1.69	0.05	0.37	0.46	0.80	5.03	17.86	25.13	55.10	3.04	15.00
变余砂岩	水田	4110	1.11	1.24	0.89	1.75	1.12	0.70	0.79	0.20	0.23	0.39	0.42	0.62	1.09	4.54	8.13	21.05	6.09	53.25
	旱地	1083	3.58	3.33	2.37	2.56	0.93	0.77、0.54、0.58	2.55	1.70	0.26	0.36	0.50	1.04	4.91	12.20	16.02	27.48	1.81	4.85
火成岩	水田	293	2.75	2.60	2.15	1.92	0.95	1.13、1.97、0.60	1.97	0.71	0.45	0.45	0.60	1.48	2.97	11.25	16.00	23.30	3.76	19.22
	旱地	10812	7.01	4.98	5.53	2.03	0.71	10.40	5.70	2.81	0.35	1.00	1.43	3.28	9.37	19.30	26.93	77.34	1.74	6.76
玄武岩	水田	253	2.92	2.70	2.32	1.85	0.92	1.13、1.97、3.06	2.15	0.67	0.59	0.59	0.66	1.59	3.04	11.60	16.00	23.30	3.71	18.21
	旱地	10806	7.01	4.98	5.53	2.02	0.71	10.40	5.71	2.81	0.35	1.01	1.44	3.28	9.37	19.30	26.93	77.34	1.74	6.76
花岗岩	水田	40	1.66	1.50	1.30	1.92	0.91	3.20	1.32	0.54	0.45	0.45	0.45	0.69	1.70	4.09	9.12	9.12	3.45	15.58
	旱地	6	1.48	0.36	1.44	1.29	0.24	—	1.52	0.22	0.98	0.98	0.98	1.20	1.64	2.01	2.01	2.01	0.09	0.02
泥、砂、砾	水田	665	1.04	1.11	0.84	1.73	1.07	0.54	0.75	0.21	0.21	0.31	0.40	0.57	1.08	3.21	7.33	15.80	6.74	66.15
	旱地	450	4.00	3.88	2.67	2.50	0.97	1.17、0.71、0.92	2.76	1.79	0.37	0.43	0.53	1.26	5.41	14.90	24.00	25.56	2.29	7.16

表 4.35　贵州省不同成土母岩类型区主要耕地类型土壤钾元素（K）地球化学参数

（单位：%）

成土母岩类型	耕地类型	样品件数/个	算术平均值	算术标准差	几何平均值	几何标准差	变异系数	众值	中位值	中位绝对离差	最小值	累积频率值 0.5%	2.5%	25%	75%	97.5%	99.5%	最大值	偏度系数	峰度系数
碳酸盐岩	水田	54557	1.64	0.91	1.39	1.84	0.56	1.49	1.51	0.59	0.05	0.24	0.35	0.96	2.17	3.71	4.56	12.12	2.33	61.38
碳酸盐岩	旱地	207954	1.84	0.95	1.58	1.77	0.52	1.10	1.69	0.66	0.06	0.28	0.46	1.08	2.44	3.95	4.68	10.46	0.74	0.36
灰岩	水田	28145	1.63	0.97	1.34	1.93	0.60	0.76	1.49	0.64	0.05	0.22	0.32	0.88	2.18	3.81	4.62	11.47	2.07	50.98
灰岩	旱地	131496	1.75	0.96	1.49	1.82	0.55	0.90	1.59	0.66	0.06	0.26	0.42	0.98	2.33	3.93	4.64	10.46	0.82	0.48
白云岩	水田	26412	1.66	0.85	1.44	1.74	0.51	1.34	1.52	0.55	0.10	0.28	0.41	1.04	2.16	3.58	4.47	12.12	1.13	3.90
白云岩	旱地	76458	1.98	0.92	1.77	1.65	0.46	1.64	1.84	0.65	0.09	0.38	0.60	1.27	2.60	3.99	4.77	8.65	0.68	0.29
硅质陆源碎屑岩	水田	35861	2.21	0.78	2.05	1.51	0.35	2.22	2.24	0.54	0.15	0.46	0.74	1.65	2.74	3.67	4.47	11.26	0.27	1.19
硅质陆源碎屑岩	旱地	85811	2.03	0.77	1.87	1.55	0.38	1.88	2.02	0.55	0.01	0.41	0.67	1.46	2.57	3.57	4.23	10.20	0.32	0.32
泥（页）岩	水田	23302	2.42	0.78	2.27	1.46	0.32	2.61	2.50	0.47	0.27	0.64	0.89	1.92	2.91	3.83	4.69	11.26	0.16	1.71
泥（页）岩	旱地	51200	2.15	0.83	1.97	1.57	0.39	2.66	2.19	0.62	0.09	0.46	0.69	1.49	2.75	3.71	4.39	10.20	0.20	0.06
紫红色砂页岩	水田	4290	1.78	0.59	1.68	1.46	0.33	2.00	1.80	0.41	0.21	0.46	0.68	1.35	2.18	2.94	3.35	4.98	0.17	0.06
紫红色砂页岩	旱地	20021	1.91	0.59	1.81	1.41	0.31	1.88	1.90	0.37	0.02	0.52	0.79	1.53	2.26	3.13	3.82	5.20	0.35	0.89
紫红色砂页岩（J—K）	水田	3338	1.70	0.57	1.60	1.47	0.34	2.00	1.72	0.41	0.21	0.45	0.63	1.28	2.09	2.81	3.14	4.25	0.13	-0.21
紫红色砂页岩（J—K）	旱地	8702	1.90	0.61	1.78	1.46	0.32	2.18	1.94	0.42	0.03	0.45	0.71	1.46	2.32	3.04	3.34	4.40	-0.10	-0.33
紫红色砂页岩（T）	水田	952	2.07	0.56	1.99	1.33	0.27	2.22、2.00、2.32	2.06	0.37	0.64	0.80	1.05	1.67	2.42	3.22	3.63	4.98	0.36	0.73
紫红色砂页岩（T）	旱地	11319	1.92	0.57	1.83	1.37	0.30	1.80	1.88	0.32	0.02	0.59	0.89	1.56	2.21	2.99	3.48	5.20	-0.16	0.34
砂岩	水田	6938	1.82	0.62	1.69	1.54	0.34	2.04	1.88	0.38	0.15	0.31	0.49	1.46	2.23	3.06	3.67	4.81	0.13	0.34
砂岩	旱地	13652	1.78	0.68	1.62	1.60	0.38	1.71	1.81	0.48	0.01	0.29	0.52	1.28	2.25	3.32	3.88	6.86	0.35	0.08
黑色页岩	水田	1331	1.90	0.74	1.75	1.54	0.39	1.34	1.83	0.55	0.23	0.47	0.68	1.33	2.46	3.61	4.21	4.79	0.11	-0.36
黑色页岩	旱地	938	1.96	0.97	1.66	1.88	0.50	3.17	1.94	0.86	0.14	0.27	0.37	1.09	2.79	2.87	3.26	4.97	0.61	-0.92
区域变质岩	水田	18540	1.96	0.43	1.92	1.25	0.22	1.93	1.94	0.26	0.32	0.91	1.20	1.68	2.21	3.16	3.73	8.14	0.51	3.69
区域变质岩	旱地	5259	1.92	0.56	1.87	1.35	0.28	1.93	1.92	0.34	0.32	0.63	0.95	1.58	2.28	3.16	3.33	5.04	0.51	0.99
板岩	水田	7627	2.03	0.38	1.99	1.22	0.19	1.98	2.01	0.23	0.41	0.87	1.30	1.79	2.27	2.80	3.05	8.14	0.70	10.37
板岩	旱地	1697	1.99	0.46	1.93	1.31	0.23	1.92	1.99	0.28	0.33	0.49	1.01	1.72	2.27	2.90	3.16	3.62	-0.15	0.94
变余凝灰岩	水田	6803	1.83	0.40	1.78	1.25	0.22	1.63	1.79	0.24	0.43	0.93	1.16	1.56	2.04	2.76	3.59	4.08	0.71	1.35
变余凝灰岩	旱地	2479	1.82	0.52	1.74	1.34	0.29	1.55、1.54	1.76	0.32	0.52	0.67	0.94	1.46	2.12	2.98	3.60	5.04	0.70	1.23
变余砂岩	水田	4110	2.08	0.48	2.02	1.27	0.23	2.16	2.06	0.29	0.32	0.95	1.22	1.77	2.34	3.11	4.20	4.53	0.46	1.17
变余砂岩	旱地	1083	2.21	0.66	2.10	1.39	0.30	2.24	2.19	0.44	0.50	0.63	0.94	1.77	2.63	3.69	3.75	4.51	0.33	0.39
火成岩	水田	293	1.35	0.71	1.20	1.65	0.52	1.40	1.19	0.35	0.30	0.30	0.43	0.89	1.60	3.32	3.65	4.17	1.43	2.16
火成岩	旱地	253	0.88	0.43	0.79	1.63	0.49	0.70	0.80	0.24	0.03	0.16	0.29	0.59	1.08	1.93	2.68	3.82	1.48	4.14
玄武岩	水田	10812	1.17	0.51	1.07	1.54	0.44	1.40	1.13	0.28	0.30	0.30	0.37	0.84	1.40	2.44	2.66	3.68	1.62	5.63
玄武岩	旱地	10806	0.88	0.43	0.79	1.63	0.49	0.70	0.80	0.24	0.03	0.16	0.29	0.59	1.08	1.92	2.66	3.82	1.46	4.03
花岗岩	水田	40	2.51	0.72	2.40	1.36	0.29	3.15	2.48	0.59	1.04	1.04	1.04	1.92	3.10	3.75	4.17	4.17	0.06	-0.54
花岗岩	旱地	6	2.37	0.93	2.21	1.53	0.39	—	2.48	0.76	1.24	1.24	1.24	1.56	3.19	3.29	3.29	3.29	-0.15	-2.84
泥、砂、砾	水田	665	1.41	0.55	1.30	1.51	0.39	1.10	1.40	0.40	0.39	0.44	0.54	0.97	1.78	2.59	3.16	4.01	0.64	0.78
泥、砂、砾	旱地	450	1.58	0.72	1.38	1.77	0.45	1.28	1.56	0.46	0.22	0.23	0.32	1.12	2.04	3.01	3.52	4.05	0.24	-0.14

表 4.36　贵州省不同成土母岩类型区主要耕地类型土壤锰元素（Mn）地球化学参数

（单位：mg/kg）

成土母岩类型	耕地类型	样品件数/个	算术平均值	算术标准差	几何平均值	几何标准差	变异系数	众值	中位值	中位值绝对离差	最小值	0.5%	2.5%	25%	75%	97.5%	99.5%	最大值	偏度系数	峰度系数
碳酸盐岩	水田	54557	581	613	387	2.57	1.06	106	418	249	15	36	54	211	767	2010	3254	49447	13.09	806.50
	旱地	207945	1264	904	1025	1.99	0.71	1106	1131	442	5	98	207	710	1600	3339	5257	96941	10.62	733.14
灰岩	水田	28145	575	641	369	2.69	1.12	130	397	256	15	35	51	186	779	2008	3214	49447	17.83	1211.04
	旱地	131496	1332	932	1095	1.97	0.70	1288	1229	439	5	93	210	792	1670	3339	5287	96941	14.11	1016.49
白云岩	水田	26412	588	582	408	2.44	0.99	315、230	437	236	16	37	59	236	753	2011	3270	25172	6.20	150.82
	旱地	76458	1147	840	916	2.00	0.73	698	964	394	8	105	203	613	1432	3341	5209	13721	2.75	15.06
硅质陆源碎屑岩	水田	35861	480	452	358	2.13	0.94	246	355	159	18	46	80	222	573	1683	2817	14114	4.45	51.36
	旱地	85811	994	817	761	2.14	0.82	506	792	396	10	83	150	473	1344	2944	4435	44599	7.10	228.14
泥（页）岩	水田	23302	529	499	398	2.08	0.94	354	383	164	20	66	99	249	627	1871	3050	14114	4.47	49.90
	旱地	51200	1056	930	801	2.13	0.88	530	815	393	10	96	174	491	1364	3352	4886	44599	7.60	223.54
紫红色砂页岩	水田	4290	449	312	368	1.88	0.69	434	381	153	52	80	110	239	551	1320	1810	2969	2.16	7.40
	旱地	20021	980	533	812	1.96	0.54	611	924	428	13	109	162	539	1407	1994	2403	4680	0.43	-0.15
紫红色砂页岩（J—K）	水田	3338	374	253	315	1.79	0.68	311、362	328	124	52	78	104	209	460	1093	1634	2935	2.92	15.15
	旱地	8702	541	294	469	1.76	0.54	611	523	165	13	94	129	342	677	1223	1868	4332	2.12	12.76
紫红色砂页岩（T）	水田	952	710	355	635	1.60	0.50	434	620	186	147	188	258	466	871	1573	1955	2969	1.45	3.37
	旱地	11319	1318	418	1240	1.46	0.32	1471、1370	1343	256	13	302	473	1059	1578	2120	2535	4680	0.17	1.43
砂岩	水田	6938	366	346	265	2.24	0.94	210、189	273	137	18	32	51	157	457	1270	2171	5028	3.37	19.49
	旱地	13652	804	646	596	2.26	0.80	289	628	326	16	57	107	355	1088	2319	3590	8265	2.30	11.29
黑色页岩	水田	1331	312	268	238	2.08	0.86	236、133、288	246	114	21	41	58	138	381	987	1447	3597	3.63	27.25
	旱地	938	714	981	432	2.72	1.37	362	439	250	29	34	59	228	804	3218	4503	16648	6.76	84.09
区域变质岩	水田	18540	228	178	195	1.68	0.78	114	189	59	37	63	79	137	261	644	1170	5841	7.06	113.19
	旱地	5259	530	550	384	2.18	1.04	222	355	179	32	70	100	212	683	1712	3155	12559	6.23	87.09
板岩	水田	7627	232	184	196	1.73	0.79	114	188	66	37	64	78	132	276	660	1169	5841	7.84	157.98
	旱地	1697	524	538	378	2.21	1.03	278	354	183	32	61	95	209	683	1628	2202	12559	7.90	150.82
变余碳酸盐岩	水田	6803	219	153	193	1.60	0.70	183	189	49	48	62	82	145	244	615	1036	3237	5.65	58.79
	旱地	2479	486	391	371	2.07	0.80	222、186、213	351	171	52	72	104	211	638	1480	2102	3411	2.00	6.22
变余砂岩	水田	4110	235	204	196	1.74	0.87	114、142	190	64	48	65	77	134	269	654	1390	3809	6.57	72.04
	旱地	1083	640	807	424	2.36	1.26	130	383	204	48	67	105	220	760	2487	5660	10431	5.11	40.51
火成岩	水田	293	755	570	578	2.14	0.75	1188、803、343	667	352	91	91	136	337	1041	1995	3118	4957	2.20	10.50
	旱地	10812	1520	658	1364	1.68	0.43	1625、1686	1560	393	19	175	353	1098	1910	2630	3528	20097	3.22	69.84
玄武岩	水田	253	842	565	688	1.92	0.67	1188、803、343	727	330	147	147	170	410	1111	2018	3118	4957	2.30	11.47
	旱地	10806	1521	658	1366	1.67	0.43	1625、1686	1561	393	19	177	356	1099	1910	2630	3528	20097	3.23	70.11
花岗岩	水田	40	209	107	192	1.47	0.51	—	178	37	91	91	91	146	220	460	687	687	2.80	10.01
	旱地	6	193	82	175	1.69	0.43	—	210	57	72	72	72	130	264	271	271	271	-0.55	-1.52
泥、砂、砾	水田	665	323	261	260	1.88	0.81	103	256	98	56	64	86	168	375	993	1596	2730	3.37	19.42
	旱地	450	685	475	545	2.00	0.69	412	551	258	68	84	142	327	914	1846	2384	2818	1.34	1.76

表4.37　贵州省不同成土母岩类型主要耕地类型区土壤钼元素（Mo）地球化学参数

（单位：mg/kg）

成土母岩类型	耕地类型	样品件数/个	算术平均值	算术标准差	几何平均值	几何标准差	变异系数	众值	中位值	中位绝对离差	累积频率值						最小值	最大值	偏度系数	峰度系数
											0.5%	2.5%	25%	75%	97.5%	99.5%				
碳酸盐岩	水田	54557	2.05	1.96	1.60	1.98	0.96	1.24	1.62	0.68	0.31	0.41	1.03	2.47	6.21	11.30	0.10	74.70	8.58	177.09
	旱地	207953	2.53	3.11	2.04	1.83	1.23	1.40	1.95	0.68	0.45	0.70	1.37	2.87	7.86	15.50	0.04	506.00	51.57	6537.58
灰岩	水田	28145	1.93	2.02	1.46	2.06	1.05	1.26	1.46	0.65	0.30	0.36	0.91	2.30	6.32	11.70	0.10	74.70	8.82	184.69
	旱地	131496	2.36	3.32	1.91	1.81	1.41	1.22	1.83	0.62	0.43	0.68	1.30	2.65	7.27	14.40	0.19	506.00	64.11	7874.47
白云岩	水田	26412	2.17	1.88	1.76	1.87	0.86	1.24	1.78	0.69	0.36	0.51	1.18	2.63	6.15	10.60	0.21	70.10	8.38	168.15
	旱地	76458	2.83	2.67	2.28	1.85	0.95	1.76	2.19	0.79	0.50	0.74	1.53	3.27	8.71	16.80	0.04	117.60	8.74	184.12
硅质陆源碎屑岩	水田	35861	1.64	3.44	0.91	2.51	2.10	0.40	0.72	0.34	0.22	0.28	0.46	1.51	8.46	19.80	0.05	103.00	11.13	205.10
	旱地	85811	1.82	3.87	1.16	2.29	2.13	0.50	1.05	0.53	0.26	0.32	0.62	1.93	7.25	18.94	0.01	272.00	22.24	941.43
泥（页）岩	水田	23302	1.85	3.65	1.02	2.61	1.97	0.40	0.79	0.40	0.24	0.29	0.49	1.88	9.17	20.20	0.09	103.00	10.61	193.26
	旱地	51200	2.15	4.08	1.35	2.40	1.90	0.48	1.29	0.72	0.27	0.33	0.68	2.40	8.58	21.10	0.01	272.00	19.40	780.94
紫红色砂页岩	水田	4290	0.98	1.19	0.74	1.94	1.22	0.42	0.65	0.24	0.23	0.29	0.46	1.05	3.85	7.40	0.05	33.70	9.10	171.48
	旱地	20021	1.01	1.05	0.85	1.74	1.03	0.82	0.87	0.31	0.25	0.31	0.58	1.20	2.63	4.80	0.06	93.20	38.48	3054.08
紫红色砂页岩（J-K）	水田	3338	0.93	1.30	0.67	1.98	1.40	0.42	0.57	0.18	0.22	0.27	0.43	0.89	4.50	7.85	0.05	33.70	8.95	154.91
	旱地	8702	0.78	1.37	0.62	1.77	1.75	0.44	0.55	0.16	0.23	0.28	0.42	0.79	2.68	5.70	0.06	93.20	38.90	2425.93
紫红色砂页岩（T）	水田	952	1.15	0.64	1.02	1.60	0.56	1.02	1.01	0.32	0.38	0.46	0.72	1.37	2.92	4.00	0.36	6.06	2.53	11.15
	旱地	11319	1.19	0.66	1.10	1.47	0.55	0.82	1.04	0.24	0.46	0.58	0.84	1.37	2.62	4.25	0.21	20.00	8.48	172.29
砂岩	水田	6938	1.15	2.91	0.67	2.24	2.54	0.35、0.40、0.33	0.55	0.21	0.20	0.24	0.39	0.93	5.93	16.70	0.10	93.20	13.11	264.90
	旱地	13652	1.71	5.21	1.00	2.29	3.05	0.50、0.39	0.89	0.44	0.26	0.32	0.53	1.68	6.87	24.40	0.05	252.00	21.27	686.23
黑色页岩	水田	1331	2.61	5.78	1.35	2.60	2.22	0.90、0.69	1.20	0.54	0.22	0.28	0.75	1.98	15.83	37.81	0.22	71.69	6.87	59.18
	旱地	938	2.67	4.95	1.58	2.40	1.85	1.17	1.41	0.64	0.23	0.24	0.37	0.89	2.43	15.10	39.72	0.23	57.32	6.59	54.94
区域变质岩	水田	18540	0.76	1.05	0.62	1.66	1.38	0.46	0.58	0.16	0.17	0.31	0.44	0.78	2.20	5.84	0.17	33.80	15.98	375.52
	旱地	5259	1.35	3.04	0.96	1.89	2.24	0.78	0.90	0.29	0.30	0.36	0.64	1.25	5.22	15.90	0.30	84.40	15.07	298.76
板岩	水田	7627	0.64	0.43	0.58	1.54	0.66	0.40	0.54	0.14	0.21	0.31	0.42	0.72	1.64	2.84	0.21	10.60	7.17	107.96
	旱地	1697	0.91	0.61	0.80	1.61	0.67	0.49	0.79	0.24	0.30	0.35	0.57	1.07	2.26	3.97	0.30	11.40	6.30	78.90
变余凝灰岩	水田	6803	0.78	0.93	0.67	1.57	1.20	0.56	0.63	0.15	0.30	0.33	0.50	0.83	1.90	5.06	0.24	33.52	19.98	579.93
	旱地	2479	1.31	2.44	1.01	1.77	1.87	0.86	0.95	0.29	0.32	0.40	0.71	1.32	3.94	13.80	0.30	74.24	17.74	430.55
变余砂岩	水田	4110	0.93	1.76	0.64	1.96	1.89	0.32	0.55	0.18	0.30	0.31	0.40	0.81	4.19	12.00	0.17	33.80	9.71	128.85
	旱地	1083	2.16	5.45	1.13	2.41	2.53	0.60	0.93	0.36	0.30	0.35	0.64	1.56	12.30	40.30	0.30	84.40	8.62	94.20
火成岩	水田	293	3.13	2.37	2.33	2.34	0.76	2.42、3.04	2.83	1.16	0.28	0.31	1.78	4.11	8.77	15.10	0.28	19.10	2.39	10.55
	旱地	10812	2.46	2.06	2.11	1.66	0.84	1.62	2.03	0.54	0.65	0.88	1.54	2.68	7.02	13.53	0.33	59.44	8.70	152.63
玄武岩	水田	253	3.54	2.29	2.99	1.82	0.65	2.42、3.04	3.07	1.05	0.28	0.72	2.16	4.27	9.98	15.10	0.28	19.10	2.76	12.56
	旱地	10806	2.46	2.06	2.11	1.66	0.84	1.62	2.03	0.54	0.67	0.88	1.54	2.68	7.02	13.53	0.33	59.44	8.70	152.68
花岗岩	水田	40	0.51	0.18	0.48	1.40	0.35	—	0.48	0.13	0.30	0.30	0.34	0.58	0.89	1.02	0.34	1.02	0.88	0.34
	旱地	6	0.55	0.12	0.54	1.28	0.22	—	0.55	0.04	0.34	0.34	0.53	0.61	0.70	0.70	0.30	0.70	-0.92	2.25
泥、砂、砾	水田	665	3.53	3.91	2.03	2.99	1.11	0.31	2.17	1.58	0.30	0.32	0.80	4.72	14.30	21.80	0.30	27.60	2.26	6.73
	旱地	450	3.26	3.83	2.45	1.96	1.17	1.47	2.32	0.98	0.67	0.87	1.47	3.76	14.40	23.07	0.58	47.10	5.86	49.34

表4.38 贵州省不同成土母岩类型区主要耕地类型土壤氮元素（N）地球化学参数

（单位：g/kg）

成土母岩类型	耕地类型	样品件数/个	算术平均值	算术标准差	几何平均值	几何标准差	变异系数	众值	中位值	中位绝对离差	最小值	0.5%	2.5%	25%	75%	97.5%	99.5%	最大值	偏度系数	峰度系数
碳酸盐岩	水田	54557	2.26	0.76	2.14	1.39	0.34	1.88	2.15	0.45	0.16	0.82	1.11	1.73	2.66	4.04	5.00	13.83	1.17	3.91
	旱地	207954	1.86	5.39	1.77	1.35	2.89	1.72	1.77	0.33	0.10	0.71	0.97	1.47	2.14	3.21	4.00	24.46	4.48	8.33
灰岩	水田	28145	2.18	0.70	2.07	1.38	0.32	1.90	2.08	0.43	0.19	0.79	1.08	1.69	2.57	3.81	4.60	8.96	0.93	1.94
	旱地	131496	1.88	0.57	1.80	1.35	0.30	1.72	1.81	0.33	0.10	0.73	0.99	1.50	2.17	3.22	4.02	11.50	1.28	5.24
白云岩	水田	26412	2.35	0.81	2.22	1.40	0.34	1.88	2.23	0.49	0.16	0.86	1.16	1.78	2.78	4.28	5.26	13.83	1.28	4.77
	旱地	76458	1.83	8.86	1.72	1.35	4.84	1.46	1.71	0.32	0.14	0.69	0.95	1.43	2.07	3.17	3.96	24.46	2.74	7.58
硅质陆源碎屑岩	水田	35861	2.01	0.69	1.90	1.40	0.34	1.60	1.89	0.41	0.27	0.76	0.99	1.52	2.37	3.64	4.40	9.21	1.13	2.70
	旱地	85811	1.77	0.65	1.66	1.43	0.37	1.46	1.65	0.38	0.14	0.61	0.81	1.31	2.10	3.36	4.05	9.02	1.09	2.03
泥（页）岩	水田	23302	2.07	0.67	1.97	1.37	0.32	1.60	1.95	0.39	0.28	0.85	1.09	1.60	2.42	3.69	4.39	8.20	1.10	2.29
	旱地	51200	1.89	0.65	1.79	1.39	0.34	1.47	1.76	0.38	0.25	0.77	0.98	1.43	2.22	3.45	4.13	9.02	1.10	1.84
紫红色砂页岩	水田	4290	1.75	0.69	1.63	1.44	0.40	1.55	1.61	0.36	0.27	0.62	0.82	1.29	2.03	3.55	4.77	8.47	1.79	6.35
	旱地	20021	1.51	0.59	1.41	1.47	0.39	1.22	1.41	0.37	0.14	0.50	0.67	1.08	1.84	2.91	3.69	6.72	1.21	3.03
紫红色砂页岩（J—K）	水田	3338	1.60	0.55	1.52	1.39	0.34	1.54	1.52	0.30	0.27	0.60	0.80	1.24	1.86	2.94	3.60	8.47	1.64	9.04
	旱地	8702	1.21	0.40	1.15	1.37	0.33	0.95	1.15	0.22	0.14	0.44	0.63	0.95	1.40	2.16	2.74	6.72	1.60	8.46
紫红色砂页岩（T）	水田	952	2.26	0.88	2.11	1.44	0.39	2.34、2.89	2.08	0.48	0.46	0.73	1.08	1.65	2.62	4.52	5.54	6.19	1.33	2.39
	旱地	11319	1.75	0.62	1.64	1.43	0.35	1.40	1.69	0.38	0.14	0.56	0.76	1.32	2.08	3.14	3.93	6.15	0.97	2.52
砂岩	水田	6938	1.87	0.66	1.76	1.40	0.35	1.36	1.74	0.39	0.30	0.74	0.93	1.40	2.22	3.45	4.12	9.21	1.30	4.37
	旱地	13652	1.68	0.63	1.57	1.43	0.37	1.36	1.56	0.35	0.33	0.61	0.79	1.25	1.98	3.28	4.13	5.84	1.30	2.79
黑色页岩	水田	1331	2.39	0.71	2.28	1.37	0.30	2.66	2.36	0.46	0.52	0.83	1.14	1.89	2.82	3.88	4.67	5.84	0.53	0.92
	旱地	938	1.85	0.57	1.77	1.36	0.31	1.53、1.80	1.78	0.34	0.39	0.58	0.97	1.47	2.17	3.11	3.60	6.78	1.23	6.22
区域变质岩	水田	18540	2.55	0.80	2.42	1.37	0.31	2.24	2.45	0.51	0.39	0.93	1.26	1.98	3.00	4.37	5.29	7.15	0.80	1.33
	旱地	5259	1.90	0.74	1.77	1.46	0.39	1.60	1.78	0.42	0.32	0.52	0.79	1.40	2.27	3.60	4.62	7.61	1.35	4.33
板岩	水田	7627	2.69	0.84	2.56	1.37	0.31	2.60	2.60	0.52	0.52	1.02	1.31	2.10	3.17	4.65	5.57	7.15	0.81	1.36
	旱地	1697	2.04	0.80	1.90	1.47	0.39	1.55	1.89	0.45	0.35	0.50	0.89	1.50	2.48	3.89	5.12	7.08	1.31	3.75
变余凝灰岩	水田	6803	2.55	0.75	2.45	1.35	0.29	2.24	2.49	0.49	0.39	0.98	1.30	2.02	3.01	4.18	4.91	6.99	0.61	0.80
	旱地	2479	1.89	0.70	1.77	1.43	0.37	1.60、1.86	1.78	0.41	0.32	0.60	0.86	1.41	2.24	3.44	4.40	7.61	1.44	5.68
变余砂岩	水田	4110	2.26	0.72	2.15	1.37	0.32	1.75	2.17	0.42	0.41	0.80	1.11	1.77	2.62	3.98	4.90	6.44	1.03	2.31
	旱地	1083	1.72	0.69	1.59	1.49	0.40	1.40	1.60	0.38	0.35	0.43	0.63	1.27	2.05	3.58	4.38	5.03	1.21	2.47
火成岩	水田	293	2.83	0.84	2.69	1.40	0.30	2.71、3.90、3.83	2.78	0.53	0.33	0.33	1.42	2.27	3.35	4.70	5.45	5.48	0.38	0.55
	旱地	10812	2.15	0.80	2.01	1.44	0.37	1.89	2.05	0.46	0.28	0.66	0.92	1.62	2.56	4.00	5.23	12.20	1.53	7.34
玄武岩	水田	253	2.90	0.79	2.79	1.34	0.27	2.71、3.90、3.83	2.84	0.49	0.50	0.50	1.49	2.37	3.38	4.70	5.16	5.48	0.42	0.49
	旱地	10806	2.15	0.80	2.01	1.44	0.37	1.89	2.05	0.46	0.28	0.66	0.92	1.62	2.56	4.00	5.23	12.20	1.53	7.35
花岗岩	水田	40	2.37	1.02	2.15	1.62	0.43	2.31	2.24	0.62	0.33	0.33	0.92	1.63	2.87	4.95	5.45	5.45	1.02	1.77
	旱地	6	2.14	1.00	1.89	1.82	0.47	—	2.18	0.59	0.64	0.64	0.64	1.55	2.73	3.56	3.56	3.56	-0.15	0.26
泥、砂、砾	水田	665	2.17	0.70	2.07	1.37	0.32	1.87、1.88、2.02	2.02	0.39	0.40	0.93	1.14	1.72	2.55	3.69	4.67	5.86	1.11	2.37
	旱地	450	1.93	0.68	1.83	1.41	0.35	2.37	1.79	0.35	0.46	0.54	0.82	1.52	2.25	3.61	4.22	5.39	1.17	2.31

表 4.39　贵州省不同成土母岩类型区主要耕地类型土壤镍元素（Ni）地球化学参数

（单位：mg/kg）

成土母岩类型	耕地类型	样品件数/个	算术平均值	算术标准差	几何平均值	几何标准差	变异系数	众值	中位值	中位绝对离差	最小值	累积频率值 0.5%	2.5%	25%	75%	97.5%	99.5%	最大值	偏度系数	峰度系数
碳酸盐岩	水田	54557	34.67	18.28	30.39	1.72	0.53	34.00	32.25	8.95	1.54	4.33	7.86	23.70	41.66	80.80	100.00	1159.0	5.95	278.67
	旱地	207954	50.10	23.98	44.95	1.61	0.48	34.00、37.00	44.30	13.70	0.48	10.10	17.30	33.04	63.40	104.00	133.00	523.00	1.56	8.32
灰岩	水田	28145	36.31	21.30	30.90	1.83	0.59	31.20	32.80	10.60	1.87	4.10	7.06	22.90	44.32	88.00	105.00	1159.0	6.62	285.70
	旱地	131496	54.70	25.53	48.90	1.64	0.47	101.00	50.20	17.00	0.48	9.87	17.40	35.40	70.93	109.00	138.74	495.76	1.18	5.56
白云岩	水田	26412	32.93	14.18	29.85	1.61	0.43	34.00	31.84	7.56	1.54	4.80	9.05	24.40	39.60	66.60	86.10	433.00	1.96	28.74
	旱地	76458	42.19	18.56	38.89	1.50	0.44	30.00	38.43	8.97	1.93	10.50	17.20	30.70	49.60	87.80	117.00	523.00	2.80	27.35
硅质陆源碎屑岩	水田	35861	35.30	16.30	32.18	1.57	0.46	37.60、34.60	34.30	8.00	1.00	5.90	11.50	25.70	41.90	74.10	94.00	935.00	7.62	307.89
	旱地	85811	47.95	25.61	42.05	1.68	0.53	34.00	40.50	12.70	0.03	9.20	14.80	30.52	62.70	104.00	124.68	861.00	2.34	34.84
泥（页）岩	水田	23302	38.45	13.81	36.20	1.43	0.36	41.10	37.80	6.50	1.00	10.86	16.10	30.60	43.70	74.00	91.00	375.00	2.42	28.52
	旱地	51200	45.83	20.41	42.01	1.52	0.45	37.50	41.09	9.52	1.00	12.17	18.40	32.83	53.90	91.50	112.00	757.00	2.66	40.35
紫红色砂页岩	水田	4290	31.71	17.14	28.74	1.53	0.54	30.60	29.10	5.90	5.88	9.00	12.30	22.90	34.60	87.00	105.00	395.15	4.32	52.76
	旱地	20021	59.22	31.29	50.40	1.81	0.53	104.00	52.46	25.86	0.03	11.40	15.80	31.40	87.50	115.20	132.67	202.00	0.33	-1.12
紫红色砂页岩（J—K）	水田	3338	28.20	10.47	26.40	1.44	0.37	25.20、25.40、29.20	27.50	6.10	5.88	8.63	11.80	21.20	33.40	54.10	73.60	87.40	1.36	4.37
	旱地	8702	31.33	10.36	29.62	1.42	0.33	32.90	31.40	6.00	0.03	9.99	13.10	24.80	36.90	51.00	77.60	110.00	1.16	5.31
紫红色砂页岩（T）	水田	952	34.65	15.91	31.05	1.60	0.46	45.50	32.60	4.70	10.60	17.10	21.80	28.80	43.10	104.00	120.00	395.15	3.31	28.49
	旱地	938	39.62	19.77	34.71	1.73	0.50	38.70	38.39	12.10	4.29	6.52	9.00	25.70	49.90	82.10	108.00	185.00	1.44	6.27
砂岩	水田	11319	80.66	24.32	75.85	1.47	0.30	104.00	84.81	13.39	9.63	21.40	27.00	67.80	96.50	122.00	139.60	202.00	-0.51	0.32
	旱地	6938	27.04	19.82	23.39	1.73	0.73	19.10、23.60	24.60	7.30	1.45	3.58	6.12	17.90	32.50	68.60	90.34	935.00	18.05	715.05
黑色页岩	水田	13652	39.94	28.75	32.78	1.87	0.72	23.20	31.00	11.80	1.32	5.73	9.92	21.40	51.60	101.00	128.84	861.00	5.34	105.39
	旱地	1331	34.65	15.91	31.05	1.60	0.46	45.50	34.00	10.40	4.45	6.59	9.64	23.10	43.90	67.60	83.20	226.00	1.84	16.20
区域变质岩	水田	938	18.59	14.00	15.58	1.57	0.75	14.30、16.10	15.60	2.90	3.87	6.06	7.57	12.40	20.57	44.50	85.70	336.00	13.11	529.67
	旱地	18540	18.25	5.96	16.45	1.31	0.33	17.90	15.90	3.91	2.84	6.77	8.31	15.00	20.00	33.15	43.90	219.80	9.62	158.85
板岩	水田	5259	19.85	7.89	17.56	1.42	0.40	16.10	17.38	2.48	6.03	8.66	10.59	14.85	22.03	41.20	49.60	78.12	6.83	178.13
	旱地	7627	14.04	5.32	18.60	1.34	0.38	14.20	17.60	3.29	4.52	7.36	10.20	11.10	15.90	24.41	36.20	197.00	1.76	4.32
变余凝灰岩	水田	1697	15.33	9.30	13.40	1.51	0.61	11.40	13.30	2.38	3.95	6.37	6.93	10.77	17.16	37.10	57.11	215.00	9.05	239.66
	旱地	6803	17.26	10.09	13.90	1.43	0.58	15.30	13.30	3.04	2.84	5.47	7.83	13.13	19.10	36.70	58.40	336.00	7.11	106.37
变余砂岩	水田	2479	24.07	24.50	16.00	1.70	1.02	14.20	15.77	5.03	4.03	6.06	8.02	14.36	25.63	67.60	214.20	336.00	16.03	526.92
	旱地	4110	18.90	9.07	19.98	1.84	0.48	33.70、37.80	18.90	5.03	4.03	8.02	10.95	14.36	25.63	67.60	116.00	124.00	7.19	69.63
火成岩	水田	1083	51.64	24.57	44.27	1.54	0.48	32.40、33.70、37.80	52.50	19.51	7.86	16.60	27.90	31.90	71.45	95.70	116.00	124.00	0.01	-0.82
	旱地	293	68.50	21.12	65.17	1.39	0.31	70.30、33.70、106.00、66.00	68.12	10.61	3.49	16.60	27.90	57.17	78.40	112.00	150.20	341.00	1.50	11.33
玄武岩	水田	10812	57.25	21.22	52.73	1.47	0.37	32.40、33.70、37.80	58.59	16.32	10.00	10.00	19.80	40.80	72.70	96.00	116.00	124.00	0.06	-0.49
	旱地	253	68.53	21.10	65.22	1.39	0.31	70.30、106.00、66.00	68.14	10.60	3.49	17.30	28.00	57.20	78.40	112.00	150.20	341.00	1.51	11.39
花岗岩	水田	40	16.14	10.70	14.66	1.47	0.66	—	14.20	2.38	7.86	7.86	7.86	11.79	16.50	28.32	77.16	77.16	4.99	28.47
	旱地	6	17.55	4.48	17.05	1.31	0.26	—	18.03	2.42	11.09	11.09	11.09	14.60	19.44	24.13	24.13	24.13	0.00	0.20
泥、砂、砾	水田	665	25.58	14.19	22.71	1.60	0.55	21.80、26.40	22.30	7.11	8.15	8.38	10.15	15.66	30.80	61.10	95.60	109.00	2.19	7.05
	旱地	450	45.96	23.89	40.23	1.72	0.52	37.20、30.90、27.70	40.35	12.95	2.00	4.45	11.83	29.50	57.90	97.60	140.00	186.40	1.49	4.68

表 4.40　贵州省不同成土母岩类型区主要耕地类型土壤磷元素（P）地球化学参数

（单位：g/kg）

成土母岩类型	耕地类型	样品件数/个	算术平均值	算术标准差	几何平均值	几何标准差	变异系数	众值	中位值	中位值绝对离差	最小值	累积频率 0.5%	2.5%	25%	75%	97.5%	99.5%	最大值	偏度系数	峰度系数
碳酸盐岩	水田	54557	0.76	0.34	0.70	1.51	0.45	0.71	0.71	0.18	0.07	0.22	0.29	0.54	0.91	1.52	1.96	15.74	4.98	132.26
	旱地	207952	0.89	3.75	0.81	1.54	4.19	0.71	0.80	0.21	0.01	0.23	0.34	0.62	1.06	1.86	2.54	16.96	24.34	200.28
灰岩	水田	28145	0.73	0.34	0.66	1.54	0.47	0.52	0.66	0.19	0.07	0.22	0.28	0.49	0.89	1.52	1.87	15.74	5.15	164.19
	旱地	131496	0.93	0.46	0.84	1.54	0.50	0.71	0.85	0.23	0.04	0.23	0.35	0.64	1.12	1.93	2.59	16.86	16.03	130.50
白云岩	水田	26412	0.79	0.33	0.73	1.47	0.42	0.73	0.75	0.16	0.09	0.23	0.31	0.60	0.92	1.51	2.07	11.94	4.93	97.88
	旱地	76458	0.84	6.16	0.75	1.50	7.33	0.66	0.74	0.17	0.01	0.23	0.34	0.58	0.95	1.68	2.39	1696.00	27.28	751.18
硅质陆源碎屑岩	水田	35861	0.64	0.33	0.58	1.49	0.51	0.52	0.56	0.13	0.12	0.22	0.29	0.45	0.72	1.43	1.81	14.13	7.11	177.46
	旱地	85811	0.84	0.54	0.74	1.65	0.64	0.50	0.72	0.26	0.01	0.22	0.30	0.51	1.10	1.81	2.36	17.06	20.16	724.91
泥（页）岩	水田	23302	0.66	0.33	0.61	1.46	0.50	0.52	0.58	0.13	0.12	0.28	0.33	0.47	0.75	1.45	1.78	14.13	7.94	226.59
	旱地	51200	0.85	0.54	0.77	1.57	0.64	0.54、0.50	0.73	0.23	0.11	0.28	0.36	0.55	1.07	1.81	2.35	17.06	25.52	769.36
紫红色砂页岩	水田	4290	0.52	0.30	0.46	1.60	0.57	0.34	0.44	0.13	0.14	0.18	0.21	0.33	0.62	1.39	1.72	3.64	2.15	7.25
	旱地	20021	0.85	0.45	0.73	1.79	0.52	0.35	0.81	0.37	0.01	0.18	0.24	0.45	1.19	1.74	2.14	5.27	0.60	0.46
紫红色砂页岩（J-K）	水田	3338	0.43	0.20	0.40	1.47	0.46	0.38	0.39	0.09	0.14	0.17	0.20	0.31	0.50	0.99	1.37	2.48	2.44	10.48
	旱地	8702	0.47	0.21	0.43	1.49	0.44	0.37、0.35	0.43	0.11	0.01	0.15	0.21	0.33	0.56	0.98	1.31	2.99	2.23	11.97
紫红色砂页岩（T）	水田	952	0.83	0.36	0.76	1.50	0.44	0.70、0.62	0.71	0.17	0.23	0.28	0.37	0.58	0.99	1.68	1.94	3.64	1.49	4.13
	旱地	11319	1.15	0.35	1.09	1.38	0.30	1.06	1.14	0.21	0.01	0.37	0.51	0.93	1.35	1.86	2.28	5.27	0.67	3.73
砂岩	水田	6938	0.63	0.34	0.58	1.45	0.54	0.54	0.56	0.11	0.14	0.23	0.30	0.47	0.69	1.38	2.16	8.17	7.43	112.68
	旱地	13652	0.80	0.67	0.68	1.70	0.83	0.50	0.60	0.18	0.02	0.22	0.30	0.46	1.00	1.92	2.99	15.57	16.61	666.10
黑色页岩	水田	1331	0.59	0.23	0.56	1.38	0.39	0.50	0.55	0.10	0.17	0.22	0.29	0.46	0.67	1.07	1.80	3.10	3.76	27.65
	旱地	938	0.60	0.29	0.55	1.52	0.48	0.44	0.54	0.12	0.10	0.14	0.23	0.44	0.69	1.44	2.24	2.70	2.63	11.24
区域变质岩	水田	18540	0.51	0.22	0.48	1.42	0.44	0.43	0.47	0.10	0.08	0.18	0.24	0.38	0.60	0.96	1.28	13.28	13.25	631.13
	旱地	5259	0.62	1.06	0.51	1.68	1.72	0.48	0.50	0.14	0.08	0.13	0.19	0.38	0.68	1.49	2.79	22.33	29.36	1050.52
板岩	水田	7627	0.52	0.19	0.49	1.40	0.36	0.45	0.49	0.11	0.09	0.20	0.25	0.40	0.62	1.22	2.46	2.46	1.50	5.68
	旱地	1697	0.58	0.29	0.52	1.62	0.49	0.48	0.53	0.16	0.09	0.12	0.18	0.39	0.71	1.29	2.59	2.59	1.64	5.06
变余凝灰岩	水田	6803	0.51	0.20	0.49	1.39	0.38	0.47	0.48	0.10	0.15	0.20	0.26	0.39	0.60	0.96	1.31	4.85	3.86	54.61
	旱地	2479	0.58	0.64	0.50	1.60	1.10	0.39	0.49	0.12	0.11	0.16	0.21	0.38	0.64	1.37	2.64	21.60	22.25	721.08
变余砂岩	水田	4110	0.47	0.30	0.43	1.47	0.65	0.37	0.43	0.10	0.08	0.15	0.20	0.34	0.54	0.92	1.34	13.28	21.01	794.48
	旱地	1083	0.75	2.09	0.52	1.91	2.80	0.57	0.50	0.16	0.08	0.11	0.17	0.35	0.71	2.33	6.58	22.33	16.95	317.22
火成岩	水田	293	1.23	0.50	1.09	1.72	0.41	0.75、1.19、1.42	1.31	0.29	0.11	0.11	0.28	0.92	1.55	2.22	2.73	2.91	-0.10	-0.06
	旱地	10812	1.53	0.47	1.46	1.37	0.31	1.29	1.49	0.28	0.14	0.52	0.72	1.22	1.79	2.57	3.22	5.58	1.08	4.35
玄武岩	水田	253	1.35	0.41	1.28	1.41	0.30	0.75、1.19、1.42	1.39	0.24	0.38	0.38	0.46	1.07	1.59	2.25	2.73	2.91	0.20	0.93
	旱地	10806	1.53	0.47	1.46	1.37	0.31	1.29	1.49	0.28	0.14	0.53	0.73	1.22	1.79	2.57	3.22	5.58	1.09	4.36
花岗岩	水田	40	0.42	0.19	0.39	1.51	0.46	—	0.38	0.10	0.11	0.11	0.22	0.29	0.50	0.73	1.32	1.32	2.59	11.04
	旱地	6	0.46	0.14	0.44	1.46	0.31	—	0.49	0.07	0.22	0.22	0.22	0.39	0.54	0.63	0.63	0.63	-0.92	0.93
泥、砂、砾	水田	665	0.60	0.26	0.55	1.48	0.43	0.65、0.69、0.43	0.53	0.14	0.20	0.23	0.28	0.41	0.72	1.24	1.45	2.51	1.89	7.57
	旱地	450	1.03	0.47	0.94	1.54	0.45	0.80、0.98、0.99	0.94	0.23	0.15	0.18	0.41	0.72	1.19	2.27	2.58	2.78	1.32	1.77

表 4.41 贵州省不同成土母岩类型区主要耕地类型土壤铅元素（Pb）地球化学参数

（单位：mg/kg）

成土母岩类型	耕地类型	样品件数/个	算术平均值	算术标准差	几何平均值	几何标准差	变异系数	中位值	中位绝对离差	众值	累积频率值 0.5%	2.5%	25%	75%	97.5%	99.5%	最小值	最大值	偏度系数	峰度系数
碳酸盐岩	水田	54557	42.05	69.76	35.46	1.63	1.66	33.90	9.10	31.20	11.70	15.30	26.20	46.00	101.00	219.00	5.64	5618.5	37.17	1983.34
	旱地	207954	50.74	166.27	39.76	1.67	3.28	37.60	9.80	30.40	13.60	18.00	29.20	50.10	126.00	442.00	0.06	5736.0	88.19	13775.8
灰岩	水田	28145	35.81	68.99	30.54	1.54	1.93	30.00	6.40	30.20	11.50	14.60	24.00	36.90	75.10	212.00	5.96	3971.0	32.96	1406.56
	旱地	131496	45.32	156.91	36.36	1.62	3.46	34.60	8.20	30.40	13.10	17.20	27.40	44.77	108.00	381.00	3.33	5736.0	126.03	24561.7
白云岩	水田	26412	48.70	69.97	41.57	1.64	1.44	40.90	12.10	31.20	12.10	16.40	30.40	55.60	115.00	223.00	5.64	5618.5	42.43	2628.49
	旱地	76458	60.06	180.86	46.35	1.69	3.01	44.00	11.60	33.80	15.40	20.70	33.80	58.20	153.00	561.00	0.06	4338.0	44.79	2840.37
硅质陆源碎屑岩	水田	35861	31.45	25.99	29.55	1.36	0.83	29.74	4.66	29.50	12.80	16.30	25.00	34.30	56.86	91.80	6.48	2081.0	45.24	2921.49
	旱地	85811	34.83	71.21	30.02	1.52	2.04	29.20	5.80	29.20	12.00	15.27	23.80	35.50	77.38	200.00	3.06	7310.0	48.20	3254.93
泥（页）岩	水田	23302	33.91	29.40	31.86	1.35	0.87	31.70	4.20	31.40	13.90	17.60	27.80	36.20	61.10	102.00	6.61	2081.0	41.62	2419.20
	旱地	51200	37.96	66.73	32.82	1.52	1.76	31.90	6.00	30.40	13.00	16.70	26.20	38.28	83.50	231.00	4.53	4730.0	36.59	1869.34
紫红色砂页岩	水田	4290	27.44	8.81	26.61	1.27	0.32	26.80	3.40	26.70	13.30	16.60	23.50	30.30	41.00	62.30	8.77	329.00	12.76	367.63
	旱地	20021	27.90	32.86	25.70	1.39	1.18	25.80	4.30	28.00	11.60	14.40	21.40	30.00	50.10	107.00	3.26	2727.1	49.52	3481.95
紫红色砂页岩（J-K）	水田	3338	27.10	9.02	26.30	1.26	0.33	26.50	3.21	28.30、24.20、25.40	13.34	16.70	23.30	29.72	40.50	61.01	8.77	329.00	14.68	426.59
	旱地	8702	27.78	7.08	27.12	1.24	0.25	27.30	2.95	28.00	14.30	17.50	24.40	30.30	40.24	58.91	6.84	207.00	6.11	102.83
紫红色砂页岩（T）	水田	952	28.64	7.90	27.74	1.28	0.28	28.20	4.10	30.40、32.50	12.00	16.40	24.22	32.40	42.90	59.70	10.20	111.00	3.23	28.39
	旱地	11319	27.98	43.27	24.66	1.48	1.55	23.61	4.69	22.20	11.00	13.53	19.56	29.30	57.70	143.05	3.26	2727.18	38.36	2049.25
砂岩	水田	6938	25.99	20.51	24.75	1.32	0.79	25.00	3.70	25.60	11.40	14.20	21.30	28.69	43.50	68.80	6.48	1557.0	60.67	4481.14
	旱地	13652	31.82	103.69	26.74	1.51	3.26	26.00	4.60	25.00	10.50	13.80	21.54	30.90	71.30	181.00	3.06	7310.0	51.82	3037.41
黑色页岩	水田	1331	29.79	17.63	27.95	1.36	0.59	27.50	4.40	27.50	12.90	16.04	23.60	32.40	54.00	107.00	10.61	387.00	11.35	183.05
	旱地	938	56.05	198.02	34.29	1.89	3.53	31.00	6.70	31.10	13.01	15.31	24.60	38.30	210.00	941.19	7.19	4361.0	15.20	279.62
区域变质岩	水田	18540	28.41	23.41	27.19	1.27	0.82	27.10	3.06	26.60	13.60	17.20	24.20	30.30	42.10	73.00	8.81	2166.5	55.20	4286.92
	旱地	5259	30.15	34.49	28.12	1.34	1.14	27.80	4.04	25.20	13.20	16.63	24.00	32.20	48.74	102.59	9.51	2018.0	41.63	2200.43
板岩	水田	7627	28.41	9.43	27.69	1.23	0.33	27.50	2.90	26.60	15.40	19.00	24.70	30.66	41.40	63.00	11.00	359.50	15.35	406.50
	旱地	1697	31.37	51.23	28.90	1.33	1.63	28.70	4.10	33.80、31.20	13.67	17.47	24.80	33.20	46.40	75.50	11.23	2018.0	35.10	1340.32
变余凝灰岩	水田	6803	29.40	34.42	27.77	1.27	1.17	27.30	2.85	26.70	16.86	19.64	24.61	30.40	41.36	89.90	10.30	2166.5	43.39	2396.62
	旱地	2479	28.92	17.72	27.66	1.30	0.61	27.40	3.67	29.70	14.70	17.40	23.90	31.40	46.80	93.00	11.70	772.07	30.66	1253.60
变余砂岩	水田	4110	26.76	18.53	25.37	1.34	0.69	25.70	3.80	26.10、23.30	12.20	14.10	21.73	29.36	45.47	75.15	8.81	1011.0	37.94	1952.54
	旱地	1083	31.03	30.69	27.99	1.45	0.99	27.70	4.73	29.50、25.20	10.96	14.34	23.10	32.70	61.30	204.00	9.51	820.00	17.54	414.54
火成岩	水田	293	26.51	10.56	24.74	1.45	0.40	24.20	5.00	26.90、26.20、18.40	3.55	12.00	19.60	30.30	58.00	73.60	3.87	79.90	1.86	5.31
	旱地	10812	35.43	81.58	27.47	1.76	2.30	25.14	6.84	21.00	8.26	11.70	19.50	34.60	109.00	259.00	3.87	5512.0	38.34	2139.10
玄武岩	水田	253	25.12	10.20	23.48	1.45	0.41	22.94	3.96	26.90、26.20、18.40	3.55	11.60	19.28	28.20	58.00	73.60	3.55	79.90	2.29	7.78
	旱地	10806	35.43	81.61	27.47	1.76	2.30	25.13	6.83	21.00	8.26	11.70	19.50	34.60	109.00	259.00	3.87	5512.0	38.33	2137.96
花岗岩	水田	40	35.27	8.42	34.44	1.24	0.24	33.00	3.50	37.04、32.34	22.64	22.64	29.74	37.04	54.88	64.78	22.64	64.78	1.62	3.29
	旱地	6	33.16	12.21	31.01	1.52	0.37	33.61	6.91	—	15.19	15.19	26.75	40.57	49.20	49.20	15.19	49.20	-0.24	-0.66
泥、砂、砾	水田	665	29.39	10.66	27.97	1.35	0.36	26.90	4.40	25.20	14.11	16.80	23.10	32.26	53.50	84.00	14.00	111.00	2.64	11.27
	旱地	450	40.41	33.08	36.73	1.48	0.82	35.90	7.70	32.90	10.20	15.50	29.75	46.20	81.20	97.80	9.13	667.00	15.29	287.64

表 4.42 贵州省不同成土母岩类型区主要耕地类型土壤硒元素（Se）地球化学参数

（单位：mg/kg）

成土母岩类型	耕地类型	样品件数/个	算术平均值	算术标准差	几何平均值	几何标准差	变异系数	众值	中位值	中位绝对离差	最小值	0.5%	2.5%	25%	75%	97.5%	99.5%	最大值	偏度系数	峰度系数
碳酸盐岩	水田	54557	0.51	0.33	0.46	1.56	0.63	0.42	0.45	0.11	0.01	0.14	0.20	0.35	0.59	1.22	2.04	16.90	10.30	301.03
	旱地	207950	0.59	0.35	0.53	1.58	0.58	0.44	0.53	0.14	0.01	0.15	0.22	0.40	0.70	1.34	2.07	24.90	9.34	324.99
灰岩	水田	28145	0.54	0.36	0.47	1.63	0.66	0.33	0.46	0.14	0.01	0.14	0.20	0.34	0.63	1.36	2.28	15.40	7.20	168.27
	旱地	131496	0.63	0.38	0.56	1.62	0.60	0.49	0.56	0.17	0.01	0.16	0.22	0.41	0.76	1.45	2.29	19.20	7.40	187.38
白云岩	水田	26412	0.49	0.29	0.45	1.47	0.59	0.42	0.45	0.10	0.01	0.14	0.21	0.36	0.56	0.95	1.66	16.90	16.16	599.89
	旱地	76458	0.52	0.26	0.49	1.47	0.49	0.44	0.49	0.11	0.03	0.14	0.21	0.39	0.61	1.00	1.46	24.90	19.09	1325.44
硅质陆源碎屑岩	水田	35861	0.48	0.46	0.40	1.77	0.96	0.26	0.36	0.11	0.03	0.13	0.17	0.27	0.53	1.55	2.62	40.07	21.12	1514.56
	旱地	85811	0.55	0.45	0.44	1.88	0.81	0.30	0.41	0.16	0.01	0.09	0.14	0.29	0.66	1.59	2.46	14.30	5.05	71.38
泥（页）岩	水田	23302	0.51	0.50	0.41	1.79	0.99	0.26	0.37	0.12	0.03	0.14	0.18	0.27	0.56	1.58	2.51	40.07	24.65	1721.52
	旱地	51200	0.63	0.48	0.52	1.84	0.76	0.36	0.48	0.19	0.01	0.14	0.19	0.33	0.79	1.73	2.61	14.30	4.45	59.04
紫红色砂页岩	水田	4290	0.38	0.19	0.34	1.54	0.50	0.26	0.34	0.09	0.06	0.12	0.15	0.26	0.45	0.85	1.17	3.10	2.80	19.66
	旱地	20021	0.38	0.25	0.32	1.78	0.65	0.22	0.32	0.11	0.01	0.07	0.10	0.22	0.46	0.99	1.39	7.16	3.79	53.73
紫红色砂页岩（J-K）	水田	3338	0.37	0.18	0.34	1.53	0.49	0.26	0.33	0.08	0.06	0.12	0.15	0.26	0.44	0.83	1.10	2.28	2.35	11.56
	旱地	8702	0.32	0.17	0.29	1.58	0.54	0.26	0.28	0.08	0.03	0.09	0.12	0.22	0.38	0.74	1.07	3.16	3.53	32.80
紫红色砂页岩（T）	水田	952	0.40	0.21	0.36	1.57	0.53	0.26	0.36	0.10	0.08	0.11	0.14	0.27	0.48	0.93	1.24	3.10	3.68	33.03
	旱地	11319	0.42	0.28	0.34	1.90	0.67	0.38	0.36	0.15	0.01	0.06	0.09	0.23	0.54	1.10	1.49	7.16	3.52	49.09
砂岩	水田	6938	0.40	0.35	0.34	1.66	0.86	0.28	0.32	0.09	0.03	0.12	0.15	0.25	0.44	1.25	2.74	5.98	5.63	45.50
	旱地	13652	0.48	0.43	0.39	1.78	0.91	0.27	0.37	0.12	0.04	0.10	0.14	0.27	0.54	1.44	2.72	11.60	7.70	122.97
黑色页岩	水田	1331	0.82	0.71	0.63	2.02	0.87	0.36	0.63	0.28	0.13	0.15	0.18	0.38	1.00	2.77	4.26	7.11	3.05	14.69
	旱地	938	0.73	0.69	0.58	1.89	0.94	0.48	0.54	0.19	0.11	0.14	0.19	0.38	0.85	2.44	3.75	10.50	5.42	53.42
区域变质岩	水田	18540	0.40	0.22	0.37	1.41	0.55	0.32	0.36	0.07	0.07	0.16	0.20	0.30	0.44	0.80	1.46	9.42	12.80	377.23
	旱地	5259	0.54	0.35	0.47	1.60	0.66	0.40	0.45	0.12	0.07	0.16	0.21	0.34	0.62	1.38	2.42	8.35	5.72	74.55
板岩	水田	7627	0.39	0.13	0.37	1.37	0.34	0.30	0.36	0.07	0.07	0.16	0.21	0.30	0.44	0.71	0.95	1.75	1.99	8.98
	旱地	1697	0.52	0.25	0.47	1.54	0.48	0.38	0.45	0.13	0.10	0.16	0.22	0.35	0.63	1.20	1.56	1.95	1.76	4.54
变余凝灰岩	水田	6803	0.39	0.15	0.37	1.37	0.39	0.33	0.36	0.07	0.09	0.17	0.21	0.30	0.44	0.71	1.09	3.19	4.71	53.96
	旱地	2479	0.51	0.31	0.46	1.55	0.60	0.40	0.43	0.11	0.10	0.17	0.22	0.34	0.58	1.24	1.64	8.35	8.25	179.15
变余砂岩	水田	4110	0.44	0.38	0.38	1.56	0.86	0.34	0.36	0.08	0.13	0.16	0.19	0.29	0.46	1.30	2.42	9.42	10.21	181.43
	旱地	1083	0.63	0.53	0.51	1.77	0.85	0.34	0.48	0.15	0.07	0.15	0.20	0.35	0.67	2.11	3.38	6.13	3.91	22.10
火成岩	水田	293	0.90	0.71	0.72	1.93	0.80	1.16、1.26	0.73	0.33	0.09	0.09	0.19	0.47	1.19	2.06	4.23	8.62	5.03	47.32
	旱地	10812	0.70	0.50	0.57	1.96	0.72	0.28	0.61	0.28	0.01	0.10	0.14	0.36	0.93	1.74	2.83	11.00	4.00	43.99
玄武岩	水田	253	0.97	0.74	0.79	1.90	0.76	1.16、1.26	0.81	0.36	0.09	0.09	0.19	0.52	1.26	2.61	4.23	8.62	4.99	45.52
	旱地	10806	0.70	0.50	0.57	1.96	0.72	0.28	0.61	0.28	0.01	0.10	0.14	0.36	0.93	1.74	2.83	11.00	4.00	43.98
花岗岩	水田	40	0.44	0.17	0.41	1.51	0.39	—	0.45	0.14	0.16	0.16	0.16	0.29	0.56	0.74	0.88	0.60	0.42	-0.62
	旱地	6	0.47	0.14	0.45	1.46	0.30	—	0.53	0.04	0.22	0.22	0.22	0.41	0.55	0.60	0.60	0.60	-1.53	2.08
泥、砂、砾	水田	665	0.61	0.39	0.51	1.83	0.64	0.56	0.54	0.22	0.07	0.12	0.16	0.32	0.76	1.58	2.30	3.65	2.06	7.99
	旱地	450	0.64	0.37	0.58	1.55	0.58	0.54、0.47	0.57	0.15	0.13	0.16	0.25	0.44	0.78	1.28	2.06	4.63	5.49	51.61

表 4.43 贵州省不同成土母岩类型区主要耕地类型土壤铊元素（Tl）地球化学参数

（单位：mg/kg）

成土母岩类型	耕地类型	样品件数/个	算术平均值	算术标准差	几何平均值	几何标准差	变异系数	众值	中位值	中位绝对离差	最小值	累积频率值 0.5%	2.5%	25%	75%	97.5%	99.5%	最大值	偏度系数	峰度系数
碳酸盐岩	水田	54557	0.70	0.28	0.65	1.47	0.41	0.68	0.68	0.15	0.08	0.20	0.27	0.53	0.83	1.25	1.74	15.40	6.32	200.16
	旱地	207953	0.76	0.42	0.71	1.43	0.55	0.68	0.72	0.14	0.01	0.26	0.34	0.58	0.87	1.44	2.20	73.00	39.31	5048.31
灰岩	水田	28145	0.64	0.28	0.59	1.48	0.44	0.62	0.62	0.16	0.08	0.19	0.25	0.47	0.78	1.12	1.56	15.40	9.99	361.87
	旱地	131496	0.72	0.44	0.67	1.44	0.61	0.68	0.68	0.14	0.05	0.25	0.32	0.54	0.82	1.39	2.19	73.00	44.46	5934.88
白云岩	水田	26412	0.76	0.27	0.71	1.42	0.36	0.74	0.74	0.13	0.10	0.21	0.30	0.61	0.87	1.35	1.87	7.15	2.72	33.93
	旱地	76458	0.84	0.37	0.79	1.37	0.44	0.76	0.79	0.14	0.01	0.30	0.42	0.66	0.94	1.52	2.22	41.10	27.72	2386.08
硅质陆源碎屑岩	水田	35861	0.74	0.28	0.70	1.45	0.37	0.82	0.74	0.14	0.11	0.21	0.28	0.58	0.87	1.29	1.99	5.50	2.74	25.20
	旱地	85811	0.67	0.52	0.61	1.58	0.77	0.80	0.67	0.20	0.01	0.19	0.24	0.44	0.84	1.26	1.99	114.00	124.86	26779.87
泥（页）岩	水田	23302	0.80	0.28	0.76	1.43	0.35	0.86	0.81	0.11	0.11	0.22	0.28	0.68	0.91	1.36	2.06	5.50	2.62	25.97
	旱地	51200	0.74	0.62	0.67	1.58	0.84	0.80	0.76	0.18	0.01	0.20	0.25	0.50	0.90	1.35	2.15	114.00	121.45	21910.91
紫红色砂页岩	水田	4290	0.60	0.15	0.58	1.30	0.25	0.61	0.60	0.10	0.14	0.25	0.32	0.50	0.70	0.87	1.01	1.57	0.27	1.03
	旱地	20021	0.53	0.18	0.50	1.43	0.34	0.40	0.52	0.14	0.09	0.20	0.24	0.38	0.67	0.87	1.01	2.41	0.55	1.28
紫红色砂页岩（J-K）	水田	3338	0.59	0.14	0.57	1.29	0.24	0.64	0.59	0.10	0.14	0.28	0.33	0.49	0.68	0.86	1.03	1.57	0.49	1.73
	旱地	8702	0.63	0.15	0.61	1.30	0.24	0.66	0.64	0.10	0.18	0.26	0.33	0.53	0.73	0.90	1.05	2.08	0.38	3.02
紫红色砂页岩（T）	水田	952	0.62	0.16	0.60	1.34	0.25	0.70	0.65	0.09	0.20	0.22	0.29	0.54	0.73	0.90	0.98	1.11	-0.40	-0.14
	旱地	11319	0.45	0.16	0.43	1.41	0.36	0.40	0.42	0.10	0.12	0.19	0.22	0.34	0.54	0.82	0.97	2.41	1.18	3.51
砂岩	水田	6938	0.63	0.26	0.59	1.43	0.41	0.64	0.61	0.10	0.12	0.18	0.24	0.51	0.71	1.14	1.89	4.98	4.50	46.41
	旱地	13652	0.63	0.37	0.57	1.60	0.58	0.61、0.67、0.66	0.61	0.16	0.08	0.16	0.24	0.44	0.76	1.33	2.29	19.07	12.18	485.71
黑色页岩	水田	1331	0.78	0.34	0.72	1.47	0.44	0.61	0.74	0.18	0.15	0.25	0.34	0.56	0.92	1.60	2.66	3.76	2.69	14.52
	旱地	938	0.83	0.47	0.76	1.52	0.57	0.88、0.84	0.81	0.20	0.11	0.23	0.32	0.58	0.98	1.57	2.44	10.90	11.12	224.66
区域变质岩	水田	18540	0.56	0.13	0.55	1.21	0.24	0.56	0.55	0.06	0.25	0.35	0.39	0.49	0.61	0.80	1.11	6.74	9.74	321.93
	旱地	5259	0.60	0.26	0.57	1.29	0.43	0.52	0.56	0.08	0.21	0.34	0.38	0.49	0.65	0.96	2.13	8.62	12.04	263.87
板岩	水田	7627	0.59	0.10	0.58	1.17	0.17	0.57	0.58	0.06	0.25	0.38	0.42	0.52	0.64	0.79	0.99	2.37	2.72	31.27
	旱地	1697	0.61	0.16	0.60	1.22	0.25	0.56	0.60	0.07	0.31	0.38	0.42	0.53	0.68	0.84	1.11	2.84	6.26	74.41
变余凝灰岩	水田	6803	0.52	0.11	0.51	1.18	0.22	0.48	0.50	0.05	0.28	0.35	0.38	0.46	0.55	0.72	0.97	4.46	10.10	267.88
	旱地	2479	0.54	0.17	0.53	1.25	0.31	0.50	0.51	0.06	0.21	0.32	0.37	0.46	0.59	0.85	1.24	3.17	6.93	86.14
变余砂岩	水田	4110	0.59	0.19	0.57	1.25	0.31	0.56	0.57	0.07	0.28	0.34	0.38	0.50	0.63	0.93	1.56	6.74	11.41	313.31
	旱地	1083	0.71	0.45	0.65	1.39	0.64	0.64	0.63	0.09	0.33	0.35	0.40	0.55	0.72	1.53	3.14	8.62	9.12	121.59
火成岩	水田	293	0.47	0.25	0.42	1.61	0.53	0.46	0.38	0.11	0.09	0.09	0.18	0.30	0.57	1.10	1.21	1.78	1.53	2.74
	旱地	10812	0.44	0.26	0.39	1.58	0.60	0.34	0.38	0.10	0.04	0.12	0.17	0.29	0.51	1.06	1.70	7.36	5.11	71.76
玄武岩	水田	253	0.41	0.19	0.37	1.50	0.46	0.46	0.36	0.09	0.09	0.09	0.17	0.28	0.47	0.96	1.08	1.15	1.66	3.09
	旱地	10806	0.44	0.26	0.39	1.58	0.60	0.34	0.38	0.10	0.04	0.12	0.17	0.29	0.51	1.06	1.70	7.36	5.12	71.95
花岗岩	水田	40	0.87	0.24	0.84	1.30	0.28	—	0.82	0.14	0.52	0.52	0.52	0.69	0.99	1.21	1.78	1.78	1.35	3.49
	旱地	6	0.77	0.29	0.72	1.51	0.38	1.02	0.81	0.21	0.40	0.40	0.52	0.51	1.02	1.03	1.03	1.03	-0.20	-2.76
泥、砂、砾	水田	665	0.63	0.18	0.61	1.31	0.29	0.58	0.59	0.10	0.27	0.29	0.36	0.51	0.73	1.02	1.47	1.58	1.42	4.06
	旱地	450	0.73	0.27	0.68	1.45	0.37	0.66	0.71	0.16	0.17	0.19	0.27	0.56	0.87	1.38	1.95	2.01	1.22	3.87

表4.44 贵州省不同成土母岩类型区主要耕地类型区土壤钒元素(V)地球化学参数 （单位：mg/kg）

成土母岩类型	耕地类型	样品件数/个	算术平均值	算术标准差	几何平均值	几何标准差	变异系数	众值	中位值	中位绝对离差	最小值	累积频率值						最大值	偏度系数	峰度系数
												0.5%	2.5%	25%	75%	97.5%	99.5%			
碳酸盐岩	水田	54557	128.04	65.50	115.33	1.57	0.51	108.00	112.50	28.90	13.80	33.90	46.00	88.40	150.00	295.00	390.00	1898.5	3.06	32.68
	旱地	207945	175.29	86.17	158.59	1.55	0.49	110.00	157.00	44.00	4.03	49.50	71.00	117.00	208.00	420.00	528.12	1964.0	1.98	7.98
灰岩	水田	28145	133.08	65.05	119.48	1.59	0.49	102.00	117.00	34.00	16.30	34.40	46.20	89.13	163.00	297.00	372.00	955.00	1.55	4.91
	旱地	131496	188.44	89.22	170.96	1.55	0.47	172.00	172.00	47.00	4.03	50.70	74.07	128.00	223.00	437.00	536.18	1964.0	1.74	6.31
白云岩	水田	26412	122.68	65.56	111.07	1.54	0.53	106.00	109.00	24.00	13.80	33.40	45.70	87.80	138.00	292.00	409.00	1898.5	4.69	63.25
	旱地	76458	152.67	75.47	139.36	1.51	0.49	110.00	134.00	33.00	9.73	47.60	67.60	106.00	176.13	368.00	501.00	1684.9	2.72	15.30
硅质陆源碎屑岩	水田	35861	125.78	81.45	112.36	1.54	0.65	106.00	106.49	17.79	13.90	38.50	54.10	89.50	126.00	336.00	476.00	2452.9	6.08	84.76
	旱地	85811	170.18	105.29	146.51	1.70	0.62	106.00	123.00	37.50	1.40	48.20	62.90	99.30	243.00	387.00	496.00	3843.3	3.96	70.99
泥(页)岩	水田	23302	133.02	80.45	119.60	1.52	0.60	106.00	110.00	15.82	17.40	46.10	61.09	96.35	130.00	344.00	456.00	2089.0	4.75	52.72
	旱地	51200	167.78	100.80	146.20	1.65	0.60	106.00	122.00	30.00	18.20	55.10	68.80	102.48	230.08	384.60	502.00	3474.0	3.27	47.06
紫红色砂页岩	水田	4290	104.95	51.73	96.48	1.47	0.49	105.00	92.70	16.80	28.54	39.40	50.17	77.30	111.00	276.00	328.00	417.00	2.48	6.77
	旱地	20021	178.62	89.96	154.94	1.74	0.50	101.00	172.95	80.05	1.40	46.60	59.00	94.50	255.58	343.75	399.22	582.34	0.33	-1.08
紫红色砂页岩(J—K)	水田	3338	92.98	38.14	87.70	1.38	0.41	101.00、105.00	86.60	13.40	28.54	37.90	48.30	73.40	101.00	211.00	310.00	382.00	3.13	13.90
	旱地	8702	95.62	33.15	91.50	1.33	0.35	101.00	91.70	13.30	1.40	42.60	52.00	79.00	105.00	172.85	285.00	560.00	3.57	23.17
紫红色砂页岩(T)	水田	952	146.90	68.57	134.81	1.48	0.47	110.00	116.00	14.00	47.90	61.70	84.10	105.00	150.00	314.00	356.00	417.00	1.44	0.84
	旱地	11319	242.42	64.05	232.30	1.37	0.26	250.00	248.16	33.97	2.94	85.80	103.00	211.70	280.00	363.00	417.00	582.34	-0.27	0.61
砂岩	水田	6938	111.69	86.42	98.80	1.56	0.77	106.00	96.40	19.60	13.90	30.40	42.60	78.20	118.00	320.00	516.00	2452.9	9.91	181.83
	旱地	13652	168.89	134.73	137.82	1.83	0.80	107.00	117.00	33.70	3.04	39.20	55.00	91.00	223.00	436.94	583.00	3843.3	5.80	97.83
黑色页岩	水田	1331	139.69	119.75	120.38	1.61	0.86	105.00	117.00	23.00	21.10	35.70	50.50	95.90	143.00	466.36	995.56	1410.0	5.82	42.46
	旱地	938	139.98	140.76	121.27	1.59	1.01	104.00、125.00	121.00	26.23	27.20	39.60	50.10	95.10	148.00	340.00	940.43	2846.6	11.34	176.59
区域变质岩	水田	18540	70.99	36.23	67.52	1.33	0.51	61.30、63.90	67.14	11.64	26.10	36.90	42.24	56.03	79.40	116.99	231.53	2178.0	19.35	785.48
	旱地	5259	82.62	82.97	73.57	1.47	1.00	102.00	71.21	14.71	21.60	34.70	42.27	57.79	88.09	172.12	550.00	2124.0	12.75	211.91
板岩	水田	7627	75.64	16.06	74.04	1.23	0.21	77.20	75.40	9.56	26.10	40.80	48.02	65.40	84.54	105.50	142.00	251.00	1.41	8.87
	旱地	1697	82.14	20.06	79.89	1.27	0.24	102.00	80.59	12.48	34.20	41.19	49.65	68.54	93.53	124.00	166.95	262.00	1.45	7.76
变余凝灰岩	水田	6803	60.82	32.27	58.12	1.30	0.53	56.50、50.80、53.00	56.30	7.80	29.00	35.48	39.60	49.37	65.52	98.30	206.60	1147.0	18.06	487.77
	旱地	2479	70.19	63.40	63.82	1.42	0.90	43.70	61.01	10.69	21.60	33.10	39.41	51.40	73.57	138.00	352.00	1692.1	15.23	317.18
变余砂岩	水田	4110	79.21	58.66	72.91	1.40	0.74	69.50	69.60	9.90	28.60	38.60	45.80	60.60	80.80	189.63	415.00	2178.0	15.36	435.19
	旱地	1083	111.83	149.68	89.55	1.67	1.34	101.00	81.21	16.54	38.90	41.94	46.80	67.20	101.42	410.90	1288.00	2124.0	7.41	67.15
火成岩	水田	293	304.10	150.91	245.40	2.19	0.50	285.00、292.00、412.00	320.00	108.00	18.13	18.13	33.60	197.00	419.00	538.00	620.00	874.00	-0.18	-0.28
	旱地	10812	407.63	94.37	394.76	1.31	0.23	435.00	418.00	53.87	35.79	126.00	195.00	356.00	465.00	568.24	662.00	1293.6	-0.08	2.95
玄武岩	水田	253	343.74	121.27	317.64	1.54	0.35	292.00、435.00	344.00	75.00	75.10	75.10	94.90	277.00	442.00	544.00	620.00	874.00	0.04	0.75
	旱地	10806	407.82	94.03	395.20	1.31	0.23	435.00	418.00	53.79	39.60	129.00	196.00	356.00	465.00	568.24	662.00	1293.6	-0.05	2.92
花岗岩	水田	40	53.34	28.37	47.98	1.58	0.53	—	43.93	16.54	18.13	18.13	18.13	35.83	63.60	89.32	185.00	185.00	2.64	11.12
	旱地	6	52.64	8.89	51.91	1.21	0.17	—	53.77	3.50	35.79	35.79	35.79	52.62	59.63	60.29	60.29	60.29	-1.71	3.45
泥、砂、砾	水田	665	110.58	52.07	101.46	1.49	0.47	112.00	102.00	28.15	39.28	45.78	51.89	73.00	129.00	238.00	372.00	425.00	2.28	8.21
	旱地	450	187.34	141.58	155.14	1.77	0.76	118.00	140.00	39.00	42.80	47.17	62.30	106.00	189.00	555.38	618.02	1437.0	2.83	14.14

表4.45　贵州省不同成土母岩类型区主要耕地类型土壤锌元素（Zn）地球化学参数

（单位：mg/kg）

成土母岩类型	耕地类型	样品件数/个	算术平均值	算术标准差	几何平均值	几何标准差	变异系数	众值	中位值	中位绝对离差	最小值	累积频率值 0.5%	2.5%	25%	75%	97.5%	99.5%	最大值	偏度系数	峰度系数
碳酸盐岩	水田	54557	104.90	89.94	93.80	1.59	0.86	106.00	96.80	22.20	6.46	18.80	31.10	76.10	121.00	219.00	394.00	10038	49.09	4472.73
碳酸盐岩	旱地	207954	130.88	137.70	115.12	1.56	1.05	101.00	110.00	26.00	6.96	38.10	54.90	87.50	142.00	313.00	653.00	22562	42.95	4489.76
灰岩	旱地	28145	98.61	81.74	88.64	1.58	0.83	106.00	93.72	21.28	10.10	18.20	28.60	72.60	115.00	193.00	346.00	8569	51.12	4602.64
白云岩	水田	131496	131.98	129.91	117.47	1.54	0.98	101.00	114.00	26.00	7.95	37.70	55.50	90.60	144.00	309.00	583.00	22562	56.14	7529.69
白云岩	旱地	26412	111.60	97.47	99.63	1.58	0.87	101.00	100.86	23.16	6.46	19.50	35.50	79.70	127.00	237.50	426.00	10038	47.47	4266.51
硅质岩源碎屑岩	旱地	76458	128.99	150.14	111.19	1.59	1.16	101.00	104.00	24.60	6.96	39.00	54.10	83.30	138.00	320.96	760.00	10895	27.59	1381.47
硅质岩源碎屑岩	水田	35861	95.33	83.31	89.54	1.40	0.87	101.00	93.10	15.90	5.18	27.40	43.70	75.80	108.00	162.00	230.50	9744	82.05	8846.66
泥（页）岩	旱地	85811	113.77	148.65	103.22	1.47	1.31	101.00	103.00	23.00	1.29	35.70	49.20	82.90	130.00	213.05	435.32	24626	84.25	11233.01
泥（页）岩	水田	23302	101.87	95.57	97.13	1.32	0.94	101.00	98.60	12.70	12.30	41.70	54.40	85.30	111.00	166.00	228.00	9744	81.41	7791.62
紫红色砂页岩	旱地	51200	115.87	156.08	106.22	1.42	1.35	104.00	104.30	18.40	5.43	44.14	56.70	88.30	126.00	211.00	455.99	24626	88.80	12377.68
紫红色砂页岩	水田	4290	81.28	30.70	77.60	1.35	0.38	101.00	79.20	13.20	17.42	33.00	42.20	65.50	91.90	139.49	169.00	1199	12.63	418.09
紫红色砂页岩（J-K）	旱地	20021	112.96	132.01	104.17	1.47	1.17	134.00，136.00	110.00	28.00	1.29	37.15	47.20	80.60	136.00	190.00	312.50	17150	108.38	13877.64
紫红色砂页岩（J-K）	水田	3338	75.95	29.81	72.75	1.33	0.39	101.00，104.00	74.70	12.60	17.42	32.20	40.90	61.60	87.00	123.00	165.00	1198.78	17.22	612.01
紫红色砂页岩（T）	旱地	8702	79.93	22.03	77.00	1.32	0.28	101.00	79.80	13.20	1.29	33.30	41.30	65.90	92.40	122.00	165.03	441.00	1.52	14.27
紫红色砂页岩（T）	水田	952	99.96	26.15	97.26	1.25	0.26	101.00	93.25	12.65	41.30	57.17	68.24	83.50	112.00	155.27	197.00	402.00	2.99	22.99
砂岩	旱地	11319	138.35	170.20	131.41	1.31	1.23	136.00	133.00	14.00	1.36	61.10	74.60	119.00	147.21	227.76	388.58	17150.00	89.02	8831.10
砂岩	水田	6938	81.76	61.38	74.41	1.52	0.75	102.00	76.10	17.00	5.18	16.80	28.70	60.30	94.80	158.00	249.00	2735	25.27	954.75
黑色页岩	旱地	13652	105.77	125.01	91.56	1.62	1.18	101.00	87.30	24.70	1.75	25.40	39.80	67.10	126.00	243.00	478.00	7980	33.75	1705.41
黑色页岩	水田	1331	96.97	45.66	89.77	1.47	0.47	110.00	94.00	20.20	16.20	26.07	39.20	72.40	113.00	182.00	313.00	819	5.49	63.64
区域变质岩	旱地	938	132.55	301.71	101.85	1.76	2.28	107.00，114.00，108.00	100.00	22.00	13.50	23.70	34.00	80.98	124.00	484.00	1156.48	8281	21.96	573.71
区域变质岩	水田	18540	82.23	33.61	79.11	1.30	0.41	101.00，103.00	80.50	12.70	20.30	36.10	45.50	67.80	93.20	124.00	179.40	1998	22.46	964.59
板岩	旱地	5259	85.37	41.41	80.52	1.37	0.49	101.00	80.99	13.88	19.47	35.28	42.75	67.60	95.50	143.82	310.00	850	8.57	115.66
板岩	水田	7627	84.29	25.99	81.80	1.27	0.31	101.00	84.00	12.22	28.00	42.05	49.00	71.07	95.70	122.15	153.20	1350	18.28	807.84
变余凝灰岩	旱地	1697	86.05	29.18	82.55	1.33	0.34	101.00	85.20	14.40	25.83	34.21	43.80	70.44	99.30	133.00	166.00	686	7.24	127.29
变余凝灰岩	水田	6803	83.37	42.09	80.24	1.28	0.50	102.00	80.45	11.15	30.72	43.35	50.60	69.60	92.00	122.70	200.00	1998	25.13	921.63
变余砂岩	旱地	2479	81.64	26.54	78.57	1.31	0.33	109.00	78.40	12.20	35.40	39.60	47.30	66.80	91.20	132.40	196.00	468	4.60	47.64
变余砂岩	水田	4110	76.54	29.44	72.61	1.37	0.38	103.00	73.56	13.65	20.30	30.82	37.38	60.58	88.05	131.58	203.00	639	5.77	82.72
火成岩	旱地	1083	92.83	72.79	81.92	1.55	0.78	101.00，107.00	80.60	16.17	19.47	32.50	38.05	65.45	99.00	253.00	667.00	850	6.17	47.81
火成岩	水田	293	134.69	45.39	126.05	1.47	0.34	147.00	139.00	32.00	40.50	40.50	50.40	98.50	166.00	226.51	255.00	271	0.03	-0.36
玄武岩	旱地	10812	181.53	114.53	169.30	1.40	0.63	152.00，156.00	167.02	26.99	18.02	65.28	88.60	142.59	197.00	353.18	577.00	4340	17.08	459.92
玄武岩	水田	253	145.17	39.11	139.49	1.34	0.27	147.00	145.20	26.20	45.80	45.80	67.00	118.00	170.56	226.92	255.00	271	0.14	0.18
花岗岩	旱地	10806	181.59	114.53	169.40	1.40	0.63	152.00，156.00	167.10	26.90	18.02	66.64	88.95	142.78	197.00	353.18	577.00	4340	17.08	460.16
花岗岩	水田	40	68.45	18.09	66.41	1.28	0.26	—	68.16	9.58	40.50	40.50	40.50	55.56	74.61	110.13	132.94	133	1.44	3.39
玄武岩	旱地	6	65.70	22.82	61.42	1.55	0.35	—	68.53	15.85	27.43	27.43	27.43	54.34	86.04	89.35	89.35	89	-0.90	0.58
泥、砂、砾	水田	665	81.78	31.69	76.73	1.42	0.39	106.00，103.00	79.30	17.50	30.00	31.80	39.20	60.40	95.30	166.00	239.00	254	1.94	6.80
泥、砂、砾	旱地	450	122.18	59.10	112.01	1.50	0.48	112.00	108.00	24.10	28.40	30.10	50.40	86.70	142.00	269.00	363.00	726	3.36	25.15

表 4.46　贵州省不同成土母岩类型区主要耕地类型土壤有机质地球化学参数

（单位：g/kg）

成土母岩类型	耕地类型	样品件数/个	算术平均值	算术标准差	几何平均值	几何标准差	变异系数	众值	中位值	中位绝对离差	最小值	0.5%	2.5%	25%	75%	97.5%	99.5%	最大值	偏度系数	峰度系数
碳酸盐岩	水田	54557	38.45	15.77	35.70	1.48	0.41	28.40	35.90	8.80	1.92	10.60	16.70	28.00	46.00	74.40	98.40	608.50	2.94	48.71
	旱地	207945	32.52	13.62	30.19	1.47	0.42	28.40	30.20	6.90	0.20	8.77	14.20	23.90	38.10	65.10	90.00	418.30	2.67	23.45
灰岩	水田	28145	37.48	15.74	34.72	1.48	0.42	33.40	34.80	8.30	2.03	9.44	16.01	27.30	44.50	73.54	105.00	273.55	2.39	16.01
	旱地	131496	33.56	14.40	31.09	1.48	0.43	28.40	31.10	7.00	0.20	8.54	14.33	24.70	39.17	68.10	96.16	418.30	2.90	25.87
白云岩	水田	26412	39.48	15.75	36.77	1.46	0.40	30.20	37.10	9.20	1.92	11.90	17.30	28.70	47.60	75.30	95.40	608.50	3.56	83.94
	旱地	76458	30.72	11.93	28.70	1.45	0.39	26.50	28.40	6.30	0.87	9.20	14.00	22.90	36.10	60.00	78.20	308.41	1.84	11.33
硅质陆源碎屑岩	水田	35861	33.46	16.67	30.52	1.52	0.50	25.00	29.50	7.00	1.24	9.90	14.40	23.50	38.69	77.00	115.50	339.83	3.00	18.64
	旱地	85811	32.34	21.13	27.99	1.67	0.65	22.80	26.60	7.70	0.11	7.70	11.40	20.10	37.20	90.20	136.00	420.34	3.38	22.13
泥（页）岩	水田	23302	34.52	18.02	31.28	1.53	0.52	28.40	29.99	7.16	1.71	10.00	14.80	24.00	39.50	83.40	124.90	339.83	3.03	17.77
	旱地	51200	34.54	22.38	29.85	1.67	0.65	22.80	27.70	8.00	1.10	9.00	12.90	21.17	39.80	96.10	139.40	404.90	2.85	14.35
紫红色砂页岩	水田	4290	30.85	14.71	28.08	1.54	0.48	21.80	27.88	7.18	2.20	8.10	12.00	21.60	36.60	67.90	94.20	228.00	2.52	16.56
	旱地	20021	27.67	15.42	24.39	1.65	0.56	13.70	24.50	8.20	1.00	6.30	9.50	17.30	34.30	63.70	96.73	351.70	2.86	22.90
紫红色砂页岩（J—K）	水田	3338	28.22	12.07	26.07	1.49	0.43	21.80	26.00	6.20	2.20	8.00	11.80	20.70	33.49	57.28	79.40	205.70	2.36	17.88
	旱地	8702	19.72	8.94	18.11	1.51	0.45	13.70	17.95	4.45	1.00	5.10	8.05	14.00	23.30	41.40	54.97	219.00	3.09	35.87
紫红色砂页岩（T）	水田	952	40.06	18.84	36.41	1.55	0.47	35.10、35.30、39.60	36.50	9.30	3.60	9.10	15.80	28.14	47.50	88.04	112.90	228.00	2.27	12.61
	旱地	11319	33.78	16.53	30.65	1.55	0.49	29.60	31.00	8.10	1.65	8.80	12.30	23.60	40.20	73.40	112.60	351.70	2.98	24.28
砂岩	水田	6938	31.12	12.75	29.08	1.43	0.41	23.20	28.30	6.20	3.50	11.80	15.20	23.00	36.40	61.60	82.18	194.77	2.54	15.64
	旱地	13652	31.24	22.81	27.08	1.64	0.73	22.40	25.50	6.50	0.11	7.80	11.70	20.10	34.20	91.60	162.40	420.34	5.02	43.01
黑色页岩	水田	1331	35.69	13.51	33.33	1.46	0.38	25.20、33.10	33.70	7.49	1.24	10.06	15.00	26.90	41.90	67.60	87.55	125.40	1.46	5.06
	旱地	938	28.08	11.18	26.00	1.49	0.40	18.60	26.50	6.80	6.26	7.40	11.90	20.06	33.66	56.60	68.00	78.80	1.03	1.54
区域变质岩	水田	18540	38.30	14.54	35.73	1.46	0.38	26.20	36.00	8.76	5.00	12.60	16.50	28.10	45.90	75.20	90.17	124.71	1.77	1.77
	旱地	5259	29.36	12.96	26.85	1.53	0.44	26.20	26.90	7.00	2.41	6.72	11.53	20.70	35.34	61.00	83.89	148.20	1.52	4.58
板岩	水田	7627	40.44	15.32	37.79	1.45	0.38	29.50	37.94	9.15	7.20	14.06	18.27	29.50	48.10	79.68	94.40	124.71	1.10	1.77
	旱地	1697	31.25	13.58	28.62	1.53	0.43	25.00	28.40	7.40	4.00	6.72	12.20	21.90	38.27	64.40	90.17	108.60	1.41	3.59
变余凝灰岩	水田	6803	37.54	14.06	34.97	1.47	0.37	26.20	36.03	8.79	5.00	11.95	15.50	27.70	45.30	72.20	85.50	118.80	0.83	1.18
	旱地	2479	29.01	12.61	26.65	1.51	0.43	28.10、27.40、16.90	26.72	7.08	3.80	8.10	12.03	20.30	34.80	59.84	80.17	148.20	1.64	6.05
变余砂岩	水田	4110	35.56	13.17	33.37	1.43	0.37	28.10	32.75	7.45	5.86	11.77	16.40	26.60	42.58	68.79	88.17	105.47	1.24	2.42
	旱地	1083	27.19	12.36	24.69	1.57	0.45	27.40、16.90	24.62	6.02	2.41	4.60	9.40	19.31	32.10	58.20	78.27	86.90	1.46	3.33
火成岩	水田	293	63.59	31.02	56.68	1.65	0.49	77.90	59.19	17.66	5.59	5.59	21.60	42.20	77.90	140.50	209.60	245.30	1.55	5.14
	旱地	10812	44.73	23.14	40.26	1.58	0.52	31.90	40.39	10.91	0.30	11.20	16.05	30.68	53.10	101.10	146.00	387.70	3.27	27.77
玄武岩	水田	253	66.75	31.28	60.13	1.61	0.47	77.90	61.10	16.81	6.50	6.50	22.30	45.20	80.25	142.52	209.60	245.30	1.58	5.24
	旱地	10806	44.74	23.14	40.26	1.58	0.52	31.90	40.40	10.90	0.30	11.20	16.10	30.69	53.13	101.10	146.00	387.70	3.27	27.78
花岗岩	水田	40	43.64	20.20	38.97	1.68	0.46	—	37.61	9.55	5.59	5.59	13.04	28.68	56.63	93.56	95.38	95.38	0.85	0.45
	旱地	6	38.73	22.46	33.43	1.84	0.58	—	35.23	11.77	13.04	13.04	15.86	33.98	47.53	77.35	77.35	77.35	0.99	1.23
泥、砂、砾	水田	665	38.43	16.69	35.36	1.50	0.43	23.45、24.31	35.30	9.50	4.96	12.20	15.86	26.89	47.20	76.00	88.10	196.40	2.10	12.78
	旱地	450	35.80	17.66	32.45	1.55	0.49	24.80、29.60、26.20	31.10	6.90	3.50	7.41	13.10	25.60	41.00	84.60	103.40	173.00	2.29	9.63

表 4.47　贵州省不同成土母岩类型区主要耕地类型土壤 pH 地球化学参数

成土母岩类型	耕地类型	样品件数/个	算术平均值	算术标准差	几何平均值	几何标准差	变异系数	众值	中位值	中位值绝对离差	最小值	0.5%	2.5%	25%	75%	97.5%	99.5%	最大值	偏度系数	峰度系数
碳酸盐岩	水田	54557	6.38	1.00	6.30	1.17	0.16	8.00	6.27	0.81	3.13	4.45	4.76	5.56	7.24	8.10	8.24	8.80	0.17	-1.07
	旱地	207943	6.27	1.07	6.18	1.19	0.17	5.60	6.13	0.85	3.00	4.35	4.60	5.38	7.14	8.20	8.38	9.13	0.25	-1.04
灰岩	水田	28145	6.13	0.95	6.06	1.17	0.16	5.60	5.95	0.66	3.13	4.39	4.68	5.38	6.80	8.03	8.20	8.58	0.46	-0.73
	旱地	131496	6.10	1.01	6.02	1.18	0.16	5.20	5.94	0.73	3.00	4.33	4.59	5.30	6.81	8.13	8.33	9.13	0.44	-0.74
白云岩	水田	26412	6.65	0.98	6.58	1.16	0.15	8.00	6.65	0.84	3.89	4.56	4.88	5.85	7.55	8.14	8.28	8.80	-0.13	-1.09
	旱地	76458	6.56	1.12	6.47	1.19	0.17	8.00	6.60	1.00	3.37	4.39	4.65	5.59	7.59	8.26	8.42	8.86	-0.10	-1.22
硅质陆源碎屑岩	水田	35861	5.98	0.93	5.91	1.16	0.16	5.25	5.75	0.55	3.02	4.38	4.68	5.28	6.52	8.05	8.26	9.32	0.75	-0.27
	旱地	85811	5.89	1.02	5.80	1.18	0.17	5.30	5.61	0.61	3.23	4.26	4.51	5.11	6.49	8.21	8.46	9.18	0.81	-0.22
泥（页）岩	水田	23302	5.93	0.89	5.87	1.16	0.15	5.25	5.71	0.52	3.02	4.36	4.68	5.27	6.43	7.99	8.20	8.69	0.79	-0.09
	旱地	51200	5.83	0.97	5.75	1.17	0.17	5.30	5.58	0.58	3.38	4.28	4.52	5.10	6.38	8.10	8.34	9.18	0.84	-0.08
紫红色砂岩	水田	4290	6.22	1.11	6.13	1.19	0.18	5.12	5.91	0.78	4.13	4.48	4.73	5.27	7.16	8.26	8.41	9.32	0.47	-1.09
	旱地	20021	6.11	1.13	6.02	1.20	0.18	5.00, 5.56	5.82	0.74	3.23	4.38	4.59	5.20	6.91	8.40	8.58	8.99	0.61	-0.75
紫红色砂页岩（J—K）	水田	3338	5.98	1.02	5.90	1.18	0.17	5.12	5.64	0.58	4.22	4.47	4.69	5.19	6.66	8.17	8.38	9.32	0.78	-0.50
	旱地	8702	6.17	1.26	6.05	1.22	0.20	5.10	5.76	0.84	3.74	4.32	4.53	5.10	7.23	8.50	8.64	8.99	0.53	-1.08
紫红色砂页岩（T）	水田	952	7.06	1.02	6.98	1.16	0.14	8.20	7.31	0.76	4.13	4.63	4.93	6.21	7.96	8.35	8.43	8.92	-0.52	-0.91
	旱地	11319	6.07	1.01	5.99	1.17	0.17	5.58	5.84	0.65	3.23	4.46	4.65	5.29	6.68	8.22	8.40	8.61	0.64	-0.52
砂岩	水田	6938	5.94	0.87	5.88	1.15	0.15	5.60	5.76	0.52	3.64	4.32	4.63	5.32	6.41	7.97	8.20	8.46	0.72	-0.06
	旱地	13652	5.75	1.00	5.67	1.18	0.17	5.00	5.50	0.57	3.40	4.12	4.41	5.01	6.27	8.16	8.38	8.84	0.91	0.10
黑色页岩	水田	1331	6.28	1.06	6.19	1.18	0.17	5.17	6.06	0.84	4.28	4.47	4.74	5.38	7.26	8.12	8.22	8.40	0.32	-1.20
	旱地	938	6.16	1.12	6.06	1.20	0.18	5.38	5.94	0.82	3.94	4.30	4.53	5.26	7.03	8.24	8.42	8.56	0.43	-0.95
区域变质岩	水田	18540	5.23	0.36	5.22	1.07	0.07	5.16	5.20	0.17	3.96	4.39	4.64	5.04	5.38	6.09	7.00	8.19	1.93	9.58
	旱地	5259	5.29	0.62	5.26	1.11	0.12	5.19	5.18	0.27	3.79	4.27	4.46	4.93	5.47	7.24	8.08	8.53	1.97	5.54
板岩	水田	7627	5.20	0.32	5.19	1.06	0.06	5.21	5.18	0.17	4.05	4.38	4.64	5.02	5.35	5.92	6.57	8.10	1.28	6.64
	旱地	1697	5.22	0.49	5.20	1.09	0.09	5.15	5.15	0.25	4.08	4.27	4.47	4.92	5.42	6.49	7.53	8.36	1.80	6.69
变余凝灰岩	水田	6803	5.24	0.38	5.23	1.07	0.07	5.20, 5.16	5.20	0.17	3.96	4.37	4.64	5.04	5.38	6.14	7.10	8.19	2.03	9.85
	旱地	2479	5.30	0.64	5.26	1.12	0.12	5.01, 5.17	5.17	0.27	3.97	4.26	4.45	4.93	5.47	7.31	8.14	8.53	2.04	5.71
变余砂岩	水田	4110	5.28	0.41	5.26	1.08	0.08	5.25	5.22	0.17	4.22	4.42	4.67	5.06	5.41	6.40	7.29	8.18	2.21	9.45
	旱地	1083	5.41	0.73	5.37	1.13	0.14	5.38	5.24	0.31	3.79	4.23	4.46	4.97	5.63	7.66	8.08	8.32	1.61	2.89
火成岩	水田	293	5.70	0.79	5.65	1.14	0.14	5.27	5.47	0.42	4.05	4.05	4.49	5.17	6.16	7.74	7.95	8.04	0.86	0.42
	旱地	10812	5.54	0.77	5.49	1.14	0.14	5.12	5.34	0.43	3.72	4.33	4.52	4.98	5.93	7.60	8.06	8.54	1.12	1.04
玄武岩	水田	253	5.76	0.83	5.71	1.15	0.14	5.37	5.57	0.50	4.05	4.05	4.49	5.18	6.25	7.81	7.95	8.04	0.68	0.01
	旱地	10806	5.54	0.77	5.49	1.14	0.14	5.12	5.34	0.43	3.72	4.33	4.52	4.98	5.93	7.60	8.06	8.54	1.12	1.04
花岗岩	水田	40	5.29	0.26	5.28	1.05	0.05	—	5.32	0.16	4.41	#VALUE!	4.41	5.15	5.45	5.64	5.74	5.74	-1.14	2.45
	旱地	6	5.24	0.32	5.23	1.06	0.06	5.27, 5.39	5.19	0.20	4.82	4.82	4.82	5.05	5.44	5.73	5.73	5.73	0.46	0.01
泥、砂、砾	水田	665	6.33	0.87	6.27	1.15	0.14	6.07	6.26	0.63	4.31	4.44	4.89	5.66	6.91	8.00	8.18	8.32	0.21	-0.69
	旱地	450	6.05	1.02	5.96	1.18	0.17	6.63	5.83	0.74	4.05	4.10	4.46	5.21	6.90	8.04	8.22	8.23	0.38	-0.87

第五章 贵州省耕地土壤地球化学参数——按土壤类型统计

本书对样品数据按行政区、土地利用类型、成土母岩类型、土壤类型、成矿区带、流域等划分统计单元，分别进行地球化学参数统计。本章主要介绍按土壤类型统计的结果。

第一节 不同土壤类型统计单位划分

据第二次土壤普查结果（贵州省第二次土壤普查办公室，1994），贵州土壤分为红壤、黄壤、水稻土等15个土类，其中分布面积大于1000万亩的土壤类型有红壤、黄壤、黄棕壤、石灰土、紫色土、粗骨土、水稻土等七个土类，总面积为23539.28万亩，各土壤类型分布面积及占比见表5.1。其他土类有棕壤、潮土、石质土等，但占比较少，其分布情况见图5.1。

表5.1 贵州省主要土壤类型面积统计表（据贵州省第二次土壤普查办公室，1994）

土壤类型	红壤	黄壤	黄棕壤	石灰土	紫色土	粗骨土	水稻土
面积/万亩	1718.63	11074.95	1479.65	4178.40	1330.06	1432.50	2325.09
占比/%	7.30	47.05	6.29	17.75	5.65	6.09	9.88

黄壤：是贵州省面积最大的代表性土类，其分布以黔中高原为中心，东起海拔600m以上的低山丘陵，西达海拔1900m以下的高原山地。土壤呈酸性，心土层显黄色、浅黄色或棕黄色，适于喜酸性植物生长。经开垦后为黄泥土、黄砂泥土等旱作土。

红壤：主要分布于黔东南及铜仁地区海拔600m以下，黔南海拔800m以下，黔西南海拔1000m以下的弧形地段。土壤呈酸性，心土层显红色、浅红色或黄红色，适于杉、松及柑橘、甘蔗等亚热带经济作物生长。开垦后为红泥土、红黄泥土等旱作土。

黄棕壤：主要分布于海拔1900~2400m的黔西高原山区，在黔中、黔北、黔东海拔1400m以上山体顶部也有零星分布。土壤呈酸性，心土层显黄棕色、暗棕色，土壤有机质积累多，自然肥力较高，适宜林牧业发展。开垦后为灰泡土、大灰泡土等旱作土。

石灰土：广泛分布于省内岩溶地区。土壤有机质含量较同地区的地带性土壤高。由于地形、地质条件和侵蚀作用的影响，土被多不连续，土层浅薄，抗旱力差。开垦后成大泥土、

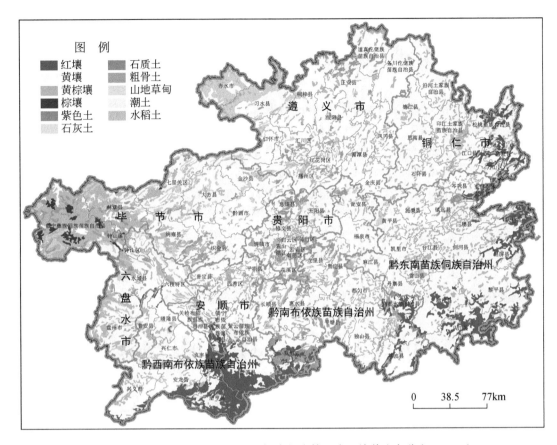

图 5.1　贵州省土壤类型分布图（据贵州省第二次土壤普查办公室，1994）

岩泥土等旱作土。

紫色土：主要分布在黔北和黔西北紫色岩出露的地区。由酸性紫色砂页岩及砾岩风化形成的酸性紫色土占 59.0%，呈酸性反应；由中性紫色页岩风化形成的中性紫色土占 27.4%，呈中性反应；由钙质紫色砂页岩风化形成的钙质紫色土占 13.6%，呈微碱反应。经开垦后分别形成血泥土、紫泥土、紫泥大土等旱作土。

粗骨土：其分布以黔北中山峡谷、黔南低山峡谷和黔西高原向黔中高原过渡的地段较多。土层浅，一般土体厚 20~50cm，表层土壤厚度多为 10~15cm，表层以下是含有多量母岩碎屑的母质层。宜于发展薪炭林等，经开垦后多为砾石土或白云砂土。

水稻土：省内各地均有分布，以黔东、黔中、黔北和黔南较为集中。水稻土中，淹育型水稻土占 13.1%，渗育型水稻土占 34.1%，潴育型水稻土占 39.9%，潜育型水稻土占 8.9%，脱潜型水稻土占 0.5%，漂洗型水稻土占 3.5%。水稻土 pH 趋于中性，土壤有机质分解较慢，积累较多，一般较相同地区旱地土壤有机质含量高。但有机质含量过高的滥泥田，因排水不畅、土温低，水稻生长不良、土地生产力低。

第二节 不同土壤类型耕地土壤地球化学参数特征

按土壤类型对 23 个元素（参数）指标数据统计分析，八个土壤类型含量变化具有一定规律。黄棕壤、棕壤中元素含量（指标）变化基本一致，而红壤、水稻元素中含量（指标）变化基本一致，但是黄棕壤、棕壤与红壤、水稻中元素含量变化相反。黄棕壤、棕壤除 B、F、Hg、K、pH 低于平均值，其他元素基本上高于平均值，其中 Pb、Zn、Ni、Cu、I、Cd、Cr 含量高于平均值 30% 以上，局部区域富集，Cu、Pb、Zn 元素含量与矿化有关。红壤、水稻土含量变化则是除 B、Hg、K、Tl 高于平均值，另外水稻土 F、N、pH 高于平均值，其他元素基本上远低于平均值。紫色土除 Co、Cr、Cu、Ge、K、Mn、Ni、V、pH 含量（指标）高于平均值外，其他元素含量远低于平均值，Cu 元素局部富集，与矿化有关。另外石灰土 As、B、F、Hg、Tl、pH 得含量（指标）远高于平均值，局部区域富集。黄壤、粗骨土则变化无明显特征。

第三节 贵州省不同土壤类型耕地土壤地球化学参数

贵州省不同土壤类型耕地土壤 23 项地球化学参数统计结果见表 5.2~ 表 5.24，主要耕地类型（水田、旱地）土壤 23 项地球化学参数统计结果见表 5.25~ 表 5.47。

表 5.2 贵州省不同土壤类型耕地土壤砷元素（As）地球化学参数

（单位：mg/kg）

土壤类型	样品件数/个	算术平均值	标准差	几何平均值	几何标准差	变异系数	众值	中位值	中位绝对离差	最小值	累积频率值 0.5%	2.5%	25%	75%	97.5%	99.5%	最大值	偏度系数	峰度系数
红壤	18798	16.84	43.26	9.76	2.50	2.57	10.50	8.96	4.25	0.20	1.27	1.94	5.43	15.90	76.90	180.00	2339	26.32	1065.31
黄壤	181598	19.84	49.43	12.77	2.37	2.49	10.10	13.20	6.81	0.06	1.42	2.33	7.30	22.10	68.60	191.83	13391	195.94	43493.5
黄棕壤	31136	24.06	48.08	17.00	2.18	2.00	16.60	18.40	8.57	0.26	2.15	3.50	10.30	27.60	77.19	194.93	3576	34.99	1968.96
棕壤	2258	22.95	8.28	21.14	1.55	0.36	23.00、23.40	23.10	5.20	2.91	3.70	6.53	17.70	28.20	40.35	44.70	47.50	0.07	-0.05
紫色土	23907	10.83	15.34	7.76	2.13	1.42	10.20	7.13	3.21	0.35	1.53	2.11	4.60	12.60	35.80	68.99	648	16.33	476.29
石灰土	111728	23.37	31.46	17.32	2.11	1.35	14.80	17.73	7.63	0.30	2.26	3.81	11.10	27.20	78.04	157.00	4071	30.99	2816.95
粗骨土	18281	18.08	30.43	13.22	2.06	1.68	10.20	13.30	5.64	0.23	1.95	3.31	8.30	20.30	59.20	150.00	1654	23.78	929.64
水稻土	56617	17.77	60.04	12.29	2.32	3.38	11.40	12.53	6.64	0.19	1.49	2.38	6.93	21.90	59.60	105.00	1493	44.20	3950.50

表 5.3 贵州省不同土壤类型耕地土壤硼元素（B）地球化学参数

（单位：mg/kg）

土壤类型	样品件数/个	算术平均值	标准差	几何平均值	几何标准差	变异系数	众值	中位值	中位绝对离差	最小值	累积频率值 0.5%	2.5%	25%	75%	97.5%	99.5%	最大值	偏度系数	峰度系数
红壤	18798	73.20	25.92	68.42	1.47	0.35	102.00	72.00	15.28	5.51	17.00	26.14	56.90	87.58	130.00	171.00	368.00	0.90	3.77
黄壤	181597	72.06	36.64	63.30	1.73	0.51	101.00	69.30	19.40	1.00	8.79	15.90	49.51	88.40	151.82	213.00	1664	3.17	55.79
黄棕壤	31136	54.88	33.29	44.99	1.96	0.61	103.00	53.08	21.68	1.42	6.39	10.24	28.50	71.50	136.00	178.34	642.00	1.49	7.81
棕壤	2258	57.01	23.55	51.90	1.59	0.41	56.30	56.30	11.90	6.30	11.10	16.10	43.40	67.70	114.00	149.00	218.71	0.99	3.17
紫色土	23907	52.05	31.36	42.90	1.94	0.60	101.00	47.20	20.30	1.32	6.75	9.85	28.70	69.70	122.00	175.00	413.00	1.46	5.66
石灰土	111727	84.18	43.18	76.15	1.57	0.51	102.00、103.00	76.70	18.00	2.20	15.00	28.40	60.90	97.90	181.00	309.00	1884	4.23	56.94
粗骨土	18281	65.97	33.89	56.55	1.84	0.51	101.00	64.80	20.60	0.66	7.14	12.60	42.20	83.80	140.00	192.00	500.00	1.19	5.45
水稻土	56616	78.89	34.34	71.98	1.56	0.44	101.00	74.10	17.59	3.05	12.98	25.90	58.00	93.70	159.00	213.00	666.00	1.89	11.66

表 5.4 贵州省不同土壤类型耕地土壤镉元素（Cd）地球化学参数

（单位：mg/kg）

土壤类型	样品件数/个	算术平均值	标准差	几何平均值	几何标准差	变异系数	众值	中位值	中位绝对离差	最小值	累积频率值 0.5%	2.5%	25%	75%	97.5%	99.5%	最大值	偏度系数	峰度系数
红壤	18798	0.37	0.71	0.23	2.24	1.92	0.15	0.20	0.08	0.02	0.05	0.07	0.14	0.34	1.94	4.55	19.00	9.67	145.39
黄壤	181597	0.59	0.93	0.41	2.12	1.57	0.26	0.37	0.15	0.00	0.08	0.12	0.25	0.59	2.52	5.68	77.43	15.51	696.91
黄棕壤	31136	1.94	2.53	1.24	2.56	1.30	0.40	1.20	0.72	0.02	0.15	0.23	0.62	2.45	7.42	11.92	150.30	16.41	729.51
棕壤	2258	2.12	1.57	1.72	1.90	0.74	0.92、1.31	1.62	0.64	0.20	0.37	0.54	1.11	2.56	6.44	8.84	14.00	2.11	6.22
紫色土	23907	0.62	1.77	0.44	2.01	2.86	0.30	0.39	0.14	0.04	0.10	0.15	0.28	0.62	2.19	5.88	231.22	96.35	12262
石灰土	111727	0.80	1.75	0.49	2.27	2.17	0.34	0.41	0.14	0.02	0.10	0.15	0.30	0.63	4.80	10.10	266.00	43.04	5417.89
粗骨土	18281	0.90	1.35	0.55	2.45	1.50	0.28	0.46	0.21	0.03	0.08	0.13	0.30	0.89	4.59	8.06	41.90	7.07	123.20
水稻土	56617	0.47	0.64	0.36	1.92	1.34	0.24	0.34	0.12	0.00	0.08	0.12	0.24	0.50	1.70	4.17	20.00	10.31	173.43

表 5.5 贵州省不同土壤类型耕地土壤钴元素（Co）地球化学参数 （单位：mg/kg）

土壤类型	样品件数/个	算术平均值	算术标准差	几何平均值	几何标准差	变异系数	众值	中位值	中位绝对离差	最小值	0.5%	2.5%	25%	75%	97.5%	99.5%	最大值	偏度系数	峰度系数
红壤	18797	15.39	9.06	13.05	1.81	0.59	16.40	14.20	5.51	0.57	2.53	3.90	8.69	19.72	38.80	54.60	114.00	1.75	6.23
黄壤	181592	22.60	13.80	18.48	1.99	0.61	17.60	19.50	7.50	0.03	1.76	3.94	13.40	29.50	55.20	71.14	362.00	1.34	5.11
黄棕壤	31136	31.89	15.90	27.79	1.75	0.50	20.40	28.80	10.20	0.43	3.69	7.33	20.20	41.90	67.48	82.90	166.39	0.85	1.08
棕壤	2258	26.96	12.41	24.64	1.51	0.46	19.80	23.50	6.00	5.80	9.23	12.60	18.40	31.30	58.90	72.60	82.60	1.41	1.86
紫色土	23907	29.98	15.90	25.14	1.90	0.53	15.20	30.60	14.29	1.41	4.22	6.10	15.10	43.00	59.10	71.58	142.00	0.32	-0.40
石灰土	111723	22.79	10.37	20.44	1.65	0.45	19.20	20.80	5.57	0.44	2.56	6.31	16.10	27.80	47.20	59.40	234.98	1.22	4.82
粗骨土	18280	24.88	15.41	20.49	1.93	0.62	18.30	20.30	7.60	0.56	2.08	4.54	14.50	32.60	63.10	77.10	182.00	1.29	2.32
水稻土	56616	18.63	10.83	15.59	1.89	0.58	16.00	16.90	5.90	0.17	1.76	3.68	11.30	23.20	46.40	57.50	109.36	1.30	2.75

表 5.6 贵州省不同土壤类型耕地土壤铬元素（Cr）地球化学参数 （单位：mg/kg）

土壤类型	样品件数/个	算术平均值	算术标准差	几何平均值	几何标准差	变异系数	众值	中位值	中位绝对离差	最小值	0.5%	2.5%	25%	75%	97.5%	99.5%	最大值	偏度系数	峰度系数
红壤	18798	77.31	36.52	70.89	1.50	0.47	102.00	70.20	17.30	7.84	24.75	33.30	54.60	90.20	174.00	258.00	566.00	2.56	12.50
黄壤	181598	106.75	54.27	95.35	1.61	0.51	102.00	94.20	25.61	0.64	24.76	34.40	73.60	128.41	249.00	338.00	964.00	1.88	6.95
黄棕壤	31136	146.08	67.20	133.25	1.53	0.46	116.00	131.00	33.90	2.46	40.80	57.50	102.00	174.00	319.89	420.00	876.00	1.74	5.69
棕壤	2258	139.69	54.31	131.69	1.39	0.39	114.00	124.00	22.00	52.50	60.10	75.70	106.00	156.00	294.00	394.00	453.00	2.09	6.00
紫色土	23907	135.64	75.60	116.86	1.74	0.56	154.00	127.00	53.00	1.30	31.40	41.60	72.95	177.00	317.80	432.00	1215	1.42	4.96
石灰土	111728	109.67	49.17	101.28	1.48	0.45	101.00	97.90	22.37	5.00	32.20	48.80	79.40	128.00	235.80	339.00	983.00	2.57	14.34
粗骨土	18281	113.30	61.81	101.76	1.56	0.55	102.00	97.60	25.00	9.73	31.10	43.70	77.20	132.00	281.10	412.00	1390	3.32	26.90
水稻土	56617	95.38	44.02	86.87	1.55	0.46	101.00	87.50	20.50	9.03	24.70	33.68	69.13	111.00	205.00	275.00	1786	2.76	46.25

表 5.7 贵州省不同土壤类型耕地土壤铜元素（Cu）地球化学参数 （单位：mg/kg）

土壤类型	样品件数/个	算术平均值	算术标准差	几何平均值	几何标准差	变异系数	众值	中位值	中位绝对离差	最小值	0.5%	2.5%	25%	75%	97.5%	99.5%	最大值	偏度系数	峰度系数
红壤	18797	30.81	22.30	26.55	1.67	0.72	28.40	25.90	8.00	2.18	7.62	10.60	18.90	35.80	89.80	153.00	1039	7.99	238.28
黄壤	181593	51.20	47.51	37.79	2.12	0.93	26.20	33.10	13.90	0.18	5.79	10.20	23.00	62.00	189.20	280.00	1010	2.59	9.66
黄棕壤	31136	95.89	76.44	70.83	2.22	0.80	102.00	66.30	34.80	1.64	10.62	14.90	40.50	133.00	280.19	340.00	1286	1.54	4.60
棕壤	2258	85.02	73.79	63.57	2.06	0.87	39.50	49.60	16.45	7.79	16.60	21.20	38.80	111.00	274.00	326.00	595.00	1.72	2.94
紫色土	23907	69.43	52.17	52.74	2.16	0.75	106.00	60.50	36.00	0.05	10.22	13.70	26.10	102.00	179.38	281.65	1641	2.98	46.58
石灰土	111724	43.80	32.93	36.08	1.83	0.75	29.00	33.60	11.10	0.76	6.70	11.30	24.87	51.50	124.32	210.90	2280	5.73	210.79
粗骨土	18280	66.51	67.04	45.03	2.37	1.01	106.00, 113.00	37.50	17.90	0.50	6.03	9.93	24.90	87.50	258.00	323.00	1288	2.33	10.90
水稻土	56616	40.43	33.44	31.98	1.93	0.83	24.40	30.00	10.20	1.63	5.56	9.07	21.70	44.50	131.98	196.80	533.00	2.88	13.37

表 5.8 贵州省不同土壤类型耕地土壤氟元素（F）地球化学参数 （单位：mg/kg）

土壤类型	样品件数/个	算术平均值	算术标准差	几何平均值	几何标准差	变异系数	众值	中位值	中位绝对离差	最小值	累积频率值 0.5%	2.5%	25%	75%	97.5%	99.5%	最大值	偏度系数	峰度系数
红壤	18797	696	380	626	1.54	0.55	548	596	149	144	237	301	468	789	1791	2542	6948	2.81	14.22
黄壤	181588	945	652	811	1.70	0.69	734	779	251	45	243	324	564	1114	2561	3827	51474	7.91	339.73
黄棕壤	31136	826	555	702	1.73	0.67	743	665	221	114	205	267	480	983	2280	3307	9480	2.89	17.00
棕色土	2258	829	439	748	1.54	0.53	600、620	721	170	176	255	337	571	939	2127	2866	4258	2.53	9.69
紫色土	23906	726	413	645	1.60	0.57	596	617	179	131	224	284	465	863	1769	2595	13076	3.56	46.90
石灰土	111722	1133	718	988	1.66	0.63	743	939	280	75	278	380	718	1348	2866	4154	42368	6.77	211.43
粗骨土	18280	851	596	736	1.68	0.70	793	734	238	115	220	280	516	1012	2154	3513	27086	10.55	351.06
水稻土	56616	939	569	821	1.65	0.61	734	790	242	24	264	338	586	1112	2402	3343	18050	3.53	41.19

表 5.9 贵州省不同土壤类型耕地土壤锗元素（Ge）地球化学参数 （单位：mg/kg）

土壤类型	样品件数/个	算术平均值	算术标准差	几何平均值	几何标准差	变异系数	众值	中位值	中位绝对离差	最小值	累积频率值 0.5%	2.5%	25%	75%	97.5%	99.5%	最大值	偏度系数	峰度系数
红壤	18798	1.50	0.26	1.48	1.19	0.17	1.48	1.48	0.15	0.21	0.83	1.05	1.33	1.64	2.06	2.33	5.32	0.70	4.87
黄壤	181597	1.55	0.33	1.52	1.25	0.21	1.60	1.55	0.19	0.06	0.69	0.92	1.36	1.74	2.22	2.63	18.35	1.41	42.94
黄棕壤	31136	1.63	0.40	1.60	1.23	0.24	1.59	1.62	0.18	0.23	0.78	1.00	1.44	1.80	2.36	2.89	28.69	15.92	867.25
棕色土	2258	1.55	0.23	1.53	1.16	0.15	1.52	1.55	0.14	0.78	0.97	1.08	1.40	1.69	1.99	2.23	3.17	0.27	1.83
紫色土	23907	1.62	0.27	1.60	1.18	0.17	1.54	1.60	0.15	0.26	0.96	1.15	1.46	1.76	2.24	2.60	6.94	1.34	11.72
石灰土	111725	1.50	0.31	1.47	1.25	0.21	1.50	1.51	0.18	0.10	0.66	0.88	1.32	1.68	2.10	2.50	9.21	0.83	10.61
粗骨土	18281	1.49	0.37	1.44	1.32	0.25	1.52、1.58	1.52	0.21	0.05	0.47	0.73	1.28	1.71	2.16	2.51	11.60	1.29	35.34
水稻土	56617	1.51	0.34	1.47	1.25	0.22	1.50	1.51	0.18	0.04	0.69	0.89	1.32	1.69	2.15	2.57	17.42	4.40	152.65

表 5.10 贵州省不同土壤类型耕地土壤汞元素（Hg）地球化学参数 （单位：mg/kg）

土壤类型	样品件数/个	算术平均值	算术标准差	几何平均值	几何标准差	变异系数	众值	中位值	中位绝对离差	最小值	累积频率值 0.5%	2.5%	25%	75%	97.5%	99.5%	最大值	偏度系数	峰度系数
红壤	18798	0.36	4.11	0.12	2.90	11.52	0.08	0.10	0.04	0.00	0.02	0.04	0.07	0.18	1.43	6.77	434.10	73.28	6943.42
黄壤	181600	0.26	2.85	0.14	2.08	10.93	0.10	0.13	0.05	0.00	0.03	0.04	0.09	0.20	0.75	2.80	467.24	82.94	9470.76
黄棕壤	31136	0.18	0.44	0.13	2.00	2.49	0.11	0.13	0.05	0.01	0.02	0.03	0.09	0.19	0.54	1.36	38.20	49.03	3489.97
棕色土	2258	0.16	0.08	0.14	1.61	0.53	0.13	0.14	0.04	0.02	0.03	0.05	0.10	0.19	0.36	0.56	1.27	2.99	21.87
紫色土	23907	0.12	0.45	0.08	2.05	3.80	0.05	0.08	0.03	0.00	0.01	0.02	0.05	0.13	0.30	0.87	20.80	31.58	1192.00
石灰土	111728	0.32	11.90	0.15	2.02	37.37	0.12	0.15	0.05	0.00	0.03	0.05	0.10	0.21	0.74	2.72	3678	270.99	81966.30
粗骨土	18281	0.13	0.07	0.11	1.76	0.52	0.10	0.12	0.04	0.00	0.02	0.03	0.08	0.17	0.30	0.33	0.34	0.80	0.14
水稻土	56617	0.29	13.06	0.14	2.05	44.54	0.10	0.14	0.05	0.00	0.03	0.04	0.09	0.21	0.72	2.15	759.50	220.63	50601.30

表 5.11 贵州省不同土壤类型耕地土壤碘元素（I）地球化学参数 （单位：mg/kg）

土壤类型	样品件数/个	算术平均值	算术标准差	几何平均值	几何标准差	变异系数	众值	中位值	中位绝对离差	最小值	0.5%	2.5%	25%	75%	97.5%	99.5%	最大值	偏度系数	峰度系数
红壤	18798	2.66	2.64	1.80	2.40	0.99	0.60	1.72	1.03	0.11	0.36	0.46	0.85	3.59	10.30	14.90	39.50	2.44	9.40
黄壤	181597	3.86	3.36	2.59	2.57	0.87	0.71	2.93	1.98	0.01	0.36	0.49	1.15	5.60	12.30	17.10	59.50	1.64	4.71
黄棕壤	31136	7.58	4.50	6.21	1.98	0.59	10.50、10.40	6.99	2.98	0.18	0.73	1.25	4.16	10.20	17.70	24.11	59.88	1.09	2.62
棕壤	2258	9.60	3.84	8.77	1.57	0.40	11.60	9.43	2.57	0.94	1.80	2.96	6.82	12.00	17.90	21.40	29.50	0.53	0.66
紫色土	23907	3.32	3.04	2.21	2.56	0.92	0.84	2.29	1.45	0.03	0.21	0.37	1.08	4.72	11.28	15.86	39.80	1.88	5.60
石灰土	111727	4.24	3.42	3.01	2.42	0.81	0.80	3.47	2.13	0.01	0.37	0.54	1.50	5.98	12.90	17.90	41.70	1.53	3.58
粗骨土	18281	4.38	3.72	3.05	2.46	0.85	0.92、0.68	3.37	2.09	0.12	0.36	0.54	1.55	6.12	13.90	19.90	34.69	1.72	4.51
水稻土	56617	2.66	2.69	1.75	2.45	1.01	0.66	1.54	0.87	0.01	0.29	0.43	0.85	3.59	9.92	14.00	41.30	2.24	8.15

表 5.12 贵州省不同土壤类型耕地土壤钾元素（K）地球化学参数 （单位：%）

土壤类型	样品件数/个	算术平均值	算术标准差	几何平均值	几何标准差	变异系数	众值	中位值	中位绝对离差	最小值	0.5%	2.5%	25%	75%	97.5%	99.5%	最大值	偏度系数	峰度系数
红壤	18798	1.99	0.68	1.86	1.50	0.34	1.93	1.98	0.39	0.13	0.32	0.66	1.58	2.37	3.43	4.23	6.94	0.51	2.08
黄壤	181598	1.92	0.91	1.68	1.74	0.48	1.83	1.84	0.65	0.01	0.29	0.46	1.22	2.53	3.83	4.59	12.12	0.97	8.01
黄棕壤	31136	1.31	0.77	1.13	1.71	0.58	0.84	1.08	0.34	0.02	0.27	0.41	0.80	1.59	3.41	4.21	7.42	1.63	3.16
棕壤	2258	1.09	0.39	1.03	1.38	0.35	0.98	1.02	0.18	0.27	0.37	0.54	0.85	1.22	2.08	2.76	3.87	1.82	6.26
紫色土	23907	1.91	0.67	1.78	1.48	0.35	1.93	1.89	0.40	0.03	0.44	0.70	1.48	2.28	3.41	4.10	6.63	0.53	1.09
石灰土	111728	1.94	0.91	1.71	1.72	0.47	1.64	1.86	0.64	0.06	0.29	0.49	1.25	2.55	3.91	4.68	11.35	0.58	0.58
粗骨土	18281	1.64	0.93	1.37	1.89	0.56	0.75	1.49	0.68	0.08	0.21	0.35	0.88	2.28	3.75	4.59	6.86	0.78	0.50
水稻土	56617	1.85	0.84	1.64	1.70	0.46	1.61	1.77	0.57	0.09	0.28	0.45	1.24	2.39	3.66	4.46	10.46	0.65	1.11

表 5.13 贵州省不同土壤类型耕地土壤锰元素（Mn）地球化学参数 （单位：mg/kg）

土壤类型	样品件数/个	算术平均值	算术标准差	几何平均值	几何标准差	变异系数	众值	中位值	中位绝对离差	最小值	0.5%	2.5%	25%	75%	97.5%	99.5%	最大值	偏度系数	峰度系数
红壤	18797	636	725	427	2.37	1.14	219	412	221	16	56	92	231	755	2835	4752	11396	3.56	17.84
黄壤	181593	939	828	663	2.48	0.88	200	775	465	5	51	93	357	1329	2714	4115	96941	14.03	1183.63
黄棕壤	31136	1239	678	1059	1.84	0.55	1363	1175	409	13	114	238	783	1605	2580	4048	16648	2.52	24.91
棕壤	2258	1156	520	1053	1.55	0.45	892、1434、750	1050	319	200	300	440	793	1454	2274	2974	6483	1.80	9.93
紫色土	23907	1053	596	856	2.04	0.57	610、452	1047	476	13	106	155	547	1496	2201	2718	14948	1.00	12.75
石灰土	111724	1177	1009	870	2.29	0.86	500	969	483	5	59	132	533	1530	3684	5683	49447	5.95	151.20
粗骨土	18280	1040	789	759	2.41	0.76	297、260	878	496	17	54	98	443	1492	2779	3985	23945	2.83	44.29
水稻土	56616	735	759	500	2.49	1.03	182	529	308	10	46	76	267	977	2473	3935	67325	15.05	1084.36

表 5.14　贵州省不同土壤类型耕地土壤钼元素（Mo）地球化学参数

（单位：mg/kg）

土壤类型	样品件数/个	算术平均值	算术标准差	几何平均值	几何标准差	变异系数	众值	中位值	中位绝对离差	最小值	0.5%	2.5%	25%	75%	97.5%	99.5%	最大值	偏度系数	峰度系数
红壤	18798	1.60	4.29	0.94	2.39	2.69	0.46	0.76	0.36	0.10	0.23	0.30	0.48	1.67	6.65	19.40	275.00	26.57	1194.01
黄壤	181597	2.21	3.38	1.54	2.24	1.53	0.50	1.58	0.81	0.01	0.29	0.35	0.87	2.59	7.76	16.70	433.00	28.28	2211.55
黄棕壤	31136	2.34	2.28	2.00	1.67	0.98	1.74	1.96	0.54	0.25	0.57	0.78	1.48	2.59	6.30	12.20	223.00	33.97	2867.23
棕壤	2258	2.20	0.97	2.06	1.40	0.44	1.82	2.01	0.36	0.65	0.87	1.08	1.69	2.44	4.72	7.38	15.00	4.18	32.67
紫色土	23906	1.21	1.17	0.98	1.87	0.97	0.40	0.99	0.39	0.05	0.25	0.31	0.64	1.45	3.51	6.34	78.99	17.62	890.83
石灰土	111728	2.25	3.03	1.71	2.01	1.35	1.30	1.69	0.68	0.02	0.32	0.43	1.11	2.59	7.49	15.20	506.00	52.85	7409.96
粗骨土	18281	2.50	4.68	1.73	2.17	1.87	1.62	1.71	0.73	0.17	0.29	0.39	1.08	2.64	9.27	22.40	383.00	35.01	2467.71
水稻土	56617	2.22	2.85	1.52	2.31	1.29	0.56	1.56	0.85	0.04	0.27	0.34	0.83	2.68	8.09	16.30	230.00	16.15	845.55

表 5.15　贵州省不同土壤类型耕地土壤氮元素（N）地球化学参数

（单位：g/kg）

土壤类型	样品件数/个	算术平均值	算术标准差	几何平均值	几何标准差	变异系数	众值	中位值	中位绝对离差	最小值	0.5%	2.5%	25%	75%	97.5%	99.5%	最大值	偏度系数	峰度系数
红壤	18798	1.73	0.63	1.62	1.42	0.37	1.30	1.61	0.37	0.26	0.60	0.81	1.29	2.06	3.22	4.16	8.41	1.35	4.37
黄壤	181602	1.95	0.67	1.85	1.39	0.34	1.72	1.84	0.38	0.10	0.71	0.97	1.50	2.29	3.58	4.42	13.83	1.27	4.21
黄棕壤	31136	2.14	0.76	2.01	1.42	0.35	1.85	2.03	0.43	0.25	0.69	0.94	1.64	2.52	3.91	5.04	9.98	1.21	3.71
棕壤	2258	2.43	0.78	2.31	1.39	0.32	1.76、2.12	2.33	0.52	0.57	0.92	1.17	1.85	2.92	4.18	4.65	6.30	0.61	0.21
紫色土	23907	1.66	0.63	1.55	1.47	0.38	1.32	1.59	0.41	0.19	0.52	0.71	1.20	2.02	3.11	3.89	6.54	0.99	2.27
石灰土	111728	1.89	7.34	1.78	1.37	3.89	1.61	1.76	0.34	0.14	0.73	0.97	1.46	2.15	3.38	4.30	2.45	0.33	1.10
粗骨土	18281	1.91	0.72	1.79	1.44	0.37	1.70	1.79	0.42	0.23	0.60	0.85	1.42	2.28	3.62	4.54	8.95	1.31	4.01
水稻土	56617	2.00	0.73	1.87	1.43	0.37	1.66	1.86	0.43	0.14	0.67	0.92	1.49	2.38	3.74	4.67	9.45	1.20	3.01

表 5.16　贵州省不同土壤类型耕地土壤镍元素（Ni）地球化学参数

（单位：mg/kg）

土壤类型	样品件数/个	算术平均值	算术标准差	几何平均值	几何标准差	变异系数	众值	中位值	中位绝对离差	最小值	0.5%	2.5%	25%	75%	97.5%	99.5%	最大值	偏度系数	峰度系数
红壤	18798	29.49	17.35	25.71	1.69	0.59	16.40	25.70	9.40	2.30	6.77	9.58	17.50	37.80	70.00	95.70	861.00	7.39	287.81
黄壤	181598	43.22	24.40	37.06	1.78	0.56	34.00	38.35	12.85	0.26	6.16	10.56	27.20	54.20	99.60	129.00	935.00	2.24	28.49
黄棕壤	31136	62.97	24.44	57.65	1.57	0.39	104.00	62.62	16.12	0.38	11.83	18.80	45.70	78.00	113.00	139.00	290.00	0.55	1.73
棕壤	2258	61.53	19.32	58.59	1.37	0.31	59.00、65.30、73.80	60.50	13.00	17.40	24.10	30.80	46.80	73.00	105.00	128.00	191.00	0.82	1.75
紫色土	23907	58.98	28.98	51.23	1.75	0.49	101.00	57.00	24.90	0.03	11.19	16.00	33.20	83.70	111.00	128.00	354.00	0.39	0.15
石灰土	111728	43.90	21.09	39.56	1.59	0.48	34.00	38.70	10.00	1.87	8.19	15.10	30.37	52.40	95.30	117.00	567.00	1.99	14.52
粗骨土	18281	46.73	27.13	40.36	1.75	0.58	36.70	40.30	14.10	0.94	6.92	12.40	28.90	60.50	105.00	135.00	1159	5.49	166.87
水稻土	56617	37.19	19.68	32.59	1.70	0.53	34.00	34.10	9.90	1.00	6.10	10.04	24.68	44.50	86.88	109.00	532.00	2.00	15.36

表 5.17　贵州省不同土壤类型耕地土壤磷元素（P）地球化学参数

（单位：g/kg）

土壤类型	样品件数/个	算术		几何		变异系数	众值	中位值	中位绝对离差	最小值	累积频率值						最大值	偏度系数	峰度系数
		平均值	标准差	平均值	标准差						0.5%	2.5%	25%	75%	97.5%	99.5%			
红壤	18798	0.60	0.36	0.54	1.56	0.60	0.44	0.51	0.13	0.07	0.18	0.25	0.41	0.68	1.50	2.28	14.31	6.57	145.93
黄壤	181602	0.81	0.46	0.72	1.60	0.57	0.55	0.71	0.21	0.00	0.21	0.30	0.53	0.99	1.78	2.37	43.29	16.19	1105.12
黄棕壤	31136	1.17	0.50	1.07	1.54	0.42	0.91	1.11	0.31	0.01	0.30	0.42	0.82	1.46	2.25	2.81	17.42	2.09	40.09
棕壤	2258	1.33	0.46	1.25	1.44	0.35	1.09	1.28	0.32	0.27	0.39	0.57	0.99	1.63	2.35	2.66	3.13	0.50	-0.05
紫色土	23907	0.87	0.48	0.75	1.77	0.55	0.35	0.86	0.35	0.01	0.18	0.24	0.48	1.18	1.75	2.18	23.60	6.76	252.88
石灰土	111728	0.82	5.09	0.73	1.53	6.20	0.63	0.73	0.19	0.00	0.23	0.32	0.56	0.96	1.72	2.51	16.96	3.31	110.13
粗骨土	18281	0.92	1.05	0.78	1.66	1.15	0.55	0.76	0.25	0.10	0.21	0.31	0.56	1.11	1.98	3.53	43.55	20.81	616.52
水稻土	56617	0.75	0.38	0.68	1.56	0.50	0.56	0.68	0.19	0.00	0.21	0.29	0.51	0.91	1.59	2.06	14.86	6.07	149.57

表 5.18　贵州省不同土壤类型耕地土壤铅元素（Pb）地球化学参数

（单位：mg/kg）

土壤类型	样品件数/个	算术		几何		变异系数	众值	中位值	中位绝对离差	最小值	累积频率值						最大值	偏度系数	峰度系数
		平均值	标准差	平均值	标准差						0.5%	2.5%	25%	75%	97.5%	99.5%			
红壤	18798	35.38	67.09	29.54	1.61	1.90	24.40	26.80	4.70	4.70	11.68	14.80	22.70	32.90	96.32	208.00	4362	41.30	2247.78
黄壤	181597	39.31	86.76	33.28	1.56	2.21	30.40	31.80	6.96	0.31	12.20	16.00	25.80	40.50	85.70	223.00	16338	70.64	9598.62
黄棕壤	31136	73.71	328.49	46.05	2.05	4.46	30.30	41.10	14.90	6.03	12.60	16.30	28.79	63.00	292.00	1022.00	35736	61.21	5519.34
棕壤	2258	78.35	90.55	61.81	1.84	1.16	110.00、43.60	58.75	17.85	8.48	14.20	21.40	43.00	82.40	266.00	658.00	1685	8.33	104.02
紫色土	23907	30.55	64.85	27.37	1.44	2.12	28.30	26.90	5.00	6.84	12.00	14.70	22.10	32.10	57.50	124.00	7310	85.15	8691.98
石灰土	111728	43.90	91.34	37.76	1.56	2.08	33.20	36.40	8.79	3.26	13.40	17.90	28.80	47.40	95.80	216.00	13500	68.84	7150.40
粗骨土	18281	44.45	153.52	32.91	1.72	3.45	27.10	31.20	7.80	2.62	10.20	13.80	24.40	41.00	111.00	518.00	11186	45.26	2877.00
水稻土	56616	40.44	83.47	34.32	1.57	2.06	31.20	32.40	7.30	0.06	12.60	16.40	26.20	42.28	93.40	206.03	6511	45.93	2818.74

表 5.19　贵州省不同土壤类型耕地土壤硒元素（Se）地球化学参数

（单位：mg/kg）

土壤类型	样品件数/个	算术		几何		变异系数	众值	中位值	中位绝对离差	最小值	累积频率值						最大值	偏度系数	峰度系数
		平均值	标准差	平均值	标准差						0.5%	2.5%	25%	75%	97.5%	99.5%			
红壤	18798	0.42	0.32	0.38	1.56	0.77	0.30	0.37	0.10	0.05	0.13	0.17	0.28	0.49	0.95	1.81	16.90	16.59	569.26
黄壤	181595	0.57	0.40	0.49	1.71	0.70	0.36	0.48	0.16	0.01	0.13	0.19	0.34	0.68	1.51	2.42	15.40	5.92	101.38
黄棕壤	31136	0.67	0.41	0.58	1.75	0.62	0.62	0.62	0.21	0.01	0.10	0.16	0.43	0.85	1.47	2.05	24.90	12.12	532.58
棕壤	2258	0.63	0.23	0.59	1.48	0.36	0.60	0.61	0.13	0.04	0.12	0.25	0.48	0.76	1.16	1.40	1.88	0.74	1.42
紫色土	23906	0.47	0.32	0.39	1.84	0.68	0.28	0.40	0.16	0.03	0.08	0.11	0.26	0.60	1.26	1.84	5.90	3.08	23.72
石灰土	111727	0.54	0.34	0.48	1.56	0.64	0.42	0.48	0.12	0.01	0.15	0.21	0.37	0.62	1.26	1.95	40.07	21.41	1769.09
粗骨土	18281	0.65	0.47	0.54	1.80	0.73	0.40	0.53	0.19	0.01	0.10	0.18	0.37	0.79	1.66	2.95	12.90	5.00	64.00
水稻土	56616	0.54	0.37	0.47	1.67	0.69	0.42	0.46	0.14	0.01	0.13	0.19	0.34	0.63	1.44	2.35	13.50	5.67	81.45

表 5.20　贵州省不同土壤类型耕地土壤铊元素（Tl）地球化学参数　（单位：mg/kg）

土壤类型	样品件数/个	算术平均值	算术标准差	几何平均值	几何标准差	变异系数	众值	中位值	中位绝对离差	最小值	0.5%	2.5%	25%	75%	97.5%	99.5%	最大值	偏度系数	峰度系数
红壤	18798	0.73	0.42	0.67	1.44	0.57	0.60	0.66	0.13	0.10	0.24	0.35	0.54	0.81	1.63	2.72	12.80	9.66	186.07
黄壤	181597	0.71	0.47	0.65	1.50	0.66	0.74	0.68	0.16	0.01	0.20	0.27	0.52	0.84	1.31	2.05	114.00	90.71	19928.3
黄棕壤	31136	0.68	0.34	0.61	1.58	0.50	0.56	0.64	0.20	0.06	0.18	0.24	0.45	0.84	1.40	1.98	14.60	5.03	128.65
棕壤	2258	0.76	0.27	0.72	1.39	0.35	0.74	0.72	0.13	0.18	0.25	0.35	0.60	0.86	1.43	1.86	3.32	1.81	7.84
紫色土	23906	0.55	0.23	0.51	1.46	0.42	0.44	0.54	0.14	0.09	0.19	0.24	0.40	0.68	0.95	1.29	7.37	5.59	108.66
石灰土	111727	0.77	0.39	0.72	1.43	0.50	0.68	0.74	0.14	0.05	0.24	0.33	0.60	0.88	1.43	2.11	73.00	62.76	10922.2
粗骨土	18281	0.67	0.35	0.61	1.56	0.52	0.70	0.64	0.18	0.08	0.18	0.25	0.45	0.81	1.37	2.20	14.38	6.93	170.85
水稻土	56617	0.72	0.29	0.67	1.45	0.41	0.68	0.70	0.15	0.01	0.21	0.28	0.55	0.85	1.29	1.79	14.60	7.41	229.05

表 5.21　贵州省不同土壤类型耕地土壤钒元素（V）地球化学参数　（单位：mg/kg）

土壤类型	样品件数/个	算术平均值	算术标准差	几何平均值	几何标准差	变异系数	众值	中位值	中位绝对离差	最小值	0.5%	2.5%	25%	75%	97.5%	99.5%	最大值	偏度系数	峰度系数
红壤	18797	115.79	78.67	104.36	1.52	0.68	106.00	101.00	23.50	15.90	42.00	51.50	79.70	129.00	303.00	432.00	4938.00	17.47	833.61
黄壤	181593	161.33	101.75	138.23	1.72	0.63	108.00	128.00	42.52	0.75	39.40	50.90	96.89	198.00	433.54	548.00	3474.00	2.97	32.81
黄棕壤	31136	250.73	120.29	222.06	1.66	0.48	138.00	221.00	81.00	2.94	53.89	77.80	156.00	338.37	497.58	557.67	1293.70	0.64	-0.24
棕壤	2258	221.40	110.61	198.51	1.57	0.50	151.00、143.00	171.50	43.00	63.50	85.70	103.00	141.00	297.00	471.00	527.00	583.00	1.06	-0.08
紫色土	23907	184.44	91.82	161.12	1.71	0.50	102.00	186.00	78.00	1.40	46.10	58.90	98.40	250.00	376.00	469.11	1340.60	0.68	1.36
石灰土	111724	151.96	78.57	137.51	1.54	0.52	106.00	131.00	34.00	7.79	44.10	62.33	103.00	180.20	358.00	504.90	3843.30	3.69	63.31
粗骨土	18280	186.12	121.92	156.54	1.78	0.66	116.00	139.00	48.10	18.20	41.30	57.70	105.00	240.00	481.35	574.00	2704.00	2.42	19.05
水稻土	56616	139.02	80.63	122.58	1.63	0.58	112.00	116.00	31.92	16.70	37.80	49.70	91.00	162.00	345.98	481.00	2452.90	3.12	29.90

表 5.22　贵州省不同土壤类型耕地土壤锌元素（Zn）地球化学参数　（单位：mg/kg）

土壤类型	样品件数/个	算术平均值	算术标准差	几何平均值	几何标准差	变异系数	众值	中位值	中位绝对离差	最小值	0.5%	2.5%	25%	75%	97.5%	99.5%	最大值	偏度系数	峰度系数
红壤	18798	95.23	60.53	86.29	1.51	0.64	102.00	84.90	19.60	11.30	29.98	41.30	66.50	106.02	223.00	341.00	2596	12.12	340.37
黄壤	181598	112.11	124.18	101.42	1.51	1.11	101.00	100.30	21.80	0.65	26.10	46.20	81.10	127.00	227.00	427.00	24626	99.93	16693
黄棕壤	31136	189.83	230.24	158.98	1.69	1.21	134.00	153.00	40.00	1.36	39.20	59.00	119.00	204.46	508.00	1211.9	9967	19.69	616.10
棕壤	2258	194.68	110.02	178.54	1.47	0.57	158.00	176.00	36.00	44.30	66.80	86.00	144.00	218.00	403.00	778.22	1863	6.49	71.00
紫色土	23907	117.81	100.68	108.34	1.46	0.85	130.00	114.00	26.40	1.29	37.00	49.20	85.00	138.00	198.73	372.00	7980	41.02	2517.62
石灰土	111728	116.44	110.72	105.04	1.50	0.95	101.00	102.00	21.00	4.00	33.40	51.60	83.30	126.94	271.00	439.00	10895	42.98	3152.35
粗骨土	18281	124.08	126.53	107.70	1.61	1.02	107.00	106.00	27.00	7.28	28.20	43.60	82.20	138.00	287.00	667.00	5278	18.82	570.07
水稻土	56617	106.24	70.31	96.77	1.50	0.66	101.00	96.80	20.40	6.73	25.50	42.00	78.04	120.00	220.00	388.00	4983	17.53	712.90

表 5.23　贵州省不同土壤类型耕地土壤有机质地球化学参数

（单位：g/kg）

土壤类型	样品件数/个	算术平均值	算术标准差	几何平均值	几何标准差	变异系数	众值	中位值	中位绝对离差	最小值	0.5%	2.5%	25%	75%	97.5%	99.5%	最大值	偏度系数	峰度系数
红壤	18797	27.32	11.13	25.36	1.47	0.41	23.10	25.17	5.73	2.20	7.25	11.70	20.10	32.00	55.00	74.82	139.70	1.68	5.82
黄壤	181592	34.04	17.09	30.92	1.54	0.50	28.40	30.50	7.70	1.10	8.40	13.30	23.80	40.00	75.70	114.20	608.50	3.49	34.97
黄棕壤	31136	42.11	19.90	38.32	1.54	0.47	36.40	38.10	9.83	0.11	11.40	16.10	29.49	50.10	92.20	126.90	383.10	2.27	13.30
棕色土	2258	49.12	18.66	45.73	1.47	0.38	38.70	46.10	12.30	10.60	16.30	21.10	34.90	60.30	92.20	108.10	133.10	0.79	0.44
紫色土	23907	31.14	18.57	27.29	1.66	0.60	21.10	27.80	8.75	1.80	6.75	10.20	19.70	37.43	75.00	124.00	380.74	3.58	29.69
石灰土	111724	31.59	13.44	29.29	1.47	0.43	26.50	29.00	6.70	0.50	8.90	14.00	23.10	37.00	63.50	90.50	361.11	2.64	20.10
粗骨土	18280	34.33	17.80	30.91	1.57	0.52	25.00	30.27	8.43	1.24	9.40	13.40	22.90	41.00	80.20	113.20	344.98	2.88	21.75
水稻土	56616	34.28	17.01	31.00	1.56	0.50	25.00	30.60	8.20	1.00	7.95	13.00	23.50	41.00	75.60	108.65	418.30	2.86	24.23

表 5.24　贵州省不同土壤类型耕地土壤 pH 地球化学参数

土壤类型	样品件数/个	算术平均值	算术标准差	几何平均值	几何标准差	变异系数	众值	中位值	中位绝对离差	最小值	0.5%	2.5%	25%	75%	97.5%	99.5%	最大值	偏度系数	峰度系数
红壤	18796	5.85	1.02	5.77	1.18	0.18	5.20	5.52	0.57	3.62	4.22	4.50	5.09	6.50	8.09	8.25	8.60	0.79	-0.42
黄壤	181397	5.95	1.02	5.87	1.18	0.17	5.20	5.69	0.65	3.11	4.27	4.53	5.16	6.64	8.12	8.33	9.32	0.65	-0.56
黄棕壤	31136	5.81	0.93	5.74	1.17	0.16	5.00	5.57	0.58	3.29	4.36	4.56	5.08	6.40	7.94	8.19	8.67	0.77	-0.26
棕色土	2258	5.53	0.73	5.49	1.13	0.13	5.45	5.41	0.39	4.08	4.38	4.54	5.03	5.84	7.54	8.04	8.23	1.22	1.60
紫色土	23907	6.09	1.07	6.00	1.19	0.18	5.27	5.85	0.73	3.23	4.38	4.59	5.24	6.81	8.35	8.56	8.99	0.60	-0.64
石灰土	111688	6.42	1.08	6.33	1.18	0.17	8.00	6.32	0.89	3.00	4.36	4.66	5.52	7.35	8.24	8.41	8.94	0.12	-1.11
粗骨土	18280	5.92	1.01	5.84	1.18	0.17	5.42	5.71	0.67	3.62	4.18	4.46	5.14	6.57	8.10	8.31	8.60	0.61	-0.48
水稻土	56523	6.13	1.06	6.04	1.19	0.17	5.20	5.90	0.76	3.24	4.31	4.57	5.26	6.95	8.14	8.34	8.82	0.44	-0.92

表 5.25　贵州省不同土壤类型区主要耕地类型土壤砷元素（As）地球化学参数

（单位：mg/kg）

土壤类型	耕地类型	样品件数/个	算术平均值	算术标准差	几何平均值	几何标准差	变异系数	众值	中位值	中位绝对离差	最小值	0.5%	2.5%	25%	75%	97.5%	99.5%	最大值	偏度系数	峰度系数
红壤	水田	7672	11.91	24.96	7.11	2.52	2.10	10.20	6.28	3.23	0.20	1.08	1.56	3.65	12.60	51.70	107.00	1493.00	30.70	1657.22
红壤	旱地	8877	20.85	45.43	12.56	2.36	2.18	10.60	10.50	4.15	0.60	1.97	3.17	7.45	19.50	98.50	255.00	2106.00	19.30	664.59
黄壤	水田	48820	11.52	13.95	7.84	2.35	1.21	10.10	7.70	4.18	0.06	1.08	1.67	4.21	14.20	42.10	79.20	628.00	9.18	212.37
黄壤	旱地	119378	23.05	57.95	15.34	2.21	2.51	10.60	15.50	7.17	0.28	2.12	3.38	9.20	24.50	80.00	241.00	7239.00	39.65	3092.52
黄棕壤	水田	535	17.65	26.80	12.19	2.22	1.52	20.70	12.00	6.00	0.85	1.37	3.00	7.17	20.60	59.80	124.00	463.00	10.52	154.97
黄棕壤	旱地	28539	24.38	49.48	17.19	2.18	2.03	16.60	18.70	8.60	0.26	2.15	3.51	10.40	27.90	78.30	196.00	3576.00	34.82	1911.53
棕色土	水田	0																		
棕色土	旱地	2118	23.82	10.35	21.66	1.59	0.43	23.40	23.40	5.40	2.91	4.18	6.65	17.80	28.66	44.90	64.70	134.92	2.13	15.45
紫色土	水田	2534	7.56	9.09	5.69	1.98	1.20	10.20	5.38	2.06	0.65	1.19	1.71	3.61	8.24	26.60	57.90	204.00	8.20	118.42
紫色土	旱地	19813	11.27	16.06	8.11	2.13	1.42	10.10	7.43	3.37	0.35	1.60	2.18	4.80	13.40	36.30	70.10	648.00	16.58	471.24
石灰土	水田	22276	16.72	17.25	12.34	2.17	1.03	11.20	12.68	6.07	0.30	1.55	2.55	7.44	20.70	53.80	98.10	488.00	7.57	127.71
石灰土	旱地	81484	24.93	30.60	18.88	2.03	1.23	17.00	19.00	7.70	0.73	2.87	4.53	12.40	28.70	82.30	164.00	1763.00	15.31	498.04
粗骨土	水田	3420	12.47	11.41	9.78	1.98	0.91	12.50	9.94	3.97	0.48	1.43	2.38	6.49	15.00	38.40	79.90	202.00	5.56	55.19
粗骨土	旱地	13510	19.33	33.24	14.14	2.04	1.72	10.20	14.20	5.95	0.23	2.30	3.73	8.88	21.50	62.90	161.00	1654.00	23.33	858.69
水稻土	水田	23582	14.04	88.44	9.40	2.32	6.30	11.40，11.20	9.45	5.11	0.19	1.25	1.98	5.15	16.90	47.50	81.40	13391.00	146.78	22194
水稻土	旱地	28455	20.27	24.58	14.71	2.20	1.21	11.40	14.90	7.39	0.27	1.96	3.08	8.63	25.10	66.90	120.00	1406.00	18.69	799.46

表 5.26　贵州省不同土壤类型区主要耕地类型土壤硼元素（B）地球化学参数　（单位：mg/kg）

土壤类型	耕地类型	样品件数/个	算术平均值	算术标准差	几何平均值	几何标准差	变异系数	众值	中位值	中位绝对离差	最小值	累积频率 0.5%	2.5%	25%	75%	97.5%	99.5%	最大值	偏度系数	峰度系数
红壤	水田	7672	72.70	26.95	67.74	1.47	0.37	102.00	71.00	16.26	10.20	20.80	27.18	54.90	87.40	134.00	178.00	262.00	0.97	2.87
	旱地	8877	73.86	25.80	68.97	1.48	0.35	73.00	73.00	15.00	5.51	14.70	24.30	58.00	88.30	129.00	170.16	368.00	0.83	4.50
黄壤	水田	48819	72.65	29.19	67.11	1.51	0.40	103.00	70.00	16.40	6.13	17.25	27.00	53.80	86.60	140.79	182.00	527.00	1.54	9.06
	旱地	119378	71.95	39.40	61.93	1.81	0.55	101.00	69.00	20.90	1.00	8.00	14.00	47.60	89.31	156.42	226.00	1664.00	3.45	60.96
黄棕壤	水田	535	72.07	31.38	64.77	1.64	0.44	115.00	70.00	17.60	6.66	12.20	18.30	52.20	87.26	148.00	178.00	208.00	0.80	1.53
	旱地	28539	54.83	33.59	44.79	1.97	0.61	103.00	53.00	22.00	1.84	6.36	10.10	28.10	71.50	137.00	179.30	642.00	1.52	8.06
棕壤	水田	0																		
	旱地	2118	57.41	23.66	52.26	1.59	0.41	56.30, 54.20	56.70	11.90	6.30	11.10	16.20	44.00	68.20	114.00	148.00	218.71	0.97	3.14
紫色土	水田	2534	58.03	23.28	53.52	1.52	0.40	48.00	54.90	13.70	5.69	12.54	19.00	42.30	70.10	111.00	144.00	223.00	1.27	4.36
	旱地	19813	51.40	32.35	41.71	1.99	0.63	101.00	45.70	21.30	1.32	6.63	9.45	26.50	70.00	124.00	179.00	384.00	1.45	5.04
石灰土	水田	22276	84.70	36.27	78.72	1.46	0.43	101.00	77.40	15.90	2.92	23.40	36.46	63.94	97.40	171.93	264.00	534.00	2.81	17.19
	旱地	81483	84.20	44.90	75.67	1.59	0.53	103.00	76.60	18.60	2.20	13.78	27.00	60.00	98.20	183.00	322.00	1884.00	4.47	62.88
粗骨土	水田	3420	80.99	28.25	76.15	1.44	0.35	102.00	77.10	15.80	7.40	17.90	34.10	63.20	95.60	144.86	187.00	345.00	1.18	4.69
	旱地	13510	62.17	33.88	52.44	1.89	0.54	101.00	61.10	21.60	0.66	6.66	11.60	36.60	80.20	137.00	186.00	380.00	1.23	4.76
水稻土	水田	23582	79.29	30.93	73.68	1.48	0.39	101.00	74.80	16.80	8.69	21.91	31.27	59.60	93.70	153.00	194.00	352.00	1.30	4.20
	旱地	28454	78.10	35.93	70.31	1.62	0.46	104.00	73.30	18.14	3.05	10.75	21.15	56.50	93.20	163.00	221.00	598.00	1.87	10.93

表 5.27　贵州省不同土壤类型区主要耕地类型土壤镉元素（Cd）地球化学参数　（单位：mg/kg）

土壤类型	耕地类型	样品件数/个	算术平均值	算术标准差	几何平均值	几何标准差	变异系数	众值	中位值	中位绝对离差	最小值	累积频率 0.5%	2.5%	25%	75%	97.5%	99.5%	最大值	偏度系数	峰度系数
红壤	水田	7672	0.32	0.40	0.24	1.96	1.25	0.15	0.21	0.07	0.02	0.06	0.09	0.15	0.35	1.27	2.75	11.10	7.89	114.92
	旱地	8877	0.43	0.90	0.24	2.46	2.07	0.16	0.21	0.09	0.02	0.04	0.06	0.14	0.35	2.59	6.28	19.00	7.99	96.00
黄壤	水田	48820	0.40	0.50	0.32	1.84	1.25	0.20	0.29	0.10	0.03	0.09	0.12	0.21	0.44	1.29	2.77	35.80	20.94	1027.56
	旱地	119376	0.68	1.06	0.46	2.16	1.56	0.30	0.42	0.17	0.02	0.08	0.13	0.28	0.67	2.97	6.44	77.43	14.40	595.48
黄棕壤	水田	535	0.47	0.43	0.38	1.76	0.93	0.25	0.35	0.10	0.04	0.09	0.15	0.26	0.52	1.41	2.52	5.57	6.08	55.33
	旱地	28539	2.00	2.58	1.30	2.51	1.29	0.46	1.26	0.74	0.02	0.16	0.24	0.66	2.54	7.51	12.28	150.30	16.61	726.05
棕壤	水田	0																		
	旱地	2118	2.15	1.58	1.73	1.91	0.74	0.92	1.65	0.67	0.20	0.37	0.54	1.09	2.62	6.44	8.75	14.00	2.05	5.90
紫色土	水田	2534	0.36	0.24	0.32	1.53	0.66	0.30	0.31	0.07	0.04	0.11	0.15	0.25	0.40	0.80	1.86	4.31	7.23	85.38
	旱地	19813	0.66	1.91	0.47	2.04	2.90	0.30	0.41	0.15	0.04	0.11	0.15	0.29	0.68	2.34	6.08	231.22	91.28	10740.5
石灰土	水田	22276	0.62	2.30	0.44	1.93	3.72	0.30	0.41	0.14	0.05	0.11	0.16	0.29	0.60	2.31	5.78	266.00	86.90	9140.88
	旱地	81483	0.88	1.61	0.51	2.35	1.85	0.34	0.42	0.14	0.02	0.10	0.15	0.30	0.65	5.48	10.88	53.30	6.72	87.76
粗骨土	水田	3420	0.56	1.22	0.40	2.02	2.16	0.28	0.37	0.14	0.03	0.09	0.12	0.26	0.56	2.08	5.00	41.90	24.48	791.82
	旱地	13510	1.00	1.39	0.61	2.52	1.39	0.28	0.51	0.25	0.03	0.08	0.14	0.32	1.04	5.04	8.38	28.66	4.31	32.10
水稻土	水田	23582	0.44	0.47	0.35	1.82	1.07	0.28	0.34	0.12	0.01	0.09	0.13	0.24	0.49	1.41	2.84	20.00	11.64	288.05
	旱地	28454	0.51	0.75	0.38	1.97	1.46	0.30	0.35	0.12	0.02	0.08	0.12	0.25	0.52	2.03	5.38	19.91	9.06	124.02

表 5.28 贵州省不同土壤类型区主要耕地类型土壤钴元素（Co）地球化学参数

（单位：mg/kg）

土壤类型	耕地类型	样品件数/个	算术平均值	标准差	几何平均值	几何标准差	变异系数	众值	中位值	中位绝对离差	最小值	累积频率值 0.5%	2.5%	25%	75%	97.5%	99.5%	最大值	偏度系数	峰度系数
红壤	水田	7671	12.23	7.17	10.36	1.80	0.59	17.00	10.20	4.43	0.57	2.10	3.49	6.69	16.80	29.00	38.60	62.10	1.29	2.66
	旱地	8877	18.12	9.65	15.91	1.69	0.53	15.40	16.90	5.00	0.72	3.20	5.00	11.80	21.70	45.00	60.10	114.00	1.83	6.53
黄壤	水田	48820	14.19	9.50	11.34	2.03	0.67	15.80	13.10	5.88	0.35	1.10	2.76	6.69	18.26	40.90	50.70	119.00	1.57	4.05
	旱地	119370	26.13	13.82	22.65	1.76	0.53	20.20	22.80	7.70	0.04	3.22	6.22	16.60	33.90	58.30	74.28	362.00	1.35	6.15
黄棕壤	水田	535	20.05	12.67	16.10	2.01	0.63	13.30	16.80	8.35	2.15	2.34	3.73	9.98	28.80	48.40	55.90	65.50	0.82	-0.04
	旱地	28539	32.33	15.86	28.36	1.72	0.49	20.40	29.12	10.18	0.52	4.04	7.98	20.60	42.40	67.80	82.90	166.39	0.85	1.08
棕壤	水田	0																		
	旱地	2118	26.85	12.39	24.55	1.51	0.46	19.80	23.40	5.85	5.80	9.23	12.70	18.40	31.00	58.90	72.60	82.60	1.45	2.00
紫色土	水田	2534	16.89	11.46	13.99	1.82	0.68	15.20	13.50	4.02	1.76	3.45	4.52	9.71	17.90	46.90	57.10	71.30	1.61	2.09
	旱地	19813	31.90	15.55	27.38	1.82	0.49	15.20	33.91	13.01	1.41	4.50	6.90	16.50	44.00	60.00	72.55	142.00	0.21	-0.25
石灰土	水田	22276	17.29	8.54	15.02	1.80	0.49	16.40	16.50	4.30	0.49	1.27	3.13	12.20	20.80	39.60	48.20	82.30	1.13	2.85
	旱地	81480	24.36	10.31	22.30	1.54	0.42	18.40	22.22	5.68	0.44	4.60	9.00	17.40	29.50	48.60	60.60	234.98	1.31	5.74
粗骨土	水田	3420	15.30	8.76	12.89	1.89	0.57	17.00	14.40	4.60	0.56	1.16	2.68	9.55	18.80	40.00	50.10	70.10	1.54	4.25
	旱地	13509	27.39	15.79	23.15	1.84	0.58	18.30、8.80	22.60	8.40	0.60	2.86	6.19	16.20	36.96	64.90	78.50	182.00	1.17	1.95
水稻土	水田	23582	14.54	8.84	11.99	1.94	0.61	16.00	13.61	5.31	0.49	1.36	2.76	7.90	18.44	38.20	48.80	96.90	1.41	3.54
	旱地	28454	21.86	11.21	19.14	1.72	0.51	18.20	19.50	5.78	0.17	3.14	5.40	14.59	26.70	49.60	60.70	109.36	1.22	2.30

表 5.29 贵州省不同土壤类型区主要耕地类型土壤铬元素（Cr）地球化学参数

（单位：mg/kg）

土壤类型	耕地类型	样品件数/个	算术平均值	标准差	几何平均值	几何标准差	变异系数	众值	中位值	中位绝对离差	最小值	累积频率值 0.5%	2.5%	25%	75%	97.5%	99.5%	最大值	偏度系数	峰度系数
红壤	水田	7672	67.05	29.34	61.86	1.48	0.44	102.00	60.90	16.30	12.70	22.69	30.00	46.84	81.00	144.00	189.00	438.00	2.08	10.15
	旱地	8877	85.93	40.59	79.05	1.48	0.47	102.00	76.00	16.80	7.84	28.62	38.90	61.80	97.30	195.00	280.00	566.00	2.60	11.55
黄壤	水田	48820	80.28	41.72	71.69	1.61	0.52	102.00	75.75	21.59	7.10	21.40	38.39	51.70	94.70	193.00	283.00	430.00	2.10	7.62
	旱地	119378	117.42	55.22	106.89	1.54	0.47	102.00	104.00	26.70	1.89	29.60	45.30	81.90	140.00	263.00	354.23	964.00	1.94	7.44
黄棕壤	水田	535	112.79	58.82	99.46	1.65	0.52	112.00、116.00，156.00	95.30	31.85	19.80	27.30	39.23	72.00	147.00	259.00	296.00	383.60	1.16	1.08
	旱地	28539	146.93	67.13	134.18	1.53	0.46	116.00	131.69	33.69	2.46	41.67	58.50	103.00	175.00	321.00	419.00	876.00	1.70	5.24
棕壤	水田	0																		
	旱地	2118	138.82	53.94	130.91	1.39	0.39	108.00	124.00	22.00	52.50	60.10	75.60	106.00	155.00	291.00	394.00	453.00	2.14	6.40
紫色土	水田	2534	84.11	49.22	74.37	1.60	0.59	104.00	68.70	15.00	12.31	26.30	33.96	56.10	89.30	242.00	279.00	336.00	2.11	4.63
	旱地	19813	143.21	76.23	124.78	1.71	0.53	154.00	138.00	53.80	1.30	33.10	44.50	78.72	183.00	331.00	439.00	1215.00	1.41	5.31
石灰土	水田	22276	91.67	37.79	85.22	1.46	0.41	102.00、101.00	84.80	16.40	8.68	24.70	36.95	70.06	104.00	187.00	269.00	484.00	2.07	8.64
	旱地	81484	114.65	50.91	106.18	1.46	0.44	101.00	102.71	23.81	12.30	38.30	54.40	82.60	134.00	247.00	351.00	900.00	2.57	13.71
粗骨土	水田	3420	86.74	39.96	80.63	1.46	0.46	102.00	82.40	17.20	10.20	23.50	34.34	65.80	101.00	166.00	230.00	1390.00	11.00	332.56
	旱地	13510	120.17	64.89	107.98	1.56	0.54	104.00	103.00	27.00	9.73	35.00	48.30	81.30	141.00	299.00	429.00	1184.00	2.83	16.41
水稻土	水田	23582	83.46	37.97	75.89	1.55	0.45	101.00	79.00	19.90	9.03	22.30	30.00	58.60	98.20	179.00	241.00	609.31	1.69	7.13
	旱地	28455	104.28	46.54	95.97	1.50	0.45	104.00	93.70	20.80	9.35	27.70	40.40	76.46	122.00	219.00	295.00	1786.00	3.47	68.16

表 5.30　贵州省不同土壤类型区主要耕地类型土壤铜元素（Cu）地球化学参数

（单位：mg/kg）

土壤类型	耕地类型	样品件数/个	算术平均值	算术标准差	几何平均值	几何标准差	变异系数	众值	中位值	中位绝对离差	最小值	累积频率值 0.5%	2.5%	25%	75%	97.5%	99.5%	最大值	偏度系数	峰度系数
红壤	水田	7671	25.92	13.16	23.45	1.55	0.51	16.90	23.00	6.30	3.14	7.57	10.40	17.50	31.00	57.50	89.10	167.00	2.62	13.17
	旱地	8877	35.34	27.64	29.85	1.73	0.78	28.40、27.60	29.23	9.21	2.18	8.10	11.20	21.10	40.00	115.00	170.00	1039.00	7.96	206.02
黄壤	水田	48820	31.73	26.12	25.59	1.86	0.82	24.20	24.90	8.00	1.05	4.77	7.93	17.50	33.90	115.00	150.00	373.60	3.14	14.79
	旱地	119371	59.16	51.42	44.47	2.09	0.87	101.00	39.60	17.50	0.35	7.40	12.40	26.40	75.90	217.29	291.36	737.00	2.28	6.89
黄棕壤	水田	535	52.98	40.37	40.47	2.09	0.76	27.50	34.20	15.90	3.82	7.19	12.06	23.30	80.30	146.00	170.00	238.84	1.27	1.26
	旱地	28539	97.24	77.13	72.02	2.21	0.79	102.00	66.70	34.60	1.64	10.80	15.22	41.30	135.00	282.00	340.00	1286.00	1.52	4.57
棕壤	水田	0																		
	旱地	2118	83.62	73.31	62.58	2.05	0.88	39.50	49.10	15.60	7.79	16.70	21.00	38.60	103.00	271.00	326.00	595.00	1.79	3.28
紫色土	水田	2534	36.63	32.05	28.54	1.90	0.87	23.10	24.50	6.60	7.72	9.35	11.80	18.60	33.70	127.00	152.00	344.18	2.21	5.96
	旱地	19813	74.34	52.88	57.83	2.11	0.71	106.00	69.40	38.90	0.05	10.78	14.51	28.80	105.00	189.00	286.00	1641.00	3.12	51.42
石灰土	水田	22276	33.66	22.93	28.26	1.80	0.68	26.60、25.60	28.20	7.90	0.76	5.13	7.95	21.20	37.60	100.00	140.00	292.00	2.60	10.54
	旱地	81481	46.66	34.72	38.69	1.81	0.74	29.00	35.90	12.20	1.33	8.20	13.40	26.10	55.60	129.00	221.00	2280.00	6.15	230.49
粗骨土	水田	3420	35.09	27.65	28.09	1.93	0.79	23.60、31.60	28.10	9.90	2.10	4.50	7.61	19.00	39.50	110.00	167.00	343.18	2.99	15.16
	旱地	13509	74.92	72.11	51.01	2.38	0.96	106.00	42.20	22.00	0.50	7.22	11.70	26.90	103.00	268.66	332.41	1288.00	2.09	9.54
水稻土	水田	23582	32.25	24.65	26.39	1.85	0.76	25.80	26.40	8.60	2.25	5.08	7.64	18.40	36.00	106.00	147.00	490.66	3.20	19.34
	旱地	28454	46.83	37.75	37.12	1.93	0.81	28.50	33.40	11.55	1.63	6.61	11.40	24.60	54.10	143.47	228.00	533.00	2.56	10.31

表 5.31　贵州省不同土壤类型区主要耕地类型土壤氟元素（F）地球化学参数

（单位：mg/kg）

土壤类型	耕地类型	样品件数/个	算术平均值	算术标准差	几何平均值	几何标准差	变异系数	众值	中位值	中位绝对离差	最小值	累积频率值 0.5%	2.5%	25%	75%	97.5%	99.5%	最大值	偏度系数	峰度系数
红壤	水田	7671	606	313	553	1.49	0.52	548	527	120	152	221	279	424	686	1468	2175	6948	3.73	33.73
	旱地	8877	780	424	700	1.56	0.54	548	660	164	144	256	327	522	880	1982	2745	4472	2.38	8.43
黄壤	水田	48818	757	422	679	1.56	0.56	734	669	184	92	247	318	496	868	1919	2794	8336	3.28	21.73
	旱地	119368	1025	712	877	1.72	0.69	734	840	281	45	246	329	609	1233	2723	4120	51474	8.45	356.61
黄棕壤	水田	535	924	553	821	1.58	0.60	487	794	236	263	318	391	577	1085	2155	3975	5364	3.51	20.47
	旱地	28539	827	551	702	1.74	0.67	557	664	222	114	204	266	478	986	2288	3258	9480	2.71	14.86
棕壤	水田	0																		
	旱地	2118	834	445	751	1.55	0.53	620	725	174	176	255	336	571	949	2134	2866	4258	2.51	9.52
紫色土	水田	2534	619	277	576	1.44	0.45	505	562	126	191	242	292	451	716	1268	1915	5044	3.64	33.90
	旱地	19812	745	427	659	1.62	0.57	596	630	190	131	224	284	471	895	1810	2648	13076	3.54	47.73
石灰土	水田	22276	970	544	863	1.60	0.56	822	833	212	127	264	348	657	1110	2459	3261	11825	3.02	23.14
	旱地	81479	1180	747	1029	1.66	0.63	743	980	297	75	282	396	743	1411	2945	4290	42368	6.99	222.55
粗骨土	水田	3420	840	421	764	1.53	0.50	776、704、739	771	200	186	251	337	580	984	1867	2836	6727	3.14	22.67
	旱地	13509	852	634	728	1.71	0.74	793	720	245	115	219	272	500	1014	2197	3720	27086	11.22	364.41
水稻土	水田	23582	829	463	737	1.60	0.56	763	720	208	24	262	326	530	964	2096	2861	6524	2.50	11.44
	旱地	28454	1024	628	892	1.66	0.61	734	850	263	153	264	349	640	1230	2587	3656	18050	3.79	47.60

表 5.32 贵州省不同土壤类型区主要耕地类型土壤锗元素（Ge）地球化学参数

（单位：mg/kg）

土壤类型	耕地类型	样品件数/个	算术平均值	算术标准差	几何平均值	几何标准差	变异系数	众值	中位值	中位绝对离差	最小值	0.5%	2.5%	累积频率值 25%	75%	97.5%	99.5%	最大值	偏度系数	峰度系数
红壤	水田	7672	1.49	0.25	1.47	1.19	0.17	1.48	1.47	0.15	0.36	0.81	1.03	1.32	1.63	2.04	2.27	3.86	0.52	2.75
红壤	旱地	8877	1.50	0.26	1.48	1.19	0.17	1.42、1.48	1.48	0.15	0.25	0.84	1.07	1.34	1.64	2.07	2.42	5.32	0.96	7.37
黄壤	水田	48819	1.50	0.28	1.47	1.22	0.19	1.52	1.51	0.17	0.06	0.71	0.91	1.33	1.67	2.02	2.26	7.55	0.49	9.26
黄壤	旱地	119378	1.58	0.34	1.54	1.25	0.22	1.60	1.58	0.19	0.14	0.69	0.92	1.38	1.77	2.29	2.72	18.35	1.68	53.06
黄棕壤	水田	535	1.56	0.30	1.53	1.22	0.19	1.62、1.68	1.59	0.16	0.74	0.81	0.94	1.39	1.72	2.12	2.36	3.98	0.82	7.90
黄棕壤	旱地	28539	1.64	0.40	1.60	1.23	0.25	1.59	1.62	0.18	0.23	0.77	1.00	1.45	1.80	2.37	2.87	28.69	16.60	894.93
棕壤	水田	0																		
棕壤	旱地	2118	1.54	0.23	1.53	1.16	0.15	1.52	1.54	0.14	0.80	0.97	1.09	1.40	1.69	1.99	2.23	3.17	0.30	1.96
紫色土	水田	2534	1.49	0.23	1.47	1.16	0.15	1.44	1.47	0.12	0.61	0.87	1.07	1.35	1.60	1.97	2.23	3.43	0.81	4.72
紫色土	旱地	19813	1.64	0.27	1.62	1.18	0.17	1.60	1.62	0.15	0.26	0.98	1.17	1.48	1.78	2.26	2.62	6.94	1.45	13.27
石灰土	水田	22274	1.43	0.30	1.39	1.25	0.21	1.44	1.44	0.19	0.24	0.66	0.82	1.24	1.62	1.99	2.27	7.21	0.53	8.02
石灰土	旱地	81483	1.52	0.31	1.49	1.24	0.21	1.56	1.52	0.18	0.10	0.65	0.90	1.34	1.70	2.12	2.55	9.21	0.92	11.84
粗骨土	水田	3420	1.39	0.33	1.35	1.30	0.24	1.53	1.41	0.22	0.28	0.54	0.73	1.16	1.61	2.00	2.29	4.88	0.26	3.43
粗骨土	旱地	13510	1.52	0.37	1.47	1.31	0.24	1.58	1.55	0.20	0.05	0.46	0.73	1.32	1.73	2.18	2.51	11.60	1.59	45.09
水稻土	水田	23582	1.45	0.30	1.42	1.24	0.21	1.50	1.46	0.18	0.04	0.69	0.86	1.27	1.64	2.03	2.31	7.88	0.54	10.24
水稻土	旱地	28455	1.56	0.37	1.52	1.25	0.24	1.52	1.54	0.18	0.17	0.68	0.92	1.36	1.73	2.24	2.76	17.42	6.51	214.65

表 5.33 贵州省不同土壤类型区主要耕地类型土壤汞元素（Hg）地球化学参数

（单位：mg/kg）

土壤类型	耕地类型	样品件数/个	算术平均值	算术标准差	几何平均值	几何标准差	变异系数	众值	中位值	中位绝对离差	最小值	0.5%	2.5%	累积频率值 25%	75%	97.5%	99.5%	最大值	偏度系数	峰度系数
红壤	水田	7672	0.33	2.60	0.13	2.46	7.82	0.08	0.10	0.03	0.02	0.03	0.04	0.08	0.18	1.31	5.47	144.00	35.66	1590.95
红壤	旱地	8813	0.40	5.20	0.13	2.80	12.90	0.06	0.10	0.05	0.01	0.03	0.04	0.06	0.20	1.74	8.65	434.10	69.97	5611.59
黄壤	水田	48820	0.21	1.43	0.13	1.93	6.86	0.10	0.12	0.04	0.01	0.04	0.05	0.09	0.18	0.64	2.03	164.10	69.37	6121.82
黄壤	旱地	119371	0.28	3.22	0.14	2.13	11.61	0.10	0.14	0.06	0.01	0.03	0.04	0.09	0.21	0.80	3.09	467.24	79.93	8474.34
黄棕壤	水田	535	0.20	0.27	0.15	1.80	1.36	0.13	0.14	0.04	0.03	0.04	0.06	0.11	0.20	0.72	1.05	5.25	13.37	242.36
黄棕壤	旱地	28539	0.17	0.39	0.13	2.00	2.26	0.11	0.13	0.05	0.01	0.02	0.03	0.08	0.19	0.54	1.37	35.00	42.56	2856.18
棕壤	水田	0																		
棕壤	旱地	2118	0.16	0.09	0.14	1.61	0.54	0.13	0.14	0.04	0.02	0.03	0.05	0.11	0.19	0.36	0.56	1.27	3.03	22.23
紫色土	水田	2533	0.11	0.28	0.09	1.80	2.41	0.06	0.08	0.03	0.01	0.02	0.03	0.06	0.12	0.29	0.70	10.65	27.55	933.75
紫色土	旱地	19811	0.12	0.47	0.08	2.07	3.99	0.05	0.08	0.04	0.01	0.01	0.02	0.05	0.12	0.30	0.87	20.80	31.60	1167.43
石灰土	水田	22275	0.25	1.59	0.15	1.97	6.47	0.09	0.14	0.05	0.01	0.04	0.05	0.10	0.20	0.68	2.60	101.00	42.65	2255.91
石灰土	旱地	81479	0.28	4.29	0.15	2.01	15.21	0.12	0.15	0.05	0.01	0.03	0.05	0.10	0.21	0.74	2.58	759.50	126.89	19718.9
粗骨土	水田	3419	0.29	2.13	0.14	2.18	7.28	0.09	0.13	0.05	0.01	0.03	0.05	0.09	0.19	1.14	5.13	106.00	40.04	1870.09
粗骨土	旱地	13510	0.22	0.89	0.13	2.16	4.10	0.08	0.12	0.05	0.01	0.02	0.03	0.08	0.19	0.68	3.31	49.20	27.57	1066.05
水稻土	水田	23581	0.37	19.74	0.14	2.00	53.74	0.09	0.13	0.05	0.01	0.03	0.05	0.09	0.20	0.70	2.16	302.90	151.82	23219.8
水稻土	旱地	28454	0.24	4.04	0.14	2.08	16.71	0.10	0.14	0.06	0.01	0.04	0.05	0.09	0.21	0.70	2.11	652.00	148.62	23728.0

表 5.34　贵州省不同土壤类型区主要耕地类型土壤碘元素（I）地球化学参数

（单位：mg/kg）

土壤类型	耕地类型	样品件数/个	算术平均值	算术标准差	几何平均值	几何标准差	变异系数	众值	中位值	中位绝对离差	最小值	累积频率值 0.5%	2.5%	25%	75%	97.5%	99.5%	最大值	偏度系数	峰度系数
红壤	水田	7672	1.29	1.39	0.99	1.90	1.07	0.60	0.86	0.27	0.15	0.31	0.41	0.63	1.30	5.44	9.75	15.85	4.19	23.53
红壤	旱地	8877	3.54	2.97	2.63	2.18	0.84	0.90	2.74	1.35	0.11	0.45	0.58	1.54	4.43	12.20	16.60	27.48	2.15	6.17
黄壤	水田	48820	1.41	1.50	1.06	1.96	1.07	0.60	0.92	0.32	0.01	0.29	0.41	0.66	1.48	5.97	9.96	22.00	4.01	22.81
黄壤	旱地	119377	4.71	3.33	3.58	2.22	0.71	1.40	4.10	2.11	0.04	0.43	0.64	2.14	6.44	12.87	17.60	59.50	1.48	4.67
黄棕壤	水田	535	2.24	2.09	1.67	2.07	0.94	1.17	1.50	0.61	0.18	0.40	0.54	0.98	2.60	8.77	11.80	13.60	2.48	7.00
黄棕壤	旱地	28539	7.58	4.39	6.28	1.93	0.58	10.10	7.00	2.91	0.24	0.81	1.40	4.24	10.10	17.40	23.00	59.88	1.08	2.65
棕壤	水田	0																		
棕壤	旱地	2118	9.58	3.83	8.75	1.57	0.40	11.60	9.37	2.62	1.26	1.93	3.02	6.78	12.00	17.90	21.20	26.60	0.51	0.43
紫色土	水田	2534	1.13	1.24	0.86	2.02	1.09	0.54	0.82	0.31	0.03	0.13	0.23	0.55	1.26	3.83	7.28	23.30	6.74	79.14
紫色土	旱地	19813	3.56	3.04	2.48	2.46	0.85	0.96	2.63	1.61	0.04	0.24	0.42	1.25	5.04	11.32	15.80	39.80	1.73	4.97
石灰土	水田	22276	1.62	1.64	1.22	2.01	1.01	0.80	1.10	0.43	0.01	0.26	0.41	0.75	1.77	6.62	10.40	24.30	3.58	18.50
石灰土	旱地	81483	4.90	3.45	3.78	2.17	0.70	10.20	4.24	2.10	0.02	0.46	0.71	2.31	6.59	13.69	18.60	41.70	1.46	3.49
粗骨土	水田	3420	1.46	1.43	1.12	1.94	0.98	0.92、0.70	1.01	0.36	0.12	0.27	0.40	0.71	1.58	5.81	9.36	41.70	3.47	15.59
粗骨土	旱地	13510	5.02	3.75	3.81	2.18	0.75	10.30	4.10	2.10	0.18	0.46	0.75	2.27	6.74	14.50	20.40	34.69	1.68	4.55
水稻土	水田	23582	1.39	1.55	1.04	1.96	1.12	0.68	0.92	0.33	0.07	0.26	0.40	0.66	1.45	6.29	10.66	21.70	4.29	24.80
水稻土	旱地	28455	3.50	2.92	2.51	2.33	0.83	10.10	2.59	1.52	0.01	0.33	0.51	1.32	4.89	10.90	14.90	41.30	1.87	6.82

表 5.35　贵州省不同土壤类型区主要耕地类型土壤钾元素（K）地球化学参数

（单位：%）

土壤类型	耕地类型	样品件数/个	算术平均值	算术标准差	几何平均值	几何标准差	变异系数	众值	中位值	中位绝对离差	最小值	累积频率值 0.5%	2.5%	25%	75%	97.5%	99.5%	最大值	偏度系数	峰度系数
红壤	水田	7672	1.92	0.65	1.79	1.51	0.34	1.94	1.94	0.37	0.15	0.29	0.61	1.54	2.29	3.30	3.93	5.16	0.23	0.98
红壤	旱地	8877	2.05	0.70	1.92	1.48	0.34	1.93	2.02	0.42	0.13	0.34	0.73	1.61	2.44	3.55	4.43	6.94	0.66	2.54
黄壤	水田	48820	1.94	0.85	1.74	1.66	0.44	1.83	1.91	0.55	0.05	0.30	0.47	1.38	2.47	3.62	4.47	4.05	0.24	8.89
黄壤	旱地	119378	1.92	0.94	1.67	1.76	0.49	1.59	1.83	0.69	0.01	0.29	0.47	1.18	2.57	3.89	4.59	10.20	0.53	0.06
黄棕壤	水田	535	1.92	0.76	1.77	1.54	0.40	0.78	1.85	0.52	0.40	0.52	0.60	1.38	2.41	3.44	4.21	5.07	0.63	0.78
黄棕壤	旱地	28539	1.30	0.77	1.12	1.71	0.59	0.84	1.07	0.34	0.02	0.28	0.41	0.80	1.57	3.42	4.21	7.42	1.66	3.27
棕壤	水田	0																		
棕壤	旱地	2118	1.10	0.39	1.04	1.38	0.35	1.02	1.02	0.18	0.29	0.37	0.55	0.86	1.23	2.08	2.76	3.87	1.82	6.26
紫色土	水田	2534	1.88	0.66	1.76	1.44	0.35	1.86	1.85	0.39	0.27	0.51	0.78	1.42	2.22	3.44	4.09	5.19	0.78	1.49
紫色土	旱地	19813	1.91	0.67	1.79	1.48	0.35	1.88	1.89	0.40	0.03	0.42	0.70	1.49	2.29	3.41	4.10	5.47	0.48	0.92
石灰土	水田	22276	1.84	0.91	1.59	1.80	0.49	1.25	1.76	0.66	0.13	0.25	0.39	1.14	2.47	3.72	4.50	12.12	0.61	1.54
石灰土	旱地	81484	1.98	0.91	1.75	1.70	0.46	1.64	1.89	0.64	0.06	0.32	0.53	1.29	2.58	3.95	4.70	8.65	0.55	0.25
粗骨土	水田	3420	1.83	0.96	1.55	1.88	0.52	1.81	1.83	0.71	0.16	0.23	0.36	1.03	2.48	3.93	4.84	6.64	0.56	0.58
粗骨土	旱地	13510	1.60	0.91	1.34	1.88	0.57	0.81	1.43	0.65	0.10	0.21	0.36	0.85	2.22	3.72	4.48	6.86	0.82	0.50
水稻土	水田	23582	1.79	0.82	1.57	1.73	0.46	1.68	1.73	0.56	0.15	0.27	0.40	1.19	2.31	3.52	4.30	8.79	0.57	0.93
水稻土	旱地	28455	1.90	0.85	1.70	1.67	0.45	1.61	1.81	0.58	0.09	0.29	0.50	1.29	2.46	3.74	4.53	10.46	0.65	1.07

表 5.36 贵州省不同土壤类型区主要耕地类型土壤锰元素（Mn）地球化学参数 （单位：mg/kg）

土壤类型	耕地类型	样品件数/个	算术平均值	算术标准差	几何平均值	几何标准差	变异系数	众值	中位值	中位绝对离差	最小值	0.5%	2.5%	25%	75%	97.5%	99.5%	最大值	偏度系数	峰度系数
红壤	水田	7671	396	422	290	2.12	1.06	223	270	118	18	50	79	175	462	1458	2806	6333	4.79	38.65
	旱地	8877	849	884	591	2.30	1.04	219	595	295	16	76	127	331	959	3698	5159	11396	2.92	11.25
黄壤	水田	48820	451	457	311	2.35	1.01	114	296	155	15	39	63	171	561	1698	2678	7537	3.08	16.96
	旱地	119371	1137	863	900	2.09	0.76	466	1018	449	8	82	163	595	1502	2937	4392	96941	17.51	1483.32
黄棕壤	水田	535	595	478	424	2.37	0.80	373	426	255	31	41	82	217	864	1826	2092	2675	1.24	1.25
	旱地	28539	1258	676	1087	1.79	0.54	1358、1314、1120	1193	402	13	137	270	810	1616	2588	4052	16648	2.67	27.08
棕壤	水田	0																		
	旱地	2118	1153	522	1050	1.55	0.45	1434、750	1042	313	200	300	440	790	1450	2273	2916	6483	1.86	10.44
紫色土	水田	2534	491	385	387	1.98	0.78	215	388	165	52	85	111	242	594	1513	2189	4208	2.49	10.45
	旱地	19813	1131	579	955	1.91	0.51	1338	1163	448	13	117	184	639	1543	2234	2741	14948	1.04	16.65
石灰土	水田	22276	626	717	435	2.40	1.15	294、230	455	235	18	38	64	256	778	2202	3630	49447	18.73	1050.04
	旱地	81481	1333	1033	1054	2.03	0.77	1251	1138	476	5	118	225	691	1658	3989	5931	44599	5.47	120.76
粗骨土	水田	3420	477	480	324	2.43	1.01	246	330	183	30	39	57	173	594	1840	2835	4848	2.66	9.99
	旱地	13509	1183	793	939	2.09	0.67	1078	1069	497	17	87	170	602	1608	2900	4164	23945	3.24	56.39
水稻土	水田	23582	451	455	314	2.35	1.01	116	312	166	16	40	59	175	566	1652	2677	9500	3.76	31.23
	旱地	28454	951	783	714	2.21	0.82	486	752	379	20	68	132	438	1266	2842	4349	26623	3.98	59.84

表 5.37 贵州省不同土壤类型区主要耕地类型土壤钼元素（Mo）地球化学参数 （单位：mg/kg）

土壤类型	耕地类型	样品件数/个	算术平均值	算术标准差	几何平均值	几何标准差	变异系数	众值	中位值	中位绝对离差	最小值	0.5%	2.5%	25%	75%	97.5%	99.5%	最大值	偏度系数	峰度系数
红壤	水田	7672	1.24	2.38	0.78	2.30	1.92	0.33	0.61	0.25	0.10	0.20	0.26	0.42	1.28	5.30	13.90	94.60	15.71	450.34
	旱地	8877	1.92	4.90	1.10	2.43	2.56	0.47	0.93	0.48	0.10	0.26	0.32	0.55	1.95	8.27	24.20	151.00	16.17	367.62
黄壤	水田	48820	1.66	2.73	1.06	2.34	1.65	0.40	0.93	0.49	0.10	0.26	0.31	0.54	1.90	6.79	15.63	103.00	11.99	262.01
	旱地	119377	2.40	3.58	1.76	2.10	1.49	1.40	1.78	0.77	0.01	0.31	0.40	1.12	2.76	7.99	16.88	433.00	32.57	2588.78
黄棕壤	水田	535	2.27	2.33	1.74	1.97	1.03	1.19、1.17、0.87	1.70	0.65	0.33	0.39	0.46	1.12	2.50	8.08	10.60	35.50	6.59	78.65
	旱地	28539	2.35	2.33	2.01	1.67	0.99	1.94	1.97	0.54	0.25	0.59	0.79	1.49	2.60	6.30	12.30	223.00	34.79	2899.00
棕壤	水田	0																		
	旱地	2118	2.20	0.97	2.07	1.40	0.44	1.82	2.01	0.36	0.65	0.88	1.09	1.69	2.45	4.81	7.17	15.00	4.10	31.94
紫色土	水田	2534	0.95	1.00	0.72	1.96	1.05	0.42	0.64	0.25	0.05	0.23	0.28	0.43	1.07	3.56	6.82	15.30	4.73	36.41
	旱地	19813	1.24	1.15	1.02	1.83	0.92	0.82	1.03	0.38	0.05	0.26	0.32	0.70	1.49	3.44	6.11	78.99	20.48	1135.59
石灰土	水田	22276	1.78	1.98	1.34	2.08	1.11	0.78	1.35	0.64	0.09	0.30	0.34	0.79	2.17	5.80	10.70	92.20	12.86	391.39
	旱地	81484	2.36	3.16	1.82	1.96	1.34	1.20	1.77	0.68	0.02	0.35	0.49	1.19	2.68	7.83	16.10	506.00	56.11	8050.39
粗骨土	水田	3420	2.21	3.33	1.38	2.45	1.51	0.44	1.30	0.72	0.18	0.25	0.32	0.70	2.38	10.40	20.60	64.10	7.01	81.77
	旱地	13510	2.58	5.09	1.82	2.09	1.98	1.62	1.77	0.69	0.17	0.31	0.43	1.18	2.67	9.16	23.40	383.00	36.10	2373.15
水稻土	水田	23582	1.86	2.45	1.26	2.31	1.32	0.40	1.24	0.69	0.14	0.26	0.32	0.65	2.24	6.97	14.20	101.00	10.15	229.57
	旱地	28455	2.45	3.08	1.73	2.25	1.26	0.56	1.77	0.89	0.04	0.29	0.36	1.00	2.94	8.87	17.10	230.00	19.59	1131.35

表 5.38　贵州省不同土壤类型区主要耕地类型土壤氮元素（N）地球化学参数

（单位：g/kg）

土壤类型	耕地类型	样品件数/个	算术平均值	算术标准差	几何平均值	几何标准差	变异系数	众值	中位值	中位绝对离差	最小值	0.5%	2.5%	25%	75%	97.5%	99.5%	最大值	偏度系数	峰度系数
红壤	水田	7672	1.97	0.68	1.87	1.41	0.34	1.85	1.90	0.43	0.33	0.69	0.94	1.49	2.34	3.52	4.51	8.41	1.15	3.95
红壤	旱地	8877	1.58	0.56	1.49	1.39	0.35	1.20	1.48	0.30	0.26	0.59	0.78	1.20	1.83	2.90	3.85	7.67	1.60	6.04
黄壤	水田	48820	2.27	0.77	2.14	1.40	0.34	1.72	2.15	0.48	0.16	0.84	1.10	1.71	2.70	4.02	4.88	13.83	1.00	2.83
黄壤	旱地	119378	1.84	0.58	1.76	1.36	0.31	1.69	1.76	0.34	0.10	0.69	0.95	1.46	2.14	3.22	3.94	12.20	1.19	4.26
黄棕壤	水田	535	2.67	1.03	2.50	1.43	0.38	2.33	2.46	0.54	0.83	0.97	1.25	2.00	3.17	5.54	6.48	7.27	1.39	2.53
黄棕壤	旱地	28539	2.11	0.72	1.99	1.41	0.34	1.85	2.02	0.42	0.25	0.69	0.94	1.63	2.49	3.78	4.68	9.98	1.04	3.01
棕壤	水田	0																		
棕壤	旱地	2118	2.43	0.77	2.31	1.38	0.32	2.01、1.76	2.32	0.52	0.57	0.95	1.17	1.85	2.91	4.15	4.57	6.30	0.60	0.18
紫色土	水田	2534	1.74	0.62	1.63	1.42	0.36	1.33、1.26	1.64	0.37	0.19	0.65	0.84	1.29	2.04	3.23	4.09	5.94	1.19	2.72
紫色土	旱地	19813	1.66	0.62	1.55	1.46	0.37	1.32	1.60	0.41	0.19	0.54	0.72	1.20	2.02	3.07	3.77	6.15	0.90	1.76
石灰土	水田	22276	2.22	0.74	2.10	1.38	0.33	1.98	2.09	0.43	0.33	0.88	1.13	1.70	2.60	4.00	4.93	7.89	1.17	2.73
石灰土	旱地	81484	1.82	8.58	1.71	1.34	4.72	1.61	1.71	0.31	0.14	0.74	0.97	1.43	2.05	3.08	3.84	2.45	2.84	8.08
粗骨土	水田	3420	2.20	0.75	2.08	1.40	0.34	1.89	2.09	0.45	0.49	0.81	1.09	1.68	2.58	4.06	4.90	6.70	1.10	2.24
粗骨土	旱地	13510	1.85	0.69	1.73	1.44	0.37	1.72	1.73	0.39	0.23	0.59	0.82	1.38	2.19	3.46	4.42	8.95	1.41	5.17
水稻土	水田	23582	2.28	0.78	2.15	1.41	0.34	1.96	2.16	0.48	0.27	0.80	1.09	1.73	2.71	4.08	5.09	9.45	1.07	2.80
水稻土	旱地	28455	1.80	0.61	1.71	1.40	0.35	1.66	1.70	0.35	0.14	0.63	0.87	1.39	2.10	3.32	4.04	7.42	1.20	3.15

表 5.39　贵州省不同土壤类型区主要耕地类型土壤镍元素（Ni）地球化学参数

（单位：mg/kg）

土壤类型	耕地类型	样品件数/个	算术平均值	算术标准差	几何平均值	几何标准差	变异系数	众值	中位值	中位绝对离差	最小值	0.5%	2.5%	25%	75%	97.5%	99.5%	最大值	偏度系数	峰度系数
红壤	水田	7672	25.02	12.74	22.22	1.63	0.51	13.90、15.10	20.90	7.00	3.58	6.53	9.06	15.60	32.80	54.80	71.30	118.00	1.29	2.45
红壤	旱地	8877	33.52	20.04	29.32	1.68	0.60	19.80、20.20、23.00	30.00	10.30	2.30	7.26	10.20	20.60	41.90	77.50	105.00	861.00	9.34	334.37
黄壤	水田	48820	30.75	18.00	26.34	1.78	0.59	15.30	28.70	11.10	1.00	4.61	8.26	17.38	39.50	76.40	98.30	935.00	4.53	146.46
黄壤	旱地	119378	48.52	24.85	42.85	1.67	0.51	37.00	42.64	13.47	1.00	8.24	13.80	31.80	61.80	104.00	136.00	822.00	2.05	21.73
黄棕壤	水田	535	42.18	23.12	35.94	1.82	0.55	38.30、34.80、52.20	38.30	15.00	3.02	4.10	10.50	24.90	55.70	96.90	121.00	136.00	0.94	0.82
黄棕壤	旱地	28539	63.59	24.08	58.54	1.55	0.38	102.00	63.20	15.80	0.48	12.73	19.78	46.70	78.30	113.00	138.00	290.00	0.55	1.76
棕壤	水田	0																		
棕壤	旱地	2118	61.21	19.46	58.24	1.38	0.32	59.00、65.30、59.80	59.90	13.10	17.40	24.10	30.70	46.40	72.50	106.00	128.00	191.00	0.86	1.87
紫色土	水田	2534	36.47	21.26	31.76	1.67	0.58	35.00	30.70	7.80	5.08	8.35	11.70	23.30	39.70	95.83	109.00	134.00	1.63	2.21
紫色土	旱地	19813	62.30	28.47	55.00	1.70	0.46	103.00	63.40	25.03	0.03	12.40	17.60	35.90	85.60	112.00	129.31	354.00	0.30	0.42
石灰土	水田	22276	35.72	16.31	32.20	1.61	0.46	32.90	33.60	8.10	1.87	5.41	10.20	26.00	42.20	78.10	95.70	400.00	1.84	15.63
石灰土	旱地	81484	46.27	21.71	41.99	1.55	0.47	36.00	40.50	10.70	1.91	11.10	18.04	31.80	56.10	97.90	120.00	567.00	2.01	15.23
粗骨土	水田	3420	33.14	26.47	29.12	1.67	0.80	24.60	30.90	9.00	2.38	4.54	9.11	22.40	40.40	72.50	94.20	1159.00	25.13	1001.61
粗骨土	旱地	13510	50.51	26.38	44.25	1.70	0.52	31.00	44.00	15.60	2.29	8.77	14.70	31.80	66.60	109.00	139.00	419.00	1.59	8.34
水稻土	水田	23582	31.26	16.26	27.39	1.71	0.52	34.00	29.80	9.90	2.00	5.11	8.54	19.40	39.20	71.40	90.70	532.00	2.55	43.24
水稻土	旱地	28455	41.84	20.97	37.28	1.63	0.50	35.00	37.20	10.00	1.00	7.87	12.60	28.70	49.80	94.10	117.00	341.00	1.82	9.00

表 5.40　贵州省不同土壤类型区主要耕地类型土壤磷元素（P）地球化学参数

（单位：g/kg）

土壤类型	耕地类型	样品件数/个	算术平均值	算术标准差	几何平均值	几何标准差	变异系数	众值	中位值	中位绝对离差	最小值	0.5%	2.5%	25%	75%	97.5%	99.5%	最大值	偏度系数	峰度系数
红壤	水田	7672	0.58	0.28	0.53	1.50	0.48	0.46	0.52	0.13	0.11	0.19	0.25	0.42	0.68	1.24	1.74	7.47	4.16	64.41
红壤	旱地	8877	0.64	0.42	0.57	1.59	0.66	0.44	0.52	0.12	0.09	0.18	0.26	0.42	0.71	1.73	2.56	14.31	6.88	143.93
黄壤	水田	48818	0.66	0.33	0.60	1.52	0.49	0.49	0.59	0.15	0.08	0.21	0.28	0.46	0.78	1.45	1.83	14.13	5.67	146.13
黄壤	旱地	119377	0.87	0.50	0.78	1.58	0.57	0.71	0.78	0.23	0.02	0.22	0.32	0.58	1.07	1.86	2.49	43.29	18.46	1237.00
黄棕壤	水田	535	0.91	0.37	0.84	1.54	0.40	0.55	0.89	0.30	0.21	0.24	0.33	0.59	1.19	1.65	1.77	2.34	0.42	-0.29
黄棕壤	旱地	28539	1.18	0.49	1.08	1.53	0.42	0.91	1.12	0.31	0.01	0.31	0.43	0.83	1.46	2.25	2.82	17.42	2.16	43.25
棕壤	水田	0																		
棕壤	旱地	2118	1.32	0.46	1.24	1.44	0.34	1.09	1.27	0.31	0.27	0.40	0.57	0.98	1.61	2.34	2.64	3.13	0.52	-0.01
紫色土	水田	2534	0.58	0.47	0.49	1.72	0.81	0.30、0.34	0.45	0.15	0.14	0.17	0.21	0.33	0.70	1.48	1.80	15.74	14.23	425.87
紫色土	旱地	19813	0.92	0.47	0.81	1.72	0.51	0.33	0.92	0.33	0.01	0.19	0.26	0.55	1.21	1.78	2.20	23.60	6.84	280.53
石灰土	水田	22275	0.74	0.33	0.68	1.49	0.44	0.60	0.69	0.18	0.07	0.23	0.31	0.53	0.89	1.49	2.02	11.94	4.05	82.47
石灰土	旱地	81484	0.85	5.96	0.76	1.52	7.00	0.65	0.75	0.19	0.04	0.24	0.34	0.58	0.98	1.80	2.61	17.00	2.83	805.30
粗骨土	水田	3420	0.68	0.40	0.62	1.48	0.58	0.55	0.61	0.14	0.14	0.24	0.30	0.49	0.77	1.40	1.96	10.92	10.42	208.95
粗骨土	旱地	13510	0.99	1.19	0.84	1.68	1.21	0.55	0.83	0.28	0.13	0.21	0.32	0.59	1.19	2.07	4.13	43.55	19.11	500.83
水稻土	水田	23581	0.68	0.32	0.62	1.52	0.47	0.53	0.61	0.17	0.10	0.22	0.28	0.46	0.82	1.43	1.86	11.28	4.34	90.10
水稻土	旱地	28454	0.81	0.40	0.73	1.55	0.50	0.66	0.74	0.20	0.01	0.21	0.31	0.56	0.98	1.67	2.21	14.49	6.21	141.26

表 5.41　贵州省不同土壤类型区主要耕地类型土壤铅元素（Pb）地球化学参数

（单位：mg/kg）

土壤类型	耕地类型	样品件数/个	算术平均值	算术标准差	几何平均值	几何标准差	变异系数	众值	中位值	中位绝对离差	最小值	0.5%	2.5%	25%	75%	97.5%	99.5%	最大值	偏度系数	峰度系数
红壤	水田	7672	34.68	67.45	29.53	1.57	1.95	25.80	26.70	4.30	6.48	12.70	15.40	23.00	32.40	97.30	173.58	4362	48.71	2845.83
红壤	旱地	8877	36.79	73.00	30.04	1.65	1.98	25.10	27.10	5.10	4.70	11.20	14.40	22.70	34.00	96.67	237.97	4069	34.41	1600.38
黄壤	水田	48819	35.23	57.30	30.99	1.49	1.63	26.60	29.80	5.40	5.58	12.20	15.70	25.00	36.10	76.97	159.00	3971	38.65	1987.73
黄壤	旱地	119378	40.93	98.61	34.23	1.57	2.41	30.40	32.90	7.50	2.80	12.40	16.30	26.30	42.10	88.10	254.00	16338	69.45	8637.36
黄棕壤	水田	535	35.73	24.94	32.09	1.51	0.70	26.60	31.30	5.50	12.20	12.40	15.24	25.80	37.00	90.30	149.00	350	7.15	75.05
黄棕壤	旱地	28539	76.06	342.57	46.80	2.07	4.50	30.30	41.84	15.34	6.03	12.60	16.33	29.00	64.40	310.00	1070.00	35736	58.86	5089.88
棕壤	水田	0																		
棕壤	旱地	2118	79.12	92.10	62.24	1.85	1.16	103.00、110.00、107.00	59.55	18.40	8.48	14.40	21.50	43.00	82.70	267.00	626.00	1685	8.29	102.53
紫色土	水田	2534	28.83	15.04	27.53	1.32	0.52	28.40	27.50	3.70	9.98	13.10	16.30	24.00	31.30	48.30	77.80	577	21.84	730.76
紫色土	旱地	19813	30.85	70.63	27.37	1.46	2.29	28.30	26.80	5.11	6.84	11.90	14.60	21.90	32.30	58.50	130.40	7310	79.41	7454.45
石灰土	水田	22276	40.56	59.13	35.61	1.54	1.46	31.20	34.10	7.90	6.61	12.60	16.70	27.50	44.40	90.70	177.00	5619	52.03	4079.99
石灰土	旱地	81484	44.82	99.37	38.41	1.56	2.22	34.60	37.09	8.89	3.26	13.90	18.34	29.30	48.10	97.30	229.00	13500	68.54	6791.52
粗骨土	水田	3420	30.72	19.99	28.47	1.42	0.65	29.30、27.10	28.50	5.10	3.55	11.50	15.10	23.60	33.80	59.70	103.00	528	12.95	245.69
粗骨土	旱地	13510	48.95	177.98	34.39	1.79	3.64	27.10	32.40	8.80	5.58	10.10	13.50	24.80	43.50	133.00	674.00	11186	39.23	2150.87
水稻土	水田	23581	36.01	33.77	32.15	1.51	0.94	27.80	30.70	6.10	5.64	12.30	15.90	25.30	38.10	84.20	162.00	2386	26.17	1300.63
水稻土	旱地	28455	43.26	99.17	35.90	1.60	2.29	31.20	33.90	8.10	0.06	13.00	16.90	27.06	44.90	97.44	240.00	6511	38.48	1955.28

表 5.42 贵州省不同土壤类型区主要耕地类型土壤硒元素（Se）地球化学参数 （单位：mg/kg）

土壤类型	耕地类型	样品件数/个	算术平均值	算术标准差	几何平均值	几何标准差	变异系数	众值	中位值	中位数绝对离差	最小值	累积频率 0.5%	2.5%	25%	75%	97.5%	99.5%	最大值	偏度系数	峰度系数
红壤	水田	7672	0.41	0.36	0.36	1.55	0.88	0.30	0.35	0.09	0.09	0.12	0.16	0.28	0.46	0.92	1.84	16.90	20.43	715.82
红壤	旱地	8877	0.43	0.30	0.38	1.58	0.70	0.30	0.38	0.11	0.06	0.13	0.17	0.28	0.50	0.99	1.95	11.60	10.71	267.54
黄壤	水田	48820	0.48	0.36	0.42	1.64	0.75	0.32	0.40	0.11	0.01	0.15	0.18	0.30	0.54	1.36	2.37	15.40	7.65	154.65
黄壤	旱地	119375	0.60	0.41	0.52	1.71	0.68	0.44	0.51	0.17	0.01	0.13	0.19	0.37	0.72	1.53	2.44	15.10	5.75	96.98
黄棕壤	水田	535	0.64	0.41	0.55	1.68	0.64	0.52、0.37、0.59	0.53	0.16	0.13	0.17	0.22	0.38	0.72	1.80	2.39	3.15	2.45	8.24
黄棕壤	旱地	28539	0.67	0.41	0.58	1.75	0.62	0.58、0.56、0.62	0.62	0.21	0.01	0.10	0.16	0.43	0.85	1.45	2.01	24.90	12.94	572.61
棕壤	水田	0																		
棕壤	旱地	2118	0.63	0.23	0.59	1.47	0.36	0.60	0.61	0.14	0.04	0.12	0.25	0.48	0.76	1.15	1.39	1.82	0.68	0.99
紫色土	水田	2534	0.41	0.28	0.36	1.63	0.68	0.26	0.34	0.10	0.06	0.12	0.15	0.26	0.48	1.04	1.73	4.66	5.12	50.75
紫色土	旱地	19813	0.48	0.32	0.40	1.87	0.67	0.30	0.41	0.17	0.03	0.07	0.11	0.26	0.61	1.27	1.82	5.90	2.94	22.72
石灰土	水田	22276	0.49	0.40	0.44	1.56	0.81	0.42	0.43	0.11	0.01	0.14	0.20	0.33	0.56	1.19	1.85	40.07	46.93	4393.42
石灰土	旱地	81483	0.55	0.33	0.50	1.55	0.60	0.42	0.49	0.12	0.01	0.15	0.21	0.38	0.64	1.28	1.96	19.20	10.18	325.33
粗骨土	水田	3420	0.61	0.51	0.51	1.75	0.83	0.37	0.47	0.15	0.05	0.14	0.20	0.35	0.68	1.84	3.40	9.71	5.34	54.39
粗骨土	旱地	13510	0.65	0.45	0.55	1.81	0.69	0.44	0.54	0.20	0.01	0.09	0.17	0.37	0.82	1.62	2.77	12.90	4.51	63.74
水稻土	水田	23582	0.50	0.33	0.43	1.63	0.67	0.34	0.42	0.12	0.02	0.13	0.18	0.31	0.57	1.33	2.18	7.99	5.11	57.94
水稻土	旱地	28454	0.57	0.40	0.49	1.68	0.69	0.42	0.48	0.15	0.01	0.14	0.19	0.36	0.66	1.50	2.51	13.50	5.98	93.05

表 5.43 贵州省不同土壤类型区主要耕地类型土壤铊元素（Tl）地球化学参数 （单位：mg/kg）

土壤类型	耕地类型	样品件数/个	算术平均值	算术标准差	几何平均值	几何标准差	变异系数	众值	中位值	中位数绝对离差	最小值	累积频率 0.5%	2.5%	25%	75%	97.5%	99.5%	最大值	偏度系数	峰度系数
红壤	水田	7672	0.66	0.25	0.62	1.36	0.38	0.60	0.61	0.10	0.12	0.26	0.36	0.52	0.73	1.30	1.93	4.86	3.52	26.54
红壤	旱地	8877	0.80	0.51	0.72	1.50	0.64	0.65、0.73	0.71	0.14	0.10	0.23	0.35	0.57	0.87	1.99	3.30	12.80	7.96	118.04
黄壤	水田	48820	0.68	0.28	0.63	1.45	0.41	0.56	0.65	0.15	0.08	0.20	0.28	0.51	0.82	1.22	1.86	9.99	4.23	67.05
黄壤	旱地	119377	0.72	0.53	0.66	1.51	0.74	0.70	0.70	0.16	0.01	0.20	0.26	0.53	0.85	1.34	2.13	114.00	90.43	17343.6
黄棕壤	水田	535	0.69	0.26	0.64	1.48	0.38	0.61	0.65	0.16	0.20	0.22	0.27	0.52	0.84	1.33	1.52	1.66	0.71	0.80
黄棕壤	旱地	28539	0.68	0.34	0.61	1.59	0.50	0.74	0.64	0.20	0.06	0.18	0.24	0.45	0.84	1.40	1.98	14.60	5.18	133.17
棕壤	水田	0																		
棕壤	旱地	2118	0.76	0.27	0.72	1.39	0.35	0.74	0.72	0.13	0.18	0.25	0.35	0.60	0.87	1.43	1.86	3.32	1.81	7.90
紫色土	水田	2534	0.60	0.19	0.58	1.36	0.31	0.58、0.64	0.59	0.11	0.19	0.22	0.29	0.48	0.70	0.96	1.29	2.60	1.77	11.96
紫色土	旱地	19813	0.54	0.24	0.51	1.47	0.44	0.44	0.52	0.14	0.09	0.19	0.23	0.39	0.68	0.95	1.27	7.37	6.11	118.96
石灰土	水田	22276	0.73	0.28	0.69	1.43	0.38	0.66	0.72	0.14	0.11	0.21	0.29	0.57	0.86	1.23	1.71	15.40	9.68	403.23
石灰土	旱地	81483	0.78	0.42	0.73	1.42	0.54	0.68	0.74	0.14	0.05	0.25	0.35	0.61	0.89	1.47	2.18	73.00	67.46	10999.9
粗骨土	水田	3420	0.69	0.28	0.64	1.48	0.41	0.74	0.68	0.16	0.09	0.20	0.28	0.51	0.82	1.30	1.83	4.98	2.89	29.80
粗骨土	旱地	13510	0.67	0.37	0.60	1.57	0.55	0.42	0.63	0.18	0.08	0.18	0.24	0.44	0.81	1.38	2.36	14.38	7.60	186.55
水稻土	水田	23582	0.69	0.25	0.65	1.43	0.36	0.68	0.67	0.15	0.12	0.21	0.29	0.53	0.82	1.18	1.62	5.97	2.60	31.14
水稻土	旱地	28455	0.74	0.32	0.69	1.46	0.44	0.72	0.72	0.15	0.01	0.21	0.28	0.56	0.86	1.36	1.91	14.60	9.47	287.93

表 5.44 贵州省不同土壤类型区主要耕地类型土壤钒元素（V）地球化学参数

（单位：mg/kg）

土壤类型	耕地类型	样品件数/个	算术平均值	算术标准差	几何平均值	几何标准差	变异系数	众值	中位值	中位数绝对离差	最小值	0.5%	2.5%	25%	75%	97.5%	99.5%	最大值	偏度系数	峰度系数
红壤	水田	7671	98.79	56.04	90.91	1.46	0.57	106.00	87.30	19.50	22.60	40.20	48.20	71.16	112.00	221.00	368.00	2178.00	10.36	280.02
	旱地	8877	130.22	81.34	116.86	1.54	0.62	115.00	111.00	25.00	15.90	44.58	56.80	89.25	142.00	339.00	475.00	2124.00	6.50	95.52
黄壤	水田	48820	115.39	76.36	100.80	1.63	0.66	108.00	99.00	26.10	13.80	34.82	43.90	73.17	126.00	321.00	445.00	2140.00	4.98	63.34
	旱地	119371	179.51	104.66	156.71	1.67	0.58	110.00	150.00	49.00	3.04	45.44	62.80	108.00	221.00	453.00	559.00	3474.00	2.93	35.99
黄棕壤	水田	535	163.11	88.71	142.06	1.69	0.54	107.00	136.00	51.40	43.50	45.50	57.28	93.65	205.00	370.00	428.00	478.00	1.05	0.48
	旱地	28539	253.29	120.64	224.67	1.66	0.48	138.00	223.00	81.00	2.94	53.89	80.27	158.00	343.00	499.60	557.42	1293.70	0.62	-0.27
棕壤	水田	0																		
	旱地	2118	219.29	110.00	196.68	1.57	0.50	151.00	171.00	42.00	63.50	85.70	102.00	140.00	290.00	471.00	525.00	582.00	1.10	0.01
紫色土	水田	2534	114.25	64.01	101.76	1.57	0.56	102.00	91.79	18.21	28.60	38.90	49.80	76.78	118.00	295.47	358.53	435.00	1.88	3.21
	旱地	19813	194.66	90.71	172.27	1.68	0.47	102.00	201.00	72.75	1.40	48.10	62.70	107.00	255.90	386.00	477.00	1340.60	0.57	1.38
石灰土	水田	22276	125.05	61.88	113.92	1.52	0.49	106.00	110.00	23.90	21.00	36.70	50.20	90.00	141.06	287.00	391.00	1400.00	2.99	24.16
	旱地	81481	159.30	80.85	144.78	1.53	0.51	106.00	139.00	36.34	14.60	50.20	69.00	108.00	188.00	376.00	521.00	3843.30	3.85	71.23
粗骨土	水田	3420	129.22	87.06	114.41	1.59	0.67	103.00	111.00	25.85	18.50	34.80	47.60	87.90	142.00	316.40	497.00	1748.00	6.94	91.39
	旱地	13509	201.19	125.96	169.92	1.78	0.63	112.00、116.00	153.00	57.90	21.80	45.60	62.70	110.00	265.51	491.00	576.01	2704.00	2.09	16.93
水稻土	水田	23582	118.91	69.02	105.77	1.59	0.58	108.00	104.00	27.38	16.70	34.40	45.11	78.50	135.00	300.15	403.00	2452.90	4.72	80.00
	旱地	28454	153.81	85.23	136.56	1.61	0.55	110.00	128.00	35.12	18.20	43.55	57.20	100.30	183.90	368.00	507.00	1722.00	2.57	16.78

表 5.45 贵州省不同土壤类型区主要耕地类型土壤锌元素（Zn）地球化学参数

（单位：mg/kg）

土壤类型	耕地类型	样品件数/个	算术平均值	算术标准差	几何平均值	几何标准差	变异系数	众值	中位值	中位数绝对离差	最小值	0.5%	2.5%	25%	75%	97.5%	99.5%	最大值	偏度系数	峰度系数
红壤	水田	7672	89.97	41.97	83.49	1.45	0.47	104.00、108.00	83.60	17.77	16.10	29.40	41.30	66.40	102.00	187.00	266.00	985.00	5.19	67.10
	旱地	8877	101.98	74.85	90.81	1.55	0.73	102.00	87.80	21.50	11.30	32.50	42.70	68.40	113.00	253.00	412.00	2595.80	12.23	294.56
黄壤	水田	48820	96.14	70.30	88.37	1.49	0.73	101.00	90.73	17.43	5.18	19.90	36.60	73.20	108.00	183.00	326.24	9042.00	52.45	5708.03
	旱地	119378	119.07	144.03	107.82	1.49	1.21	101.00	106.00	23.40	1.75	35.70	52.60	85.50	134.00	240.00	469.00	24626.00	94.68	13881
黄棕壤	水田	535	107.19	43.00	100.50	1.44	0.40	103.00、111.00	103.87	20.13	13.40	21.80	45.65	84.30	125.00	189.00	214.00	554.00	4.12	38.12
	旱地	28539	193.65	238.29	162.00	1.68	1.23	138.00	155.43	40.43	1.36	40.70	61.10	121.00	207.00	519.00	1250.00	9967.10	19.31	584.32
棕壤	水田	0																		
	旱地	2118	195.35	111.74	178.79	1.48	0.57	158.00	176.00	37.00	44.30	66.80	85.40	143.00	219.00	404.00	675.73	1863.00	6.47	70.27
紫色土	水田	2534	89.23	50.02	83.85	1.40	0.56	105.00	83.50	15.87	25.01	32.20	43.80	68.90	102.00	156.77	209.30	2030.00	23.72	897.20
	旱地	19813	122.36	107.81	112.76	1.45	0.88	130.00	120.00	25.00	1.29	39.20	51.80	89.70	141.00	205.95	389.34	7980.00	39.91	2299.33
石灰土	水田	22276	105.60	126.11	96.11	1.49	1.19	103.00	97.62	18.39	9.24	23.30	39.30	79.90	117.00	208.00	343.00	10038.00	58.40	4232.64
	旱地	81484	119.70	108.58	107.91	1.50	0.91	102.00	103.00	21.40	6.96	41.64	55.70	84.50	129.00	284.00	459.00	10895.00	37.05	2566.79
粗骨土	水田	3420	95.53	100.62	86.52	1.51	1.05	104.00	90.10	19.90	13.70	20.00	34.90	69.50	110.00	178.91	276.00	4745.00	34.59	1474.98
	旱地	13510	133.12	136.22	115.10	1.61	1.02	107.00	113.00	28.90	9.98	32.50	48.70	86.80	145.00	312.00	831.00	5278.00	16.77	461.53
水稻土	水田	23582	97.59	52.19	89.59	1.50	0.53	102.00	92.20	18.90	6.73	21.60	35.80	73.40	111.56	194.00	317.30	2250.00	10.71	279.83
	旱地	28455	112.68	80.86	102.66	1.48	0.72	101.00	101.00	21.30	11.60	33.60	49.70	81.90	126.00	235.10	441.66	4983.00	18.82	734.99

表 5.46 贵州省不同土壤类型区主要耕地类型土壤有机质地球化学参数 （单位：g/kg）

土壤类型	耕地类型	样品件数/个	算术平均值	算术标准差	几何平均值	几何标准差	变异系数	众值	中位值	中位绝对离差	最小值	累积频率值 0.5%	2.5%	25%	75%	97.5%	99.5%	最大值	偏度系数	峰度系数
红壤	水田	7671	30.97	11.94	29.00	1.44	0.39	23.80	28.60	6.20	2.20	10.40	14.70	23.19	36.20	60.70	79.70	139.70	1.69	5.84
红壤	旱地	8877	24.89	9.91	23.20	1.46	0.40	19.50	22.93	4.87	2.41	6.90	10.80	18.70	28.90	50.60	66.90	108.80	1.72	5.86
黄壤	水田	48820	37.04	16.66	34.09	1.50	0.45	26.20	33.80	8.60	1.71	10.50	15.60	26.33	44.30	76.54	107.02	608.50	3.32	47.95
黄壤	旱地	119370	32.93	16.91	29.90	1.54	0.51	28.40	29.50	7.20	1.10	8.15	13.00	23.10	38.18	74.22	116.10	420.34	3.65	31.93
黄棕壤	水田	535	48.34	19.18	44.92	1.47	0.40	41.70	43.50	10.70	14.80	15.50	21.20	34.80	58.50	96.20	106.40	122.23	1.05	0.95
黄棕壤	旱地	28539	41.53	19.29	37.90	1.54	0.46	36.40	37.80	9.60	0.11	11.50	16.02	29.30	49.30	89.60	125.00	383.10	2.34	15.03
棕壤	水田	0																		
棕壤	旱地	2118	48.94	18.66	45.57	1.46	0.38	38.70	45.90	12.10	10.60	16.50	21.10	34.70	59.90	92.20	106.40	133.10	0.81	0.51
紫色土	水田	2534	31.51	17.11	28.47	1.55	0.54	30.30	28.10	7.40	4.70	8.55	12.80	21.80	37.30	69.30	118.84	339.83	4.62	52.63
紫色土	旱地	19813	31.21	18.72	27.32	1.66	0.60	21.10	27.90	8.90	1.80	7.03	10.20	19.50	37.50	75.70	124.00	380.74	3.56	29.05
石灰土	水田	22276	37.18	14.98	34.52	1.47	0.40	28.40	34.50	8.50	1.74	11.10	16.70	26.90	44.49	72.80	95.60	245.30	1.63	6.98
石灰土	旱地	81481	30.28	12.54	28.23	1.45	0.41	26.50	28.10	6.20	0.50	9.00	13.80	22.60	35.30	59.00	85.50	361.11	3.09	28.47
粗骨土	水田	3420	37.16	17.00	34.07	1.51	0.46	26.50	33.89	8.61	1.24	10.70	15.90	26.00	44.10	83.00	116.10	204.00	2.14	8.77
粗骨土	旱地	13509	33.60	17.86	30.16	1.57	0.53	25.00	29.40	8.20	1.60	9.10	13.10	22.40	40.00	79.40	112.60	344.98	3.16	26.47
水稻土	水田	23582	38.14	16.29	35.15	1.50	0.43	30.00、30.20	35.10	9.10	1.92	10.60	15.90	27.10	46.00	77.60	103.91	256.40	1.84	9.01
水稻土	旱地	28454	31.64	17.08	28.48	1.57	0.54	21.60	36.70	7.10	2.00	7.41	12.20	21.80	36.70	73.27	112.65	418.30	4.00	41.28

表 5.47 贵州省不同土壤类型区主要耕地类型土壤 pH 地球化学参数

土壤类型	耕地类型	样品件数/个	算术平均值	算术标准差	几何平均值	几何标准差	变异系数	众值	中位值	中位绝对离差	最小值	累积频率值 0.5%	2.5%	25%	75%	97.5%	99.5%	最大值	偏度系数	峰度系数
红壤	水田	7671	5.89	0.99	5.82	1.17	0.17	5.15	5.50	0.49	4.05	4.41	4.69	5.15	6.50	8.06	8.19	8.42	0.88	-0.40
红壤	旱地	8877	5.92	1.05	5.83	1.19	0.18	5.20	5.60	0.64	3.62	4.20	4.48	5.10	6.67	8.12	8.28	8.54	0.66	-0.63
黄壤	水田	48818	5.87	0.93	5.80	1.16	0.16	5.20	5.56	0.49	3.20	4.39	4.67	5.18	6.39	8.01	8.20	9.32	0.90	-0.13
黄壤	旱地	119370	6.02	1.04	5.93	1.18	0.17	5.20	5.79	0.72	3.11	4.29	4.54	5.18	6.76	8.15	8.35	9.18	0.55	-0.72
黄棕壤	水田	535	5.83	0.89	5.76	1.16	0.15	5.17、5.97	5.63	0.53	4.10	4.18	4.53	5.15	6.31	7.88	8.17	8.46	0.77	-0.02
黄棕壤	旱地	28539	5.82	0.93	5.75	1.17	0.16	5.00	5.59	0.59	3.29	4.37	4.57	5.09	6.41	7.94	8.19	8.64	0.75	-0.29
棕壤	水田	0																		
棕壤	旱地	2118	5.54	0.74	5.49	1.13	0.13	5.60	5.41	0.41	4.08	4.38	4.53	5.02	5.85	7.58	8.04	8.23	1.20	1.49
紫色土	水田	2534	6.06	1.01	5.98	1.18	0.17	5.17	5.81	0.67	4.30	4.49	4.72	5.23	6.76	8.17	8.36	8.74	0.65	-0.67
紫色土	旱地	19813	6.11	1.07	6.02	1.19	0.18	5.58	5.86	0.73	3.23	4.39	4.59	5.25	6.83	8.36	8.56	8.99	0.59	-0.64
石灰土	水田	22276	6.45	1.01	6.38	1.17	0.16	8.00	6.35	0.84	3.02	4.51	4.80	5.61	7.33	8.14	8.28	8.92	0.55	-1.12
石灰土	旱地	81480	6.43	1.08	6.34	1.19	0.17	8.10	6.34	0.90	3.00	4.38	4.67	5.53	7.36	8.26	8.42	8.86	0.12	-1.12
粗骨土	水田	3420	6.04	0.93	5.97	1.16	0.15	5.42	5.84	0.59	3.92	4.33	4.63	5.35	6.62	8.03	8.25	8.40	0.59	-0.46
粗骨土	旱地	13509	5.91	1.02	5.83	1.18	0.17	5.30	5.69	0.68	3.76	4.19	4.47	5.10	6.57	8.12	8.32	8.60	0.64	-0.48
水稻土	水田	23582	6.11	0.98	6.04	1.17	0.16	5.20	5.88	0.66	3.54	4.40	4.73	5.32	6.83	8.06	8.24	8.51	0.54	-0.78
水稻土	旱地	28454	6.17	1.10	6.07	1.19	0.18	8.00	5.95	0.84	3.24	4.31	4.56	5.24	7.07	8.20	8.39	8.82	0.37	-1.04

第六章 贵州省耕地土壤地球化学参数——按成矿区带分类

本书对样品数据按行政区、土地利用类型、成土母岩类型、土壤类型、成矿区带、流域等划分统计单元，分别进行地球化学参数统计。本章主要介绍按成矿区带统计分的结果。

第一节 不同成矿区带统计单位划分

贵州一级成矿单元属滨（西）太平洋成矿域（Ⅰ4），跨两个二级成矿单元、四个三级区带。冯学仕和王尚彦（2004）、陶平等（2018）将贵州进一步细分为五个四级矿带、12个成矿亚带（表6.1，图6.1）。

表 6.1　贵州省成矿单元划分一览表

一级	二级	三级		四级
Ⅰ 4. 滨（西）太平洋成矿域	Ⅱ 15. 扬子成矿省（Ⅱ 15-1. 上扬子成矿省）	Ⅲ 75. 四川盆地 Fe-Cu-Au- 石油－天然气－石膏－钙芒硝－石盐－煤－煤层气成矿区	Ⅲ 75-1. 四川盆地南缘天然气－煤－煤层气－硫铁矿 -Cu-Fe 成矿带	Ⅲ 75-1-1. 赤水－习水天然气 -Cu-Fe 成矿亚带
		Ⅲ 78. 鄂渝湘黔前陆褶断冲断带 西 段 Pb-Zn-Cu-Ag-Fe-Mn-Hg-Sb- 磷－铝土矿－硫铁矿－煤－煤层气－页岩气成矿带	Ⅲ 78-1. 黔北隆起 Mn-Hg-铝土矿－磷－煤－煤层气－页岩气 -Ni-Mo-Pb-Zn 成矿带	Ⅲ 78-1-1. 毕节－桐梓 Mn-Ni-Mo-Pb-Zn-Cu- 硫铁矿－磷－铝土矿－煤－煤层气－页岩气成矿亚带
				Ⅲ 78-1-2. 务川－开阳铝土矿－磷 -Hg-萤石－重晶石－硫铁矿－煤－煤层气－页岩气成矿亚带
				Ⅲ 78-1-3. 松桃－福泉 Mn-Hg- 铝土矿－磷 -Pb-Zn-V- 煤－页岩气 -W-Sn-Cu-Nb-Ta-Au 成矿亚带
			Ⅲ 78-2. 黔南拗陷铝土矿－磷－硫铁矿 -Hg-Sb-Au-Pb-Zn- 重晶石－煤－煤层气－页岩气成矿带	Ⅲ 78-2-1. 威宁－六枝煤－煤层气－页岩气 -Pb-Zn-Fe-Mn-Ag-Cu- 三稀成矿亚带
				Ⅲ 78-2-2. 赫章－修文铝土矿－磷 -Pb-Zn-Ni-Mo-Fe 成矿亚带
				Ⅲ 78-2-3. 长顺－丹寨 Hg-Sb-Au-Pb-Zn-磷－硫铁矿－重晶石－煤成矿亚带

续表

一级	二级	三级	四级
I 4. 滨 (西) 太平洋成矿域	II 15. 扬子成矿省 (II 15-1. 上扬子成矿省)	III 79. 江南加里东造山带 Sn-W-Au-Sb-Fe-Mn-Cu- 重晶石 - 滑石成矿带	III 79-1. 江南加里东造山带西段重晶石 -Au-Sb-Pb-Zn-Cu-W-Sn 成矿带	III 79-1-1. 雷山 - 榕江 Sb-Pb-Zn-V 成矿亚带
			III 79-1-2. 天柱 - 梨平重晶石 -Au-Mn- 水晶成矿亚带
			III 79-1-3. 从江 - 融水 Cu-Au-Ag-W-Sn 成矿亚带
	II -16. 华南成矿省	III 89. 南盘江 - 右江印支造山带 Au-Sb-Hg-Ag-Mn- 水晶 - 石膏成矿区	III 89-1. 南盘江 - 右江印支造山带北部 Au-Sb-Hg-Tl-U- 重晶石 - 萤石 - 煤 - 煤层气 - 页岩气 -Mn- 软玉 - 水晶成矿带	III 89-1-1. 普安 - 贞丰 Au-Sb-Hg-Tl- 煤 - 煤层气 - 页岩气 - 重晶石 - 萤石成矿亚带
			III 89-1-2. 册亨 - 罗甸 Au-Sb-Hg- 萤石 - 软玉 - 水晶成矿亚带

图 6.1　贵州省成矿单元划分图

III75. 四川盆地 Fe-Cu-Au- 石油 - 天然气 - 石膏 - 钙芒硝 - 石盐 - 煤和煤层气成矿区；III78. 鄂渝湘黔前陆褶断冲断带西段 Pb-Zn-Cu-Ag-Fe-Mn-Hg-Sb- 磷 - 铝土矿 - 硫铁矿 - 煤 - 煤层气 - 页岩气成矿带；III79. 江南加里东造山带 Sn-W-Au-Sb-Fe-Mn–Cu- 重晶石 - 滑石成矿带；III89. 南盘江 - 右江印支造山带 Au-Sb-Hg-Ag-Mn- 水晶 - 石膏成矿区

第二节　不同成矿区带耕地土壤地球化学参数特征

按成矿区带对 23 个元素（参数）指标数据统计分析，11 个成矿区带各元素（参数）含量变化具有鲜明特点，与贵州优势矿产有关的成矿区带相关元素含量显著偏高。Hg、Pb 元素在Ⅲ 78-1-3、Ⅲ 78-2-3 成矿区带含量远远高于背景值，在Ⅲ 75-1-1、Ⅲ 78-2-1、Ⅲ 78-2-2 及浅变质岩区低于背景值，Hg 在万山富集成矿，Pb 在镇远县、岑巩县、松桃县、凯里市矿化明显；Cd、Co、Cr、Cu、I、Mn、Ni、P、Pb、Se、V、Zn、有机质在Ⅲ 78-2-1、Ⅲ 78-2-2 成矿区带含量均远高于平均值，除 I、P、V 与玄武岩分布区有关和 Se、有机质与含煤地层分布有关外，其他元素基本上是与矿化有关，Zn 在局部区域富集；As、Co、Cr、Cu、F、I、Mn、Mo、Ni、P、V 在Ⅲ 89-1-1 成矿区带含量均远高于平均值，除 I、P、V 与玄武岩分布区有关，其他元素基本上与矿化有关。Ⅲ 75-1-1、Ⅲ 79-1-1、Ⅲ 79-1-2、Ⅲ 79-1-3 成矿区带都是贵州矿产相对少的区域，各种元素含量均远低于平均值，从另一个角度印证 23 个元素（参数）指标含量与成矿区带完全吻合。N、B、K、Ge 养分元素总体分布较均衡，N 元素在Ⅲ 79-1-1、Ⅲ 79-1-2、Ⅲ 79-1-3 成矿区带属高背景值区，在Ⅲ 75-1-1、Ⅲ 89-1-2 成矿区带属低背景值区；B 元素在Ⅲ 75-1-1、Ⅲ 79-1-1、Ⅲ 79-1-2、Ⅲ 78-2-1、Ⅲ 78-2-2 成矿区带略低于平均值；K 元素在Ⅲ 78-2-1、Ⅲ 78-2-3 成矿区带属低背景区，没有特别的高背景区；Tl 元素在Ⅲ 78-2-1、Ⅲ 78-2-2、Ⅲ 89-1-1、Ⅲ 89-1-2 成矿区带略偏高，也就是高值区主要分布在黔西南几个成矿区带，总体分布是比较均衡的；pH 总体以偏酸性为主，仅在Ⅲ 79-1-1、Ⅲ 79-1-2、Ⅲ 79-1-3 成矿区带比其他成矿区带略低。

第三节　贵州省不同成矿区带耕地土壤地球化学参数

贵州省不同成矿区带耕地土壤 23 项地球化学参数统计结果见表 6.2~ 表 6.24，主要耕地类型（水田、旱地）土壤 23 项地球化学参数统计结果见表 6.25~ 表 6.47。

表 6.2　贵州省不同成矿区带耕地土壤砷元素（As）地球化学参数　　　　　　　　　　　　（单位：mg/kg）

成矿区带	样品件数/个	算术平均值	算术标准差	几何平均值	几何标准差	变异系数	众值	中位值	中位绝对离差	0.5%	2.5%	25%	75%	97.5%	99.5%	最大值	偏度系数	峰度系数
Ⅲ 75-1-1	6758	7.32	5.86	5.85	1.91	0.80	10.20	5.60	2.01	1.22	1.86	3.79	8.08	24.30	31.90	68.80	2.61	10.50
Ⅲ 78-1-1	70436	17.58	15.10	14.21	1.95	0.86	13.70、14.80	15.60	6.40	2.03	3.25	9.46	22.30	43.00	75.80	825.00	13.97	477.06
Ⅲ 78-1-2	101269	17.96	45.40	13.70	2.06	2.53	12.40	14.30	6.80	2.37	3.40	8.12	22.40	54.00	89.40	13391.00	253.12	74349
Ⅲ 78-1-3	35323	18.67	15.29	13.41	2.36	0.82	10.20	14.90	8.90	1.63	2.48	6.96	26.27	54.70	84.63	207.00	2.06	9.38
Ⅲ 78-2-1	54906	19.24	28.42	13.88	2.25	1.48	14.80	15.56	8.44	1.79	2.67	7.78	25.18	54.80	117.91	3576.00	50.10	5133
Ⅲ 78-2-2	46639	23.73	42.86	17.68	1.98	1.81	10.10	17.20	7.10	3.51	5.13	11.20	26.80	74.30	186.01	3085.00	32.53	1800
Ⅲ 78-2-3	58224	18.21	29.08	12.89	2.29	1.60	10.40	13.10	6.17	1.09	2.21	7.90	21.60	62.40	119.00	4071.00	69.49	8580
Ⅲ 79-1-1	10230	6.07	6.54	4.55	2.02	1.08	2.49	4.20	1.77	1.08	1.40	2.78	6.97	21.30	48.80	101.91	5.11	40.55
Ⅲ 79-1-2	12955	5.97	5.74	4.57	2.00	0.96	3.25	4.17	1.74	1.03	1.40	2.79	7.08	19.90	31.77	181.70	6.37	113.10
Ⅲ 79-1-3	525	6.24	4.14	5.24	1.79	0.66	4.13、4.59、3.97	5.09	1.88	1.19	1.82	3.51	7.62	19.36	24.39	30.56	2.19	6.64
Ⅲ 89-1-1	39962	41.91	104.25	21.97	2.76	2.49	10.50	20.20	11.77	2.27	3.68	10.71	41.00	206.00	548.00	7239.00	20.31	857.87
Ⅲ 89-1-2	17200	24.26	53.44	13.84	2.47	2.20	10.60	10.50	3.82	2.56	3.82	7.80	22.00	116.00	272.00	2339.00	17.74	537.69

表 6.3　贵州省不同成矿区带耕地土壤硼元素（B）地球化学参数　　　　　　　　　　　　（单位：mg/kg）

成矿区带	样品件数/个	算术平均值	算术标准差	几何平均值	几何标准差	变异系数	众值	中位值	中位绝对离差	0.5%	2.5%	25%	75%	97.5%	99.5%	最大值	偏度系数	峰度系数
Ⅲ 75-1-1	6758	58.02	31.16	53.36	1.47	0.54	46.90	52.10	13.20	22.30	27.10	41.00	68.80	111.00	244.00	629.00	5.83	60.70
Ⅲ 78-1-1	70435	82.89	49.21	72.85	1.66	0.59	101.00	76.10	22.60	16.60	23.90	53.90	99.10	193.00	323.00	1884.00	5.10	82.11
Ⅲ 78-1-2	101269	79.21	33.92	74.32	1.41	0.43	103.00	72.40	11.93	27.50	38.90	61.90	86.61	161.07	265.00	750.00	3.83	28.22
Ⅲ 78-1-3	35323	79.53	24.76	75.68	1.38	0.31	103.00	77.59	14.00	23.78	35.80	64.18	92.30	135.00	173.00	325.00	0.99	3.79
Ⅲ 78-2-1	54906	57.79	39.14	44.31	2.20	0.68	103.00	54.20	27.30	5.29	8.41	24.70	78.10	152.00	189.49	510.00	1.09	2.00
Ⅲ 78-2-2	46639	67.56	39.86	56.12	1.89	0.59	101.00	60.10	27.40	9.90	15.23	35.52	92.25	157.83	199.64	522.00	1.08	2.45
Ⅲ 78-2-3	58222	80.48	29.42	75.31	1.45	0.37	103.00	76.80	18.10	25.60	34.10	59.90	96.50	139.60	182.00	500.00	0.94	2.17
Ⅲ 79-1-1	10230	60.53	32.15	54.03	1.59	0.53	112.00	50.41	15.13	21.78	25.39	38.37	74.13	139.60	190.00	527.00	2.11	11.22
Ⅲ 79-1-2	12955	56.97	21.00	53.34	1.44	0.37	46.50	54.20	13.53	20.50	25.38	41.61	69.00	105.70	129.41	237.50	1.03	2.47
Ⅲ 79-1-3	525	72.71	33.03	65.34	1.63	0.45	69.20	71.11	17.85	15.18	19.46	51.32	86.45	149.21	207.44	251.23	1.28	4.05
Ⅲ 89-1-1	39962	64.47	42.90	52.00	2.02	0.67	70.00	60.50	25.50	6.98	10.70	34.00	85.00	151.13	255.62	730.00	2.78	19.85
Ⅲ 89-1-2	17200	75.80	23.74	71.68	1.43	0.31	103.00	75.00	14.20	15.30	27.80	61.00	89.50	125.00	153.00	368.00	0.67	4.32

表 6.4　贵州省不同成矿区带耕地土壤镉元素（Cd）地球化学参数　　　　　　　　　　　　（单位：mg/kg）

成矿区带	样品件数/个	算术平均值	算术标准差	几何平均值	几何标准差	变异系数	众值	中位值	中位绝对离差	0.5%	2.5%	25%	75%	97.5%	99.5%	最大值	偏度系数	峰度系数
Ⅲ 75-1-1	6758	0.38	0.35	0.32	1.67	0.93	0.30	0.31	0.08	0.09	0.12	0.24	0.40	1.25	2.55	7.10	6.84	70.15
Ⅲ 78-1-1	70435	0.56	1.15	0.44	1.82	2.06	0.36	0.40	0.12	0.11	0.17	0.30	0.55	2.15	3.79	231.22	126.32	23923.8
Ⅲ 78-1-2	101269	0.48	0.54	0.38	1.80	1.13	0.28	0.37	0.12	0.10	0.14	0.26	0.52	1.58	2.96	51.80	25.18	1680.74
Ⅲ 78-1-3	35323	0.50	0.68	0.38	1.95	1.37	0.28	0.36	0.14	0.08	0.12	0.24	0.54	1.73	3.85	35.34	14.30	399.26
Ⅲ 78-2-1	54906	1.86	2.24	1.21	2.46	1.21	0.42	1.12	0.62	0.18	0.26	0.62	2.23	7.55	12.35	134.00	8.46	292.56

续表

成矿区带	样品件数/个	算术平均值	算术标准差	几何平均值	几何标准差	变异系数	众值	中位值	中位绝对离差	最小值	0.5%	2.5%	25%	75%	97.5%	99.5%	最大值	偏度系数	峰度系数
III 78-2-2	46638	0.79	1.26	0.56	2.05	1.60	0.35	0.48	0.18	0.02	0.14	0.20	0.35	0.82	3.38	5.89	150.30	45.68	4658.30
III 78-2-3	58824	0.86	1.64	0.45	2.62	1.90	0.24	0.38	0.17	0.01	0.06	0.10	0.24	0.68	6.11	11.00	41.90	5.22	40.23
III 79-1-1	10230	0.29	0.80	0.23	2.75	2.75	0.20	0.22	0.05	0.04	0.06	0.09	0.17	0.28	0.83	2.93	50.35	39.25	2093.86
III 79-1-2	12955	0.23	0.27	0.19	1.70	1.16	0.18	0.19	0.05	0.03	0.05	0.07	0.14	0.25	0.68	1.37	12.90	20.30	732.86
III 79-1-3	525	0.19	0.08	0.18	1.56	0.40	0.17	0.19	0.05	0.04	0.04	0.05	0.14	0.24	0.35	0.41	0.46	0.51	0.15
III 89-1-1	39962	0.61	1.02	0.41	2.15	1.67	0.29	0.35	0.12	0.02	0.08	0.13	0.25	0.54	3.24	5.79	74.28	17.72	912.84
III 89-1-2	17200	0.76	3.00	0.29	3.04	3.94	0.17	0.21	0.09	0.02	0.05	0.07	0.14	0.42	5.29	12.50	266.00	51.25	4057.09

表 6.5　贵州省不同成矿区带耕地土壤钴元素（Co）地球化学参数

（单位：mg/kg）

成矿区带	样品件数/个	算术平均值	算术标准差	几何平均值	几何标准差	变异系数	众值	中位值	中位绝对离差	最小值	0.5%	2.5%	25%	75%	97.5%	99.5%	最大值	偏度系数	峰度系数
III 75-1-1	6758	16.16	10.28	13.81	1.73	0.64	15.20	14.20	3.80	2.74	3.80	4.75	10.00	17.60	44.30	53.80	190.00	2.50	15.92
III 78-1-1	70431	25.28	11.42	22.83	1.59	0.45	17.20	22.80	7.10	0.17	5.21	8.93	16.70	32.10	50.30	61.10	158.00	0.99	1.81
III 78-1-2	101269	20.13	7.67	18.91	1.42	0.38	18.20	18.70	3.40	0.04	6.07	9.24	15.60	22.60	41.10	49.40	362.00	2.65	47.44
III 78-1-3	35323	17.28	6.87	15.84	1.55	0.40	17.60	17.00	4.30	1.22	3.89	5.42	12.77	21.33	31.27	40.30	119.00	0.99	5.99
III 78-2-1	54906	33.15	16.62	28.72	1.78	0.50	18.00	30.40	11.40	0.43	3.72	7.55	20.50	44.10	69.50	84.20	234.98	0.77	1.16
III 78-2-2	46632	31.34	12.46	28.62	1.58	0.40	27.40	30.30	8.70	0.03	5.12	9.85	22.30	39.90	56.50	68.40	176.00	0.56	1.52
III 78-2-3	58222	15.72	10.37	12.25	2.19	0.66	10.20	14.00	6.22	0.25	0.93	1.70	8.12	20.80	41.40	53.00	146.00	1.29	3.22
III 79-1-1	10230	7.45	4.47	6.57	1.61	0.60	5.52	6.04	1.70	0.65	2.52	3.14	4.69	8.72	20.60	27.95	53.94	2.52	9.39
III 79-1-2	12955	7.27	3.83	6.57	1.53	0.53	5.36、4.92	6.26	1.56	1.50	2.59	3.23	4.92	8.25	18.09	24.50	78.90	2.82	17.65
III 79-1-3	525	7.66	4.53	6.76	1.61	0.59	5.08、4.15、5.90	6.38	1.89	2.12	2.35	3.09	4.84	8.86	20.27	29.48	38.30	2.57	9.63
III 89-1-1	39960	32.31	15.06	28.53	1.71	0.47	25.70	30.80	10.19	0.75	3.90	7.95	21.50	41.90	64.50	81.39	194.58	0.87	2.89
III 89-1-2	17200	18.17	9.68	16.08	1.64	0.53	12.00	16.10	4.90	0.57	3.50	6.19	11.80	21.80	44.50	60.40	114.00	1.84	5.52

表 6.6　贵州省不同成矿区带耕地土壤铬元素（Cr）地球化学参数

（单位：mg/kg）

成矿区带	样品件数/个	算术平均值	算术标准差	几何平均值	几何标准差	变异系数	众值	中位值	中位绝对离差	最小值	0.5%	2.5%	25%	75%	97.5%	99.5%	最大值	偏度系数	峰度系数
III 75-1-1	6758	75.61	32.88	70.05	1.46	0.43	63.80	68.70	13.20	1.30	28.50	34.30	56.00	82.70	161.00	218.00	334.00	2.01	6.35
III 78-1-1	70436	110.10	44.26	102.87	1.44	0.40	104.00	102.00	25.00	14.60	39.00	52.20	80.00	132.00	205.00	290.00	1215.00	2.81	29.75
III 78-1-2	101269	92.82	25.78	89.73	1.30	0.28	102.00	89.00	12.60	0.64	38.30	54.60	77.57	103.00	154.00	197.00	882.01	2.45	24.26
III 78-1-3	35323	82.14	23.66	78.55	1.37	0.29	101.00	83.74	12.96	5.00	24.90	34.42	69.25	95.60	122.50	161.00	609.31	1.59	24.06
III 78-2-1	54906	149.17	71.04	135.45	1.54	0.48	116.00	131.33	34.33	14.00	44.10	58.80	103.46	177.33	339.43	446.00	964.00	1.76	5.12
III 78-2-2	46639	136.81	45.75	129.47	1.40	0.33	132.00	133.00	29.00	19.90	49.20	64.00	105.00	162.00	239.00	299.00	682.00	0.99	3.06
III 78-2-3	58224	97.99	57.55	85.29	1.69	0.59	101.00	84.40	26.60	7.10	19.80	23.90	61.90	119.00	248.00	364.00	1390.00	2.55	15.02
III 79-1-1	10230	47.99	22.56	44.43	1.45	0.47	40.30	42.52	9.12	11.10	20.30	28.65	34.60	53.80	103.00	146.42	374.01	3.57	27.37
III 79-1-2	12955	54.39	24.39	50.84	1.41	0.45	47.20	48.95	8.21	15.89	22.85	29.26	41.40	58.24	121.30	174.38	411.43	3.50	22.12
III 79-1-3	525	75.30	49.70	66.60	1.58	0.66	73.59、46.84、67.98	65.43	15.48	18.23	21.46	50.56	81.85	196.99	362.14	524.97	4.07	23.26
III 89-1-1	39962	161.23	69.42	147.72	1.53	0.43	121.00	149.00	40.00	1.89	48.90	63.90	113.00	195.91	326.00	394.00	1786.00	1.50	10.35
III 89-1-2	17200	92.30	52.72	83.25	1.52	0.57	102.00	74.40	14.20	17.20	38.70	47.10	63.20	99.50	236.00	372.00	900.00	3.33	19.21

表 6.7　贵州省不同成矿区带耕地土壤铜元素（Cu）地球化学参数　（单位：mg/kg）

成矿区带	样品件数/个	算术平均值	算术标准差	几何平均值	几何标准差	变异系数	众值	中位值	中位绝对离差	最小值	0.5%	2.5%	25%	75%	97.5%	99.5%	最大值	偏度系数	峰度系数
III 75-1-1	6758	31.88	26.15	26.09	1.77	0.82	22.90	23.70	6.10	0.05	9.62	11.50	18.10	30.60	114.00	142.00	231.00	2.59	7.00
III 78-1-1	70432	50.49	32.38	42.65	1.77	0.64	101.00	39.10	13.80	1.40	10.60	16.00	28.20	64.80	126.00	169.00	1641.00	3.29	87.42
III 78-1-2	101269	34.77	22.02	30.94	1.56	0.63	26.20	29.20	6.00	0.18	11.10	14.80	23.90	36.60	98.50	154.00	927.02	4.36	49.49
III 78-1-3	35323	30.27	14.16	28.17	1.45	0.47	28.40	28.40	6.20	4.02	10.09	13.00	22.60	35.20	58.90	82.53	1039.00	16.23	934.70
III 78-2-1	54906	100.05	81.92	72.08	2.31	0.82	142.00	67.20	37.10	3.78	10.20	14.00	41.70	139.73	295.74	355.68	1288.00	1.49	4.15
III 78-2-2	46633	85.56	53.93	70.77	1.88	0.63	106.00	74.50	33.40	1.00	13.50	20.60	44.40	113.00	234.00	283.00	1010.00	1.53	4.83
III 78-2-3	58222	32.34	27.92	24.34	2.14	0.86	12.20	24.40	11.70	0.24	3.38	5.63	14.30	40.20	103.00	130.00	2280.00	11.00	738.48
III 79-1-1	10230	18.68	9.52	17.24	1.45	0.51	12.50	16.63	3.82	0.76	8.05	9.63	13.30	21.27	43.80	68.30	196.80	4.69	44.42
III 79-1-2	12955	20.32	6.73	19.43	1.34	0.33	19.10	19.60	3.53	4.08	8.62	11.00	16.10	23.20	35.40	52.40	137.00	2.89	23.15
III 79-1-3	525	23.67	12.46	21.44	1.54	0.53	21.95	21.74	4.73	3.73	4.88	8.15	17.20	26.79	57.81	91.46	120.44	3.32	17.92
III 89-1-1	39960	75.49	44.17	63.52	1.84	0.59	101.00	65.60	28.40	2.18	12.60	18.80	41.50	102.00	173.90	246.43	522.95	1.25	2.94
III 89-1-2	17200	35.36	24.13	29.94	1.74	0.68	22.00	28.95	10.25	2.83	8.35	11.60	20.10	42.20	105.00	159.00	342.00	2.67	10.83

表 6.8　贵州省不同成矿区带耕地土壤氟元素（F）地球化学参数　（单位：mg/kg）

成矿区带	样品件数/个	算术平均值	算术标准差	几何平均值	几何标准差	变异系数	众值	中位值	中位绝对离差	最小值	0.5%	2.5%	25%	75%	97.5%	99.5%	最大值	偏度系数	峰度系数
III 75-1-1	6758	702	759	601	1.60	1.08	574	574	142	140	239	292	444	741	1878	4712	28061	15.41	398.27
III 78-1-1	70426	1150	752	990	1.70	0.65	907	954	320	45	284	372	692	1399	2916	4440	35059	5.71	132.45
III 78-1-2	101269	998	680	901	1.50	0.68	822	847	162	24	361	464	712	1063	2524	4751	51474	13.67	633.66
III 78-1-3	35323	791	337	741	1.42	0.43	678	735	151	165	311	382	594	901	1541	2141	9423	4.64	61.42
III 78-2-1	54906	834	563	697	1.79	0.68	560	644	232	114	205	260	455	1031	2356	2991	23903	2.91	54.56
III 78-2-2	46632	1110	639	964	1.70	0.58	1028	976	373	75	304	380	629	1411	2672	3476	27086	3.26	70.72
III 78-2-3	58221	819	439	723	1.64	0.54	734	725	240	73	212	277	513	1023	1897	2532	9696	2.22	15.62
III 79-1-1	10229	517	183	494	1.33	0.35	408	483	75	185	260	305	414	566	1036	1524	2390	2.98	14.27
III 79-1-2	12955	468	188	446	1.33	0.40	416	439	63	130	202	263	383	510	864	1460	5549	7.19	112.16
III 79-1-3	525	622	118	611	1.21	0.19	583、589	611	78	263	351	422	538	693	869	1021	1085	0.58	0.96
III 89-1-1	39960	1257	774	1041	1.88	0.62	1408	1084	488	109	225	306	642	1680	3117	3889	12966	1.23	3.00
III 89-1-2	17200	806	474	717	1.57	0.59	548	648	149	188	308	377	527	873	2202	2932	8033	2.62	10.63

表 6.9　贵州省不同成矿区带耕地土壤锗元素（Ge）地球化学参数　（单位：mg/kg）

成矿区带	样品件数/个	算术平均值	算术标准差	几何平均值	几何标准差	变异系数	众值	中位值	中位绝对离差	最小值	0.5%	2.5%	25%	75%	97.5%	99.5%	最大值	偏度系数	峰度系数
III 75-1-1	6758	1.53	0.24	1.51	1.16	0.16	1.48	1.50	0.12	0.69	1.00	1.15	1.38	1.62	2.11	2.52	4.54	1.77	9.78
III 78-1-1	70435	1.58	0.28	1.56	1.19	0.17	1.60	1.58	0.16	0.15	0.86	1.06	1.42	1.73	2.15	2.57	5.42	0.81	5.39
III 78-1-2	101269	1.52	0.29	1.49	1.21	0.19	1.52	1.52	0.18	0.14	0.79	0.98	1.33	1.69	2.08	2.44	9.68	0.94	11.67
III 78-1-3	35323	1.55	0.32	1.52	1.24	0.21	1.54	1.56	0.19	0.13	0.66	0.91	1.36	1.74	2.16	2.42	9.21	1.26	24.04
III 78-2-1	54906	1.63	0.39	1.59	1.25	0.24	1.58	1.60	0.19	0.23	0.76	0.98	1.42	1.81	2.43	2.80	28.69	9.30	514.95
III 78-2-2	46639	1.61	0.32	1.58	1.21	0.20	1.65	1.61	0.17	0.05	0.81	1.02	1.44	1.78	2.19	2.66	18.35	6.42	273.92

续表

成矿区带	样品件数/个	算术平均值	算术标准差	几何平均值	几何标准差	变异系数	众值	中位值	中位绝对离差	最小值	累积频率值 0.5%	2.5%	25%	75%	97.5%	99.5%	最大值	偏度系数	峰度系数
Ⅲ 78-2-3	58220	1.33	0.35	1.28	1.35	0.26	1.48	1.33	0.24	0.04	0.49	0.68	1.08	1.56	2.01	2.33	10.20	0.68	9.24
Ⅲ 79-1-1	10230	1.60	0.24	1.59	1.13	0.15	1.52	1.58	0.13	0.63	1.13	1.23	1.46	1.72	2.10	2.45	6.12	2.83	33.03
Ⅲ 79-1-2	12955	1.51	0.23	1.50	1.17	0.15	1.58	1.52	0.14	0.69	0.89	1.05	1.38	1.65	1.96	2.15	5.06	0.37	5.75
Ⅲ 79-1-3	525	1.80	0.24	1.78	1.14	0.13	1.81	1.78	0.16	1.07	1.18	1.35	1.64	1.95	2.27	2.49	2.76	0.31	0.56
Ⅲ 89-1-1	39962	1.64	0.35	1.61	1.22	0.21	1.52	1.61	0.18	0.10	0.78	1.08	1.44	1.80	2.39	2.88	17.42	4.91	162.15
Ⅲ 89-1-2	17200	1.44	0.24	1.42	1.19	0.16	1.42	1.43	0.14	0.13	0.70	1.00	1.30	1.57	1.93	2.19	5.32	0.54	7.18

表 6.10　贵州省不同成矿区带耕地土壤汞元素（Hg）地球化学参数　　　　（单位：mg/kg）

成矿区带	样品件数/个	算术平均值	算术标准差	几何平均值	几何标准差	变异系数	众值	中位值	中位绝对离差	最小值	累积频率值 0.5%	2.5%	25%	75%	97.5%	99.5%	最大值	偏度系数	峰度系数
Ⅲ 75-1-1	6758	0.10	0.08	0.08	1.87	0.81	0.05	0.08	0.03	0.01	0.02	0.03	0.05	0.12	0.29	0.43	1.69	5.32	65.46
Ⅲ 78-1-1	70439	0.31	4.40	0.14	1.97	14.17	0.12	0.14	0.05	0.01	0.03	0.04	0.10	0.19	0.51	2.72	467.24	54.94	3992.94
Ⅲ 78-1-2	101269	0.25	3.79	0.14	1.99	14.88	0.14	0.14	0.05	0.00	0.03	0.04	0.09	0.20	0.58	2.65	759.50	144.68	25863.2
Ⅲ 78-1-3	35322	0.39	2.20	0.21	2.26	5.67	0.12	0.21	0.09	0.01	0.03	0.05	0.13	0.32	1.19	5.60	159.71	38.12	1960.45
Ⅲ 78-2-1	54906	0.13	0.29	0.10	2.04	2.14	0.07	0.10	0.04	0.00	0.02	0.02	0.06	0.16	0.39	0.89	35.00	63.24	6112.98
Ⅲ 78-2-2	46639	0.20	0.63	0.14	1.90	3.17	0.11	0.13	0.04	0.01	0.04	0.05	0.10	0.19	0.66	2.08	101.00	95.60	14281.9
Ⅲ 78-2-3	58224	0.40	20.26	0.16	2.05	50.58	0.09	0.14	0.04	0.00	0.04	0.05	0.10	0.22	0.84	2.73	367.80	121.10	17159.2
Ⅲ 79-1-1	10230	0.15	0.15	0.14	1.51	0.96	0.11	0.13	0.03	0.01	0.06	0.07	0.11	0.16	0.39	0.75	8.67	25.59	1229.75
Ⅲ 79-1-2	12955	0.12	0.09	0.11	1.45	0.70	0.10	0.11	0.02	0.03	0.05	0.06	0.09	0.14	0.25	0.42	6.24	32.55	2044.16
Ⅲ 79-1-3	525	0.12	0.04	0.11	1.39	0.35	0.12	0.12	0.02	0.04	0.04	0.06	0.09	0.14	0.21	0.27	0.54	2.61	19.18
Ⅲ 89-1-1	39962	0.28	2.56	0.15	2.61	8.99	0.08	0.13	0.06	0.00	0.02	0.03	0.08	0.23	1.29	3.49	402.50	127.13	18343.8
Ⅲ 89-1-2	17200	0.32	3.75	0.12	2.70	11.59	0.06	0.09	0.04	0.01	0.03	0.04	0.06	0.17	1.66	5.33	434.10	95.70	10632.4

表 6.11　贵州省不同成矿区带耕地土壤碘元素（I）地球化学参数　　　　（单位：mg/kg）

成矿区带	样品件数/个	算术平均值	算术标准差	几何平均值	几何标准差	变异系数	众值	中位值	中位绝对离差	最小值	累积频率值 0.5%	2.5%	25%	75%	97.5%	99.5%	最大值	偏度系数	峰度系数
Ⅲ 75-1-1	6758	1.66	1.65	1.15	2.31	0.99	0.78	1.05	0.49	0.05	0.15	0.25	0.66	1.89	6.58	8.58	12.70	2.21	5.49
Ⅲ 78-1-1	70435	4.14	2.62	3.23	2.19	0.63	0.80、0.94	3.87	1.91	0.01	0.30	0.56	1.95	5.78	9.96	12.50	59.50	0.94	3.85
Ⅲ 78-1-2	101268	2.87	2.39	2.04	2.34	0.83	0.82	2.04	1.23	0.01	0.29	0.46	1.03	4.12	8.80	12.20	34.60	1.62	4.06
Ⅲ 78-1-3	35323	2.59	2.41	1.79	2.34	0.93	0.75	1.56	0.87	0.03	0.40	0.49	0.88	3.67	8.86	12.10	39.80	1.92	6.22
Ⅲ 78-2-1	54906	6.43	4.58	4.87	2.21	0.71	10.10	5.40	2.96	0.15	0.62	0.93	2.76	9.02	17.20	23.48	40.40	1.22	2.07
Ⅲ 78-2-2	46639	5.95	3.65	4.82	2.00	0.61	10.10	5.42	2.44	0.29	0.75	1.04	3.12	8.05	14.50	19.00	40.60	1.10	2.31
Ⅲ 78-2-3	58224	3.33	3.40	2.02	2.76	1.02	0.68	1.77	1.17	0.10	0.33	0.43	0.83	5.09	12.11	16.53	41.70	1.68	3.52
Ⅲ 79-1-1	10230	1.85	3.24	1.05	2.37	1.75	0.60	0.78	0.22	0.28	0.40	0.42	0.60	1.22	11.95	21.70	55.10	4.65	29.58
Ⅲ 79-1-2	12955	2.03	2.71	1.21	2.45	1.33	0.62	0.84	0.25	0.40	0.41	0.47	0.65	1.58	9.31	14.51	41.30	3.02	14.82
Ⅲ 79-1-3	525	2.43	3.22	1.66	2.10	1.32	1.13	1.39	0.43	0.40	0.52	0.60	1.03	1.99	12.90	16.86	31.54	3.90	20.11
Ⅲ 89-1-1	39962	5.86	4.26	4.40	2.25	0.73	1.40	4.89	2.77	0.11	0.50	0.85	2.42	8.29	16.01	20.80	77.34	1.37	4.91
Ⅲ 89-1-2	17200	3.75	3.75	2.45	2.54	1.00	0.90	2.47	1.53	0.20	0.39	0.50	1.15	4.76	14.50	19.20	39.50	2.05	5.25

表 6.12　贵州省不同成矿区带耕地土壤钾元素（K）地球化学参数 （单位：%）

成矿区带	样品件数/个	算术平均值	算术标准差	几何平均值	几何标准差	变异系数	众值	中位值	中位绝对离差	最小值	0.5%	2.5%	25%	75%	97.5%	99.5%	最大值	偏度系数	峰度系数
III 75-1-1	6758	1.85	0.55	1.76	1.40	0.30	2.02	1.88	0.38	0.03	0.61	0.81	1.45	2.23	2.92	3.24	3.99	0.02	-0.33
III 78-1-1	70436	2.14	0.85	1.96	1.57	0.40	2.12	2.10	0.58	0.19	0.47	0.67	1.54	2.70	3.96	4.60	8.34	0.40	0.16
III 78-1-2	101269	2.11	0.85	1.93	1.56	0.40	1.49	2.07	0.62	0.02	0.52	0.72	1.45	2.68	3.82	4.72	11.60	0.68	2.41
III 78-1-3	35323	2.10	0.93	1.89	1.63	0.44	1.59	1.97	0.67	0.09	0.44	0.64	1.38	2.75	4.07	4.86	8.50	0.58	0.19
III 78-2-1	54906	1.34	0.80	1.14	1.78	0.60	0.83	1.08	0.39	0.03	0.25	0.38	0.78	1.71	3.40	4.09	5.80	1.30	1.39
III 78-2-2	46639	1.90	0.92	1.69	1.65	0.48	1.48	1.72	0.57	0.18	0.42	0.60	1.22	2.41	4.04	4.83	7.42	0.90	0.68
III 78-2-3	58224	1.40	0.90	1.14	1.98	0.64	0.65	1.19	0.58	0.05	0.19	0.28	0.70	1.95	3.47	4.34	12.12	2.37	12.24
III 79-1-1	10230	1.92	0.50	1.85	1.30	0.26	1.90	1.88	0.28	0.25	0.79	1.09	1.60	2.15	3.01	3.74	7.27	1.32	7.07
III 79-1-2	12955	1.82	0.52	1.73	1.42	0.28	1.83	1.87	0.28	0.22	0.44	0.63	1.57	2.14	2.75	3.28	4.77	-0.27	1.12
III 79-1-3	525	2.32	0.45	2.27	1.24	0.19	2.14	0.00	0.26	0.52	0.87	1.37	2.08	2.60	3.19	3.58	4.17	-0.13	1.41
III 89-1-1	39962	1.79	0.86	1.58	1.69	0.48	1.53	1.64	0.53	0.01	0.28	0.48	1.17	2.26	3.78	4.49	6.32	0.80	0.54
III 89-1-2	17200	1.95	0.60	1.84	1.46	0.31	2.09	1.98	0.39	0.09	0.35	0.70	1.56	2.35	3.08	3.60	6.57	-0.01	0.64

表 6.13　贵州省不同成矿区带耕地土壤锰元素（Mn）地球化学参数 （单位：mg/kg）

成矿区带	样品件数/个	算术平均值	算术标准差	几何平均值	几何标准差	变异系数	众值	中位值	中位绝对离差	最小值	0.5%	2.5%	25%	75%	97.5%	99.5%	最大值	偏度系数	峰度系数
III 75-1-1	6758	601	513	463	2.05	0.85	160	481	212	13	94	119	283	716	1765	3210	7368	3.61	25.60
III 78-1-1	70432	1095	644	910	1.91	0.59	588	1009	432	39	134	214	600	1475	2510	3400	15591	1.70	14.30
III 78-1-2	101269	956	820	741	2.06	0.86	382、404	756	380	5	132	186	437	1284	2760	4151	67325	13.30	735.71
III 78-1-3	35323	717	598	526	2.24	0.83	254	554	306	26	80	112	284	968	2193	3129	13080	2.71	22.67
III 78-2-1	54906	1251	848	1046	1.90	0.68	1120	1159	417	11	93	215	761	1600	2800	4503	45910	10.42	346.15
III 78-2-2	46633	1255	687	1065	1.86	0.55	1253	1199	429	11	139	239	769	1626	2747	3845	10995	1.65	10.14
III 78-2-3	58222	770	881	414	3.24	1.14	106	420	311	5	33	48	167	1060	3214	4368	23945	2.32	13.51
III 79-1-1	10230	300	351	223	1.98	1.17	190、120	199	69	18	59	80	141	302	1210	2176	8265	6.07	67.43
III 79-1-2	12955	293	282	230	1.89	0.96	167	216	75	27	64	80	152	314	1109	1771	7921	5.23	64.04
III 79-1-3	525	312	318	260	1.71	1.02	162	244	82	72	97	115	173	352	859	1499	5841	10.86	176.72
III 89-1-1	39960	1380	1223	1075	2.09	0.89	1131	1165	466	12	90	191	727	1673	4320	6797	96941	16.63	1033.17
III 89-1-2	17200	1009	1230	605	2.65	1.22	219	559	298	29	72	108	308	1024	4869	6098	11396	2.39	5.75

表 6.14　贵州省不同成矿区带耕地土壤钼元素（Mo）地球化学参数 （单位：mg/kg）

成矿区带	样品件数/个	算术平均值	算术标准差	几何平均值	几何标准差	变异系数	众值	中位值	中位绝对离差	最小值	0.5%	2.5%	25%	75%	97.5%	99.5%	最大值	偏度系数	峰度系数
III 75-1-1	6758	0.91	1.50	0.66	1.95	1.66	0.38	0.56	0.19	0.17	0.24	0.27	0.41	0.90	3.39	7.20	38.00	12.51	225.13
III 78-1-1	70435	1.93	1.92	1.57	1.86	0.99	1.24	1.59	0.58	0.02	0.31	0.43	1.08	2.29	5.20	11.22	117.60	13.67	443.93
III 78-1-2	101269	1.91	2.85	1.35	2.17	1.49	0.48	1.36	0.67	0.01	0.27	0.34	0.78	2.20	6.53	14.60	252.00	20.19	997.57
III 78-1-3	35323	2.56	4.96	1.67	2.38	1.94	0.32	1.74	0.92	0.20	0.30	0.33	0.92	2.88	9.29	22.20	275.00	23.51	966.90
III 78-2-1	54906	2.23	1.76	1.89	1.72	0.79	1.58	1.89	0.60	0.14	0.50	0.70	1.34	2.56	6.04	10.92	59.44	7.96	142.88
III 78-2-2	46638	2.70	2.19	2.25	1.77	0.81	1.40	2.20	0.79	0.31	0.57	0.80	1.52	3.23	7.40	13.20	117.00	9.16	257.88

续表　　（单位：g/kg）

成矿区带	样品件数/个	算术平均值	算术标准差	几何平均值	几何标准差	变异系数	众值	中位值	中位绝对离差	最小值	0.5%	2.5%	25%	75%	97.5%	99.5%	最大值	偏度系数	峰度系数
Ⅲ 78-2-3	58224	2.38	3.84	1.64	2.29	1.61	1.00、0.48	1.66	0.87	0.15	0.27	0.35	0.92	2.85	8.65	17.00	506.00	58.55	6790.02
Ⅲ 79-1-1	10230	1.20	3.20	0.75	2.01	2.66	0.56	0.65	0.20	0.24	0.30	0.32	0.49	0.93	6.74	17.56	92.20	13.00	232.42
Ⅲ 79-1-2	12955	0.89	1.74	0.66	1.83	1.95	0.45	0.59	0.18	0.30	0.30	0.31	0.44	0.86	2.99	8.69	67.10	18.76	516.11
Ⅲ 79-1-3	525	0.86	0.59	0.73	1.70	0.68	0.31	0.70	0.22	0.30	0.30	0.31	0.50	0.96	2.60	3.51	4.54	2.75	10.09
Ⅲ 89-1-1	39962	3.14	4.94	2.22	2.12	1.58	1.32	2.05	0.88	0.11	0.42	0.63	1.33	3.42	12.20	23.71	433.00	27.45	1743.95
Ⅲ 89-1-2	17200	1.46	2.82	0.92	2.33	1.93	0.39	0.76	0.37	0.10	0.22	0.28	0.48	1.60	6.57	13.70	146.00	18.52	647.18

表 6.15　贵州省不同成矿区带耕地土壤氮元素（N）地球化学参数　（单位：g/kg）

成矿区带	样品件数/个	算术平均值	算术标准差	几何平均值	几何标准差	变异系数	众值	中位值	中位绝对离差	最小值	0.5%	2.5%	25%	75%	97.5%	99.5%	最大值	偏度系数	峰度系数
Ⅲ 75-1-1	6758	1.40	0.52	1.31	1.45	0.38	1.22	1.30	0.32	0.14	0.44	0.64	1.03	1.68	2.64	3.26	4.91	1.08	2.06
Ⅲ 78-1-1	70440	1.79	0.54	1.72	1.35	0.30	1.72	1.73	0.31	0.20	0.67	0.90	1.45	2.07	3.08	3.77	9.29	1.07	3.50
Ⅲ 78-1-2	101269	1.70	0.51	1.63	1.34	0.30	1.47	1.61	0.29	0.10	0.70	0.93	1.35	1.94	2.96	3.72	12.39	1.40	5.56
Ⅲ 78-1-3	35323	1.88	0.66	1.77	1.40	0.35	1.69	1.76	0.37	0.24	0.62	0.90	1.44	2.20	3.52	4.35	8.30	1.30	3.54
Ⅲ 78-2-1	54906	2.05	0.74	1.93	1.44	0.36	1.97	1.97	0.45	0.14	0.62	0.86	1.55	2.46	3.74	4.63	9.65	0.98	2.69
Ⅲ 78-2-2	46639	2.17	0.68	2.08	1.35	0.31	1.91	2.06	0.39	0.32	0.85	1.15	1.71	2.52	3.76	4.61	12.20	1.30	5.16
Ⅲ 78-2-3	58224	2.05	0.75	1.92	1.43	0.36	1.64、1.78	1.92	0.44	0.14	0.65	0.94	1.54	2.44	3.83	4.79	13.83	1.29	4.83
Ⅲ 79-1-1	10230	2.58	0.83	2.44	1.39	0.32	2.41、2.62	2.50	0.54	0.40	0.87	1.22	1.99	3.07	4.46	5.44	7.61	0.78	1.49
Ⅲ 79-1-2	12955	2.26	0.83	2.11	1.46	0.37	1.72	2.17	0.54	0.35	0.63	0.95	1.66	2.75	4.09	4.95	7.15	0.76	1.13
Ⅲ 79-1-3	525	2.76	0.95	2.58	1.47	0.34	3.00	2.67	0.66	0.33	0.52	1.08	2.05	3.38	4.85	5.45	5.97	0.42	0.14
Ⅲ 89-1-1	39962	2.14	12.24	1.99	1.37	5.71	1.81	1.99	0.37	0.22	0.80	1.04	1.65	2.41	3.63	4.69	2.45	1.99	3.97
Ⅲ 89-1-2	17200	1.69	0.63	1.59	1.41	0.37	1.36	1.56	0.34	0.30	0.65	0.83	1.27	1.99	3.22	4.33	8.35	1.61	5.25

表 6.16　贵州省不同成矿区带耕地土壤镍元素（Ni）地球化学参数　（单位：mg/kg）

成矿区带	样品件数/个	算术平均值	算术标准差	几何平均值	几何标准差	变异系数	众值	中位值	中位绝对离差	最小值	0.5%	2.5%	25%	75%	97.5%	99.5%	最大值	偏度系数	峰度系数
Ⅲ 75-1-1	6758	36.32	19.67	32.38	1.60	0.54	35.60、32.90	32.25	7.95	0.03	11.00	13.50	24.30	40.20	92.40	108.00	305.00	2.21	9.55
Ⅲ 78-1-1	70436	47.63	22.26	43.26	1.55	0.47	34.00	41.20	11.10	2.40	13.10	19.20	32.30	58.40	98.60	118.00	490.00	1.80	10.97
Ⅲ 78-1-2	101269	39.33	16.51	36.93	1.41	0.42	32.60	36.70	6.81	0.26	13.00	19.50	30.20	44.00	81.80	104.00	935.00	6.78	196.95
Ⅲ 78-1-3	35323	35.03	15.70	32.42	1.50	0.45	34.10	34.40	7.50	5.08	8.59	12.10	26.74	41.70	63.35	83.59	861.00	11.27	432.54
Ⅲ 78-2-1	54906	62.95	24.81	57.63	1.57	0.39	102.00	62.30	16.10	0.38	12.21	19.20	45.66	77.80	114.00	142.00	395.15	0.75	3.35
Ⅲ 78-2-2	46639	58.39	24.58	53.36	1.55	0.42	35.00	55.40	16.70	1.00	12.90	21.40	40.00	74.10	107.00	142.00	494.00	1.34	8.28
Ⅲ 78-2-3	58224	31.79	19.07	26.63	1.87	0.60	20.00	28.30	10.60	1.01	3.61	6.30	18.50	40.20	78.90	101.00	523.00	1.98	16.96
Ⅲ 79-1-1	10230	17.04	8.64	15.60	1.48	0.51	14.20	14.96	3.20	3.64	6.78	8.07	12.14	18.77	42.12	57.20	174.00	3.31	23.52
Ⅲ 79-1-2	12955	17.81	7.11	16.81	1.39	0.40	16.80、17.60	16.70	2.94	2.85	6.90	8.97	13.90	19.80	35.80	49.88	226.00	4.76	74.51
Ⅲ 79-1-3	525	24.08	12.98	22.25	1.45	0.54	21.34、16.70、26.64	21.80	4.66	7.86	8.51	11.09	17.57	26.97	51.90	69.96	219.80	7.46	100.05
Ⅲ 89-1-1	39962	62.23	26.84	56.06	1.62	0.43	101.00	59.80	19.42	1.00	12.00	19.40	41.40	80.50	118.00	143.00	268.00	0.57	0.50
Ⅲ 89-1-2	17200	34.16	21.04	29.66	1.69	0.62	21.20、20.00	28.90	9.50	2.00	7.35	10.80	20.80	41.80	83.80	104.00	1159.00	10.09	477.01

表 6.17 贵州省不同成矿区带耕地土壤磷元素（P）地球化学参数 （单位：g/kg）

成矿区带	样品件数/个	算术平均值	算术标准差	几何平均值	几何标准差	变异系数	众值	中位值	中位绝对离差	最小值	累积频率值						最大值	偏度系数	峰度系数
											0.5%	2.5%	25%	75%	97.5%	99.5%			
III 75-1-1	6758	0.51	0.27	0.45	1.63	0.53	0.33	0.44	0.14	0.01	0.14	0.19	0.32	0.63	1.22	1.53	3.00	1.65	4.66
III 78-1-1	70440	0.81	0.43	0.74	1.49	0.53	0.63	0.76	0.20	0.12	0.24	0.32	0.58	0.98	1.51	2.04	42.33	24.33	1744.96
III 78-1-2	101269	0.71	0.38	0.66	1.44	0.53	0.59	0.67	0.15	0.00	0.24	0.33	0.53	0.84	1.31	1.78	42.30	30.41	2467.64
III 78-1-3	35323	0.66	0.38	0.61	1.47	0.57	0.56	0.62	0.15	0.07	0.21	0.28	0.48	0.78	1.23	1.93	25.15	20.78	987.63
III 78-2-1	54906	1.13	0.49	1.02	1.57	0.43	0.91	1.08	0.32	0.09	0.27	0.38	0.77	1.41	2.19	2.76	13.25	1.32	11.08
III 78-2-2	46639	1.08	0.75	0.99	1.49	0.70	1.01、1.00	1.01	0.26	0.14	0.34	0.45	0.76	1.29	1.99	2.58	47.06	26.78	1195.63
III 78-2-3	58224	0.68	0.33	0.61	1.58	0.49	0.52	0.62	0.17	0.00	0.16	0.25	0.46	0.82	1.48	2.00	14.25	3.44	69.34
III 79-1-1	10230	0.55	0.25	0.51	1.46	0.45	0.43	0.51	0.12	0.11	0.19	0.24	0.40	0.64	1.12	1.73	5.66	3.69	35.64
III 79-1-2	12955	0.49	0.21	0.46	1.48	0.42	0.44、0.37	0.46	0.11	0.06	0.14	0.20	0.36	0.59	0.99	1.36	2.46	1.83	7.57
III 79-1-3	525	0.51	0.19	0.48	1.47	0.36	0.49	0.49	0.12	0.09	0.12	0.20	0.39	0.62	0.90	1.08	1.59	0.91	2.59
III 89-1-1	39962	1.16	8.49	1.03	1.54	7.29	0.79	1.07	0.31	0.01	0.33	0.42	0.77	1.40	2.17	2.76	16.96	19.89	397.02
III 89-1-2	17200	0.76	0.72	0.65	1.66	0.95	0.50	0.58	0.15	0.14	0.25	0.32	0.46	0.82	2.27	3.14	46.86	29.75	1728.73

表 6.18 贵州省不同成矿区带耕地土壤铅元素（Pb）地球化学参数 （单位：mg/kg）

成矿区带	样品件数/个	算术平均值	算术标准差	几何平均值	几何标准差	变异系数	众值	中位值	中位绝对离差	最小值	累积频率值						最大值	偏度系数	峰度系数
											0.5%	2.5%	25%	75%	97.5%	99.5%			
III 75-1-1	6758	29.21	9.49	28.18	1.29	0.33	28.00	28.00	3.50	9.17	15.20	17.40	24.70	31.70	48.90	80.70	253.00	5.74	79.16
III 78-1-1	70436	35.95	21.05	33.69	1.40	0.59	29.40	33.30	6.90	0.06	15.10	18.40	27.10	41.30	64.60	99.30	1686.00	28.42	1588.8
III 78-1-2	101269	40.15	50.93	37.10	1.41	1.27	32.60	35.59	6.11	0.31	16.90	20.80	30.40	43.50	79.80	138.00	13500.00	186.36	48299.5
III 78-1-3	35323	63.60	155.29	45.84	1.83	2.44	29.80	41.00	13.20	5.62	16.90	20.36	30.13	61.80	192.41	809.00	6511.00	19.43	527.63
III 78-2-1	54906	64.75	210.36	41.67	2.05	3.25	25.00	37.10	13.80	3.26	11.20	14.60	25.93	57.80	259.00	848.00	23373.00	42.91	3435.6
III 78-2-2	46639	45.71	234.96	34.45	1.66	5.14	26.10	32.70	8.80	3.87	12.10	16.10	25.20	44.20	93.60	440.00	35736.00	94.62	12441.6
III 78-2-3	58222	34.33	24.75	30.46	1.57	0.72	24.40、26.80	29.49	7.59	3.76	10.60	13.60	22.90	38.80	79.70	149.00	1200.00	11.69	299.84
III 79-1-1	10230	42.95	226.14	29.52	1.50	5.27	26.60	28.12	3.38	9.58	16.29	19.30	25.10	31.99	56.50	505.05	9042.00	25.58	796.38
III 79-1-2	12955	26.72	7.79	25.95	1.26	0.29	24.60	26.10	3.13	8.52	12.80	15.57	23.04	29.30	41.20	60.80	335.00	9.82	293.10
III 79-1-3	525	30.99	8.65	30.24	1.23	0.28	27.34	29.55	2.89	15.19	18.43	22.23	27.05	32.87	49.69	64.78	131.10	5.76	53.66
III 89-1-1	39962	35.81	19.58	31.97	1.58	0.55	26.90	29.80	8.10	2.53	11.60	14.70	23.48	42.40	86.00	121.00	393.00	2.55	14.99
III 89-1-2	17200	30.72	19.79	27.78	1.52	0.64	25.10	26.00	4.60	2.62	10.60	14.10	22.00	31.40	76.40	95.50	1422.00	22.71	1447.8

表 6.19 贵州省不同成矿区带耕地土壤硒元素（Se）地球化学参数 （单位：mg/kg）

成矿区带	样品件数/个	算术平均值	算术标准差	几何平均值	几何标准差	变异系数	众值	中位值	中位绝对离差	最小值	累积频率值						最大值	偏度系数	峰度系数
											0.5%	2.5%	25%	75%	97.5%	99.5%			
III 75-1-1	6758	0.46	0.32	0.39	1.72	0.69	0.50	0.36	0.12	0.03	0.10	0.16	0.27	0.54	1.36	2.10	3.78	2.90	12.95
III 78-1-1	70432	0.65	0.39	0.58	1.62	0.59	0.50	0.57	0.16	0.02	0.14	0.22	0.44	0.77	1.50	2.26	14.30	6.18	118.42
III 78-1-2	101269	0.50	0.34	0.44	1.59	0.69	0.36	0.43	0.12	0.01	0.15	0.19	0.32	0.57	1.24	2.04	40.07	21.27	1919.88
III 78-1-3	35323	0.52	0.41	0.46	1.58	0.79	0.44	0.45	0.11	0.04	0.15	0.20	0.35	0.57	1.37	2.73	16.90	10.17	208.36
III 78-2-1	54906	0.59	0.38	0.50	1.84	0.64	0.54	0.54	0.20	0.03	0.08	0.13	0.35	0.75	1.41	2.06	17.80	5.34	131.17
III 78-2-2	46637	0.75	0.43	0.66	1.62	0.58	0.49	0.64	0.20	0.01	0.18	0.27	0.48	0.91	1.67	2.48	24.90	7.46	256.23

续表

（单位：mg/kg）

成矿区带	样品件数/个	算术		几何		变异系数	众值	中位值	中位绝对离差	最小值	累积频率值						最大值	偏度系数	峰度系数
		平均值	标准差	平均值	标准差						0.5%	2.5%	25%	75%	97.5%	99.5%			
III 78-2-3	58224	0.55	0.37	0.49	1.62	0.67	0.41	0.48	0.14	0.01	0.14	0.20	0.36	0.64	1.36	2.39	19.20	8.84	237.38
III 79-1-1	10230	0.48	0.49	0.41	1.63	1.02	0.30	0.38	0.09	0.07	0.16	0.20	0.30	0.49	1.47	3.44	15.10	10.04	172.55
III 79-1-2	12955	0.45	0.28	0.41	1.50	0.61	0.34	0.39	0.09	0.10	0.17	0.21	0.32	0.51	1.03	1.83	7.76	7.03	100.24
III 79-1-3	525	0.59	0.24	0.55	1.50	0.41	0.64	0.57	0.15	0.13	0.16	0.23	0.41	0.71	1.20	1.52	2.06	1.42	4.48
III 89-1-1	39962	0.48	0.35	0.41	1.71	0.72	0.30	0.40	0.12	0.01	0.11	0.16	0.29	0.55	1.38	2.13	10.50	5.30	72.36
III 89-1-2	17200	0.40	0.25	0.36	1.58	0.62	0.28	0.35	0.11	0.05	0.12	0.16	0.26	0.48	0.93	1.43	15.40	15.09	782.97

表6.20　贵州省不同成矿区带耕地土壤铊元素（Tl）地球化学参数

（单位：mg/kg）

成矿区带	样品件数/个	算术		几何		变异系数	众值	中位值	中位绝对离差	最小值	累积频率值						最大值	偏度系数	峰度系数
		平均值	标准差	平均值	标准差						0.5%	2.5%	25%	75%	97.5%	99.5%			
III 75-1-1	6758	0.62	0.18	0.59	1.34	0.29	0.70、0.68	0.62	0.12	0.19	0.27	0.32	0.49	0.73	0.97	1.28	2.53	1.20	6.97
III 78-1-1	70434	0.69	0.25	0.66	1.39	0.37	0.68	0.68	0.13	0.01	0.26	0.32	0.55	0.80	1.18	1.70	14.40	6.89	228.75
III 78-1-2	101269	0.79	0.27	0.76	1.33	0.34	0.78	0.77	0.13	0.01	0.33	0.41	0.64	0.90	1.31	1.89	19.07	7.49	282.86
III 78-1-3	35323	0.79	0.24	0.76	1.32	0.31	0.78	0.78	0.12	0.13	0.35	0.43	0.65	0.89	1.28	1.90	6.54	3.70	42.46
III 78-2-1	54906	0.62	0.31	0.56	1.64	0.50	0.34	0.59	0.20	0.07	0.16	0.21	0.39	0.79	1.33	1.81	6.13	1.72	10.33
III 78-2-2	46638	0.67	0.33	0.62	1.50	0.49	0.70	0.65	0.17	0.11	0.22	0.27	0.47	0.81	1.25	1.86	19.41	12.20	531.03
III 78-2-3	58224	0.67	0.30	0.61	1.54	0.45	0.66	0.64	0.18	0.05	0.18	0.25	0.46	0.82	1.32	1.82	10.90	3.28	53.45
III 79-1-1	10230	0.58	0.21	0.56	1.29	0.36	0.49	0.54	0.07	0.22	0.34	0.39	0.48	0.62	1.12	1.70	6.66	6.43	100.58
III 79-1-2	12955	0.58	0.14	0.56	1.22	0.24	0.56	0.56	0.07	0.25	0.35	0.39	0.50	0.63	0.83	1.24	3.76	5.15	66.09
III 79-1-3	525	0.72	0.20	0.70	1.26	0.27	0.72	0.69	0.09	0.34	0.37	0.49	0.60	0.78	1.17	1.73	2.37	3.21	19.37
III 89-1-1	39962	0.77	0.93	0.67	1.67	1.20	0.67	0.70	0.22	0.04	0.18	0.24	0.49	0.92	1.64	2.91	114.00	63.72	6700.10
III 89-1-2	17200	0.85	0.61	0.75	1.58	0.73	0.65	0.70	0.14	0.09	0.22	0.34	0.58	0.88	2.24	3.85	15.40	7.32	99.51

表6.21　贵州省不同成矿区带耕地土壤钒元素（V）地球化学参数

（单位：mg/kg）

成矿区带	样品件数/个	算术		几何		变异系数	众值	中位值	中位绝对离差	最小值	累积频率值						最大值	偏度系数	峰度系数
		平均值	标准差	平均值	标准差						0.5%	2.5%	25%	75%	97.5%	99.5%			
III 75-1-1	6758	106.66	52.11	97.61	1.49	0.49	101.00	92.00	16.50	1.40	41.70	50.20	77.20	111.00	249.00	328.00	526.00	2.15	5.77
III 78-1-1	70432	156.43	65.25	144.98	1.47	0.42	115.00	144.00	38.00	14.60	54.10	71.50	110.00	190.00	302.00	410.00	1437.00	2.06	14.56
III 78-1-2	101269	124.52	56.61	117.97	1.36	0.45	106.00	113.00	17.00	0.75	54.52	69.50	98.60	136.00	234.00	348.00	3843.30	14.10	539.50
III 78-1-3	35323	116.46	77.39	107.85	1.42	0.66	108.00	108.10	18.90	16.70	42.90	53.36	90.20	128.00	211.00	475.00	4938.00	18.52	701.01
III 78-2-1	54906	253.88	124.22	224.21	1.67	0.49	140.00	220.00	79.94	22.60	55.41	78.50	158.00	342.00	514.00	580.25	1293.70	0.71	-0.04
III 78-2-2	46633	234.20	97.60	216.29	1.49	0.42	178.00	215.00	55.00	22.10	76.80	97.30	166.00	282.00	484.00	590.00	1302.00	1.36	3.42
III 78-2-3	58222	124.55	69.26	109.79	1.65	0.56	106.00	110.00	34.40	4.03	30.50	41.20	79.00	151.00	296.70	392.00	1964.00	3.02	31.93
III 79-1-1	10230	77.06	86.32	67.43	1.50	1.12	53.00	63.10	12.83	21.60	34.30	39.76	52.27	79.74	185.00	576.76	2846.70	13.49	262.34
III 79-1-2	12955	80.16	43.56	75.58	1.35	0.54	75.40	74.20	11.72	24.88	40.90	46.40	62.90	86.50	153.62	280.04	1685.00	12.90	298.77
III 79-1-3	525	82.17	27.06	77.97	1.39	0.33	106.09、66.89、104.80	81.50	15.59	18.13	22.10	37.59	64.06	94.89	145.70	194.48	207.58	1.22	3.57
III 89-1-1	39960	243.38	87.43	223.77	1.53	0.40	181.00	231.48	63.52	2.94	65.20	88.70	173.40	304.07	458.00	550.00	1271.00	0.79	1.64
III 89-1-2	17200	139.37	83.76	123.42	1.58	0.60	106.00	113.00	26.90	15.90	48.70	62.50	90.60	152.00	381.00	518.00	1306.00	2.76	12.72

表 6.22　贵州省不同成矿区带耕地土壤锌元素（Zn）地球化学参数　（单位：mg/kg）

成矿区带	样品件数/个	算术平均值	算术标准差	几何平均值	几何标准差	变异系数	众值	中位值	中位绝对离差	最小值	0.5%	2.5%	25%	75%	97.5%	99.5%	最大值	偏度系数	峰度系数
Ⅲ 75-1-1	6758	86.04	28.84	81.75	1.38	0.34	101.00	83.70	15.90	1.29	33.80	41.40	67.70	99.50	144.00	189.00	511.00	2.23	18.90
Ⅲ 78-1-1	70436	102.73	43.36	97.76	1.36	0.42	104.00	98.10	19.80	9.98	40.30	53.00	80.50	121.00	168.00	239.00	4700.00	25.96	2067.71
Ⅲ 78-1-2	101269	104.43	96.76	90.30	1.32	0.93	101.00	98.60	14.40	0.65	48.60	59.60	84.80	113.49	179.00	312.00	22562.00	147.82	30886.8
Ⅲ 78-1-3	35323	123.77	112.92	109.86	1.52	0.91	101.00	105.00	21.60	13.70	42.68	55.00	86.00	131.00	301.70	675.00	8569.00	21.76	1092.84
Ⅲ 78-2-1	54906	183.07	241.31	154.39	1.67	1.32	138.00	151.00	39.00	11.85	41.26	56.60	117.00	197.99	477.00	1112.00	24626.00	37.60	2720.74
Ⅲ 78-2-2	46639	137.29	143.65	123.73	1.48	1.05	134.00	126.00	26.80	4.00	46.30	61.40	97.90	151.00	258.11	662.00	9042.00	28.27	1239.65
Ⅲ 78-2-3	58224	101.38	92.29	86.58	1.73	0.91	101.00	88.70	26.30	3.53	16.10	26.00	64.40	118.00	259.00	421.57	8450.00	27.77	1737.83
Ⅲ 79-1-1	10230	94.21	138.02	83.49	1.43	1.47	102.00	82.90	13.24	9.24	39.00	47.90	69.83	96.36	154.00	634.00	6581.00	22.24	702.54
Ⅲ 79-1-2	12955	79.55	24.37	76.50	1.32	0.31	101.00	78.70	13.26	11.77	31.97	40.51	65.35	91.90	122.00	163.00	819.00	5.70	126.56
Ⅲ 79-1-3	525	80.76	20.86	78.24	1.29	0.26	76.49、78.06	76.75	12.71	27.43	39.58	49.54	66.11	92.36	122.70	141.61	204.33	0.99	2.59
Ⅲ 89-1-1	39962	127.07	52.70	118.12	1.46	0.41	119.00	120.00	27.30	1.36	40.56	55.90	67.20	147.78	257.00	338.77	1198.80	2.55	21.43
Ⅲ 89-1-2	17200	105.13	104.08	91.76	1.61	0.99	104.00	85.70	21.50	15.40	34.30	43.70	67.20	113.00	296.00	388.00	10038.00	53.73	4903.01

表 6.23　贵州省不同成矿区带耕地土壤有机质地球化学参数　（单位：g/kg）

成矿区带	样品件数/个	算术平均值	算术标准差	几何平均值	几何标准差	变异系数	众值	中位值	中位绝对离差	最小值	0.5%	2.5%	25%	75%	97.5%	99.5%	最大值	偏度系数	峰度系数
Ⅲ 75-1-1	6758	24.45	13.39	21.77	1.61	0.55	13.70	21.50	6.50	1.80	5.70	8.90	15.70	29.80	55.20	92.20	187.70	2.98	18.95
Ⅲ 78-1-1	70431	32.18	14.76	29.68	1.48	0.46	28.40	29.50	6.60	1.80	9.00	13.50	23.50	37.00	67.80	104.70	323.70	3.21	23.78
Ⅲ 78-1-2	101269	27.31	11.29	25.35	1.48	0.41	22.80	25.40	5.54	0.87	6.85	11.30	20.40	31.80	54.40	73.50	418.30	2.79	32.79
Ⅲ 78-1-3	35323	29.17	12.31	26.97	1.49	0.42	25.00	26.70	6.10	1.00	7.41	12.32	21.40	34.10	59.82	79.20	225.00	2.07	12.24
Ⅲ 78-2-1	54906	41.94	22.55	37.49	1.60	0.54	29.60	37.50	10.40	0.20	10.00	14.45	28.30	49.73	97.32	149.52	413.34	3.05	21.20
Ⅲ 78-2-2	46633	41.77	19.83	38.22	1.51	0.47	34.70	36.90	8.90	0.11	13.10	18.30	29.40	48.40	94.40	129.10	387.70	2.45	13.45
Ⅲ 78-2-3	58222	35.09	15.11	32.42	1.49	0.43	28.40	32.40	7.90	0.50	9.10	14.90	25.40	41.70	70.40	93.70	608.50	3.44	59.62
Ⅲ 79-1-1	10230	37.24	15.69	34.11	1.53	0.42	36.20	34.78	9.62	3.40	10.82	14.30	26.20	45.58	76.50	92.56	148.20	1.01	1.61
Ⅲ 79-1-2	12955	35.23	13.93	32.70	1.48	0.40	26.20	32.30	8.39	3.97	9.87	15.34	25.40	43.10	69.48	86.90	120.30	1.12	2.04
Ⅲ 79-1-3	525	46.91	18.44	43.27	1.52	0.39	47.88	44.88	12.26	5.59	9.75	17.56	32.47	56.92	90.26	97.75	105.85	0.69	0.22
Ⅲ 89-1-1	39960	37.47	16.80	34.75	1.46	0.45	34.30	34.45	7.25	1.76	11.20	16.30	28.00	42.81	77.93	115.96	420.34	3.77	37.22
Ⅲ 89-1-2	17200	27.24	10.51	25.51	1.43	0.39	23.40	25.10	5.30	1.24	8.30	16.30	20.50	31.70	53.50	70.40	132.80	1.69	5.68

表 6.24　贵州省不同成矿区带耕地土壤 pH 地球化学参数

成矿区带	样品件数/个	算术平均值	算术标准差	几何平均值	几何标准差	变异系数	众值	中位值	中位绝对离差	最小值	0.5%	2.5%	25%	75%	97.5%	99.5%	最大值	偏度系数	峰度系数
Ⅲ 75-1-1	6758	6.15	1.24	6.03	1.21	0.20	5.03	5.76	0.81	3.74	4.39	4.55	5.12	7.12	8.48	8.61	8.92	0.58	-0.99
Ⅲ 78-1-1	70431	6.33	1.15	6.22	1.20	0.18	5.20	6.16	0.93	3.02	4.33	4.57	5.36	7.31	8.31	8.47	8.94	0.24	-1.14
Ⅲ 78-1-2	101269	6.14	1.05	6.06	1.18	0.17	5.28	5.92	0.74	3.37	4.32	4.60	5.29	6.91	8.19	8.38	9.32	0.47	-0.84
Ⅲ 78-1-3	35138	6.14	1.02	6.06	1.18	0.17	5.60	5.96	0.79	3.20	4.28	4.58	5.29	6.99	8.06	8.21	8.99	0.32	-0.99
Ⅲ 78-2-1	54906	5.96	0.99	5.88	1.17	0.17	5.16	5.72	0.66	3.19	4.40	4.60	5.17	6.60	8.08	8.27	8.70	0.66	-0.54
Ⅲ 78-2-2	46632	6.19	1.04	6.10	1.18	0.17	5.27	6.05	0.81	3.32	4.35	4.58	5.33	6.99	8.11	8.28	8.58	0.29	-0.98

续表

成矿区带	样品件数/个	算术平均值	算术标准差	几何平均值	几何标准差	变异系数	众值	中位值	中位绝对离差	最小值	累积频率值						最大值	偏度系数	峰度系数
											0.5%	2.5%	25%	75%	97.5%	99.5%			
III 78-2-3	58117	5.87	0.94	5.80	1.17	0.16	5.60	5.70	0.63	3.00	4.14	4.44	5.16	6.49	7.89	8.16	9.13	0.53	-0.46
III 79-1-1	10196	5.24	0.44	5.23	1.08	0.08	5.21	5.18	0.18	3.63	4.32	4.60	5.01	5.38	6.47	7.31	8.10	2.02	7.35
III 79-1-2	12955	5.24	0.37	5.23	1.07	0.07	5.20	5.21	0.19	3.67	4.28	4.54	5.03	5.41	6.10	6.80	7.46	0.95	3.95
III 79-1-3	525	5.23	0.29	5.22	1.06	0.06	5.34	5.24	0.17	4.29	4.35	4.64	5.06	5.40	5.80	6.05	6.23	-0.03	0.85
III 89-1-1	39960	6.32	1.13	6.22	1.20	0.18	8.00	6.18	0.96	3.49	4.32	4.58	5.34	7.33	8.19	8.30	9.18	0.17	-1.23
III 89-1-2	17200	6.10	1.03	6.02	1.18	0.17	5.20	5.90	0.74	3.91	4.30	4.54	5.29	6.89	8.10	8.30	8.60	0.41	-0.86

（单位：mg/kg）

表 6.25　贵州省不同成矿区带主要耕地类型土壤砷元素（As）地球化学参数

成矿区带	耕地类型	样品件数/个	算术平均值	算术标准差	几何平均值	几何标准差	变异系数	众值	中位值	中位绝对离差	最小值	累积频率值						最大值	偏度系数	峰度系数
												0.5%	2.5%	25%	75%	97.5%	99.5%			
III 75-1-1	水田	1392	5.40	3.40	4.68	1.69	0.63	3.80、5.74、4.53	4.74	1.42	0.65	0.94	1.61	3.42	6.32	14.00	22.60	45.60	3.36	22.00
	旱地	4875	7.87	6.24	6.25	1.93	0.79	10.60、10.20	5.95	2.20	0.27	1.41	1.96	4.01	8.81	24.90	33.40	68.80	2.39	8.87
III 78-1-1	水田	5495	11.89	8.96	9.55	1.97	0.75	11.20	10.10	4.50	0.91	1.72	2.36	6.01	15.40	31.90	50.10	242.00	5.49	95.97
	旱地	59869	18.06	15.10	14.72	1.93	0.84	14.80	16.10	6.40	0.35	2.14	3.47	10.00	22.90	43.20	78.50	825.00	13.46	446.00
III 78-1-2	水田	25197	13.67	85.12	10.18	2.02	6.23	10.90	9.91	4.63	0.92	2.02	2.77	6.11	16.80	40.10	60.30	13391.00	154.09	24212.1
	旱地	67530	19.24	18.56	15.00	2.01	0.96	17.00	15.80	7.02	0.98	2.63	3.83	9.20	23.60	57.50	97.30	1178.00	14.85	638.10
III 78-1-3	水田	15748	14.94	12.52	10.61	2.37	0.84	10.20	10.90	6.76	0.79	1.46	2.14	5.35	21.60	44.60	59.70	201.00	2.14	13.46
	旱地	16870	21.95	16.84	16.42	2.24	0.77	19.20	18.40	10.00	0.90	2.11	3.18	9.23	30.10	61.10	95.82	207.00	1.97	7.95
III 78-2-1	水田	1754	13.81	13.19	10.64	2.04	0.96	12.80、14.30、21.20	11.42	5.18	1.13	1.85	2.54	6.63	17.20	39.74	89.77	201.00	6.02	60.25
	旱地	49975	19.56	29.35	14.12	2.25	1.50	14.80	15.90	8.59	0.23	1.82	2.72	7.93	25.50	55.87	120.81	3576.00	49.82	4951.07
III 78-2-2	水田	3676	19.73	17.94	16.43	1.75	0.91	14.00、11.60	15.39	5.11	2.54	4.56	6.26	11.20	22.90	54.00	84.20	391.00	9.45	153.43
	旱地	39257	24.16	45.28	17.83	2.00	1.87	10.20	17.50	7.30	0.31	3.47	5.06	11.28	27.10	76.90	194.00	3085.00	32.23	1707.45
III 78-2-3	水田	27485	13.05	13.43	9.49	2.25	1.03	10.40	9.86	4.64	0.06	0.84	1.70	5.86	15.90	43.70	79.90	598.00	8.14	195.53
	旱地	26066	22.37	21.54	16.92	2.08	0.96	12.20	16.50	7.17	0.28	1.95	4.06	10.60	27.00	75.40	134.00	659.00	5.38	67.07
III 79-1-1	水田	7911	4.79	4.55	3.84	1.84	0.95	2.49	3.64	1.30	0.70	1.06	1.34	2.54	5.39	16.10	30.90	91.60	5.87	60.84
	旱地	1900	10.49	9.74	8.05	2.02	0.93	5.78	8.06	3.14	0.80	1.41	1.99	5.32	11.92	40.87	64.40	87.70	3.53	16.54
III 79-1-2	水田	9736	4.63	4.02	3.81	1.80	0.87	3.25	3.62	1.28	0.80	1.02	1.32	2.55	5.42	14.34	20.90	181.70	11.77	408.72
	旱地	2321	9.63	7.85	7.59	2.00	0.82	10.20	7.79	3.61	0.92	1.39	1.98	4.66	12.51	28.01	39.62	123.95	4.60	48.30
III 79-1-3	水田	460	6.02	3.87	5.11	1.76	0.64	4.13、4.59、3.97	4.90	1.77	0.81	1.14	1.82	3.48	7.41	17.18	24.39	25.96	2.18	6.57
	旱地	42	7.22	4.04	6.20	1.77	0.56	0.00	5.77	2.44	1.32	1.32	1.32	4.22	9.64	16.52	19.50	19.50	1.09	1.05
III 89-1-1	水田	6065	28.12	32.98	19.60	2.23	1.17	10.80、10.50	17.90	8.90	2.18	3.72	5.11	10.80	33.82	102.00	211.00	628.00	5.77	60.02
	旱地	31365	44.46	113.87	22.50	2.84	2.56	11.00	21.00	12.50	0.26	2.18	3.45	10.90	42.30	228.74	594.00	7239.00	19.44	761.81
III 89-1-2	水田	5039	17.03	32.86	10.79	2.26	1.93	10.30	9.04	3.25	0.96	2.03	3.17	6.49	14.80	84.50	155.00	1493.00	20.86	829.99
	旱地	10430	28.32	54.77	16.01	2.55	1.93	10.50	11.40	4.44	0.60	2.85	4.34	8.43	31.40	133.00	308.00	2106.00	13.19	330.75

表 6.26　贵州省不同成矿区带主要耕地类型土壤硼元素（B）地球化学参数

（单位：mg/kg）

成矿区带	耕地类型	样品件数/个	算术平均值	算术标准差	几何平均值	几何标准差	变异系数	众值	中位值	中位绝对离差	最小值	0.5%	2.5%	25%	75%	97.5%	99.5%	最大值	偏度系数	峰度系数
Ⅲ 75-1-1	水田	1392	52.68	17.97	50.34	1.34	0.34	50.70、42.30、46.90	50.00	9.90	19.10	24.90	29.40	40.90	61.40	84.20	144.00	276.00	3.46	29.61
	旱地	4875	59.51	33.09	54.32	1.49	0.56	40.20、46.90	53.30	14.40	14.00	21.90	26.90	41.10	71.00	119.00	278.00	515.00	5.22	45.12
Ⅲ 78-1-1	水田	5495	85.27	39.72	78.13	1.51	0.47	102.00	77.60	19.10	2.92	26.60	36.40	60.20	99.50	186.00	251.00	534.00	2.50	13.71
	旱地	59868	83.23	50.56	72.87	1.67	0.61	101.00	76.40	23.00	5.01	16.70	23.60	53.50	99.50	196.00	330.00	1884.00	5.29	85.28
Ⅲ 78-1-2	水田	25197	79.64	30.63	75.52	1.36	0.38	103.00	73.10	10.80	12.40	32.00	42.90	63.60	86.16	157.00	239.00	500.00	3.34	20.65
	旱地	67530	78.55	33.99	73.60	1.41	0.43	104.00	71.90	12.20	2.52	26.90	37.90	61.20	86.30	160.00	265.00	750.00	3.87	29.07
Ⅲ 78-1-3	水田	15748	79.51	23.74	75.99	1.36	0.30	103.00	77.60	13.51	10.69	26.30	36.90	64.70	91.96	132.00	165.00	293.00	0.96	3.76
	旱地	16870	79.84	25.84	75.66	1.41	0.32	103.00	77.80	14.56	6.65	21.00	34.50	63.80	92.85	138.00	178.00	325.00	1.03	3.82
Ⅲ 78-2-1	水田	1754	70.45	37.69	59.39	1.89	0.53	109.00、102.00	69.60	27.10	6.09	9.21	13.15	40.15	93.60	146.00	190.60	416.00	0.99	4.44
	旱地	49975	57.76	39.34	44.19	2.21	0.68	103.00	54.10	27.37	0.66	5.33	8.43	24.43	77.82	152.71	190.66	510.00	1.10	1.97
Ⅲ 78-2-2	水田	3676	83.88	40.59	74.25	1.67	0.48	102.00	78.78	28.85	9.33	17.23	26.60	51.00	110.00	174.00	215.79	422.00	0.90	1.64
	旱地	39257	66.28	39.57	54.86	1.90	0.60	106.00	58.70	28.85	1.11	9.70	15.00	34.38	91.00	155.93	196.00	422.00	1.10	2.66
Ⅲ 78-2-3	水田	27484	83.74	29.14	78.96	1.41	0.35	101.00	79.20	17.53	6.15	29.20	39.10	63.30	99.10	153.00	185.00	282.00	0.96	1.50
	旱地	26065	77.49	29.09	72.16	1.47	0.38	103.00	74.50	18.50	7.50	23.70	31.70	56.70	93.80	145.00	177.00	500.00	0.93	2.94
Ⅲ 79-1-1	水田	7911	59.91	31.84	53.57	1.58	0.53	112.00、122.00	50.18	14.84	14.90	21.90	25.56	38.15	72.61	138.21	187.00	527.00	2.31	14.17
	旱地	1900	62.75	33.34	55.61	1.62	0.53	37.30	51.40	16.99	15.00	21.20	24.84	38.98	79.20	145.18	193.00	254.00	1.48	2.69
Ⅲ 79-1-2	水田	9736	57.22	20.86	53.64	1.44	0.36	56.30、46.50	54.37	13.39	14.72	20.70	25.42	42.10	69.20	105.64	128.00	237.50	1.00	2.28
	旱地	2321	54.79	22.05	50.86	1.47	0.40	38.90	51.22	13.59	14.05	19.92	24.30	39.19	66.57	108.07	139.30	206.01	1.34	3.67
Ⅲ 79-1-3	水田	460	72.56	34.07	64.81	1.65	0.47	69.20	70.75	17.26	12.06	12.96	19.22	50.52	85.52	162.00	211.81	251.23	1.34	4.05
	旱地	42	71.91	23.70	67.49	1.46	0.33	0	74.68	18.40	22.98	22.98	22.98	54.20	90.84	104.56	126.32	126.32	-0.11	-0.48
Ⅲ 89-1-1	水田	6065	68.67	40.22	58.62	1.80	0.59	105.00	66.00	23.00	5.69	10.90	15.00	41.90	87.00	147.00	279.00	513.00	2.78	18.97
	旱地	31365	63.76	43.41	50.80	2.06	0.68	70.00	59.40	26.50	2.04	6.65	10.03	32.12	85.00	153.00	246.54	730.00	2.72	19.12
Ⅲ 89-1-2	水田	5039	79.44	23.00	75.78	1.39	0.29	103.00	78.60	13.50	7.40	18.20	33.60	65.10	92.20	129.00	154.00	247.00	0.52	2.42
	旱地	10430	74.45	24.09	70.13	1.45	0.32	73.00	73.95	14.55	5.91	15.00	25.80	59.50	88.60	124.00	153.00	368.00	0.75	5.22

表 6.27　贵州省不同成矿区带主要耕地类型土壤镉元素（Cd）地球化学参数

（单位：mg/kg）

成矿区带	耕地类型	样品件数/个	算术平均值	算术标准差	几何平均值	几何标准差	变异系数	众值	中位值	中位绝对离差	最小值	0.5%	2.5%	25%	75%	97.5%	99.5%	最大值	偏度系数	峰度系数
Ⅲ 75-1-1	水田	1392	0.35	0.21	0.32	1.48	0.59	0.30	0.32	0.07	0.04	0.10	0.15	0.26	0.40	0.65	1.57	4.10	7.71	102.64
	旱地	4875	0.39	0.38	0.32	1.72	0.98	0.30	0.31	0.08	0.04	0.09	0.12	0.24	0.40	1.45	2.95	7.10	6.22	57.53
Ⅲ 78-1-1	水田	5495	0.46	0.41	0.40	1.62	0.90	0.38、0.33	0.38	0.09	0.06	0.13	0.18	0.30	0.49	1.32	2.82	13.70	11.05	243.46
	旱地	59867	0.57	1.22	0.44	1.83	2.15	0.36	0.41	0.12	0.02	0.12	0.17	0.31	0.56	2.22	3.85	231.22	122.01	21670.5
Ⅲ 78-1-2	水田	25197	0.45	0.48	0.38	1.71	1.07	0.24	0.36	0.11	0.05	0.11	0.15	0.26	0.50	1.32	2.37	41.90	37.53	2826.86
	旱地	67529	0.49	0.57	0.39	1.82	1.16	0.26	0.37	0.12	0.03	0.10	0.14	0.27	0.54	1.69	3.17	51.80	23.17	1480.33
Ⅲ 78-1-3	水田	15748	0.49	0.59	0.39	1.82	1.21	0.28	0.38	0.14	0.03	0.10	0.14	0.26	0.55	1.46	2.93	35.34	22.79	1030.15
	旱地	16870	0.53	0.77	0.38	2.04	1.46	0.22	0.36	0.14	0.04	0.08	0.11	0.24	0.55	2.01	4.67	19.00	10.19	162.94
Ⅲ 78-2-1	水田	1754	0.67	0.61	0.54	1.85	0.91	0.37	0.51	0.18	0.10	0.15	0.19	0.36	0.77	2.20	4.11	8.20	4.79	35.57
	旱地	49975	1.91	2.29	1.25	2.44	1.19	0.44	1.17	0.65	0.05	0.19	0.27	0.65	2.31	7.63	12.50	134.00	8.59	295.67
Ⅲ 78-2-2	水田	3676	0.51	0.46	0.43	1.71	0.89	0.38	0.40	0.11	0.07	0.14	0.18	0.30	0.55	1.65	2.87	10.20	7.18	96.88
	旱地	39256	0.83	1.34	0.59	2.07	1.61	0.35	0.50	0.19	0.02	0.15	0.20	0.36	0.87	3.56	6.11	150.30	45.40	4417.36

续表

成矿区带	耕地类型	样品件数/个	算术平均值	算术标准差	几何平均值	几何标准差	变异系数	众值	中位值	中位绝对离差	最小值	0.5%	2.5%	25%	75%	97.5%	99.5%	最大值	偏度系数	峰度系数
III 78-2-3	水田	27485	0.56	0.85	0.40	2.06	1.51	0.24	0.36	0.14	0.01	0.09	0.12	0.24	0.58	2.31	5.69	41.90	13.23	405.92
III 78-2-3	旱地	26066	1.23	2.17	0.55	3.11	1.77	0.24	0.43	0.23	0.02	0.06	0.10	0.26	0.95	8.44	12.50	26.10	3.53	15.20
III 79-1-1	水田	7911	0.27	0.41	0.23	1.59	1.50	0.20	0.22	0.05	0.04	0.08	0.11	0.18	0.28	0.74	2.08	12.85	18.42	459.27
III 79-1-1	旱地	1900	0.37	1.64	0.22	2.01	4.41	0.18、0.17	0.21	0.06	0.04	0.06	0.07	0.15	0.28	1.40	5.53	50.35	23.24	629.08
III 79-1-2	水田	9736	0.23	0.23	0.20	1.58	1.00	0.18	0.19	0.05	0.03	0.07	0.09	0.15	0.25	0.63	1.21	12.90	23.65	1056.68
III 79-1-2	旱地	2321	0.25	0.35	0.19	1.97	1.43	0.15	0.18	0.06	0.03	0.04	0.05	0.12	0.26	0.94	1.66	11.60	16.95	478.13
III 79-1-3	水田	460	0.20	0.07	0.19	1.49	0.37	0.17	0.19	0.05	0.04	0.04	0.05	0.15	0.18	0.36	0.45	0.46	0.55	0.18
III 79-1-3	旱地	42	0.14	0.07	0.13	1.69	0.49	0.11、0.10	0.12	0.04	0.04	0.04	0.04	0.10	0.18	0.28	0.35	0.35	0.83	0.51
III 89-1-1	水田	6065	0.44	0.52	0.35	1.79	1.18	0.25	0.31	0.08	0.03	0.11	0.15	0.24	0.44	1.52	3.79	15.70	9.31	167.65
III 89-1-1	旱地	31365	0.66	1.11	0.43	2.20	1.69	0.29	0.36	0.12	0.02	0.09	0.13	0.26	0.57	3.47	6.09	74.28	17.25	830.67
III 89-1-2	水田	5039	0.49	4.58	0.26	2.17	9.26	0.17	0.22	0.08	0.02	0.06	0.09	0.16	0.38	1.66	4.80	266.00	48.34	2561.41
III 89-1-2	旱地	10430	0.94	2.06	0.33	3.47	2.18	0.16	0.22	0.08	0.01	0.05	0.07	0.14	0.54	6.63	13.50	27.10	4.74	30.53

表 6.28　贵州省不同成矿区带主要耕地类型土壤钴元素（Co）地球化学参数　　（单位：mg/kg）

成矿区带	耕地类型	样品件数/个	算术平均值	算术标准差	几何平均值	几何标准差	变异系数	众值	中位值	中位绝对离差	最小值	0.5%	2.5%	25%	75%	97.5%	99.5%	最大值	偏度系数	峰度系数
III 75-1-1	水田	1392	12.03	5.84	10.93	1.54	0.49	15.20	11.90	3.20	3.38	3.83	4.66	8.08	14.60	24.00	41.70	75.00	2.92	18.54
III 75-1-1	旱地		17.44	11.05	14.81	1.76	0.63	14.90	14.90	3.90	2.74	3.68	4.79	11.00	18.70	45.40	54.80	190.00	2.34	14.83
III 78-1-1	水田	4875	18.63	9.19	16.76	1.58	0.49	15.10	16.30	3.70	0.50	4.26	6.28	13.10	21.30	43.20	52.70	93.00	1.75	4.67
III 78-1-1	旱地	5495	26.00	11.37	23.62	1.56	0.44	17.20	23.60	7.20	0.17	5.91	9.76	17.40	33.00	50.70	61.40	158.00	0.96	1.82
III 78-1-2	水田	59861	18.13	6.23	17.20	1.38	0.34	17.00	17.17	2.73	1.75	5.64	8.60	14.65	20.10	35.70	43.71	80.59	1.76	6.28
III 78-1-2	旱地	25197	20.93	7.97	19.67	1.42	0.38	18.20	19.40	3.50	0.04	6.61	9.69	16.20	23.50	42.50	50.60	362.00	2.86	57.21
III 78-1-3	水田	67530	15.36	6.02	14.10	1.55	0.39	16.40	15.40	3.86	1.45	3.81	5.06	11.18	18.98	27.90	34.50	119.00	0.82	6.58
III 78-1-3	旱地	15748	18.81	6.96	17.43	1.51	0.37	17.20、21.40	18.70	4.36	1.22	4.15	6.23	14.30	23.00	32.70	43.00	96.90	0.86	4.57
III 78-2-1	水田	16870	21.72	14.48	17.20	2.04	0.67	12.20、11.10	15.66	7.23	0.74	2.12	3.70	10.80	32.00	52.22	61.43	85.70	0.89	-0.18
III 78-2-1	旱地	1754	33.62	16.44	29.40	1.74	0.49	18.00	30.84	11.16	0.52	4.16	8.10	21.20	44.34	69.70	84.40	234.98	0.79	1.29
III 78-2-2	水田	49975	24.84	10.92	22.41	1.61	0.44	19.60	22.80	7.00	3.04	4.39	7.81	17.00	31.70	48.40	56.50	95.40	0.74	0.69
III 78-2-2	旱地	3676	32.19	12.32	29.60	1.55	0.38	30.20	31.20	8.50	0.23	6.05	10.80	23.40	40.60	56.90	68.60	176.00	0.55	1.70
III 78-2-3	水田	39252	12.21	8.51	9.40	2.20	0.70	10.20	10.50	4.90	0.35	0.83	1.35	6.17	16.20	34.90	45.60	98.70	1.51	3.62
III 78-2-3	旱地	27485	19.15	10.77	15.96	1.95	0.56	16.80	17.60	6.30	0.25	1.29	2.94	11.70	24.50	44.90	56.40	146.00	1.16	3.31
III 79-1-1	水田	26064	6.61	3.31	6.03	1.51	0.50	5.52	5.66	1.37	0.65	2.54	3.10	4.54	7.70	16.60	21.87	51.08	2.52	11.08
III 79-1-1	旱地	7911	10.67	6.55	9.06	1.76	0.61	10.10、5.06、11.60	8.87	3.39	0.85	2.76	3.40	5.85	13.22	27.30	34.23	53.94	1.53	2.89
III 79-1-2	水田	9736	6.59	2.83	6.13	1.44	0.43	4.80、4.40、4.92	5.98	1.32	1.50	2.61	3.22	4.81	7.57	14.19	20.00	34.35	2.43	10.66
III 79-1-2	旱地	2321	9.35	5.19	8.17	1.67	0.55	10.10	7.88	2.76	1.79	2.56	3.28	5.53	11.70	22.50	28.30	44.66	3.15	3.15
III 79-1-3	水田	460	7.56	4.39	6.71	1.59	0.58	5.90、5.61	6.42	1.88	2.12	2.28	3.03	4.86	8.77	19.67	31.62	38.30	2.79	11.80
III 79-1-3	旱地	42	8.19	4.69	7.15	1.67	0.57	0.00	6.57	2.41	3.15	3.15	3.15	4.59	9.89	16.40	25.03	25.03	1.53	2.77
III 89-1-1	水田	6064	26.11	12.76	22.88	1.72	0.49	18.50、19.80	23.70	8.80	0.79	4.10	7.10	16.30	35.20	53.40	63.00	96.90	0.65	0.08
III 89-1-1	旱地	31364	33.89	15.00	30.31	1.67	0.44	25.70	32.50	9.80	0.75	4.20	8.94	23.50	43.30	66.30	83.60	194.58	0.89	3.32
III 89-1-2	水田	5039	15.74	7.78	14.17	1.59	0.49	12.00、12.80	14.20	4.00	0.57	3.20	5.80	10.70	18.90	37.00	53.90	70.50	1.97	6.78
III 89-1-2	旱地	10430	19.71	10.30	17.47	1.64	0.52	13.80、15.40	17.60	5.40	1.30	4.00	6.78	12.80	24.00	47.70	61.30	114.00	1.69	4.74

表 6.29　贵州省不同成矿区带主要耕地类型土壤铬元素（Cr）地球化学参数　（单位：mg/kg）

成矿区带	耕地类型	样品件数/个	算术平均值	算术标准差	几何平均值	几何标准差	变异系数	众值	中位值	中位绝对离差	最小值	0.5%	2.5%	25%	75%	97.5%	99.5%	最大值	偏度系数	峰度系数
III 75-1-1	水田	1392	62.97	20.44	60.34	1.33	0.32	69.60	61.40	9.85	22.60	26.70	32.70	51.30	71.00	114.00	154.00	317.00	3.10	24.69
	旱地	4875	79.58	35.16	73.39	1.48	0.44	106.00	71.30	14.30	1.30	29.00	34.90	58.30	87.50	166.00	230.00	334.00	1.81	4.95
III 78-1-1	水田	5495	88.27	30.07	83.94	1.37	0.34	102.00	82.40	15.10	19.60	36.90	46.00	68.60	100.00	163.00	194.00	434.00	1.87	9.29
	旱地	59869	112.03	44.44	104.86	1.43	0.40	104.00	104.00	25.00	14.60	40.00	53.60	81.80	134.00	206.00	293.00	1215.00	2.82	30.24
III 78-1-2	水田	25197	89.08	21.90	86.60	1.27	0.25	102.00	86.80	11.10	10.90	35.71	53.81	76.20	98.60	140.00	174.00	430.00	1.78	12.01
	旱地	67530	94.25	26.93	90.99	1.30	0.29	102.00	89.90	13.10	9.58	40.60	55.20	78.20	105.00	158.00	203.00	882.01	2.59	26.76
III 78-1-3	水田	15748	77.70	21.30	74.46	1.36	0.27	101.00	79.90	12.56	12.31	25.10	33.00	65.41	91.26	113.00	137.00	609.31	1.06	26.73
	旱地	16870	85.49	24.93	81.77	1.37	0.29	106.00	86.77	12.89	11.20	24.68	35.32	72.60	98.70	129.00	173.00	589.42	1.95	25.07
III 78-2-1	水田	1754	117.72	48.40	108.52	1.50	0.41	106.00	110.25	28.30	19.55	36.78	49.35	83.33	139.65	235.00	282.29	346.74	1.04	1.35
	旱地	49975	150.58	71.59	136.78	1.54	0.48	116.00	132.70	34.50	14.00	44.54	59.70	104.31	179.00	343.00	448.00	964.00	1.75	4.97
III 78-2-2	水田	3676	126.90	38.89	121.16	1.36	0.31	116.00	122.00	25.00	33.40	52.30	65.10	98.90	149.00	219.00	253.00	361.00	0.78	1.12
	旱地	39257	138.16	46.12	130.76	1.40	0.33	132.00	134.00	29.00	19.90	49.20	64.40	106.00	163.15	242.00	302.00	578.00	0.96	2.65
III 78-2-3	水田	27485	80.97	41.04	72.29	1.62	0.51	102.00	73.80	21.46	7.10	17.90	26.20	53.70	97.40	180.00	243.00	1390.00	2.76	42.81
	旱地	26066	114.03	66.51	99.51	1.67	0.58	101.00	97.10	30.46	7.84	24.80	36.50	72.20	139.00	294.00	417.00	778.00	2.28	9.08
III 79-1-1	水田	7911	46.23	19.95	43.31	1.41	0.43	40.30	41.90	8.30	11.10	20.40	24.20	34.50	51.71	98.41	122.00	374.01	3.97	37.75
	旱地	1900	54.65	30.31	48.73	1.58	0.55	103.00、39.80	45.70	13.42	13.00	19.09	23.30	34.59	66.11	117.00	220.19	319.52	2.66	13.10
III 79-1-2	水田	9736	50.66	18.92	48.30	1.34	0.37	47.30	47.70	6.95	16.54	22.70	28.65	40.90	54.80	97.70	154.91	343.53	4.18	34.01
	旱地	2321	63.17	32.64	57.11	1.54	0.52	41.60	54.20	14.35	15.89	22.94	28.20	42.10	74.70	148.00	197.90	354.43	2.41	10.37
III 79-1-3	水田	460	75.28	51.30	66.34	1.58	0.68	73.59、67.98、74.91	65.40	15.13	18.23	19.15	29.15	50.66	81.06	209.04	365.05	524.97	4.16	23.29
	旱地	42	79.71	41.10	71.59	1.57	0.52	0.00	72.19	20.63	36.77	36.77	36.77	50.77	99.50	177.09	193.61	193.61	1.42	1.28
III 89-1-1	水田	6065	148.62	65.83	134.97	1.56	0.44	120.00	137.00	43.00	14.40	45.20	59.50	97.00	186.00	310.00	348.00	403.00	0.86	0.36
	旱地	31365	164.03	69.62	150.85	1.51	0.42	146.00	151.00	39.00	1.89	49.20	66.40	116.00	197.80	329.37	402.11	1786.00	1.65	12.54
III 89-1-2	水田	5039	80.42	33.88	75.61	1.39	0.42	65.00	71.10	11.40	21.80	37.00	46.50	61.40	86.40	171.00	244.00	462.00	3.06	16.04
	旱地	10430	99.86	59.94	88.63	1.57	0.60	102.00	77.60	17.40	17.20	40.10	47.70	64.60	119.00	266.00	398.00	900.00	2.98	15.40

表 6.30　贵州省不同成矿区带主要耕地类型土壤铜元素（Cu）地球化学参数　（单位：mg/kg）

成矿区带	耕地类型	样品件数/个	算术平均值	算术标准差	几何平均值	几何标准差	变异系数	众值	中位值	中位绝对离差	最小值	0.5%	2.5%	25%	75%	97.5%	99.5%	最大值	偏度系数	峰度系数
III 75-1-1	水田	1392	22.65	12.91	20.77	1.46	0.57	16.10	20.40	4.40	8.14	9.31	11.20	16.30	25.30	53.30	102.00	160.00	4.74	30.26
	旱地	4875	34.81	28.48	28.06	1.83	0.82	22.90	25.00	6.60	0.05	9.82	11.70	19.10	33.40	118.00	148.00	231.00	2.27	5.11
III 78-1-1	水田	5495	39.34	23.86	34.30	1.65	0.61	29.80	31.10	7.60	4.82	9.46	14.90	25.10	43.30	105.00	138.00	263.00	2.07	5.53
	旱地	59862	51.73	32.89	43.80	1.76	0.64	101.00	40.20	14.40	1.40	11.30	16.60	28.80	67.00	127.00	173.00	1641.00	3.46	95.83
III 78-1-2	水田	25197	33.23	17.49	30.52	1.46	0.53	26.40	29.30	5.00	3.01	11.90	15.80	24.71	34.93	82.60	132.00	337.00	3.99	27.19
	旱地	67530	35.55	23.65	31.27	1.59	0.67	26.20	29.20	6.40	5.57	10.50	14.70	22.10	37.30	85.00	160.00	927.02	4.33	50.63
III 78-1-3	水田	15748	28.91	10.56	27.22	1.42	0.37	28.40	27.70	5.86	4.02	9.79	13.00	22.00	33.80	52.65	68.80	262.00	2.42	28.87
	旱地	16870	31.49	16.98	29.01	1.48	0.54	28.40	29.10	6.60	4.32	9.37	13.00	23.05	36.50	63.26	92.70	1039.00	18.92	937.38
III 78-2-1	水田	1754	60.98	61.79	39.12	2.52	1.01	13.90	29.94	16.04	6.25	10.40	11.58	17.10	101.00	229.73	310.54	490.66	1.81	4.06
	旱地	49975	100.97	81.86	73.52	2.27	0.81	106.00、136.00、142.00	67.80	35.90	4.35	10.40	14.50	42.96	140.49	296.00	355.68	1288.00	1.50	4.38
III 78-2-2	水田	3676	68.88	43.47	56.39	1.91	0.63	107.00、116.00	53.20	26.00	3.55	12.00	17.50	33.80	103.00	161.00	220.00	373.60	1.11	1.80
	旱地	39253	87.57	54.28	72.95	1.86	0.62	102.00	76.50	33.10	1.00	14.90	21.70	46.40	114.00	237.00	285.00	657.00	1.43	2.96

续表

成矿区带	耕地类型	样品件数/个	算术平均值	算术标准差	几何平均值	几何标准差	变异系数	众值	中位值	中位绝对离差	最小值	0.5%	2.5%	25%	75%	97.5%	99.5%	最大值	偏度系数	峰度系数
Ⅲ 78-2-3	水田	27485	27.39	22.52	20.83	2.09	0.82	12.20	20.64	9.74	1.05	3.62	5.36	12.30	33.80	93.50	118.00	255.00	2.04	5.40
	旱地	26064	36.73	31.77	28.10	2.11	0.86	18.00	28.01	12.91	0.35	3.42	6.24	17.30	46.20	109.00	140.00	2280.00	15.49	973.36
Ⅲ 79-1-1	水田	7911	18.16	8.30	16.98	1.41	0.46	12.50	16.50	3.58	0.76	8.56	9.82	13.34	20.76	39.70	58.90	196.80	5.01	59.55
	旱地	1900	21.00	13.29	18.57	1.58	0.63	12.80、15.30	17.59	4.89	5.31	7.39	9.07	13.34	24.12	59.90	86.40	173.00	3.66	21.72
Ⅲ 79-1-2	水田	9736	20.02	6.18	19.25	1.32	0.31	19.10	19.50	3.38	4.08	9.00	11.23	16.12	22.87	32.70	50.50	137.00	3.04	27.98
	旱地	2321	21.19	8.57	19.85	1.42	0.40	17.90	19.83	4.40	5.08	8.24	10.36	15.77	24.50	42.00	60.27	116.10	2.62	15.36
Ⅲ 79-1-3	水田	460	24.06	12.68	21.88	1.52	0.53	21.95	21.90	4.61	3.73	6.67	9.98	17.48	26.89	58.04	93.56	120.44	3.44	18.34
	旱地	42	22.36	11.33	19.95	1.64	0.51	23.66	20.52	6.46	4.88	4.88	4.88	15.11	28.22	41.06	70.67	70.67.00	1.92	6.97
Ⅲ 89-1-1	水田	6064	63.89	38.32	52.97	1.88	0.60	103.00	51.60	25.40	3.50	12.00	16.80	32.20	92.80	143.00	170.00	360.00	0.87	0.64
	旱地	31364	77.82	44.66	66.06	1.81	0.57	101.00	68.10	28.20	2.18	13.40	20.00	43.80	104.00	179.00	255.81	522.95	1.29	3.15
Ⅲ 89-1-2	水田	5039	31.12	18.91	27.15	1.65	0.61	18.20	26.50	8.30	4.90	9.25	11.70	19.00	36.20	85.00	120.00	198.00	2.39	8.44
	旱地	10430	38.05	26.26	32.01	1.77	0.69	22.00	31.30	11.40	3.22	8.40	11.80	21.40	45.80	117.00	167.00	342.00	2.60	10.08

表 6.31 贵州省不同成矿区带主要耕地类型土壤氟元素(F)地球化学参数

（单位：mg/kg）

成矿区带	耕地类型	样品件数/个	算术平均值	算术标准差	几何平均值	几何标准差	变异系数	众值	中位值	中位绝对离差	最小值	0.5%	2.5%	25%	75%	97.5%	99.5%	最大值	偏度系数	峰度系数
Ⅲ 75-1-1	水田	1392	547	280	512	1.40	0.51	504、532、521	503	95	213	241	284	417	609	1012	2002	5780	8.03	115.00
	旱地	4875	747	851	631	1.63	1.14	432	604	156	140	230	294	459	780	2086	5197	28061	14.64	343.36
Ⅲ 78-1-1	水田	5494	1011	590	888	1.65	0.58	937、660	853	253	109	263	353	640	1192	2449	3274	11825	3.22	31.48
	旱地	59857	1170	761	1008	1.70	0.65	907	973	326	45	294	381	702	1421	2964	4474	35059	5.46	122.37
Ⅲ 78-1-2	水田	25197	933	467	868	1.42	0.50	822	822	131	24	403	499	710	992	2078	3661	10406	4.89	42.50
	旱地	67530	1019	736	914	1.52	0.72	743	857	169	121	361	462	718	1086	2647	5009	51474	14.95	680.96
Ⅲ 78-1-3	水田	15748	741	265	703	1.38	0.36	732	705	138	181	318	379	573	849	1351	1746	6948	3.23	39.61
	旱地	16870	840	388	780	1.45	0.46	739	768	168	191	307	386	618	964	1679	2535	9423	4.89	60.47
Ⅲ 78-2-1	水田	1754	822	484	719	1.64	0.59	734	654	182	153	250	326	506	959	2179	2693	3234	1.75	3.06
	旱地	49975	841	570	701	1.80	0.68	819	647	237	114	205	260	455	1045	2374	3005	23903	2.96	56.47
Ⅲ 78-2-2	水田	3676	1268	680	1114	1.66	0.54	1028	1062	388	249	378	467	754	1628	2925	3667	5206	1.27	1.79
	旱地	39252	1101	636	956	1.70	0.58	624、734	974	375	75	305	380	622	1403	2657	3454	27086	3.62	85.25
Ⅲ 78-2-3	水田	27484	783	388	701	1.60	0.50	734	705	220	92	221	285	507	964	1757	2372	5243	1.59	4.80
	旱地	26064	849	478	742	1.68	0.56	435	742	258	73	208	269	518	1070	1979	2667	9696	2.57	20.95
Ⅲ 79-1-1	水田	7910	505	160	486	1.30	0.32		480	72	185	265	306	412	558	942	1313	2133	2.79	13.84
	旱地	1900	557	247	520	1.42	0.44	423、408	494	92	200	250	298	415	614	1336	1678	2390	2.55	8.68
Ⅲ 79-1-2	水田	9736	452	139	437	1.29	0.31	416	435	60	130	200	262	381	501	697	1150	3656	5.58	81.79
	旱地	2321	524	291	480	1.46	0.55	468	454	80	187	223	263	385	553	1350	1961	5091	4.76	42.09
Ⅲ 79-1-3	水田	460	622	115	611	1.20	0.19	583、589	611	76	339	351	424	537	691	868	1021	1085	0.60	0.83
	旱地	42	648	147	631	1.28	0.23	675	649	80	263	263	263	560	711	992	1033	1033	0.26	1.30
Ⅲ 89-1-1	水田	6064	1197	691	1022	1.75	0.58	1408	983	403	168	330	400	645	1618	2811	3300	4250	1.02	0.41
	旱地	31364	1276	784	1054	1.89	0.61	548	1114	494	117	221	296	654	1690	3157	3889	12966	1.23	3.25
Ⅲ 89-1-2	水田	5039	744	424	671	1.52	0.57	548	611	123	188	329	377	509	792	2095	2857	4029	2.78	9.22
	旱地	10430	851	501	752	1.59	0.59		675	166	229	301	377	548	959	2280	3028	5658	2.27	6.74

表 6.32 贵州省不同成矿区带主要耕地类型土壤锗元素（Ge）地球化学参数

（单位：mg/kg）

成矿区带	耕地类型	样品件数/个	算术平均值	算术标准差	几何平均值	几何标准差	变异系数	众数	中位值	中位绝对离差	最小值	累积频率值 0.5%	2.5%	25%	75%	97.5%	99.5%	最大值	偏度系数	峰度系数
Ⅲ 75-1-1	水田	1392	1.45	0.18	1.44	1.13	0.12	1.45	1.45	0.10	0.76	0.95	1.14	1.35	1.54	1.85	2.08	3.17	1.19	8.92
	旱地	4875	1.55	0.25	1.53	1.17	0.16	1.46	1.52	0.12	0.69	1.01	1.16	1.40	1.65	2.16	2.58	4.54	1.79	9.52
Ⅲ 78-1-1	旱地	5495	1.53	0.23	1.51	1.16	0.15	1.51、1.38、1.54	1.52	0.13	0.34	0.94	1.11	1.39	1.66	2.00	2.31	4.88	1.32	12.64
	水田	59868	1.59	0.28	1.57	1.19	0.17	1.60	1.58	0.16	0.15	0.86	1.06	1.43	1.74	2.16	2.58	5.42	0.77	5.06
Ⅲ 78-1-2	水田	25197	1.53	0.26	1.51	1.19	0.17	1.58	1.54	0.16	0.21	0.87	1.04	1.37	1.69	2.03	2.32	4.55	0.67	5.75
	旱地	67530	1.52	0.30	1.49	1.22	0.20	1.60	1.51	0.19	0.14	0.78	0.97	1.32	1.69	2.10	2.48	9.68	1.06	13.67
Ⅲ 78-1-3	水田	15748	1.54	0.30	1.51	1.23	0.20	1.60	1.54	0.18	0.36	0.69	0.94	1.35	1.72	2.10	2.32	7.88	1.31	24.78
	旱地	16870	1.56	0.34	1.52	1.26	0.22	1.54	1.57	0.19	0.23	0.61	0.88	1.37	1.76	2.19	2.52	9.21	1.39	26.29
Ⅲ 78-2-1	水田	1754	1.46	0.31	1.43	1.24	0.21	1.46、1.32	1.43	0.21	0.61	0.77	0.96	1.23	1.65	2.15	2.41	2.64	0.54	0.36
	旱地	49975	1.64	0.39	1.60	1.25	0.24	1.56	1.61	0.19	0.23	0.76	0.99	1.43	1.81	2.43	2.80	28.69	10.00	554.75
Ⅲ 78-2-2	水田	3676	1.53	0.32	1.50	1.21	0.21	1.51	1.52	0.17	0.48	0.87	1.00	1.35	1.68	2.12	2.78	7.55	3.08	41.79
	旱地	39257	1.63	0.32	1.60	1.21	0.20	1.62	1.62	0.16	0.05	0.82	1.03	1.46	1.79	2.20	2.66	18.35	7.35	322.67
Ⅲ 78-2-3	水田	27481	1.29	0.31	1.25	1.29	0.24	1.33	1.28	0.22	0.04	0.59	0.74	1.06	1.50	1.93	2.20	4.05	0.38	0.79
	旱地	26066	1.35	0.39	1.29	1.37	0.29	1.46	1.37	0.26	0.20	0.44	0.62	1.09	1.61	2.06	2.45	10.20	0.81	13.27
Ⅲ 79-1-1	水田	7911	1.58	0.20	1.57	1.13	0.13	1.52	1.57	0.12	0.63	1.16	1.24	1.45	1.70	2.03	2.21	3.19	0.69	2.44
	旱地	1900	1.68	0.35	1.65	1.19	0.21	1.62	1.65	0.18	0.65	1.06	1.22	1.48	1.83	2.36	3.36	6.12	3.80	33.60
Ⅲ 79-1-2	水田	9736	1.52	0.20	1.51	1.14	0.13	1.56	1.53	0.12	0.83	1.00	1.13	1.40	1.64	1.91	2.09	5.06	0.78	11.86
	旱地	2321	1.48	0.28	1.45	1.22	0.19	1.38	1.47	0.18	0.70	0.81	0.95	1.29	1.66	2.06	2.28	2.94	0.25	0.37
Ⅲ 79-1-3	水田	460	1.79	0.23	1.77	1.14	0.13	1.67	1.77	0.15	1.13	1.18	1.35	1.64	1.94	2.25	2.47	2.76	0.26	0.47
	旱地	42	1.85	0.31	1.82	1.19	0.17	1.59	1.85	0.22	1.07	1.07	1.07	1.62	2.06	2.52	2.57	2.57	0.24	0.37
Ⅲ 89-1-1	水田	6065	1.53	0.25	1.51	1.19	0.16	1.45、1.43	1.52	0.15	0.25	0.73	1.04	1.38	1.68	2.02	2.30	3.30	0.16	2.42
	旱地	31365	1.66	0.37	1.63	1.23	0.22	1.52	1.62	0.18	0.10	0.80	1.10	1.46	1.83	2.44	2.97	17.42	5.38	174.15
Ⅲ 89-1-2	水田	5039	1.39	0.21	1.38	1.17	0.15	1.37	1.39	0.12	0.28	0.69	0.99	1.27	1.51	1.82	1.99	3.72	0.21	4.65
	旱地	10430	1.47	0.24	1.45	1.19	0.17	1.42	1.45	0.14	0.20	0.71	1.02	1.32	1.60	1.98	2.25	5.32	0.70	8.40

表 6.33 贵州省不同成矿区带主要耕地类型土壤汞元素（Hg）地球化学参数

（单位：mg/kg）

成矿区带	耕地类型	样品件数/个	算术平均值	算术标准差	几何平均值	几何标准差	变异系数	众数	中位值	中位绝对离差	最小值	累积频率值 0.5%	2.5%	25%	75%	97.5%	99.5%	最大值	偏度系数	峰度系数
Ⅲ 75-1-1	水田	1392	0.09	0.05	0.08	1.64	0.59	0.06	0.08	0.03	0.02	0.02	0.03	0.06	0.11	0.22	0.35	0.67	3.00	18.03
	旱地	4875	0.10	0.08	0.08	1.92	0.84	0.05	0.08	0.03	0.01	0.02	0.02	0.05	0.12	0.30	0.46	1.69	5.04	57.91
Ⅲ 78-1-1	旱地	5495	0.29	3.17	0.13	2.01	10.93	0.12	0.13	0.04	0.02	0.03	0.04	0.09	0.18	0.62	3.71	164.10	37.52	1622.90
	水田	59868	0.29	4.17	0.14	1.93	14.19	0.12	0.14	0.05	0.01	0.03	0.04	0.10	0.19	0.48	2.16	467.24	58.35	4545.80
Ⅲ 78-1-2	水田	25196	0.22	1.51	0.13	1.99	7.00	0.07	0.12	0.05	0.01	0.03	0.04	0.08	0.18	0.57	2.30	467.07	44.29	2463.30
	旱地	67527	0.27	4.50	0.14	1.98	16.67	0.14	0.14	0.05	0.01	0.03	0.04	0.10	0.21	0.58	2.79	759.50	128.51	19493.40
Ⅲ 78-1-3	水田	15748	0.39	2.42	0.20	2.24	6.27	0.08	0.20	0.09	0.02	0.04	0.06	0.12	0.31	1.13	4.92	144.00	34.70	1504.90
	旱地	16869	0.39	2.11	0.22	2.30	5.35	0.12	0.21	0.09	0.01	0.03	0.05	0.13	0.33	1.24	6.42	159.71	40.82	2391.20
Ⅲ 78-2-1	水田	1754	0.11	0.19	0.09	1.69	1.79	0.07	0.09	0.03	0.01	0.02	0.04	0.06	0.11	0.25	0.63	7.06	29.32	1054.50
	旱地	49973	0.13	0.29	0.10	2.05	2.18	0.07	0.10	0.04	0.01	0.02	0.02	0.06	0.16	0.39	0.92	35.00	62.80	5911.60
Ⅲ 78-2-2	水田	3676	0.20	1.67	0.15	1.76	8.18	0.12	0.14	0.04	0.01	0.04	0.06	0.11	0.19	0.53	1.13	101.00	59.85	3612.90
	旱地	39257	0.20	0.45	0.14	1.92	2.29	0.11	0.13	0.04	0.01	0.04	0.05	0.10	0.19	0.68	2.25	26.14	24.34	934.47

续表

成矿区带	耕地类型	样品件数/个	算术 平均值	算术 标准差	几何 平均值	几何 标准差	变异系数	众值	中位值	中位绝对离差	最小值	0.5%	2.5%	25%	75%	97.5%	99.5%	最大值	偏度系数	峰度系数
Ⅲ 78-2-3	水田	27484	0.35	18.29	0.14	2.01	51.72	0.09	0.13	0.04	0.01	0.04	0.06	0.09	0.19	0.81	2.86	302.00	83.77	12033.00
	旱地	26065	0.29	4.39	0.17	2.04	15.11	0.11	0.15	0.06	0.01	0.04	0.05	0.10	0.24	0.81	2.42	652.00	128.92	18701.00
Ⅲ 79-1-1	水田	7911	0.15	0.14	0.13	1.46	0.94	0.11	0.13	0.03	0.01	0.06	0.08	0.11	0.16	0.35	0.62	8.67	34.38	1917.20
	旱地	1900	0.17	0.15	0.15	1.65	0.89	0.11	0.13	0.03	0.03	0.06	0.07	0.11	0.18	0.56	1.18	2.25	5.85	49.96
Ⅲ 79-1-2	水田	9736	0.12	0.09	0.11	1.42	0.74	0.10	0.11	0.02	0.02	0.05	0.06	0.09	0.14	0.24	0.39	6.24	37.57	2356.70
	旱地	2321	0.13	0.08	0.12	1.51	0.61	0.10	0.11	0.03	0.04	0.05	0.06	0.09	0.15	0.29	0.53	1.68	7.88	120.75
Ⅲ 79-1-3	水田	460	0.12	0.04	0.11	1.39	0.36	0.11	0.12	0.02	0.04	0.04	0.06	0.09	0.14	0.21	0.28	0.54	2.83	21.13
	旱地	42	0.13	0.04	0.13	1.35	0.29	0.12	0.13	0.03	0.06	0.06	0.06	0.11	0.16	0.22	0.24	0.24	0.57	0.81
Ⅲ 89-1-1	水田	6063	0.21	0.49	0.14	2.09	2.29	0.09	0.13	0.05	0.02	0.03	0.05	0.09	0.19	0.92	2.72	14.73	15.10	322.42
	旱地	31291	0.30	2.88	0.15	2.53	9.57	0.08	0.13	0.06	0.01	0.02	0.03	0.08	0.24	1.33	3.83	402.50	113.71	14573.00
Ⅲ 89-1-2	水田	5039	0.19	0.75	0.10	2.16	3.99	0.06	0.09	0.03	0.01	0.03	0.04	0.06	0.14	0.75	3.13	31.59	23.66	779.72
	旱地	10430	0.40	4.49	0.14	2.95	11.35	0.06	0.10	0.05	0.01	0.03	0.04	0.06	0.23	2.13	6.29	434.10	86.81	8318.3

表 6.34 贵州省不同成矿区带主要耕地类型土壤碘元素（Ⅰ）地球化学参数 （单位：mg/kg）

成矿区带	耕地类型	样品件数/个	算术 平均值	算术 标准差	几何 平均值	几何 标准差	变异系数	众值	中位值	中位绝对离差	最小值	0.5%	2.5%	累积频率值 25%	累积频率值 75%	累积频率值 97.5%	累积频率值 99.5%	最大值	偏度系数	峰度系数
Ⅲ 75-1-1	水田	1392	0.86	0.74	0.69	1.89	0.86	0.78、0.52	0.72	0.26	0.11	0.12	0.19	0.47	1.00	2.63	5.35	8.34	4.33	28.05
	旱地	4875	1.84	1.71	1.30	2.29	0.93	0.78	1.20	0.57	0.05	0.17	0.29	0.74	2.27	6.71	8.40	12.70	1.90	3.73
Ⅲ 78-1-1	水田	5495	1.36	1.01	1.11	1.91	0.74	0.78	1.11	0.43	0.01	0.15	0.29	0.74	1.67	3.90	6.56	12.20	3.09	16.64
	旱地	59868	4.35	2.55	3.52	2.05	0.59	4.10	4.12	1.80	0.01	0.36	0.67	2.32	5.92	9.99	12.50	59.50	0.92	4.53
Ⅲ 78-1-2	水田	25197	1.41	1.27	1.09	1.95	0.90	0.64	1.01	0.37	0.01	0.22	0.36	0.70	1.56	5.22	7.94	21.20	3.19	14.97
	旱地	67529	3.29	2.41	2.48	2.21	0.73	0.82	2.75	1.55	0.04	0.35	0.53	1.34	4.63	9.07	12.40	34.60	1.38	3.34
Ⅲ 78-1-3	水田	15748	1.31	1.17	1.06	1.80	0.89	0.65	0.97	0.32	0.03	0.40	0.44	0.69	1.44	4.90	7.52	22.00	4.15	28.42
	旱地	16870	3.57	2.60	2.69	2.21	0.73	0.86	2.98	1.68	0.10	0.44	0.57	1.46	5.01	9.84	12.70	39.80	1.39	4.54
Ⅲ 78-2-1	水田	1754	1.61	1.30	1.35	1.74	0.81	1.03	1.31	0.43	0.26	0.37	0.49	0.93	1.86	4.64	7.94	23.30	5.73	61.64
	旱地	49975	6.58	4.53	5.09	2.14	0.69	10.10	5.59	2.95	0.15	0.69	1.03	2.96	9.15	17.20	23.10	40.40	1.19	2.01
Ⅲ 78-2-2	水田	3676	2.46	2.21	1.92	1.91	0.90	1.07、1.26	1.74	0.62	0.31	0.54	0.71	1.23	2.64	9.56	13.10	21.20	2.78	9.22
	旱地	39257	6.19	3.47	5.20	1.87	0.56	10.10	5.70	2.27	0.31	0.85	1.25	3.60	8.19	14.20	18.25	40.60	1.04	2.22
Ⅲ 78-2-3	水田	27485	1.47	1.80	1.03	2.06	1.23	0.68	0.88	0.31	0.10	0.29	0.38	0.63	1.40	7.50	11.40	24.30	3.84	18.41
	旱地	26066	4.96	3.55	3.69	2.31	0.72	0.90	4.28	2.37	0.19	0.45	0.63	2.11	6.94	13.70	17.70	41.70	1.19	2.23
Ⅲ 79-1-1	水田	7911	0.90	0.95	0.77	1.58	1.05	0.60	0.72	0.16	0.28	0.40	0.42	0.58	0.91	2.73	6.33	21.05	9.35	124.89
	旱地	1900	4.82	5.38	2.83	2.91	1.12	0.60	3.17	2.31	0.36	0.41	0.48	1.06	6.22	21.29	27.40	55.10	2.48	9.03
Ⅲ 79-1-2	水田	9736	1.15	1.35	0.89	1.79	1.17	0.62	0.78	0.17	0.40	0.41	0.46	0.63	1.01	5.70	8.47	21.20	4.69	29.59
	旱地	2321	4.26	3.98	2.61	2.92	0.93	0.54	3.67	2.81	0.40	0.46	0.51	0.84	6.42	13.10	21.30	41.30	1.93	7.95
Ⅲ 79-1-3	水田	460	1.85	1.85	1.47	1.80	1.00	1.13、1.28	1.31	0.36	0.40	0.45	0.59	1.01	1.84	7.39	13.16	16.86	4.22	22.23
	旱地	42	5.75	5.43	3.51	2.81	0.94	15.83、1.13	2.31	1.31	0.67	0.67	0.67	1.58	10.11	16.55	16.95	16.95	0.84	-0.82
Ⅲ 89-1-1	水田	6065	2.46	2.12	1.91	1.99	0.86	1.40、1.20	1.80	0.70	0.16	0.33	0.51	1.22	2.83	8.84	16.30	20.20	2.82	10.87
	旱地	31365	6.43	4.19	5.09	2.08	0.65	10.10	5.68	2.77	0.11	0.65	1.08	3.12	8.80	16.30	20.84	77.34	1.31	5.69
Ⅲ 89-1-2	水田	5039	1.60	1.75	1.17	2.04	1.09	0.60	1.00	0.39	0.21	0.35	0.42	0.70	1.69	7.09	11.50	19.00	3.62	17.06
	旱地	10430	4.77	4.16	3.37	2.35	0.87	0.90	3.32	1.80	0.20	0.47	0.64	1.89	6.22	16.10	20.70	39.20	1.67	3.06

表 6.35 贵州省不同成矿区带主要耕地类型土壤钾元素（K）地球化学参数 （单位：%）

成矿区带	耕地类型	样品件数/个	算术平均值	算术标准差	几何平均值	几何标准差	变异系数	众值	中位值	中位绝对离差	最小值	0.5%	2.5%	25%	75%	97.5%	99.5%	最大值	偏度系数	峰度系数
Ⅲ 75-1-1	水田	1392	1.76	0.50	1.69	1.36	0.29	1.49	1.78	0.36	0.32	0.63	0.86	1.39	2.10	2.77	3.00	3.13	0.08	-0.44
	旱地	4875	1.87	0.56	1.78	1.41	0.30	2.18	1.90	0.39	0.03	0.60	0.78	1.48	2.26	2.94	3.26	3.99	-0.04	-0.34
Ⅲ 78-1-1	水田	5495	2.07	0.68	1.95	1.44	0.33	1.72	2.06	0.45	0.41	0.60	0.80	1.60	2.51	3.41	4.14	6.16	0.37	0.83
	旱地	59869	2.16	0.86	1.97	1.58	0.40	1.88	2.11	0.59	0.19	0.47	0.67	1.55	2.72	3.98	4.59	7.10	0.36	-0.01
Ⅲ 78-1-2	水田	25197	2.27	0.84	2.11	1.50	0.37	2.61	2.31	0.58	0.25	0.62	0.84	1.63	2.81	3.91	5.04	11.35	0.74	3.94
	旱地	67530	2.06	0.84	1.88	1.56	0.41	1.59	2.00	0.60	0.13	0.51	0.70	1.42	2.63	3.78	4.59	10.46	0.60	1.17
Ⅲ 78-1-3	水田	15748	2.11	0.88	1.92	1.58	0.41	1.58	2.04	0.66	0.27	0.52	0.71	1.41	2.75	3.91	4.56	6.46	0.42	-0.25
	旱地	16870	2.09	0.97	1.86	1.67	0.47	1.54	1.92	0.68	0.16	0.39	0.59	1.35	2.75	4.20	4.99	8.50	0.67	0.38
Ⅲ 78-2-1	水田	1754	1.33	0.67	1.18	1.61	0.50	0.88	1.14	0.34	0.21	0.33	0.49	0.86	1.62	2.99	3.62	4.42	1.23	1.32
	旱地	49975	1.35	0.81	1.14	1.78	0.60	0.83	1.09	0.40	0.03	0.26	0.38	0.78	1.73	3.42	4.10	5.80	1.28	1.29
Ⅲ 78-2-2	水田	3676	1.94	0.80	1.79	1.49	0.41	1.58	1.75	0.46	0.30	0.70	0.87	1.36	2.36	3.98	4.65	6.64	1.20	1.88
	旱地	39257	1.91	0.94	1.69	1.66	0.49	1.48	1.73	0.59	0.19	0.42	0.60	1.21	2.46	4.05	4.83	7.42	0.87	0.52
Ⅲ 78-2-3	水田	27485	1.38	0.89	1.12	1.96	0.65	0.54	1.19	0.59	0.05	0.21	0.29	0.68	1.94	3.37	4.26	12.12	3.94	134.83
	旱地	26066	1.42	0.91	1.14	2.00	0.64	0.67	1.19	0.57	0.06	0.18	0.27	0.71	1.98	3.57	4.43	6.28	1.01	0.82
Ⅲ 79-1-1	水田	7911	1.93	0.46	1.88	1.27	0.24	1.90、1.73	1.90	0.26	0.25	0.90	1.18	1.63	2.16	2.94	3.46	7.27	1.12	6.01
	旱地	1900	1.88	0.63	1.79	1.38	0.34	2.07、1.55	1.80	0.35	0.34	0.74	0.96	1.46	2.17	3.29	4.78	6.79	1.71	7.12
Ⅲ 79-1-2	水田	9736	1.88	0.44	1.82	1.31	0.24	1.83	1.90	0.26	0.37	0.58	0.84	1.63	2.16	2.71	3.07	4.77	-0.19	1.29
	旱地	2321	1.68	0.66	1.52	1.61	0.39	1.83	1.74	0.39	0.26	0.34	0.48	1.25	2.07	3.00	3.76	4.76	0.21	0.58
Ⅲ 79-1-3	水田	460	2.31	0.45	2.26	1.24	0.19	2.14	2.31	0.25	0.52	0.76	1.37	2.07	2.58	3.17	3.58	4.17	-0.19	1.53
	旱地	42	2.36	0.53	2.30	1.26	0.23	1.98	2.27	0.33	1.24	1.24	1.24	1.98	2.70	3.35	3.62	3.62	0.32	-0.26
Ⅲ 89-1-1	水田	6065	1.70	0.68	1.56	1.51	0.40	1.49	1.58	0.42	0.17	0.45	0.65	1.22	2.07	3.29	3.79	4.78	0.77	0.55
	旱地	31365	1.81	0.89	1.59	1.73	0.49	1.53	1.66	0.56	0.01	0.27	0.47	1.16	2.32	3.86	4.57	6.32	0.77	0.39
Ⅲ 89-1-2	水田	5039	1.93	0.55	1.84	1.41	0.28	2.20	1.98	0.35	0.22	0.44	0.75	1.59	2.30	2.94	3.26	4.49	-0.21	0.28
	旱地	10430	1.96	0.63	1.84	1.48	0.32	1.95	1.98	0.42	0.13	0.33	0.69	1.54	2.38	3.16	3.69	6.57	0.07	0.67

表 6.36 贵州省不同成矿区带主要耕地类型土壤锰元素（Mn）地球化学参数 （单位：mg/kg）

成矿区带	耕地类型	样品件数/个	算术平均值	算术标准差	几何平均值	几何标准差	变异系数	众值	中位值	中位绝对离差	最小值	0.5%	2.5%	25%	75%	97.5%	99.5%	最大值	偏度系数	峰度系数
Ⅲ 75-1-1	水田	1392	357	237	305	1.74	0.66	160	327	120	73	87	110	205	442	848	1671	2727	3.83	27.23
	旱地	4875	665	533	518	2.05	0.80	327	554	229	13	97	124	325	784	1822	3424	7368	3.17	19.82
Ⅲ 78-1-1	水田	5495	540	367	450	1.82	0.68	428、292、294	442	166	55	91	137	304	668	1488	2206	5647	2.72	16.43
	旱地	59862	1145	632	973	1.83	0.55	1288	1079	425	45	152	246	663	1513	2530	3406	15591	1.60	12.73
Ⅲ 78-1-2	水田	25197	628	598	498	1.92	0.95	272	474	195	34	113	159	313	762	1982	3085	49447	24.27	1790.6
	旱地	67530	1077	829	858	1.99	0.77	530	906	424	65	145	210	537	1425	2974	4386	44599	7.88	267.47
Ⅲ 78-1-3	水田	15748	479	403	365	2.07	0.84	220	347	165	26	75	100	215	615	1526	2174	9434	3.13	27.48
	旱地	16870	921	669	715	2.12	0.73	1180	780	380	32	91	138	444	1234	2462	3436	13080	2.67	23.76
Ⅲ 78-2-1	水田	1754	606	516	444	2.30	0.85	389、106	468	249	23	35	70	265	839	1628	2766	7067	3.55	28.27
	旱地	49975	1278	851	1086	1.83	0.67	1120	1183	409	11	118	257	796	1618	2822	4543	45910	11.02	370.84
Ⅲ 78-2-2	水田	3676	762	570	602	2.01	0.75	409	615	281	40	95	148	373	983	2188	2986	9500	2.76	20.49
	旱地	39253	1307	670	1134	1.77	0.51	1253	1252	405	23	164	282	850	1660	2770	3868	10995	1.65	10.09

续表

（累积频率值列：0.5% / 2.5% / 25% / 75% / 97.5% / 99.5%）

成矿区带	耕地类型	样品件数/个	算术平均值	算术标准差	几何平均值	几何标准差	变异系数	众值	中位值	中位绝对离差	最小值	0.5%	2.5%	25%	75%	97.5%	99.5%	最大值	偏度系数	峰度系数
III 78-2-3	水田	27485	385	500	228	2.70	1.30	103	212	128	16	31	42	108	444	1835	2977	7825	3.73	22.38
	旱地	26064	1166	1015	756	2.82	0.87	179	875	577	5	40	76	392	1665	3733	4803	23945	1.83	12.37
III 79-1-1	水田	7911	216	162	186	1.66	0.75	190	181	54	26	61	78	133	246	588	1062	3417	5.90	62.79
	旱地	1900	614	621	429	2.33	1.01	149、180、174	427	243	23	54	95	225	806	2140	3894	8265	3.68	24.44
III 79-1-2	水田	9736	237	178	201	1.72	0.75	132	197	64	27	63	77	141	274	713	1273	2852	4.38	32.34
	旱地	2321	456	426	345	2.05	0.93	278、177、180	308	134	48	67	97	207	566	1557	2216	7921	4.48	48.85
III 79-1-3	水田	460	301	315	254	1.68	1.05	162	239	80	91	97	115	170	344	822	1499	5841	12.36	208.91
	旱地	42	358	268	291	1.86	0.75	0	263	84	72	72	72	196	358	1111	1177	1177	1.79	2.51
III 89-1-1	水田	6064	896	779	698	2.06	0.87	462	730	316	15	84	142	457	1128	2680	4391	25172	7.89	177.41
	旱地	31364	1490	1265	1194	1.99	0.85	1131	1271	457	12	101	243	838	1761	4539	6994	96941	17.91	1123.4
III 89-1-2	水田	5039	544	600	398	2.06	1.10	253	369	180	45	63	86	220	620	2289	3891	6333	3.70	18.91
	旱地	10430	1282	1420	780	2.68	1.11	219	691	372	29	84	136	398	1469	5271	6372	11396	1.87	2.95

表 6.37 贵州省不同成矿区带主要耕地类型土壤钼元素（Mo）地球化学参数 （单位：mg/kg）

（累积频率值列：0.5% / 2.5% / 25% / 75% / 97.5% / 99.5%）

成矿区带	耕地类型	样品件数/个	算术平均值	算术标准差	几何平均值	几何标准差	变异系数	众值	中位值	中位绝对离差	最小值	0.5%	2.5%	25%	75%	97.5%	99.5%	最大值	偏度系数	峰度系数
III 75-1-1	水田	1392	0.64	0.78	0.53	1.64	1.22	0.42	0.48	0.12	0.20	0.24	0.27	0.39	0.66	1.91	3.60	19.50	14.32	291.86
	旱地	4875	0.99	1.66	0.70	2.02	1.68	0.38	0.59	0.22	0.17	0.24	0.28	0.42	1.00	3.84	7.91	38.00	11.89	198.99
III 78-1-1	水田	5495	1.62	2.00	1.20	2.04	1.24	0.54	1.21	0.55	0.05	0.25	0.35	0.72	1.86	5.26	13.80	48.70	8.72	125.12
	旱地	59869	1.96	1.92	1.61	1.83	0.98	1.24	1.62	0.57	0.02	0.32	0.45	1.12	2.32	5.18	10.90	117.60	14.73	502.66
III 78-1-2	水田	25197	1.54	2.46	1.07	2.16	1.59	0.44	1.04	0.52	0.09	0.25	0.31	0.59	1.76	5.48	13.80	103.00	14.58	377.65
	旱地	67530	2.01	2.98	1.45	2.13	1.48	0.48	1.46	0.68	0.01	0.29	0.36	0.87	2.32	6.72	14.82	252.00	22.13	1157.6
III 78-1-3	水田	15748	2.21	3.40	1.44	2.40	1.54	0.32	1.51	0.84	0.23	0.30	0.32	0.75	2.53	8.80	18.90	103.00	10.82	200.03
	旱地	16870	2.84	5.54	1.87	2.32	1.95	0.32	1.94	0.96	0.21	0.30	0.36	1.09	3.14	9.82	26.20	272.00	19.74	652.81
III 78-2-1	水田	1754	2.16	1.35	1.81	1.86	0.62	1.58	1.90	0.70	0.21	0.31	0.47	1.26	2.69	5.61	7.97	10.80	1.83	5.68
	旱地	49975	2.22	1.77	1.89	1.71	0.79	1.94	1.88	0.59	0.31	0.53	0.71	1.33	2.55	6.03	11.00	59.44	8.14	147.87
III 78-2-2	水田	3676	3.07	2.01	2.62	1.75	0.66	1.62	2.68	0.96	0.34	0.56	0.86	1.81	3.78	7.53	13.70	29.10	3.75	28.79
	旱地	39256	2.65	2.11	2.22	1.77	0.80	1.40	2.16	0.76	0.15	0.57	0.80	1.50	3.16	7.36	12.90	74.60	7.06	124.28
III 78-2-3	水田	27485	1.91	2.27	1.34	2.24	1.19	0.42、0.48	1.32	0.68	0.20	0.25	0.32	0.74	2.29	6.89	13.80	67.30	7.76	125.22
	旱地	26066	2.82	5.00	1.99	2.23	1.78	1.00	2.01	0.97	0.24	0.30	0.41	1.17	3.30	10.00	20.50	506.00	57.54	5219.0
III 79-1-1	水田	7911	1.03	2.71	0.68	1.90	2.64	0.49	0.60	0.16	0.30	0.30	0.31	0.46	0.81	4.79	15.60	92.20	15.72	360.44
	旱地	1900	1.87	4.52	1.07	2.21	2.41	0.56	0.94	0.31	0.30	0.32	0.37	0.66	1.33	11.92	39.72	65.80	8.31	85.37
III 79-1-2	水田	9736	0.74	1.60	0.58	1.67	2.16	0.32	0.54	0.14	0.30	0.30	0.31	0.42	0.72	1.98	7.28	67.10	24.04	777.53
	旱地	2321	1.38	2.29	0.98	2.03	1.65	0.49	0.89	0.37	0.30	0.30	0.34	0.58	1.48	5.48	13.70	48.30	10.79	173.14
III 79-1-3	水田	460	0.86	0.59	0.73	1.70	0.69	0.32、0.31、0.68	0.73	0.22	0.11	0.30	0.31	0.50	0.96	2.60	3.89	4.54	2.79	10.54
	旱地	42	0.92	0.64	0.78	1.73	0.70	0.61、0.57	0.73	0.19	0.12	0.31	0.31	0.57	0.96	3.01	3.10	3.10	2.33	5.56
III 89-1-1	水田	6065	2.66	2.78	2.02	2.02	1.05	1.26	1.94	0.81	0.10	0.30	0.57	1.27	3.14	8.88	15.80	101.00	10.58	284.27
	旱地	31365	3.17	5.25	2.24	2.10	1.66	1.29	2.04	0.87	0.10	0.46	0.66	1.33	3.40	12.40	24.40	433.00	28.35	1733.9
III 89-1-2	水田	5039	1.03	1.41	0.71	2.16	1.37	0.43	0.60	0.26	0.10	0.20	0.24	0.40	1.15	4.36	7.47	45.40	11.04	260.06
	旱地	10430	1.72	3.35	1.05	2.38	1.95	0.46	0.90	0.46	0.10	0.26	0.32	0.53	1.84	7.88	16.20	146.00	16.94	514.69

表 6.38　贵州省不同成矿区带主要耕地类型土壤氮元素（N）地球化学参数

（单位：g/kg）

成矿区带	耕地类型	样品件数/个	算术平均值	算术标准差	几何平均值	几何标准差	变异系数	众值	中位值	中位绝对离差	最小值	累积频率值 0.5%	2.5%	25%	75%	97.5%	99.5%	最大值	偏度系数	峰度系数
Ⅲ 75-1-1	水田	1392	1.50	0.51	1.42	1.39	0.34	1.28	1.42	0.29	0.27	0.57	0.75	1.15	1.76	2.77	3.37	3.92	1.09	2.03
	旱地	4875	1.38	0.52	1.29	1.45	0.38	1.22	1.27	0.31	0.14	0.46	0.64	1.01	1.66	2.62	3.22	4.44	1.04	1.60
Ⅲ 78-1-1	水田	5495	2.20	0.70	2.10	1.33	0.32	1.78	2.13	0.43	0.33	0.83	1.07	1.73	2.60	3.76	4.61	6.66	0.77	1.36
	旱地	59869	1.77	0.50	1.70	1.33	0.28	1.72	1.72	0.29	0.26	0.69	0.91	1.44	2.03	2.93	3.57	6.57	0.90	2.55
Ⅲ 78-1-2	水田	25197	1.95	0.59	1.87	1.35	0.30	1.79	1.85	0.35	0.19	0.80	1.04	1.54	2.26	3.36	4.09	6.16	1.03	1.99
	旱地	67530	1.61	0.44	1.56	1.31	0.28	1.47	1.55	0.26	0.10	0.70	0.92	1.32	1.84	2.66	3.36	6.47	1.22	3.93
Ⅲ 78-1-3	水田	15748	2.17	0.70	2.07	1.36	0.32	1.69	2.05	0.40	0.38	0.85	1.14	1.69	2.52	3.85	4.75	8.30	1.22	3.21
	旱地	16870	1.66	0.51	1.58	1.35	0.31	1.48	1.59	0.28	0.24	0.58	0.84	1.33	1.90	2.86	3.70	5.65	1.20	3.81
Ⅲ 78-2-1	水田	1754	2.48	0.78	2.35	1.39	0.32	2.09	2.44	0.50	0.69	0.85	1.14	1.94	2.95	4.11	4.74	8.20	0.64	1.86
	旱地	49975	2.04	0.73	1.91	1.44	0.36	1.97	1.96	0.44	0.14	0.62	0.86	1.54	2.43	3.69	4.58	8.95	0.95	2.47
Ⅲ 78-2-2	水田	3676	2.64	0.79	2.52	1.36	0.30	2.27	2.55	0.54	0.32	1.02	1.33	2.06	3.15	4.33	5.11	7.13	0.57	0.59
	旱地	39257	2.13	0.63	2.04	1.33	0.34	1.91	2.03	0.36	0.35	0.88	1.16	1.70	2.45	3.59	4.36	12.20	1.28	5.99
Ⅲ 78-2-3	水田	27485	2.32	0.79	2.19	1.40	0.34	2.24	2.22	0.48	0.16	0.81	1.10	1.77	2.75	4.15	5.09	13.83	1.14	4.44
	旱地	26066	1.81	0.61	1.71	1.39	0.29	1.64	1.72	0.34	0.14	0.57	0.86	1.41	2.10	3.24	4.07	11.50	1.47	7.72
Ⅲ 79-1-1	水田	7911	2.70	0.79	2.59	1.34	0.38	2.62	2.62	0.50	0.51	1.10	1.41	2.14	3.15	4.51	5.44	7.04	0.80	1.43
	旱地	1900	2.13	0.81	2.00	1.45	0.33	1.69	1.99	0.49	0.40	0.70	0.96	1.56	2.58	3.96	5.48	7.61	1.42	4.67
Ⅲ 79-1-2	水田	9736	2.44	0.79	2.32	1.39	0.39	2.39	2.35	0.50	0.39	0.86	1.15	1.88	2.90	4.22	5.11	7.15	0.78	1.35
	旱地	2321	1.77	0.69	1.65	1.48	0.32	1.37	1.66	0.40	0.35	0.49	0.68	1.31	2.14	3.38	4.25	6.86	1.14	2.82
Ⅲ 79-1-3	水田	460	2.84	0.92	2.68	1.42	0.44	3.00	2.75	0.66	0.33	0.52	1.40	2.14	3.44	4.89	5.46	5.97	0.47	0.19
	旱地	42	2.34	1.03	2.11	1.64	0.33	2.34	2.25	0.68	0.43	0.43	0.43	1.55	2.90	4.78	4.85	4.85	0.66	0.28
Ⅲ 89-1-1	水田	6065	2.37	0.78	2.25	1.37	0.33	2.09	2.24	0.45	0.73	0.95	1.19	1.84	2.76	4.21	5.41	9.45	1.47	5.47
	旱地	31365	2.11	13.81	1.94	1.35	6.55	1.81	1.96	0.35	0.22	0.80	1.04	1.63	2.34	3.44	4.29	6.46	1.77	3.12
Ⅲ 89-1-2	水田	5039	1.76	0.67	0	0	0.38	1.36、1.43、1.59	1.60	0.33	0.49	0.68	0.88	1.32	2.03	3.48	4.67	8.35	1.79	6.04
	旱地	10430	1.69	0.62	1.94	1.35	0.37	1.35	1.57	0.35	0.36	0.65	0.82	1.26	2.00	3.16	4.23	7.67	1.48	4.57

表 6.39　贵州省不同成矿区带主要耕地类型土壤镍元素（Ni）地球化学参数

（单位：mg/kg）

成矿区带	耕地类型	样品件数/个	算术平均值	算术标准差	几何平均值	几何标准差	变异系数	众值	中位值	中位绝对离差	最小值	累积频率值 0.5%	2.5%	25%	75%	97.5%	99.5%	最大值	偏度系数	峰度系数
Ⅲ 75-1-1	水田	1392	28.64	11.39	26.86	1.42	0.40	27.80	27.50	5.90	8.34	9.72	12.70	21.60	33.40	56.70	85.40	134.00	2.64	14.49
	旱地	4875	38.70	21.13	34.29	1.63	0.55	35.10、36.80	33.90	8.30	0.03	11.20	13.80	25.80	42.40	95.40	113.00	305.00	2.04	8.49
Ⅲ 78-1-1	水田	5495	39.29	18.28	36.09	1.50	0.47	35.50、29.40、29.30	35.00	7.50	6.70	11.30	16.00	28.60	44.20	86.80	104.00	433.00	3.49	45.63
	旱地	59869	48.57	22.37	44.23	1.54	0.46	34.00、36.00	42.10	11.40	2.40	13.70	20.20	32.90	59.80	99.20	119.00	490.00	1.77	10.56
Ⅲ 78-1-2	水田	25197	37.94	14.02	36.20	1.36	0.37	37.10	36.78	6.12	2.52	11.90	19.80	30.60	42.80	69.70	90.50	935.00	14.90	774.38
	旱地	67530	39.98	17.27	37.38	1.43	0.43	31.10	36.80	7.10	2.84	13.89	19.70	30.20	44.70	85.20	107.00	822.00	5.27	110.76
Ⅲ 78-1-3	水田	15748	32.93	12.59	30.69	1.48	0.38	38.30、34.00	33.04	7.14	5.08	8.44	11.60	25.40	39.80	55.90	70.33	532.00	5.65	179.27
	旱地	16870	36.66	18.12	33.82	1.50	0.49	34.10	35.50	7.70	5.10	8.65	12.50	27.90	43.30	67.42	90.25	861.00	13.35	467.21
Ⅲ 78-2-1	水田	1754	43.57	22.95	38.24	1.69	0.53	33.10、22.50	37.82	14.18	4.86	8.30	13.14	26.88	58.84	87.82	98.35	395.15	2.63	30.96
	旱地	49975	63.78	24.50	58.70	1.54	0.38	102.00	63.00	15.70	0.48	12.80	20.10	46.90	78.30	114.00	142.00	350.47	0.74	3.06
Ⅲ 78-2-2	水田	3676	46.57	19.06	42.78	1.53	0.41	33.00、36.00	42.40	12.10	2.00	11.00	17.80	32.60	59.00	88.10	104.00	197.00	0.92	1.81
	旱地	39257	59.94	24.55	55.09	1.53	0.41	37.00	57.10	16.70	2.17	14.70	22.60	41.75	75.70	108.83	144.85	494.00	1.37	8.78

续表

成矿区带	耕地类型	样品件数/个	算术		几何		变异系数	众值	中位值	中位绝对离差	最小值	累积频率值						最大值	偏度系数	峰度系数
			平均值	标准差	平均值	标准差						0.5%	2.5%	25%	75%	97.5%	99.5%			
III 78-2-3	水田	27485	26.87	15.45	22.74	1.84	0.57	24.00	24.50	9.00	1.45	3.44	5.52	16.00	34.10	67.10	84.40	264.00	1.56	6.19
	旱地	26066	36.59	20.79	31.20	1.81	0.57	25.20	32.60	11.80	1.23	4.27	8.37	22.00	46.60	85.00	109.00	523.00	2.05	20.73
III 79-1-1	水田	7911	16.43	7.48	15.26	1.44	0.46	13.50	14.80	2.97	3.64	6.97	8.16	12.10	18.24	39.20	49.90	129.00	3.12	19.68
	旱地	1900	19.61	12.09	17.15	1.63	0.62	12.80	15.93	4.21	4.91	6.48	7.71	12.35	22.00	52.23	68.60	174.00	2.87	17.80
III 79-1-2	水田	9736	17.19	6.15	16.42	1.34	0.36	17.90	16.50	2.67	2.85	7.00	9.05	13.90	19.24	31.81	44.87	226.00	6.54	152.39
	旱地	2321	19.53	9.39	17.90	1.50	0.48	16.10	17.20	4.20	4.03	6.81	8.62	13.74	22.64	42.53	62.27	111.38	2.69	13.80
III 79-1-3	水田	460	24.06	13.41	22.20	1.45	0.56	21.34、16.70、26.64	21.77	4.58	7.86	7.92	11.06	17.81	26.84	55.30	77.16	219.80	7.67	100.35
	旱地	42	24.02	9.37	22.47	1.44	0.39	0	21.75	5.92	11.09	11.09	11.09	16.59	28.59	42.63	54.47	54.47	1.20	1.47
III 89-1-1	水田	6065	52.65	23.41	47.37	1.61	0.44	102.00	47.90	16.30	1.00	12.20	18.20	34.30	69.70	103.00	116.00	136.00	0.58	0.61
	旱地	31365	64.58	26.81	58.61	1.60	0.42	101.00	62.70	19.26	1.00	12.50	20.60	44.00	82.50	120.00	146.00	268.00	0.55	0.61
III 89-1-2	水田	5039	30.22	21.22	27.20	1.56	0.70	31.70	27.10	7.70	4.39	7.72	11.40	20.20	36.60	65.70	85.50	1159.00	30.31	1588.25
	旱地	10430	36.92	21.13	31.78	1.74	0.57	19.60	30.90	11.00	2.00	7.35	10.90	21.70	47.00	88.60	111.00	230.00	1.42	3.10

表 6.40　贵州省不同成矿区带主要耕地类型土壤磷元素（P）地球化学参数 　　（单位：g/kg）

成矿区带	耕地类型	样品件数/个	算术		几何		变异系数	众值	中位值	中位绝对离差	最小值	累积频率值						最大值	偏度系数	峰度系数
			平均值	标准差	平均值	标准差						0.5%	2.5%	25%	75%	97.5%	99.5%			
III 75-1-1	水田	1392	0.40	0.18	0.37	1.46	0.44	0.34	0.36	0.08	0.14	0.16	0.19	0.29	0.47	0.93	1.19	1.44	2.01	5.68
	旱地	4875	0.55	0.29	0.49	1.64	0.52	0.33	0.48	0.16	0.01	0.13	0.20	0.34	0.69	1.25	1.55	3.00	1.51	4.25
III 78-1-1	水田	5495	0.76	0.43	0.69	1.55	0.57	0.76	0.72	0.20	0.18	0.23	0.29	0.52	0.93	1.38	2.66	11.94	8.34	150.27
	旱地	59869	0.82	0.44	0.76	1.48	0.53	0.63	0.77	0.20	0.12	0.25	0.34	0.59	0.99	1.52	2.04	42.33	26.72	1944.35
III 78-1-2	水田	25197	0.69	0.29	0.65	1.40	0.43	0.64	0.65	0.15	0.15	0.29	0.34	0.51	0.81	1.20	1.58	14.13	12.40	430.90
	旱地	67530	0.72	0.40	0.67	1.44	0.56	0.66	0.68	0.16	0.08	0.24	0.33	0.53	0.85	1.33	1.85	42.30	34.20	2777.64
III 78-1-3	水田	15748	0.65	0.31	0.61	1.44	0.47	0.52、0.48	0.62	0.15	0.10	0.24	0.30	0.47	0.78	1.17	1.58	15.74	13.35	508.95
	旱地	16870	0.68	0.44	0.62	1.48	0.65	0.54	0.63	0.15	0.07	0.21	0.29	0.49	0.79	1.29	2.27	25.15	22.36	961.17
III 78-2-1	水田	1754	0.84	0.42	0.73	1.70	0.50	0.60	0.71	0.27	0.15	0.18	0.24	0.52	1.16	1.70	1.93	3.07	0.70	0.04
	旱地	49975	1.14	0.48	1.04	1.55	0.42	0.92	1.09	0.31	0.11	0.29	0.41	0.79	1.42	2.21	2.77	13.25	1.40	12.21
III 78-2-2	水田	3676	1.00	0.36	0.94	1.40	0.36	0.81	0.97	0.27	0.27	0.38	0.45	0.76	1.20	1.68	2.01	10.92	6.13	157.11
	旱地	39257	1.09	0.80	1.00	1.49	0.73	1.00	1.02	0.27	0.14	0.35	0.46	0.77	1.30	2.00	2.63	47.06	26.39	1111.18
III 78-2-3	水田	27481	0.63	0.28	0.58	1.51	0.45	0.52	0.57	0.15	0.07	0.20	0.26	0.44	0.75	1.34	1.78	5.50	1.97	11.03
	旱地	26064	0.73	0.37	0.65	1.61	0.51	0.53	0.66	0.19	0.01	0.15	0.24	0.49	0.88	1.59	2.17	14.25	4.27	95.06
III 79-1-1	水田	7911	0.53	0.19	0.50	1.40	0.37	0.43	0.50	0.11	0.14	0.20	0.26	0.40	0.62	1.00	1.31	3.28	1.87	10.19
	旱地	1900	0.62	0.33	0.55	1.59	0.54	0.36	0.54	0.16	0.11	0.17	0.22	0.40	0.73	1.53	2.38	3.09	2.38	9.41
III 79-1-2	水田	9736	0.49	0.19	0.46	1.43	0.38	0.44	0.46	0.10	0.08	0.17	0.23	0.37	0.58	0.94	1.23	2.46	1.68	6.93
	旱地	2321	0.51	0.26	0.45	1.63	0.52	0.44	0.46	0.14	0.08	0.12	0.16	0.33	0.61	1.18	1.76	2.35	1.87	6.25
III 79-1-3	水田	460	0.52	0.18	0.49	1.44	0.34	0.49	0.49	0.11	0.09	0.11	0.24	0.41	0.63	0.91	1.08	1.32	0.72	1.07
	旱地	42	0.47	0.18	0.44	1.54	0.37	0.58	0.49	0.13	0.14	0.14	0.14	0.33	0.61	0.79	0.81	0.81	-0.07	-0.85
III 89-1-1	水田	6065	1.11	0.41	1.03	1.50	0.37	1.02	1.12	0.29	0.27	0.36	0.43	0.80	1.38	1.92	2.26	4.64	0.37	0.81
	旱地	31365	1.18	9.58	1.04	1.53	8.09	0.81	1.06	0.30	0.01	0.33	0.43	0.78	1.40	2.21	2.84	16.96	1.76	312.05
III 89-1-2	水田	5039	0.69	0.32	0.64	1.46	0.47	0.59	0.60	0.12	0.14	0.28	0.35	0.50	0.77	1.57	2.12	3.00	2.27	7.25
	旱地	10430	0.82	0.88	0.68	1.75	1.07	0.50	0.58	0.16	0.14	0.25	0.32	0.46	0.93	2.52	3.38	46.86	26.72	1276.99

表6.41 贵州省不同成矿区带主要耕地类型土壤铅元素（Pb）地球化学参数 （单位：mg/kg）

成矿区带	耕地类型	样品件数/个	算术平均值	算术标准差	几何平均值	几何标准差	变异系数	众值	中位值	中位绝对离差	最小值	累积频率值 0.5%	2.5%	25%	75%	97.5%	99.5%	最大值	偏度系数	峰度系数
III 75-1-1	水田	1392	27.85	7.34	27.20	1.23	0.26	26.20	27.60	3.10	13.00	15.40	17.40	24.40	30.60	39.20	54.70	184.00	8.30	156.23
III 75-1-1	旱地	4875	29.67	9.84	28.58	1.30	0.33	28.00	28.30	3.60	9.44	15.30	17.60	24.80	32.20	50.80	83.30	253.00	5.42	73.67
III 78-1-1	水田	5495	34.32	34.10	32.08	1.36	0.99	30.80	31.20	5.10	9.57	15.90	19.30	26.60	37.20	61.50	97.80	1686.00	38.00	1735
III 78-1-1	旱地	59869	36.05	18.21	33.87	1.40	0.51	29.40	33.60	4.76	0.06	18.00	18.40	27.20	41.60	64.30	96.80	1010.00	17.10	647.11
III 78-1-2	水田	25197	37.50	17.84	35.72	1.33	0.48	32.60	34.40	6.60	8.40	16.80	22.10	30.40	40.50	68.00	107.00	927.00	16.71	582.28
III 78-1-2	旱地	67530	41.08	60.61	37.59	1.43	1.48	32.60	36.00	6.60	8.56	17.60	20.50	30.50	44.60	83.00	150.00	13500.00	165.42	36092
III 78-1-3	水田	15748	54.56	104.77	43.20	1.72	1.92	30.30	38.20	11.32	9.15	16.59	20.70	29.50	58.30	148.00	422.00	4362.00	22.83	691.61
III 78-1-3	旱地	16870	70.52	181.32	48.15	1.91	2.57	32.60	43.16	14.45	5.62	11.40	20.10	31.00	65.00	232.00	1064.00	6511.00	16.58	385.39
III 78-2-1	水田	1754	40.07	101.36	30.37	1.66	2.53	31.40、30.80	29.28	6.34	6.61	11.24	15.39	22.92	35.60	103.00	473.00	2101.00	16.56	310.40
III 78-2-1	旱地	49975	66.51	219.01	42.34	2.07	3.29	25.00	37.81	14.19	3.26	11.60	14.60	26.20	58.90	268.00	922.00	23373.00	41.69	3211
III 78-2-2	水田	3676	39.59	49.49	34.28	1.58	1.25	27.80	33.30	9.10	5.58	12.20	16.00	25.20	45.30	81.40	189.00	1960.00	22.82	732.41
III 78-2-2	旱地	39257	46.87	255.12	34.52	1.67	5.44	25.20	32.70	8.80	3.87	10.70	16.20	25.20	44.10	96.70	485.00	35736.00	87.77	10634
III 78-2-3	水田	27483	31.08	19.61	28.09	1.52	0.63	24.80	27.40	6.30	5.64	10.40	13.40	21.70	34.60	73.30	124.48	671.00	8.99	178.10
III 78-2-3	旱地	26066	37.37	28.25	32.96	1.60	0.76	30.30、26.80	32.00	8.70	3.76	13.40	14.00	24.60	43.30	84.50	163.61	1200.00	12.61	320.08
III 79-1-1	水田	7911	33.11	93.03	28.70	1.36	2.81	26.60	27.89	3.09	9.58	16.30	19.48	25.08	31.32	48.04	184.80	5619.00	40.64	2056
III 79-1-1	旱地	1900	81.02	468.52	33.00	1.92	5.78	26.80	29.70	4.70	11.90	16.24	18.70	25.54	35.20	145.00	2983.1	9042.00	13.30	208.19
III 79-1-2	水田	9736	27.19	7.15	25.99	1.25	0.27	24.60	26.15	3.01	8.52	12.90	15.68	23.29	29.28	39.85	59.20	276.48	7.47	188.01
III 79-1-2	旱地	2321	31.14	9.99	26.21	1.29	0.37	24.40	26.11	3.66	9.51	12.74	15.50	22.70	30.08	45.26	63.20	335.00	13.87	394.47
III 79-1-3	水田	460	29.75	8.93	30.38	1.23	0.29	24.89	29.55	2.85	18.43	19.67	22.42	27.24	32.87	50.27	88.35	131.10	5.92	53.46
III 79-1-3	旱地	42	29.04	6.61	29.04	1.25	0.22	29.60、27.34	29.58	3.59	15.19	15.19	15.19	26.03	33.42	43.71	49.20	49.20	0.57	1.19
III 89-1-1	水田	6065	33.04	15.45	30.30	1.49	0.47	26.80	28.40	6.40	7.64	12.70	15.60	23.20	37.90	73.70	98.60	160.00	1.94	5.70
III 89-1-1	旱地	31365	36.32	20.11	32.32	1.59	0.55	26.40	30.22	8.50	3.06	11.40	14.51	23.56	43.40	87.30	124.00	393.00	2.59	15.96
III 89-1-2	水田	5039	27.64	13.18	25.92	1.40	0.48	26.00	25.30	3.90	3.55	10.90	14.50	21.60	29.40	62.20	79.00	460.00	9.61	247.01
III 89-1-2	旱地	10430	33.04	23.02	29.36	1.57	0.70	25.10	26.90	5.20	3.92	10.60	14.00	22.40	33.70	80.20	101.00	1422.00	22.63	1282.53

表6.42 贵州省不同成矿区带主要耕地类型土壤硒元素（Se）地球化学参数 （单位：mg/kg）

成矿区带	耕地类型	样品件数/个	算术平均值	算术标准差	几何平均值	几何标准差	变异系数	众值	中位值	中位绝对离差	最小值	累积频率值 0.5%	2.5%	25%	75%	97.5%	99.5%	最大值	偏度系数	峰度系数
III 75-1-1	水田	1392	0.41	0.22	0.37	1.53	0.54	0.28	0.35	0.09	0.10	0.14	0.19	0.28	0.48	0.97	1.51	2.51	3.33	19.41
III 75-1-1	旱地	4875	0.48	0.35	0.40	1.77	0.72	0.30	0.37	0.13	0.03	0.10	0.16	0.27	0.57	1.45	2.18	3.78	2.73	11.20
III 78-1-1	水田	5495	0.61	0.38	0.53	1.68	0.62	0.50	0.53	0.15	0.03	0.15	0.19	0.40	0.71	1.54	2.32	7.37	4.15	42.11
III 78-1-1	旱地	59866	0.66	0.39	0.59	1.60	0.59	0.50	0.57	0.15	0.02	0.15	0.22	0.44	0.78	1.50	2.27	14.30	6.30	122.49
III 78-1-2	水田	25197	0.45	0.38	0.40	1.60	0.84	0.32	0.39	0.11	0.01	0.14	0.18	0.29	0.52	1.16	1.91	40.07	47.07	4716.07
III 78-1-2	旱地	67530	0.51	0.33	0.45	1.58	0.64	0.36	0.44	0.12	0.03	0.15	0.20	0.33	0.58	1.26	2.10	13.50	7.78	169.44
III 78-1-3	水田	15748	0.51	0.42	0.45	1.60	0.83	0.45	0.44	0.10	0.07	0.16	0.20	0.34	0.55	1.45	2.74	16.90	10.77	244.62
III 78-1-3	旱地	16870	0.53	0.41	0.47	1.58	0.77	0.40	0.46	0.11	0.04	0.15	0.20	0.36	0.58	1.32	2.76	11.60	9.50	166.83
III 78-2-1	水田	1754	0.61	0.38	0.52	1.80	0.63	0.50	0.53	0.17	0.09	0.12	0.15	0.38	0.73	1.62	2.44	4.10	2.25	9.21
III 78-2-1	旱地	49975	0.59	0.37	0.50	1.84	0.63	0.54	0.54	0.20	0.03	0.08	0.13	0.35	0.75	1.39	2.00	17.80	5.71	147.32
III 78-2-2	水田	3676	0.74	0.48	0.64	1.70	0.65	0.49	0.60	0.20	0.05	0.19	0.26	0.44	0.92	1.80	2.45	10.40	4.78	66.35
III 78-2-2	旱地	39257	0.75	0.43	0.66	1.61	0.57	0.49	0.65	0.20	0.01	0.18	0.27	0.49	0.91	1.66	2.45	24.90	8.16	311.57

续表

成矿区带	耕地类型	样品件数/个	算术		几何		变异系数	众值	中位值	中位绝对离差	最小值	累积频率						最大值	偏度系数	峰度系数
			平均值	标准差	平均值	标准差						0.5%	2.5%	25%	75%	97.5%	99.5%			
III 78-2-3	水田	27485	0.50	0.32	0.44	1.62	0.65	0.36	0.43	0.12	0.01	0.13	0.18	0.32	0.58	1.25	2.17	11.20	6.18	103.99
	旱地	26066	0.60	0.40	0.53	1.58	0.67	0.51	0.52	0.14	0.06	0.17	0.23	0.40	0.69	1.43	2.60	19.20	10.84	317.39
III 79-1-1	水田	7911	0.43	0.40	0.38	1.55	0.92	0.32	0.36	0.08	0.07	0.16	0.20	0.29	0.45	1.22	2.70	10.25	9.72	147.46
	旱地	1900	0.66	0.72	0.53	1.77	1.09	0.35	0.49	0.16	0.10	0.18	0.22	0.36	0.72	1.90	4.68	15.10	8.80	125.49
III 79-1-2	水田	9736	0.40	0.23	0.37	1.41	0.57	0.34	0.36	0.07	0.10	0.16	0.21	0.30	0.44	0.78	1.46	5.93	9.04	130.28
	旱地	2321	0.60	0.37	0.53	1.58	0.62	0.32	0.52	0.16	0.10	0.20	0.25	0.38	0.72	1.29	2.56	7.76	6.30	85.61
III 79-1-3	水田	460	0.57	0.21	0.53	1.47	0.36	0.64、0.48、0.58	0.56	0.14	0.13	0.14	0.23	0.41	0.68	0.98	1.27	1.52	0.70	1.19
	旱地	42	0.76	0.33	0.69	1.56	0.44	0.54、0.37、0.55	0.71	0.18	0.22	0.22	0.23	0.54	0.96	1.51	1.54	1.54	0.83	0.10
III 89-1-1	水田	6065	0.49	0.36	0.41	1.68	0.74	0.27	0.39	0.11	0.08	0.14	0.18	0.29	0.54	1.41	2.04	7.64	5.09	61.73
	旱地	31365	0.48	0.34	0.34	1.71	0.72	0.30	0.40	0.12	0.01	0.10	0.15	0.29	0.55	1.34	2.10	10.50	5.69	84.00
III 89-1-2	水田	5039	0.39	0.32	0.34	1.61	0.83	0.24	0.33	0.10	0.05	0.12	0.15	0.24	0.46	0.98	1.63	15.40	22.13	958.95
	旱地	10430	0.41	0.21	0.37	1.57	0.51	0.30	0.37	0.11	0.08	0.12	0.16	0.27	0.50	0.91	1.34	3.30	2.62	16.37

表 6.43 贵州省不同成矿区带主要耕地类型土壤铊元素（Tl）地球化学参数 （单位：mg/kg）

成矿区带	耕地类型	样品件数/个	算术		几何		变异系数	众值	中位值	中位绝对离差	最小值	累积频率						最大值	偏度系数	峰度系数
			平均值	标准差	平均值	标准差						0.5%	2.5%	25%	75%	97.5%	99.5%			
III 75-1-1	水田	1392	0.59	0.15	0.57	1.29	0.25	0.59、0.58	0.59	0.10	0.23	0.27	0.32	0.48	0.68	0.86	0.95	1.92	0.85	5.72
	旱地	4875	0.63	0.19	0.60	1.35	0.30	0.70	0.63	0.12	0.19	0.27	0.32	0.49	0.74	1.00	1.32	2.53	1.27	7.45
III 78-1-1	水田	5495	0.70	0.23	0.67	1.35	0.32	0.68	0.68	0.12	0.19	0.29	0.35	0.57	0.80	1.22	1.74	4.44	2.79	25.29
	旱地	59868	0.69	0.25	0.66	1.39	0.37	0.68	0.68	0.13	0.01	0.26	0.32	0.55	0.80	1.17	1.68	14.40	7.31	256.34
III 78-1-2	水田	25197	0.80	0.23	0.77	1.29	0.29	0.82	0.79	0.11	0.21	0.36	0.45	0.67	0.90	1.23	1.83	6.74	4.66	66.07
	旱地	67530	0.79	0.28	0.75	1.35	0.35	0.78	0.77	0.13	0.01	0.33	0.40	0.64	0.90	1.33	1.93	19.07	8.51	340.57
III 78-1-3	水田	15748	0.80	0.22	0.75	1.30	0.29	0.82	0.77	0.12	0.22	0.37	0.44	0.64	0.88	1.24	1.74	5.13	3.03	30.63
	旱地	16870	0.80	0.26	0.77	1.33	0.33	0.85	0.79	0.12	0.19	0.32	0.42	0.66	0.90	1.32	2.12	6.54	4.18	48.62
III 78-2-1	水田	1754	0.49	0.22	0.45	1.52	0.44	0.40	0.45	0.14	0.14	0.17	0.21	0.33	0.62	0.98	1.36	2.26	1.41	4.42
	旱地	49975	0.63	0.31	0.56	1.64	0.50	0.30	0.60	0.20	0.07	0.16	0.21	0.39	0.80	1.34	1.83	6.13	1.73	10.59
III 78-2-2	水田	3676	0.67	0.27	0.62	1.52	0.40	0.74	0.68	0.18	0.11	0.20	0.25	0.47	0.84	1.19	1.46	4.07	1.69	14.63
	旱地	39256	0.67	0.34	0.62	1.50	0.51	0.70	0.65	0.17	0.12	0.22	0.27	0.47	0.81	1.25	1.91	19.41	13.27	571.36
III 78-2-3	水田	27485	0.62	0.27	0.57	1.54	0.44	0.66	0.60	0.17	0.08	0.17	0.23	0.42	0.76	1.19	1.67	7.15	2.25	23.77
	旱地	26066	0.72	0.32	0.66	1.52	0.45	0.72	0.69	0.18	0.05	0.20	0.27	0.51	0.86	1.40	1.94	10.90	4.13	76.38
III 79-1-1	水田	7911	0.57	0.19	0.55	1.27	0.34	0.49	0.54	0.06	0.22	0.35	0.39	0.48	0.61	1.04	1.57	6.66	7.94	154.74
	旱地	1900	0.63	0.26	0.59	1.37	0.42	0.50	0.56	0.09	0.24	0.32	0.37	0.48	0.67	1.36	1.98	3.48	3.59	21.70
III 79-1-2	水田	9736	0.57	0.13	0.56	1.21	0.24	0.55	0.55	0.06	0.25	0.35	0.39	0.49	0.62	0.79	1.19	3.76	6.25	93.19
	旱地	2321	0.60	0.17	0.58	1.26	0.28	0.56	0.57	0.08	0.30	0.36	0.40	0.50	0.67	0.95	1.43	2.56	3.46	25.29
III 79-1-3	水田	460	0.72	0.19	0.70	1.25	0.27	0.72	0.69	0.08	0.34	0.37	0.49	0.60	0.76	1.17	1.78	2.37	3.49	23.16
	旱地	42	0.78	0.26	0.75	1.34	0.34	0.70、0.79、0.68	0.71	0.11	0.40	0.40	0.40	0.62	0.87	1.61	1.73	1.73	1.88	4.94
III 89-1-1	水田	6065	0.70	0.38	0.63	1.57	0.54	0.69、0.67	0.67	0.18	0.12	0.20	0.25	0.47	0.84	1.44	1.97	9.99	6.33	105.38
	旱地	31365	0.79	1.02	0.67	1.68	1.30	0.68	0.70	0.22	0.04	0.18	0.23	0.50	0.94	1.66	3.10	114.00	60.10	5728.19
III 89-1-2	水田	5039	0.72	0.41	0.67	1.44	0.57	0.56	0.65	0.11	0.09	0.23	0.35	0.55	0.78	1.65	2.58	15.40	12.54	362.55
	旱地	10430	0.92	0.69	0.80	1.63	0.75	0.65	0.74	0.17	0.10	0.22	0.34	0.60	0.98	2.54	4.42	14.20	6.03	65.45

表 6.44　贵州省不同成矿区带主要耕地类型土壤钒元素（V）地球化学参数　（单位：mg/kg）

成矿区带	耕地类型	样品件数/个	算术平均值	算术标准差	几何平均值	几何标准差	变异系数	众值	中位值	中位绝对离差	最小值	0.5%	2.5%	25%	75%	97.5%	99.5%	最大值	偏度系数	峰度系数
III 75-1-1	水田	1392	86.95	29.63	83.31	1.32	0.34	101.00，103.00	83.60	11.95	33.80	37.60	48.20	71.80	95.70	169.00	248.00	359.00	3.28	18.40
	旱地	4875	112.84	56.16	102.56	1.52	0.50	101.00	95.20	17.90	1.40	42.70	51.50	80.00	120.00	256.00	342.00	526.00	1.92	4.47
III 78-1-1	水田	5495	129.48	57.29	120.00	1.46	0.44	106.00	113.00	24.50	27.90	46.10	62.80	93.20	150.00	271.00	364.00	878.00	2.63	15.97
	旱地	59862	159.18	65.29	147.88	1.46	0.41	120.00	147.00	38.00	14.60	56.10	73.50	113.00	193.00	304.00	415.00	1437.00	2.10	15.56
III 78-1-2	水田	25197	118.37	51.32	112.94	1.33	0.43	106.00	109.00	13.62	32.60	53.70	68.60	97.10	126.00	216.00	321.00	2140.00	12.55	336.19
	旱地	67530	126.75	59.47	119.79	1.37	0.47	106.00	114.00	18.00	16.96	55.80	69.98	99.30	139.00	239.00	356.00	3843.30	14.96	591.16
III 78-1-3	水田	15748	110.64	63.69	102.79	1.42	0.58	105.00	104.00	18.56	21.00	43.02	51.60	85.07	122.00	207.00	457.00	2452.90	11.23	240.07
	旱地	16870	121.14	82.62	111.98	1.42	0.68	114.00	112.00	19.00	18.85	42.80	55.40	94.60	133.00	214.00	521.95	3474.00	14.67	353.52
III 78-2-1	水田	1754	183.41	100.28	159.27	1.70	0.55	122.00	152.36	54.27	28.54	40.62	62.01	107.00	253.86	439.87	491.53	620.00	1.05	0.54
	旱地	49975	255.76	123.68	226.57	1.66	0.48	138.00	221.44	78.56	22.60	55.81	80.65	161.00	345.00	514.00	578.92	1293.70	0.70	-0.13
III 78-2-2	水田	3676	214.84	88.20	197.99	1.50	0.41	119.00	198.00	61.00	45.40	73.50	90.90	146.00	275.00	408.00	529.00	874.00	1.01	2.07
	旱地	39253	236.50	97.60	218.88	1.48	0.41	178.00	217.00	54.00	22.10	78.60	100.00	169.00	283.00	489.00	590.00	1302.00	1.35	3.11
III 78-2-3	水田	27485	109.89	61.24	97.48	1.62	0.56	106.00	97.30	28.70	13.80	29.20	38.40	71.10	131.00	265.00	350.00	1488.00	3.58	41.60
	旱地	26064	136.66	72.05	121.58	1.62	0.53	106.00	122.00	36.50	4.03	33.10	46.00	89.40	165.00	312.90	409.52	1964.00	2.95	34.09
III 79-1-1	水田	7911	73.24	71.05	65.62	1.46	0.97	53.00	61.88	12.04	26.10	35.25	39.80	51.75	77.40	162.00	453.00	2178.00	13.76	269.41
	旱地	1900	92.12	133.16	74.19	1.66	1.45	104.00，101.00	67.92	16.69	21.60	33.00	39.40	54.06	89.59	294.00	1028.6	2846.70	10.53	151.88
III 79-1-2	水田	9736	75.59	38.19	72.10	1.31	0.51	75.40，69.10，65.80	71.70	10.20	24.88	40.60	46.10	61.60	82.00	126.52	260.00	1250.00	13.48	283.58
	旱地	2321	92.97	61.25	85.26	1.45	0.66	102.00	82.24	16.76	33.93	41.94	47.22	67.50	102.00	194.54	394.00	1685.00	11.77	240.32
III 79-1-3	水田	460	81.38	26.84	77.26	1.39	0.33	106.09，66.89，78.46	80.47	14.40	18.13	20.05	37.59	64.52	93.37	145.70	195.40	207.58	1.38	4.45
	旱地	42	87.50	28.68	82.87	1.40	0.33	0.00	88.51	23.34	35.79	35.79	77.70	63.61	104.80	150.50	153.26	153.26	0.41	-0.38
III 89-1-1	水田	6064	218.87	89.25	199.77	1.56	0.41	248.00	213.00	69.00	37.40	61.40	77.70	145.10	284.00	395.00	468.00	839.00	0.46	0.28
	旱地	31364	246.95	96.34	228.32	1.51	0.39	181.00	233.00	61.14	2.94	66.90	93.80	178.00	306.00	461.52	554.00	1121.00	0.84	1.65
III 89-1-2	水田	5039	121.04	62.43	110.75	1.48	0.52	104.00	104.00	21.00	22.60	48.50	62.50	85.40	130.00	317.00	419.00	690.00	2.85	11.27
	旱地	10430	151.21	93.67	132.14	1.63	0.62	106.00	120.00	31.65	15.90	50.20	62.90	94.10	171.00	416.00	548.00	1306.00	2.53	10.82

表 6.45　贵州省不同成矿区带主要耕地类型土壤锌元素（Zn）地球化学参数　（单位：mg/kg）

成矿区带	耕地类型	样品件数/个	算术平均值	算术标准差	几何平均值	几何标准差	变异系数	众值	中位值	中位绝对离差	最小值	0.5%	2.5%	25%	75%	97.5%	99.5%	最大值	偏度系数	峰度系数
III 75-1-1	水田	1392	76.30	20.54	73.65	1.31	0.27	101.00	75.80	11.80	24.90	31.90	41.20	63.40	87.30	119.00	152.00	226.00	1.17	5.75
	旱地	4875	89.02	29.55	84.53	1.39	0.33	101.00	86.80	16.50	1.29	34.50	41.90	70.00	103.00	145.00	195.00	511.00	1.97	16.43
III 78-1-1	水田	5495	97.28	41.53	92.32	1.37	0.43	104.00	92.70	17.00	20.00	38.90	48.00	76.80	111.00	166.00	222.00	1607.00	13.28	390.59
	旱地	59869	103.57	43.92	98.67	1.35	0.42	104.00	98.90	19.90	9.98	42.00	54.50	81.30	110.00	168.00	241.00	4700.00	28.08	2277.7
III 78-1-2	水田	25197	101.26	36.21	98.19	1.26	0.36	101.00	98.20	11.73	28.90	51.10	62.60	86.81	115.00	158.00	235.00	2735.00	25.15	1489.1
	旱地	67530	105.58	115.42	99.74	1.34	1.09	101.00	98.80	15.20	23.36	48.90	59.40	84.30	115.00	184.00	341.00	22562.00	130.27	22869
III 78-1-3	水田	15748	115.64	93.23	106.12	1.45	0.81	101.00	103.57	20.22	13.70	44.60	55.12	85.10	126.00	248.00	465.40	8569.00	49.76	4316.6
	旱地	16870	131.18	129.17	113.46	1.58	0.98	108.00	106.10	23.10	18.10	41.80	55.20	86.70	137.00	355.64	833.00	3657.00	12.15	237.35
III 78-2-1	水田	1754	121.58	272.78	98.88	1.66	2.24	118.00	97.31	32.54	17.42	31.70	43.30	69.20	140.00	219.77	519.00	9744.00	27.61	910.88
	旱地	49975	186.27	245.83	157.45	1.66	1.32	138.00	153.00	38.78	17.30	42.71	59.50	119.07	200.00	486.00	1141.4	24626.00	37.72	2726.5
III 78-2-2	水田	3676	123.09	160.08	112.55	1.44	1.30	125.00，102.00	114.00	27.65	24.20	40.30	55.10	88.80	144.00	208.00	322.00	9042.00	47.84	2630.6
	旱地	39257	139.93	146.65	125.85	1.48	1.05	134.00	127.00	26.65	11.60	49.50	63.20	99.60	152.04	267.00	711.00	8850.00	25.46	1002.4

续表

成矿区带	耕地类型	样品件数/个	算术平均值	算术标准差	几何平均值	几何标准差	变异系数	众值	中位值	中位绝对离差	最小值	0.5%	2.5%	25%	75%	97.5%	99.5%	最大值	偏度系数	峰度系数
Ⅲ 78-2-3	水田	27485	88.26	66.26	76.76	1.69	0.75	102.00	81.20	23.80	5.18	15.60	22.90	57.80	105.90	200.14	350.00	4745.00	21.43	1159.4
	旱地	26066	114.63	112.37	98.09	1.70	0.98	101.00	97.50	28.30	5.43	18.60	33.40	72.30	131.00	294.00	458.00	8450.00	28.58	1592.8
Ⅲ 79-1-1	水田	7911	87.86	72.92	82.31	1.35	0.83	102.00	82.45	12.73	9.24	40.10	48.30	70.07	95.50	137.00	293.40	3050.00	25.13	841.27
	旱地	1900	120.55	273.18	89.78	1.66	2.27	101.00	85.51	15.24	20.40	37.70	47.40	70.79	101.00	310.70	2097.0	6581.00	12.80	219.77
Ⅲ 79-1-2	水田	9736	80.23	22.87	77.45	1.31	0.29	101.00	79.67	13.02	11.77	32.71	43.06	66.40	92.39	120.00	152.68	819.00	5.27	130.67
	旱地	2321	79.66	27.39	76.10	1.35	0.34	104.00	77.61	13.67	19.47	32.50	38.76	64.70	91.74	129.00	188.00	685.00	5.89	108.20
Ⅲ 79-1-3	水田	460	81.25	20.93	78.77	1.28	0.26		76.74	12.55	39.58	40.50	50.03	66.51	92.64	125.54	144.75	204.33	1.09	2.86
	旱地	42	76.21	19.02	73.71	1.31	0.25	76.49、116.48、110.15	75.34	11.99	27.43	27.43	27.43	61.15	86.38	114.17	114.66	114.66	0.12	0.16
Ⅲ 89-1-1	水田	6065	112.08	40.19	106.06	1.39	0.36	130.00	109.00	24.40	24.70	43.50	54.80	84.50	133.00	200.00	259.00	1198.80	4.28	91.32
	旱地	31365	130.47	53.72	121.39	1.46	0.41	129.00	122.94	27.94	1.36	41.60	57.90	95.40	151.20	263.32	347.55	1045.70	2.40	17.30
Ⅲ 89-1-2	水田	5039	92.47	154.96	83.78	1.45	1.68	104.00	82.30	17.70	17.70	36.40	44.60	65.70	103.00	186.00	284.00	10038.00	55.05	3423.4
	旱地	10430	114.60	74.92	98.72	1.67	0.65	104.00	89.80	24.20	19.60	34.90	44.30	69.80	126.00	317.00	411.00	1595.00	2.80	20.30

表 6.46 贵州省不同成矿区带主要耕地类型土壤有机质地球化学参数

（单位：g/kg）

成矿区带	耕地类型	样品件数/个	算术平均值	算术标准差	几何平均值	几何标准差	变异系数	众值	中位值	中位绝对离差	最小值	0.5%	2.5%	25%	75%	97.5%	99.5%	最大值	偏度系数	峰度系数
Ⅲ 75-1-1	水田	1392	27.17	12.02	24.97	1.50	0.44	20.70、30.30	24.65	6.45	4.70	8.50	11.40	19.20	32.30	56.80	70.50	154.20	2.08	11.51
Ⅲ 78-1-1	旱地	4875	23.96	13.78	21.22	1.62	0.58	13.70	20.70	6.30	1.80	5.70	8.85	15.40	29.00	54.70	100.10	187.70	3.29	21.37
	水田	5495	40.83	17.55	37.63	1.50	0.43	29.00	37.50	9.50	5.00	11.90	16.90	29.20	48.90	83.90	114.90	177.50	1.78	6.47
Ⅲ 78-1-2	旱地	59861	31.46	14.10	29.16	1.46	0.45	28.40	29.00	6.20	1.80	9.20	13.70	23.30	36.00	65.00	100.70	323.70	3.52	29.17
	水田	25197	31.53	12.43	29.32	1.47	0.39	28.40	29.10	6.70	1.71	8.14	13.33	23.30	37.40	60.90	77.30	228.00	1.65	8.96
Ⅲ 78-1-3	旱地	67530	25.89	10.30	24.21	1.45	0.40	22.80	24.40	5.10	0.87	6.87	11.20	19.70	30.14	49.30	68.60	418.30	3.66	60.18
	水田	15748	33.71	13.27	31.51	1.44	0.39	26.20	30.90	6.90	2.20	11.20	16.00	24.98	39.63	65.50	84.50	225.00	2.07	13.51
Ⅲ 78-2-1	旱地	16870	25.56	9.85	23.92	1.45	0.39	23.10	24.10	5.00	1.00	6.70	11.21	19.49	29.55	48.87	69.20	168.26	2.10	11.55
	水田	1754	53.78	32.13	47.04	1.65	0.60	35.90	44.76	13.70	9.57	15.30	20.42	33.20	63.66	135.07	207.15	339.83	2.42	9.88
Ⅲ 78-2-2	旱地	49975	41.31	21.63	37.07	1.59	0.52	29.60	37.30	10.20	0.20	10.00	14.40	28.10	49.10	93.46	144.28	404.90	3.02	21.67
	水田	3676	53.27	24.77	48.65	1.52	0.46	39.20	46.83	12.18	5.34	17.80	23.40	36.60	63.50	116.72	151.90	243.03	1.75	4.79
Ⅲ 78-2-3	旱地	39253	40.59	18.66	37.35	1.49	0.46	34.70	36.20	8.40	0.11	13.29	18.20	29.00	46.90	89.90	122.90	387.70	2.58	16.68
	水田	27485	39.47	15.61	36.91	1.45	0.40	34.40、31.60	37.20	8.50	2.00	12.10	17.90	29.30	46.60	74.90	95.50	608.50	4.03	89.42
Ⅲ 79-1-1	旱地	26064	30.82	13.15	28.63	1.47	0.43	28.40	28.60	6.30	0.50	7.80	13.40	23.00	35.90	61.40	87.00	337.00	3.42	34.77
	水田	7911	38.75	15.43	35.82	1.50	0.40	41.70	36.64	9.24	5.48	11.77	15.39	28.27	46.80	77.30	91.75	124.71	0.95	1.39
Ⅲ 79-1-2	旱地	1900	31.02	14.64	28.03	1.57	0.47	36.20	28.02	8.57	3.40	9.07	12.03	20.64	38.80	65.21	93.60	148.20	1.52	4.53
	水田	9736	37.59	13.88	35.24	1.43	0.37	26.20	35.22	8.62	5.86	13.45	17.40	27.50	45.29	72.50	88.10	120.30	1.10	2.00
Ⅲ 79-1-3	旱地	2321	28.46	11.75	26.29	1.50	0.41	20.00、26.20、25.00	26.20	5.87	3.97	6.21	10.75	21.00	33.51	57.80	77.40	90.34	1.45	3.66
	水田	460	48.43	17.92	45.15	1.47	0.37	32.07、47.07、50.37	46.13	11.77	5.59	9.75	21.95	34.46	58.27	90.81	97.75	103.61	0.68	0.14
Ⅲ 89-1-1	旱地	42	38.81	20.47	34.26	1.67	0.53	—	34.70	9.59	7.88	7.88	7.88	25.38	44.55	83.89	105.85	105.85	1.42	2.20
	水田	6064	41.80	15.83	39.28	1.42	0.38	33.40	39.10	8.40	8.20	15.50	19.80	31.20	48.50	81.70	108.00	194.77	1.79	6.66
Ⅲ 89-1-2	旱地	31364	36.63	16.73	34.02	1.45	0.46	29.00	33.80	6.80	1.76	11.20	16.20	27.60	41.60	75.86	118.92	420.34	4.42	47.16
	水田	5039	28.23	10.93	26.54	1.41	0.39	25.50	25.90	4.90	1.24	9.30	14.10	21.60	31.90	57.80	80.60	132.80	2.22	8.97
	旱地	10430	26.98	10.33	25.23	1.44	0.38	23.30、23.40	24.70	5.50	3.80	8.10	12.30	20.10	31.70	52.70	66.90	112.00	1.41	3.62

表 6.47 贵州省不同成矿区带主要耕地类型土壤 pH 地球化学参数

成矿区带	耕地类型	样品件数/个	算术平均值	算术标准差	几何平均值	几何标准差	变异系数	众值	中位值	中位绝对离差	最小值	0.5%	2.5%	25%	75%	97.5%	99.5%	最大值	偏度系数	峰度系数
Ⅲ75-1-1	水田	1392	5.85	1.01	5.77	1.18	0.17	5.12	5.49	0.51	4.30	4.44	4.64	5.11	6.37	8.23	8.38	8.54	1.01	-0.02
	旱地	4875	6.22	1.27	6.10	1.22	0.20	5.03	5.86	0.91	3.74	4.39	4.54	5.12	7.32	8.50	8.61	8.92	0.47	-1.15
Ⅲ78-1-1	水田	5495	6.44	1.02	6.35	1.17	0.16	6.00	6.33	0.82	3.02	4.43	4.80	5.61	7.32	8.14	8.31	8.74	0.13	-1.05
	旱地	59861	6.33	1.15	6.23	1.20	0.18	5.20	6.16	0.93	3.22	4.34	4.57	5.35	7.32	8.32	8.47	8.84	0.24	-1.15
Ⅲ78-1-2	水田	25197	6.31	1.03	6.23	1.17	0.16	5.37	6.11	0.77	3.99	4.51	4.78	5.45	7.14	8.16	8.31	9.32	0.37	-1.03
	旱地	67530	6.13	1.04	6.05	1.18	0.17	5.34	5.90	0.73	3.37	4.38	4.62	5.29	6.89	8.20	8.39	8.82	0.50	-0.81
Ⅲ78-1-3	水田	15746	6.24	0.95	6.17	1.16	0.15	5.60	6.10	0.76	3.20	4.47	4.78	5.43	7.05	8.01	8.13	8.34	0.28	-1.03
	旱地	16870	6.09	1.05	6.00	1.19	0.17	4.90	5.90	0.82	3.72	4.23	4.51	5.21	6.98	8.09	8.24	8.99	0.35	-1.00
Ⅲ78-2-1	水田	1754	6.38	1.02	6.29	1.18	0.16	5.27、5.13、7.76	6.25	0.87	3.64	4.33	4.80	5.47	7.28	8.04	8.17	8.46	0.15	-1.17
	旱地	49975	5.95	0.98	5.87	1.17	0.17	5.22	5.72	0.65	3.19	4.41	4.60	5.17	6.58	8.07	8.27	8.70	0.67	-0.51
Ⅲ78-2-2	水田	3676	6.38	0.99	6.30	1.17	0.15	5.34、5.79	6.32	0.81	3.46	4.32	4.69	5.58	7.22	8.03	8.17	8.50	0.05	-1.01
	旱地	39252	6.18	1.03	6.10	1.18	0.17	5.27	6.04	0.80	3.38	4.37	4.59	5.32	6.97	8.12	8.28	8.58	0.32	-0.96
Ⅲ78-2-3	水田	27485	5.93	0.88	5.87	1.15	0.15	5.60	5.75	0.55	3.67	4.33	4.63	5.27	6.45	7.88	8.14	8.55	0.65	-0.27
	旱地	26064	5.86	0.97	5.78	1.18	0.17	5.24	5.70	0.71	3.00	4.10	4.39	5.08	6.56	7.90	8.16	9.13	0.46	-0.63
Ⅲ79-1-1	水田	7911	5.24	0.39	5.22	1.07	0.07	5.21	5.18	0.17	3.89	4.42	4.69	5.02	5.36	6.27	7.22	7.96	2.23	9.48
	旱地	1900	5.31	0.56	5.28	1.10	0.11	5.21	5.19	0.26	4.12	4.30	4.51	4.97	5.49	7.00	7.47	8.01	1.56	3.32
Ⅲ79-1-2	水田	9736	5.25	0.34	5.24	1.06	0.06	5.32	5.22	0.17	4.08	4.40	4.64	5.06	5.40	6.03	6.74	7.46	1.20	5.08
	旱地	2321	5.27	0.44	5.25	1.09	0.08	5.20	5.22	0.24	3.79	4.30	4.47	4.99	5.48	6.31	7.00	7.40	0.94	2.46
Ⅲ79-1-3	水田	460	5.26	0.27	5.25	1.05	0.05	5.34	5.25	0.16	4.34	4.35	4.71	5.09	5.40	5.79	6.17	6.23	0.12	1.13
	旱地	42	5.07	0.36	5.05	1.07	0.07	5.13、4.78、5.19	5.05	0.25	4.38		4.72	4.80	5.27	5.82	5.84	5.84	0.34	-0.30
Ⅲ89-1-1	水田	6064	6.71	1.08	6.62	1.18	0.16	8.00	6.81	0.98	3.49	4.36	4.72	5.80	7.74	8.17	8.27	8.46	0.34	-1.13
	旱地	31364	6.27	1.11	6.17	1.19	0.18	8.00	6.10	0.90	3.56	4.33	4.60	5.31	7.23	8.19	8.30	9.18	0.25	-1.17
Ⅲ89-1-2	水田	5039	6.35	0.97	6.28	1.16	0.15	6.40	6.18	0.71	4.00	4.48	4.79	5.58	7.12	8.14	8.31	8.45	0.33	-0.93
	旱地	10430	6.05	1.02	5.97	1.18	0.17	5.20	5.83	0.75	3.91	4.30	4.54	5.20	6.83	8.10	8.30	8.56	0.44	-0.85

第七章 贵州省耕地土壤地球化学参数——按流域统计

本书对样品数据按行政区、土地利用类型、成土母岩类型、土壤类型、成矿区带、流域等划分统计单元，分别进行地球化学参数统计。本章主要介绍按流域统计的结果。

第一节 不同流域统计单位划分

据《贵州省河湖名录》，贵州主要有八大水系，分属两大流域。苗岭以北属长江流域，有牛栏江–横江水系、乌江水系、赤水河–綦江水系和沅江水系。苗岭以南属珠江流域，有南盘江水系、北盘江水系、红水河水系和都柳江水系。乌江水系流域过大，进一步细分为思南以上及以下两个三级流域（表7.1，图7.1）。

牛栏江–横江水系位于贵州省西部的威宁县，贵州省内流域面积为4927km^2。牛栏江干流发源于云南省，在贵州省境内长79km，流域面积为2021km^2，主要支流有哈喇河、玉龙小河等。

乌江水系发源于贵州威宁县盐仓镇的香炉山，干流是长江上游右岸的最大支流，境内长889km，流域面积6.71万km^2，占全省总面积的37.9%，是贵州最大的河流。乌江源流称三岔河，自西向东流经毕节地区、六盘水市、安顺市，在织金和黔西交界处与北来的六冲河汇合后称为乌江，自西向东流至思南县后转向北流，在重庆市的涪陵汇入长江。

表 7.1 贵州省流域分级表

一级流域名称	二级流域名称	三级流域名称	四级流域		
			名称	流域代码	面积/km^2
长江流域	牛栏江–横江水系（F02）	金沙江石鼓以下	牛栏江	F020250	2021
			横江	F020260	2906
	赤水河–綦江水系（F06）	赤水河	赤水河茅台以上	F060110	4068.7
			桐梓河	F060120	3343.28
			赤水河茅台以下	F060130	4127.17
		宜宾至宜昌干流	綦江区	F060260	2344.1

续表

一级流域名称	二级流域名称	三级流域名称	四级流域		
			名称	流域代码	面积 /km²
长江流域	乌江	思南以上（F0501）	阳长以上	F050110-A	2702.3
			阳长至鸭池河干流	F050110-B	4688.9
			白浦河	F050130	2306.7
			六冲河	F050120	7757.34
			鸭池河至构皮滩干流	F050110-C	6117.12
			野济河—偏岩河	F050150	4403.61
			猫跳河	F050140	3260.9
			南明河	F050170	2182
			清水河干流	F050180	4437.3
			余庆河—石阡河	F050190	3626.8
			湘江区	F050160	4910.58
			构皮滩至思南干流	F050110-D	4198.79
		思南以下（F0502）	思南至省界干流	F050210	5842.23
			洪渡河	F050220	3706.4
			芙蓉江	F050230	6920.2
	沅江水系（F07）	沅江浦市镇以上	施洞以上	F070210	6039.1
			施洞至锦屏	F070220	7443.5
			锦屏以下渠水	F070230	4711
			舞阳河	F070240	6482
			锦江	F070250	4077
		沅江浦市镇以上	松桃河	F070330	1535
珠江流域	南北盘江区	南盘江（H0101）	黄泥河	H010120	1048.49
			马别河	H010130	2973.26
			南盘江干流	H010110	3713.5
		北盘江（H0102）	大渡口以上	H010210-A	2845.9
			打帮河	H010230	2868.32
			麻沙河	H010220	1442
			大田河	H010240	2256.0
			北盘江中下游	H010210-B	11620.14
	红柳江区	红水河（H0201）	红水河上游	H020110	2408
			蒙江	H020120	8773.49
			六硐河	H020130	4872.9
		都柳江（H0202）	打狗河	H020230	4221
			都柳江、榕江以上	H020210	6553.61
			都柳江、榕江以下	H020220	5101.62

图 7.1　贵州省流域单元划分图（据贵州省水利厅等，2018，修改）

赤水河 – 綦江水系主要位于贵州省的北部，包括赤水河、桐梓河和綦江上源松坎河。赤水河是长江右岸的一级支流，发源于云南省威信县雨河乡，干流进入贵州西部毕节市后成为川黔界河，流经金沙县、习水县、赤水市后，在四川合江汇入长江。贵州境内长299km，流域面积 1.39 万 km²。主要支流有二道河、桐梓河、习水河。

沅江又称沅水，长江流域洞庭湖支流，流经中国贵州省、湖南省。沅江是湖南省的第二大河流，干流全长 1033km，流域总面积为 8.9163 万 km²。流域则跨贵州、四川、湖南、湖北四省。属洞庭湖湘、资、沅、澧四水中的第二大水系。

南盘江是珠江干流西江的上源，发源于云南省沾益县马雄山，流经滇、黔、桂交界处的三江口后，成为黔、桂两省区的界河，至望谟县的蔗香乡与北盘江汇合后称为红水河。干流在贵州境内长 263km，主要支流有黄泥河和马别河。

北盘江是珠江干流西江上游左岸的一级支流，发源于云南省宣威市板桥乡西南，自西向东经宣威，至都格进入贵州，再折向东南往茅口、盘江桥，至望谟县的蔗香乡与南盘江汇合，贵州境内长 352km，主要支流有拖长江、乌都河、麻沙河、大田河、可渡河、月亮河、打邦河、红辣河等。

红水河是南、北盘江汇合后称为红水河，自西向东在黔、桂交界处流过 106km 后折向东南进入广西。贵州境内流域面积为 1.61 万 km^2，主要支流有蒙江和六洞河。

都柳江是珠江水系最大上源西江的主要支流之一，它发源于贵州东南部长江与珠江两流域的分水岭 – 苗岭山脉，大部分河谷呈东西走向。都柳江的干流自西向东流经贵州省三都、榕江和从江县后进入广西，最后汇入珠江水系。河流深切，河谷深、落差大、坡度陡。

第二节　不同流域耕地土壤地球化学参数特征

按流域对 23 个元素（参数）指标数据统计分析，九个流域元素（参数）含量变化具有鲜明特点。高背景流域主要是与黔西北、黔西南矿集区、玄武岩分布有重叠的流域，元素含量远高于全省平均值，低背景值流域主要是与碎屑岩、浅变质岩分布区有重叠流域，这些区域也是矿产分布比较少的区域。Co、Cr、Cu、I、Mn、Ni、P、V 元素在 H0101、H0102、F02 流域含量均远高于背景值，Cu 元素在 H0102、F02 流域的平均含量是全省平均值二倍左右，在黔西北局部区域富集；此外在 F02 流域还有 Pb、Zn、Cd 元素属高背景区，Cd 元素在 F02 流域的平均含量是全省平均值二倍左右，而在 H0101 流域另有 As、Mo 元素含量属高背景区；除 I、P、V 元素高背景区与玄武岩分布区域高度吻合外，其他元素在 H0101、H0102、F02 各流域高背景或富集多半与矿化有关。Cd 元素在 H0201 流域为高背景区；Hg 元素在 F0501、F07 流域属高背景区，Hg 元素在 F07 流域局部富集，与矿化有关；Se 元素在 F0501 流域背景值较其他流域高。N、B、Ge 元素在各流域分布总体相对稳定，N 元素在 H0102 与 F0501 流域分水岭和 H0202 与 F07 流域分水岭区域背景值比较高，在 F06 和 F0502 流域背景值偏低；B 元素在 H0201 流域属高背景区，在 F02、H0102 流域属低背景区；Ge 元素在 H0201 流域属低背景区。K 元素在 F02、H0201 流域以及 H0102 流域北面的六盘水区域属背景值区。Mo 元素在 F06、H0202、F0502 流域，以及 F07、H0201 流域南边区域属低背景区，在 H0101 流域则为高背景值，局部区域富集，与矿化有关。F 元素在 H0202、H0201、F07、F02 流域，以及 H0102 流域北部区域属低背景区，在 H0101 流域为高背景区，局部区域富集，流域内有萤石矿，高背景与矿化有关。Tl 元素在 F0502、H0101 流域属高背景值，在 H0101 流域与矿化有关。pH 在 F06 流域习水以南区域、H0101、H0102 位偏碱性区域，其他区域总体偏酸，在 H0202 流域酸化最严重。

第三节　贵州省不同流域耕地土壤地球化学参数

贵州省不同流域耕地土壤 23 项地球化学参数统计结果见表 7.2~ 表 7.24，主要耕地类型（水田、旱地）土壤 23 项地球化学参数统计结果见表 7.25~ 表 7.47。

表 7.2　贵州省不同流域耕地土壤砷元素（As）地球化学参数

（单位：mg/kg）

流域单元	样品件数/个	算术		几何		变异系数	众值	中位值	中位绝对离差	最小值	累积频率值						最大值	偏度系数	峰度系数
		平均值	标准差	平均值	标准差						0.5%	2.5%	25%	75%	97.5%	99.5%			
F02	18617	20.03	15.71	15.73	2.07	0.78	19.00	18.70	8.70	0.89	2.52	3.52	9.13	26.60	51.20	82.20	537.00	7.73	177.39
F06	36892	12.95	10.05	10.18	2.05	0.78	12.80	10.90	5.40	0.27	1.61	2.35	6.11	17.60	34.10	49.00	567.00	8.66	329.61
F0501	164070	21.35	44.58	16.12	2.06	2.09	12.20	16.67	7.33	0.06	2.26	3.75	10.30	25.70	63.00	125.46	13391.00	175.96	49916.3
F0502	48610	14.73	10.59	12.08	1.91	0.72	17.00	13.00	6.00	0.97	2.38	3.31	7.42	19.80	36.70	51.23	778.00	12.70	684.33
F07	53640	16.17	15.23	10.98	2.48	0.94	10.20	11.22	7.01	0.00	0.12	1.35	2.01	5.42	22.59	53.01	83.10	3.31	42.38
H0101	21266	45.03	88.16	23.33	2.96	1.96	10.30	22.48	14.62	0.26	2.21	3.36	10.20	49.60	218.00	533.02	2230.00	9.92	156.86
H0102	62119	26.00	73.80	15.19	2.47	2.84	10.50	14.28	7.25	0.23	1.87	2.80	8.47	26.40	108.66	319.00	7239.00	34.65	2229.59
H0201	30404	18.54	29.34	12.90	2.28	1.58	10.60	12.70	5.90	0.18	1.08	2.36	7.92	21.60	66.40	136.00	2106.00	30.30	1670.14
H0202	18809	8.04	31.93	5.26	2.25	3.97	10.60	4.77	2.24	0.20	1.01	1.39	2.95	8.50	32.00	69.90	4071.00	110.28	13953

表 7.3　贵州省不同流域耕地土壤硼元素（B）地球化学参数

（单位：mg/kg）

流域单元	样品件数/个	算术		几何		变异系数	众值	中位值	中位绝对离差	最小值	累积频率值						最大值	偏度系数	峰度系数
		平均值	标准差	平均值	标准差						0.5%	2.5%	25%	75%	97.5%	99.5%			
F02	18617	58.76	30.28	49.90	1.88	0.52	103.00	59.90	17.80	1.32	6.70	11.20	35.77	74.10	126.00	170.00	332	0.87	2.64
F06	36892	74.62	54.47	64.93	1.64	0.73	102.00	66.20	18.10	2.92	18.20	25.00	47.90	84.00	208.00	384.00	1884	6.90	105.97
F0501	164068	76.09	37.35	66.79	1.72	0.49	101.00	72.20	22.22	1.11	11.10	17.84	51.00	95.60	161.00	212.00	797	1.30	6.59
F0502	48610	78.07	37.91	73.05	1.39	0.49	64.60	70.70	9.90	6.34	30.00	41.70	61.62	81.80	186.00	314.00	666	4.68	31.82
F07	53640	76.77	27.72	71.79	1.46	0.36	101.00	75.00	16.51	0.00	4.82	23.10	30.50	58.40	91.45	139.00	178	0.92	2.64
H0101	21266	67.23	40.74	54.74	2.02	0.61	72.00	65.00	25.12	2.04	6.87	10.19	37.90	88.90	153.00	235.00	500	1.83	10.38
H0102	62119	64.35	41.05	50.96	2.12	0.64	105.00	61.70	27.30	0.66	5.60	9.02	32.60	87.19	151.50	200.00	730	1.87	12.59
H0201	30403	80.25	28.34	75.23	1.45	0.35	102.00	77.30	17.20	5.91	22.10	33.40	60.90	95.50	147.00	177.00	278	0.78	1.35
H0202	18809	65.67	29.87	59.91	1.53	0.45	103.00	60.01	16.61	12.06	20.80	26.10	44.88	79.01	141.61	181.00	527	1.73	8.55

表 7.4　贵州省不同流域耕地土壤镉元素（Cd）地球化学参数

（单位：mg/kg）

流域单元	样品件数/个	算术		几何		变异系数	众值	中位值	中位绝对离差	最小值	累积频率值						最大值	偏度系数	峰度系数
		平均值	标准差	平均值	标准差						0.5%	2.5%	25%	75%	97.5%	99.5%			
F02	18617	1.48	1.67	1.16	1.98	1.13	0.78	1.13	0.49	0.09	0.22	0.33	0.72	1.85	4.53	6.42	150.30	42.49	3533.8
F06	36892	0.54	0.63	0.41	1.91	1.16	0.30	0.38	0.11	0.02	0.10	0.15	0.28	0.53	2.30	3.86	24.80	7.61	141.68
F0501	164068	0.77	1.47	0.49	2.22	1.90	0.36	0.42	0.15	0.10	0.10	0.15	0.30	0.66	4.29	8.18	231.22	36.34	4335.0
F0502	48610	0.46	0.51	0.38	1.76	1.10	0.24	0.37	0.12	0.05	0.11	0.15	0.26	0.52	1.51	2.53	51.80	37.43	3083.7
F07	53640	0.50	0.81	0.36	2.03	1.62	0.22	0.33	0.13	0.00	0.02	0.08	0.11	0.23	0.53	1.90	4.70	17.78	644.79
H0101	21266	0.73	2.51	0.42	2.40	3.44	0.29	0.35	0.13	0.03	0.07	0.11	0.25	0.55	4.33	6.95	266.00	70.18	6702.8
H0102	62119	0.96	1.54	0.54	2.68	1.60	0.29	0.46	0.24	0.02	0.07	0.11	0.27	1.00	5.23	9.63	74.28	7.20	145.55
H0201	30404	1.18	2.22	0.50	3.18	1.89	0.20	0.40	0.22	0.01	0.06	0.09	0.23	0.87	8.48	13.30	27.10	3.88	18.92
H0202	18809	0.26	0.48	0.20	1.76	1.87	0.18	0.19	0.05	0.03	0.05	0.07	0.15	0.26	0.76	1.90	41.90	44.65	3338.9

表 7.5　贵州省不同流域耕地土壤钴元素（Co）地球化学参数

（单位：mg/kg）

流域单元	样品件数/个	算术平均值	算术标准差	几何平均值	几何标准差	变异系数	众数	中位值	中位绝对离差	最小值	0.5%	2.5%	25%	75%	97.5%	99.5%	最大值	偏度系数	峰度系数
F02	18617	29.48	15.32	25.82	1.69	0.52	20.40	25.50	8.40	2.00	4.99	8.32	18.40	37.30	65.95	77.70	182.00	1.09	1.36
F06	36892	21.79	10.93	19.37	1.64	0.50	15.20	18.60	5.00	1.22	4.43	6.46	14.60	26.50	47.10	57.30	190.00	1.32	3.44
F0501	164058	25.84	12.59	22.88	1.67	0.49	17.80	23.20	7.50	0.03	4.13	7.38	16.80	33.10	54.20	67.70	362.00	1.18	5.59
F0502	48610	20.02	6.71	19.06	1.36	0.34	18.40	18.90	3.09	2.33	7.79	10.30	16.10	22.30	39.00	46.00	168.00	1.86	10.33
F07	53640	14.74	7.60	12.58	1.85	0.52	17.60	14.60	5.60	0.00	0.53	1.38	3.44	8.51	19.70	30.00	38.60	0.86	3.78
H0101	21266	32.66	15.60	28.65	1.73	0.48	25.70	31.20	10.40	0.57	5.12	7.80	21.70	42.50	66.40	83.60	194.58	0.84	2.71
H0102	62115	29.97	15.86	25.62	1.82	0.53	20.20	27.50	11.13	0.43	3.40	6.92	17.60	40.49	65.27	80.18	188.00	0.85	1.40
H0201	30404	14.90	9.63	11.64	2.20	0.65	14.60	13.80	5.82	0.25	0.89	1.57	7.93	19.60	38.00	52.60	146.00	1.40	4.98
H0202	18809	7.90	4.57	6.90	1.67	0.58	10.10	6.62	2.01	0.37	1.37	2.87	4.92	9.37	20.20	28.07	58.30	2.05	6.66

表 7.6　贵州省不同流域耕地土壤铬元素（Cr）地球化学参数

（单位：mg/kg）

流域单元	样品件数/个	算术平均值	算术标准差	几何平均值	几何标准差	变异系数	众数	中位值	中位绝对离差	最小值	0.5%	2.5%	25%	75%	97.5%	99.5%	最大值	偏度系数	峰度系数
F02	18617	144.24	80.23	127.80	1.61	0.56	112.00	121.00	31.00	14.00	39.20	52.80	96.20	164.00	379.00	473.00	876.00	1.96	4.78
F06	36892	99.56	43.31	91.99	1.48	0.43	104.00	89.20	21.70	1.30	32.30	43.20	71.10	120.00	196.00	282.00	942.00	2.35	16.47
F0501	164070	115.21	46.10	107.14	1.47	0.40	101.00	106.00	26.00	0.64	31.33	50.00	83.85	139.00	223.00	290.53	1215.00	1.88	13.47
F0502	48610	91.16	23.06	88.66	1.26	0.25	102.00	88.09	11.41	5.00	46.60	56.30	77.40	100.20	147.00	191.00	526.00	2.13	13.08
F07	53640	76.21	28.59	70.91	1.48	0.38	102.00, 101.00	78.00	17.50	0.00	5.00	22.50	29.13	56.48	92.93	127.00	185.00	1.76	17.83
H0101	21266	156.43	70.80	141.57	1.58	0.45	169.00, 146.00	149.00	40.00	1.89	45.20	56.10	110.00	190.00	323.58	394.00	1786.00	1.71	16.48
H0102	62119	143.62	71.03	128.68	1.60	0.49	124.00	129.00	40.50	2.46	44.00	54.70	92.20	176.00	320.00	414.00	900.00	1.50	3.96
H0201	30404	99.84	60.76	86.70	1.68	0.61	102.00	82.20	23.50	7.10	22.00	31.60	63.90	118.00	266.00	373.00	1390.00	2.61	15.54
H0202	18809	55.60	26.16	51.36	1.47	0.47	47.50	49.50	9.70	7.13	18.30	25.81	40.95	61.60	121.58	176.72	524.97	3.39	25.26

表 7.7　贵州省不同流域耕地土壤铜元素（Cu）地球化学参数

（单位：mg/kg）

流域单元	样品件数/个	算术平均值	算术标准差	几何平均值	几何标准差	变异系数	众数	中位值	中位绝对离差	最小值	0.5%	2.5%	25%	75%	97.5%	99.5%	最大值	偏度系数	峰度系数
F02	18617	83.30	75.29	59.52	2.25	0.90	47.20, 35.40	52.30	23.60	5.70	10.40	13.90	35.00	107.00	273.00	330.00	1286.00	2.07	9.63
F06	36892	43.14	30.38	35.68	1.80	0.70	25.60	31.40	9.30	0.05	9.80	13.50	24.20	49.00	122.00	157.00	452.00	1.85	4.26
F0501	164060	60.06	48.61	46.82	1.99	0.81	102.00	42.40	17.90	0.18	8.86	14.30	28.40	78.10	205.00	276.07	1641.00	2.54	17.06
F0502	48610	32.62	19.86	29.53	1.50	0.61	26.80	28.30	5.30	5.64	11.60	14.90	23.50	34.29	87.00	144.00	927.02	6.19	116.87
F07	53640	27.19	17.32	24.33	1.61	0.64	28.40	25.67	7.57	0.00	0.76	5.74	8.92	18.10	33.20	57.20	82.00	47.25	5614.8
H0101	21266	72.08	43.15	60.21	1.86	0.60	101.00	61.10	24.70	2.62	11.60	15.60	41.50	95.00	171.93	226.85	522.95	1.30	3.06
H0102	62115	80.30	67.19	59.00	2.22	0.84	103.00	58.70	31.70	2.18	9.72	13.70	32.80	107.00	272.14	334.52	1098.30	1.83	4.65
H0201	30404	28.94	23.21	22.21	2.10	0.80	12.20	22.90	10.60	0.24	3.04	5.14	13.60	36.20	92.40	120.00	773.00	3.67	62.46
H0202	18809	20.26	8.42	18.92	1.44	0.42	19.10, 18.80	19.20	4.00	2.09	5.74	8.97	15.30	23.30	39.91	61.40	137.00	3.13	22.32

表 7.8　贵州省不同流域耕地土壤氟元素（F）地球化学参数　（单位：mg/kg）

流域单元	样品件数/个	算术平均值	算术标准差	几何平均值	几何标准差	变异系数	众值	中位值	中位数绝对离差	最小值	0.5%	2.5%	25%	75%	97.5%	99.5%	最大值	偏度系数	峰度系数
F02	18616	779	466	675	1.69	0.60	557	656	208	115	201	254	477	921	2080	2786	5694	2.02	6.08
F06	36892	1010	830	848	1.73	0.82	515	805	255	84	256	331	585	1140	2932	4882	35059	9.05	218.28
F0501	164054	1059	618	931	1.64	0.58	828	905	286	24	288	374	664	1287	2582	3638	27086	3.65	53.58
F0502	48610	1006	797	895	1.52	0.79	822	832	141	142	362	469	712	1017	2926	5317	51474	15.60	679.89
F07	53639	738	345	678	1.50	0.47	678	679	176	0	73	264	322	512	868	1535	2084	3.70	43.27
H0101	21266	1241	787	1013	1.93	0.63	734	1062	506	129	213	288	601	1690	3117	3913	6691	1.11	1.28
H0102	62115	1022	669	846	1.84	0.65	548	792	334	109	223	292	530	1356	2730	3437	12966	1.56	4.48
H0201	30403	713	345	645	1.56	0.48	734	648	184	92	206	264	484	863	1555	2088	8896	2.44	23.49
H0202	18809	543	259	502	1.45	0.48	435	476	85	130	208	268	404	584	1322	1716	5549	3.12	19.55

表 7.9　贵州省不同流域耕地土壤锗元素（Ge）地球化学参数　（单位：mg/kg）

流域单元	样品件数/个	算术平均值	算术标准差	几何平均值	几何标准差	变异系数	众值	中位值	中位数绝对离差	最小值	0.5%	2.5%	25%	75%	97.5%	99.5%	最大值	偏度系数	峰度系数
F02	18617	1.55	0.28	1.53	1.20	0.18	1.59	1.56	0.16	0.47	0.83	1.00	1.40	1.71	2.06	2.39	11.60	3.38	99.24
F06	36892	1.58	0.27	1.55	1.19	0.17	1.56	1.56	0.16	0.44	0.89	1.07	1.41	1.73	2.15	2.57	4.54	0.78	3.90
F0501	164069	1.56	0.33	1.53	1.23	0.21	1.52	1.56	0.18	0.05	0.75	0.95	1.38	1.73	2.19	2.66	28.69	6.70	389.34
F0502	48610	1.53	0.29	1.51	1.21	0.19	1.60	1.53	0.18	0.29	0.86	1.03	1.34	1.70	2.10	2.46	5.96	0.85	5.61
F07	53640	1.51	0.33	1.47	1.26	0.22	1.62	1.52	0.19	0.00	0.13	0.65	0.86	1.31	1.70	2.13	2.42	1.40	26.24
H0101	21266	1.66	0.38	1.63	1.22	0.23	1.57	1.62	0.19	0.10	0.93	1.11	1.44	1.83	2.45	3.05	17.42	6.90	218.26
H0102	62119	1.58	0.33	1.55	1.24	0.21	1.52	1.56	0.19	0.21	0.71	1.00	1.38	1.75	2.33	2.63	5.73	0.66	3.07
H0201	30400	1.27	0.34	1.22	1.34	0.27	1.48	1.28	0.24	0.04	0.44	0.62	1.03	1.50	1.93	2.25	5.11	0.33	2.08
H0202	18809	1.52	0.26	1.50	1.19	0.17	1.56	1.53	0.15	0.49	0.80	1.00	1.37	1.67	2.03	2.30	5.06	0.36	4.31

表 7.10　贵州省不同流域耕地土壤汞元素（Hg）地球化学参数　（单位：mg/kg）

流域单元	样品件数/个	算术平均值	算术标准差	几何平均值	几何标准差	变异系数	众值	中位值	中位绝对离差	最小值	0.5%	2.5%	25%	75%	97.5%	99.5%	最大值	偏度系数	峰度系数
F02	18617	0.12	0.29	0.10	2.01	2.37	0.05	0.11	0.05	0.00	0.02	0.02	0.06	0.16	0.32	0.47	35.00	93.51	10649.70
F06	36892	0.14	0.25	0.11	1.89	1.80	0.08	0.11	0.05	0.01	0.02	0.03	0.07	0.17	0.35	0.55	27.80	73.17	7334.62
F0501	164073	0.31	12.27	0.15	1.97	39.22	0.12	0.14	0.05	0.00	0.03	0.05	0.10	0.20	0.66	2.79	759.50	257.69	71720.10
F0502	48610	0.27	5.34	0.13	1.91	20.09	0.08	0.13	0.05	0.00	0.03	0.04	0.09	0.19	0.44	1.78	367.80	107.33	13654.00
F07	53639	0.34	1.93	0.19	2.16	5.71	0.12	0.18	0.08	0.00	0.01	0.04	0.06	0.12	0.29	1.06	4.07	44.20	2561.74
H0101	21266	0.25	1.91	0.14	2.49	7.52	0.07	0.12	0.06	0.01	0.02	0.03	0.07	0.24	1.16	2.65	270.00	132.20	18619.40
H0102	62119	0.26	3.81	0.12	2.49	14.67	0.07	0.11	0.05	0.00	0.02	0.03	0.07	0.18	1.03	3.64	652.00	126.47	18627.00
H0201	30404	0.20	1.08	0.14	2.00	5.34	0.08	0.13	0.05	0.00	0.03	0.05	0.09	0.20	0.67	1.83	160.00	113.44	15961.40
H0202	18809	0.25	2.62	0.13	1.93	10.51	0.10	0.11	0.03	0.01	0.05	0.06	0.09	0.15	0.82	3.63	308.00	90.34	10178.70

表 7.11　贵州省不同流域耕地土壤碘元素（I）地球化学参数

（单位：mg/kg）

流域单元	样品件数/个	算术平均值	算术标准差	几何平均值	几何标准差	变异系数	众值	中位值	中位绝对离差	最小值	0.5%	2.5%	25%	75%	97.5%	99.5%	最大值	偏度系数	峰度系数
F02	18617	6.27	3.82	5.03	2.04	0.61	10.40	5.71	2.86	0.15	0.71	1.07	3.03	8.86	14.60	17.50	40.40	0.72	0.34
F06	36892	3.08	2.37	2.19	2.44	0.77	0.78	2.49	1.56	0.02	0.20	0.35	1.11	4.52	8.66	11.30	25.50	1.14	1.53
F0501	164069	4.49	3.41	3.25	2.38	0.76	0.86	3.83	2.28	0.01	0.40	0.58	1.67	6.35	12.80	17.30	59.50	1.35	3.13
F0502	48609	3.07	2.61	2.14	2.42	0.85	0.82	2.28	1.45	0.03	0.29	0.45	1.02	4.41	9.57	13.60	28.70	1.62	3.98
F07	53640	2.53	2.77	1.62	2.47	1.10	0.65	1.29	0.67	0.00	0.12	0.40	0.46	0.77	3.42	9.84	14.70	2.65	13.12
H0101	21266	5.93	4.52	4.31	2.36	0.76	1.40	4.88	2.88	0.30	0.47	0.70	2.30	8.35	16.80	21.60	77.34	1.50	6.38
H0102	62119	5.37	4.44	3.79	2.41	0.83	10.10	4.02	2.43	0.11	0.45	0.67	1.99	7.60	16.47	22.70	41.60	1.55	3.32
H0201	30404	3.46	3.48	2.12	2.76	1.01	0.68	2.08	1.43	0.10	0.32	0.42	0.86	5.17	12.60	17.50	41.70	1.75	4.05
H0202	18809	2.06	2.86	1.21	2.49	1.39	0.60	0.85	0.28	0.13	0.33	0.43	0.64	1.72	10.20	16.72	37.00	3.14	13.74

表 7.12　贵州省不同流域耕地土壤钾元素（K）地球化学参数

（单位：%）

流域单元	样品件数/个	算术平均值	算术标准差	几何平均值	几何标准差	变异系数	众值	中位值	中位绝对离差	最小值	0.5%	2.5%	25%	75%	97.5%	99.5%	最大值	偏度系数	峰度系数
F02	18617	1.20	0.55	1.09	1.55	0.46	0.99	1.07	0.27	0.16	0.33	0.45	0.84	1.42	2.65	3.24	4.17	1.31	1.97
F06	36892	2.08	0.79	1.91	1.55	0.38	2.02	2.08	0.52	0.03	0.48	0.67	1.54	2.59	3.75	4.41	6.29	0.27	0.11
F0501	164070	1.94	0.91	1.72	1.67	0.47	1.64	1.81	0.63	0.02	0.39	0.57	1.24	2.53	3.95	4.71	11.60	0.72	0.72
F0502	48610	2.22	0.80	2.07	1.48	0.36	2.46	2.23	0.56	0.07	0.62	0.84	1.62	2.75	3.79	4.74	11.26	0.62	2.52
F07	53640	1.90	0.92	1.66	1.76	0.49	1.68	1.80	0.62	0.00	0.07	0.25	0.42	1.23	2.49	3.91	4.77	0.68	1.12
H0101	21266	1.88	0.87	1.67	1.69	0.46	1.53	1.77	0.58	0.01	0.30	0.50	1.24	2.41	3.86	4.61	5.75	0.67	0.34
H0102	62119	1.67	0.84	1.44	1.77	0.51	1.19、1.58	1.56	0.60	0.02	0.26	0.41	1.00	2.21	3.56	4.19	6.57	0.65	0.15
H0201	30404	1.25	0.80	1.01	1.99	0.64	0.53	1.07	0.54	0.05	0.17	0.26	0.61	1.82	2.90	3.46	12.12	2.49	8.79
H0202	18809	1.87	0.66	1.74	1.52	0.35	1.83	1.89	0.33	0.16	0.39	0.58	1.54	2.21	3.34	4.31	5.79	0.52	2.29

表 7.13　贵州省不同流域耕地土壤锰元素（Mn）地球化学参数

（单位：mg/kg）

流域单元	样品件数/个	算术平均值	算术标准差	几何平均值	几何标准差	变异系数	众值	中位值	中位绝对离差	最小值	0.5%	2.5%	25%	75%	97.5%	99.5%	最大值	偏度系数	峰度系数
F02	18617	1120	597	972	1.75	0.53	976	1034	379	85	170	272	690	1465	2370	3258	11670	2.02	16.61
F06	36892	945	642	756	2.01	0.68	625	781	375	13	115	167	478	1303	2448	3671	12610	1.92	9.61
F0501	164060	1082	805	849	2.13	0.74	370	977	466	5	78	152	537	1480	2620	3780	67325	12.10	624.52
F0502	48610	992	758	774	2.05	0.76	476	799	405	24	141	197	455	1339	2954	4244	18069	2.79	21.98
F07	53640	613	598	411	2.49	0.98	180	399	239	0	16	43	74	208	832	2160	3163	2.89	22.73
H0101	21266	1386	1124	1052	2.18	0.81	1447、790	1145	480	15	92	165	694	1669	4818	6704	13721	2.50	9.24
H0102	62115	1275	1105	961	2.24	0.87	591	1086	505	11	75	149	614	1637	3908	5940	96941	14.80	1003.7
H0201	30404	860	1010	451	3.33	1.17	106	474	350	8	34	47	184	1110	3710	4897	23945	2.38	13.71
H0202	18809	300	331	222	2.03	1.10	132	206	80	20	44	68	138	319	1219	2167	7921	5.42	59.01

表 7.14 贵州省不同流域耕地土壤钼元素（Mo）地球化学参数

（单位：mg/kg）

流域单元	样品件数/个	算术平均值	算术标准差	几何平均值	几何标准差	变异系数	众值	中位值	中位绝对离差	最小值	累积频率值 0.5%	2.5%	25%	75%	97.5%	99.5%	最大值	偏度系数	峰度系数
F02	18617	1.99	1.33	1.77	1.60	0.67	1.80	1.80	0.51	0.30	0.56	0.73	1.31	2.33	4.64	7.66	46.50	9.77	209.13
F06	36891	1.59	2.03	1.16	2.10	1.28	0.40	1.18	0.58	0.17	0.26	0.32	0.67	1.92	4.93	12.40	95.30	12.24	303.89
F0501	164069	2.36	3.08	1.83	1.96	1.31	1.32	1.83	0.71	0.01	0.31	0.45	1.22	2.74	7.07	14.40	506.00	47.27	6017.0
F0502	48610	1.70	1.98	1.23	2.14	1.16	0.44	1.26	0.64	0.05	0.28	0.34	0.68	2.03	5.91	13.20	48.80	7.23	94.38
F07	53640	2.24	4.49	1.43	2.38	2.01	0.32	1.40	0.79	0.00	0.16	0.30	0.34	0.73	2.56	8.50	20.00	25.09	1143.3
H0101	21266	3.16	5.92	2.03	2.40	1.87	1.70	1.93	0.92	0.20	0.26	0.38	1.19	3.31	14.00	25.80	433.00	27.79	1556.4
H0102	62119	2.48	2.90	1.84	2.10	1.17	1.32	1.83	0.79	0.10	0.30	0.43	1.15	2.87	8.63	16.10	156.00	12.53	391.13
H0201	30404	2.04	2.24	1.42	2.29	1.10	0.46	1.40	0.76	0.13	0.26	0.32	0.78	2.50	7.56	14.20	47.50	4.96	47.15
H0202	18809	1.00	1.98	0.69	1.98	1.97	0.32	0.59	0.19	0.15	0.25	0.31	0.44	0.90	4.17	11.78	67.10	13.45	275.00

表 7.15 贵州省不同流域耕地土壤氮元素（N）地球化学参数

（单位：g/kg）

流域单元	样品件数/个	算术平均值	算术标准差	几何平均值	几何标准差	变异系数	众值	中位值	中位绝对离差	最小值	累积频率值 0.5%	2.5%	25%	75%	97.5%	99.5%	最大值	偏度系数	峰度系数
F02	18617	1.80	0.67	1.68	1.47	0.37	1.58	1.73	0.41	0.14	0.54	0.74	1.34	2.17	3.44	4.12	6.05	0.89	1.45
F06	36892	1.68	0.55	1.59	1.41	0.33	1.54	1.63	0.34	0.14	0.56	0.76	1.29	1.99	2.95	3.57	9.29	0.86	2.64
F0501	164074	1.94	0.65	1.84	1.38	0.33	1.68	1.83	0.36	0.16	0.73	0.99	1.51	2.25	3.51	4.36	12.20	1.35	4.59
F0502	48610	1.65	0.47	1.59	1.32	0.28	1.47	1.58	0.27	0.10	0.71	0.93	1.33	1.89	2.74	3.44	12.39	1.45	9.39
F07	53640	2.07	0.79	1.93	1.44	0.38	1.69	1.91	0.44	0.00	0.26	0.65	0.94	1.53	2.46	4.00	5.00	1.25	2.74
H0101	21266	2.19	0.77	1.97	1.39	7.67	1.95	2.00	0.40	0.22	0.75	1.00	1.62	2.41	3.67	4.75	8.50	1.45	2.12
H0102	62119	2.05	0.71	1.94	1.41	0.35	1.84	1.96	0.43	0.18	0.74	0.96	1.56	2.43	3.69	4.63	9.65	1.16	3.65
H0201	30404	1.89	0.69	1.78	1.42	0.36	1.50	1.78	0.39	0.14	0.62	0.88	1.43	2.23	3.54	4.52	13.83	1.57	8.32
H0202	18809	2.28	0.78	2.14	1.44	0.34	2.24	2.22	0.51	0.29	0.64	0.98	1.72	2.76	3.94	4.72	7.51	0.59	0.87

表 7.16 贵州省不同流域耕地土壤镍元素（Ni）地球化学参数

（单位：mg/kg）

流域单元	样品件数/个	算术平均值	算术标准差	几何平均值	几何标准差	变异系数	众值	中位值	中位绝对离差	最小值	累积频率值 0.5%	2.5%	25%	75%	97.5%	99.5%	最大值	偏度系数	峰度系数
F02	18617	59.83	23.70	54.88	1.55	0.40	102.00	58.10	15.50	6.60	13.20	19.15	42.80	73.80	113.32	133.00	203.00	0.58	0.53
F06	36892	44.92	21.08	40.74	1.55	0.47	36.00	38.90	9.70	0.03	12.20	17.20	30.90	53.20	94.80	112.00	373.00	1.56	6.19
F0501	164070	48.48	24.28	43.25	1.63	0.50	35.00	42.10	12.80	0.26	8.85	16.20	31.90	61.40	101.00	130.00	935.00	2.40	30.68
F0502	48610	38.79	12.96	36.98	1.35	0.33	33.90、32.60	36.90	6.50	5.35	16.70	20.60	30.60	43.73	74.83	93.20	315.30	2.02	11.84
F07	53640	30.60	16.07	27.09	1.67	0.53	33.20	30.14	9.86	0.00	2.05	5.75	8.98	19.25	39.10	60.90	81.14	7.66	272.22
H0101	21266	61.48	27.24	54.44	1.71	0.44	102.00	61.00	19.30	2.30	9.80	15.00	41.50	80.10	116.00	140.00	215.24	0.33	0.09
H0102	62119	56.21	26.90	49.43	1.71	0.48	101.00	53.60	19.32	0.38	9.40	15.20	35.20	74.10	112.00	139.26	395.15	0.77	1.84
H0201	30404	31.05	19.04	26.28	1.84	0.61	21.00、30.00	28.00	9.90	1.23	3.66	6.28	18.90	38.80	74.30	98.80	1159.00	8.59	422.91
H0202	18809	18.53	8.86	17.04	1.49	0.48	16.80	16.80	3.44	1.01	4.63	7.85	13.64	20.70	40.40	60.87	226.00	4.12	49.59

表 7.17 贵州省不同流域耕地土壤磷元素（P）地球化学参数

（单位：g/kg）

流域单元	样品件数/个	算术平均值	算术标准差	几何平均值	几何标准差	变异系数	众值	中位值	中位绝对离差	最小值	0.5%	2.5%	25%	75%	97.5%	99.5%	最大值	偏度系数	峰度系数
F02	18617	1.04	0.42	0.96	1.52	0.40	0.98	1.01	0.28	0.14	0.29	0.39	0.73	1.30	1.94	2.33	13.25	1.92	38.46
F06	36892	0.70	0.37	0.63	1.59	0.53	0.55	0.64	0.20	0.01	0.18	0.25	0.47	0.88	1.41	1.91	21.69	9.20	349.71
F0501	164074	0.90	0.58	0.82	1.52	0.64	0.71	0.82	0.22	0.00	0.26	0.36	0.63	1.07	1.79	2.39	47.06	27.02	1538.38
F0502	48610	0.67	0.24	0.63	1.42	0.37	0.53	0.63	0.14	0.08	0.23	0.32	0.50	0.79	1.24	1.54	6.17	1.61	11.51
F07	53640	0.63	0.33	0.58	1.49	0.52	0.54	0.59	0.15	0.00	0.05	0.19	0.27	0.45	0.76	1.21	1.81	14.51	592.71
H0101	21266	1.06	0.64	1.06	1.60	9.26	1.00	1.10	0.35	0.02	0.33	0.41	0.77	1.48	2.39	3.18	16.96	14.50	211.09
H0102	62119	1.04	0.50	0.93	1.63	0.49	0.51	0.98	0.34	0.01	0.27	0.36	0.65	1.34	2.15	2.79	20.42	2.30	45.74
H0201	30404	0.64	0.34	0.57	1.59	0.53	0.49	0.57	0.15	0.00	0.16	0.24	0.43	0.75	1.52	2.37	4.54	2.65	12.88
H0202	18809	0.52	0.24	0.48	1.52	0.46	0.45	0.49	0.12	0.00	0.14	0.21	0.38	0.62	1.05	1.49	7.99	5.00	90.72

表 7.18 贵州省不同流域耕地土壤铅元素（Pb）地球化学参数

（单位：mg/kg）

流域单元	样品件数/个	算术平均值	算术标准差	几何平均值	几何标准差	变异系数	众值	中位值	中位绝对离差	最小值	0.5%	2.5%	25%	75%	97.5%	99.5%	最大值	偏度系数	峰度系数
F02	18617	68.05	144.41	47.62	2.05	2.12	30.30	46.30	17.80	5.62	10.30	13.90	30.10	67.00	262.00	639.00	10598	30.43	1721.4
F06	36892	33.75	21.06	31.71	1.38	0.62	30.40	31.00	5.80	7.17	14.60	17.70	26.00	38.00	62.50	98.00	1557	32.20	1766.7
F0501	164070	44.85	157.58	36.40	1.61	3.51	30.40	34.40	8.40	0.06	13.80	17.68	27.30	45.30	105.00	347.00	35736	117.25	20902
F0502	48610	38.83	64.96	36.82	1.32	1.67	32.60	35.70	5.10	8.40	18.90	23.00	31.26	42.00	68.70	96.10	13500	185.18	38016
F07	53640	56.99	161.47	40.76	1.82	2.83	28.60	35.10	9.85	0.00	4.62	14.10	18.20	27.80	54.64	167.00	690.00	24.79	879.38
H0101	21266	37.59	21.41	33.17	1.62	0.57	25.90、23.80	30.40	8.40	6.03	11.70	14.96	23.90	44.72	93.90	128.00	318.00	2.15	8.40
H0102	62119	39.09	102.47	31.27	1.65	2.62	26.00	29.10	7.50	2.53	11.55	14.50	23.00	39.86	84.90	281.00	6698	35.36	1673.4
H0201	30402	30.04	14.10	27.53	1.51	0.47	26.40	27.10	6.50	2.62	9.54	12.60	21.30	34.70	65.30	78.70	671.00	5.07	152.74
H0202	18809	28.42	14.54	26.92	1.34	0.51	24.80	26.58	3.48	5.62	12.30	15.39	23.30	30.32	53.10	96.30	528.00	12.62	277.03

表 7.19 贵州省不同流域耕地土壤硒元素（Se）地球化学参数

（单位：mg/kg）

流域单元	样品件数/个	算术平均值	算术标准差	几何平均值	几何标准差	变异系数	众值	中位值	中位绝对离差	最小值	0.5%	2.5%	25%	75%	97.5%	99.5%	最大值	偏度系数	峰度系数
F02	18617	0.50	0.25	0.43	1.82	0.51	0.52	0.49	0.18	0.01	0.07	0.10	0.30	0.66	1.00	1.30	4.07	1.12	7.47
F06	36890	0.59	0.38	0.51	1.71	0.63	0.40	0.51	0.17	0.02	0.12	0.18	0.36	0.72	1.48	2.14	12.80	4.45	68.15
F0501	164066	0.65	0.43	0.57	1.65	0.66	0.49	0.56	0.17	0.01	0.16	0.22	0.42	0.77	1.55	2.44	40.07	11.90	627.14
F0502	48610	0.46	0.27	0.41	1.57	0.58	0.32	0.40	0.11	0.01	0.15	0.19	0.30	0.52	1.19	1.78	5.98	3.55	26.05
F07	53640	0.52	0.41	0.46	1.58	0.79	0.44	0.45	0.11	0.00	0.02	0.15	0.21	0.35	0.57	1.34	2.78	10.09	202.43
H0101	21266	0.44	0.33	0.38	1.68	0.76	0.32	0.38	0.12	0.03	0.11	0.15	0.27	0.51	1.13	1.90	15.40	10.88	301.36
H0102	62119	0.53	0.35	0.45	1.75	0.67	0.28	0.44	0.15	0.01	0.10	0.15	0.31	0.64	1.40	2.11	11.00	3.75	41.29
H0201	30404	0.52	0.32	0.46	1.61	0.62	0.38	0.45	0.13	0.01	0.14	0.19	0.33	0.61	1.25	2.17	11.20	5.52	82.62
H0202	18809	0.45	0.30	0.40	1.55	0.68	0.32	0.38	0.09	0.07	0.14	0.19	0.31	0.51	1.04	1.95	10.50	9.20	185.53

表 7.20　贵州省不同流域耕地土壤铊元素（Tl）地球化学参数　　（单位：mg/kg）

流域单元	样品件数/个	算术平均值	算术标准差	几何平均值	几何标准差	变异系数	众值	中位值	中位绝对离差	最小值	0.5%	2.5%	25%	75%	97.5%	99.5%	最大值	偏度系数	峰度系数
F02	18617	0.67	0.32	0.60	1.60	0.49	0.74	0.63	0.19	0.10	0.18	0.23	0.44	0.82	1.44	1.97	7.36	2.13	17.54
F06	36891	0.69	0.24	0.65	1.40	0.34	0.68	0.68	0.14	0.17	0.26	0.32	0.54	0.81	1.21	1.66	4.35	1.65	9.98
F0501	164068	0.71	0.30	0.66	1.44	0.43	0.70	0.69	0.15	0.01	0.23	0.30	0.54	0.83	1.26	1.93	19.41	9.32	363.54
F0502	48610	0.81	0.21	0.78	1.29	0.26	0.80	0.80	0.12	0.21	0.36	0.44	0.68	0.91	1.25	1.68	5.34	1.59	12.05
F07	53640	0.74	0.27	0.70	1.41	0.37	0.78	0.72	0.16	0.00	0.10	0.25	0.35	0.56	0.87	1.32	1.95	3.08	32.12
H0101	21266	0.79	0.46	0.70	1.66	0.58	0.68	0.71	0.20	0.06	0.18	0.24	0.53	0.95	1.82	2.83	14.60	4.56	68.18
H0102	62119	0.70	0.79	0.61	1.68	1.11	0.69	0.64	0.20	0.04	0.16	0.22	0.43	0.84	1.56	2.71	114.00	67.72	8332
H0201	30404	0.65	0.33	0.59	1.56	0.51	0.66	0.62	0.17	0.05	0.17	0.24	0.44	0.78	1.33	1.82	15.40	7.96	240.93
H0202	18809	0.61	0.24	0.58	1.31	0.39	0.54	0.57	0.08	0.11	0.24	0.36	0.50	0.66	1.08	1.79	10.90	11.23	320.20

表 7.21　贵州省不同流域耕地土壤钒元素（V）地球化学参数　　（单位：mg/kg）

流域单元	样品件数/个	算术平均值	算术标准差	几何平均值	几何标准差	变异系数	众值	中位值	中位绝对离差	最小值	0.5%	2.5%	25%	75%	97.5%	99.5%	最大值	偏度系数	峰度系数
F02	18617	226.09	115.22	198.68	1.67	0.51	140.00	188.00	65.00	26.81	53.40	72.80	138.00	309.00	472.00	525.00	824.00	0.78	-0.40
F06	36892	138.06	63.58	126.22	1.51	0.46	102.00	118.00	30.00	1.40	46.90	61.10	94.50	169.00	284.00	357.00	1424.00	1.93	11.28
F0501	164060	178.04	95.95	158.81	1.60	0.54	106.00	154.00	46.00	0.75	48.34	68.70	113.99	214.00	438.30	549.80	3843.00	3.09	41.26
F0502	48610	118.66	38.46	113.90	1.32	0.32	106.00	110.00	14.59	7.79	57.30	69.90	97.10	128.00	224.00	281.00	959.00	2.79	20.56
F07	53640	107.44	76.78	97.44	1.50	0.71	106.00	101.00	23.70	0.00	13.90	36.90	45.13	75.40	122.90	206.00	462.10	16.22	557.72
H0101	21266	247.80	109.73	223.45	1.60	0.44	189.00	234.00	71.00	3.55	66.50	80.90	172.00	314.60	485.00	597.00	1306.00	0.89	2.40
H0102	62115	227.70	113.15	200.82	1.67	0.50	106.00	204.76	73.64	2.94	55.80	72.70	141.00	293.48	490.40	563.50	1294.00	0.89	0.81
H0201	30404	117.91	57.87	106.07	1.59	0.49	106.00	108.00	29.60	4.03	29.70	40.20	80.50	141.00	266.00	354.00	1141.00	2.05	11.55
H0202	18809	81.15	48.80	75.75	1.39	0.60	102.00	75.04	13.34	15.40	32.70	43.20	62.00	88.70	158.20	265.00	1685.00	13.99	319.91

表 7.22　贵州省不同流域耕地土壤锌元素（Zn）地球化学参数　　（单位：mg/kg）

流域单元	样品件数/个	算术平均值	算术标准差	几何平均值	几何标准差	变异系数	众值	中位值	中位绝对离差	最小值	0.5%	2.5%	25%	75%	97.5%	99.5%	最大值	偏度系数	峰度系数
F02	18617	169.90	137.16	149.11	1.60	0.81	138.00	147.00	34.00	24.80	39.40	55.80	117.00	187.00	417.28	872.00	6692.00	14.97	495.18
F06	36892	99.12	38.69	94.34	1.36	0.39	104.00	95.40	18.50	1.29	36.90	48.60	78.70	116.00	160.00	221.00	1968.00	13.75	515.24
F0501	164070	123.65	130.01	109.88	1.52	1.05	101.00	106.00	23.90	0.65	38.30	54.10	85.41	135.00	287.00	604.00	10895.00	31.90	1760.44
F0502	48610	101.25	117.66	97.33	1.28	1.16	101.00	98.00	13.00	23.36	49.63	60.00	84.90	111.00	153.00	217.00	22562.00	153.60	27953
F07	53640	119.08	126.63	102.64	1.61	1.06	101.00	99.36	22.12	0.00	8.01	25.50	44.20	79.40	125.00	303.80	720.10	19.13	730.05
H0101	21266	133.35	95.83	121.12	1.53	0.72	108.00	122.00	30.41	1.75	38.80	51.60	93.10	155.00	288.00	377.00	10038.00	55.07	5454.09
H0102	62119	133.80	166.63	118.59	1.57	1.25	129.00	121.00	33.50	1.36	37.75	50.60	88.37	155.92	278.84	491.00	24626.00	79.15	9734.67
H0201	30404	96.02	75.11	82.60	1.73	0.78	101.00	84.80	24.40	4.00	15.40	24.40	61.50	111.00	268.00	365.00	8450.00	46.35	5035.76
H0202	18809	83.07	68.98	76.99	1.43	0.83	101.00	78.90	14.70	5.97	23.30	37.10	64.00	93.50	148.00	278.00	5215.00	43.57	2855.60

表 7.23　贵州省不同流域耕地土壤有机质地球化学参数　　（单位：g/kg）

流域单元	样品件数/个	算术平均值	算术标准差	几何平均值	几何标准差	变异系数	众值	最小值	中位绝对离差	中位值	累积频率值						最大值	偏度系数	峰度系数
											0.5%	2.5%	25%	75%	97.5%	99.5%			
F02	18617	34.18	15.36	31.09	1.56	0.45	27.30	0.11	8.60	31.60	8.64	12.50	23.70	41.20	73.50	90.80	296.00	1.58	7.95
F06	36891	29.70	15.46	26.79	1.57	0.52	28.40	1.80	7.20	27.10	7.30	10.80	20.50	35.10	65.00	107.80	267.40	3.38	24.97
F0501	164060	35.27	17.41	32.06	1.54	0.49	28.40	0.20	7.80	31.40	8.36	14.35	24.70	41.10	80.20	116.60	440.90	2.87	20.76
F0502	48610	26.11	10.53	24.35	1.45	0.40	22.80	1.06	5.30	24.50	7.37	11.38	19.50	30.40	51.50	70.40	283.40	2.83	29.65
F07	53640	32.45	14.59	29.65	1.53	0.45	28.10	0.00	7.64	29.10	1.00	8.30	13.10	22.73	39.10	69.30	88.30	1.70	6.79
H0101	21266	37.58	17.50	34.70	1.48	0.47	34.30	1.88	7.50	34.60	10.80	16.30	27.70	43.00	79.00	125.38	337.36	3.70	31.33
H0102	62115	38.53	20.41	34.76	1.56	0.53	29.60	1.76	9.12	34.30	10.60	15.10	26.20	45.21	88.06	138.00	420.34	3.50	28.72
H0201	30404	31.77	13.56	29.47	1.48	0.43	28.20	0.50	6.90	29.40	8.20	13.60	23.30	37.50	62.70	83.60	608.50	4.75	124.05
H0202	18809	35.18	13.04	32.91	1.45	0.37	26.20	0.86	7.97	32.93	9.83	15.69	26.05	42.64	66.00	84.96	173.20	1.14	3.06

表 7.24　贵州省不同流域耕地土壤 pH 地球化学参数

流域单元	样品件数/个	算术平均值	算术标准差	几何平均值	几何标准差	变异系数	众值	最小值	中位绝对离差	中位值	累积频率值						最大值	偏度系数	峰度系数
											0.5%	2.5%	25%	75%	97.5%	99.5%			
F02	18617	5.89	1.00	5.81	1.18	0.17	5.34	3.40	0.63	5.63	4.40	4.58	5.11	6.52	8.11	8.32	8.67	0.76	-0.39
F06	36891	6.34	1.18	6.23	1.20	0.19	5.34	3.13	0.93	6.12	4.39	4.60	5.34	7.37	8.40	8.56	8.94	0.30	-1.16
F0501	164059	6.17	1.09	6.08	1.19	0.18	5.20	3.00	0.83	5.99	4.27	4.54	5.27	7.03	8.18	8.36	9.32	0.34	-1.00
F0502	48610	6.08	0.97	6.01	1.17	0.16	5.34	3.70	0.64	5.87	4.46	4.69	5.32	6.72	8.14	8.35	8.80	0.62	-0.56
F07	53316	5.93	0.96	5.85	1.17	0.16	5.20	0.00	0.61	5.66	3.11	4.29	4.58	5.18	6.61	8.00	8.17	0.63	-0.59
H0101	21266	6.33	1.09	6.23	1.19	0.17	8.00	3.74	0.90	6.20	4.42	4.65	5.40	7.30	8.14	8.30	8.52	0.19	-1.21
H0102	62115	6.15	1.07	6.06	1.19	0.17	5.20、5.00	3.23	0.80	5.96	4.30	4.55	5.27	7.00	8.14	8.30	9.18	0.37	-0.98
H0201	30404	5.89	0.93	5.82	1.17	0.16	5.60	3.28	0.62	5.71	4.18	4.48	5.19	6.50	7.91	8.16	8.78	0.56	-0.42
H0202	18809	5.29	0.55	5.26	1.10	0.10	5.20、5.16	3.40	0.22	5.20	4.14	4.47	5.00	5.43	6.95	7.80	8.45	1.90	6.04

表 7.25　贵州省不同流域主要耕地类型土壤砷元素（As）地球化学参数　　（单位：mg/kg）

流域单元	耕地类型	样品件数/个	算术平均值	算术标准差	几何平均值	几何标准差	变异系数	众值	中位值	中位绝对离差	最小值	累积频率值						最大值	偏度系数	峰度系数
												0.5%	2.5%	25%	75%	97.5%	99.5%			
F02	水田	7	16.42	7.33	14.69	1.73	0.45	—	15.90	5.90	5.32	5.32		11.20	21.80	24.40	24.40	24.40	-0.27	-1.39
F06	旱地	17506	19.91	15.84	15.60	2.08	0.80	19.00	18.40	8.78	0.89	2.52	3.52	8.99	26.50	50.70	82.20	537.00	7.95	182.36
	水田	3921	7.91	5.73	6.45	1.88	0.72	12.30	6.23	2.43	0.65	1.33	1.94	4.26	9.76	22.80	34.80	60.30	2.48	10.86
F0501	旱田	30549	13.59	10.31	10.81	2.02	0.76	14.60	11.90	5.68	0.27	1.69	2.46	6.61	18.30	34.70	50.00	567.00	9.31	356.13
	水田	24806	15.71	86.27	11.39	2.14	5.49	10.10	11.80	5.50	0.06	1.39	2.40	7.06	18.70	47.80	78.00	13391.00	150.33	23301
	旱地	125187	22.30	31.02	17.12	2.00	1.39	12.20	17.60	7.40	0.28	2.74	4.24	11.10	26.70	65.80	134.00	3085.00	35.72	2590
F0502	水田	12332	11.54	8.11	9.33	1.92	0.70	10.90	9.00	3.98	0.97	2.10	2.80	5.80	15.10	31.59	44.60	104.92	1.89	6.16
	旱地	32915	15.75	11.17	13.15	1.86	0.71	17.00	14.50	6.18	1.08	2.58	3.70	8.35	20.70	37.48	51.48	778.00	15.45	810.45
F07	水田	28626	11.94	11.27	8.16	2.41	0.94	10.20	7.68	4.52	0.43	1.24	1.76	4.06	16.50	40.60	56.50	201.00	2.42	14.40
	旱地	21458	21.17	17.49	15.56	2.26	0.83	10.60、17.60	16.60	9.28	0.80	1.94	3.06	8.61	29.00	62.20	96.72	478.00	2.95	31.70

续表

流域单元	耕地类型	样品件数/个	算术平均值	算术标准差	几何平均值	几何标准差	变异系数	众值	中位值	中位绝对离差	最小值	0.5%	2.5%	25%	75%	97.5%	99.5%	最大值	偏度系数	峰度系数
H0101	水田	2986	31.74	36.69	19.96	2.61	1.16	10.70、12.00	18.90	11.72	1.48	2.65	3.75	9.20	42.40	119.00	228.00	493.00	4.09	31.76
	旱地	16752	47.39	95.21	24.14	3.00	2.01	10.50	23.60	15.31	0.26	2.16	3.27	10.58	50.70	237.00	563.00	2230.00	9.67	143.74
H0102	水田	9867	19.68	24.65	14.17	2.10	1.25	10.80、10.70	12.90	5.45	1.13	2.56	3.89	8.57	21.70	73.00	150.00	628.00	7.82	109.49
	旱地	47706	27.66	80.95	15.66	2.55	2.93	10.30、10.80、10.70	14.90	7.89	0.23	1.84	2.72	8.57	27.79	118.00	351.00	7239.00	33.07	1979.0
H0201	水田	13368	12.80	18.40	9.33	2.20	1.44	11.40	9.50	4.14	0.18	0.78	1.70	6.01	15.00	42.50	87.80	1493.00	41.16	3151.8
	旱地	15076	22.92	31.71	16.74	2.13	1.38	10.60	16.30	7.32	0.31	2.06	4.00	10.20	27.10	83.20	156.00	2106.00	26.68	1475.8
H0202	水田	14045	6.04	8.88	4.36	2.07	1.47	2.55	4.00	1.65	0.20	0.97	1.31	2.66	6.48	24.10	47.00	598.00	25.07	1448.5
	旱地	3351	13.08	17.64	8.99	2.24	1.35	10.10	8.66	4.14	0.78	1.39	2.06	5.33	14.60	49.60	116.00	346.00	7.53	92.55

表 7.26　贵州省不同流域主要耕地类型土壤硼元素（B）地球化学参数 （单位：mg/kg）

流域单元	耕地类型	样品件数/个	算术平均值	算术标准差	几何平均值	几何标准差	变异系数	众值	中位值	中位绝对离差	最小值	0.5%	2.5%	25%	75%	97.5%	99.5%	最大值	偏度系数	峰度系数
F02	水田	7	58.79	26.71	52.81	1.72	0.45	—	56.50	6.70	17.90	17.90	17.90	49.80	59.80	108.00	108.00	108.00	0.62	2.56
	旱地	17506	58.68	30.48	49.70	1.89	0.52	106.00	59.90	18.10	1.32	6.70	11.10	35.16	74.20	126.00	170.00	332.00	0.87	2.59
F06	水田	3921	67.83	33.57	62.67	1.46	0.49	69.30、71.50	64.40	15.20	2.92	25.90	31.10	48.30	78.60	143.00	251.00	534.00	4.76	41.71
	旱地	30549	75.96	57.35	65.57	1.66	0.75	102.00	66.70	18.50	5.01	18.10	24.70	48.10	85.00	220.00	398.00	1884.00	6.83	101.86
F0501	水田	24806	81.63	31.46	76.13	1.46	0.39	101.00	75.70	16.80	9.33	23.89	34.40	61.40	96.70	158.79	200.00	422.00	1.33	3.87
	旱地	125185	75.08	38.30	65.11	1.77	0.51	101.00	71.30	23.60	1.11	10.53	16.80	48.44	95.60	161.00	213.00	797.00	1.28	6.54
F0502	水田	12332	78.61	33.85	74.39	1.35	0.43	69.90	71.50	9.20	12.40	35.80	46.20	63.27	82.00	176.00	285.00	500.00	4.29	26.51
	旱地	32915	77.14	37.79	72.11	1.40	0.49	64.60	70.10	10.00	6.34	28.80	40.40	60.90	81.20	183.00	312.00	610.00	4.77	32.86
F07	水田	28626	75.29	28.13	70.11	1.47	0.37	101.00	73.60	17.30	10.69	23.98	29.90	55.90	90.51	139.00	178.00	293.00	0.91	2.40
	旱地	21458	78.71	27.43	73.92	1.44	0.35	101.00	76.80	15.78	7.78	21.70	31.70	61.30	92.80	140.88	182.00	325.00	0.96	3.02
H0101	水田	2986	74.90	39.42	65.38	1.74	0.53	103.00	73.40	20.20	6.13	12.10	15.60	52.60	93.00	149.00	292.00	450.00	2.49	15.48
	旱地	16752	65.91	41.52	52.81	2.07	0.63	70.00	63.00	26.90	2.04	6.59	9.77	34.80	88.00	155.00	229.00	500.00	1.78	9.76
H0102	水田	9867	73.90	34.23	65.70	1.69	0.46	105.00	72.90	20.40	5.69	11.50	17.40	51.70	92.40	143.00	191.00	513.00	1.73	14.05
	旱地	47706	62.69	42.17	48.59	2.18	0.67	102.00	58.80	28.46	0.66	5.40	8.57	29.30	86.00	154.63	202.90	730.00	1.88	11.87
H0201	水田	13367	84.07	27.71	79.67	1.40	0.33	102.00	79.90	16.20	7.40	27.10	40.60	65.30	98.30	150.00	180.00	266.00	0.92	1.59
	旱地	15076	77.54	28.28	72.28	1.48	0.36	103.00	75.30	17.90	5.91	19.60	31.00	57.70	93.60	142.00	174.00	245.00	0.72	1.13
H0202	水田	14045	65.69	29.88	59.96	1.53	0.45	105.00	59.84	16.38	12.06	20.74	25.97	45.10	78.90	141.00	180.00	527.00	1.84	10.30
	旱地	3351	65.74	30.75	59.47	1.56	0.47	104.00	59.70	18.53	14.05	20.70	26.15	42.77	81.07	144.00	179.00	265.00	1.29	2.40

表 7.27　贵州省不同流域主要耕地类型土壤镉元素（Cd）地球化学参数 （单位：mg/kg）

流域单元	耕地类型	样品件数/个	算术平均值	算术标准差	几何平均值	几何标准差	变异系数	众值	中位值	中位绝对离差	最小值	0.5%	2.5%	25%	75%	97.5%	99.5%	最大值	偏度系数	峰度系数
F02	水田	7	1.05	0.46	0.95	1.66	0.43	—	1.11	0.20	0.47	0.47	0.47	0.48	1.29	1.72	1.72	1.72	-0.13	-0.75
	旱地	17506	1.49	1.71	1.16	1.99	1.15	0.90、0.78	1.12	0.49	0.09	0.22	0.32	0.72	1.85	4.58	6.50	150.30	42.13	3424.30

续表

流域单元	耕地类型	样品件数/个	算术平均值	算术标准差	几何平均值	几何标准差	变异系数	众值	中位值	中位绝对离差	最小值	0.5%	2.5%	25%	75%	97.5%	99.5%	最大值	偏度系数	峰度系数
F06	水田	3921	0.42	0.41	0.36	1.63	0.97	0.30	0.34	0.08	0.04	0.13	0.16	0.27	0.44	1.28	2.56	13.70	13.15	331.19
	旱地	30549	0.56	0.66	0.42	1.93	1.17	0.30	0.38	0.12	0.02	0.11	0.15	0.28	0.54	2.39	3.95	24.80	7.46	137.09
F0501	水田	24806	0.46	0.49	0.38	1.73	1.07	0.28	0.37	0.12	0.03	0.10	0.14	0.27	0.51	1.33	2.48	41.90	35.86	2621.62
	旱地	125183	0.86	1.63	0.53	2.28	1.89	0.36	0.44	0.16	0.02	0.11	0.16	0.32	0.73	4.74	8.68	231.22	34.75	3797.37
F0502	水田	12332	0.43	0.33	0.37	1.66	0.76	0.24	0.35	0.10	0.06	0.13	0.16	0.26	0.49	1.27	2.22	6.40	5.15	47.92
	旱地	32915	0.48	0.57	0.39	1.77	1.19	0.24	0.37	0.12	0.06	0.11	0.15	0.27	0.53	1.57	2.63	51.80	38.51	2857.91
F07	水田	28626	0.47	0.65	0.36	1.90	1.38	0.22	0.33	0.12	0.03	0.09	0.13	0.23	0.52	1.61	3.43	35.80	20.42	832.52
	旱地	21458	0.55	1.00	0.34	2.17	1.80	0.22	0.34	0.14	0.03	0.07	0.10	0.22	0.56	2.37	5.93	50.35	15.71	496.84
H0101	水田	2986	0.64	5.90	0.34	2.08	9.21	0.25	0.30	0.11	0.04	0.08	0.11	0.22	0.46	2.06	4.85	266.00	38.03	1564.03
	旱地	16752	0.77	1.31	0.45	2.43	1.70	0.29	0.36	0.13	0.03	0.07	0.12	0.26	0.59	4.55	7.02	52.57	8.44	195.77
H0102	水田	9867	0.49	0.63	0.36	2.00	1.28	0.25、0.26	0.33	0.13	0.02	0.09	0.12	0.23	0.54	1.80	4.16	17.30	8.76	139.94
	旱地	47706	1.08	1.67	0.61	2.74	1.54	0.29	0.52	0.29	0.02	0.07	0.11	0.29	1.19	5.71	10.10	74.28	6.88	134.03
H0201	水田	13368	0.59	0.93	0.38	2.23	1.58	0.20	0.34	0.15	0.01	0.08	0.11	0.22	0.58	2.83	6.53	24.20	6.99	81.95
	旱地	15076	1.74	2.84	0.67	3.84	1.63	0.17	0.51	0.34	0.02	0.05	0.08	0.24	1.70	10.50	14.70	27.10	2.77	9.17
H0202	水田	14045	0.25	0.49	0.21	1.64	1.94	0.18	0.20	0.05	0.03	0.07	0.09	0.16	0.26	0.70	1.50	41.90	53.70	4102.32
	旱地	3351	0.29	0.47	0.20	2.07	1.60	0.15、0.17、0.16	0.19	0.07	0.03	0.04	0.06	0.13	0.28	1.12	3.09	11.60	9.93	156.14

表 7.28 贵州省不同流域主要耕地类型土壤钴元素（Co）地球化学参数

（单位：mg/kg）

流域单元	耕地类型	样品件数/个	算术平均值	算术标准差	几何平均值	几何标准差	变异系数	众值	中位值	中位绝对离差	最小值	0.5%	2.5%	25%	75%	97.5%	99.5%	最大值	偏度系数	峰度系数
F02	水田	7	21.01	8.75	19.68	1.46	0.42	—	21.10	5.20	12.60	12.60	12.60	13.70	22.00	38.40	38.40	38.40	1.44	2.56
	旱地	17506	29.60	15.34	25.92	1.70	0.52	20.40	25.70	8.50	2.38	4.98	8.24	18.50	37.60	66.00	77.70	182.00	1.06	1.29
F06	水田	3921	15.84	7.89	14.29	1.57	0.50	15.20	14.80	3.20	2.83	4.11	5.19	11.60	18.00	39.20	45.70	93.00	2.33	10.40
	旱地	30549	22.65	11.01	20.26	1.61	0.49	16.60	19.40	5.30	2.13	4.62	7.09	15.10	28.20	47.50	57.80	190.00	1.26	3.34
F0501	水田	24806	18.53	9.04	16.47	1.66	0.49	17.00	16.90	4.30	0.50	2.74	5.09	13.00	21.90	41.76	51.00	98.70	1.33	3.03
	旱地	125174	27.51	12.70	24.67	1.62	0.46	20.40	25.10	8.00	0.04	5.07	8.70	18.20	35.20	55.69	69.22	362.00	1.15	6.31
F0502	水田	12332	18.13	5.45	17.42	1.32	0.30	16.90	17.37	2.53	4.21	7.68	9.88	15.00	20.06	33.70	41.30	69.60	1.70	5.69
	旱地	32915	20.79	6.99	19.79	1.36	0.34	18.40	19.60	3.10	2.33	8.14	10.60	16.70	23.00	40.30	47.00	168.00	1.89	11.27
F07	水田	28626	12.24	6.58	10.36	1.86	0.54	16.40	11.60	5.15	0.53	1.21	2.94	6.51	16.80	26.03	32.40	119.00	0.80	2.82
	旱地	21458	17.72	7.50	15.91	1.66	0.42	17.60	17.75	4.85	0.56	2.43	4.61	12.60	22.40	32.40	42.26	119.00	0.80	4.68
H0101	水田	2986	23.56	12.32	20.25	1.79	0.52	19.90	21.80	8.70	0.57	3.50	6.40	13.60	31.30	50.10	60.70	73.70	0.69	0.03
	旱地	16752	34.86	15.30	31.27	1.65	0.44	27.80	33.50	9.70	1.40	6.10	9.10	24.80	44.16	67.90	85.32	194.58	0.88	3.35
H0102	水田	9866	22.37	12.59	19.08	1.79	0.56	12.80	18.90	7.10	0.74	3.27	6.10	12.90	29.80	50.70	61.40	96.90	0.98	0.51
	旱地	47703	31.87	15.83	27.70	1.77	0.50	26.00	29.90	10.94	0.52	3.64	7.63	19.90	42.10	66.70	81.90	188.00	0.81	1.53
H0201	水田	13368	11.42	7.74	8.74	2.25	0.68	11.50	10.30	5.05	0.35	0.79	1.25	5.53	15.80	30.40	41.80	79.10	1.34	3.63
	旱地	15076	17.83	9.84	14.94	1.94	0.55	14.60	16.70	5.50	0.25	1.24	2.50	11.40	22.50	40.80	55.60	146.00	1.36	5.68
H0202	水田	14045	7.16	3.75	6.41	1.59	0.52	10.10	6.23	1.72	0.40	1.41	2.86	4.76	8.42	17.48	23.40	48.13	2.17	8.13
	旱地	3351	10.37	6.02	8.84	1.78	0.58	10.20	8.75	3.45	0.48	1.45	3.10	5.87	13.60	24.30	33.20	58.30	1.41	3.34

表 7.29　贵州省不同流域主要耕地类型土壤铬元素（Cr）地球化学参数　　（单位：mg/kg）

流域单元	耕地类型	样品件数/个	算术平均值	算术标准差	几何平均值	几何标准差	变异系数	众值	中位值	中位绝对离差	最小值	0.5%	2.5%	25%	75%	97.5%	99.5%	最大值	偏度系数	峰度系数
F02	水田	7	85.96	21.03	83.60	1.30	0.24	—	82.00	17.60	53.60	53.60	53.60	69.90	99.60	113.00	113.00	113.00	-0.23	-0.95
F02	旱地	17506	144.53	80.70	127.89	1.61	0.56	112.00	122.00	31.80	14.00	38.90	52.80	96.00	164.00	381.00	472.00	876.00	1.94	4.61
F06	水田	3921	79.72	29.49	75.10	1.41	0.37	102.00、101.00	75.20	15.90	19.60	29.80	38.00	60.70	92.30	155.00	198.00	362.00	1.85	7.72
F06	旱地	30549	102.35	43.97	94.74	1.47	0.43	104.00	91.50	22.50	1.30	33.60	45.80	73.00	124.00	199.00	287.00	942.00	2.35	16.61
F0501	水田	24806	94.03	34.42	87.99	1.45	0.37	101.00	88.30	17.70	10.20	37.35	36.30	87.20	110.00	175.00	225.00	434.00	1.16	3.38
F0501	旱地	125187	119.76	47.05	111.74	1.45	0.39	101.00、102.00	111.00	27.00	8.11	47.00	54.60	76.40	143.00	229.00	299.00	1215.00	1.91	13.93
F0502	水田	12332	87.97	19.16	86.12	1.23	0.22	102.00	86.40	10.27	30.61	46.50	56.60	77.80	97.00	129.00	160.00	430.00	2.21	20.39
F0502	旱地	32915	92.15	24.04	89.48	1.27	0.26	101.00	88.60	11.70	13.40		56.24		102.00	150.00	196.00	526.00	2.08	12.07
F07	水田	28626	69.88	26.21	64.92	1.49	0.38	102.00	71.00	18.70	10.20	21.90	28.00	49.30	87.40	117.00	159.00	609.31	1.28	13.24
F07	旱地	21458	83.35	29.37	78.36	1.44	0.35	101.00	84.60	14.80	10.60	23.20	31.20	67.29	97.90	137.00	210.00	589.42	2.16	19.82
H0101	水田	2986	134.18	66.43	118.55	1.66	0.50	120.00	126.00	50.80	14.40	40.90	51.00	73.50	174.00	298.00	340.00	422.00	0.83	0.40
H0101	旱地	16752	161.78	70.21	147.99	1.54	0.43	169.00	153.00	37.25	1.89	48.30	59.00	118.00	193.00	328.00	407.56	1786.00	1.99	21.13
H0102	水田	9867	122.45	60.04	122.45	1.58	0.49	109.00	108.00	35.10	19.55	40.81	51.30	77.10	152.32	280.00	342.00	485.00	1.33	2.04
H0102	旱地	47706	148.99		134.02	1.58	0.48	125.00、124.00	133.70	17.55	2.46	41.80	56.20	56.70	181.88	329.00	424.80	900.00	1.49	3.92
H0201	水田	13368	79.80	39.67	72.23	1.56	0.50	104.00	73.25	40.10	7.10	19.80	27.80	71.70	91.90	182.00	248.00	1390.00	4.36	94.02
H0201	旱地	15076	116.53	70.10	100.86	1.69	0.60	101.00	94.20	29.40	8.76	26.40	37.70		142.00	305.00	418.00	856.00	2.06	6.78
H0202	水田	14045	52.15	22.86	48.79	1.42	0.44	47.30	47.80	8.23	8.68	18.00	25.45	40.12	56.80	106.37	166.00	524.97	4.19	40.15
H0202	旱地	3351	65.09	31.99	59.07	1.54	0.49	47.40、103.00	57.10	15.50	7.84	21.20	27.20	44.24	77.00	146.90	192.61	413.00	2.35	11.86

表 7.30　贵州省不同流域主要耕地类型土壤铜元素（Cu）地球化学参数　　（单位：mg/kg）

流域单元	耕地类型	样品件数/个	算术平均值	算术标准差	几何平均值	几何标准差	变异系数	众值	中位值	中位绝对离差	最小值	0.5%	2.5%	25%	75%	97.5%	99.5%	最大值	偏度系数	峰度系数
F02	水田	7	50.76	53.13	38.25	2.04	1.05	—	33.70	6.50	18.50	18.50	18.50	23.40	37.30	170.00	170.00	170.00	2.53	6.55
F02	旱地	17506	83.49	75.31	59.67	2.25	0.90	228.00、47.20、35.40	52.60	23.90	5.70	10.40	13.90	35.10	107.00	273.00	329.00	1286.00	2.07	9.79
F06	水田	3921	31.31	20.15	27.44	1.61	0.64	26.60	26.50	6.20	4.82	9.36	12.10	20.70	33.20	98.40	123.00	186.00	2.80	9.19
F06	旱地	30549	34.87	31.07	37.18	1.80	0.69	25.80	32.60	10.00	0.05	10.40	14.20	24.90	52.80	124.00	161.00	452.00	1.75	3.76
F0501	水田	24806	41.12	29.71	33.94	1.82	0.72	29.00	31.00	8.90	1.05	6.54	10.60	24.20	46.20	124.00	167.00	373.60	2.32	7.78
F0501	旱地	125176	64.44	51.01	50.48	1.98	0.79	102.00	46.40	20.45	1.00	10.30	15.70	30.20	84.70	219.00	283.00	1641.00	2.42	16.04
F0502	水田	12332	31.75	15.13	29.66	1.41	0.48	26.40	28.90	4.50	7.41	12.60	16.30	24.67	33.69	73.60	116.00	292.00	4.59	36.64
F0502	旱地	32915	25.02	21.64	22.48	1.53	0.65	26.80	28.10	5.53	5.64	11.50	14.60	23.10	34.60	92.20	154.00	927.02	6.25	117.52
F07	水田	28626	29.89	11.95	26.83	1.60	0.48	13.90	23.50	7.38	0.76	5.59	8.46	16.31	31.18	51.71	73.32	262.00	2.05	16.77
F07	旱地	21458	51.89	22.73	42.55	1.59	0.76	28.40	27.90	7.37	1.63	6.38	10.00	20.89	35.60	62.20	91.62	2280.00	51.59	4710
H0101	水田	2986	76.92	32.30	65.62	1.91	0.62	101.00	44.05	20.05	5.27	10.20	12.60	26.00	70.00	131.00	144.00	183.00	0.96	0.26
H0101	旱地	16752	53.58	43.86	53.76	1.79	0.57	104.00	65.30	24.60	2.62	13.40	19.10	45.70	100.45	178.08	234.60	522.95	1.32	3.17
H0102	水田	9866	41.19	41.91	41.19	2.05	0.78	103.00	36.90	17.30	3.50	10.04	12.90	23.80	76.90	148.00	230.44	490.66	1.81	5.60
H0102	旱地	47703	63.95	69.50	39.95	2.18	0.81	101.00	63.64	32.74	2.18	9.97	14.28	37.20	112.00	278.40	341.00	1098.30	1.76	4.29
H0201	水田	13368	24.75	19.62	19.01	2.08	0.79	13.00	19.50	9.40	1.20	3.13	4.87	11.10	31.20	82.00	116.00	198.00	2.04	5.69
H0201	旱地	15076	32.27	25.13	25.31	2.04	0.78	23.60	25.50	11.00	0.35	3.15	5.70	16.40	40.20	97.70	127.00	773.00	4.57	87.22
H0202	水田	14045	20.06	8.08	18.86	1.41	0.40	18.90	19.10	3.77	2.55	6.43	9.47	15.40	22.90	38.52	61.48	137.00	3.50	26.55
H0202	旱地	3351	21.17	9.87	19.34	1.53	0.47	17.90	19.53	4.93	3.05	5.20	8.03	15.00	24.90	44.56	65.90	132.22	2.58	15.43

表 7.31 贵州省不同流域主要耕地类型土壤氟元素（F）地球化学参数 （单位：mg/kg）

流域单元	耕地类型	样品件数/个	算术平均值	算术标准差	几何平均值	几何标准差	变异系数	众值	中位值	中位绝对离差	累积频率 0.5%	2.5%	25%	75%	97.5%	99.5%	最小值	最大值	偏度系数	峰度系数
F02	水田	7	642	314	594	1.49	0.49	—	539	87	396	396	452	580	1316	1316	396	1316	2.12	4.83
	旱地	17505	778	469	673	1.69	0.60	557	653	208	200	254	474	919	2086	2800	115	5694	2.03	6.14
F06	水田	3921	768	435	686	1.57	0.57	532、521、776	687	194	248	306	499	890	1960	2963	141	5780	3.20	18.03
	旱地	30549	1046	857	878	1.74	0.82	573、548	828	263	268	344	605	1188	3030	5012	140	35059	8.65	198.90
F0501	水田	24805	983	510	889	1.54	0.52	832	850	204	303	406	681	1125	2317	3172	24	11825	2.99	23.21
	旱地	125171	1076	633	942	1.66	0.59	828	924	306	288	371	663	1317	2623	3676	45	27086	3.75	58.85
F0502	水田	12332	947	524	873	1.43	0.55	822	817	120	420	519	715	971	2379	4090	246	10406	4.87	37.87
	旱地	32915	1029	875	906	1.54	0.85	822	841	149	363	464	715	1034	3112	5570	142	51474	16.44	682.05
F07	水田	28625	677	282	628	1.46	0.42	534	631	149	260	315	476	808	1348	1746	148	6948	2.36	21.74
	旱地	21458	818	403	749	1.51	0.49	739	744	164	271	339	577	960	1721	2483	73	9696	4.13	46.26
H0101	水田	2986	1176	716	981	1.83	0.61	464	983	187	312	377	581	1621	2810	3341	168	4249	0.97	0.31
	旱地	16752	1259	792	1027	1.94	0.63	1025	1079	464	209	279	621	1690	3157	3913	129	6691	1.09	1.25
H0102	水田	9866	1019	607	876	1.71	0.60	548	792	511	313	388	573	1310	2593	3148	153	4993	1.40	1.69
	旱地	47703	1038	685	854	1.87	0.66	548	812	276	220	283	527	1393	2777	3498	114	12966	1.54	4.67
H0201	水田	13367	706	302	649	1.51	0.43	734	654	359	215	282	496	852	1450	1858	92	4143	1.48	5.31
	旱地	15076	718	372	641	1.60	0.52	548	639	174	201	254	472	871	1651	2170	110	8896	2.48	22.34
H0202	水田	14045	524	225	490	1.41	0.43	435	471	193	205	269	402	568	1218	1520	130	3656	2.80	13.59
	旱地	3351	616	341	551	1.56	0.55	402	505	115	214	266	414	680	1551	1991	149	3482	2.30	7.70

表 7.32 贵州省不同流域主要耕地类型土壤锗元素（Ge）地球化学参数 （单位：mg/kg）

流域单元	耕地类型	样品件数/个	算术平均值	算术标准差	几何平均值	几何标准差	变异系数	众值	中位值	中位绝对离差	累积频率 0.5%	2.5%	25%	75%	97.5%	99.5%	最小值	最大值	偏度系数	峰度系数
F02	水田	7	1.34	0.22	1.32	1.18	0.16	—	1.28	0.17	0.98	0.98	1.24	1.45	1.61	1.61	0.98	1.61	-0.35	-0.28
	旱地	17506	1.55	0.28	1.53	1.20	0.18	1.59	1.56	0.16	0.83	1.00	1.40	1.71	2.05	2.39	0.47	11.60	3.52	105.60
F06	水田	3921	1.53	0.22	1.51	1.15	0.14	1.54	1.52	0.13	0.97	1.14	1.39	1.65	1.98	2.28	0.47	3.17	0.63	3.04
	旱地	30549	1.59	0.28	1.56	1.19	0.18	1.60	1.58	0.16	0.90	1.07	1.42	1.74	2.18	2.61	0.44	4.54	0.77	3.87
F0501	水田	24806	1.49	0.29	1.46	1.22	0.19	1.51	1.49	0.17	0.75	0.93	1.31	1.66	2.04	2.36	0.21	7.55	0.87	11.69
	旱地	125186	1.58	0.34	1.55	1.23	0.22	1.56	1.58	0.17	0.75	0.96	1.40	1.75	2.22	2.70	0.05	28.69	7.99	461.97
F0502	水田	12332	1.55	0.26	1.52	1.18	0.17	1.55	1.52	0.16	0.89	1.07	1.38	1.70	2.04	2.37	0.32	4.55	1.01	8.85
	旱地	32915	1.53	0.29	1.50	1.21	0.19	1.60	1.52	0.19	0.85	1.02	1.32	1.71	2.12	2.49	0.29	5.96	0.85	5.11
F07	水田	28626	1.48	0.30	1.45	1.24	0.20	1.62	1.49	0.18	0.69	0.87	1.29	1.66	2.06	2.27	0.24	7.88	0.73	14.40
	旱地	21458	1.54	0.36	1.50	1.27	0.23	1.56	1.55	0.20	0.60	0.85	1.33	1.74	2.20	2.64	0.20	10.20	2.02	36.29
H0101	水田	2986	1.50	0.26	1.48	1.19	0.17	1.43	1.47	0.15	0.86	1.06	1.34	1.65	2.05	2.48	0.46	3.72	0.94	4.66
	旱地	16752	1.70	0.39	1.67	1.22	0.23	1.57	1.65	0.19	0.97	1.17	1.48	1.86	2.50	3.13	0.10	17.42	7.68	241.16
H0102	水田	9867	1.47	0.25	1.45	1.20	0.17	1.37	1.47	0.16	0.69	1.00	1.31	1.62	1.98	2.19	0.25	2.66	0.09	1.22
	旱地	47706	1.61	0.33	1.57	1.24	0.21	1.58	1.58	0.19	0.71	1.00	1.40	1.78	2.37	2.67	0.21	5.73	0.66	3.18
H0201	水田	14045	1.53	0.24	1.51	1.17	0.15	1.56	1.54	0.14	0.84	1.04	1.39	1.66	1.99	2.24	0.57	5.06	0.41	6.10
	旱地	3351	1.50	0.31	1.47	1.24	0.21	1.44	1.50	0.20	0.70	0.92	1.30	1.70	2.14	2.41	0.49	4.08	0.41	2.13
H0202	水田	14045	1.53	0.24	1.51	1.17	0.15	1.56	1.54	0.14	0.84	1.04	1.39	1.66	1.99	2.24	0.57	5.06	0.41	6.10
	旱地	3351	1.50	0.31	1.47	1.24	0.21	1.44	1.50	0.20	0.70	0.92	1.30	1.70	2.14	2.41	0.49	4.08	0.41	2.13

表 7.33 贵州省不同流域主要耕地类型土壤汞元素（Hg）地球化学参数

（单位：mg/kg）

流域单元	耕地类型	样品件数/个	算术平均值	算术标准差	几何平均值	几何标准差	变异系数	众值	中位值	中位绝对离差	最小值	0.5%	2.5%	25%	75%	97.5%	99.5%	最大值	偏度系数	峰度系数
F02	水田	7	0.12	0.05	0.11	1.87	0.45	0.15	0.14	0.04	0.03	0.03	0.03	0.08	0.15	0.19	0.19	0.19	-0.60	-0.06
F02	旱地	17505	0.12	0.30	0.10	2.01	2.44	0.05	0.10	0.04	0.01	0.02	0.02	0.06	0.16	0.32	0.47	35.00	91.26	10100
F06	水田	3921	0.11	0.11	0.09	1.69	1.01	0.07	0.09	0.03	0.02	0.03	0.03	0.06	0.13	0.27	0.45	5.43	31.23	1500.9
F06	旱地	30549	0.14	0.25	0.11	1.90	1.79	0.10	0.12	0.05	0.01	0.02	0.03	0.07	0.17	0.36	0.56	27.80	77.32	7860.9
F0501	水田	24805	0.35	19.26	0.14	1.96	55.03	0.14	0.14	0.05	0.01	0.03	0.05	0.09	0.19	0.62	2.28	759.50	155.43	24362
F0501	旱地	125186	0.27	2.98	0.12	1.96	11.17	0.12	0.14	0.05	0.01	0.03	0.05	0.10	0.20	0.65	2.79	467.24	77.89	8444.2
F0502	水田	12331	0.22	1.94	0.12	1.92	8.72	0.08	0.12	0.04	0.02	0.04	0.05	0.08	0.17	0.46	2.03	107.07	38.41	1748.6
F0502	旱地	32912	0.28	6.31	0.13	1.89	22.22	0.14	0.14	0.05	0.01	0.03	0.04	0.09	0.19	0.44	1.78	302.00	94.92	10276.0
F07	水田	28626	0.31	2.02	0.18	2.07	6.52	0.12	0.16	0.06	0.02	0.05	0.06	0.11	0.26	0.95	3.31	144.00	43.36	2262.5
F07	旱地	21457	0.37	1.91	0.21	2.26	5.14	0.12	0.20	0.09	0.01	0.03	0.05	0.13	0.33	1.20	4.93	159.71	44.19	2827.3
H0101	水田	2986	0.17	0.17	0.13	2.02	1.02	0.07	0.12	0.05	0.02	0.03	0.04	0.08	0.19	0.58	1.05	2.38	4.56	34.46
H0101	旱地	16752	0.27	2.15	0.14	2.56	7.95	0.07	0.12	0.06	0.01	0.02	0.03	0.07	0.25	1.28	2.96	270.00	118.13	14800
H0102	水田	9865	0.23	1.64	0.12	2.15	7.14	0.08	0.11	0.04	0.01	0.03	0.04	0.07	0.16	0.96	3.13	101.00	47.42	2655.1
H0102	旱地	47631	0.27	4.21	0.12	2.46	15.62	0.07	0.11	0.05	0.01	0.02	0.03	0.07	0.18	1.04	3.79	652.00	119.84	16132
H0201	水田	13368	0.15	0.48	0.12	1.78	3.16	0.08	0.11	0.03	0.01	0.04	0.05	0.08	0.16	0.44	1.10	48.50	80.83	7960.6
H0201	旱地	15075	0.25	1.45	0.16	2.12	5.88	0.08	0.15	0.06	0.01	0.05	0.05	0.10	0.24	0.84	2.21	160.00	91.58	9793.5
H0202	水田	14045	0.21	1.20	0.13	1.85	5.56	0.10	0.11	0.02	0.01	0.05	0.06	0.09	0.14	0.68	3.38	66.09	31.39	1297.1
H0202	旱地	3351	0.30	1.95	0.15	2.12	6.45	0.10	0.12	0.04	0.04	0.05	0.06	0.09	0.18	1.31	4.85	71.97	28.13	917.35

表 7.34 贵州省不同流域主要耕地类型土壤碘元素（I）地球化学参数

（单位：mg/kg）

流域单元	耕地类型	样品件数/个	算术平均值	算术标准差	几何平均值	几何标准差	变异系数	众值	中位值	中位绝对离差	最小值	0.5%	2.5%	25%	75%	97.5%	99.5%	最大值	偏度系数	峰度系数
F02	水田	7	6.91	4.32	5.73	2.00	0.62	—	5.68	2.45	1.90	1.90	1.90	3.23	6.99	13.60	13.60	13.60	0.68	-0.83
F02	旱地	17506	6.22	3.81	4.98	2.05	0.61	10.40	5.63	2.85	0.15	0.70	1.07	2.99	8.80	14.60	17.50	40.40	0.74	0.42
F06	水田	3921	0.99	0.77	0.79	1.93	0.78	0.78	0.80	0.31	0.03	0.12	0.20	0.53	1.19	3.00	5.28	9.29	3.40	19.27
F06	旱地	30549	3.29	2.33	2.45	2.31	0.71	0.96	2.85	1.63	0.02	0.24	0.41	1.34	4.72	8.68	11.30	25.50	1.04	1.42
F0501	水田	24806	1.68	1.74	1.26	2.01	1.03	0.71	1.15	0.44	0.01	0.26	0.42	0.78	1.81	7.25	11.10	21.20	3.49	15.65
F0501	旱地	125186	4.97	3.35	3.85	2.17	0.67	10.20	4.44	2.18	0.01	0.46	0.71	2.35	6.76	13.10	17.40	59.50	1.25	3.02
F0502	水田	12332	1.43	1.38	1.08	2.01	0.97	0.84	0.97	0.37	0.03	0.22	0.35	0.67	1.56	5.65	8.40	13.60	3.05	12.27
F0502	旱地	32914	3.58	2.60	2.69	2.24	0.73	0.82	3.09	1.70	0.06	0.37	0.54	1.47	4.93	9.91	13.60	28.70	1.37	3.15
F07	水田	28626	1.20	1.21	0.96	1.79	1.00	0.65	0.86	0.26	0.12	0.38	0.43	0.65	1.26	4.74	8.22	24.30	5.11	40.37
F07	旱地	21458	3.95	3.15	2.89	2.29	0.80	0.86	3.25	1.91	0.22	0.46	0.59	1.52	5.60	11.40	17.10	55.10	2.12	11.52
H0101	水田	2986	2.16	1.97	1.64	2.04	0.91	1.20	1.60	0.67	0.30	0.38	0.47	1.02	2.48	8.38	12.20	18.60	2.94	11.51
H0101	旱地	16752	6.59	4.51	5.09	2.16	0.68	1.80	5.75	2.90	0.30	0.58	0.97	3.05	8.99	17.27	21.70	77.34	1.47	7.24
H0102	水田	9867	2.12	2.05	1.58	2.07	0.97	0.71	1.47	0.64	0.16	0.33	0.46	0.94	2.43	8.17	12.80	23.30	3.15	14.08
H0102	旱地	47706	6.00	4.47	4.50	2.22	0.75	10.10	4.82	2.64	0.11	0.58	0.88	2.56	8.33	16.94	23.18	41.60	1.42	2.89
H0201	水田	13368	1.36	1.54	1.00	2.01	1.13	0.68	0.87	0.31	0.10	0.28	0.37	0.62	1.39	6.34	9.99	19.00	3.91	20.34
H0201	旱地	15076	5.15	3.70	3.89	2.24	0.72	10.20, 10.60	4.28	2.23	0.19	0.45	0.64	2.37	7.06	14.50	19.00	41.70	1.36	2.96
H0202	水田	14045	1.12	1.30	0.88	1.79	1.16	0.60	0.77	0.19	0.13	0.32	0.42	0.61	1.04	5.22	8.52	21.05	5.39	41.20
H0202	旱地	3351	4.49	4.13	2.78	2.88	0.92	0.53	3.68	2.74	0.24	0.40	0.50	0.96	6.51	15.09	21.46	34.90	1.64	4.08

表 7.35　贵州省不同流域主要耕地类型土壤钾元素（K）地球化学参数

（单位：%）

流域单元	耕地类型	样品件数/个	算术平均值	算术标准差	几何平均值	几何标准差	变异系数	众值	中位值	中位绝对离差	最小值	0.5%	2.5%	25%	75%	97.5%	99.5%	最大值	偏度系数	峰度系数
F02	水田	7	0.95	0.33	0.90	1.39	0.35	—	0.88	0.16	0.55	0.55	0.55	0.72	1.01	1.58	1.58	1.58	1.18	2.09
	旱地	17506	1.20	0.55	1.09	1.55	0.46	0.99	1.07	0.27	0.16	0.33	0.45	0.84	1.44	2.66	3.25	4.17	1.29	1.89
F06	水田	3921	2.03	0.64	1.92	1.44	0.32	2.28、2.08	2.06	0.45	0.32	0.60	0.78	1.58	2.48	3.20	3.88	5.61	0.06	0.09
	旱地	30549	2.09	0.81	1.92	1.57	0.39	2.02	2.10	0.53	0.03	0.48	0.66	1.54	2.61	3.81	4.43	6.29	0.27	0.04
F0501	水田	24806	2.01	0.87	1.81	1.59	0.44	1.25	1.89	0.61	0.15	0.47	0.66	1.33	2.59	3.86	4.76	10.15	0.75	1.22
	旱地	125187	1.94	0.92	1.71	1.68	0.48	1.64	1.81	0.65	0.08	0.39	0.57	1.22	2.53	3.96	4.68	10.46	0.67	0.28
F0502	水田	12332	2.38	0.78	2.25	1.42	0.33	2.75	2.43	0.47	0.27	0.73	0.97	1.85	2.83	3.89	5.11	11.26	0.81	4.83
	旱地	32915	2.17	0.79	2.02	1.49	0.36	2.14	2.16	0.57	0.21	0.61	0.82	1.58	2.71	3.74	4.57	10.20	0.53	1.58
F07	水田	28626	1.86	0.87	1.62	1.76	0.47	1.68	1.80	0.58	0.13	0.25	0.38	1.24	2.41	3.68	4.42	13.35	0.57	1.50
	旱地	21458	1.96	0.98	1.70	1.76	0.50	1.54	1.81	0.67	0.11	0.29	0.47	1.23	2.60	4.14	4.99	8.65	0.75	0.71
H0101	水田	2986	1.85	0.71	1.70	1.53	0.39	1.91	1.81	0.48	0.23	0.46	0.64	1.33	2.30	3.40	3.97	4.78	0.47	0.15
	旱地	16752	1.89	0.91	1.66	1.72	0.48	1.53	1.77	0.61	0.01	0.29	0.48	1.21	2.45	3.95	4.66	5.75	0.66	0.22
H0102	水田	9867	1.72	0.66	1.59	1.52	0.38	1.49	1.67	0.47	0.17	0.44	0.63	1.22	2.17	3.15	3.69	4.49	0.47	0.03
	旱地	47706	1.67	0.88	1.42	1.82	0.53	0.82	1.55	0.63	0.02	0.25	0.39	0.96	2.23	3.64	4.25	6.57	0.68	0.08
H0201	水田	13368	1.26	0.82	1.03	1.95	0.65	0.53	1.09	0.57	0.05	0.21	0.28	0.60	1.84	2.80	3.26	4.47	0.61	3.21
	旱地	15076	1.26	0.79	1.01	2.02	0.63	0.67	1.06	0.53	0.06	0.16	0.24	0.62	1.81	2.97	3.56	4.97	0.77	-0.10
H0202	水田	14045	1.92	0.60	1.81	1.44	0.31	1.83	1.92	0.30	0.16	0.42	0.65	1.61	2.21	3.20	4.22	5.79	0.57	3.10
	旱地	3351	1.78	0.79	1.58	1.67	0.45	1.92	1.78	0.47	0.18	0.31	0.49	1.21	2.20	3.65	4.40	5.48	0.66	1.06

表 7.36　贵州省不同流域主要耕地类型土壤锰元素（Mn）地球化学参数

（单位：mg/kg）

流域单元	耕地类型	样品件数/个	算术平均值	算术标准差	几何平均值	几何标准差	变异系数	众值	中位值	中位绝对离差	最小值	0.5%	2.5%	25%	75%	97.5%	99.5%	最大值	偏度系数	峰度系数
F02	水田	7	1000	380	934	1.51	0.38	—	1069	233	471	471	471	656	1142	1608	1608	1608	0.19	-0.21
	旱地	17506	1122	600	973	1.75	0.53	1120、862、976	1038	379	85	169	272	692	1469	2366	3272	11670	2.07	17.25
F06	水田	3921	467	324	392	1.79	0.69	311	398	138	73	95	123	271	553	1305	1949	5647	3.41	26.33
	旱地	30549	1004	643	822	1.94	0.64	608	865	388	13	122	187	538	1363	2500	3700	12610	1.87	9.80
F0501	水田	24806	585	606	431	2.20	1.04	272	440	212	23	49	81	262	734	1954	2994	49447	23.79	1731
	旱地	125176	1184	786	977	1.95	0.66	584	1107	445	5	116	206	670	1562	2680	3883	45910	9.67	372.97
F0502	水田	12332	635	498	507	1.91	0.78	346	472	193	78	121	167	318	785	1981	2994	7344	2.65	12.30
	旱地	32915	1128	793	909	1.96	0.70	530	970	436	76	158	226	578	1473	3178	4505	18069	2.80	22.83
F07	水田	28626	378	365	274	2.19	0.97	158	255	117	16	38	63	163	455	1395	2104	9434	3.48	28.72
	旱地	21458	900	704	670	2.27	0.78	1180	744	392	16	61	114	394	1217	2590	3673	13300	2.65	21.97
H0101	水田	2986	840	725	609	2.34	0.86	334、314、562	671	331	15	64	91	391	1077	2761	4387	6984	2.74	12.41
	旱地	16752	1515	1160	1198	2.02	0.77	1447	1260	469	18	127	247	817	1766	5041	6783	13721	2.46	8.79
H0102	水田	9866	776	732	563	2.27	0.94	250	582	309	23	63	107	326	1017	2558	4062	25172	6.51	144.43
	旱地	47703	1394	1138	1096	2.09	0.82	1131、1090	1204	487	11	86	186	748	1734	4133	6168	96941	16.42	1135
H0201	水田	13368	386	506	230	2.72	1.31	116	226	145	18	32	41	105	468	1773	3214	7825	4.44	32.70
	旱地	15076	1281	1157	815	2.86	0.90	179	892	591	8	42	78	425	1854	4190	5276	23945	1.86	11.83
H0202	水田	14045	233	201	191	1.81	0.86	114	184	65	20	44	66	129	269	742	1379	5841	5.83	75.95
	旱地	3351	521	545	364	2.28	1.05	177	332	166	22	47	83	202	640	1987	2946	7921	3.84	29.00

表 7.37　贵州省不同流域主要耕地类型土壤钼元素（Mo）地球化学参数　（单位：mg/kg）

流域单元	耕地类型	样品件数/个	算术平均值	算术标准差	几何平均值	几何标准差	变异系数	众值	中位值	中位绝对离差	最小值	0.5%	2.5%	25%	75%	97.5%	99.5%	最大值	偏度系数	峰度系数
F02	水田	7	1.40	0.36	1.36	1.30	0.25	—	1.45	0.34	0.94	0.94	0.94	1.08	1.64	1.84	1.84	1.84	-0.08	-2.06
F02	旱地	17506	1.99	1.35	1.76	1.60	0.68	1.94	1.80	0.51	0.30	0.55	0.73	1.30	2.33	4.66	7.52	46.50	9.84	209.12
F06	水田	3921	1.15	2.01	0.78	2.10	1.74	0.42	0.66	0.27	0.20	0.24	0.29	0.45	1.20	4.21	14.10	48.60	10.32	155.87
F06	旱地	30549	1.65	2.05	1.23	2.07	1.24	0.40	1.25	0.59	0.17	0.27	0.33	0.74	2.00	5.01	12.10	95.30	12.83	333.49
F0501	水田	24806	2.07	2.69	1.46	2.22	1.30	0.54	1.48	0.75	0.05	0.26	0.33	0.84	2.48	6.92	14.40	103.00	12.01	278.08
F0501	旱地	125186	2.40	3.18	1.90	1.89	1.33	1.40	1.87	0.68	0.01	0.34	0.53	1.29	2.76	7.04	14.40	506.00	53.66	6853.84
F0502	水田	12332	1.42	1.88	1.33	2.14	1.33	0.44	0.94	0.46	0.09	0.29	0.32	0.55	1.64	5.18	13.50	42.40	7.42	87.77
F0502	旱地	32915	1.80	2.02	1.17	2.11	1.12	0.48	1.36	0.66	0.05	0.30	0.35	0.76	2.13	6.11	13.00	48.80	7.33	99.31
F07	水田	28626	1.81	3.05	1.80	2.32	1.68	0.51	1.06	0.57	0.16	0.31	0.32	0.61	2.08	7.35	16.70	103.00	12.12	246.73
F07	旱地	21458	2.73	5.34	2.32	2.32	1.96	0.32	1.82	0.95	0.24	0.20	0.37	1.00	3.08	9.69	25.40	272.00	21.92	809.22
H0101	水田	2986	2.28	3.00	1.53	2.47	1.32	0.42	1.71	0.95	0.20	0.34	0.46	0.88	2.79	7.92	15.00	101.00	14.48	409.85
H0101	旱地	16752	3.26	6.30	2.14	2.30	1.93	1.20、1.23、1.15	1.98	0.90	0.20	0.23	0.31	1.24	3.40	14.00	26.20	433.00	28.45	1526.18
H0102	水田	9867	2.11	2.04	1.54	2.22	0.97	0.33	1.59	0.77	0.10	0.35	0.48	0.92	2.56	7.36	11.80	44.20	4.53	46.12
H0102	旱地	47706	2.56	3.05	1.91	2.05	1.19	1.32	1.87	0.78	0.10	0.24	0.30	1.20	2.91	8.85	16.90	156.00	13.12	404.36
H0201	水田	13368	1.74	1.97	1.21	2.25	1.13	0.42	1.17	0.60	0.18	0.28	0.35	0.67	2.06	6.74	12.50	45.40	5.28	54.63
H0201	旱地	15076	2.23	2.30	1.59	2.26	1.03	0.39	1.60	0.84	0.17	0.24	0.30	0.92	2.76	8.09	14.50	37.70	4.34	34.17
H0202	水田	14045	0.85	1.87	0.61	1.85	2.20	0.32	0.54	0.15	0.15	0.26	0.30	0.41	0.75	3.28	8.96	67.10	16.80	396.19
H0202	旱地	3351	1.50	2.39	1.00	2.18	1.59	0.53	0.88	0.38	0.20	0.26	0.32	0.57	1.50	7.10	14.10	47.40	7.82	93.59

表 7.38　贵州省不同流域主要耕地类型土壤氮元素（N）地球化学参数　（单位：g/kg）

流域单元	耕地类型	样品件数/个	算术平均值	算术标准差	几何平均值	几何标准差	变异系数	众值	中位值	中位绝对离差	最小值	0.5%	2.5%	25%	75%	97.5%	99.5%	最大值	偏度系数	峰度系数
F02	水田	7	1.99	0.69	1.86	1.53	0.35	—	2.27	0.27	0.86	0.86	0.86	1.24	2.33	2.73	2.73	2.73	-0.91	-0.54
F02	旱地	17506	1.80	0.67	1.68	1.47	0.37	1.58、1.82	1.72	0.41	0.14	0.54	0.75	1.33	2.16	3.43	4.10	6.05	0.89	1.45
F06	水田	3921	1.85	0.64	1.75	1.42	0.35	1.71	1.78	0.43	0.27	0.66	0.84	1.37	2.24	3.29	3.92	6.66	0.79	1.26
F06	旱地	30549	1.66	0.53	1.58	1.39	0.32	1.54	1.62	0.33	0.14	0.58	0.77	1.30	1.96	2.86	3.46	5.40	0.73	1.44
F0501	水田	24806	2.23	0.76	2.10	1.41	0.34	1.79	2.12	0.48	0.16	0.78	1.06	1.68	2.66	3.98	4.81	11.06	0.95	2.19
F0501	旱地	125187	1.90	0.59	1.81	1.35	0.31	1.69	1.80	0.33	0.23	0.75	1.00	1.50	2.19	3.33	4.10	12.20	1.31	4.95
F0502	水田	12332	1.86	0.49	1.80	1.30	0.26	1.76	1.80	0.29	0.27	0.84	1.08	1.53	2.12	3.03	3.61	4.95	0.92	1.95
F0502	旱地	32915	1.57	0.42	1.52	1.29	0.26	1.47	1.52	0.25	0.10	0.71	0.92	1.29	1.79	2.54	3.16	6.27	1.15	3.74
F07	水田	28626	2.37	0.81	2.24	1.40	0.34	2.07	2.24	0.49	0.30	0.90	1.17	1.79	2.80	4.33	5.30	9.21	1.09	2.18
F07	旱地	21458	1.72	0.56	1.63	1.37	0.33	1.48	1.64	0.30	0.26	0.59	0.85	1.36	1.98	3.10	3.93	7.61	1.47	5.78
H0101	水田	2986	2.23	0.85	2.08	1.46	0.38	2.33	2.11	0.54	0.57	0.80	0.99	1.61	2.68	4.25	5.28	7.89	1.11	2.39
H0101	旱地	16752	2.20	0.89	1.97	1.37	8.57	1.81、1.95	2.00	0.37	0.22	0.77	1.02	1.65	2.39	3.53	4.39	8.51	1.29	1.67
H0102	水田	9867	2.23	0.78	2.10	1.41	0.35	2.09	2.13	0.50	0.53	0.83	1.05	1.67	2.69	3.98	5.01	9.45	1.10	3.42
H0102	旱地	47706	2.02	0.68	1.91	1.40	0.34	1.97	1.94	0.41	0.18	0.74	0.96	1.56	2.51	3.59	4.53	9.54	1.13	3.49
H0201	水田	13368	2.12	0.73	2.01	1.40	0.34	1.74	2.02	0.44	0.33	0.77	1.04	1.61	2.27	3.80	4.73	13.83	1.37	7.61
H0201	旱地	15076	1.72	0.59	1.63	1.39	0.34	1.58	1.63	0.32	0.14	0.57	0.83	1.34	1.99	3.11	4.02	11.50	1.90	12.79
H0202	水田	14045	2.44	0.74	2.33	1.37	0.30	2.24	2.39	0.48	0.33	0.86	1.18	1.93	2.90	4.02	4.79	7.12	0.60	1.01
H0202	旱地	3351	1.84	0.70	1.71	1.47	0.38	1.78	1.75	0.43	0.29	0.49	0.73	1.36	2.22	3.48	4.34	6.82	1.02	2.38

表 7.39　贵州省不同流域主要耕地类型土壤镍元素（Ni）地球化学参数

（单位：mg/kg）

流域单元	耕地类型	样品件数/个	算术平均值	算术标准差	几何平均值	几何标准差	变异系数	众值	中位值	中位绝对离差	最小值	累积频率值 0.5%	2.5%	25%	75%	97.5%	99.5%	最大值	偏度系数	峰度系数
F02	水田	7	36.53	9.75	35.35	1.33	0.27	—	37.60	6.20	24.00	24.00	24.00	24.50	40.00	50.70	50.70	50.70	-0.11	-0.82
	旱地	17506	59.91	23.74	54.94	1.55	0.40	102.00	58.30	15.50	7.27	13.20	19.10	42.90	73.80	113.00	133.00	203.00	0.57	0.52
F06	水田	3921	35.79	15.11	33.13	1.48	0.42	35.70	33.50	7.50	7.15	11.10	14.70	26.20	41.20	79.70	94.00	150.00	1.76	5.37
	旱地	30549	46.22	21.40	42.01	1.54	0.46	36.00	39.90	10.10	0.03	12.90	18.40	31.70	55.80	95.70	114.00	373.00	1.55	6.48
F0501	水田	24806	37.54	18.38	33.95	1.59	0.49	31.00	35.00	8.00	2.00	6.12	10.70	27.50	43.70	80.60	99.50	935.00	7.70	277.29
	旱地	125187	51.04	24.73	45.82	1.60	0.48	35.00	44.70	14.00	1.32	11.00	18.40	33.40	65.40	103.20	135.00	822.00	2.03	19.25
F0502	水田	12332	38.03	10.09	36.80	1.29	0.27	38.10、37.60	37.40	5.70	11.40	17.60	21.70	31.50	43.00	63.40	80.40	125.00	1.30	4.44
	旱地	32915	39.23	13.91	37.21	1.37	0.35	30.00	36.80	6.80	5.35	16.62	20.50	30.40	44.20	78.00	95.80	315.30	2.07	12.03
F07	水田	28626	27.26	13.35	24.17	1.67	0.49	15.80	26.50	9.70	2.05	5.23	8.38	16.59	36.00	52.90	67.30	532.00	3.39	86.76
	旱地	21458	34.52	18.13	31.05	1.61	0.53	34.10	33.80	8.84	2.29	7.01	10.20	24.50	42.20	67.10	89.50	861.00	10.82	372.64
H0101	水田	2986	48.05	25.00	41.11	1.81	0.52	21.70	44.70	19.40	2.70	7.72	12.50	27.10	67.00	101.00	111.00	136.00	0.49	-0.57
	旱地	16752	64.69	26.39	58.47	1.63	0.41	102.00	64.18	18.13	2.30	10.70	17.50	46.00	82.30	118.00	142.46	215.24	0.35	0.34
H0102	水田	9867	43.83	22.30	38.58	1.68	0.51	33.10	38.50	13.20	1.00	9.06	13.70	27.40	56.70	95.20	110.00	395.15	1.26	6.42
	旱地	47706	59.42	26.83	52.88	1.68	0.45	101.00	57.94	18.94	0.48	10.10	16.40	38.91	76.80	114.00	144.46	350.47	0.69	1.68
H0201	水田	13368	26.12	16.85	22.39	1.80	0.64	22.20	24.50	8.50	1.54	3.44	5.30	16.30	33.50	58.40	74.50	1159.00	23.42	1530.71
	旱地	15076	35.26	19.71	30.27	1.78	0.56	32.00	31.65	11.05	1.23	4.47	8.34	21.70	44.70	80.90	106.00	523.00	2.29	28.42
H0202	水田	14045	17.81	7.83	16.59	1.45	0.44	16.80	16.50	3.10	1.45	5.11	8.05	13.60	19.90	37.50	52.78	226.00	4.90	79.22
	旱地	3351	21.19	11.75	18.89	1.60	0.55	16.80	18.20	4.80	1.87	4.37	7.85	14.21	24.84	49.40	75.40	185.00	3.14	21.51

表 7.40　贵州省不同流域主要耕地类型土壤磷元素（P）地球化学参数

（单位：g/kg）

流域单元	耕地类型	样品件数/个	算术平均值	算术标准差	几何平均值	几何标准差	变异系数	众值	中位值	中位绝对离差	最小值	累积频率值 0.5%	2.5%	25%	75%	97.5%	99.5%	最大值	偏度系数	峰度系数
F02	水田	7	0.89	0.25	0.86	1.34	0.28	—	0.91	0.14	0.52	0.52	0.52	0.74	0.92	1.32	1.32	1.32	0.35	0.88
	旱地	17506	1.04	0.42	0.96	1.52	0.40	0.98	1.01	0.28	0.14	0.30	0.40	0.73	1.30	1.93	2.32	13.25	2.01	41.52
F06	水田	3921	0.57	0.30	0.51	1.59	0.52	0.34	0.51	0.16	0.14	0.18	0.22	0.37	0.71	1.21	1.47	5.83	3.92	47.04
	旱地	30549	0.72	0.38	0.65	1.57	0.52	0.55、0.58	0.67	0.20	0.01	0.19	0.26	0.49	0.90	1.43	1.98	21.69	10.08	393.26
F0501	水田	24806	0.76	0.37	0.70	1.47	0.49	0.62	0.71	0.18	0.09	0.26	0.32	0.54	0.90	1.44	1.95	14.13	9.58	242.33
	旱地	125187	0.93	0.62	0.85	1.50	0.66	0.71	0.85	0.22	0.07	0.28	0.38	0.65	1.11	1.83	2.43	47.06	28.06	1518.40
F0502	水田	12332	0.66	0.22	0.63	1.38	0.33	0.56	0.63	0.14	0.15	0.29	0.34	0.50	0.79	1.16	1.40	4.84	1.48	11.77
	旱地	32915	0.67	0.25	0.63	1.43	0.37	0.53	0.63	0.14	0.08	0.22	0.31	0.50	0.79	1.26	1.57	6.17	1.66	12.01
F07	水田	28626	0.62	0.28	0.57	1.45	0.45	0.54	0.57	0.14	0.07	0.22	0.28	0.44	0.74	1.15	1.53	15.74	10.63	421.71
	旱地	21458	0.67	0.40	0.61	1.51	0.59	0.55	0.62	0.15	0.05	0.17	0.26	0.48	0.79	1.31	2.15	20.60	16.17	589.13
H0101	水田	2986	1.07	0.46	0.97	1.58	0.43	0.59	1.07	0.36	0.27	0.33	0.40	0.66	1.38	2.07	2.32	4.64	0.61	1.03
	旱地	16752	1.02	0.42	0.92	1.58	9.97	1.00	1.12	0.34	0.02	0.44	0.44	0.81	1.51	2.46	3.24	16.96	12.88	166.43
H0102	水田	9867	0.93	0.40	0.84	1.58	0.44	0.54	0.86	0.31	0.15	0.24	0.37	0.58	1.23	1.76	2.10	3.07	0.60	-0.17
	旱地	47706	1.07	0.51	0.96	1.62	0.48	0.73	1.01	0.34	0.01	0.29	0.37	0.68	1.37	2.22	2.89	14.31	1.53	13.03
H0201	水田	13367	0.58	0.25	0.54	1.48	0.43	0.46	0.53	0.13	0.09	0.19	0.25	0.42	0.69	1.19	1.65	3.00	2.04	9.15
	旱地	15075	0.70	0.40	0.62	1.64	0.57	0.50	0.61	0.17	0.01	0.15	0.23	0.46	0.82	1.79	2.65	4.54	2.48	10.38
H0202	水田	14042	0.52	0.20	0.49	1.44	0.39	0.43	0.49	0.11	0.08	0.18	0.24	0.38	0.62	1.00	1.30	3.10	1.80	9.35
	旱地	3350	0.55	0.32	0.48	1.62	0.59	0.53	0.49	0.14	0.08	0.13	0.18	0.36	0.66	1.22	1.82	7.99	7.03	122.75

表 7.41　贵州省不同流域主要耕地类型土壤铅元素（Pb）地球化学参数　（单位：mg/kg）

流域单元	耕地类型	样品件数/个	算术平均值	算术标准差	几何平均值	几何标准差	变异系数	众值	中位值	中位绝对离差	最小值	累积频率值 0.5%	2.5%	25%	75%	97.5%	99.5%	最大值	偏度系数	峰度系数
F02	水田	7	50.77	23.25	45.02	1.79	0.46	—	53.00	11.10	14.80	14.80	14.80	31.40	57.10	87.40	87.40	87.40	-0.04	0.43
F02	旱地	17506	68.27	148.04	47.42	2.06	2.17	30.30、102.00	46.00	17.90	6.59	10.30	13.80	29.90	67.00	263.00	655.00	10598.00	30.01	1656.87
F06	水田	3921	31.22	26.03	29.85	1.29	0.83	29.50	29.50	4.10	9.57	15.80	18.60	25.80	34.00	51.00	77.70	1557.00	51.57	3013.96
F06	旱地	30549	34.01	17.65	32.00	1.39	0.52	30.40	31.40	6.00	7.17	14.60	17.70	26.10	38.60	63.30	97.60	1010.00	19.87	855.03
F0501	水田	24806	36.42	28.35	33.53	1.44	0.78	30.40	32.50	6.20	5.58	14.00	17.70	27.10	40.00	74.20	119.00	1960.00	30.16	1569.62
F0501	旱地	125187	46.94	179.37	37.03	1.64	3.82	30.40	34.90	8.80	0.06	13.90	17.70	27.40	46.20	114.00	399.00	35736.00	124.11	16313.2
F0502	水田	12332	37.42	13.27	36.20	1.27	0.35	31.20	36.00	4.27	8.40	20.43	24.60	31.30	40.40	62.10	88.30	479.00	12.35	315.56
F0502	旱地	32915	39.45	78.42	37.09	1.33	1.99	32.60	35.00	5.44	8.56	18.50	22.60	31.27	42.70	70.70	100.00	13500.00	155.35	26419.5
F07	水田	28626	45.90	93.26	36.78	1.68	2.03	26.80	32.22	7.42	5.64	13.60	17.60	26.70	47.30	123.00	339.00	5619.00	29.06	1169.14
F07	旱地	21458	69.79	214.14	46.07	1.92	3.07	32.60	40.30	13.10	4.62	15.30	19.30	29.90	62.70	223.00	1084.0	9042.00	20.33	583.81
H0101	水田	2986	34.55	17.40	31.17	1.55	0.50	26.80	28.70	7.30	6.48	11.10	14.90	23.20	40.80	80.10	102.00	160.00	1.76	4.34
H0101	旱地	16752	38.17	21.85	33.62	1.62	0.57	28.30	30.90	8.70	6.03	11.79	14.98	24.10	45.60	95.20	128.00	318.00	2.16	8.80
H0102	水田	9867	33.08	45.00	29.37	1.50	1.36	23.80	27.80	5.80	6.61	12.80	15.60	22.80	35.40	69.20	123.00	2101.00	34.17	1448.86
H0102	旱地	47706	40.99	114.80	31.94	1.68	2.80	26.80	29.70	8.00	3.06	11.40	14.40	23.20	41.30	89.50	350.00	6698.00	32.26	1373.27
H0201	水田	13366	26.51	11.99	24.89	1.41	0.45	26.40	25.20	5.20	3.55	10.10	12.60	20.10	30.40	51.50	68.50	671.00	14.71	660.59
H0201	旱地	15076	33.33	15.00	30.31	1.55	0.45	26.40	29.80	8.10	3.76	9.33	12.80	22.90	40.40	69.60	81.20	193.00	1.20	2.46
H0202	水田	14045	27.89	12.50	26.68	1.31	0.45	24.80	26.51	3.23	8.48	12.60	15.40	23.43	29.96	48.30	86.80	528.00	14.98	435.23
H0202	旱地	3351	30.88	20.70	28.36	1.43	0.67	24.70、25.20	27.30	4.35	5.62	11.90	15.44	23.47	32.59	63.98	150.04	387.32	9.26	121.48

表 7.42　贵州省不同流域主要耕地类型土壤硒元素（Se）地球化学参数　（单位：mg/kg）

流域单元	耕地类型	样品件数/个	算术平均值	算术标准差	几何平均值	几何标准差	变异系数	众值	中位值	中位绝对离差	最小值	累积频率值 0.5%	2.5%	25%	75%	97.5%	99.5%	最大值	偏度系数	峰度系数
F02	水田	7	0.47	0.20	0.43	1.69	0.42	—	0.46	0.17	0.16	0.16	0.16	0.29	0.62	0.70	0.70	0.70	-0.49	-0.96
F02	旱地	17506	0.50	0.25	0.42	1.83	0.51	0.60、0.52	0.49	0.18	0.01	0.07	0.10	0.30	0.65	1.00	1.30	4.07	1.16	7.73
F06	水田	3921	0.49	0.32	0.43	1.63	0.65	0.26	0.42	0.13	0.06	0.14	0.19	0.31	0.57	1.32	1.88	7.37	5.23	73.75
F06	旱地	30547	0.61	0.38	0.53	1.71	0.63	0.46	0.52	0.17	0.02	0.13	0.18	0.38	0.74	1.49	2.18	12.80	4.53	70.20
F0501	水田	24806	0.57	0.46	0.48	1.71	0.81	0.36	0.48	0.16	0.01	0.13	0.19	0.34	0.66	1.52	2.40	40.07	28.41	2257.01
F0501	旱地	125184	0.67	0.42	0.59	1.62	0.63	0.49	0.58	0.17	0.01	0.17	0.24	0.43	0.80	1.55	2.44	24.90	8.50	245.17
F0502	水田	12332	0.42	0.24	0.38	1.54	0.56	0.32	0.37	0.09	0.03	0.15	0.18	0.28	0.48	1.03	1.66	3.76	3.69	24.58
F0502	旱地	32915	0.47	0.28	0.42	1.57	0.59	0.36	0.40	0.10	0.03	0.15	0.19	0.31	0.53	1.22	1.85	5.98	3.65	28.00
F07	水田	28626	0.49	0.39	0.43	1.57	0.80	0.41	0.42	0.10	0.02	0.16	0.20	0.33	0.53	1.31	2.61	16.90	10.46	228.14
F07	旱地	21458	0.55	0.44	0.49	1.58	0.79	0.43	0.47	0.11	0.04	0.16	0.21	0.37	0.61	1.39	2.96	15.10	9.91	185.12
H0101	水田	2986	0.39	0.39	0.33	1.62	1.02	0.27	0.33	0.10	0.09	0.11	0.14	0.24	0.44	0.94	1.64	15.40	22.13	755.63
H0101	旱地	16752	0.45	0.33	0.39	1.69	0.73	0.32	0.38	0.12	0.03	0.11	0.15	0.28	0.52	1.17	1.92	10.50	7.60	135.03
H0102	水田	9867	0.50	0.33	0.43	1.69	0.66	0.26	0.42	0.13	0.08	0.13	0.17	0.30	0.58	1.39	2.04	7.26	3.57	31.04
H0102	旱地	47706	0.52	0.35	0.45	1.76	0.66	0.30	0.44	0.15	0.01	0.10	0.15	0.31	0.64	1.37	2.07	11.20	3.95	48.42
H0201	水田	13368	0.47	0.32	0.41	1.63	0.67	0.30	0.40	0.12	0.01	0.16	0.18	0.30	0.55	1.25	2.14	11.00	6.45	123.79
H0201	旱地	15076	0.55	0.30	0.49	1.56	0.56	0.51	0.49	0.13	0.07	0.16	0.21	0.37	0.64	1.23	2.09	6.15	4.63	46.19
H0202	水田	14045	0.40	0.26	0.37	1.47	0.65	0.32	0.36	0.07	0.07	0.13	0.18	0.29	0.44	0.84	1.74	9.71	10.80	225.03
H0202	旱地	3351	0.58	0.40	0.51	1.61	0.70	0.32	0.50	0.16	0.10	0.16	0.22	0.36	0.70	1.29	2.38	10.50	8.93	161.17

表 7.43　贵州省不同流域主要耕地类型土壤铊元素（Tl）地球化学参数

（单位：mg/kg）

流域单元	耕地类型	样品件数/个	算术平均值	算术标准差	几何平均值	几何标准差	变异系数	众值	中位值	中位绝对离差	最小值	累积频率值 0.5%	2.5%	25%	75%	97.5%	99.5%	最大值	偏度系数	峰度系数
F02	水田	7	0.57	0.23	0.53	1.55	0.39	—	0.58	0.19	0.27	0.27	0.27	0.36	0.75	0.85	0.85	0.85	-0.12	-1.91
	旱地	17506	0.67	0.33	0.60	1.60	0.49	0.74	0.63	0.20	0.10	0.18	0.23	0.43	0.82	1.45	1.96	7.36	2.15	17.93
F06	水田	3921	0.69	0.22	0.66	1.37	0.32	0.68	0.67	0.13	0.20	0.28	0.34	0.54	0.81	1.19	1.68	2.41	1.49	5.94
	旱地	30549	0.69	0.24	0.65	1.40	0.34	0.68	0.68	0.14	0.17	0.26	0.32	0.54	0.81	1.21	1.66	3.59	1.62	9.24
F0501	水田	24806	0.72	0.26	0.68	1.39	0.36	0.74	0.71	0.13	0.11	0.23	0.32	0.58	0.84	1.17	1.75	6.74	4.21	56.30
	旱地	125185	0.70	0.31	0.66	1.45	0.45	0.70	0.69	0.15	0.01	0.23	0.30	0.53	0.83	1.27	1.96	19.41	10.36	412.15
F0502	水田	12332	0.83	0.20	0.80	1.26	0.25	0.86	0.82	0.10	0.27	0.39	0.49	0.71	0.92	1.28	1.75	3.15	1.94	11.89
	旱地	32915	0.80	0.21	0.78	1.30	0.27	0.78	0.79	0.12	0.21	0.35	0.43	0.67	0.92	1.25	1.65	5.34	1.54	12.61
F07	水田	28626	0.70	0.26	0.66	1.41	0.37	0.50	0.67	0.15	0.12	0.23	0.32	0.52	0.83	1.24	1.76	7.15	2.80	31.22
	旱地	21458	0.79	0.29	0.75	1.38	0.37	0.78	0.77	0.14	0.10	0.29	0.39	0.62	0.91	1.41	2.18	6.54	3.54	35.97
H0101	水田	2986	0.75	0.36	0.68	1.51	0.48	0.69	0.68	0.16	0.16	0.24	0.30	0.53	0.85	1.58	2.55	5.50	3.01	20.77
	旱地	16752	0.80	0.48	0.70	1.69	0.60	0.62	0.72	0.22	0.06	0.18	0.23	0.52	0.96	1.87	2.86	14.60	4.66	71.07
H0102	水田	9867	0.67	0.35	0.61	1.57	0.52	0.61	0.63	0.17	0.12	0.19	0.24	0.46	0.81	1.41	2.07	9.99	5.45	92.50
	旱地	47706	0.72	0.87	0.61	1.70	1.22	0.69	0.65	0.21	0.04	0.16	0.21	0.43	0.86	1.59	2.93	114.00	64.20	7127.76
H0201	水田	13368	0.57	0.28	0.53	1.52	0.49	0.66、0.32	0.56	0.16	0.08	0.16	0.22	0.39	0.71	1.06	1.49	15.40	13.89	635.37
	旱地	15076	0.71	0.34	0.65	1.54	0.48	0.66	0.67	0.18	0.05	0.19	0.26	0.49	0.85	1.45	1.99	8.51	3.86	52.67
H0202	水田	14045	0.59	0.19	0.57	1.29	0.33	0.54	0.57	0.07	0.12	0.23	0.36	0.50	0.64	1.02	1.61	6.66	6.62	113.91
	旱地	3351	0.66	0.36	0.62	1.38	0.55	0.58	0.60	0.10	0.12	0.26	0.37	0.51	0.72	1.32	2.21	10.90	12.76	289.12

表 7.44　贵州省不同流域主要耕地类型土壤钒元素（V）地球化学参数

（单位：mg/kg）

流域单元	耕地类型	样品件数/个	算术平均值	算术标准差	几何平均值	几何标准差	变异系数	众值	中位值	中位绝对离差	最小值	累积频率值 0.5%	2.5%	25%	75%	97.5%	99.5%	最大值	偏度系数	峰度系数
F02	水田	7	143.94	82.16	130.64	1.54	0.57	—	127.00	20.00	84.60	84.60	84.60	101.00	130.00	326.00	326.00	326	2.39	6.03
	旱地	17506	226.74	115.38	199.23	1.67	0.51	144.00	188.00	66.00	26.81	53.20	72.50	139.00	309.00	472.00	525.00	824	0.77	-0.42
F06	水田	3921	108.75	47.18	101.52	1.42	0.43	108.00	98.80	17.30	27.90	42.00	54.00	82.10	117.00	242.00	304.00	878	3.09	23.56
	旱地	30549	142.16	64.40	130.20	1.51	0.45	110.00	122.00	32.00	1.40	48.80	63.80	97.00	176.00	288.00	364.00	1424	1.90	11.59
F0501	水田	24806	138.74	76.41	125.04	1.55	0.55	110.00	117.00	27.00	16.70	39.10	53.40	96.90	160.00	323.00	453.90	2140	4.84	69.22
	旱地	125176	186.70	98.16	167.28	1.58	0.53	106.00	163.00	48.00	14.60	56.47	74.20	120.00	223.00	452.79	557.00	3843	3.07	43.33
F0502	水田	12332	113.98	33.71	110.22	1.28	0.30	108.00	108.00	12.10	39.30	57.60	70.20	96.30	121.00	205.00	267.00	622	3.16	21.96
	旱地	32915	120.28	39.99	115.17	1.33	0.33	106.00	111.00	15.55	16.96	36.50	69.75	97.40	130.00	230.00	282.09	959	2.72	20.86
F07	水田	28626	98.82	64.73	89.74	1.50	0.66	105.00	92.00	23.60	13.90	37.40	43.78	67.60	115.00	194.00	429.00	2453	11.04	230.06
	旱地	21458	117.39	85.02	107.03	1.48	0.72	110.00	109.00	21.75	16.50	58.60	48.30	87.90	131.00	215.56	533.00	3474	14.08	327.06
H0101	水田	2986	201.87	97.41	178.42	1.67	0.48	104.00	194.00	77.00	37.40	69.90	71.60	116.00	270.00	405.00	497.00	839	0.76	1.15
	旱地	16752	257.12	107.33	235.00	1.55	0.42	203.00	241.13	67.16	3.55	54.18	88.10	183.00	322.33	489.00	604.00	1306	0.94	2.63
H0102	水田	9866	180.88	90.00	160.12	1.65	0.50	108.00、122.00、105.00	157.00	59.10	22.60	56.70	66.56	109.00	244.00	379.00	466.00	681	0.85	0.18
	旱地	47703	237.44	113.60	211.21	1.65	0.48	181.00	214.00	71.00	2.94	29.00	76.41	155.00	302.00	497.39	568.70	1294	0.86	0.67
H0201	水田	13368	104.96	48.62	95.26	1.56	0.46	106.00	98.40	26.00	13.80	32.20	37.30	72.80	125.00	227.00	305.00	895	1.86	9.92
	旱地	15076	127.34	60.42	115.19	1.57	0.47	104.00	116.00	31.00	4.03	33.30	44.90	88.20	152.00	280.00	366.00	916	1.88	8.69
H0202	水田	14045	77.28	45.41	72.68	1.36	0.59	65.80	72.50	12.04	17.40	32.20	42.70	60.50	84.60	142.99	252.15	1488	14.67	335.36
	旱地	3351	92.97	63.50	85.18	1.46	0.68	102.00	83.79	17.19	18.20	32.20	44.90	67.70	102.00	185.82	334.00	1685	12.84	254.08

表 7.45　贵州省不同流域主要耕地类型土壤锌元素（Zn）地球化学参数　　　　（单位：mg/kg）

流域单元	耕地类型	样品件数/个	算术平均值	算术标准差	几何平均值	几何标准差	变异系数	众值	中位值	中位绝对离差	最小值	0.5%	2.5%	25%	75%	97.5%	99.5%	最大值	偏度系数	峰度系数
F02	水田	7	115.64	30.70	111.69	1.34	0.27	133.00	124.00	17.00	65.00	65.00	65.00	90.50	133.00	157.00	157.00	157	-0.52	-0.10
	旱地	17506	170.16	139.33	149.16	1.61	0.82	138.00	147.00	34.00	24.80	39.30	56.10	117.00	187.00	418.00	896.00	6692	15.09	493.84
F06	水田	3921	89.03	27.94	85.34	1.34	0.31	101.00	87.60	15.40	20.00	34.00	45.00	72.00	103.00	141.00	190.00	804	5.04	111.66
	旱地	30549	100.65	39.52	95.88	1.36	0.39	104.00	96.70	18.50	1.29	38.40	50.20	80.00	118.00	162.00	225.00	1968	14.68	554.76
F0501	水田	24806	101.70	74.68	95.26	1.41	0.73	101.00	96.00	16.60	5.18	29.10	45.30	80.40	114.00	181.39	276.00	9042	73.73	8395.69
	旱地	125187	129.12	142.79	113.78	1.54	1.11	101.00	109.00	25.00	7.66	43.50	57.10	87.20	139.00	310.00	678.00	10895	29.23	1455.57
F0502	水田	12332	100.30	25.58	98.00	1.23	0.26	104.00、101.00	98.70	10.98	34.10	53.10	64.00	87.70	112.00	145.00	211.00	816	7.26	139.12
	旱地	32915	101.93	141.86	97.33	1.29	1.39	101.00	97.90	14.10	23.36	49.40	59.50	84.05	109.34	145.00	220.00	22562	129.40	19534.5
F07	水田	28626	106.68	90.68	95.62	1.54	0.85	102.00	94.95	20.06	9.24	23.40	41.15	76.16	112.00	240.00	481.00	8569	36.06	2825.12
	旱地	21458	134.36	161.51	112.16	1.66	1.20	101.00	105.00	24.65	8.01	32.30	49.64	84.40	117.00	381.80	1027.7	6581	13.71	306.19
H0101	水田	2986	115.09	201.33	101.08	1.55	1.75	108.00	103.00	29.00	17.70	35.60	44.40	75.90	134.00	236.00	289.00	10038	42.10	2009.51
	旱地	16752	137.83	62.54	126.72	1.50	0.45	104.00	125.67	29.97	1.75	43.70	58.20	98.08	159.11	295.00	382.00	1046	2.47	15.96
H0102	水田	9867	107.40	120.11	98.41	1.46	1.12	104.00	98.40	25.50	12.30	39.80	48.99	75.80	128.00	196.00	268.00	9744	57.78	4332.09
	旱地	47706	140.77	180.39	124.74	1.57	1.28	125.00	127.00	34.00	1.36	39.60	52.50	94.10	162.00	291.00	562.00	24626	77.62	9042.12
H0201	水田	13368	78.08	37.23	69.73	1.65	0.48	103.00、102.00	75.30	21.90	6.46	14.10	53.50	97.40	159.00	228.00	892	2.29	24.69
	旱地	15076	112.25	95.82	96.42	1.71	0.85	101.00	93.80	27.20	6.78	18.80	32.70	70.40	128.00	305.00	392.00	8450	44.41	3803.52
H0202	水田	14045	82.13	53.58	77.32	1.39	0.65	101.00	79.54	14.24	5.97	25.50	39.00	64.89	93.42	137.00	242.40	4745	51.02	4170.33
	旱地	3351	89.07	106.08	79.34	1.52	1.19	109.00	79.55	15.95	8.54	19.70	35.28	64.80	96.53	192.00	425.00	5215	35.16	1639.12

表 7.46　贵州省不同流域主要耕地类型土壤有机质地球化学参数　　　　（单位：g/kg）

流域单元	耕地类型	样品件数/个	算术平均值	算术标准差	几何平均值	几何标准差	变异系数	众值	中位值	中位绝对离差	最小值	0.5%	2.5%	25%	75%	97.5%	99.5%	最大值	偏度系数	峰度系数
F02	水田	7	38.70	14.47	35.59	1.62	0.37	—	43.60	6.20	14.80	14.80	14.80	22.40	46.10	53.30	53.30	53.30	-1.00	-0.50
	旱地	17506	34.00	15.29	30.93	1.56	0.45	28.40	31.30	8.50	0.11	8.64	12.40	23.60	41.10	73.40	90.50	296.00	1.56	7.72
F06	水田	3921	33.25	15.74	30.26	1.54	0.47	24.50	30.30	8.40	4.70	9.70	12.90	22.80	40.00	70.00	105.30	173.00	2.16	9.88
	旱地	30548	29.36	15.30	26.54	1.56	0.52	28.40	26.90	7.00	1.80	7.40	10.90	20.50	34.60	64.10	108.10	267.40	3.59	27.70
F0501	水田	24806	39.58	19.17	35.85	1.56	0.48	34.90	35.80	9.70	1.71	8.60	15.00	27.20	47.40	86.70	123.53	440.90	2.54	18.37
	旱地	125176	34.62	16.75	31.63	1.52	0.48	28.40	31.00	7.40	0.20	8.81	14.60	24.50	40.00	77.90	113.80	418.30	3.02	23.21
F0502	水田	12332	29.75	10.71	28.01	1.42	0.36	28.40	27.90	5.70	1.92	9.38	13.80	22.80	34.50	56.50	71.00	210.40	1.63	9.60
	旱地	32915	24.72	9.77	23.17	1.43	0.40	22.20	23.21	4.91	1.06	7.36	11.19	18.80	28.80	47.00	66.51	283.40	3.69	50.62
F07	水田	28626	37.11	15.17	34.34	1.49	0.41	26.20	34.07	8.87	2.20	11.70	16.00	26.40	45.00	74.82	91.94	223.00	1.36	4.32
	旱地	21458	26.87	11.38	24.94	1.47	0.42	23.10	24.97	5.47	1.00	7.00	11.60	20.00	31.00	53.66	75.90	237.60	2.83	22.49
H0101	水田	2986	39.30	16.36	36.32	1.49	0.42	30.10、40.80、25.30	37.20	9.80	9.60	13.20	16.40	27.70	47.20	77.80	108.00	161.20	1.51	4.76
	旱地	16752	37.55	17.76	34.70	1.47	0.47	34.30	34.60	7.12	1.88	10.80	16.40	28.00	42.50	79.50	129.83	337.36	4.11	36.16
H0102	水田	9866	39.94	19.19	36.48	1.51	0.48	28.60	35.86	9.26	2.77	13.50	17.30	27.60	47.00	88.70	128.60	339.83	2.66	16.67
	旱地	47703	38.27	20.30	34.55	1.55	0.53	29.60	34.10	9.00	1.76	10.59	15.00	26.20	44.90	86.86	138.65	420.34	3.65	30.53
H0201	水田	13368	35.70	14.88	33.32	1.45	0.42	28.20	33.40	7.70	1.24	10.60	16.40	26.40	42.20	68.10	87.20	608.50	6.26	178.47
	旱地	15076	28.45	10.99	26.63	1.45	0.39	23.40	26.70	5.60	0.50	6.90	12.50	21.70	33.30	54.20	74.50	215.00	2.41	18.65
H0202	水田	14045	37.23	12.67	35.21	1.40	0.34	26.20、28.10	35.30	7.94	5.59	13.40	18.00	28.20	44.38	67.70	85.26	115.51	1.04	2.04
	旱地	3351	29.20	11.93	27.03	1.49	0.41	25.00	26.90	6.12	2.41	6.21	11.03	21.55	34.48	57.20	78.27	140.70	1.63	6.15

表 7.47 贵州省不同流域主要耕地类型土壤 pH 地球化学参数

流域单元	耕地类型	样品件数/个	算术平均值	算术标准差	几何平均值	几何标准差	变异系数	众值	中位值	中位绝对离差	最小值	累积频率值 0.5%	2.5%	25%	75%	97.5%	99.5%	最大值	偏度系数	峰度系数
F02	水田	7	6.32	1.29	6.21	1.22	0.20	—	6.49	0.91	4.84		4.84	5.03	6.52	8.46	8.46	8.46	0.54	-0.44
	旱地	17506	5.89	1.00	5.81	1.18	0.17	5.12	5.63	0.63	3.40	4.40	4.58	5.11	6.52	8.11	8.32	8.64	0.75	-0.41
F06	水田	3921	6.18	1.03	6.09	1.18	0.17	5.71	5.93	0.72	3.13	4.48	4.74	5.33	6.95	8.22	8.40	8.74	0.52	-0.83
	旱地	30548	6.37	1.19	6.26	1.20	0.19	5.34	6.16	0.96	3.22	4.40	4.60	5.35	7.42	8.41	8.56	8.92	0.27	-1.19
F0501	水田	24806	6.33	1.03	6.24	1.18	0.16	5.58	6.18	0.81	3.02	4.34	4.68	5.48	7.20	8.12	8.27	9.32	0.23	-1.04
	旱地	125175	6.17	1.09	6.08	1.19	0.18	5.20	5.99	0.83	3.00	4.30	4.55	5.27	7.03	8.20	8.36	9.13	0.36	-0.99
F0502	水田	12332	6.19	0.98	6.11	1.17	0.16	5.37	5.95	0.65	4.22	4.58	4.81	5.40	6.86	8.14	8.28	8.80	0.58	-0.76
	旱地	32915	6.08	0.96	6.01	1.17	0.16	5.34	5.87	0.64	3.77	4.51	4.71	5.32	6.71	8.14	8.37	8.66	0.63	-0.52
F07	水田	28624	5.92	0.90	5.85	1.16	0.15	5.22	5.64	0.54	3.20	4.42	4.69	5.22	6.52	7.92	8.10	8.34	0.73	-0.45
	旱地	21458	5.98	1.01	5.89	1.18	0.17	4.90	5.75	0.72	3.11	4.23	4.51	5.15	6.76	8.06	8.20	8.86	0.49	-0.80
H0101	水田	2986	6.91	0.98	6.83	1.16	0.14	8.00	7.09	0.81	4.32	4.62	5.07	6.04	7.84	8.20	8.35	8.46	-0.38	-1.10
	旱地	16752	6.24	1.06	6.15	1.18	0.17	8.00	6.07	0.84	3.74	4.42	4.67	5.33	7.13	8.10	8.30	8.52	0.29	-1.12
H0102	水田	9866	6.47	1.01	6.39	1.17	0.16	8.00	6.40	0.84	3.49	4.39	4.73	5.64	7.35	8.11	8.22	8.45	0.02	-1.08
	旱地	47703	6.12	1.06	6.03	1.19	0.17	5.20	5.90	0.77	3.23	4.32	4.58	5.24	6.91	8.14	8.30	9.18	0.44	-0.90
H0201	水田	13368	5.99	0.89	5.93	1.15	0.15	5.36	5.77	0.54	3.92	4.42	4.71	5.33	6.53	7.95	8.18	8.51	0.71	-0.32
	旱地	15076	5.85	0.94	5.77	1.17	0.16	5.08	5.69	0.67	3.28	4.13	4.44	5.10	6.52	7.85	8.16	8.78	0.49	-0.56
H0202	水田	14045	5.30	0.50	5.28	1.09	0.09	5.16	5.21	0.19	3.76	4.38	4.64	5.03	5.42	6.87	7.79	8.43	2.32	8.00
	旱地	3351	5.33	0.65	5.29	1.12	0.12	5.20	5.22	0.29	3.40	4.08	4.37	4.94	5.54	7.24	7.84	8.29	1.42	3.07

第八章　结论与不足

本书是以"贵州省耕地质量地球化学调查评价"成果数据为基础，数据范围广、取样密度大、测定指标全、采样和测试质量把关严。

数据资料覆盖全省88个县（市、区、特区）、20个极贫乡镇、103个现代高效农业园区和1711个500亩以上坝区，调查面积为7191万亩，涵盖耕地、园地及部分裸地，其中，水田、旱地、水浇地面积共6822万亩，涉及图斑325.5万个，共采集表层土壤样品454431个，样品平均密度为9.5个/km²，分析检测了土壤有机质、氮、磷、钾、硼等养分指标和镉、汞、铅、砷、铬、镍、酸碱度等环境指标，以及硒、锗等特色元素23项，共获得各类分析测试数据1045万个。

贵州省耕地调查在采样布局、采样物质、采样代表性及样品加工与样品分析等各环节均按照全国统一的技术标准实施。在耕地表层土壤样品布设中抓住样点代表性和区域连续性的关键技术问题，制定切合实际的样点布设方法。同时，对野外工作与实验室样品分析实行全过程质量管理，确保各项数据信息的准确度与精密度，实现元素地球化学数据在全省范围的广泛应用。这是贵州有史以来开展的一次范围最广、取样密度最大、测定项目最全的耕地质量地球化学调查工作。

在参数统计时，采用原始数据统计贵州省耕地表层土壤的地球化学参数，包括元素指标算术平均值、几何平均值、算术标准差、几何标准差、变异系数、众值、中位值、最大值、最小值、累积频率分段值以及统计样本数等。

贵州属于高原喀斯特山地，地质背景、土壤类型、成矿单元、流域单元等均有独特特征。因此按照行政区、土地利用类型、成土母岩类型、土壤类型、成矿区带、流域等划分统计单元，分别进行地球化学参数统计，建立贵州省耕地土壤地球化学系列参数。

本书数据详实丰富、质量可靠，为贵州今后在农业生产、生态保护、污染防治，以及相关流域研究提供系统、大量的数据信息资料。本书是科研院所和大专院校不可多得的参考书，也为自然资源、生态环境、农业、林业、卫生等行政部门提供决策数据依据。

由于贵州地质地貌特殊，受范围、坡度等因素影响，在统计不同成土母岩类型和不同土壤类型土壤样品时，不可避免存在部分样品偏移（不在原位置）。采样限于耕地、园地及部分裸地，缺少林地、草地等其他地类样品参与统计。限于篇幅，原始数据剔除异常值的贵州省耕地表层土壤的地球化学参数未列出。

参 考 文 献

冯学仕, 王尚彦. 2004. 贵州省区域矿床成矿系列与成矿规律. 北京: 地质出版社.

贵州省地质调查院. 2017. 中国区域地质志 (贵州卷). 北京: 地质出版社.

贵州省地质矿产勘查开发局. 2014. 贵州矿藏. 武汉: 中国地质大学出版社.

贵州省第二次土壤普查办公室. 1994. 贵州省土壤. 贵阳: 贵州科技出版社.

贵州省水利厅, 贵州省河长制办公室, 贵州省水利科学研究院. 2018. 贵州省河湖名录. 北京: 中国标准出版社.

侯青叶, 杨忠芳, 余涛, 等. 2020. 中国土壤地球化学参数. 北京: 地质出版社.

马义波, 李龙波, 张美雪, 等. 2020. 贵州成土母岩类型及其与耕地土壤关系探讨. 贵州地质, 37(4): 425-429.

陶平, 陈建书, 陈启飞, 等. 2018. 关于贵州省成矿区带的划分方案. 贵州地质, 35(3): 171-180.

中国环境监测总站. 1990. 中国土壤元素背景值. 北京: 中国环境科学出版社.